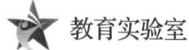  

（第4版）

Educational Laboratory

Children's Thinking

(4th Edition)

Robert S. Siegler　Martha Wagner Alibali

儿童思维发展

[美] 罗伯特·西格勒　玛莎·瓦格纳·阿里巴利/著

金晓兵　苏崇婷/译

南京师范大学出版社

图书在版编目(CIP)数据

儿童思维发展：第 4 版 /（美）罗伯特·西格勒，（美）玛莎·瓦格纳·阿里巴利著；金晓兵，苏崇婷译. 一南京：南京师范大学出版社，2022.9
（教育实验室）
书名原文：Children's Thinking (Fourth Edition)
ISBN 978-7-5651-5088-3

Ⅰ.①儿… Ⅱ.①罗… ②玛… ③金… ④苏… Ⅲ.①儿童心理学－思维心理学－研究 Ⅳ.①B844.1 ②B842.5

中国版本图书馆 CIP 数据核字(2022)第 004860 号

Authorized translation from the English language edition, entitled CHILDREN'S THINKING, 4th Edition, 978-0-13-1113848 by SIEGLER, R.; ALIBALI, MARTHA W., published by Pearson Education, Inc, Copyright © 2005 by Pearson Education, Inc., Upper Saddle River, New Jersey 07458.

All rights reserved. No part of this book may be reproduced or transmitted in any form or by any means, electronic or mechanical, including photocopying, recording or by any information storage retrieval system, without permission from Pearson Education, Inc.

CHINESE SIMPLIFIED language edition published by NANJING NORMAL UNIVERSITY PRESS, LTD. CO., Copyright © 2022.

本书简体中文版由南京师范大学出版社在中国大陆地区出版发行。
本书封面贴有 Pearson Education(培生教育出版集团)激光防伪标签。无标签者不得销售。
著作权登记号图字：10-2018-311 号

丛　书　名	教育实验室
书　　　名	儿童思维发展（第 4 版）
作　　　者	［美］罗伯特·西格勒　［美］玛莎·瓦格纳·阿里巴利
译　　　者	金晓兵　苏崇婷
策　　　划	张泽芳　万　斌
责任编辑	彭艳梅
出版发行	南京师范大学出版社
地　　　址	江苏省南京市玄武区后宰门西村 9 号(邮编：210016)
电　　　话	(025)83598919(总编办)　83598412(营销部)　83598312(邮购部)
网　　　址	http://press.njnu.edu.cn
电子信箱	nspzbb@njnu.edu.cn
印　　　刷	江苏扬中印刷有限公司
开　　　本	787 毫米×1092 毫米　1/16
印　　　张	31.25
字　　　数	623 千
版　　　次	2022 年 9 月第 1 版　2022 年 9 月第 1 次印刷
书　　　号	ISBN 978-7-5651-5088-3
定　　　价	88.00 元
出 版 人	张志刚

南京师大版图书若有印装问题请与销售商调换
版权所有　侵犯必究

献给亚力克西丝和玛丽安娜

前 言

儿童的思维生来就无比奇妙。我们都曾是孩子，我们中的许多人都拥有，或者期待有一天拥有自己的孩子。儿童的思维方式让我们感到既熟悉又陌生。我们会记得自己儿时的一些思考方式，也会记得其他孩子的许多想法。作为成年人，我们发现儿童的思维看起来通常都是合理的，有时还会表现出令人惊讶的深刻。然而，有时儿童的推理也让我们目瞪口呆。例如，一个思维正常的5岁儿童会坚持认为，把水倒入不同形状的容器中后水的总量会发生变化，即便一个成年人刚刚告诉他水的总量其实没变。

直到现在，我们依然无法理解儿童思维中很多奇妙的地方。数百年来，哲学家们一直在争论：在婴儿眼中，这个世界到底是"熙熙攘攘，乱作一团"，还是像大孩子和成年人眼中看到的那样。近年来，随着实验方法的进步，我们对这个问题有了更深入的理解。即使是新生儿也能清晰地看到世界的某些方面。到6个月大时，婴儿的感知便与成年人类似了。本书要讨论的正是这些内容，以及其他关于儿童思维的发现。

谁会对这样一本书感兴趣？任何对儿童好奇的人都会在这本书里找到有趣的发现和观点。有志于研究儿童思维发展的本科生或研究生也可从本书中获得灵感，并进一步激发自己的研究兴趣。

新版较旧版有不少变化。最明显的是增加了两章，一章是关于认知发展的"社会文化发展理论"，另一章是"社会认知发展"。新增添的章节反映了近年来这些领域研究的巨大进展。以前的版本也有部分内容涉及这些主题，新版不但融合了这些内容，而且添加了大量新的理论和发现。

新增的"社会文化发展理论"一章首先介绍了列夫·塞门诺维奇·维果斯基的社会文化理论，其重点是研究社会互动对认知发展的影响，强调语言和数字符号系统等文化工具在思维和学习中的重要性。除此之外，这一章还探讨了基于维果斯基观点的社会文化理论在现代的发展，以及在当代社会文化传统下的实证研究，其中包括儿童如何在与成人和同伴的互动中学习，如何在他人指导下参与文化活动，以及如何把语言作为思维工具等。同时，该章还强调了社会文化理论的教育意义。

新增的"社会认知发展"一章主要聚焦于儿童对社会信息的理解。这是一个较为广泛的领域，涵盖了对自我和他人的认知，对诱发行为的心智和心理状态（如意图、渴望和信念）的了解，以及对社会（包括社会规则和社会类别）的认知。

其余各章也都有所修订。新增的内容中一些是对感知和行动之间相互关系的扩充，一些是对儿童生物学相关概念的拓展，另外还增添了部分语言理解发展方面的内容。

与之前版本一样，新版依然强调儿童思维研究的实践意义。所列举的事例包括探讨如何引导出庭作证的儿童对事件进行准确回忆的技巧，探索如何评估儿童知识的技巧，以及介绍如何提高阅读、写作和数学技能的教学方法。

在本书的撰写过程中，我们两人很庆幸能够拥有一个资源丰富且富有启发性的知识环境。很多同事慷慨地抽出时间帮我们完善本书。我们深深感谢帮我们阅读本书初稿的整章或部分内容并提供反馈建议的同事们，他们包括吉姆·丹尼米勒、查克·卡利什、肯·科丁格、布赖恩·麦克温尼和珍妮·萨夫兰。我们也同样感谢能有机会与诸多同仁一起探讨与儿童思维相关的问题，他们包括卡伦·阿道夫、陈哲、朱迪·德洛克、朱莉娅·埃文斯、苏珊·戈尔丁-梅多、大卫·克拉尔、埃里克·克努特、帕特里克·莱迈尔、科琳·摩尔、妮可·麦克尼尔、米切尔·内森、约翰·奥普弗、塞思·波拉克、大卫·拉基森和贝萨尼·里特尔-约翰逊。我们还要感谢给本书前一版提了宝贵建议的匿名评审。除此之外，莫琳·卡沙克和卡林·奥库里花费了大量时间完善本书的参考文献，我们一并致谢。最后，我们还要感谢特蕾莎·特蕾热，她一如既往、不遗余力、及时高效地完成了相关工作。

我们还要感谢我们的家人和朋友，他们为我们撰写此书提供了无数灵感和无私的支持。罗伯特·西格勒要感谢他的孩子：托德、贝丝和亚伦·西格勒。在本书四个版本的撰写过程中，他们一开始只是不经意地提供了很多充满"儿童式思维"的例子，到最后他们也能就一些问题进行有深度的思考。玛莎·瓦格纳·阿里巴利要感谢她的丈夫彼得，他是阿里巴利坚定而有力的支持者。还有她的侄子侄女们，他们提供了许多反映不同阶段儿童思维特点的事例。正是因为你们，我们的研究才变得鲜活，也是因为你们，我们的努力才更有价值。

我们想把本书献给在成书过程中诞生的新生命们：西格勒的孙女亚力克西丝、阿里巴利和彼得的女儿玛丽安娜。我们万分欣喜，能够有机会观察他们思维的发展，并参与他们的成长。我们期待未来有机会继续向他们学习。

罗伯特·西格勒

玛莎·瓦格纳·阿里巴利

目 录

前言

第一章 儿童思维简介
何谓儿童思维? 2
儿童思维的主要研究问题 3
　这些能力是与生俱来的吗? 4
　儿童思维发展具有阶段性吗? 6
　儿童思维的发展变化是如何发生的? 7
　如何理解儿童思维的个体差异? 9
　大脑变化对认知发展有何作用? 11
　社会环境对认知发展有何作用? 16
本书的篇章结构 19
　分章组织 19
　中心主题 21
小结 21
推荐读物 22

第二章 皮亚杰的发展理论
皮亚杰理论概述 25
　理论整体 25
　发展阶段 26
　发展过程 27
　主要假设 29
阶段模型 30
　感觉运动阶段(从出生到大约2岁) 30
　前运算阶段(大约2岁到6或7岁) 34
　具体运算阶段(大约6或7岁到11或12岁) 37
　形式运算阶段(11或12岁以后) 39
关键概念的发展 40
　守恒问题 41

　　　　分类和关系　43
　　皮亚杰理论评析　46
　　　　该理论是否准确地描述了不同年龄儿童的思维发展特征？
　　　　　47
　　　　儿童思维的阶段式发展究竟是怎样的？　49
　　　　皮亚杰描述的一般特征在多大程度上契合儿童的思维？　52
　　　　皮亚杰理论的现状　54
　　小结　54
　　推荐读物　56

第三章　信息加工发展理论

　　信息加工系统概述　59
　　　　结构特征　60
　　　　认知加工　63
　　信息加工发展理论　66
　　　　新皮亚杰理论　66
　　　　心理测量理论　71
　　　　生产系统理论　75
　　　　联结主义理论　80
　　　　认知进化理论　85
　　小结　91
　　推荐读物　92

第四章　社会文化发展理论

　　社会文化理论关于认知发展的主要观点　96
　　　　认知发展存在于社会互动中　96
　　　　心理功能受语言和其他文化工具调节　98
　　　　文化规范和他人影响儿童的学习机会　101
　　　　社会和文化学习需要特定的认知能力　102
　　　　小结　103
　　社会文化理论的现代实证研究　104
　　　　在与成人互动中学习　104
　　　　在与同伴互动中学习　106
　　　　在他人指导下参与文化活动　110

语言作为一种心理工具　112
　社会文化理论的教育意义　116
　　评估儿童知识的社会文化方法　116
　　基于社会文化原则的教育干预　117
　　学习使用心理工具　118
　　对课堂教学过程的社会文化解读　119
　小结　120
　推荐读物　122

第五章　感知发展
　视觉　126
　　注意视觉模式　128
　　识别物体和事件　132
　　定位物体　139
　听觉　142
　　注意声音　143
　　识别声音　143
　　听觉定位　147
　多感官整合　149
　　注意　150
　　识别物体和事件　150
　　定位　151
　感知发展的时间顺序　151
　感知与行动　152
　　感知指导行动　153
　　行动产生感知信息　153
　小结　155
　推荐读物　157

第六章　语言发展
　语言发展的一般问题　160
　　语言是否具有特殊性？　160
　　语言的生物基础是什么？　162
　语音　164

　　　　语音知识的发展　164
　　　　发音能力的发展　166
　　语义　169
　　　　早期词汇和词义　169
　　　　早期词汇和词义的后续发展　174
　　语法　182
　　　　早期语法发展　182
　　　　后期语法发展　184
　　　　对语法发展的相关解释　187
　　交流　190
　　　　口语交流　191
　　　　手语交流　192
　　小结　195
　　推荐读物　196

第七章　记忆发展
　　儿童的目击证词　199
　　　　编码　200
　　　　存储　201
　　　　提取　202
　　　　关于儿童目击证词的结论　203
　　　　记忆发展意味着什么？　203
　　基本加工和能力　205
　　　　外显记忆和内隐记忆　205
　　　　关联　206
　　　　再认　206
　　　　模仿与回忆　207
　　　　洞察、概括和经验整合　208
　　　　抑制　209
　　　　加工容量　211
　　　　加工速度　212
　　　　评价　213
　　　　基本加工和婴儿失忆症之谜　213
　　记忆策略　216

搜索对象 217
复述 217
组织 218
选择性注意 218
策略变化的其他解释 220
评价 221

元认知 222
显性元认知知识 222
隐性元认知知识 223
评价 224

内容知识 226
对儿童记忆量的影响 226
对儿童记忆内容的影响 227
脚本 228
内容知识对其他记忆变化的解释 229
内容知识如何促进记忆发展？ 230
评价 231

记忆发展过程中会发生什么？ 231
小结 232
推荐读物 233

第八章 概念发展

一般的概念表征 237
定义性特征表征 238
或然性表征 241
基于理论的表征 245

一些重要概念的发展 248
时间 248
空间 251
数字 256
生物 261

小结 265
推荐读物 267

第九章 社会认知发展

社会认知的基础 270
对他人的理解 271
对自我的理解 274

关于心理状态和心理活动的知识 276
对意图的理解 278
对渴望的理解 279
对信念的理解 280
对思维的理解 284
对认识的理解 284
对假装的理解 285
对幻想的理解 286
心理理解发展的来源 289

对社会世界的理解 292
对社会规则的理解 292
对社会类别和群体的理解 293

小结 298
推荐读物 299

第十章 问题解决

问题解决概述 302
中心主题 302
问题解决能力发展的例子 308

一些重要的问题解决过程 315
计划 315
因果推理 318
类比 321
工具使用 324
科学和逻辑推理 329

小结 335
推荐读物 336

第十一章 学业技能发展

数学 340

个位数算术　341
　　　复杂算术　349
　　　代数　352
　　　计算机编程　354
　阅读　355
　　　典型的按时间顺序发展　355
　　　前阅读技能　356
　　　识别单个单词　358
　　　阅读理解　363
　　　教学启示　365
　写作　367
　　　初稿起草过程　367
　　　修改过程　371
　小结　372
　推荐读物　373

第十二章　目前的结论，未来的挑战

　关于儿童思维的最基本问题是"什么在发展？"和"发展如何发生？"　376
　　　关于"什么在发展？"和"发展如何发生？"的现有认识　377
　　　未来的研究问题　378
　四个变化过程在认知发展中发挥了特别重要的作用：自动化、编码、概括和策略构建　380
　　　关于变化过程的现有认识　380
　　　未来的研究问题　382
　婴幼儿的认知能力远比看起来强。他们拥有很多能力，能够快速学习　383
　　　关于早期能力的现有认识　383
　　　未来的研究问题　385
　年龄间的差异往往是程度上的，而不是种类上的。年幼儿童的认知能力比他们表现出来的要强，而年长儿童和成年人的实际认知能力却比我们认为的要弱　387
　　　关于年龄差异的现有认识　387
　　　未来的研究问题　388

儿童思维的变化不是在真空中发生的。儿童的已有知识不仅会影响他们能学到多少,而且会影响他们能学到什么　390
　　当前关于现有知识影响的认识　390
　　未来的研究问题　391
智力的发展反映了大脑结构和功能的变化以及认知资源分配的日益优化　394
　　关于智力发展的现有认识　394
　　未来的研究问题　395
儿童的思维是在社会环境中发展的。家长、同伴、教师和整个社会都会影响儿童思维的内容,也会影响他们如何和为何会以特定的方式思维　398
　　关于影响儿童思维的社会因素的现有认识　398
　　未来的研究问题　399
不断深入理解儿童思维的理论意义和实践价值　401
　　儿童思维研究的现实贡献　401
　　未来的研究问题　402
小结　403
推荐读物　405

参考文献

第一章
儿童思维简介

爸爸:你知道太阳是什么时候形成的吗?

儿子:当我们人类出现的时候啊!

爸爸:那是谁创造了太阳呢?

儿子:是上帝。

爸爸:上帝是如何创造太阳的呢?

儿子:上帝在太阳里放了很多灯泡。

爸爸:那些灯泡仍在太阳里吗?

儿子:它们不在了。

爸爸:发生了什么呢?

儿子:灯泡都烧坏了……不,它们没有坏,还能继续发光很长一段时间。

爸爸:所以那些灯泡还在太阳里?

儿子:不,我觉得上帝应该是用金子创造了太阳,而且用火把它点亮了。

(Siegler,与儿子的对话,1985)

在回答上述问题时,对话中的儿童还不到5岁,再过1周才是他的5周岁生日。我们能从他的应答中了解到当时的他是怎么看待这个世界的吗?这些回答仅仅说明了这个儿童缺少天文学和物理学知识吗?或者说反映了年幼儿童与年长儿童和成年人在推理上的根本差异?成年人即便不了解太阳的起源,应该也不会给出"上帝在太阳里放了很多灯泡"这样的解释。同样的,成年人也不会将太阳的起源和人类的出现联系在一起。那这些差异是否表明,较成年人而言,儿童的思维更加自由、更加以自我为中心呢?或者只是说明在无法"很有道理地"解答问题时,儿童还是会努力尝试回答?

数百年来,人们一直在思考诸如此类的问题,婴儿看待世界的方式与成年人相同吗?为何全世界儿童都是在5—7岁时入学?为何青春期的青少年比10岁的儿童更热衷于相信素食主义和环境保护主义?百年前,人们只能猜测这些问题的答案。现如今,我们具备了相应的概念和方法,我们有能力去观察、描述和解释这些问题的发展过程。因此,我们对儿童思维的理解正在快速进步和深化。

本章旨在介绍有关儿童思维的基本问题和观点。第一节着重介绍儿童思维所涉及的各个方面;接下来介绍激励人们不断探索认知发展的那些长久存在的问题;最后一节是对本书篇章结构的概述。详见下面的"章节概览"。

章节概览

一、何谓儿童思维?

二、儿童思维的主要研究问题

1. 这些能力是与生俱来的吗?
2. 儿童思维发展具有阶段性吗?
3. 儿童思维的发展变化是如何发生的?
4. 如何理解儿童思维的个体差异?
5. 大脑变化对认知发展有何作用?
6. 社会环境对认知发展有何作用?

三、本书的篇章结构

1. 分章组织
2. 中心主题

四、小结

何谓儿童思维?

儿童思维指儿童自出生之日起至青春期的思维。对儿童思维进行定义是十分困难的,因为思维活动和非思维活动之间并无准确清晰的界限。思维显然包含着多种高级心理过程,如问题解决、推理、创造、抽象、记忆、分类、象征、计划等。同时,思维也包括其他一些基本心理过程,即便是年幼儿童,对这些心理过程的加工处理也毫无障碍,比如使用语言和感知外部环境中的物体和事件等。此外,有一些活动既可以视为思维活动,也可视为非思维活动,如熟练的社会交往、较强的道德观念、恰当的情绪感知等。最后这一类活动包含思维过程,但同时也含有其他非智力因素。在本书中,我们会提及这些界定模糊的活动,但会重点关注问题解决、概念理解、推理、记忆、语言理解和生成,以及其他一些智力活动。

儿童思维一个特别重要的特征在于其"不断地变化"。有一个既有趣又很重要的研究问题:处于某个特定发展阶段的儿童是如何思考的?而对理解认知发展更为关键的问题则是：儿童思维发生了什么变化，以及这些变化是如何发生的。对比婴儿、2岁幼儿、6岁幼儿和青少年的思维，我们可以很明显地看到思维发展产生的巨大变化。然而，究竟是什么使新生儿思维变成了青少年思维呢？这是认知发展研究中的一个重要谜题。

这里列举一个发展变化显著的例子。德弗里斯（Devries, 1969）研究了3—6岁儿童对表现和事实之间的理解差异。她带来了一只名叫梅纳德（Maynard）的猫，这只猫性情温顺。德弗里斯让儿童和猫一起玩耍。当实验员问梅纳德是谁时，所有的儿童都知道梅纳德是一只猫。然后，实验员当着儿童的面给梅纳德戴上了一张看起来凶巴巴的小狗面具，然后又说："看吧，现在它长着一张小狗的脸，那它现在是什么动物呢？"

这时候，很多3岁的儿童认为梅纳德已经变成了一只狗。他们不愿意再碰它，并说梅纳德长着小狗的骨骼和胃。而6岁的儿童则知道猫是不可能变成狗的，因此小狗面具并不会改变梅纳德是猫的事实。

那么一个人，即便是3岁儿童，怎么会相信猫会变成狗呢？一个对此深信不疑的3岁儿童为何到了6岁则会对这种想法嗤之以鼻？我们可以简单地说是因为儿童的思维发生了变化，但是这种变化到底是如何发生的呢？

儿童思维的主要研究问题

儿童思维研究最重要的问题有哪些？答案或许因人而异，不过大家普遍认同的最重要的研究问题有以下6个：

1. 这些能力是与生俱来的吗？
2. 儿童思维发展具有阶段性吗？
3. 儿童思维的发展变化是如何发生的？
4. 如何理解儿童思维的个体差异？
5. 大脑变化对认知发展有何作用？
6. 社会环境对认知发展有何作用？

当然，这些问题在很多方面是相互关联的。例如，若想了解思维变化如何发生，就必须研究大脑和社会环境对认知发展的作用。同样的，理解了思维变化的心理机制，则能更好地解释儿童思维的个体差异。

诸多研究者从各自的理论视角、专业领域对这些问题进行了不同程度的探讨。如本书接下来将提到的，信息加工论者着重强调认知发展是如何发生的，而社会文化论者则更多地关注社会环境对认知发展的作用。尽管他们的关注点不同，但都在一定程度上对这些问题进行了解释。

我们在后面的章节中将进一步探讨这些问题。本章则重点介绍与上述问题相关的基本概念和主要理论,这些理论贯穿全书。

这些能力是与生俱来的吗?

婴儿出生后是如何感知周围世界的? 当他们看到一把椅子,或看到人们交谈,抑或看到小狗在叫,他们到底看到了什么? 他们知道了什么,或者不知道什么? 他们拥有什么样的学习能力? 如果婴儿来到这个世界时知识匮乏、学习能力缺失,那么,"为什么他们的发展如此快速?"如果婴儿出生时就已拥有了较高的知识水平和较强的学习能力,那么,"为什么他们的发展要经历那么长的时间?"

关于婴儿初始禀赋(initial endowment)的话题曾引发一系列的讨论,并由此产生了三个最为著名的观点,分别是联结主义观(associationist perspective)、建构主义观(constructivist perspective)和婴儿能力观(competent-infant perspective)。

联结主义观是由 18 世纪和 19 世纪包括约翰·洛克(John Locke)、戴维·休谟(David Hume)和约翰·斯图尔特·米尔(John Stuart Mill)在内的英国哲学家们提出的。他们认为,婴儿出生时只具有极为有限的能力,且主要是联结不同经验的能力。因此,婴儿须通过学习获得其他所有的能力和概念。

建构主义观是让·皮亚杰(Jean Piaget)于 20 世纪 20 至 70 年代提出的。皮亚杰认为婴儿出生时不但具备联结能力,同时也拥有部分重要的感知和运动能力。尽管这些能力的数量和规模都较为有限,但却有助于婴儿探索周围环境并构建日益复杂的概念和对世界的理解。例如,在出生后的前 6 个月,婴儿并不能对物体和事件形成心理表征,但通过积极地体验和探究物体,婴儿期的后期便可发展出形成心理表征的能力。

婴儿能力观建立在新近研究的基础上(如 Spelke & Newport, 1998)。该观点认为联结主义和建构主义的观点都严重低估了婴儿的能力。婴儿拥有的感知和理解能力其实比我们先前的猜测要广泛得多。这些能力使婴儿能通过较为基础的方式感知周围世界,并对他们由此获得的经验进行分类。而且,婴儿在对经验进行分类时所采用的依据与年长儿童和成年人并无二致。

最近研究已表明婴儿具有某些令人惊讶的能力,如感知距离。长久以来,哲学家们一直困惑于人们如何判断物体与自身距离的问题。有研究者,如 18 世纪联结主义哲学家乔治·伯克利(George Berkeley)认为,婴儿对距离的准确感知能力只可能来自于其出生后不断移动的经验积累。婴儿通过移动来获取某个物体,并在此过程中逐渐认识到物体和自己的距离与移动量的关系。然而,婴儿在出生后似乎就能判断哪个物体离得近,哪个物体离得远(Granrud, 1987; Slater, Mattock

& Brown, 1990)。这表明,婴儿在学会爬行和走路之前就已经具有某种程度的距离感知能力了。

婴儿对于物体特征的认知能力同样令人惊讶。这种认知能力可被测量的最早年龄是 3 个月。在婴儿 3 个月大时,他们已经具备这样的认知能力,比如,即使物体 A 被物体 B 遮挡住,他们知道物体 A 其实还是存在的;他们知道如果没有支撑,物体就会掉落;他们明白物体的移动路径是具有空间连续性的;他们也知道一个固体不能穿越另一个固体(Baillargeon, 1994; Spelke, 1994, 2000)。然而,婴儿的此类认知与成年人并不完全相同。例如,3 个月大的婴儿觉得只要两个方块有接触,上面的方块就不会掉下来,哪怕只是上面方块的左边缘贴着下面方块的右边缘。而到 6 个月大时,婴儿开始认识到,只有两个方块之间有足够的接触面积,下面的方块才能有效地支撑上面的方块(Baillargeon, 1994)。

除了拥有初步的基本概念理解能力外,婴儿也拥有可帮助他们获得各种新知识的一般学习机制,其中一种便是模仿(imitation)。刚出生 2 天的婴儿看到成年人朝某个方向转头,他们也会以同样的方式转头。2 周大的婴儿看到成年人伸出舌头,他们也会做出相应的动作(Meltzoff, 2002; Meltzoff & Moore, 1983)。这样的重复行为实际上是婴儿学习新行为的一种方法,而且该方法还有助于加强他们与被模仿对象(特别是他们父母)之间的联系。

另一种学习机制是统计式学习(statistical learning),它包括从输入的信息中提取序列模式。婴儿在 1 岁前便能够在听觉信息中觉察出这样的模式,如语调或语音序列(Saffran, 2003b; Saffran, Aslin & Newport, 1996)。他们也能够从视觉信息中析取出该模式,如色彩形状的序列(Kirkham, Slemmer & Johnson, 2002)。对婴儿来说,统计式学习是他们在环境中觉察规律的有力学习机制。

此类研究结果表明,婴儿是具备一定的认知能力的。但新观点在解释问题的同时,也产生了诸多新的问题,这好像是一个规律。如果婴儿能够理解基本概念,为什么年龄大得多的儿童在理解相同概念时却如此困难?例如,如果婴儿知道被遮挡的玩具依然存在,那 3 岁的儿童为什么依然不理解戴着小狗面具的猫依然只是猫而并没有变成狗?这也提示我们,理解儿童思维最为重大的挑战之一便是调和在思维发展早期出现的优势和同期及之后出现的劣势。

除此之外,另一个重要挑战是明确先天或早期能力和后天经验如何相互作用,以产生认知上的发展变化。针对这一问题,解决方法之一是检验后天经验的变化对发展性质和发展路径的影响。如健全婴儿和先天盲聋婴儿的感知发展是否存在差异?儿童的语言习得是否取决于所输入语言的性质?这些问题都很复杂,要想解决这些问题,我们必须充分研究现实和社会文化环境中先天能力和后天经验之间的相互作用。

儿童思维发展具有阶段性吗？

当一个女孩举止失当，她的父母可能相互安慰说："这个阶段的孩子，就是这样……"当一个男孩完全无法理解学习的内容，他的父母可能会哀叹："我想他还没有到能够理解这些的阶段。"在很多家长和心理学家看来，儿童的发展，包括认知发展，都是具有阶段性的。但是，当我们说一个儿童正处于某个阶段，这究竟意味着什么呢？不同的儿童思维发展阶段是否具有质的差别呢？而且，为什么发展是阶段性的，而不是连续性的？

发展具有阶段性的观点在一定程度是受查尔斯·达尔文（Charles Darwin, 1877）思想的影响。人们通常认为达尔文不是一个发展心理学家，但从很多方面而言并非如此。达尔文在《人类的起源》一书中讨论了理性、好奇心、模仿、注意力、想象力、语言和自我意识等方面的发展。当然，他最感兴趣的是这些能力的进化过程，即在从早期出现的动物到人类的进化过程中，这些能力是如何出现的。实际上，他的许多观点有可能已被转换成解释人类个体发展的相关概念。

或许达尔文最具影响力的发现就是他最基本的观点：地球上的生命在繁衍生息的漫长周期内经历了一系列演化，这些演化形式具有质的差异。该发现表明，某些生命的周期发展同样具有不同的形式或阶段。这一观点得到了很多发展主义理论家的支持，但与之不同的是，他们在此基础上提出了更进一步的假设。这些理论家认为，儿童从一个阶段到下一个阶段的发展是突变式的，而这一观点与诸多联结主义哲学家，如约翰·洛克的观点大相径庭。后者认为儿童的思维是通过无数特定经验的积累而发展起来的。形象地说，联结主义者认为思维发展仿佛一砖一瓦地建屋盖房，而阶段主义理论家们则认为思维发展类似于毛毛虫到蝴蝶的完全蜕变。

在20世纪早期，詹姆斯·马克·鲍德温（James Mark Baldwin）提出了智力发展的可能阶段。他认为，儿童发展经历了如下阶段：感觉运动阶段（sensorimotor stage，此阶段思维的主要形式为感觉观察和与现实环境的运动互动）、准逻辑阶段（quasilogical stage）、逻辑阶段（logical stage），以及超逻辑阶段（hyperlogical stage）。该理论的部分支持证据来自对儿童的日常观察。至少乍一看，婴儿与环境的互动似乎确实强调感官输入和运动行为。直到青春期，儿童才会花很多时间思考纯逻辑的问题，比如适用于他们的法律（包括那些与开车、选举和喝酒相关的条款）是否在逻辑上相一致。鲍德温的阶段理论在当时并未引起多数人的重视，但它却对后来的一位思想家——皮亚杰产生了重要的影响。

毫无疑问，皮亚杰对于我们更好地理解儿童思维及其发展做出了无与伦比的贡献。他对儿童在不同阶段的思维方式进行了大量有趣的观察研究。罗伯特·西格勒（Robert S. Siegler）之所以问他儿子太阳的起源，就是因为他本人被皮亚杰所描述的20世纪20年代儿童的答案所吸引，西格勒很好奇20世纪80年代的儿童是否会做出类似的回答(事实证明他们会),因而有了本书开头的那段对话。皮亚杰的另一贡献在于其拓展了鲍德温的"阶段论",并极大地深化了"智力发展阶段论"的影响。

当我们说儿童的思维发展要经历一定的阶段,这究竟意味着什么?针对该问题,弗拉维尔(Flavell, 1971)指出了阶段论的四个关键含义。第一,阶段意味着质的变化。当一个男孩从对乘法一知半解到完全理解,我们并不能说他进入了算术理解的新阶段。只有当思维能力不仅出现了积极的量变,而且出现了质的变化,我们才能说思维进入了一个新的阶段。例如,一个女孩讲了好几年的笑话后,终于自己原创了一个笑话,但这个笑话对成年人来说一点都不好笑。这似乎是一个质的变化(请注意这里说的是"似乎")。也许这个女孩通过不断的努力,她讲笑话的能力是提高了,但最终她的笑话还是没有达到成年人认为的标准。因此,从某种程度而言,衡量质变的标准掌握在旁观者而非当事人手中。

第二,儿童思维发展的阶段性转换在多个概念上并行发生,亦即弗拉维尔所说的并行假说(concurrence assumption)。当处在阶段1时,所有相关概念都体现出阶段1的思维特点;当进入阶段2时,所有相关概念则体现出阶段2的思维特点。由于这些并行变化,儿童思维表现出跨域的抽象相似性。当前面例子中的父母说"我想他还没有到能够理解这些的阶段",这也就意味着儿童不只是不能理解某个特定的概念,对于难度相当的其他概念,儿童同样无法理解。

从阶段论的角度看,儿童思维还具有另外两个含义。其中之一被弗拉维尔称之为"突变假设"(abruptness assumption,亦即第三个),指儿童思维发展从一个阶段突然(而非渐进式)进入另一个阶段。具体而言,儿童思维在阶段1滞留一段时间,随后进入短暂的过渡期;之后进入阶段2并滞留一段时间,而后再次进入短暂过渡期……如此不断往前发展。阶段论的第四个含义是阶段具有组织连贯性(coherent organization)。儿童的认知是连贯的、可理解的一个整体,而非不同知识片段的简单组合。

综上所述,阶段论认为儿童思维发展具有质变、并行、突变、转换的整体连贯性等特征。毫无疑问,这是一个十分考究且颇具吸引力的描述。但它在多大程度上符合儿童思维的现实状况呢?本书第二章将对这一问题进行更深入的讨论。

儿童思维的发展变化是如何发生的?

发展意味着变化。图1.1描述了儿童思维发展中产生的数种变化类型。该图最初被用来解释感知发展(Aslin & Dumais, 1980)的变化,这些类型同样也可用来分析儿童思维发展的各种变化。

图1.1左侧展示了在出生前可能出现的三种变化类型:某种特定的能力可以

充分发展、部分发展或不发展。图1.1右侧则描绘了出生后可能发生的变化。充分发展的能力可以保持或衰减;部分发展的能力可以成熟、保持不变或衰减;不发展的能力可以发展或依旧不发展。

我们要意识到任何特定的能力都包含了许多成分,而每种成分都可能按照不同的路径有所发展,因此,发展的模式是多样化的。例如,不论婴儿在哪出生,他们都能学会世界上任何一种语言的所有语音。然而,在儿童期后,他们就丧失了发出非母语语音的能力。而另一方面,他们熟练使用母语语音的能力却在不断增强。因此,在婴儿期过后,儿童的语音能力究竟是增长还是衰减,这主要取决于讨论的对象是母语还是非母语。

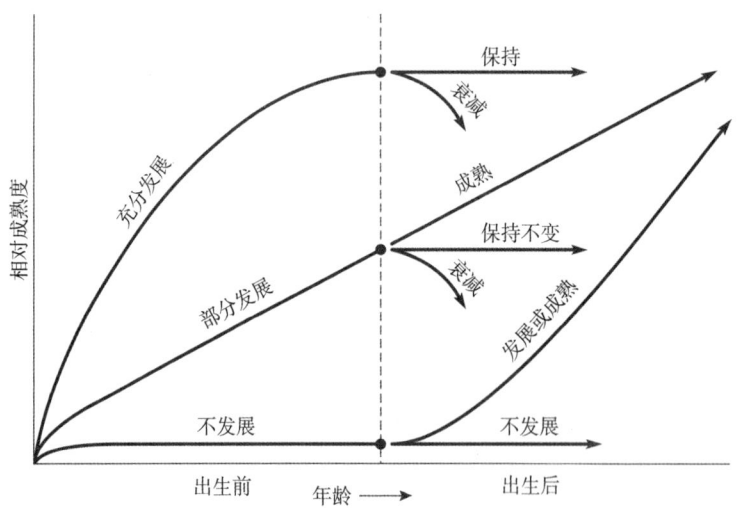

>> 图1.1　发展变化的若干路径(after Aslin & Dumais, 1980)
Reprinted from Aslin, R. N. & Dumais, S. T., Binocular vision in human infants: A review and a theoretical framework, in L. P. Lipsitt & H. W. Reese (Eds.), Advances in Child Development and Behavior, Copyright 1980, with permission from Elsevier

如何解释儿童思维发展中的变化?针对这一问题,皮亚杰发展理论和信息加工理论提出了目前最具影响力的解答。皮亚杰认为,产生所有认知变化的基本机制是同化(assimilation)和顺应(accommodation)。同化是人们通过既有理解对经验进行表征的过程。一个1岁的小女孩如果只知道球而不知道蜡烛,那么当她看到一根圆形蜡烛时,她可能就认为它是一个球。顺应则是与同化相反的过程。在这一过程中,人们既有的理解被新知识所改变。看到圆形蜡烛的1岁儿童可能会注意到,这个"球"有所不同,它多出一个突出来的细长的物体(灯芯)。儿童之后会了解到世界上存在圆形蜡烛这样的物品,而这个发现可能就为之奠定了很好的学习基础。

采用信息加工方法探索儿童思维的研究者对思维变化的过程特别感兴趣。他们关注在认知发展中扮演重要角色的四种变化机制：自动化（automatization）、编码（encoding）、概括（generalization）和策略构建（strategy construction）。

自动化指伴随心理加工执行效率的递增而所需注意力递减的加工过程。随着年龄和经验的增长，若干任务的加工处理会渐趋自动化，这使得儿童得以发现概念和事件之间的联系，否则他们就会错过这些联系。例如，一个5岁的小女孩放学后需步行回家，在开学后的最初几个星期，她可能需要全神贯注于寻找回家的路。而后，步行回家逐渐变成一种自动化的行为，直至最后，她不需要再特别留意回家路线，即便她一路都在与同行的人聊天，她依然能顺利回到家。

编码指识别物体和事件中信息量最大的特征，并利用这些特征建构关于该物体或事件的内部表征。提高儿童的编码能力对于儿童认识世界有着重要的意义，尤其有助于他们理解算术和代数中的应用题。这类题目通常既含有相关信息又含有无关信息。解决这些问题的窍门在于选择相关信息进行编码，并忽略无关信息。

第三、第四种变化机制是概括和策略构建。概括是指将从某种情境中获得的知识向其他情境推广和延伸。策略构建则是产生或发现一种新的解决问题的方法。我们可以用一个简单的例子来说明这两种机制的工作原理。当儿童反复遇到计算机、台灯、烤面包机和收音机等突然停止工作的情况，他们可能会概括出这样的结论：若机器不能工作，通常是由于它们的电源插头被拔掉了。之后，儿童可能会建构起这样的策略：当按下"开机"按钮机器没有反应时，记得检查电源插头是否插好。

儿童对上述策略的构建过程表明，发展过程是四种变化机制协同起作用而非独立起作用的。建构"检查插头"策略有赖于儿童对机器的感知达到充分的自动化，从而足以将插头编码为每台机器的单独部分。此外，策略构建也依赖于儿童的概括能力，儿童要有能力得出这样的结论：当插头断开时机器无法工作。无论是婴儿的统计式学习，还是青少年的计算机编程，自动化、编码、概括和策略构建都在儿童思维各方面的提高起着至关重要的作用，这种重要性也是本书贯穿始终的主题之一。

如何理解儿童思维的个体差异？

不同年龄的儿童各有不同，年龄相仿的儿童同样存在差异。个体差异体现在发展过程中的各个方面，如身高、体重、性格以及创造力。然而，在智力研究中，个体差异更是一个备受关注的问题。此类研究在19世纪90年代风靡一时。当时的法国发起了一项普及教育计划，因为意识到并不是所有的儿童都能从同一种教育中受益，法国教育部长委托阿尔弗雷德·比奈（Alfred Binet）和西奥菲尔·西蒙

(Theophile Simon)开发一种检测方法,以此来识别那些在标准课堂中存在学习障碍从而需要接受特殊教育的儿童。

首个比奈-西蒙(Binet-Simon)测验发布于1905年,它包含语言、记忆、推理和问题解决等与智力若干方面有直观联系的问题。1916年,为了便于在美国使用,斯坦福大学教授刘易斯·特曼(Lewis Terman)对该版本进行了修订,并将其命名为斯坦福-比奈(Stanford-Binet)智力量表。时至今日,这一新版本仍在被广泛使用。

斯坦福-比奈智力量表和其他智力测验都是基于这样一个假设:同龄儿童的思考和推理水平存在差异。部分7岁儿童的推理能力能达到9岁儿童的平均水平;也有一些还达不到5岁儿童的一般水平。为了收集儿童间的这些个体差异,智力测验区分了儿童的实龄(chronological age,简称为CA)和儿童的智龄(mental age,简称为MA)。实龄反映的是儿童自出生后的实际年岁;如果一个女孩是60个月前出生的,她的实龄就是5岁。智龄是一个更复杂的概念,因为它反映的是儿童在智力测验中相对于其他儿童的表现。具体来说,如果在一次智力测验中,某个儿童答对的题目数量和50%的儿童相同,那么这个儿童的智龄就和这50%的儿童相当。例如,一次测验中所有5岁儿童平均答对了20个问题,那么不管实龄是4岁、5岁还是6岁,能够正确回答20个问题的儿童的智龄就为5岁。

特曼发现,5岁的智龄对于实龄为4岁、5岁和6岁的儿童具有不同的含义。对于4岁的儿童,这一智龄水平意味着早熟;对于5岁的儿童,这是平均水平;对于6岁的儿童,这意味着成长较慢。为了用数字更形象地表达这些关系,特曼借用了德国心理学家威廉·斯特恩(Wilhelm Stern)提出的概念,并结合智龄和实龄,形成了智商(IQ)的概念。儿童的智商是其智龄和实龄之比。为了将智商(IQ)用一个整数表示,因而再将这个比值乘以100。如下所示:

$$IQ = \frac{智龄}{实龄} \times 100$$

在上文特曼提到的例子中,智龄为5岁、实龄为6岁的儿童智商为83(5/6×100),而智龄为5岁、实龄为4岁的儿童其智商为125(5/4×100)。当我们综合考量某一特定实龄组的所有儿童时,他们的平均智商得分是100。因为根据上述定义,任何年龄组的平均智龄都与该年龄组的实龄相同。智商得分是高于还是低于100分(表示智龄是超过还是低于实龄)代表着儿童的智商得分高于或低于该年龄组的平均水平;实际分数与100分的差值则代表着其与平均水平的偏离程度。

智商测验之所以被广泛使用,原因之一在于它能很好地预测儿童在学校的表现;原因之二在于其具有长期稳定性。例如,一个6岁儿童的智商分数可以相当准确地预测其16岁时的智商水平。当然,这种预测也不完全准确。随着年龄增长,有些儿童的智商可能有较大提高,有些儿童则会出现大幅下降。另外,人们对智力的本质和各类智商测验的效度也存有争议。尽管如此,智商在儿童进入成年期前还是相对稳定的,其对于儿童学习成绩的预测也是相对准确的。

直到最近,人们才初步探明了幼儿早、晚期智力水平之间可比较的预测关系。有研究发现,4 岁以下幼儿的智力和他们长大后的智力水平不相关。这表明,婴儿期智力的个体差异与后期智力的个体差异并无关联。

不过,一项新近关于婴儿信息加工的研究却显示,婴儿期智力和儿童期智力之间存在某种连续性。该研究采用的测量方法非常简单,研究人员只是反复给婴儿呈现同一刺激(一个物体或一幅画)。他们发现,随着刺激的不断重复,婴儿对这个刺激的关注变得越来越少,对刺激的兴趣也不断减弱。换言之,婴儿逐渐习惯(habituate)了眼前的刺激。不同的婴儿习惯的速度也有所不同,有些婴儿很快就习惯了眼前刺激,而另一些则需要较长的时间。这一研究最主要的发现在于,当 7 个月大的婴儿越快习惯(不在关注重复刺激),并且习惯后对新图片的兴趣越大(通常称为"新奇偏好"),他们的智商得分在 4 到 10 年后往往越高(Colombo, 1993; Fagan & Singer, 1983; Rose & Feldman, 1995, 1997; Sigman, Cohen & Beckwith, 1997)。习惯的速度还与后期的阅读和数学成绩以及一般语言能力相关。另外,研究还发现,7 个月时习惯速度最慢的婴儿在 6 岁时出现学习障碍的可能性较高(Rose, Feldman & Wallace, 1992)。

为什么 7 个月大婴儿的习惯速度能够预测数年后的智商和成绩?其中一种解释认为,儿童早期和晚期的智力表现都反映了编码的有效性(Bornstein & Sigman, 1986; Colombo, 1993, 1995)。换言之,相对聪明的儿童会更快地对图片中所有感兴趣的内容进行编码,编码一旦完成,他们也就对该图片失去了兴趣。当新图片出现时,他们再次被施加刺激,也能更清楚地对比新旧图片间的差异并进行编码。良好的编码能力还和优等生、青少年的问题解决能力以及快速学习能力相关。因此,编码的质量影响着儿童早期和晚期的智力表现。

诸多智力和认知发展研究都集中在儿童的个体行为上。然而,研究者们开始从内部和外部两个层面对该领域的研究进行拓展。内部研究主要关注大脑的发展与儿童思维变化的关系。外部研究则不仅考察儿童个体,同时也关注他人和文化环境带来的影响。内部研究借鉴了相邻学科如生物学和神经科学的研究发现,而外部研究则建立在社会学和人类学的研究成果之上。下面两节将具体介绍这两方面的研究。

大脑变化对认知发展有何作用?

一般来说,一个物种的大脑容量越大,这个物种的个体就可能越聪明。毫无疑问,在儿童的成长过程中,大脑的大小、结构和连接方式的变化对儿童思维的变化有着根本性的影响。这些变化,既有数量上的,也有性质上的,而且主要发生在三个层面:(1)大脑整体的变化;(2)大脑内部特定结构的变化;(3)组成大脑的数以亿计的细胞(神经元)的变化。

◎ **大脑整体的变化**

从出生到成年,整个大脑发生的明显变化是重量大幅增加。出生时大脑重约400克;11个月大时重850克;3岁时重1100克;成年时重1450克(Kolb & Whishaw, 2003)。如此看来,成年人的大脑重量几乎是新生儿的四倍。大脑重量的增加使得更高级的思维活动成为可能。

◎ **大脑内部特定结构的变化**

大脑主要部分的相对大小和活动水平也随着发育而变化。大脑可分为两个主要部分:皮层下结构和皮层。皮层下结构是指脊髓顶部的区域,如丘脑、延髓和脑桥(见图1.2)。人类大脑的这部分结构和其他哺乳动物的大脑非常相似,特别是其他灵长类动物,如类人猿和猴子。

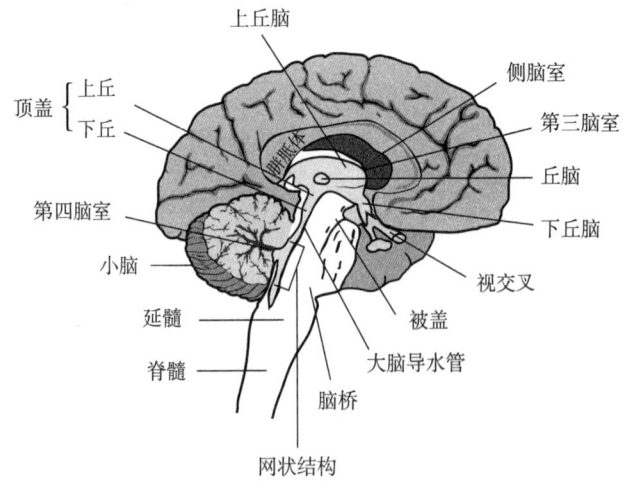

》 图1.2 大脑结构。该图展示了多个皮层下区域;覆盖于最顶端的部分就是大脑皮层

与这些皮层下区域一样,人脑的皮层也包括一些与其他灵长类动物相似的结构。比如下丘脑和杏仁核。除此之外,皮层区还包括一个较大的结构:大脑皮层。人类的大脑皮层比任何其他动物都要发达得多,也正是由于这个覆盖于大脑顶端的结构,我们才拥有了人类特有的高级认知技能,如语言能力和解决复杂问题的能力。

在出生后的几年里,相对于大脑的其他部分而言,大脑皮层的发育并不成熟,而且也不及其本身发育成熟时的状态。这主要体现在两个方面:其一,在脑中所占的比例较低;其二,参与大脑活动的程度较低。大脑皮层的相对不成熟对认知功能有重要影响。它导致某些类型的认知功能在早期无法实现。即便有一些认知功能后期由大脑皮层主导,在早期阶段这些功能也是由其他发育更为成熟的部分代为完成。

如图 1.3 所示,大脑皮层主要包括四个区域:大脑前部的额叶,顶部的顶叶,后部的枕叶,以及底部的颞叶。每一块区域都分管特定类型的认知活动。例如,枕叶主要参与视觉信息的加工,而额叶主管意识、计划和认知活动的调节。通过对额叶的观察,我们发现相较于其他大脑结构,甚至是大脑皮层的其他区域,新生儿的额叶功能其实并未发育成熟。额叶功能在婴儿期和儿童早期的充分发展似乎对这一时期儿童认知能力的快速进步发挥着至关重要的作用。(关于大脑各部分发展的差异,可进一步参阅 Chugani & Phelps, 1986)

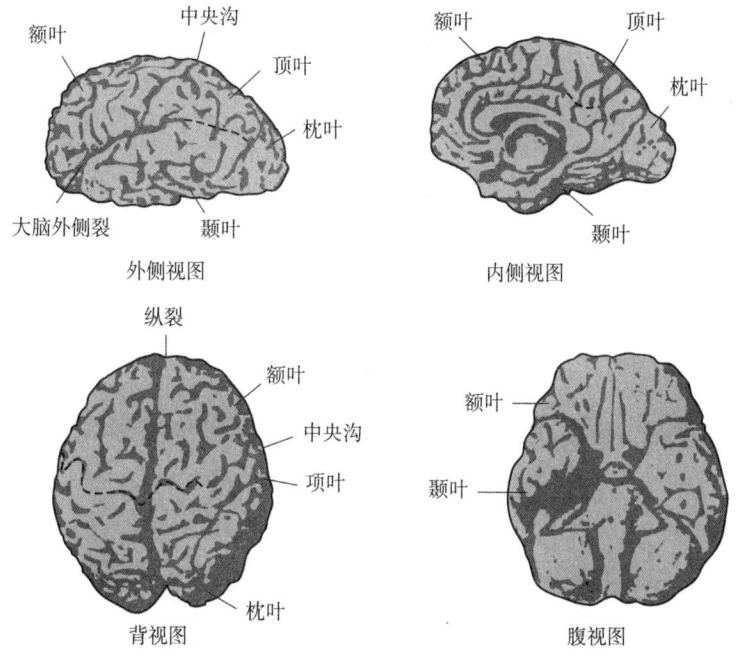

≫ 图 1.3 大脑皮层的四种视图。左上角为外侧视图,左下角为背视图,右上角为内侧视图,右下角为腹视图

大脑皮层又可分为两个部分,或两个半球,中间由一条被称为"胼胝体"的密集纤维束相连。大多数情况下,每个半球负责处理另一侧身体的感官和运动信息。也就是说,大脑右半球负责处理身体左侧的感官输入和运动反应,大脑左半球则主管着身体右侧的感知和运动功能。

大脑半球加工信息的方式也迥然不同。例如,在大多数右利手的成年人中,大脑左半球主要以序列、分析的方式加工信息;大脑右半球则以整体、整合的方式加工信息。因此,语言和逻辑信息的加工主要由大脑左半球负责,情绪和空间信息的加工则由大脑右半球负责。某一侧半球在执行特定功能时起主导作用的现象被称为功能侧化(lateralized)。

最近的研究表明，即使在婴儿期，大脑也存在功能侧化现象。例如，婴儿早在6个月大时就会表现出运动任务中的用手偏好(Michel, 1998)。另有一项研究比较了5—12个月大婴儿在"咿呀学语"阶段(这个阶段是语言习得的早期阶段，婴儿"咿呀"的声音也被认为是早期语言学习开始的标志)的张嘴方式。当婴儿发出清晰的"咿呀"声时，他们嘴巴的右侧比左侧张开得要大一些，这表明大脑左侧在起作用；当婴儿发出含糊随意的声音时，他们嘴巴的两侧张开幅度相当(Holowka & Petitto, 2002)。这些发现说明，从1岁开始，婴儿大脑的左半球就开始参与语言信息加工。

◎ **大脑神经元的变化**

大脑变化的第三个层面更加具体，涉及特定神经元(神经细胞)的变化。神经元数量庞大，有1000到2000亿之多，且广泛分布于大脑的各个部分。随着大脑发育，神经元之间的联系会变得越来越紧密。

每个神经元包括三个主要部分：一个细胞核，它是神经细胞的核心；若干树突，它们是将其他神经元的信息带到细胞核的纤维；一个(或偶尔多个)轴突，它是从细胞核向其他神经元传递信息的较大的纤维(见图1.4)。

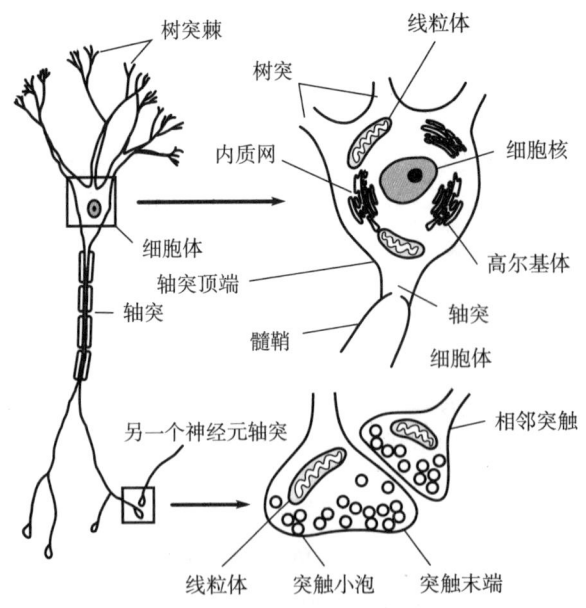

» 图1.4 神经元(见图左)的典型结构，包括顶部树突、方框中的细胞体和方框下方的轴突。注意，轴突自细胞体伸出的起始段是裸露的；下方包裹着轴突的部分称为髓鞘，具有绝缘作用并可提高神经冲动的传导速度。图的右下方显示的是一个神经元轴突的末端与另一个神经元树突前端相邻的画面。化学神经介质经由突触从上游神经元轴突末端传递至下游神经元树突前端或另一个轴突，从而实现了神经冲动在神经元之间的传递

神经元通过电信号和化学介质传导信息。在特定的神经元内，信息传递通过电传导进行。电信号先从树突传到细胞核，而后再到轴突。神经元之间的信息传

递借助化学介质完成。神经元之间并非直接相连,而是存在一个叫作突触的细小间隙,突触将一个神经元的轴突与另一个神经元的树突分开。电信号沿着轴突运动,引发化学神经介质(neurotransmitters)的释放,这些介质从轴突末端流经突触,到达邻近神经元的树突。当神经介质到达接收神经元的树突时,信息再次被转换成电信号,随后在该神经元内传递。在成年人的大脑中,一个神经元与其他神经元之间通常有 1000 多个突触。这些多重连接使得信息可以同时传输到大脑的不同区域(Thompson, 2000)。

◎ 突触的形成

婴儿出生时大脑神经元间的突触的发育其实远未成熟。大脑中大部分突触的生长都会遵循一种独特的"过剩"和"修剪"的发育路径。在早期,突触数量会"爆发式"增长,因此幼儿大脑中的突触数量远超成人。在发育过程中,儿童大脑的突触数量逐渐减少至成人水平。例如,从出生到 12 个月之间,婴儿额叶区的突触密度会增加 10 倍。到 2 岁时,这种密度接近于成年人的两倍。自此之后,突触密度被继续"修剪",大约在 7 岁时降至和成人相当的水平(Huttenlocher, 1994)。

大脑其他部分突触的发展也有着类似的"过剩"和"修剪"模式,只是时间周期有所不同(Huttenlocher & Dabholkar, 1997)。例如,在视觉皮层中,突触密度的峰值大概在 1 岁左右出现,比额叶要早一些。其"修剪"过程持续的时间也更长,会持续至 11 岁左右(Huttenlocher, 1990)。尽管如此,有一点是基本明确的,突触在经历初期的数量激增后,一般都会进入较长时间的"修剪"过程。

大脑突触连接的最终模式是什么?突触在生成的早期很大程度上受基因控制(Bourgeois, 2001)。然而,后天经验也发挥着关键作用,尤其是在发展的晚期阶段。具体而言,后天经验在突触生长的保留和"修剪"决策中扮演着重要角色。如果经验能诱发某些突触"放电"从而释放神经介质,则这些突触会被保留,反之则会被"修剪"(Greenough & Black, 1992; Greenough, Black & Wallace, 1987)。因此,大脑发育和行为发展一样,都会受到先天基因和后天经验相互作用的影响。

有研究者提出,婴幼儿能比成年人更有效地习得某些能力与他们早期突触"过剩"有关(如 Bjorklund, 1997)。例如,婴幼儿特别擅长习得母语的语音和语法,他们的学习效率也远远高于那些成年后移居至一个新国家并试图学习该国语言的人(Johnson & Newport, 1989)。这并不仅仅因为儿童学习的是母语,而这些成年人学习的是第二语言;年幼儿童(比如一个 5 岁时来到另一个国家的幼儿)在学习第二语言的语音和句法时的效率也同样要高很多。英语等语言的语音和语法具有极其复杂的规则体系,而年幼儿童大脑中的大量"过剩"突触可帮助他更有效地掌握这些系统规则。

由于突触"过剩",发育中的大脑在适应不同情境时表现出极强的可塑性,这也是儿童早期脑损伤(如脑外伤或中风)大多都能较好康复的原因(Stiles, Bates, Thal, Trauner & Reilly, 2002)。例如,婴儿或儿童分管语言的大脑部位出现损伤后,他们的语言功能大多能完全康复,这是因为大脑的其他部分接管了语言的加工。换言之,大脑受伤后其功能分布会进行"重新布局",最初并不执行语言功能的大脑区域会代偿执行这一功能。而相同大脑部位受损的成年人通常康复情况都不太好,这是因为他们大脑其他部分的"剩余"神经元都已被占用执行其他专属功能。

神经的可塑性不仅对脑损伤后的康复有着重要作用,还有助于大脑调节适应由于不同的使用模式所产生的经验差异(Elbert, Heim & Rockstroh, 2001)。例如,与业余人士相比,音乐家在演奏弦乐时其左手手指对应激活的大脑皮层区有所增大。另外,早年开始的音乐训练似乎对大脑皮层组织有较大的影响。当对左手小拇指施加刺激时,早年开始学习弦乐的音乐家的脑神经激活状态比之较晚开始学习的同行更加显著(Elbert, Pantev, Wienbruch, Rockstroh & Taub, 1995)。这一发现表明,人类大脑的可塑性会随着年龄的增长而逐渐降低。

社会环境对认知发展有何作用?

理解认知发展不仅需要了解大脑结构,还需要了解社会环境对认知发展的作用。儿童从出生的那天起就身处一个社会化的环境中。之所以称其为社会化,不仅是因为该环境中有与儿童互动的父母、兄弟姐妹、其他成年人和其他儿童,而且因为它包括了大量由人类才智创造的物品(如书籍、电视机、计算机、汽车)、诸多反映我们文化遗产的技能(包括阅读、写作、数学、计算机编程、玩视频游戏),以及许多指导策略构建和问题解决的价值观念(如速度、准确性、整洁性、真实性)。显然,社会环境的所有上述方面都会影响儿童的思想及其思维方式。强调社会环境在儿童发展中的作用的发展理论被称为"社会文化理论"。这些理论将在第四章重点介绍;本书中也有大量的事例来说明他人在儿童认知发展中的重要性。

20世纪初,苏联心理学家列夫·塞门诺维·维果斯基(Lev Semenovich Vygotsky)首先阐述了关于发展的社会文化观点。依据维果斯基的理论及其现代研究成果,社会、文化和历史情境在认知发展过程中起着核心作用。情境是儿童经验的一个有机组成部分,因此脱离情境而讨论认知或行为是没有意义的(Rogoff, 1998)。发展变化也不仅仅指儿童个体知识和认知过程的变化,同时也涉及儿童角色在社会互动和不同文化属性行为中的演变。因此,根据社会文化理论的观点,如果我们要了解不同年龄段的行为表现或其中的发展变化,就必须在社会情境中调查和分析行为。

在社会情境中调查和分析行为意味着什么?在实践中,不同的研究关注的社会和文化环境的维度有所不同。关于什么是情境,尤里·布朗芬布伦纳(Urie

Bronfenbrenner, 1979)曾提出一个特别有影响力的观点。他将情境(context)概念化为如"俄罗斯套娃"的嵌套式网状结构(p.3)。根据布朗芬布伦纳的理论,社会文化情境包含数个同心层,每一层既影响自身的心理功能,也对自身与其他层的互动关系产生作用,如图1.5所示。

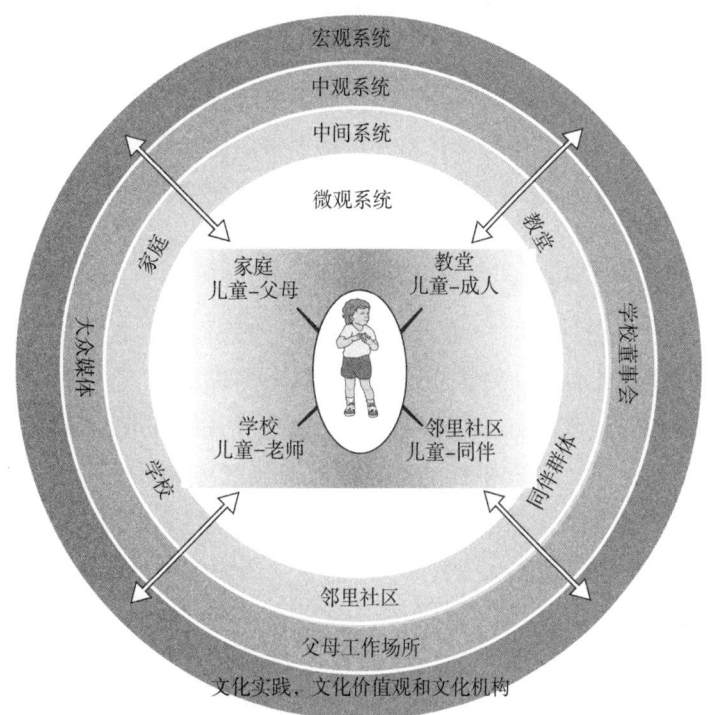

》 图1.5 情境交互层的示意图(based on Bronfenbrenner, 1979)

如图所示,情境结构的最内层由微观系统(microsystem)组成,同时也是变化发生层。微观系统包含儿童直接参与的社会互动关系,如母子关系、兄弟姐妹关系、师生关系和同伴关系。自此向外的第一层是由多个相互关联的微观系统组成的中间系统(mesosystem)。例如,家庭的期望和学习机会对儿童在学校的表现产生影响,家庭和学校两个微观系统的相互作用便形成了一个中间系统。同理,学校举办的活动也会影响家庭,比如学校活动和家长会等。接下来是中观系统(exosystem),该系统是社会化系统,儿童并不直接在其中扮演角色,但他们的发展依然会受其影响。学校董事会是一个较为形象的例子。学校董事会决定着社区学校的组织、学年的长短和课程所需的内容。尽管儿童并未直接参与这一系统,但它显然会对他们的发展产生影响。最后,所有这些系统全都位于更广阔的文化情境下的宏观系统(macrosystem)中。宏观系统融合了各类社会文化期待,如怎样照顾儿童以及儿童在不同发展阶段应参与哪些活动等。更广泛地说,宏观系统包括了关于如何组织家庭和社区的文化实践、关于儿童在社区中的角色的文化价值观，以及学校和日托等文化机构。

所有这些系统（从微观系统到宏观系统）都会随着时间而变化。例如，儿童与父母的关系随着年龄的增长而变化，社会对儿童行为的期待也会随着他们年龄的增长和时间的流逝而变化。布朗芬布伦纳后来也在他提出的嵌套结构理论的每一个系统中加入了"时间"这一要素（如 Bronfenbrenner, 1998）。

上述所有关于情境的讨论都包含在发展的社会文化理论范畴。尽管如此，社会文化研究的主要议题依然围绕着儿童在其中扮演直接角色的社会互动体系（微观系统和中间系统），以及在各种文化和亚文化情境（宏观系统）中存在的发展机会。

◎ **社会互动与认知发展**

维果斯基的理论主要关注他所说的"高级"心理过程，如推理和概念形成。正是这些心理过程将人类和动物区分开来。维果斯基提出，所有"高级"的心理过程都源于社会互动。儿童最初通过伙伴的支持来完成认知任务。随着时间的推移，这种与伙伴的互动关系逐渐内化，直至儿童能够独立完成任务。因此，他认为发展变化的核心机制是社会互动过程的内化。

内化的概念强调了他人在引导和支持儿童发展方面不可或缺的作用。他认为给儿童提供帮助的一种方式称为社会脚手架（social scaffolding），它包括帮助儿童对任务进行合理地分析，示范解决问题的方式，提供必要的提示以积极引导儿童。社会脚手架这一概念源自现实生活中建造房屋时使用的脚手架。现实中的脚手架是一种金属框架，建筑工人可以攀上脚手架在高处工作。一旦基础结构建造完成，工人们可以在基础结构上继续工作，脚手架便可拆除。同样，在某些活动中，思维水平更高的人为儿童提供一个临时支架，使得儿童能够以更高级的思维方式进行思考。一段时间以后，儿童便可以在没有外部支持的情况下以较高水平完成活动任务。父母倾向于以社会脚手架的方式教育孩子，在孩子刚开始学习一项技能的时候，父母扮演积极引导的角色。随着孩子的能力日益增长，父母的角色就逐渐退却，孩子开始独立成长（Pratt, Kerig, Cowan & Cowan, 1988; Wood, 1986）。

◎ **认知发展的文化背景**

维果斯基的理论同样也强调文化在儿童成长中的作用。他特别强调了文化工具在思想形成和塑造中的重要性。文化工具包括所有文化实物和思想，它们使人们能够实现自己的目标，比如计算器和计算机等机器；书籍和地图等文化载体；数学和科学原理等认识世界的方法；数字和字母等符号系统，以及重力和效率等概念体系。

即使儿童与最平淡无奇的文化工具互动,也有助于他们更好地理解社会和现实世界。比如,认识日历和时钟并不仅仅意味着了解时间,还包括理解我们文化中的信念,让儿童意识到将时间分解为年、月、日、小时、分钟和秒自有其道理。人们使用这些工具的方式也很有启发性。我们告诉儿童在 6 点或 6 点 15 分到家,8 点零 5 分到校,但从不说在 8 点零 7 分 30 秒之前到家或到校,更不会说 8 点零 7 分 30 又 7/10 秒。我们认为把时间分解至一定的精确度是有用的,但通常不会超过这样的精确度。无数此类经验塑造着儿童思考如时间这样的基本概念的方式。

文化同样也对儿童参与的活动产生影响。不同文化中照看儿童的方式、典型的儿童活动都有所不同,这些在儿童发展中都发挥着重要作用。包括美国在内的一些文化环境里,儿童一般会与成人的社会经济活动隔离开来。儿童相关的学习也都是在日托机构或学校进行。而在另外一些文化环境中,儿童则会融入成人的日常社会活动中,包括家庭劳动,如清洁和做饭,也会参与到成人的经济活动中,如耕作和纺织。在这样的文化中,儿童大多数的学习融合在各种日常生活情境中。学习环境的差异使儿童认知发展性质和方式变得多样。总而言之,文化的不同决定了儿童参与文化活动方式的差异,从而影响着儿童认知思维的发展。

本书的篇章结构

您既可以将本书视为按照章节组织的,也可将之视为分主题组织的,同一主题在多个章节都有论及。下面我们将从这两个维度对本书内容进行概括。

分章组织

全书共分为三部分。第一部分包括第一章至第四章,主要探讨了儿童思维的一般特征,包括皮亚杰的发展理论,有关思维发展的信息加工理论,以及社会文化理论。第二部分包括第五章至第十一章,主要探讨了儿童思维发展的具体层面,如儿童如何感知世界,如何使用语言进行交流,如何学习阅读、写作以及数学等。第三部分只有一章,即第十二章,总结了已有的研究成果,并展望了未来研究中的重要议题。

您刚刚读完的第一章旨在界定本书所论及的领域,并介绍相关的重要概念。第二章则重点介绍皮亚杰的有关理论。从某种程度而言,皮亚杰对儿童思维的研究开拓了现代认知发展研究的新领域。对于儿童如何推导太阳的起源、如何按照重量将物体排序等问题,皮亚杰关注了很多被忽视的方面并取得了重要发现。另外,皮亚杰选择观察的儿童对象年龄跨度极大,有刚出生不久的新生儿,也有处在青春期后期的青少年。因此,他的观察研究为探索婴儿、儿童和青少年多方面的发展特点提供了有力的参照。

第三章探讨了儿童思维研究中的另一个重要理论——信息加工理论。该理论既可看作是对皮亚杰理论的一种拓展，也可被当作全新的一种可替代的研究方法。信息加工理论的基本假设是：儿童心理活动的特点主要体现在其加工信息的过程；个体的信息加工能力是有限的；认知能力在个体加工系统和环境的相互作用下得到增强（Klahr & MacWhinney, 1998）。事实证明，信息加工理论的方法对于研究儿童思维发展尤其有用，因为它能较为准确地描述认知变化的发生机制。

第四章论述了研究儿童思维的第三个重要理论，即社会文化理论。如前文所述，社会和文化环境对儿童的行为、思想和思维方式有着深远的影响。以社会文化理论为指导的研究旨在探讨对认知和发展产生影响的各种社会和文化因素。

第五章是本书第二部分内容的开端，第二部分主要探讨儿童思维的七个具体方面：感知、语言、记忆、概念理解、社会认知、问题解决和学业技能。第五章侧重于讨论儿童的感知发展，重点放在儿童自婴儿期开始形成的数量惊人的视听能力，以及感知和行为的关系。

第六章讨论了儿童的语言发展，主要集中于以下问题：儿童最初使用什么类型的词汇，他们何时以及如何学习语法，他们如何习得词义，以及他们如何使用语言与他人交流。

第七章探讨了记忆的发展，着重于分析基本能力、策略和知识内容的发展如何促进儿童记忆能力的发展。本章还论及了法庭案件审理中，儿童对所发生事情的回忆是否可信，以及他们证词的准确性如何随年龄增长而变化等实际问题。

第八章涉及概念的形成。本章的前半部分讨论了儿童在头脑中表征概念的方式：词典式定义，大致相关的特征描述，抑或是因果关系梳理。本章后半部分则介绍了时间、空间、数字和生物等多个重要概念及其发展。

第九章是关于社会认知的，重点介绍了儿童对社会信息不断深化理解的发展，包括儿童对自我和他人的认知，对行为背后的心智活动和心理状态的了解，以及对社会环境的认识。

第十章着重于问题解决。我们所有人每天都在解决各种问题，但此类活动在儿童的生活中扮演着非常重要的角色。原因很简单，那些我们看来很常规的任务，在儿童眼中都是一个个新奇的挑战。本章所论及的问题解决的心理过程包括：计划、因果推理、类比、工具使用以及科学和逻辑推理。

第十一章涉及阅读、写作和数学能力的发展。之前章节中提及的关于思维发展的各种技能，如感知、语言、记忆、概念理解，都要在课堂上得到运用。儿童对于学业技能的习得过程也可说明不同类型的思维过程如何协同工作来完成复杂概念和技能的学习。

第十二章是本书的第三部分,主要总结了儿童思维研究各个领域的重要结论,并提出了未来可进一步研究的关键问题。

中心主题

这种"分章式"的结构形式是呈现本书内容的方法之一,另一种方法是提炼并罗列出在多个章节中出现的中心主题。以下是本书中反复讨论的八大中心主题:

1. 儿童思维最基本的问题是"什么在发展"和"如何发展"。
2. 自动化、编码、概括和策略构建在认知发展中起着特别重要的作用。
3. 婴幼儿的认知能力要比表面上看起来更强大。他们具备丰富的快速学习能力。
4. 不同年龄组之间的认知能力往往只存在程度的差异,并没有本质上的不同。婴幼儿的认知能力比我们预想的要强大;年长儿童和成人的认知能力也没有我们预想的那么有优势。
5. 儿童的思维变化并不是在真空中产生的。他们已有的知识不但会影响他们能够学到多少,也影响他们到底能学到什么。
6. 智力的发展不但体现在提高了对认知资源配置的效率上,而且体现在大脑结构和功能上的相关变化。
7. 儿童的思维是在社会环境中发展的。家长、同龄人、教师和整个文化环境都会影响儿童思考的内容以及他们如何、为何以这种方式思考。
8. 儿童思维研究的深入开展不但具有理论价值,同时也有实践指导意义。

如果您想提高对本书内容的理解,我们建议试试这一简单的方法:现在花几分钟时间再次阅读和思考这八个主题。然后,当您阅读后面的章节时,不妨尝试留意这些主题与儿童思维其他方面的联系。

小结

数百年来,研究儿童发展问题的人们对这些问题一直倍感困惑:儿童的想法从何而来?婴儿认识世界的方式与成人有何异同?随着研究理论和方法的不断进步,我们对这些问题以及诸多相关问题的探索也得以不断深入。

关于儿童思维的一些疑问由来已久。诸如:某些认知能力是与生俱来的吗?儿童思维的发展是阶段突变式的,还是连续性的?儿童思维的变化是如何发生的?不同个体在智力等方面有何差异?早期能力和后期能力之间存在多大程度的连续性?大脑的内部结构、外部世界和他人如何影响儿童的思维发展?时至今日,这些疑问仍然是儿童思维研究领域的最根本问题。

除此之外,本书还反复谈及了其他一些话题,包括婴幼儿让人惊讶的认知能力;儿童思维的不断发展、思维能力不断提高;儿童在有限认知资源条件下应对复杂任务的挑战;现有知识对进一步学习的影响;大脑发展和社会环境对儿童思维的影响等。

推荐读物

Bronfenbrenner, U. (1979). *The ecology of human development: Experiments by nature and design.* Cambridge, MA: Harvard University Press. In this book, Bronfenbrenner presents his influential conceptualization of layers of social and cultural context.

Flavell, J. H. (1971). Stage-related properties of cognitive development. *Cognitive Psychology*, 2, 421–453. A classic analysis of stage theories of development.

Johnson, M. H., Munakata, Y., & Gilmore, R. O. (Eds.). (2002). *Brain development and cognition: A reader* (2nd edition). Oxford, UK: Blackwell. A compilation of a large number of the most important articles about the relation between development of the brain and children's thinking.

Meltzoff, A. (2002). Imitation as a mechanism of social cognition: Origins of empathy, theory of mind, and the representation of action. In U. Goswami (Ed.), *Blackwell handbook of childhood cognitive development.* Malden, MA: Blackwell. Infants in their first month out of the womb show some ability to imitate the actions of other people; this chapter summarizes some of the evidence for this surprising capability and how it develops during infancy and beyond.

第二章
皮亚杰的发展理论

在劳伦特7个月又28天大的时候,我在垫子后面给他放了一个小铃铛。不管这个铃铛有多小,只要被他看到,他都会试图抓住它。但是,当小铃铛从他视线中完全消失了,他就不再找来找去。

然后,我用手遮挡继续做实验。我把小铃铛放在手上,把手张开放在离劳伦特大约15厘米远的地方。劳伦特先是把手伸了出来,想要抓住小铃铛。我转而把小铃铛藏到了手背后。这时,劳伦特马上收回了他伸出的手,仿佛小铃铛不存在了。然后我晃晃手……劳伦特聚精会神地看着,听到小铃铛的声音时他非常惊讶,但他并不想伸手拿到它。我把手翻过来,他看到了那个小铃铛,然后他又伸出手来想要拿,我把手换了个位置,又把小铃铛藏了起来,劳伦特又把手收了回去。(Piaget, 1954, p.39)

这个婴儿奇怪的行为告诉了我们什么?皮亚杰(1954)提出了一个颇具争议的解释:劳伦特没有再找小铃铛是因为他不知道小铃铛依然存在。换句话说,他还不能构建"小铃铛在那儿"的心理表征,因此就停止寻找。婴儿的思维似乎很好地印证了那句格言:"眼不见,心不念(Out of sight, out of mind.)。"

这一章是本书标题中唯一含有人名的,这并不意外,皮亚杰对认知发展研究的贡献基本上代表了研究者所能达到的最高水准。在皮亚杰开展他的研究工作之前,认知发展的研究领域尚未成形。虽然,在此期间针对儿童思维的研究已不胜枚举,但即便是皮亚杰最早期的研究也颇具启发意义。那么,为何皮亚杰的理论会有如此旺盛的生命力呢?

最根本的原因也许在于皮亚杰的理论让儿童思维不再抽象和缥缈。他的描述令人信服,他的许多个体观察都相当令人惊讶,他所描述的普遍趋势符合我们的直觉和童年记忆。

第二个重要的原因是,皮亚杰理论探讨的是数百年来家长、教师、科学家和哲学家感兴趣的话题。从最宽泛的角度来说,该理论讨论的问题涉及"什么是智力?"和"知识从何而来?";从更具体的层面来说,这一理论分析了人类基本知识习得过程中的诸多概念，如时间、空间和数字等。皮亚杰的理论将这些基本概念的发展融入一个统一的框架中，故而成为20世纪重要的理论成果之一。

这一理论之所以经久不衰的第三个原因在于其超乎寻常的广度。它涵盖了从婴儿到青少年的整个年龄段，年龄跨度之大极为少见。因此，我们能够看到儿童对因果等概念的理解从婴儿时期的初级形式经由儿童早期、中期直至青少年时期不断复杂化。这一理论还包含了任何特定年龄段各方面的发展情况，所涉及的范围极为广泛。例如，该理论融合了5岁儿童的科学和数学推理、道德判断、绘画、因果观念、语言的使用以及他们对过去事件的记忆。科学理论的目的之一是指出看似无关的事实背后的共性。从这个维度而言，皮亚杰的理论无疑是非常成功的。

第四个原因是皮亚杰拥有相当于天才园丁的"绿色大拇指（green thumb）"——一种将观察变得有趣的天赋。本章开头便引用了他众多观察记录中的一例：婴儿在看不见物体的情况下会放弃对其进行寻找。本章还列举了皮亚杰许多其他有趣的观察。

由于皮亚杰理论所涉猎领域的广泛性和复杂性，似乎更适合先从总体上对他的理论进行了解，然后再不断深入地研究。本章第一节是皮亚杰理论概述。第二节描述了儿童思维四个发展阶段的特点。第三节着重描述了从出生到青春期几个特别重要的概念的发展。第四节则是对该理论的相关评析。详见下面的"章节概览"。

章节概览

一、皮亚杰理论概述

1. 理论整体
2. 发展阶段
3. 发展过程
4. 主要假设

二、阶段模型

1. 感觉运动阶段（从出生到大约2岁）
2. 前运算阶段（大约2岁到6或7岁）
3. 具体运算阶段（大约6或7岁到11或12岁）
4. 形式运算阶段（11或12岁以后）

三、关键概念的发展

1. 守恒问题
2. 分类和关系

四、皮亚杰理论评析
1. 该理论是否准确地描述了不同年龄儿童的思维发展特征？
2. 儿童思维的阶段式发展究竟是怎样的？
3. 皮亚杰描述的一般特征在多大程度上契合儿童的思维？
4. 皮亚杰理论的现状

五、小结

皮亚杰理论概述

皮亚杰的理论涉猎广泛、内容复杂，为了避免"因为一棵树而失去整片森林"，本节将对皮亚杰的理论做一个概述。

理论整体

要理解皮亚杰的理论，就必须了解他创立该理论的动机。这便要追溯到皮亚杰早年对生物学和哲学的兴趣。11 岁时，他发表了第一篇文章，描述了他观察到的一只白化麻雀。在 15 到 18 岁之间，他又发表了几篇文章，大部分是关于软体动物的。这些文章一定是令人印象深刻的。因为在皮亚杰 18 岁时，一家自然历史博物馆的馆长给他写了一封信，邀请他担任该博物馆软体动物馆的负责人。这位馆长与皮亚杰素未谋面，仅仅是读过他的文章。不过皮亚杰为了完成高中学业，并没有接受这个邀请。

除了早年对生物学的偏爱，皮亚杰还对哲学兴趣盎然。他特别喜欢其中关于知识起源的一个分支——认识论。18 世纪的理论哲学家伊曼努尔·康德（Immanuel Kant）同样对知识的起源颇感兴趣，因此皮亚杰对康德的理论也十分着迷。

皮亚杰对哲学和生物学的兴趣在多个方面影响了他之后的理论构建，引出了其理论背后的根本问题："知识从何而来？"同样，它也影响了皮亚杰对特定研究问题的选择。皮亚杰与康德一样，把空间、时间、分类、因果和关系视为知识的基本范畴。同时，他反对康德关于"这些基本知识范畴为人类固有"的观点。相反，他认为从婴儿期、幼儿期到青少年期，儿童对这些概念的理解是逐渐深化的。也许最重要的是，由于对哲学和生物学感兴趣，皮亚杰隐隐感觉到，许多长期存在的哲学争议可以通过科学的方法来解决。正如达尔文试图解答"人类如何演化的？"这个问题一样，皮亚杰尝试回答"知识是如何演化的？"这个问题。

了解了上述背景，现在我们可以探讨理论本身了。从最宽泛的分析层面而言，皮亚杰主要感兴趣的是智力。他所指的智力不仅仅是智商量表测试的内容。他认为智力包含适应现实生活各个方面的能力。他还认为，在一个人的一生中，智力的发展经历了一系列存在"质性"差异的阶段。接下来的两节将对这些阶段，以及促进阶段性转变的发展过程进行详细描述。

发展阶段

如第一章所述，皮亚杰等持阶段论的研究者就发展阶段的特征提出了诸多假设。他们认为儿童推理在早期阶段和后期阶段存在质的不同。他们还假设，在发展的某个特定阶段，儿童在许多问题上的推理是相似的。最后，他们认为，在某一个发展阶段"滞留"较长时间后，儿童思维会"突变式"地过渡到下一阶段。

皮亚杰假定所有儿童的发展都要经历四个阶段，并且遵照相同的顺序。这四个阶段依次为：感觉运动阶段（sensorimotor period），前运算阶段（preoperational period），具体运算阶段（concrete operational period），以及形式运算阶段（formal operational period）。感觉运动阶段一般是从出生到大约2岁，前运算阶段大约从2岁到6或7岁，具体运算阶段大约从6或7岁到11或12岁，形式运算阶段则包括整个青春期和成年期。

我们首先来看看皮亚杰对感觉运动阶段的描述。皮亚杰认为，儿童出生时的认知系统仅限于运动反射。然而，在几个月内，婴儿会在这些反射系统的基础上发展出更复杂的认知功能。他们开始系统地重复那些偶发的行为，并在不同的情境中重复他们的活动，进而协调自己越发连贯地完成一系列行为。儿童与客观物体的实际接触为这一发展提供了动力。

前运算阶段的年龄范围大约为2岁到6或7岁。这一时期儿童最大的特点是获得了用符号表征现实世界的能力：心理意象、绘画，尤其是语言。在18到60个月这段时间，儿童的词汇量增加了100倍（McCarthy, 1954），他们说的话也从单字和双字短语发展到能说不同长度的句子。然而，在皮亚杰看来，前运算阶段的儿童还只能使用这些表征技能从自己的角度看待世界。他们注意力的广度有限，常常忽略重要信息。他们也只能表征静态情境，不能准确地对动态情境进行表征。

具体运算阶段的年龄范围大约为6或7岁到11或12岁。这一时期的儿童能够从他人的角度看待事物，可以同时从多个角度考虑问题，也可以准确地表征静态情境和动态情境。这使得儿童能够解决许多涉及具体事物和实际情形的问题。然而，他们尚不能思考所有逻辑上可能的结果，也不能理解高度抽象的概念。

形式运算阶段大约开始于11或12岁，代表着阶段性发展的最高阶段。这一时期的儿童不仅可以依据具体事物进行理性分析，同时也具备理论和抽象思考的能力。他们的视角更为广阔,可以解决许多在早期阶段不能解决的问题。尽管皮亚杰认为特定的知识和观念在不断变化,但他坚信形式运算阶段的基本推理模式非常强大,伴随我们一生。

发展过程

儿童是如何从一个阶段发展到另一个阶段的?皮亚杰认为三个过程至关重要:同化、顺应和平衡(equilibration)。

◎ 同化

同化是指人们改变输入信息,以使其适应现有认知结构的过程。举例来说,有这样一个小故事,西格勒的大儿子2岁时遇到了一个有点秃顶、两侧留着蓬松长发的男人。令西格勒尴尬的是,他儿子一看到这个人,就兴高采烈地叫道:"小丑(clown),小丑。"(实际上,听起来更像是 kown, kown①)小男孩认为,这个人显然拥有小丑区别于他人的特征,因此这个人就成了一个"小丑(kown)"。

同化不仅在幼儿时期很重要,而且在我们的一生中都很重要。音乐评论家伯纳德·莱文(Bernard Levin)的经历就是一个很好的例子。莱文曾指出,当年的巴尔托克(Bartok)尚处在职业生涯早期,当听到巴尔托克的《小提琴和管弦乐队协奏曲》首演时,无论是他还是其他评论家都觉得不好听,之后也不记得曲子的任何细节,只是觉得这首曲子令人困惑,谈不上悦耳。然而,当莱文20年后再次听到这首曲子时,他发现这首曲子极富音乐性。莱文解释说,在随后的那段时间里,"我在用不同的耳朵聆听世界"(*London Daily Telegraph*,1977年6月8日)。用皮亚杰的话说,最初莱文无法将巴尔托克的作品同化入他对音乐的理解中。而20年后,他做到了。

皮亚杰还描述了一种有趣的同化方式:功能同化(functional assimilation),即立即启用形成的心理结构。举例来说,西格勒的大儿子最初学说话时,哪怕没有他人在场,他仍会在自己的婴儿床上说个不停。几年后,哪怕父母告诉他不要再翻筋斗,他还是会一次又一次的翻个不停。皮亚杰将这一动机来源与行为主义者强调的外部强化引起行为的动机相比较。在外部强化条件下,儿童参与活动的原因是其能获得的外部奖励。在功能同化条件下,儿童参与活动的原因是掌握新技能所带来的纯粹乐趣。

◎ 顺应

顺应是指个体调整既有认知结构以适应新经验的过程。回到之前有关小丑的例子。西格勒强忍着笑对他儿子说,他们看到的那个人不是小丑。尽管他的头发

---

① 译者注:小丑的英文为 clown,发音与 kown 相近。

像小丑,但他没有穿滑稽的服装,也没有在逗人发笑。西格勒这么做的目的是帮助孩子调整其关于小丑的既有想法,以符合小丑这一概念的标准含义。

同化和顺应相互影响,没有同化就没有顺应,反之亦然。当看到一个新的物体时,婴儿可能会试图抓住它,这是因为婴儿之前有抓取其他物体的经验(用现有的方法"同化"新物体)。然而,婴儿也必须调整自己的抓握动作,以适应新物体的形状(因此也对既有方法进行了调整)。同化最极端的例子是幻想游戏。在游戏中,儿童掩蔽事物原有的客观特征并将其当作其他物体。顺应最极端的例子是模仿。在这种情况下,儿童过滤掉个人理解,只模仿他们看到的客体内容。即使在这种极端的情况下,同化和顺应也同时存在。玩游戏时,儿童不会完全忽视物体的客观特征(床几乎永远不会被当作茶杯,即使在幻想游戏中也是如此)。相应的,当我们不明白自己在做什么时,模仿往往也不是完美的(试试用一种陌生的外语逐字重复一个包含10个字的句子)。

◎ 平衡

平衡是儿童将已有的片段化知识整合为统一整体的过程。因此,它需要调节同化与顺应之间的关系。同时,平衡也是皮亚杰理论体系内儿童发展变化的基石。皮亚杰认为,所谓发展就是在儿童认知结构和外部世界之间构筑越来越稳定的平衡。也就是说,儿童头脑中的世界不断接近并契合客观现实。

皮亚杰还指出,无论平衡何时发生,它都包含三个阶段。首先,儿童对自身既有的思维结构感到满意,因此处于一种平衡状态。其次,他们意识到自己思维结构中的不足,由此产生不平衡状态。最后,一种更为复杂的新的思维结构将消除原有思维结构中的不足,从而达到了更加稳固的平衡状态。

为了更好地说明该过程,我们假设一个6岁的女孩认为动物是唯一的生物(事实上,大多数4到7岁的儿童确实这么认为;请参见 Hatano, Siegler, Richards, Inagaki, Stavy & Wax, 1993)。然而有一天,这个女孩意识到植物和动物一样,也会生长和死亡,因此引发了思维上的不平衡状态。在该状态下,女孩并不确定植物是不是生物,也不知道生物究竟是什么意思。但最终,她会认识到,生物的关键属性在于生长和繁殖,而植物和动物都能生长和繁殖,因此它们都是生物。于是,这一新的认识构建起一个更稳定的平衡状态,因为深入的观察会不断地证实这一点(除非这个女孩后来对某些病毒和细菌感兴趣,学界对它们的界定仍颇有争议)。

以上是对同化、顺应和平衡这些发展过程的一个概述。你可能会觉得,这些变化过程只适用于特定的、短期的认知变化。事实上,皮亚杰特别感兴趣的是它们产生的深远、长期的变化,比如从一个发展阶段过渡到下一个发展阶段。需要说明的是,长着小丑一样的卷发并不代表就是小丑,植物不能移动并不代表就不是生物,太阳看起来像金子也不意味着它就是金子。这些都反映了儿童思维从前运算阶段到具体运算阶段发展的一般趋势。皮亚杰认为,儿童将这些特定变化所涉及的同化、顺应和平衡进行概括,并将其融入一种更广义的转变,即从强调对象的外部特征转变为关注更深层、更持久的特征。

主要假设

◎ 儿童是问题的科学解答人

皮亚杰经常把儿童的思维和科学家解决世界基本问题的思维联系起来。他甚至认为婴儿的思维也具有类似的特点。当一个婴儿从高脚椅上扔食物,并不断改变食物的高度,以观察食物落地后的变化时,皮亚杰意识到,这就是科学实验的开始。

皮亚杰之所以专注研究科学推理和问题解决,至少源于三大原因。其一是因为他的"发展观"。皮亚杰把发展看作是对现实的一种调适。问题可以被看作是一个个现实的缩影。因此,儿童解决问题的方式反映了他们如何适应现实带来的种种挑战。

皮亚杰重视问题解决的第二个原因与他关于"如何发展和为何发展"的观点有关。只有新问题出现并打破儿童既有平衡时,新的平衡过程才会产生。由于问题的本质就是挑战既有认知结构,因而问题具有促进认知发展的潜在可能。如果问题解决会促进认知发展,那么对认知发展的兴趣自然也会引发对解决问题的兴趣。

原因之三与人们对儿童在陌生环境中反应的观察和发现有关。皮亚杰指出,日常生活中的有些事可以靠死记硬背,在这种情形下,我们对儿童的推理知之甚少。例如,我们问一个男孩:"法国的首都在哪?"他回答说:"巴黎。"这样的对话只反映出他具有这个知识,我们很难从中了解到他的思维过程。相比之下,当儿童对某个问题不甚熟悉时,他们的解决策略则会揭示出儿童所进行的逻辑推理过程。

◎ 活动的作用

皮亚杰强调认知活动是思维发展的方式。同化、顺应和平衡都是积极的认知过程,思维通过这些过程转化输入的信息,同时自身也因输入的信息而发生转化。正如格鲁伯和沃内切(Gruber & Voneche, 1977)所指出的,皮亚杰将其最出名的著作之一题名为《儿童的现实建构》(*The Construction of Reality in the Child*),这一点意义重大。在皮亚杰看来,现实不会"等着被发现",儿童必须通过自己的心理和生理活动构建现实。

"被发现的现实"和"构建的现实"之间的差别类似于图片上的桥梁和工程师构造的桥梁作用力模型之间的区别。图片简单地反映了桥梁的外观。相比之下,工程师的模型则揭示了各构件之间的关系以及结构的作用力分布。皮亚杰认为,儿童的心理表征和工程师的模型一样,强调结构之间的关系和因果关系。他还认为,儿童形成此类心理表征的唯一途径是将他们的经验同化到现有认知结构中。即使向儿童解释了某种关系，他们也必须积极地把它与自己的认知结构融合起来，这样才能记住这种关系。

◎ **方法论假设**

皮亚杰在他研究生涯的早期就意识到研究方法各有利弊。标准化实验方法精确且可重复，而依据不同儿童设定的个体化方法则有助于详尽的描述和深入的探究。他也认识到，在与儿童的访谈中，研究者可能会有意想不到的发现，也有机会让儿童解释自己的推理过程，但同时也可能由于儿童表达的问题而低估了他们的推理能力。因此，研究者需要予以权衡。

基于对各种研究方法利弊的认识，皮亚杰在研究不同的课题时选用了不同的方法。他早期对婴儿进行的研究主要是基于对自己孩子的观察。他观察了杰奎琳、劳伦特和卢西恩在日常生活以及非标准化实验中的表现。这些非标准化实验都由他自己设计，较易操作。皮亚杰早期关于儿童道德推理、因果关系、游戏和梦的研究则几乎全部采用了"儿童回答假设性问题"的方法。他后来对数字、时间、速度和比例的研究除了参照儿童与客观物体的互动，同时也结合了儿童对自己推理过程的解释。

总体来讲，对于是选择标准化方法，还是根据个体的行为和陈述对任务和研究问题进行灵活地调整，皮亚杰一般都选择了后者。这一选择有时也令他误入歧途。他的一些结论可能因此低估了儿童的能力。尽管如此，这些灵活的方法使他能够跟踪研究意料之外的观察结果，从而获得了许多可能永远无法通过标准化实验方法取得的重要发现。

至此，我们对皮亚杰的理论有了一个总体的了解。接下来，我们将阐述皮亚杰理论中四个发展阶段的主要内容。为了尽可能清楚地进行描述，我们在讨论中将避免使用诸如"皮亚杰说过""皮亚杰相信"和"皮亚杰认为"之类的表述。因为许多说法尚无定论，所以这些限定性短语不宜表达地这么直接。不过，在讨论这些颇有争议的问题之前，我们有必要先了解一下皮亚杰对相关问题的论述。

阶段模型

感觉运动阶段（从出生到大约2岁）

几年前，西格勒在教授发展心理学课时，在第一堂课上，他要求每个学生说出智力在婴儿期、儿童早期、儿童后期和青少年时期最重要的五个特征。一些学生评论说，他们觉得描述婴儿的智力这件事很奇怪，因为在他们看来，婴儿并不具有智力。到目前为止，婴儿智力最常见的特征是身体协调性、警觉性和识人辨物的能力。皮亚杰的过人之处在于他所洞见的特征远不止这些。他在婴儿的挥舞和抓握动作中看到了人类非常复杂的思维过程的端倪。

皮亚杰关于感觉运动阶段智力发展的论述在其发展理论中自成体系。据称，儿童在两年的时间内会经历 6 个智力发展的子阶段（我们统称为"子阶段"，以区别于前文提到的上级发展阶段，如感觉运动阶段和前运算阶段）。相对于如此短的时间，子阶段的数量似乎过多。不过考虑到 2 岁儿童的大脑重量几乎是新生儿的三倍，划分为 6 个阶段似乎也情有可原。一般来说，认知能力和大脑容量一样，在最初的几年里增长得尤为迅速。

◎ **子阶段 1：反射的调适（出生到约 1 个月）**

新生儿降临到这个世界时都带有本能的反射行为。把物品放到新生儿嘴里会引起吮吸反射；把物品放在新生儿手里会引起握持反射；新生儿会用眼睛注视物体的边缘，也会把头转向声源一侧。在皮亚杰看来，这些反射是形成智力的基础。

即使在出生后还不足月时，新生儿便开始调整反射，以便更好地适应环境。在最初的时候，任何东西放到新生儿的嘴里，他们的吮吸反射都是类似的。然而，在第一个月的晚些时候，新生儿吮吸奶嘴的方式就有别于吮吸又硬又干的手指了。而这两种吮吸方式又与新生儿吮吸自己手指的方式有差别。从中可以看出，即便是在出生后的第一个月，新生儿已经表现出发展中的顺应。

◎ **子阶段 2：初级循环反应（大约 1—4 个月）**

到第二个月，婴儿表现出初级循环反应。这里的循环（circular）一词是指事件的重复，包括婴儿的行为、婴儿行为对环境的影响，以及这种影响对其后续行为的作用。皮亚杰（1954）对此进行了举例说明：婴儿在最初的几个月里会试图抓握他们能碰到的各种物体，比如妈妈的肩膀、毯子上叠好的床单、爸爸的拳头等。

在初级循环反应阶段，如果婴儿的行为不经意间产生了有趣的效果，他们就会试图通过重复行为来重现这种效果。一旦成功，这一新的有趣效果会触发另一个类似的循环：重复行为，达到效果，重复行为……以此反复。

这些初级的循环反应之所以可以实现，主要是因为处在子阶段 2 的婴儿能够协调、整合原本独立的反射行为。在子阶段 1 中，婴儿还只会抓握放在手里的物品，也会吮吸放进嘴里的物体。在子阶段 2 中，婴儿能够整合这些动作，把拿在手里的物品送进嘴里，或用手抓住他们正在吮吸的东西。因此，这些反射反应已经开始为更复杂活动打下基础。

初级循环反应比早期反射反应更灵活，这使婴儿可以更好地认知外部世界。然而，它们也存在不足，至少体现在以下三个方面：第一，1 到 4 个月大的婴儿只会完全重复产生最初有趣事件的行为，他们不会改变该行为。第二，他们的行为整合性差，试错成分大。第三，他们只重复那些涉及自己身体的动作，比如吮吸手指。

◎ **子阶段 3：次级循环反应（大约 4—8 个月）**

在这一阶段，婴儿对自身以外的事件越来越感兴趣。例如，他们开始乐于用手击球，看着球越滚越远。皮亚杰把这类行为活动统称为次级循环反应。如所有的循环反应一样，这些行为被一遍又一遍地重复。但与初级循环反应不同，该阶段行为所产生的有趣结果（如球滚走）涉及外部世界中的物体。

在 4 到 8 个月之间，婴儿也能更高效地组织这些循环反应。皮亚杰提到一个例子，他让一个玩具挂件摆动起来，他的孩子会用腿踢挂件以使其继续摆动。若处于初级循环反应阶段，婴儿只会尝试恢复原来的有趣事件。而现阶段，婴儿可以更高效地做到这一点，他们对事件的反应更快，无效的动作更少。

至此，我们似乎很容易得出这样的结论：婴儿理解他们的行为和行为结果之间的因果联系。但皮亚杰并不这么认为。他觉得婴儿实施活动的主动性不够，更不能说他们具有独立的目标。在他看来，在出生后的第一个月，婴儿没有形成任何目标。而 1—8 个月，他们也只是形成了直接由眼前的环境决定的目标。直到 8 个月后，婴儿才能形成真正的目标，并且目标不受眼前环境的影响。

◎ **子阶段 4：次级循环反应的协调（大约 8—12 个月）**

接近 1 岁的婴儿能够将两个或更多的次级循环反应协调成一个有效的行为。当皮亚杰（1952 年）把一个枕头放在他小儿子劳伦特喜欢的一个火柴盒前，劳伦特推开了枕头并抓住了火柴盒。若处在早期的几个阶段，劳伦特并不能把推开枕头和拿到火柴盒这两个动作结合起来。

这个例子也说明了快满周岁婴儿的另一个重大进步。他们意识到特定的行为和结果之间存在某种特定的关系。因此，劳伦特那时已懂得，只要移开枕头，他就可以抓住火柴盒。

尤为重要的是，在子阶段 4 中，婴儿能够对外部世界形成相对持久的内部表征。"眼不见"并不一定"心不念"①。因此，当物体从视线中消失时，比如滚到了椅子后面，婴儿还会追着去找，而不会认为物体已经从世界上彻底消失。这种心理表征能力意味着一个特别重要的发展，因为它为所有认知的进一步发展奠定了基础。

◎ **子阶段 5：三级循环反应（大约 12—18 个月）**

婴儿在快满 1 岁时步入三级循环反应期，此时，他们已能摆脱循环反应的所有局限。他们积极地寻找与物体互动的新方法，并探索物体的潜在用途。正如循环反应的字面意思所示，婴儿仍然一次又一次地重复自己的行为。不同之处在于他们能够对自己的行为和行为所作用的物体进行有意识地调适。因此，这些行为虽然相似但并非完全相同。以下对皮亚杰儿子劳伦特的描述可以更好地帮助我们理

---

① 译者注：看不见的东西并不表示就不存在。

解婴儿的这种能力。

他接连拿起一个天鹅玩偶、一个盒子,还有很多东西……他伸出手,然后一松手它们就会掉下来。很明显,他在有意识地改变物品掉落的位置。有时他会直直地伸出胳膊,有时会斜着,有时放在眼前,有时放在身后……这样他手里的东西就会落在不同的位置(例如枕头上),他会让手里的东西在同一个位置重复掉落二三次,就好像是在研究空间关系,然后他会换一个位置。(Piaget,1951,p.269)

这些从初级到次级再到三级的循环反应的变化显示了儿童在1年半时间里思维发展的情况。如图2.1所示,初级循环反应阶段(大约1—4个月),以重复与婴儿自身有关的行为为主,如将手指放进自己的嘴里。次级循环反应阶段(大约4—8个月),重复偶然产生有趣结果的事件,该结果已稍稍脱离了婴儿自身(例如球滚得越来越远)。三级循环反应阶段(大约12—18个月),儿童有意识地调适产生有趣结果的行为。

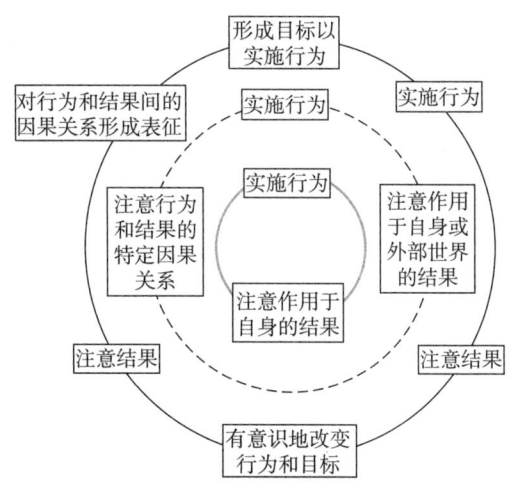

》图2.1 儿童思维发展过程:初级循环反应(─────)、次级循环反应(┄┄┄┄)、三级循环反应(━━━)。最好从图中每个圆的顶部开始顺时针阅读

这三类循环反应所体现的变化有助于我们理解婴儿期的认知发展。在婴儿初期,他们的活动以自身为中心;后来,他们逐渐趋向于以外部世界为中心。目标也逐渐从具体(扔掉物体)到抽象(改变物体掉落的高度)。意图和行为之间的对应变得越来越准确,对世界的探索变得越来越大胆。

◎ **子阶段6:表征思维的开端(大约18—24个月)**

这一年龄段的发展是从感觉运动阶段到前运算阶段的过渡。在感觉运动阶段,儿童只能行动,还不能对物体和事件形成内部心理表征。而在前运算阶段,儿童能够形成这样的内部心理表征。子阶段6是个转换节点,意味着内部表征开始形成。来看看下面这个故事。皮亚杰在陪他的女儿卢西恩玩耍。他把一条表链藏在了一个空火柴盒里。皮亚杰先是把火柴盒开得足够大,这样女儿卢西恩把火柴盒翻过来就能拿到表链。之后,他把火柴盒关紧,这样表链就掉不出来了。

这时,卢西恩仔细地看(火柴盒的)缝隙,然后,她接连多次张嘴、闭嘴,一开始嘴张得很小,而后嘴张得越来越大。显然,卢西恩知道(火柴盒)缝隙意味着存在一个空间,并希望把火柴盒开得大一些。她建构表征的方式体现出了一定的灵活性。由于无法用语言或清晰的图像来表征这个情景,她使用了一个简单的动作(张嘴)来表达。(Piaget,1951,p.338)

当卢西恩张嘴时,象征着她希望火柴盒的开口变得更大。我们几乎可以看到她在当时情境下形成的内部表征。也就是说,表征从她的外部行为转移至心理。这种内部表征的形成是前运算阶段的标志。

前运算阶段(大约 2 岁到 6 或 7 岁)

米勒(Miller,1993)敏锐地意识到,感觉运动阶段只是儿童思维发展的一个开端,就好比登山者们经过艰苦的跋涉,最后发现他们也只是勉强爬到了珠穆朗玛的山脚而已。在感觉运动阶段结束时,婴儿已成长为幼儿。他们可以与周围环境中的人和物进行良好的互动。不过,他们构建内部心理表征的能力仍十分有限。表征能力的发展是儿童前运算阶段发展的关键。

◎ 早期的符号表征

皮亚杰认为,儿童开始构建内部表征的标志是延迟模仿,即儿童在数小时或数天后对之前发生的行为进行模仿。若儿童表现出这种延迟模仿,他们必定已对原有活动形成了较持久的心理表征。否则,时隔那么久他们怎么还能够模仿呢?

儿童直到感觉运动阶段后期才会表现出延迟模仿。下面来看看皮亚杰女儿杰奎琳和游戏护栏的故事。

在"1;4(3)"(皮亚杰记录"1 岁 4 个月又 3 天"的方式)时,有一个"1;6"(译者注:1 岁 6 个月)的小男孩来找杰奎琳玩。杰奎琳之前经常和这个小男孩玩,只是那天下午小男孩脾气不太好。他想从游戏护栏里出来,就一边大喊大叫,一边把护栏向后推,还抬脚往上踩。杰奎琳看着他惊呆了,因为她以前从未见过这样的场面。第二天,她自己就开始在护栏里大喊大叫,也想要搬动护栏,并不断轻轻地踩脚。(Piaget,1951,p.63)

据她父亲皮亚杰所知,杰奎琳以前从未出现过这种行为。因此,她应该是对玩伴发脾气的一幕形成了内部心理表征,正是这个内部表征帮助她进行了模仿。

皮亚杰区分了两种内部表征形式:符号(symbols)和记号(signs)。两者之间的区别并不等同于这两个词在英语中的词义区别。更确切地说,符号是带有个人色彩的特定表征，而记号则是约定俗成的，用于人际交流的。

在早期建构内部表征时，儿童经常使用符号（个人化表征）。他们可以用某一块特定的布来代表他们的枕头，或用一根冰棒棍来代表一把枪。通常，这些个人化符号与它们所代表的物体在物理特征上有相似之处。这块布的质地与枕头相似，都很舒服；冰棒棍的形状和质感则有点像枪管。相比之下，记号通常与它们所代表的物体或事件并不相像。cow（奶牛）这个英语单词看起来并不像奶牛这种动物，数字 6 也与 6 个物体没有任何内在的相似性。

随着儿童的成长，他们开始较少地使用个人化符号，更多地使用约定俗成的记号。这种转变是一个重要的发展，因为它大大提高了儿童与他人沟通的能力。然而，从个人化表征过渡到约定俗成的表征也并非易事。

皮亚杰对"自我中心式交流"的描述体现出了这种转换的难度。皮亚杰用以自我为中心来描述学前儿童，这其中并没有任何批判儿童过于自我的意味，仅仅是取其字面的含义而已。学前儿童总是从自己的视角来看待外部世界，他们对语言的使用也反映出这一特点，他们会使用一些个人化的、特定的词语，但这些词语在他人看来并无意义。

即便是年龄很小的儿童也会使用符号和记号。尽管如此，他们一开始并不能以他人能理解的方式始终如一地使用这些符号和记号。图 2.2 描绘了与此有关的学前儿童的一次对话。学前儿童经常会"自说自话"，似乎毫不在意别人在说什么。很多时候，即使很有耐心的成年人也无法理解儿童的意思。

》图 2.2　两名学前儿童或多或少地进行了一次对话——自我中心式交流的示例

在 4 到 7 岁之间，儿童的话语变得不那么以自我为中心。这方面的进步最早可以从儿童的争吵中看到。事实上，如果一个儿童对同伴说的话表示反对，就表明他至少注意到了除自己想法以外的其他人的观点。有些儿童意识到了符号的表征过程,也发现了其中的乐趣。当西格勒的女儿4岁时,她非常喜欢说这样的话:"当我说'椅子'时,我的意思是'牛奶';你能给我一杯椅子吗?"

皮亚杰指出,心理意象和语言一样,是一种对物体和事件进行表征的方式。他还指出,心理意象的发展也与语言相似。当儿童能够用语言对情境进行口头描述时,他们也能够把情境表征为各种意象。此外,他还认为,儿童在这两个认知域中形成的初始表征仍是从自己的视角出发。换言之,表征仍然体现为以自我为中心。

尽管语言、心理意象和许多其他技能在前运算阶段有了很大的发展,但皮亚杰强调的是前运算阶段儿童思维上的局限之处。在他看来,这个阶段的儿童尚不能解决许多逻辑推理的标志性问题。甚至"前运算"一词也更多地意味着这一阶段的儿童的认知局限而非优势。

上文已经提到了学前儿童思维的局限之一,即自我中心主义。这一特点不仅体现在他们的对话中,而且体现在他们运用不同空间视角的能力上。皮亚杰先在桌子上摆放了三座高低、大小都不同的假山模型,再让4岁的儿童坐或站在桌子旁(见图2.3)。儿童的任务是在若干假山照片中进行选择,选出的照片要与坐在桌子不同位置的儿童所看到的图像都相符。为了完成该任务,儿童需要认识到自己的视角并不是唯一的观察视角,并且要在头脑中将他们看到的图像进行旋转,以契合不同视角的观察结果。这对大多数4岁的儿童来说是不可能的,他们无法想象从其他人视角所看到的景象。

》图2.3 三山问题。图中儿童的任务是指出从他人视角而非自己视角看到的假山模型的样子(after Piaget & Inherder, 1969)

局限之二在于学前儿童的思维往往集中于个体所具有的显著性特征,而忽略其他不太显著的特征。皮亚杰对儿童理解时间概念的研究就是一个很好的例子。

皮亚杰对时间概念的兴趣由来已久。1928年，阿尔伯特·爱因斯坦（Albert Einstein）向皮亚杰提出了一个看似简单的问题：儿童以什么顺序习得"时间"和"速度"这两个概念？爱因斯坦的问题是由物理学中的一个问题引起的。在牛顿定律中，时间是一个基本量，速度是根据时间来定义（速度＝距离/时间）的。而在相对论中，时间和速度是相互定义的，两者都不是最基本的概念。爱因斯坦想要明确的是，儿童一出生是否就理解其中一个或两个概念，抑或对两个概念的理解有先后之分。

大约二十年后，皮亚杰（1946a，1946b）出版了一部两卷共500页的著作来回答爱因斯坦的问题。皮亚杰回答的要点是，儿童在具体运算阶段同时掌握了时间、距离和速度这三个概念。

为了验证这一观点，皮亚杰设计了一个实验。他让两个玩具火车沿着平行轨道朝同一方向运行。当玩具火车停下来后，皮亚杰问参加实验的儿童："哪列火车行驶的时间更长（或速度更快，或距离更远）？"大多数4岁和5岁的儿童完全关注一个单一特征，通常就是停车点。他们选择在轨道上停得更远的那列火车，认为它行驶的时间更长、运行的速度更快、跑的距离更远。换言之，他们忽略了火车开始的时间、停止的时间，以及运行的总时长。直到大约9岁时，儿童才能正确地回答这个问题。

这个例子也反映了前运算阶段儿童思维的另一个基本特点。他们倾向于关注静态而不是动态。每列列车的终点构成一个静止的位置，容易被察觉并可重复检查。相比之下，运行的时间、速度和距离都是不断变化的。前运算阶段的儿童通常关注的维度是静态的，而忽略变化的维度。

因此，在皮亚杰看来，2—6岁儿童的思维具有视角排他性，感知片面性和表征静态性。他们总是站在自己的角度而不是他人的角度认识外部世界；他们往往只注意事物显著的特征而忽略其他方面；他们表征的信息也多局限于静态的而不是动态的。所有这些描述都表明，这些儿童对世界的认识尚过于简单和僵化。而在下一个发展阶段，他们在很大程度上突破了这些局限。

具体运算阶段（大约6或7岁到11或12岁）

在这一阶段，儿童思维最主要的发展体现在运算能力的习得。这些运算指对环境的动态和静态方面形成心理表征。具体运算阶段之前的所有发展都是为运算能力的获得做铺垫。在感觉运动阶段，儿童学会了用身体动作影响环境。在前运算阶段，他们学会了在头脑中表征静态信息。最终，在具体运算阶段，他们不但能够表征静态信息，而且可以表征动态信息。

运算的重要性在守恒问题中体现得最为明显。我们先来看看儿童如何理解三类守恒问题：数量守恒、质量守恒和体积守恒。尽管这些守恒问题在某些方面各不相同,但它们都有一个基本的三阶段模式(见图2.4)。在阶段1,儿童看到两个或多个相同的物体或一组物体:两排数量相同的棋子,两个相同的陶泥条,两个一样的杯子装着等量的水。儿童一旦认为两个物体在某些维度(比如物体的数量)上相同,随即进入阶段2。一个物体或一组物体的外观以某种方式发生变化,但不影响之前认定的相同维度,如数量、质量或体积。儿童可能会看到一排棋子变长了,陶泥条被重塑成长条状,水被倒进了一个不同形状的玻璃杯等。最后,实验人员在阶段3问儿童:"两个物体的相同维度此时是否依然相同(比如两排棋子的数量是否仍然相同)?"当然,正确的回答应该是"相同"。

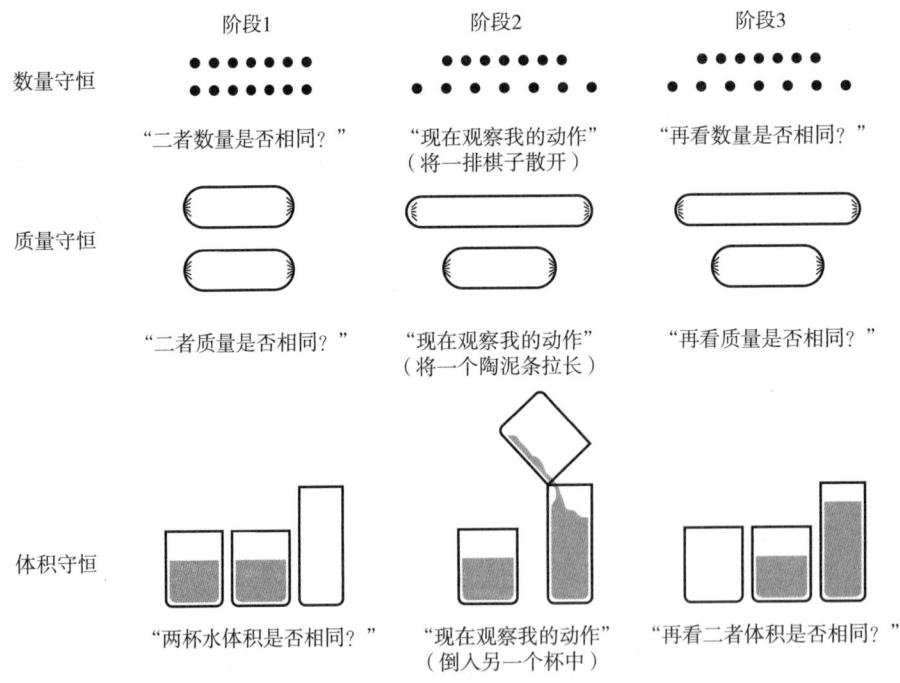

》图2.4 测试儿童理解数量守恒、质量守恒和体积守恒概念的程序

这些问题对成年人和年长儿童来说似乎非常简单。然而,几乎所有5岁的儿童都答错了。在数量守恒问题上,他们声称较长的一排有更多的棋子(不管每一排的实际棋子是多少)。关于质量守恒问题,他们认为陶泥条越长,陶泥越多(未考虑横截面积的大小)。在体积守恒问题上,他们声称液面越高的杯子装的水越多(未考虑杯子的口径大小)。

理解了守恒问题的解题关键,我们也就明白了为什么5岁的儿童不能解决这些问题。要想解决守恒问题,儿童必须能够在头脑中对问题中涉及的"散开""倒水"或"重塑"等转换形成表征。他们也不能把全部注意力只集中在高度或长度等最显著的特征维度上,而忽略横截面积和密度的不同。最后,他们需要认识到,即使变换后的物体在之前相等的维度上看起来似乎有所增加,但实际上并没有。也就是说,儿童需要明白,他们自己的观点可能是错误的。而所有这些对 5 岁的儿童来说都很难做到。

在具体运算阶段,儿童理解了上述三类守恒问题。他们还理解了用于测量时间、距离和速度的"火车"问题。皮亚杰把儿童对这类以及相关概念的掌握都归结于该阶段儿童具有的心理运算能力。这些运算能力使得儿童不但能够表征静止状态,而且可以表征变化状态。

儿童解决守恒问题时的推理过程特别具有启发性。当问 5 岁的儿童:"为什么两个杯子里的水量不一样?"他们通常会说:"因为新杯子里的水位更高。"当问 8 岁的儿童:"为什么你觉得杯子里的水量保持不变?"他们抓住了转换的实质("你只是把水倒进了另一个杯子里"),即不显著特征的转换抵消了显著特征的转换("这个杯子的水位更高,但那个杯子的口径更大"),因此,两杯水虽然看起来不一样多,但实际上一样。同时,他们还指出了操作的可逆性("你可以把水倒回去,水量还是一样的")。有趣的是,对于上述许多观点,5 岁的儿童都会表示同意,但需要注意的是,这并不意味着他们认为两个杯子里的水量是一样的。

虽然处于具体运算阶段的儿童能够解决许多问题,但某些类型的抽象推理仍然超出了他们的能力范围。其中一些问题是对与事实相反的命题进行推理("如果人们能够预知未来,他们会比现在更快乐吗?")。另一些问题则涉及将自己的思维当作思考的对象。在此,我们引用一个青少年的话:"我在思考我的未来,然后我开始想'为什么我在思考我的未来',而后我又开始想'为什么我要考虑为什么我在思考我的未来'(Mussen, Conger, Kagan & Geiwitz, 1979)。"除此之外,还有一些问题涉及抽象的科学概念,如力、惯性、力矩、加速度等。在形式运算阶段,这些思维活动都成为可能。

形式运算阶段(11 或 12 岁以后)

在形式运算阶段,青少年开始意识到他们生活的特定现实只是无限多可想象现实中的一个。这或许是青少年在这个阶段最显著的发展特点。至少有一些青少年开始思考这个世界其他的一些组织形式,以及探讨诸如意义、真理、正义和道德等深层次问题。正如英赫尔德(Inhelder)和皮亚杰(1958)所说,"每个人都有自己的想法(通常每个人都觉得他的这些想法是他自己的),这些想法使他脱离了童年,并成为一个与众人平等的成年人"(pp. 340 - 341)。从这个角度来看,许多人在青春期开始对科幻小说产生兴趣也就并非巧合了。

英赫尔德和皮亚杰(1958)还描述了儿童和青少年解决化学溶液混合问题的方法,这也充分体现了形式运算和具体运算之间的诸多差异。该化学问题涉及四个烧杯,每个烧杯都装有一种特定的化学溶液,另有一个"特殊"烧杯,盛有四种溶液中的其中一种或多种溶液的混合液,具体是哪几种未知。当在"特殊"烧杯中加入另外一种化学溶液时,该烧杯中的溶液变成黄色。儿童要解决的问题是:"特殊"烧杯里变为黄色的混合溶液包含了原四种溶液中的哪几种? 在该变色反应中各起了什么作用?

具体运算阶段的儿童通常会把化学溶液进行两两配对,然后试试四种都放一起,而后会再看几组三种溶液混合的情况。他们经常重复他们已经尝试过的溶液组合,而把其他组合完全排除在外。而形式运算阶段的儿童会首先设计一个计划,系统地列出所有可能的化学溶液组合。然后他们依照计划生成每个组合,不会重复,也不会有遗漏。

可以看出,形式运算阶段的儿童使用的方法更加系统。这一方法也有助于他们针对溶液变黄出现的时间和原因得出更恰当的结论。具体运算阶段的儿童经常在发现一个可以让液体变黄的单一化学溶液组合后就停止实验了。他们的结论是,这一定是合成物原液,其中的所有化学物质都是该化学反应所必需的。相比之下,形式运算阶段的儿童尝试了所有可能的溶液组合,最终得知有两种不同的组合可以产生黄色。这些组合的共同点是含有两种特定的化学溶液,且不含第三种特定溶液(在包含前两种溶液但不含第三种的条件下,混合液变黄;在三种溶液都包含的情况下,混合液不变黄。所以,第三种溶液的有无是上述条件下混合液是否变黄的关键)。因此,形式运算阶段的儿童得出了正确的结论:其中两种化学溶液为变色所必需,但即便混合液中已含有这两种,若加入第三种溶液,变色就不会发生;第四种溶液则不起作用。形式运算阶段的儿童对可能组合的系统思考使他们能够获得有用的相关数据,并能对其进行恰当的解释。

在形式运算阶段,儿童思维的最大变化是出现了逻辑推理和科学推理(Moshman, 1998)。在这种情况下,该时期发展迅速的抽象和系统思维就显得尤为重要。科学推理和逻辑推理问题通常需要将最抽象的思维方式应用于最具挑战性的问题。毫不意外,皮亚杰把这种形式运算能力看作是认知发展的顶峰,也是前期所有发展阶段的最终成果。

关键概念的发展

皮亚杰对特定概念发展的描述最能体现其对儿童思维描述的广度。他对某些概念的描述非常有趣,比如守恒、分类和关系。他追溯了每一个概念的发展,从感觉运动阶段的最早起源,到前运算阶段和具体运算阶段的进一步完善,再到形式运算阶段的高度发展。人们通常认为婴儿的思维与青少年的思维无关。皮亚杰则异常敏锐地看到了两者的联系。

守恒问题

◎ 感觉运动阶段的守恒问题

在感觉运动阶段，儿童习得了守恒概念中简单但关键的一个部分，这一部分被称为"守恒永存"，尽管皮亚杰称之为"客体永存性"。成年人知道，物体并不会从世界消失（尽管它们有时似乎消失了）。如果我们想要得到一个球，尽管球滚到了另一个物体之后，我们会去寻找，并在必要时移除障碍物。皮亚杰观察到，8个月以下的婴儿不会像这样进行寻找，他们转而就把注意力放到其他事情上。皮亚杰不认为这是因为婴儿对物体失去了兴趣，或者是婴儿协调性太差而无法找回物体。相反，他提出了更激进的观点。皮亚杰认为，婴儿不去寻找是因为他们认为物体已经消失了，他们不知道这些物体仍然存在。他进一步指出，只有到感觉运动阶段的末期，儿童才能对客体永存性有充分的理解。

在子阶段1中，从出生到约1个月，婴儿会注视正前方的物体。然而，当这个物体发生移动，他们的眼睛却不会随之移动。因此，当妈妈的面孔在正前方时，婴儿会盯着看，如果妈妈的面孔移到一边，婴儿注视的行为随即终止。在子阶段2，大约1—4个月，婴儿会延长他们对物体消失处的注视，但不会跟随物体移动。如果他们手里正在玩一个玩具，随后这个玩具掉落到地板上，他们会继续看着自己的手而不是地板。在子阶段3（大约4—8个月）中，婴儿能预测移动物体的轨迹，如果在某个地方看到了物体的一部分，他们就会在那个地方寻找物体。但是，如果物体被完全覆盖，婴儿就不会尝试去寻找了（如本章开头的引文所示）。

在子阶段4（大约8—12个月）中，婴儿开始寻找障碍物后面或下面的物体。这表明他们认识到物体具有永存性。然而，在某些情况下，8—12个月大的婴儿会犯一个有趣的错误：如果他们看到一个物体连续两次都被藏在同一个容器里，那他们每次都会从中找出该物体。但是，如果他们看到该物体先后被藏在两个容器里，他们只会到第一次找到该物体的那个容器里寻找，而不是到现在物体所在的这个容器里寻找。这就好像第一次藏物体的容器成了一个专门的"隐藏地"，婴儿认定在这个隐藏地能找到该物体。这种错误被称为"A非B"错误。

在子阶段5（大约12—18个月），儿童不再犯"A非B"错误，他们懂得了在最后一次看到物体的地方进行搜索。然而，当目标物无法被直接感知时，他们仍然无法有效地处理这种转换。例如，一个寻找玩具的任务需要先把玩具藏在被子下面，再把玩具和被子一起藏在一个枕头下。然后取走被子，这样玩具还留在枕头下。但是12—18个月大的儿童不会往枕头下面去寻找。到了子阶段6（大约18—24个月），儿童甚至能够理解这种复杂的位移，并立即在正确的地方进行寻找。

乍一看，皮亚杰对物体永存的描述似乎极其牵强。看起来，8个月以下的婴儿没有寻找物体更可能是因为他们没有足够的动作协调性，或者因为他们很快就对物体失去了兴趣。然而,鲍尔和威沙特(1972)的一项实验表明这两种可能性都不大。他们的实验是这样做的:5个月大的婴儿看见藏在透明杯子下面的一个玩具,大部分的婴儿都能找出这个玩具。然后婴儿看到同样的玩具被藏在一个不透明的杯子里。16人中只有2人把它找了出来。这表明,婴儿未能从不透明的杯子里找到玩具并不是因为运动机能不成熟和兴趣缺失。如果他们缺乏足够的兴趣,或者缺乏必要的动作协调性来取回玩具,为什么他们会有足够的兴趣和动作协调性来取回藏在透明杯子下的同一个物体?

◎ **前运算阶段和具体运算阶段的守恒问题**

在感觉运动阶段,婴儿开始意识到物体在某些类型的变换上是永存的,特别是在物体被隐藏的情况下。在前运算和具体运算阶段,儿童逐渐意识到,即使外观发生改变,物体的某些特性也会保持不变。将棋子散开会增加棋子排列的长度,但不会改变棋子的数量。把水从一个杯子倒入另一个更高、更细的杯子会改变水面的高度,但不会改变水的总量。在具体运算阶段末期,儿童意识到,即使改变物体的外观,物体在很多维度上也是守恒的,如数量、体积、长度、质量、面积等。

◎ **形式运算阶段的守恒问题**

在形式运算阶段,青少年开始理解复杂的守恒形式,包括转换中的转换(transformations of transformations)。其中一个概念是运动守恒。英赫尔德和皮亚杰(1958)研究了儿童和青少年对这一概念的理解。他们向实验对象展示了一个弹簧驱动的活塞,该活塞可以射出不同大小的球。实验任务是预测球会停在哪里,并解释为什么有些球会比其他球停得更早,以及球为什么会停。

不同年龄段的儿童对这个问题的回答揭示了皮亚杰所描述的各年龄段儿童基本的推理特点。前运算阶段的儿童只关注一个维度,只从一个视角看问题。他们可能预测一个大球会滚得更远,因为它更强大。具体运算阶段的儿童能意识到多维度的重要性,并从多种视角看问题。他们可能会意识到球本身和球滚动接触的物体表面的重要影响。他们也可能认识到,球能移动多远还取决于使得球开始滚动的因素,以及阻止球滚动的因素。因此,他们可能认为较大的球可以移动得更远,但同时也认识到粗糙的表面会对球的滚动产生阻力。

到了形式运算阶段,儿童能用复杂的科学概念来思考这个问题,比如运动守恒。换句话说,儿童会以理想化的方式将问题概念化(如果没有空气阻力或摩擦……)。这种思维方式是形式运算阶段的一个标志性特点,因为它涉及"运动"这一维度的守恒,而"运动"本身又涉及空间移动这一动态转换。此外,它说明了青少年的思维如何实现从实际情境到可能情境的跨越,因为没有人经历过不存在空气阻力或摩擦的环境。

分类和关系

皮亚杰的另一个理论贡献在于他发现了儿童对分类和关系这两个概念的理解之间的联系。这种联系可以用数字来说明。我们说一个女孩理解 3 这个概念,但这到底意味着什么呢?一方面,这意味着女孩发现了 3 个球、3 辆车和 3 个勺子之间的共同之处,即它们同属 3 这一类别。另一方面,她还应该了解这一类与其他类的关系,如 3 与 2 和 4 的关系,明白 3 比 2 大,比 4 小。皮亚杰认为,儿童最初把分类和关系看作是相对独立的概念,但最终会把它们整合在一起进行理解。

◎ **感觉运动阶段对分类和关系的理解**

皮亚杰认为,婴儿根据物体的功能对其进行分类。为了阐明这一点,他引述了女儿卢西恩对放在摇篮上的一只塑料鹦鹉的反应。当卢西恩躺在摇篮里的时候,她喜欢用脚踢鹦鹉以使它动起来。6 个月大的时候,尽管卢西恩并不在摇篮里了,但她看到鹦鹉的时候仍然会做类似的踢腿动作。皮亚杰解释说,卢西恩应当是把鹦鹉归类为"我踢脚就会动的东西",而复杂的分类应该都是由此类简单的分类演化而来的。

儿童对关系的理解,正如对分类的理解一样,都是从感觉运动阶段发展起来的。皮亚杰说,他的三个孩子在 3—4 个月大的时候常乐于"探索"他们动作的力度和产生的反应强度之间的关系。踢得越用力,摇篮上的挂件摆动的幅度越大;越是用力地摇拨浪鼓,发出的声音越大……因此,他们理解了"我动作的力度越大,随之带来的反应就越大"这种关系。

◎ **前运算阶段对分类和关系的理解**

在前运算阶段,儿童的分类能力有了很大的提高。这一点在积木分类中表现得最为明显。儿童能将大小不一、颜色各异、形状不同的积木进行分类摆放。在前运算阶段早期,一个男孩可能想把所有的小积木放在一起,因此选择了一个小的红色积木,一个小的蓝色积木,然后是一个小的红色三角形积木。然而,最后的红色三角形积木可能会引起他的注意,导致他接下来又添加了一个大的红色三角形积木和一个大的绿色三角形积木。因此,他的分类并没有形成一个统一的标准。直到前运算阶段后期(大约 4—5 岁),儿童才能根据一个统一的维度进行分类,他们能把所有的小物体归为一类,把所有的大物体归为另一类。

虽然儿童在前运算阶段学会了解决这类分类问题,但其他的分类问题对他们来说仍然是很大的挑战。当需要同时考虑多种分类因素时,他们的推理能力表现出明显的局限性。如皮亚杰提到的"类包含问题(class inclusion problem)"。首先给儿童呈现 8 个动物玩偶,其中 6 个是猫,2 个是狗。然后问儿童:"你觉得是猫的数量多还是动物的数量多?"即便猫的数量本来就小于或等于动物的数量,大多数 7 岁或 8 岁以下的儿童仍会回答说:"猫的数量更多。"

皮亚杰认为,这种行为源于前运算阶段的儿童关注单一维度而排斥其他维度的思维倾向。为了正确地回答这个问题，儿童需要了解一个对象（如加菲猫）可能同时属于一个子集（猫）和一个父集（动物）。但显然，儿童很难理解这一点。因此，他们对这个问题进行了重新阐释，以保证他们解决的是一个自己能够理解的问题。他们将上述问题修订为：到底是猫的数量多还是除猫之外的动物数量多？如此，他们便能把猫的数量和狗的数量进行比较，从而得出猫比动物多的结论。

在前运算阶段，儿童对关系的理解也大大加深。然而，他们还不能很好地分析与特定情境相联系的关系，也不能较好地筛选出不相关的元素。为了说明这种提高和不足，皮亚杰（1952）针对前运算阶段的儿童设计了如图 2.5 所示的"排序问题"。具体任务是让儿童把木条按从短到长的顺序排成一排。如果他们成功地完成了第一项任务，接下来便可进行第二项任务：在已排好顺序那一排的适当位置插入一根中等长度①的木条。

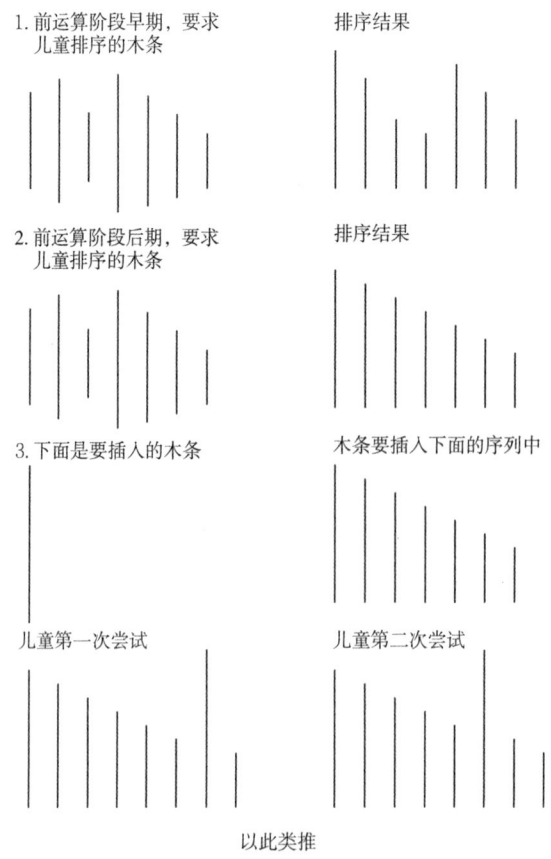

》 图 2.5　前运算阶段早期和后期儿童对排序问题的典型反应

---

① 译者注：从图可以看出，插入的木条在所有木条中是最长的。不知道原著写"中等长度"是跟什么木条对比。

在前运算阶段早期(大约 2—4 岁),儿童很难正确地排序。如图 2.5 的第一行所示,他们可能会正确地排出两个子集,但却不能将这两个子集整合为一个整体序列。儿童在排序过程中出现的注意转移现象与之前"积木分类"的情况类似。他们先将几个小积木放在一起,当小三角形积木出现后,又开始将所有的三角形积木放在一起。

在前运算阶段后期,儿童可以按长度对木条进行正确地排序。然而,如果不经过大量的试错,他们往往找不到恰当的位置插入额外的那根木条。皮亚杰解释说,这是因为前运算阶段的儿童很难形成这样的认识:插入的木条既比其中一根木条短,同时又比另外的一根木条长。

◎ **具体运算阶段对分类和关系的理解**

皮亚杰认为,在具体运算阶段,儿童开始把"分类"和"关系"当作一个单一、统一的系统来看待,这一点在儿童解决"多重分类问题(multipe classification problem)"的尝试中有所体现。如图 2.6 所示,儿童看到的一个含有 9 个方框的矩阵图,其中 8 个方框已含有图形。这些图形在两个维度上有差异:形状(正方形、圆形或椭圆形)和颜色(黑色、白色或灰色)。要求儿童从底部的 4 个图形中选择一个置于空白方框内,以使所有 9 个图形都根据上述两个维度排列。解答这个问题需要识别出两个相关的类(形状和颜色),并选择出不改变矩阵内图形的行、列既有关系的一个图形。

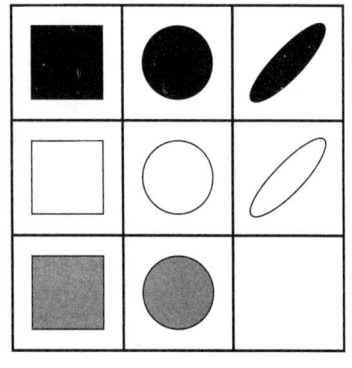

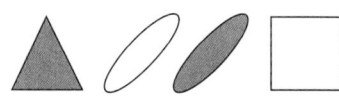

》**图 2.6** 用于测试儿童对多重分类问题理解能力的矩阵。任务是确定底部四个图形中的哪一个属于矩阵中的空白方框(after Inherder & Piaget, 1964)

英赫尔德和皮亚杰(1964)报告说,85% 4—6 岁的儿童选择的对象至少包含 1 个目标维度(形状或颜色),只有 15% 的儿童选择的单一对象中同时包含 2 个目标维度。到 9 岁或 10 岁时,绝大多数儿童选择了同时体现两个维度的对象,这显示出他们能整体考虑分类和关系的能力。

◎ **形式运算阶段对分类和关系的理解**

形式运算阶段的推理使得青少年能够思考关系之间的关系和分类中的分类。例如,他们可能首先将高中生分成若干类(书呆子、运动员、滑冰运动员、预科生、瘾君子等),然后根据组员之间的朋友关系(如预科生和运动员)再构建更高一级的分类。

形式运算阶段的推理还引导青少年在逻辑上可能的背景下解释观察到的结果。这类推理在本章前面提到的化学溶液组合问题中已有所说明。这个阶段的青少年不仅有计划地列出了所有可能的化学溶液组合方案,而且还根据所有可能的方案来阐释实验结果,而不是仅仅对目标结果(溶液变为黄色)进行解释。这使他们认识到,每当混合溶液变为黄色时,混合液中一定含有两种特定的化学溶液,但这两种化学溶液却不足以使颜色变化。因为也有这样的情况出现,即尽管混合液中含有这两种特定的化学溶液,但混合液却依旧没有变色。由此,他们推断,混合液颜色的变化既表示含有这两种特定的化学溶液,又意味着不含第三种化学溶液。

◎ 皮亚杰阶段论总结

皮亚杰描述了大量的发展变化情况,这很容易让人混淆。为了更好地理解儿童发展变化的内容和阶段,我们对皮亚杰论及的一些重要发展阶段及相互联系进行了梳理,详见表2.1。

表 2.1 儿童思维发展的阶段模型

发展阶段	相关年龄段	典型发展特点和局限
感觉运动阶段（从出生到大约2岁）	出生到约1个月	反射反应发展,适应能力变强
	大约1—4个月	初级循环反应和行动间协调
	大约4—8个月	次级循环反应。放弃寻找隐藏对象
	大约8—12个月	次级循环反应的协调。寻找隐藏对象,但仅在之前发现对象的位置而非最新位置寻找
	大约12—18个月	三级循环反应。系统地改变物品掉落的高度
	大约18—24个月	真正的心理表征开始形成。延迟模仿
前运算阶段（大约2岁到6或7岁）	2—4岁	使用象征符号。使用语言和心理意象。以自我为中心的交流
	4—7岁	良好的语言和心理意象能力。无法表征变化的状态。仅关注守恒、类包含、时间、排序等问题的单一维度
具体运算阶段（大约6或7岁到11或12岁）	整个阶段	能进行真正的心理运算,能对静止状态和变化的状态进行表征,能解决守恒、类包含、时间和许多其他问题。尚不能综合思考化学溶液组合的所有可能性,也不能很好地思考解决转换中的转换问题
形式运算阶段（11或12岁以后）	整个阶段	能思考所有可能的结果,可以根据与假设事件的关系来解释特定事件,能理解抽象的概念,如运动守恒和化学成分间的相互作用

皮亚杰理论评析

我们该如何评价这一内容丰富、涉猎广泛的认知发展理论？本章开头已提到了皮亚杰理论的诸多优点。该理论有助于我们更好地了解儿童在不同发展阶段的思维方式;该理论分析了数百年来困扰着家长、教师、哲学家和科学家的一系列问题。该理论涉及了儿童思维发展的广阔领域,涵盖了从婴儿期到青春期的整个发展里程,还包含无数关于儿童思维的令人惊讶的观察发现。

总结完上述优点,我们可以考虑三个更具体的问题。皮亚杰的认知发展理论是否准确地描述了不同年龄儿童思维发展的特征?他的阶段论能在多大程度上描述和解释儿童思维?该理论描述的儿童思维的一般特征(如前运算阶段的儿童思维方式以自我中心为主)是否确实如此?

该理论是否准确地描述了不同年龄儿童的思维发展特征?

皮亚杰理论对不同年龄段的儿童如何思考和推理进行了许多具体的描述。这些说法是否得到了后续研究的支持呢?

对于任何科学理论来说,最基本的问题是其研究发现是否具有可重复性。皮亚杰的观察结果如此令人惊讶,以至于许多早期的实验仅仅是为了对其进行重复性检验。这些重复实验使用了更大、更具代表性的儿童样本,采用的任务也是较原任务更加标准化的版本,不过在其他方面与皮亚杰的实验方法仍非常相似。

总的来说,这种重复性检验是成功的。在20世纪60年代和70年代,研究者们重复了皮亚杰在近半个世纪前以瑞士儿童为样本进行的研究。重复实验使用的大样本涵盖了美国、英国、加拿大、澳大利亚土著和中国的儿童。这些大样本研究发现的儿童推理类型与皮亚杰的小样本研究结果别无二致(Corman & Escalona, 1969; Dasen, 1973; Dodwell, 1960; Elkind, 1961a, 1961b; Goodnow, 1962; Lovell, 1961; Uzgiris, 1964)。非西方社会的儿童比西方社会的儿童较晚进入某些特定的发展阶段,但一旦抵达该阶段,他们就能表现出预期的推理能力。这一点在感觉运动、前运算和具体运算阶段表现得尤为明显。形式运算阶段的推理(至少是涉及形式运算评估的科学推理)只在少数青少年身上有所体现,即便在发达国家也是如此(Byrnes, 1988; Kuhn, Garcia-Mila, Zohar & Andersen, 1995)。

我们应该就这样接受上述重复研究的结果吗?也许儿童在许多情况下表现出的不成熟推理并不是因为他们的推理不成熟,而是因为皮亚杰和重复研究所使用的口述报告的方法不能充分体现儿童拥有的推理能力。对这种方法持有异议的研究者认为,年幼的儿童不善于表达,这往往会使人们对他们的认知能力形成错误的判断(如Brainerd, 1978)。儿童不能解释他们的推理并不意味着他们的推理本身存在缺陷。

不过,现在已经明确,当用非语言任务(任务不涉及口述报告)进行重复实验时,儿童表现出相似的推理能力。西格勒进行了一系列这样的实验。实验中使用了非口述的方法来检验皮亚杰的大量实验任务:平衡天平问题;时间、速度和距离问题;体积、质量和数量守恒问题(Siegler, 1976, 1978, 1981; Siegler & Richards, 1979)。在每一项任务中,儿童的推理都与皮亚杰实验中描述的类似。

第三个问题是儿童是否具有皮亚杰实验尚未揭示的概念理解能力。研究者们对这一点有不同发现。纵观整个发展过程，儿童似乎具有某些基本的理解能力，但这些能力在皮亚杰的实验中并未体现出来。而部分研究则通过巧妙的实验设计揭示出儿童早期具有极强大的理解力。

以巴亚尔容（Baillargeon, 1987）关于客体永存性的实验为例。皮亚杰声称，小于8个月的婴儿无法意识到物体从视野中消失后会继续存在。巴亚尔容则设计了一种更为敏感的实验方法，并通过研究发现，即使婴儿只有4个月大，"眼不见"也不意味着"心不念"。实验使用了一块木板和一个盒子（见图2.7）。盒子位于木板后，一根转轴从木板中间水平穿过，这样可以推动木板转动。起先，木板所处的位置不会遮挡盒子。然后，实验者推动木板转动，盒子随即被遮挡起来。在"可能事件"条件下，木板接触到转轴附近的盒子后转动受阻，而后朝反方向摆动。在"不可能事件"条件下，木板似乎穿过了盒子（实验中这一效果通过灯光和镜子实现），转到了盒子之后的位置。尽管盒子是看不见的，4个月大的婴儿对"不可能事件"好像很惊讶。相比"可能事件"，他们对"不可能事件"注视时间更长。这显然表明，即使婴儿看不见盒子，他们也认为木板的转动应该会被盒子阻止。

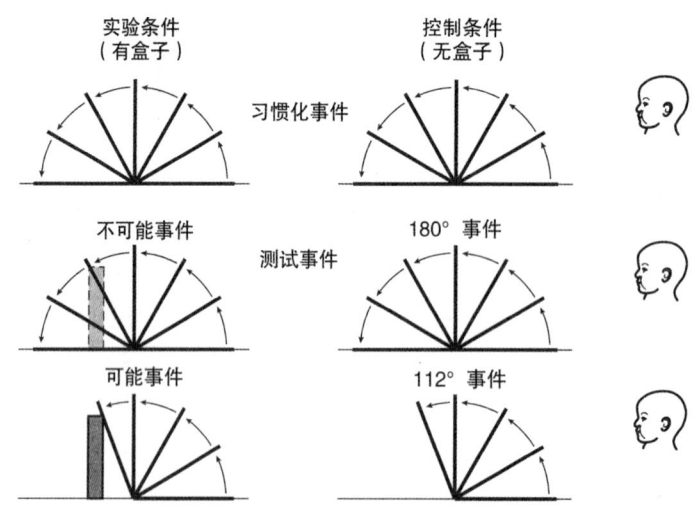

» 图 2.7 巴亚尔容的客体永存性实验。在婴儿习惯了木板的吊桥式180°转动，并看到木板背后的盒子后，婴儿对"不可能事件"注视时间更长。"不可能事件"指木板转动时穿过隐藏在后面的盒子，"可能事件"指木板在接触到盒子时转动受阻（after Baillargeon, 1987）

Copyright © 1987 by the American Psychological Association. Reprinted with permission

其他方法也得出了类似的结果。巴亚尔容（1993）的研究显示，3个半月大的婴儿也有类似的行为表现。兔子在经过窗口时其上半部分原本是可见的。当3个半月大的婴儿发现看不见兔子上半部分时，他们同样表现得非常惊讶。而在其他实验中，巴亚尔容也发现，婴儿可以同时表征多达三个隐藏的物体，他们不仅可以对某个物体的永存性形成表征，而且还可以表征其大致的高度和位置。因此，4个月大的婴儿对客体永存性具有一定的认知。

这种早于预期的认知能力并不仅仅局限于感觉运动阶段。学前儿童也表现出初级的概念理解能力，这在皮亚杰看来是不可能的。以味觉守恒和质量守恒为例。皮亚杰认为这两个概念对于前运算阶段的儿童来说都太过复杂。然而，当3—5岁的儿童看到糖在一杯水里溶解时，大多数都认为尽管水中看不见糖，但水会是甜的，而且会一直是甜的。同时，这杯水比没加糖时更重（Au, Sidle & Rollins, 1993）。儿童还会提出进一步解释，认为尽管杯中的水和没加糖时看起来一样，但糖化成了微小的无形颗粒，影响着水的味道和重量。这说明，处于前运算阶段的儿童对味觉守恒和质量守恒有一定的认知。

婴幼儿的认知能力是近年来认知发展研究的前沿课题之一。但直到现在这些能力才被确认，这本身也值得研究。究其原因，其一在于研究设计和方法的不断改进；其二在于儿童思维内涵的不断拓展。格尔曼及其同事的研究表明了这一趋势（Gelman, 1990；Gelman & Gallistel, 1978；Miller & Gelman, 1983）。皮亚杰更多地关注了学前儿童解决数量守恒问题时的障碍，并得出结论：学前儿童未能掌握数的概念。格尔曼的研究表明，无论学前儿童是否理解数的概念，他们都对数的知识有一定的认知。他们可以准确地数数，表明他们理解计数的基本原理；他们知道加减法对一组物品的影响；他们知道哪些数字大、哪些数字小等。

关于儿童早期认知能力的研究不胜枚举，研究问题涵盖各个方面，如儿童对因果关系的理解（Ahn, Kalish, Medin & Gelman, 1995；Oakes & Cohen, 1995）、对分类的理解（Arterberry & Bornstein, 2002；Mareschal & Quinn, 2001；Rakison & Oakes, 2003）、对空间的理解（Blades & Spencer, 1994；Huttenlocher, Newcombe & Sandberg, 1994；Newcombe, Huttenlocher & Learmonth, 1999）、对时间的理解（Colombo & Richman, 2002；Friedman, 2002）以及对客观对象属性的认识（Goubet & Clifton, 1998；Kotovsky & Baillargeon, 1994；Needham, 2001；Spelke, Breinlinger, Macomber & Jacobson, 1992）。简言之，尽管皮亚杰的观察研究揭示了儿童思维多个方面的特点，尽管重复研究也使用了口述和非口述的方法，但这些研究往往都低估了儿童的认知能力。

儿童思维的阶段式发展究竟是怎样的？

很多阶段理论（如皮亚杰阶段理论）都认为儿童思维从一个阶段到另一个阶段的发展存在质的变化；在任何阶段内，他们处理不同问题时的思维模式都是相似的;他们的思维方式也无法跨越当前阶段。他们只有在接近或处于下一个更高阶段时,才有可能使用与之相关的更高一级的思维方式(Brainerd,1978;Flavell,1971)。这些特征是否符合我们当前关于儿童思维的研究发现呢?

◎ **质变**

儿童思维是否会发生质的变化,很大程度上取决于你的研究角度。从总体看来,儿童思维的许多变化都是不连续的;细看某个部分,相同的变化往往又是连续、渐进变化的一部分。我们以客体永存性这一概念的发展变化为例来做说明。如前所述,7或8个月以下的婴儿看到物体被隐藏,通常不会再伸手去拿。而同等情境下,大一点的婴儿几乎总是伸手去取。皮亚杰解释说,这就意味着大一点的婴儿认识到物体具有永存性,而年龄更小的婴儿则无法理解这个概念。

新的研究证据也提供了另一种解释:发展变化并不像皮亚杰认为的那样突然发生。如果允许儿童在物体被隐藏后立即开始寻找,6个月大的婴儿也能成功地完成皮亚杰经典的客体永存性任务。藏物体与找物体之间间隔的时间越长,完成客体永存性任务的年龄要求就越大(Diamond,1985)。这可能是基于对隐藏物体位置的记忆不断提高,而并不是突然产生了对客体永存性的洞察力。

即使我们相信婴儿获得了某种洞察力,从而提升了他们对隐藏物体永存性的认识。但很明显,在获得这种洞察力之后,他们持续提高自己找到这些物体的能力。寻找置于不透明容器下的物体是一种更普遍的认知发展的一部分,即强化在环境中寻找丢失或隐藏物体的技能。这些寻找技能需要经过很长时间的发展;甚至4岁的幼儿仍会在这类寻找隐藏物的问题上犯错。此外,当大一点的儿童犯错时,他们的错误与年龄幼儿相当。当出现三个而不是两个可能的隐藏位置时,婴儿、1岁幼儿和4岁幼儿常犯相同类型的错误。他们关注的是之前找到过物体的位置,而不是他们从未找过的位置。随着年龄的增长犯错的频率会下降,但错误类型保持不变(若想了解更多关于幼儿找寻隐藏物体的有趣研究,请参见 Baker-Ward & Ornstein,1988;DeLoache,1987,1991,2000;DeLoache,Miller & Rosengren,1997;Spencer,Smith & Thelen,2001)。

突变理论(catastrophe theory)是数学研究的一个分支。该理论有助于我们更好地理解为何儿童思维发展是一个既连续又分阶段的过程。突变理论研究突然的变化,如桥梁倒塌。导致桥梁倒塌的力量往往是在数年内缓慢累积起来的。然而,人们看到的崩塌是转瞬之间的事。同样地,一个男孩某一天突然学会了解决在前一天还不懂的问题,他认知能力的进步貌似突然发生,实际上,这是基于多年来理解能力的不断提高。这个男孩身上的变化,与桥梁发生的变化一样,既可以被看作是一个个细小的、不可见的变化组成的连续过程,又可被视为从一种状态到另一种状态的不连续变化。

◎ 问题不同，思维相同

当我们说儿童处于思维发展的某个阶段，通常意味着他们在许多任务中的思维都具有这个阶段的特点。按照皮亚杰的理论，一个8岁的儿童在理想状态下应当能掌握所有具体运算阶段的概念——液体体积守恒、类包含、排序等，但并不能理解所有形式运算阶段的概念——综合考量所有可能的组合、运动守恒等。

我们越来越清楚地意识到，这种观点并不能准确地描述儿童的思维特点。以具体运算水平的三个概念为例：数量守恒、固体质量守恒和液体体积守恒。从理论上来说，所有这些概念应该被同时掌握；儿童要么都理解，要么都不理解。然而实际上，大多数儿童在6岁左右掌握了皮亚杰的数量守恒概念，8岁左右掌握了固体质量守恒概念，10岁左右掌握了液体体积守恒概念（Elkind, 1961a; Katz & Beilin, 1976; Miller, 1976）。从中可以看出，即使是守恒概念，以上数据也不支持并行发展的观点。

尽管有证据表明儿童在不同任务上的思维方式具有差异，但跨任务的思维一致性还是引起了人们的广泛兴趣。这主要来源于人们在日常生活中对儿童思维的观察发现，如2岁儿童的一些思维特征使其有别于5岁儿童；5岁儿童的有些思维特征又可以将其与10岁儿童区分开来等。也就是说，某个年龄段的儿童似乎在不同的情境中确实以一种独特的方式进行思维。

为了解释这一问题，弗拉维尔（Flavell, 1982）提出了如下假设：不同任务中的思维一致性程度可能取决于我们观察的时间。如果儿童尚处在理解多个概念的开始阶段，他们思维的一致性程度要强于之后他们能较好地理解概念的那个阶段。例如，通过识别并关注问题的某一个相关维度，5岁的儿童会"解决"他们刚刚开始理解的很多问题。对于液体体积守恒问题，他们预测，不管杯子的口径是大还是小，杯子内水面越高，水的体积就越大；对于固体质量守恒问题，他们预测陶泥条越长，陶泥质量就越大，而这个判断同样与横截面积无关。在判断天平向哪一边倾斜时，他们完全依据砝码的相对质量，忽略了砝码与天平支点的距离。他们在温度、幸福和道德等多个概念上也表现出相似的思维特征（Case, 1985, 1992a; Ferretti, Butterfield, Cahn & Kerkman, 1985; Levin, Wilkening & Dembo, 1984; Siegler, 1981; Strauss, 1982）。

相比之下，能正确解决这些问题的儿童的年龄差别也很大。9岁的儿童也能解决液体和固体的守恒问题；而即便是大学生常常也不能解决天平平衡问题。经验的多少、类比能力的强弱以及解题策略的复杂程度等都对这种年龄差异有影响。

儿童思维跨任务一致性的另一个潜在原因是他们最高级思维水平所带来的局限（Fischer, 1980; Fischer & Bidell, 1991; Halford, 1982, 1993）。例如，9岁儿童的最高级思维可能是单一运算。这意味着他们的思维都不涉及运算之上的运算

（如形式运算阶段的思维方式）。然而，这并不意味着他们能解决所有可通过单一运算解决的问题。他们能否解决某个特定的问题还取决于他们经验的多少，是否熟悉相关的问题，是否熟悉问题情境等。总之，当儿童对所涉及的概念还知之甚少时，他们思维的一致性在早期思维中体现得最为明显，除此之外，这种一致性在他们所能达到的最高级思维水平上也体现得最为明显。

◎ 发展能否加速？

关于训练是否可以加快儿童的认知发展这一问题，皮亚杰所提出的观点是他所有观点中最有争议的观点之一。皮亚杰的一些论述表明，任何训练都不可能使认知发展加速。另一些论述又声称：训练有时能促进认知发展，但前提是儿童已经对概念有了一定的理解，并且儿童要与训练材料积极互动。

事实上，年幼儿童的学习能力比皮亚杰所预期的要强，他们可以从各种各样的训练中受益(Beilin, 1977; Field, 1987)。这一发现证实了未经训练的儿童具有无可置疑的早期能力。儿童所知道的比人们以前所预想的要多，他们实际的学习能力也超乎人们的想象。

不过，重要的是"不要把婴儿和洗澡水一起倒掉"，对于皮亚杰的观点，我们不能一概而论，要有所甄别。尽管年幼儿童能学会解决这些问题，但他们常常感到难度极大。那些大一点的儿童虽然不能解决同样的问题，但他们通常学得相对容易一些。至此，有一点是毫无争议的，年幼儿童可以学习那些超出他们年龄水平的"高级"概念。我们仍然存疑的问题是，当两个儿童都不理解某个概念时，为什么大一点的儿童往往会学习得更容易一些？

皮亚杰描述的一般特征在多大程度上契合儿童的思维？

皮亚杰除了用特定阶段的特定事例来描述儿童思维的特征（例如，前运算阶段儿童认为水面较高的杯子内的水一定更多）外，也采用智力特征来阐述儿童的思维发展。例如，他认为前运算阶段儿童的思维方式为以自我为中心、尚不懂因果关系、没有逻辑概念，而且以感知为主。这些描述从某些方面看是准确的，但也不是全部都恰当。我们以上述特征中的以自我为中心为例来作说明。

回想一下前文关于"自我中心式交流"方式的讨论，图片中两个2—4岁的儿童在"自说自话"，显然他们的交谈没有技巧。他们常常忽视别人对他们说的话，也很难理解别人的观点。正是通过这些观察，皮亚杰将他们的思维贴上了以自我为中心的标签。

但在另外一些情境中，儿童的交流则不是以自我为中心的。如果你让3岁的儿童给你看他们的画，他们会抓起画的正面对着你。如果他们完全是以自我为中心的，他们应该会把画的正面对着自己，因为他们会认为自己看到的就是你看到的。同样,即使是 2 岁和 3 岁的儿童也会"欺骗"。例如,沙利文和温纳(Sullivan & Winner, 1993)描述了一个 2 岁儿童的故事。当他的阿姨不愿意和他一起玩时,他假装哭了;当阿姨走过来时,儿童转而对他妈妈说:"我骗到她了。阿姨觉得我伤心了。"(p. 160)如果 2 岁的儿童相信阿姨完全知道他在想什么,他怎么能"骗到"她呢?

类似的例子也表明,前运算阶段的儿童对空间的表征也并非完全以自我为中心。为了考察儿童空间表征的自我中心取向,皮亚杰设置了如图 2.3 所示的三山问题等任务。解答这些问题不仅需要儿童考虑他人视角,而且还需要在相互竞争的参照系之间做出选择:是选择儿童自己实际看到的参照系,还是选择他们所想象的从他人角度看到的参照系。这种选择即便对于成年人来说也是很困难的(Rieser, Garing & Young, 1994)。相反,当排除了相互竞争的参照系(通过遮挡原来的参照物),并给儿童提供表达"左"和"右"概念的方式(在他们的一只手上粘一个贴纸,从而通过"有贴纸""无贴纸"来明确左右之分),即使是 3 岁的儿童也能够通过其他的视角来观察,而不仅仅是自己的视角(Newcombe & Huttenlocher, 1992)。这并不意味着他们具有与年长儿童一样的从他人视角观察的能力。毕竟,大一点的儿童在存在多种参照系的条件下也能成功地完成"三山"任务。不过,这一发现确实意味着,在任务强度较低的情况下,3 岁的儿童能够采用除自己以外的其他视角。

有趣的是,已跨越前运算阶段的儿童仍有可能会出现以自我为中心的思维倾向。一项类似于打电话的实验非常典型地揭示了这一点。两名儿童围着桌子相对而坐,桌子中间立着一块木板,因此他们看不见对方。实验者准备两组相同的图片,每张图片上都有不规则的图案,然后给两名儿童每人一组图片。一方需要描述其中一张图片,另一方则需要从众多图片中选出对方所描述的那一张(Krauss & Glucksberg, 1969)。

毫无意外,年长儿童比年幼儿童能更有效地完成这项任务。更令人惊讶的是,即使是 8 岁和 9 岁的儿童也常常很难克服他们对所描述事物认识的局限性,不能以一种对方可理解的方式来进行描述。此外,已跨越前运算阶段的儿童也并不清楚谁应该为交流失败负责——到底是描述的一方提供的信息不足,还是听者没有正确地回应(关于以自我为中心交流的更多讨论,请参见 Beal & Belgrad, 1990;Lloyd, Mann & Peers, 1998; Nadig & Sedivy, 2002; Robinson & Robinson, 1981; Sonnenschein, 1988; Waters & Tinsley, 1985)?

有一点似乎可以确认,年幼儿童的行为往往比年长儿童更自我。不过,给一个年龄段贴上以自我为中心的标签着实太过武断了。这很容易让我们忽视这两种情况:年龄较小儿童的思维不一定以自我为中心,而年龄大一点儿童的思维也不一定不以自我为中心。

皮亚杰理论的现状

如果皮亚杰的理论低估了年幼儿童的思维能力，高估了年长儿童的思维能力，对儿童思维的描述用语既发人深省又令人困惑，那么，为什么人们还对它如此重视呢？原因很简单，尽管该理论有很多不足，但它仍然有助于我们很好地认识儿童思维。该理论也为我们进一步了解儿童思维指明了正确的方向。皮亚杰认识到了智力在婴儿早期活动中的作用。在研究这些问题时，他提出了婴儿可能具有某些潜能的问题，而对这个问题的探索引出了许多关于婴儿认知能力的发现。虽然皮亚杰对儿童思维发展一致性程度的估计过高，但他发现了一些重要的一致性，并指出继续探寻的重要性。最后，皮亚杰所提出的基本问题都非常重要。婴儿在出生时具备什么能力？儿童在后来的发展中获得了什么能力？究竟是什么样的过程促使他们的能力在发展过程中显著提高？本书的其余各章将尝试回答这些问题。

小结

皮亚杰的理论在发展心理学中仍然占主导地位，尽管事实上，该理论的大部分内容是在半个世纪前形成的。它之所以具有持久吸引力，其中一部分原因在于它所描述的儿童发展特征非常重要，所涵盖的年龄跨度很大，很多观察实验都非常成功，信度很高。

从总体层面而言，皮亚杰的理论侧重于智力的发展。智力发展的目的是让儿童适应环境。这种适应是通过对现实生活逐渐产生更准确和更全面的表征来实现的。

皮亚杰认为思维发展总体上包括四个阶段：感觉运动阶段、前运算阶段、具体运算阶段和形式运算阶段。感觉运动阶段为从出生到大约2岁，前运算阶段为大约2岁到6或7岁，具体运算阶段为大约6或7岁到11或12岁，形式运算阶段则从11或12岁一直延续至生命末期。每一个阶段儿童对诸如守恒、分类和关系等重要概念的理解都有巨大发展。

皮亚杰还确定了三个基本的发展过程：同化、顺应和平衡。同化是指儿童改变输入信息以使其适应既有心理认知结构。顺应是指儿童既有的心理认知结构根据新信息进行调适。平衡是一个包括同化和顺应的"三阶段"过程。首先，儿童处于平衡状态。其次，儿童未能同化新的信息，这导致他们意识到自己认知结构中的不足，从而打破了原有平衡。最后，儿童的心理认知结构顺应新的信息，并形成一种更高级状态的平衡。

在感觉运动阶段，婴儿会经历初级、次级和三级循环反应，在这些反应中，他们的行为变得更加自主和系统，并延伸到自身之外。他们还习得了一个守恒概念的先导概念——客体永存性，他们认识到即使物体离开视线，它们也依然存在。这个阶段的婴儿也形成了对分类和关系的简单理解。

在前运算阶段，儿童能够通过语言和心理意象来表达他们的想法。尽管如此，皮亚杰主要强调了前运算阶段儿童不具备的能力。他指出，5岁的儿童通常不能解决守恒、类包含和排序问题。皮亚杰认为，这主要是因为儿童专注于感知表象而忽视了变化过程，他们以自我为中心，专注于事物的单一维度而不是同时考虑多个维度。

在具体运算阶段，儿童掌握了上述以及其他许多概念。他们能够表征变化过程并集成多个信息源。这些进步使儿童能够掌握液体体积守恒、固体质量守恒、时间、排序和类包含等概念。

按照皮亚杰的说法，形式运算阶段的儿童具有根据所有可能的结果进行思考的能力，并能在逻辑框架下看待实际结果。这个阶段的儿童可以完成系统性实验，这表明他们可以理解较为复杂的分类和关系。总之，他们开始像科学家一样思考。

皮亚杰理论中也含有一些有争议的论述，如关于儿童在不同发展阶段的认知水平的论述、关于儿童发展阶段的论述，以及关于儿童思维一般特征的论述。后续研究，不论是沿用皮亚杰的口述实验范式，还是改用非口述的方法，儿童通常都会像皮亚杰描述的那样进行思考。当然，也有很多认知能力皮亚杰并没有发现。

皮亚杰的阶段理论预测，在不同的发展阶段，儿童的思维方式存在质的差异。在同一阶段，他们对不同的概念有着相似的思维方式，他们也无法超越自身思维阶段进行更高一级的思维活动。上述每一种观点既包含着一定的真理性，也存在一定的问题。从总体看，许多发展确实体现着质的变化。然而，细看某一阶段，同样的变化似乎往往是一个渐进的过程，早期产生先导变化，其改进和扩展则会延续很多年。一般来说，皮亚杰预测的跨任务的思维一致性尚未找到。但是，儿童早期对概念的理解已体现出相当程度的一致性。年幼儿童的学习速度不如年长儿童快，但他们仍然有可能获得许多超出自身年龄段一般理解能力的概念。

皮亚杰还描述了儿童智力发展的一般特征，如以自我为中心。这些特征描述在很多方面都符合儿童的思维发展，但并非全部。例如，尽管5岁的儿童在某些情况下是以自我为中心的，但在其他情况下，这些儿童甚至更小的儿童也会有不同的行为表现。而且年龄较大的儿童和成年人有时也会表现得以自我为中心。因此，皮亚杰的特征描述几乎是正确的，只不过忽略了某些例外情况。综合来看，皮亚杰的理论之所以备受重视，一方面是因为它有助于我们更好地理解儿童思维，另一方面也因为它指出了很多重要的研究问题。

推荐读物

Brainerd, C.J. (Ed.)(1996). *PS* celebrates the centennial of Jean Piaget [special section]. *Psychological Science*, 7(4). This special issue was organized to honor Piaget on the 100th anniversary of his birth. The articles provide an overview of his life, his contributions and his legacies to the field of cognitive development.

Carey, S., &Gelman, R. (Eds.)(1991). *The epigenesis of mind: Essays on biology and cognition.* Hillsdale, NJ: Erlbaum. A group of leading researchers of cognitive development explore one of the issues that motivated Piaget's research—how biology and experience interact to produce cognitive growth— but with much more emphasis on innate and early-developing knowledge than in Piaget's theory.

Flavell, J.H. (1963). *The developmental psychology of Jean Piaget.* New York: Van Nostrand. The classic summary of Piaget's work from 1925-1960.

Moshman, D. (1998). Cognitive development beyond childhood. In D. Kuhn & R.S. Siegler (Eds.), *Handbook of child psychology: Vol. 2. Cognition, perception, & language* (5th ed.) New York: Wiley. A comprehensive review of the many changes in scientific and logical reasoning that take place during adolescence and afterward.

Piaget, J. (1952). *The child's concept of number.* New York: W.W. Norton. In this book, Piaget describes his classic experiments on class inclusion, seriation, conservation of liquid quantity, and conservation of number.

第三章
信息加工发展理论

场景:爸爸正陪女儿在院子里玩,一个小孩骑着童车过来。
女儿:爸爸,你能把地下室的门打开吗?
爸爸:为什么呢?
女儿:因为我想骑我的自行车。
爸爸:你的自行车在车库里。
女儿:但我的袜子在烘干机里。(Klahr, 1978, pp.181–182)

对话中的女儿所说的话有点"高深莫测",那她说话时是怎么想的呢?著名信息加工理论家大卫·克拉尔(David Klahr)构建了以下思维模型,用以解释小女孩为何一开始要求爸爸打开地下室的门。

总目标:我想骑自行车。
约束:我需要穿鞋子才能舒服地骑。
事实:我光着脚。
子目标1:拿我的运动鞋。
事实:运动鞋在院子里。
事实:光着脚很不舒服。
子目标2:拿我的袜子。
事实:今早放袜子的抽屉是空的。
推论:袜子可能在烘干机里。
子目标3:把袜子从烘干机里拿出来。
事实:烘干机在地下室。
子目标4:去地下室。
事实:穿过院子的入口到地下室比较快。
事实:院子的入口总是锁着的。
子目标5:打开地下室的门。

事实：所有的钥匙都在爸爸手里。

子目标 6：让爸爸开门。

如本例所示，儿童信息加工的发展过程中存在思维的张力，即尽管知识不足、加工能力有限、存在外部障碍，儿童仍不断努力实现目标。故事中使用的特殊策略是方法—目的分析，它包括反复比较自己的当前状态和目标，然后逐步缩小它们之间的距离。在其他情况下，儿童会使用其他策略。为了克服他们记忆能力的局限，儿童使用诸如"复述"（在回忆之前一遍又一遍地重复材料，比如记住一个电话号码）等策略。为了克服有限知识造成的困难，他们会利用社会文化环境所能提供的工具和人，如字典、百科全书、计算器、互联网、具有相应知识的年长儿童和成年人，以及其他设备和资源。

虽然信息加工的发展理论各分支之间存在差异，但都包含相同的基本假设，其中最基本的假设是：思维就是信息加工。它们关注的不是发展阶段，而是儿童所表征的信息、儿童对信息的加工过程，以及限制儿童表征和加工信息总量的记忆能力。认知发展主要体现在这些能力随着年龄和经验的增加而发生的变化。信息加工理论的分析通常比阶段论的分析更为精确；克拉尔对女儿思维模式中的目标、子目标、知识和推论的详细分析是非常典型的信息加工理论分析法。

信息加工的发展理论的第二个假设强调对变化机制的精确分析。该理论有两个关键目标，其一是确定对发展作用最大的变化机制，其二是明确这些变化机制如何协同工作，促进认知发展。强调发展如何发生的同时，信息加工理论也注意到认知的局限性。因为有局限性，认知发展才受到了一定的阻碍，认知发展不是无限的。因此，信息加工理论试图解释特定年龄的儿童如何达到他们现有的认知程度，以及他们的认知能力为何只发展到既有水平。

信息加工的发展理论中颇为普遍的第三个假设是，变化由连续的自我修正过程产生。也就是说，儿童活动所产生的结果会改变自身未来的思维方式。例如，在施雷格和西格勒（Shrager & Siegler, 1998）的策略选择模型中，替代策略的使用会增加儿童对策略有效性的认识，而这些认识反过来又会改变所使用的策略。这种自我修正过程消除了考虑特定年龄过渡期的需要，如皮亚杰提出的 12 岁左右从具体运算阶段过渡到形式运算阶段。相反，儿童思维在各个年龄段都在不断变化。

信息加工的发展理论与其他理论（如皮亚杰学派的理论）存在何种关系？这两种理论有很多共同点。两者都是为了回答相同的基本问题："什么在发展"和"发展如何发生"。两者都试图确定儿童在不同阶段的认知能力和局限性；两者都试图解释晚期更高级的认知是如何从早期比较初级的认知中发展而来的。

不过，这两种理论在某些重要方面也有所不同。信息加工的发展理论更强调加工的有限性、克服这种局限的策略以及关于特定内容的知识。同时，也更加强调对发展变化的精确分析以及持续的认知活动对发展变化的作用。这些差异引发了形式化技术手段的广泛使用,如计算机模拟和流程图。这使得信息加工理论家能够构建理论模型来详细地描述思维过程。由于注重对认知过程的精确描述,信息加工的发展理论常常可以根据儿童在单一任务或为数不多的任务中的表现来对儿童的认知发展进行详细、深入的分析。相比之下,皮亚杰学派的方法所描述的则是儿童在一系列任务和内容领域里所表现出来的思维特点。

两者的最后一个区别在于,信息加工理论认为,对成年人思考方式的了解可以大大丰富我们对儿童思考方式的认识,其基本理念是:当我们认识到成年人的思维是如何发展的,我们就可以更深刻地认识成年人的思维;同理,当我们了解儿童思维发展的方向时,我们也可以更好地理解儿童思维的发展。

本章可分为两大部分。在第一部分,我们探讨了信息加工的基本框架。该框架提供了一种分析儿童和成年人认知系统的方法。在第二部分,我们梳理了五种关于发展的信息加工理论。这些理论中没有一个像皮亚杰理论那样包含宽广的主题和年龄段。不过从另一个角度而言,这五种理论都比皮亚杰理论更详细、完整地分析了发展的某些特定方面。本章的组织结构详见下面的"章节概览"。

章节概览

一、信息加工系统概述
1. 结构特征
2. 认知加工

二、信息加工发展理论
1. 新皮亚杰理论
2. 心理测量理论
3. 生产系统理论
4. 联结主义理论
5. 认知进化理论

三、小结

信息加工系统概述

任何认知理论都必须把握人类认知的两个基本特征。第一,人类的思维能力是有限的,这既体现在我们可以同时加工的信息量上,又体现在我们加工信息的速度上。第二,人类的思维是灵活的,能够适应不断变化的目标、环境和任务要求。信息加工理论试图通过研究认知的结构特征(structural characteristics)和加工来把握人类认知的这种双重性。结构特征决定了思维活动的有限性,而认知加工则为思维灵活地适应外部世界提供了手段和方式。

结构特征

认知的结构特征是信息加工系统的基本组织结构,有时被称为认知建构(cognitive architecture)。这就好比是建筑物的建筑平面图,它规定了建筑物的主要特征,但没有标明细节特征。认知的结构特征往往是相对持久的。人们相信,整个发展过程都会保持相同的基本组织。认知的结构特征也具有普遍性。尽管不同部分的运作效率因个体和年龄而异,但所有儿童都具有相同的认知基本组织。这个基本组织通常被看作由三部分组成:感觉记忆、工作记忆和长期记忆。

◎ 感觉记忆

人们有一种特殊的能力,可以短暂地保留他们刚刚接触的相对大量的信息。这种能力通常被称为感觉记忆。斯珀林(Sperling, 1960)总结了影响视觉信息加工的感觉记忆的特征。他给大学生们呈现了一个3×4的字母矩阵,呈现时间是二十分之一秒。当要求在呈现结束后立即说出这些字母时,这些大学生通常能回忆4—5个字母,约占所有字母的40%。然后斯珀林对实验程序进行了微小但重要的改动。他没有要求大学生们回忆所有的字母,而是让他们只回忆其中某一行的字母。由于大学生们不可能预料到要求自己回忆的是哪一行,所以他们需要对12个字母都进行加工,就像在最初的任务中一样。然而,如果任务只是背诵一行字母,学生们就不需要在回忆目标行字母的时候还努力保持其他行的字母记忆了。

斯珀林发现,当实验者要求被试在字母呈现后立即回忆某一行字母时,大学生们能够回忆该行字母的80%。当字母呈现后过了三分之一秒再回忆某行字母时,被试的回忆率下降到55%。当字母呈现后过了一秒再回忆某行字母时,回忆率只有40%,和最初的一样。斯珀林对此解释道,二十分之一秒的呈现时间足以使字母产生一个视觉图像(原始刺激的完整副本),但该图像会在三分之一秒内消退,并在一秒后消失。从后续研究来看,这些解释都是合理的。

儿童的感觉记忆能力会随着年龄增长而提高。考恩和他的同事(Cowan, Nugent, Elliott, Ponomarev & Saults, 1999)从听觉信息加工的角度对此问题进行了研究。实验要求被试在玩电脑游戏的同时收听语音播报的多组数字。该电脑游戏对注意力要求很高,播报的各组数字间有短暂静音间隔。被试每隔一段时间就会收到一个提示(大约每隔13组一个),并随即报告最近听到的数字。考恩和他的同事推断,在这种实验条件下,被试需要从他们的听觉感觉记忆中回忆数字。

考恩和他的同事采用该范式对一年级学生、四年级学生和成年人进行了测试。平均来说,一年级的学生能回忆 2.5 个数字,四年级的学生能回忆 3 个数字,成年人能回忆 3.5 个数字。由此看来,儿童的感觉记忆能力似乎随着年龄的增长而提高。

◎ **工作记忆**

工作记忆负责积极思考,如建构新的策略、解决算术问题、理解阅读内容等。工作记忆将进入感觉记忆的信息与储存在长期记忆中的信息结合起来,并将这些信息转换成新的形式。例如,当我们阅读一本书时,工作记忆将关于页面上单词的感觉信息与词义的长期记忆表征结合起来,并将这两种数据源作为一个整体来表征文本的含义。

工作记忆也存在几个方面的局限性。首先是容量,也就是工作记忆一次可操作的单位数。这个数字不大,通常估计在三到七个单位之间。我们很难精确地确定工作记忆的容量,因为准确的估计还取决于特定任务的规格。例如,有两种估算容量的方法,一是基于可以在工作记忆中保留的数字数量,二是基于可以保存的字母数量。基于前者的工作记忆容量往往比后者要大(Dempster, 1981)。

其次,工作记忆的容量受限于可操作的有意义单位(组块)的数量,而不是物理单位的数量。一个字母、一个数字、一个单词或一个熟悉的短语都可以作为一个组块使用,因为每个组块都是一个单独的有意义的单位。因此,记忆用九个字母(hit, red, cup)组成的三个不相关的单词和记忆三个不相关的字母(q, f, r)的难度是一样的(Miller, 1956)。

最后,工作记忆中信息丢失的速度限制了人类的认知功能。通常信息会在 15 到 30 秒内从工作记忆中消失。然而,至少口头编码的信息如单词或数字,通过复述可以有效地延长其在工作记忆中保持的时间。

相比年幼儿童,年长儿童能在工作记忆中保留更多的信息。很大一部分原因是因为年龄较大儿童的复述速度更快。一般来说,成年人和儿童复述语言材料的速度越快,他们在工作记忆中能保留的信息就越多(Baddeley, 1986; Baddeley & Hitch, 1974)。更快的复述意味着既定单词重复的间隔时间更短,因此在再次复述之前该单词被遗忘的可能性更小。如图 3.1 所示,说出单词的速度与工作记忆中可保留的单词数量密切相关。年长儿童能够在工作记忆中保留更多信息,其主要原因就在于他们的发音速度更快(Hitch & Towse, 1995)。

对于言语信息和空间信息,工作记忆具有不同的存储容量,但两者有一个共同的执行处理器。执行处理器负责把注意分配到不同来源的信息中去(Baddeley, 1986)。来自言语和空间子系统的信息与来自长期记忆的信息在一个称为"情景缓冲区(episodic buffer)"的工作空间中得以整合和协调(Baddeley, 2000)。

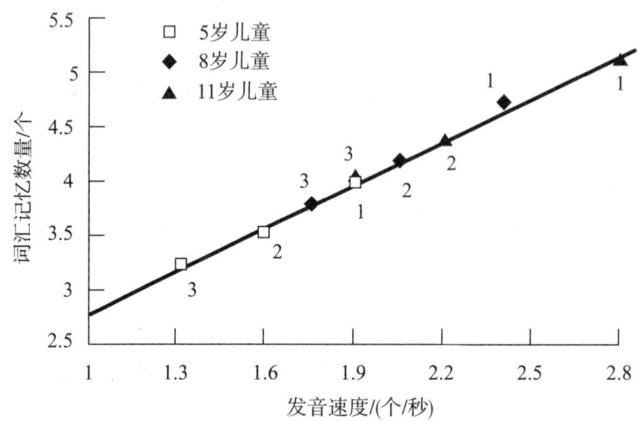

》图 3.1　5 岁、8 岁、11 岁儿童对不相关的口述单词的记忆广度与发音速度和单词音节数的关系(图形旁边的数字表示单词的音节数)。例如，11 岁的儿童每秒能说出 2.8 个单音节单词，并能记住大约 5 个单音节单词(from Hitch & Towse，1995)

　　工作记忆的发展既体现在被记忆的各类言语信息和空间信息总量的变化，又体现在两者之间日益有效的分离。支持该结论的证据来自一项基于 8 岁、10 岁儿童和大学生的研究。该研究给被试呈现一系列通常被编码为言语信息的数字，或给被试呈现一系列在"井字格(tic-tac-toe)"上被编码为空间信息的 X(Hale, Bronik & Fry, 1997)。实验的首要任务是按照出现顺序记忆数字或 X 的位置。除此之外，被试还需要完成次要任务：进行言语反馈(说出数字或 X 的颜色)或空间反馈(在色彩序列中指出每个数字或 X 所在位置的颜色)。

　　研究结果不出所料，大学生回忆的信息比 10 岁儿童多，10 岁儿童回忆的信息比 8 岁儿童多。更有趣的是，在所有年龄段，次要任务中的空间反馈对空间信息回忆的干扰最大，次要任务中言语反馈对言语信息回忆的干扰最大。这一发现支持了空间信息和言语信息在工作记忆中独立表征的观点。特别有趣的是，对于 8 岁(不超过 8 岁)儿童而言，空间反馈会干扰言语信息的回忆，而言语反馈则会干扰空间信息的回忆。这表明，儿童要到 10 岁才能够较为清晰地将工作记忆中的言语信息和空间信息区分开来。

　　控制工作记忆内容和功能的执行过程也存在发展变化，例如，在适当的时候抑制对特定信息来源的注意。有一个非常典型的例子。一项实验要求儿童根据颜色或形状将画有不同物体(如红色的船和蓝色花朵)的卡片进行分类。儿童首先按一个维度(如颜色)对卡片进行分类，经过几次尝试后，再按照另一个维度(形状)对卡片进行分类。3 岁的儿童可以很容易地根据颜色或形状对卡片进行分类，但是当要求改变维度时，大多数儿童都无法做到，而是继续根据原来的维度对卡片进行分类。然而，到 4 岁时，大多数儿童都能成功地完成维度切换(Zelazo, Frye & Rapus, 1996)。这种发展变化可能是因为控制工作记忆功能的执行过程中存在与年龄相关的因素。

◎ 长期记忆

即使是年幼儿童也能记住各种各样的经历和事实。他们有些知识是关于特定事件的，比如他们上学第一天在操场上闲逛时的感觉，这种类型的信息通常被称为情景性知识(episodic knowledge)。另一些知识是关于世界持久性的，比如一枚五分硬币值五个一分硬币，这类信息通常被称为语义知识(semantic knowledge)。还有一些知识是关于操作程序的，例如如何骑自行车，这类信息通常称为程序性知识(procedural knowledge)。这些不同类型的知识是长期记忆的内容。

与感觉记忆和工作记忆不同，长期记忆中能保留的信息量或信息能保留的时长都没有限制。有研究者针对含有师生照片的高中年鉴中的人脸识别进行了实验(Bahrick, Bahrick & Wittlinger, 1975)。参与研究的被试都已高中毕业35年之久。实验要求他们辨认年鉴照片中哪些是他们高中的同班同学，哪些是附近高中的学生。尽管年代久远，他们还是正确地识别出了90%的照片。因此，"长期记忆"这个说法确实很恰当。

人们在长期记忆中存储信息的方式具有一个有趣的特性，即存储不是"全部或全无(all-or-none)"式的。相反，人们将信息存储在可分离的单元中，并且可以在不检索其他单元的情况下提取某些单元的信息。这种特性在以成年人为被试的"舌尖现象(tip-of-the-tongue)"实验中得到了证明。当成年人好像记住了一个单词，但还没有完全记住时，他们常常能记住这个单词的部分特征，如它的第一个字母、音节数、与之发音相似的一个单词等(Brown & McNeill, 1966)。这种特性也体现在儿童长期记忆中的信息存储。例如，西格勒6岁的女儿在回忆一个已搬走朋友的名字时这样说："她来自南美，有一头黑发，她和我一样憨憨的，为什么我记不起她的名字呢？"几分钟后，她成功地回忆起了朋友的名字，她叫加布里埃拉(Gabriella)。

认知加工

认知加工被用来在感觉记忆、工作记忆和长期记忆中积极地操控信息。有两种加工过程在认知发展中发挥着特别重要的作用：自动化和编码。

◎ 自动化的作用

不同的加工在注意力需求方面存在很大的不同。需要大量注意力的加工通常被称为控制加工，而那些需要很少注意力的加工则被称为自动化加工。所需的注意强度既受所加工信息类型的影响，也受儿童加工此类信息的经验的影响。某些类型的信息本质上比其他类型的信息需要的注意强度小。然而，即使某些加工最初需要大量注意，通过练习也会降低其所需的注意强度。

自动化加工在发展中很重要，因为它为了解世界提供了最初的基础。我们以频率信息的相关研究为例。频率信息指客观对象和事件的发生频率。即便人们不想存储这些信息，它们还是会被保留。因此，我们对语言中字母出现的相对频率很敏感（例如，英语中 e 或 r 出现得更频繁），尽管没有人特地留心这些。我们对此类信息的记忆既不受记忆导引的影响，也不受记忆练习的影响。尽管年龄不同，人们对这类信息的记忆水平却几乎相当。5 岁的儿童在加工频率信息方面的表现与大学生相差无几（Hasher & Zacks, 1984）。

儿童对频率信息的自动记忆在许多方面似乎有助于认知发展。当儿童形成概念时，他们必须学习哪些特征最常结合在一起。例如，学习"鸟"这个概念时，儿童需要了解：这种动物能够飞翔，长有羽毛，长有长喙，而且栖息在树上。同样，在学习语言的过程中，婴儿也学习哪些声音倾向于同时出现，并利用这些信息来识别语音流中的单词（Saffran 等，1996）。更具体的学习（比如认识性别角色）儿童也可能依赖于频率信息的自动加工。当儿童看到男女参与活动的频率有差异时，他们对与自己同性的活动模式的模仿频率要比异性的高（Perry & Bussey, 1979）。儿童几乎从来没有意识到自己在收集不同性别的个体参加活动的频率信息。相反，他们似乎是自动获取信息，然后根据他们所观察到的信息来决定自己的行为。

因此，在发展的早期，儿童对频率信息的加工是自动化的，或许从出生起就是如此。然而，随着经验的增多，其他加工也可能会从"控制"变为"自动"。这个过程称为自动化。

自动化这个词用得很好。一旦技能学习达到足够高的水平，即使存在抑制的有利条件，这些技能也很难被抑制。以一位数加法的学习为例。勒菲弗、比桑兹和姆科尼奇（LeFevre, Bisanz & Mrkonjic, 1988）进行了一项研究。他们在实验中先呈现一个加法算式（比如 4+5）；一秒钟之后，在前两个数字稍微偏右的位置再呈现一个一位数字（比如 9）。被试的任务是判断右边的数字是否是加法算式的加数之一。因为 9 不是算式 4+5 的加数之一，因此被试应该回答"不是"，然而，算术的自动化知识会对该任务产生干扰。当右边的数字正好是加法算式的"和"时，被试或回答"是"，或经过较长的反应时间才会说"不是"。而当右边的数字既不是加法算式的"和"，也不是算式中的任意一个加数，被试回答"不是"的反应时间则较短。

对这项任务的研究表明，最简单的一位数加法问题在学习的早期就已自动化，但较难的一位数加法则需要数年的时间才能自动化（LeFevre & Kulak, 1994；LeFevre, Kulak & Bisanz, 1991; Lemaire, Barret, Fayol & Abdi, 1994）。二年级学生只在小数目问题上（两个加数都小于或等于 5）表现出自动化的干扰效应。三年级学生则在小数目和中等数目（其中一个加数等于或大于 6）的问题上表现出该效应,对大数目的问题(两个加数都等于或大于6)则没有表现出干扰。而对于四年级、五年级的学生和成年人而言,不论数字大小,他们对所有一位数加法都表现出自动化加工。

如本例所示,自动化总体上是有用的,因为它释放了心智资源以解决其他问题。例如,加法计算的自动化将使得对较复杂的乘法问题的处理变得更容易。然而,当一个看似典型的问题需要采用不同的处理方法时,自动化则可能带来消极影响。例如,加法知识的自动激活会影响儿童在数学等式问题上的表现,例如,等式:3+4+5=3+____(McNeil & Alibali, 2004)。这类等式问题类似于加法问题,但与加法问题的关键区别在于等号的位置。因此,自动化究竟是有帮助还是有消极影响,要视情况而定。

◎ **编码的作用**

世界如此复杂,人们不可能对环境的所有特征都形成表征。儿童常常无法对物体和事件的重要特征进行编码,有时是因为他们不知道重要特征是什么,有时则是因为他们不知道如何有效地对其进行编码。无法对重要特征进行编码可能会限制潜在有益经验在认知过程中发挥有效的作用。当儿童不能通过编码接收相关信息时,他们自然也就无法从中受益。

凯泽、麦克洛斯基和普罗菲特(Kaiser, McCloskey & Proffitt, 1986)曾通过一个令人信服的演示来说明编码缺失如何阻碍学习。他们向4—11岁的儿童和大学生展示了一辆载着球的电动平板火车。在预定好的某一个位置上,球从移动的平板上的一个洞掉落到几英尺外的地板上。实验任务是预测球下落时的轨迹。

结果显示,超过70%的儿童和相当一部分大学生预测球会垂直掉下来。在他们提出这个假设之后,实验者进行了现场演示(球会以曲线向前和向下运动)。很明显,演示结果与儿童和大学生之前的预测不同。他们对此的解释则反映出他们的预期对自己编码的影响。有人坚持说球实际上是直接掉下来的,但它从火车上掉落的时间比实验者所说的要晚。另一些人说球在掉落前受到来自火车的一个向前的推力。有趣的是,有些认为"球会直落"的大学生此前已完成了包含相关概念的大学物理课程的学习。然而,这种学习经历不足以改变他们的预期或他们对所见事物的编码方式。

在婴儿出生后的第一年,编码就开始在发展和个体差异中发挥重要作用(Colombo, 1993, 1995)。对婴儿信息获取速度的研究证明了编码的重要性。婴儿在获取了一个物体的所有相关信息后,会对其产生厌倦从而转头看向其他物体或地方。

当婴儿长到7个月大时,他们获取特定物体相关信息所需的时间(注视物体的时间)比3个月大时减少一半以上。回想一下本书第一章(第11页)提到的内容,7个月大的婴儿对一个反复展示的物体习惯得越快,4到10年后他们的智商就越高。据推测,越聪明的婴儿对图片中所有感兴趣的内容进行编码的速度越快,这导致他们比别人对图片更快失去兴趣。当新图片显示出来时,他们会更加活跃,因为他们可以更清楚地对新旧图片之间的差异进行编码。

信息加工发展理论

接下来的内容,我们将讨论关于信息加工能力如何发展的五大理论:新皮亚杰理论、心理测量理论、生产系统理论、联结主义理论和认知进化理论。这五种理论中的每一种实则都是一个理论群,所包含的每一种分支理论虽然基本原则相同,但是各有特点。在对每一个理论群的探讨中,我们将确定这些共同的基本原则,并介绍体现这些原则的具体事例。我们希望通过这种方式,一方面提取出信息加工方法的核心特征,另一面也展现这种方法对理解儿童思维的具体意义。

所有这些理论都反映了皮亚杰理论和成年人信息加工方法的贡献,以及其他一些影响。表3.1列出了其中一些理论,并总结了这些理论目标和它们所强调的发展机制。

表3.1 信息加工发展理论概述

理论类型	代表人物	理论目标	主要发展机制
新皮亚杰理论	凯斯(Case)	融合皮亚杰理论和信息加工理论	自动化,基于生物基础的工作记忆的提高以及策略构建
心理测量理论	斯腾伯格(Sternberg)	用信息加工手段分析智力发展	策略构建、编码和自动化
生产系统理论	克拉尔(Klahr)	通过计算机模拟展示认知系统如何调适自身加工	基于规则探索的概括化,冗余消除,时间线,以及编码和策略构建
联结主义理论	麦克温尼(MacWhinney)	解释儿童如何从既有数据中习得语言	简单加工单元间的联结竞争,概括化
认知进化理论	西格勒(Siegler)	了解变化和选择过程如何塑造认知发展	策略间的联结竞争,以及策略构建和概括化

新皮亚杰理论

新皮亚杰理论的目标是在吸收信息加工方法优势的同时保持皮亚杰理论方法的优势。例如,该理论将皮亚杰的阶段论与信息加工理论的核心概念(目标、工作记忆的局限性和问题解决策略)融合起来。他们最大的关注点是基于生物基础的工作记忆的提高和加工的自动化如何使儿童逐步克服加工的局限性。最有代表性的新皮亚杰理论包括哈尔福德的理论(Andrews & Halford, 2002; Halford,

1993；Halford, Wilson & Phillips, 1998)、菲希尔的理论(Fischer & Farrar, 1988；Mascolo & Fischer, 1999)和德米特里欧的理论(Demetriou, Christou, Spanoudis & Platsidou, 2002; Demetriou, Efklides & Platsidou, 1993; Demetriou & Raftopoulos, 1999)。

或许最著名的新皮亚杰理论当属罗比·凯斯(Robbie Case)的理论。该理论可分为两个主要部分：发展阶段本身和促进阶段发展的过渡过程(见图3.2)。

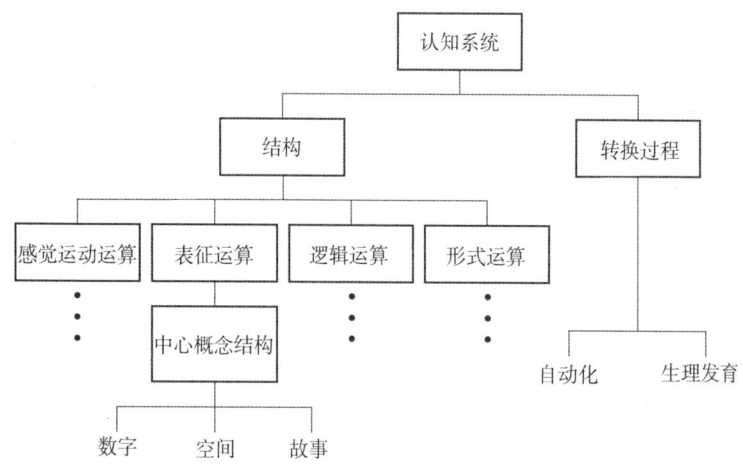

>> **图 3.2 凯斯理论的主要结构和加工过程概览**

与皮亚杰理论相似，凯斯(1985)提出儿童会历经四个发展阶段。他通过儿童心理表征和加工的类型来描述这些阶段。第一阶段为感觉运动运算(sensorimotor operations)。儿童在这一阶段的表征是由感觉输入组成的，与之相对应的反应表现为儿童身体运动。在第二阶段，即表征运算(representational operations)阶段，儿童的表征包括具体的内部图像，而且其行为可以产生额外的内部表征。在第三阶段，即逻辑运算(logical operations)阶段，儿童形成抽象的刺激表征，他们可以通过简单的转换作用于这些表征。在第四阶段，即形式运算(formal operations)阶段，儿童也可以形成抽象的刺激表征，但他们能够对信息进行复杂的转换加工。在每一个阶段，儿童都可以形成或产生之前阶段中的表征和行为。

接下来我们举例说明各阶段可能出现的表征间的差异。一个儿童看到一张有点恐怖的面孔(感觉表征)，然后逃离房间(运动行为)，这可能就是感觉运动运算在起作用。在表征运算阶段，儿童对同一张恐怖面孔形成一个心理图像(内部表征)，并用该图像绘制出一张面孔图(表征行为)。在逻辑运算阶段，儿童可能意识到他的两个朋友不喜欢对方(抽象表征)，然后告诉他们如果大家都是朋友，他们会有更多的乐趣(简单转换)。在形式运算阶段，儿童可能意识到，这种直接的建立友谊的方式很少成功(抽象表征)，因此他们会一起进入一种情境，在该情境中，他们需要一起克服一些共同障碍，从而在彼此之间产生友好的感受（复杂转换）。由此可以看出，凯斯的理论和皮亚杰阶段发展理论甚为相似。

凯斯对儿童获得特定概念的发展顺序的观点也与皮亚杰的观点相似。与皮亚杰一样，凯斯也强调不同概念的发展顺序有着广泛的一致性。他的观点比较温和，因为他所说的一致性仅限于特定类型的知识。不过在这些特定类型的知识中，发展顺序的一致性是显而易见的。

特别值得一提的是，凯斯认为，儿童的大部分思维活动都在中心概念结构（central conceptual structures）中进行。中心概念结构是"概念和概念关系的内部网络，它在儿童能否在新的认知水平上思考一系列（但不是所有）问题方面扮演着中心角色"（Case & Griffin, 1990, P.224）。凯斯和他的同事们（Case, 1998; Case & Mueller, 2001; Case & Okamoto, 1996; Griffin, Case & Sandieson, 1992; Marini, 1992）重点研究了三个主要的中心概念结构：数字、空间和故事。这三者有着普遍的相似之处，即都是基于当前年龄段认知系统的整体局限性，但所适用的领域各不相同。例如，凯斯和冈本（Case & Okamoto, 1996）提出，在6岁时，儿童的中心概念结构侧重于单一维度。在数字概念结构中，这体现在儿童形成一个心理数字线，用以完成诸如比较数字大小等任务。在故事概念结构中，这个年龄段的儿童可以在中心概念结构中形成心理故事线，也就是说，通过事件顺序来表征故事的情节线。在空间概念结构中，6岁儿童的思维集中在物体的形状或位置上，而不是两者兼而有之。到8岁时，儿童的中心概念结构能够兼顾两个维度。对于数字加工，儿童可以协调两条数字线，例如协调十位数和个位数，为了理解100以下的十进制数字。对于故事加工，他们能将两条故事线协调成同一个情节线。对于空间加工，儿童能够同时表征物体的形状和位置。

凯斯理论与皮亚杰理论最明显的不同之处在于他对转换机制的描述，该描述显示了信息加工方法最显著的影响力。凯斯强调工作记忆能力是认知发展的决定因素。他并不是指工作记忆的绝对容量增加，而是工作记忆的加工效率越来越高，因此可以处理更多的信息。

加工效率的提高是如何实现的呢？凯斯（1985）提出，方法之一是自动化。某认知运算有可能需要动用所有工作记忆资源。但通过练习，这一运算可以更有效地完成，从而释放一部分工作记忆容量用于其他运算。我们可以用"汽车的后备厢"来做一个形象的类比。汽车后备厢的容量不会随着车主使用后备厢经验的增加而改变。但是，装进后备厢的行李数量却可以变化。后备厢中起初能装三个手提箱，但最后却装了四五个。通过对行李进行更合理的整理，后备厢就可以腾出部分空间，这样也就能装更多的货物。和整理后备厢的方法一样，中心概念结构提供了组织目标和实现目标的有效方法和程序。因此，儿童可以突破工作记忆的限制。

生理发育程度也对工作记忆效率的提高产生作用。凯斯(1992b)提出，阶段转换是由大脑额叶区电活动的普遍变化引起的，而额叶是大脑中主管问题解决和推理的脑区。具体而言，在每个阶段的初期，大脑左侧的额叶和与之并无联结的其他脑区之间形成新的短距离联结。在第二个子阶段中，大脑左右半球都形成了较长距离的联结。在第三个子阶段，大脑右半球内形成短距离联结。而后大脑准备进入新的发展阶段。不同年龄段大脑的电活动模式支持这一观点(Thatcher, 1992)。

凯斯和他的同事们将这一理论广泛地应用于各种任务，包括科学推理(Marini, 1992)、音乐视唱(Capodilupo, 1992)、解决算术应用题(Okamoto & Case, 1996)、认识时间(Case, Okamoto, Henderson, McKeough & Bleiker, 1996; Case, Sandieson & Dennis, 1987)、管理金钱(Case, Okamoto 等,1996)、绘画(Case, Stephenson, Bleiker & Henderson, 1996; Dennis, 1992)，以及理解社会现象、情感现象(如感情、动机)和人际冲突(Bruchkowsky, 1992; Case, Okamoto 等,1996)。

凯斯理论的另一个优点在于其对设计有效的教学方法很有用。他的理论有两个重要元素，其一是问题解决的各种方法对工作记忆的需求分析；其二是核心领域下的中心概念结构分析。基于这两个重要元素，凯斯和同事开发出了相应的教学方法和课程。

以凯斯对算式 4+? =7 中加数缺失问题的分析为例(Case, 1985)。虽然这项任务看起来很简单，但对正学相关知识的一年级学生来说仍然是一个很大的障碍。凯斯分析了数种正确和最常见错误的解题策略。他指出，大多数正确的解题策略所需要的工作记忆容量超出了 6 岁和 7 岁儿童通常所具有的水平。不过，他也指出，最简单的正确策略和对工作记忆需求最高的错误策略对工作记忆的需求是一样的。根据他的分析，工作记忆需求最低的正确策略是从问题中给出的一个加数开始数，并记下达到总和所数过的数字个数。例如需要解决的问题是 4+? =7，最简单的正确策略就是从 4 开始数到 7，并记住之间的数字个数。而对工作记忆需求最高(也是最常见的)的错误策略是先从 1 数到给定的加数，然后再从加数开始数到总和所表示的次数。举例来说，还是问题 4+? =7，儿童首先从 1 数到 4，然后再数 7 个数到 11，最后得出的回答就是：缺少的加数是 11。凯斯认为，如果 6 岁儿童可以习得错误的策略，他们也可以学习正确的策略，因为这两种策略对工作记忆的需求是相似的。

凯斯使用的教学策略非常简明。如图 3.3 所示，第一步是说明等号(=)两边的对象是相等的。第二步(第三对面孔图)意味着对加号(+)两边的对象求和。在儿童完成了面孔图识别之后，教学的重点转移到直接涉及数字的问题上。在教学过程中，研究者会让儿童比较等号两边的数字，以此来帮助儿童理解他们在解决加数缺失问题时所用策略的不当之处。比如，儿童现有策略推算出的数字是 11。当把 11

填入算式 4+？＝7 时，他们便会看到等号两边其实是不相等的。接着，研究者会逐步地介绍解决加数缺失问题的最简单的正确步骤（上文中提到的计数策略）。

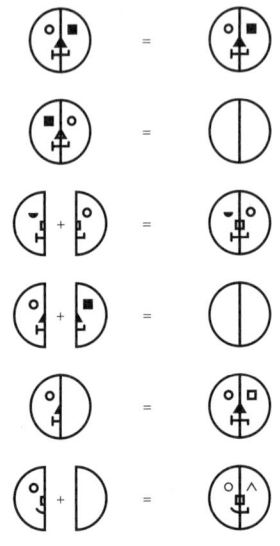

》图 3.3 凯斯（1978）在加数缺失问题教学中使用的面孔图。第一对面孔图表示"＝"左右两边的面孔图相等。第二对是用来测试儿童是否能使"＝"右边的面孔与左边相等。第三对表示"＝"右边的整体可以由左边的部分组成。第四对是用来测试儿童能否通过部分创造出一个整体。第五对表示的问题和加数缺失问题一样，"＝"右边是一个整体，左边显示了整体的一部分，任务要求是填补左边缺失的另一部分。第六对面孔图在第五对的基础上添加了加号（＋），使得问题更接近于标准的用数字表达的加数缺失问题

凯斯（1978）报告说，只有 10％的儿童能通过加州的标准算术教材学会正确地解决加数缺失问题，而他的教学策略让 80％的学前儿童学会了如何解答这类问题。这是相当大的提高。

最近，凯斯又将中心概念结构的概念应用于一系列数学概念的课程设计，包括有理数和函数（Kalchman, Moss & Case, 2000；Moss & Case, 1999）。对于每个范畴，凯斯和他的同事首先概述了中心概念结构的内容，这些内容是熟练的技能表现的基础，他们的教学设计也是为了有助于儿童中心概念结构的发展。例如，按照他们的理论，有理数的中心概念结构包含儿童对比例的直观理解（例如，儿童会说烧杯中的水是 1/2 杯或 1/4 杯）以及他们对数字关系"一半"和"两倍"的理解（Moss & Case, 1999）。

凯斯认为，教学应促进和扩展自然发生的过程，通过这些过程，中心概念结构的组成部分能够得到协调和整合。基于这一观点，莫斯（Moss）和凯斯（1999）开发了一种关于有理数的实验课程，并把重点放在设想的中心概念结构的各个方面。例如，在系列课程开始时，学生需要使用百分数来描述烧杯中的水量。最后，学生需要将百分数与小数联系起来。为了帮助学生理解，他们在教室地板上设置了一条数字线，每两个数字间相距 1 米。学生要以线上的一个数字为起点，按一定百分比（如 1 米的 75％）距离走近另一个数。然后他们告诉学生，这个值还可以用两位小数（0.75 米）表示。最后，基于百分数和小数的知识，在教学中引入一般分数表示法（1/2，1/4，1/8）的概念。课堂活动的目的是强化和整合有理数的中心概念结构的各个方面。

莫斯和凯斯选取了一个四年级班级作为实验课程的实验组。同时，他们还在附近学校里选取了另一个班级作为对照组。对照组不采用实验课程，且与实验组之间不存在人口统计学上的差异。莫斯和凯斯对比了两组学生在学习小数、分数和百分数时的表现。在有理数学习单元的一项课后测验中，实验组学生的表现要远远好于对照组（正确率：69%＞39%），他们表现出对有理数具有更深的理解。对照组学生的错误往往是将有理数和整数混淆。相对而言，实验组中这类错误则要少得多。实验组的学生经常借用比例来验证他们是否正确解答了小数、分数和百分数的问题，他们也能成功地解决需要克服误导性提示或生成新程序的问题。这表明，实验课程有助于学生对有理数形成广义的、灵活的理解。

这些事例说明凯斯的方法既有重要的理论意义，又有很强的实践价值。他对工作记忆需求和中心概念结构的分析尤为如此。此外，这些例子也突显出以心理学理论为基础的教学方法的价值和有效性。

也有研究者对凯斯的理论提出了几点批评。如弗拉维尔（1984）曾指出，凯斯并未清楚地解释判定一个加工所需工作记忆容量的指导原则。因此，通常很难判定不同任务的工作记忆需求的预估值是否真的具有可比性。此外，凯斯提出生物性变化对于阶段性变化的产生有重要作用，而弗拉维尔认为该观点只是推测，到目前为止，尚无相关的证据。另一方面，在众多信息加工理论中，凯斯的理论显得尤为独特。该理论试图将基本能力、策略和学习联系起来。通过多种任务，凯斯的理论对发展进行了令人信服的分析，并体现出较强的实用性。此外，尽管很难提供明确的证据，许多研究者有一种强烈的直觉，即超越记忆极限能力的提高确实是认知发展的基础。因此，凯斯和他的同事其实选择了一条困难但充满希望的研究道路。如果他们取得成功，必将是一个巨大的成就。

心理测量理论

心理测量理论（Psychometric theories）的目的是阐明心理能力测验的测量过程，如智力测验。自20世纪初以来，智力水平一直被一个数字所代替，即IQ分数。这种做法存在几个缺点：首先，一个数字本身不足以代表智力内涵复杂的特质；其次，智力测验可能存在文化偏见；最后，智力测验不能直接衡量学习和创造能力，也不能衡量在实际情况中运用智力的能力。当然，智力测验也有其独特的优点：智力测验的分数与测验时的学业表现密切相关；智力测验能相当准确地预测其未来的学业表现；智力测验为检验个体认知功能的差异提供了坚实的基础。

诸多研究者都尝试保留智力测验的上述优点，同时减少或消除其存在的不足（Anderson, 1992; Ceci, 1990; Gardner, 1993）。这其中最著名的理论当属斯腾伯格的三元智力理论（triarchic theory of intelligence）。他分析了多种类型任务和不同的儿童群体，并将自己的分析结果与传统智力测验的结果联系了起来。

根据三元智力理论(Sternberg，1985，1997，1999)，人类智力包含三个主要方面：分析性(analytical)、创造性(creative)和实践性(practical)。大多数传统智力测验主要测量的都是分析性智力。它包括分析、评估、比较、对比和批判等能力。创造性智力包括应对新情况所需的能力，如创造、发现、想象和发明等能力。实践性智力用于解决日常生活中出现的问题，以及适应、塑造和选择环境。它包括使用和应用信息等。

斯腾伯格认为，分析性智力、创造性智力和实践性智力都是基于同一套信息加工过程。这些过程包括操作构件(performance components)、知识获取构件(knowledge acquisition components)和元构件(metacomponents)(见图3.4)。

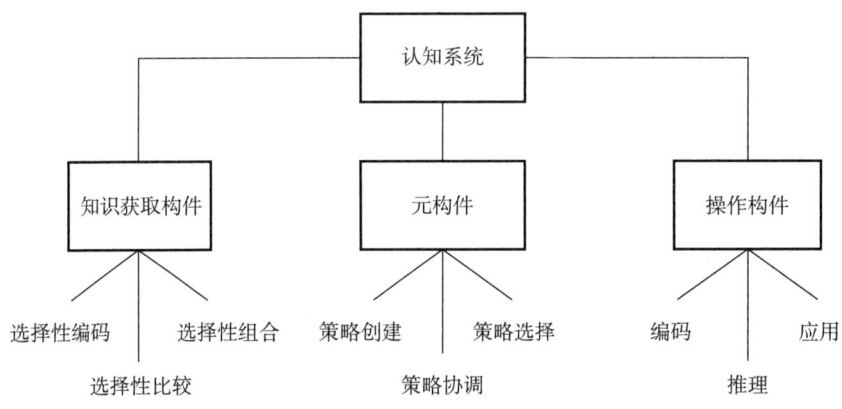

》图3.4 斯腾伯格的智力理论示意图

操作构件是实际解决既定问题所涉及的过程。斯腾伯格总结了人们用来解决诸多问题的四个操作构件：编码、推理、映射和应用。① 我们可以通过类比来说明这些操作构件的作用机制。例如下面这个问题：

火鸡：蔓越莓酱∷鸡蛋：(1)玉米 (2)火腿

题目要求选择玉米或火腿，使其与鸡蛋的关系类似于蔓越莓酱与火鸡的关系。

斯腾伯格建议解决这个问题的第一步是对问题中的词语进行编码，包括明确每个词语的属性，例如，火鸡是一种食物，它是一种肉，它是一只鸟，它是在感恩节吃的，等等。接下来，运用推理确定第一个和第二个词语之间的关系，如人们吃火鸡时常常会配蔓越莓酱。然后，通过映射建立第一个和第三个词语之间的关系，即火鸡和鸡蛋都是食物。最后为应用，在第三个词语和其中一个可能的答案(玉米或火腿)之间建立一种关系，这种关系与第一个和第二个词语之间的关系相似，如鸡

---

① 译者注：原著里"操作构件"图文不对应，疑图中缺少了"映射"。

蛋和火腿搭配的方式与火鸡和蔓越莓酱搭配的方式差不多。

知识获取构件首先是学习解决问题和获取相关知识的过程。斯腾伯格特别关注三种知识的获取过程：选择性编码、选择性组合和选择性比较。选择性编码包括区分相关信息和不相关信息。选择性组合包括以有意义的方式整合信息。选择性比较涉及将新编码或组合的信息与先前存储的信息联系起来。

顿悟问题可以反映出知识获取构件在问题解决中的重要性。比如，"如果你抽屉里有黑色和棕色袜子若干，两种颜色的袜子按照4∶5的比例混合，你需要拿出多少只袜子才能保证拿到一双颜色相同的袜子？"对于这个问题，首先要忽略关于两种颜色的比例这一无关信息，这就需要选择性编码的技巧（如果你有两种颜色的袜子，你需要找多少只袜子才能确定两种颜色相配？）。当无关信息出现时，我们需要忽略它，并有选择地对问题的本质进行编码。当不存在无关信息时，分散注意力的信息变少，选择性编码的技巧就不那么重要了。因此，儿童更善于解决不含无关信息、且不需要选择性编码的问题。这也不足为奇。

有证据表明，高智商儿童比其他儿童能更有效地执行知识获取过程。相应地，高智商儿童从这类过程的教学指导中获益也少于普通智商的儿童。这可能是因为高智商儿童已经拥有很强的知识获取技能，因此教学指导几乎没有促进作用（Davidson & Sternberg, 1984）。

元构件是管理其他构件使用的执行过程，包括制订解决问题的计划、构建问题解决策略、监控问题解决进度和评估问题解决的结果。元构件也对发展变化的大多数方面起着重要作用。正如斯腾伯格（1984）所说，"毫无疑问，在目前的概念图式中，元构件形成了智力发展的主要基础"（p.172）。

当人们的知识在不同情境间转移时，元构件的重要性体现得最为明显。与年龄较小的儿童和专业知识较少的人相比，年长儿童和专业知识较多的人通常能够更好地将知识应用于新问题中（Campione & Brown, 1984; Gentner, Ratterman, Markman & Kotovsky, 1995; Staszewski, 1988）。知识尤为重要。相比几乎不懂象棋但总体记忆能力较强的成年人，10岁的象棋高手能更成功地破解新的象棋难题（Chi, 1978）。然而，当知识水平相当时，智商更高的人通常可以更快地应用已有知识获取新知识（如 Johnson & Mervis, 1994）。

以上三种基本过程（操作构件、知识获取构件和元构件）在解决问题时会共同协作。元构件充当策略构建机制，将其他两种类型的构件编入以目标为主导的过程。当儿童已有足够的理解力来解决问题时，只需要元构件和操作构件来创建问题解决策略。元构件决定要使用的操作构件以及它们的使用顺序。操作构件执行实际解决问题的工作。如果儿童还没有足够的理解力来解决问题，那么知识获取构件也会发挥作用。换言之，知识获取构件获取与解决问题相关的新信息，并将这些信息传递给元构件。然后,元构件结合新、旧知识来创建一个问题解决策略。

根据斯腾伯格(1999)的观点,这些基本的认知过程是分析性智力、创造性智力和实践性智力的基础;具体应用哪些认知过程取决于任务的性质、当时的情况以及所需的思维类型。然而,除却基本认知过程的这种本质上的相似性,传统智力测验和课堂教学主要强调分析性智力,并未涉及创造性智力或实践性智力。斯腾伯格在他最近的研究中不仅关注分析性智力,而且开始重视实践性智力和创造性智力,并着力采用与之相应的知识评估方法和教学方式。

传统的智力测验只关注分析性智力。与之相比,涵盖以上三种智力的测验在预测智力方面则更为有效。研究者就此问题开展了实验。实验选取了天赋较好的高中生作为被试,让他们学习大学的暑期心理学课程。学生接受了分析性智力、创造性智力和实践性智力的测验,他们在这些测验中的分数被用来预测他们的课程成绩。结果表明,基于三种智力的测验分数比仅基于分析性智力的分数预测效果更好(Sternberg, Ferrari, Clinkenbeard & Grigorenko, 1996)。

这项研究还考虑到了教学因素。所有的学生都使用同一本心理学教科书,参加相同的讲座。但是,学生会被分配到不同的讨论活动中,这些讨论活动在分析性、创造性、实践性或记忆性上的侧重有所不同。有些学生被安排了与其思维优势相匹配的讨论活动(例如,具有创造性优势的学生被安排参加侧重于创造性的讨论活动),有些学生则被安排参加与其思维优势不匹配的讨论活动。斯腾伯格和他的同事发现,相匹配条件下的学生在课程中的表现要好于不相匹配条件下的学生。这说明,当教学活动与学生的思维优势相匹配时,学生的表现会更好。

还有研究表明,强调三种智力的教学比传统教学或注重批判性思维技能的教学更有利于学生发展。这类研究采用了不同的被试群体,使用了不同类型的课程内容,包括学习社会学某单元的三年级学生、学习心理学某单元的八年级学生、学习阅读技能的市中心学校的五年级学生、参加暑期阅读强化课程的低收入家庭的初中生以及多个学科领域的高中生(Grigorenko, Jarvin & Sternberg, 2002; Sternberg, Torff & Grigorenko, 1998)。很明显,鼓励创造性、实践性以及分析性思维的教学对许多学生都是有益的。

我们该如何评价斯腾伯格的理论?总体看来,该理论主要存在三点不足:第一,该理论的总结多于预测。哪种类型的证据会与该理论相悖还不清楚。第二点不足与基本认知加工的运作机制有关。这些加工过程的机能主要在分析性思维任务中得到了很好的阐释,而对于需要创造性和实践性思维的任务,此类认知加工如何发挥作用尚无定论。第三点不足涉及元构件在系统组织中的作用。元构件是整个理论的关键,但是其作用机制仍有待进一步研究。

从另一方面而言,斯腾伯格理论所论及的现象和所作用群体的范围都极为广泛。它包含了思维发展中许多直观且重要的方面，并用易于理解的方式将之进行了整理。该理论为策略建构机制的运用提供了一个较为合理的概述，在智力评估和教学中都有着重要的实际应用价值。简言之，斯腾伯格理论为认知发展构建了一个良好的理论框架，也产生了深远的实践意义。

生产系统理论

对于认知发展理论来说，最艰巨的挑战或许就是解释发展是如何发生的。皮亚杰和其他研究者进行了各种尝试，但都没有完全解释清楚。看看下面这段话：

40年来，同化和顺应这两种导致平衡的神秘力量一直让我们感到困惑，它们既相对独立，又紧密联系，就像是发展过程中的蝙蝠侠和罗宾。① 它们是什么？它们是怎么做的？为什么这么长时间以来，我们对它们的了解依然停留在它们第一次出现时的水平？我们需要的是一种超越含糊的口头陈述的方式，我们不能再用这种方式来描述发展过程的本质。(Klahr, 1982, p.80)

目前看来，有一种方法最有可能提供更精确、更令人满意的解释，那便是通过生产系统构建发展模型(Klahr & MacWhinney, 1998)。这是一种已被证明对认知发展建模非常有用的计算机模拟语言。每项生产都是一种"如果—那么(if-then)"规则，该规则会指示系统在特定情况下的反应。所有生产过程结合起来就能确定整个系统在多种情况下的反应。生产系统的关键特性如下。

1. 基本组织由两个相互作用的结构组成：一个是生产记忆，这是系统的持久知识；另一个是工作记忆，这是系统对当前情况的表征。

2. 生产记忆包括大量特定的生产，每个生产又包括条件侧和行为侧。

3. 每个生产的条件侧规定了生产适用的情况。行为侧规定了满足这些条件时所采取的行动。这些行动包括指向外部世界的活动和操作工作记忆中的符号。

4. 工作记忆的内容是不断变化的，因为它们反映的是不断变化的情况。信息通过对外部世界事件的感知和执行行为侧所规定的特定行为进入工作记忆。

5. 思维是一个循环过程：① 信息存储于工作记忆；② 该信息与一个或多个生产的条件相匹配；③ 这种匹配触发上述生产行为侧的行动操作；④ 行动将新信息存入工作记忆，从而出现新的循环。

6. 学习是一个自我修改的过程，在此过程中，新的生产被创造出来，而现有的生产由于先前的经验而被修改。

---

① 译者注：蝙蝠侠和罗宾源自漫画中的超级英雄蝙蝠侠和他的搭档及助手罗宾，在这代指在各种发展过程中既独立存在又相互协作的同化和顺应。

生产系统的层次结构如图 3.5 所示。

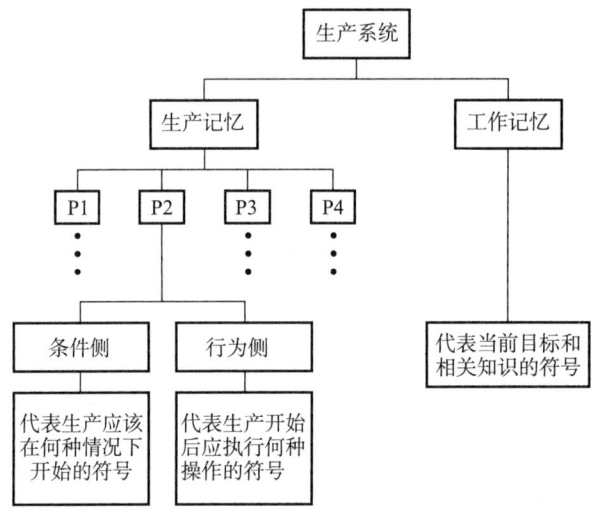

» 图 3.5　生产系统的层次结构

下面描绘了一个简单的生产系统,该系统可以生成正确解答皮亚杰的数量守恒问题的方法。下半部分演示的是系统在解决问题时产生的工作记忆的状态序列。特定的生产系统总是从生产系统的顶部向下搜索,直至找到条件侧与工作记忆内容相匹配的生产。然后,该生产将启动,搜索从顶部重新开始。

简单的数量守恒生产系统 *

P1:如果你被问及两个集合之间的数量关系,且你没有要说明该关系的目标,那么设定这一目标。

P2:如果你的目标是说明两个集合之间的数量关系,且你知道这个关系,那么说明这个关系。

P3:如果你的目标是说明两个集合之间的数量关系,且在转换之前两个集合的物品数量相同,转换也没有使物品增加或减少,那么集合仍然具有相同数量的物品。

———

初始工作记忆(WM1):之前各行具有相同数量的物品,现在其中一行的物品分散开来,数量无增减,问题为:各行现在是否依然含有相同数量的物品。

P1 触发。

WM2:目标是说明各行现在是否具有相同数量的物品。之前各行具有相同数量的物品,现在其中一行物品分散开来,数量无增减,问题为:各行现在是否依然含有相同数量的物品。

> P3 触发。
>
> WM3：目标是说明各行现在是否具有相同数量的物品。各行具有相同数量的物品，之前各行具有相同数量的物品，现在其中一行物品分散开来，数量无增减，问题为：各行现在是否依然含有相同数量的物品。
>
> P2 触发。
>
> 系统回答："各行具有相同数量的物品。"
>
> 资料来源：* 改编自 Klahr & Wallace, 1976。

在应用上面生产系统的实验中，研究者先让儿童观察两行物品，并告知他们每行物品的数量相同。而后将其中一行的物品分散开来，并询问他们两行是否具有相同数量的物品。这也是"初始工作记忆（WM1）"所表达的内容。初始工作记忆的状态与 P1 的条件侧匹配，故而触发 P1，并将说明各行之间数量关系这一目标存入工作记忆。当系统再次从顶部启动时，工作记忆的内容与 P1（因为其第二个条件不匹配）、P2（因为其第二个条件不匹配）都不匹配。但是，工作记忆的内容与 P3 的条件侧匹配，因此触发 P3，将"各行具有相同数量的物品"这一信息存入工作记忆。有了这些信息，P2 就可以触发，之后系统会给出正确的答案。

许多研究人员将生产系统模型作为研究发展的工具（如 Jones, Ritter & Wood, 2000; Klahr, Langley & Neches, 1987; Young & O'Shea, 1981）。克拉尔是将生产系统作为工具来解释发展的尤为突出的倡导者。克拉尔生产系统理论的核心发展机制是概括。数量守恒问题可以很好地体现克拉尔理论的运作原理。

克拉尔和华莱士（Wallace）（1976）将概括过程分为三个部分：时间线、规则检测和冗余消除。时间线包含概括所基于的数据。它记录了系统曾经遇到的所有情况、在这些情况下产生的反应、行为的结果以及出现的新情况。表 3.2 以单个事件为例来说明时间线中可能包含的各种信息。一个儿童看到几块饼干，并且直接判断有 3 块。这一判断是通过"感数"（subitizing，儿童和成人都具备的一种能力，可以快速地判断总数不超过 4 的一组物品的数量）来实现的。接着，儿童伸手捡起饼干，从而改变了饼干的空间位置。最后，儿童再次直接判断饼干的数量，发现还是 3 块。

表 3.2 儿童的一部分时间线

之前的加工片段		

续表

之前的加工片段	
87456.	饼干在桌上
87457.	我看了一眼
87458.	有3块
87459.	我听到鸟叫
87460.	我拿起饼干
87461.	我看了一眼饼干
87462.	还是3块

乍一看，如此详细地记录发生的情况、反应和结果似乎并无必要。何必每件事都记那么详细呢？而事实上，这些信息可能价值连城。在许多情况下，儿童无法事先知道哪些是相关信息。如果儿童保留了可能相关或不相关的详细信息，他们以后可能会得出意想不到的结论。相反，如果儿童只保留自己认为的有价值的信息，他们就会丢失很多相关信息。

我们可以就此推断儿童的记忆曲线和时间线相似吗？从儿童记忆某些信息的详细程度来看，这似乎是可行的。几乎所有的父母都能讲出一些与此有关的趣事。西格勒提到了这样一个故事，某个假期，他和妻子以及他们将近2岁的儿子住在一家汽车旅馆里。他们想去吃饭，但找不到房间钥匙。10分钟后，爸爸终于有耐心听明白他儿子说的话："电话下面。"爸爸立刻意识到儿子说的是对的。他曾把钥匙放在那了（只是他忘记了）。如此看来，如果儿童记住了这个相对无关紧要的细节，他很有可能也记住了许多其他细节。哈什尔和扎克斯（Hasher & Zacks, 1984）认为频率信息和经验的其他几个方面（如空间位置和发生时间）都是自动加工，这一观点指出了可能进入时间线的信息类型。因此，克拉尔和华莱士的结论似乎是相当合理的，儿童会保留一个详细的经验记录。

第二个关键部分是规则检测。它基于时间线的内容进行操作，以产生对经验的概括。这是通过系统在时间线上的记录位置来实现的，这些记录位置具有很多相似的特征，尽管在一个或多个特征中可能存在变化，但仍会出现相同的结果。在数量守恒问题中，规则检测至少可以产生三种类型的概括。其中之一为对不同的对象进行概括。不管被分散开的是两个棋子，两个硬币，两个玩偶，还是两块饼干，数量仍然是二。儿童也可以对等价转换进行概括。不管是散开、压缩、堆积还是置于一个圆圈内，物体的数量是保持不变的。

克拉尔和华莱士模型中的第三个部分是冗余消除。这是一种不同类型的概括。冗余消除通过识别不必要的加工步骤来提高效率，从而得出这样的概括结论，即一个相对简单的加工序列同样可以达到相同的目的。以数量守恒问题为例，儿童最终会意识到，他们拿起饼干后没有必要再去判断数量。因为之前是 3 块饼干，而"拿起"这一行为从来就不会影响数量，所以饼干数量肯定还是一样的。克拉尔和华莱士假设信息加工系统通过以下方式消除冗余：检查时间线内的过程，检查一个或多个步骤删除后是否仍然会出现相同的结果。如果是，则表明简单的过程可以代替复杂的过程。

信息加工系统何时完成规则检测和冗余消除？克拉尔和华莱士（1976）提出了一种有趣的可能性：也许儿童是在睡觉的时候完成的。除此之外，也有可能儿童是在安静地玩耍、放松或做白日梦的时候。

克拉尔和华莱士的研究表明，不同儿童的能力发展存在不同的顺序，这不同于阶段理论。在认知系统试图自我修正的过程中，一种规律不可能总是在另一种规律之前出现。学习数量守恒的儿童有可能首先明白这个规律：物品的数量与其类别（饼干或棋子）没有关系；他们也可能首先明白如下规律：物品的数量与其摆放方式（堆积或散开）没有关系。因此，与阶段理论相比，克拉尔和华莱士的模型中阶段的顺序性并不强。

克拉尔和华莱士理论的另一层意义与编码有关。信息在时间线中的编码方式会影响之后可能发生的学习。例如，在一个体积守恒实验中，一名儿童只对杯子中水面的高度进行编码。如此一来，这名儿童将无法发现水面的高度增加与杯子横截面积减小之间的关系。时间线上也就不存在横截面积的信息。

许多研究者主张将计算机模拟更广泛地应用于研究发展模式。作为该方法的主要支持者之一，克拉尔曾指出，与其他可能的方法相比，计算机模拟可以更明确、更精准地模拟发展过程（Klahr, 1989, 1992; Klahr & MacWhinney, 1998）。西蒙（Simon）和克拉尔（1995）也表达了相同的观点。他们构建了一个自我调整的生产系统，该系统可以说明儿童如何理解守恒问题。起初，该模型无法解决数量守恒问题，但通过不断尝试和经验的积累，最终找到了解决方法。出于研究兴趣，西蒙和克拉尔设计了两个版本的模型，一个对应于 3 岁儿童，另一个对应于 4 岁儿童。这两种模型都能够在给予相对广泛的问题解决经验的前提下进行有效学习，但只有 4 岁儿童的模型能从有限的经验中学习。这些数据与格尔曼（Gelman, 1982）对真实环境中的 3 岁和 4 岁儿童的研究结果一致。

上述两个模型为我们理解 3 岁和 4 岁儿童为何会表现出不同的学习模式提供了思路。两种模型都包含学习机制，这使得儿童能够从更广泛的经验中学习。然而，这两种模型存在的差异在于 4 岁儿童模型可以从有限的经验中学习，而 3 岁儿童模型却无法完成。4 岁儿童模型更清楚地记住了转换前各行物品数量之间的关系，并且有更大的可能根据转换后各行长度之间的差异来判断相应行内物品数量的差异。这些模型间的差异与现实中我们对 3 岁和 4 岁儿童观察到的普遍情况一致。4 岁的儿童更倾向于使用计数来检查他们对物品数量的感知是否正确（Sophian，1987），他们通常也更清楚地记得过去的状态（Schneider & Bjorklund，1998）。因此，3 岁儿童模型和 4 岁儿童模型之间的差异与我们对这些年龄组已有的观察结果一致，同样符合关于这两个年龄组在特定情境下表现出不同学习模式的理论假设。

不过，并不是所有人都和克拉尔一样热衷于计算机模拟模型。有批评者指出，人不是计算机，人与计算机不同，人会发展。由此他们得出结论，计算机并不能恰当地模拟人的思维发展（Beilin，1983；Liben，1987）。

然而，正如克拉尔（1989）指出的那样，关于发展的观点是通过计算机程序体现出来的，并不是运行程序的计算机。计算机只是用来测试这些观点能否解释已知现象的装置。为了说明这一点，克拉尔指出，用计算机进行飓风模拟并不意味着把大气层当作计算机。同理，认知发展中的计算机模拟也不意味着把儿童看作是计算机。

尽管如此，克拉尔理论的几点局限仍然值得一提。虽然他经常强调自我调整式生产系统的优点，但他和其他对儿童思维感兴趣的研究人员对此的论述都不多。此外，迄今为止，这种自我调整的生产系统更多地被用于解释已有的结论，而不是产生新的发现。不过从另一方面来看，这些局限并未消除自我调整式生产系统成为思维发展模型的潜在可能。另外，克拉尔从时间线、规则检测和冗余消除等方面对概括进行了阐释。他的阐释比几乎所有已知的认知发展机制都更加精准和明确。这些都是非常重要的优势，也可能预示着新的突破方向。

联结主义理论

联结主义是认知发展研究（和一般认知研究）中一个特别"热门"的方法。与生产系统理论一样，联结主义理论也是基于计算机模拟研究思维如何产生。联结主义模型之所以受欢迎，很大程度上是因为其机制与大脑的工作方式大体相似。这使得该理论能更好地模拟思维在大脑中的运行机制，从而在众多研究方法中脱颖而出。该理论模型有几个关键特征（Plunkett，1996）：

1. 模型由大量简单的加工单元组成，加工单元类似于大脑中的神经元。
2. 加工单元的组织形式呈两级或多级分层结构（见图 3.6）。通常包括一个输入层（该层加工单元主要负责对情境的初始表征进行编码）、一个或多个隐藏层（其加工单元负责整合来自输入层的信息），以及一个输出层（其加工单元负责认知系统对情境做出反应）。

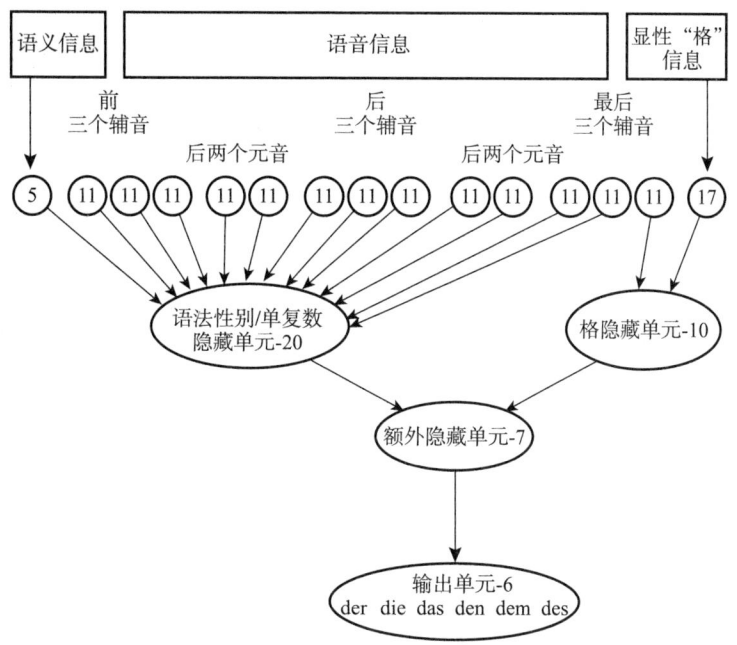

》图 3.6　麦克温尼等人(1989)关于儿童学习德语冠词的联结主义模型。注意，在顶部输入层，该模型对名词的 5 种语义特征(对应图中的"5")进行编码，对单词中多达 13 个位置上(图中"11")是否含有 11 个语音特征的信息进行编码，同时还对 17 个"格"(表示名词在句子中的作用)标记进行了编码。这些输入单元将活性刺激转移到下面两层的隐藏单元，并最终到达 6 个输出单元，这 6 个输出单元对应于德语里限定名词的 6 个冠词。与输出层活性最强的单元对应的冠词即为最终的反应
Reprinted from MacWhinney, B., Leinbach, J., Taraban, R., & McDonald, J., Language learning: Cues or rules? Journal of Memory and Language, 28, 255–277, Copyright © 1989, with permission from Elsevier

3. 不同层(有时在同一层)的加工单元之间存在联结。联结强度随系统的经验而变化，且对已完成的加工有至关重要的作用。

4. 如同在大脑中一样，当某一加工单元从与它相联结的所有其他单元接收到的活性刺激超过阈值时，该加工单元即被激活。一个加工单元所接收的活性刺激的大小由发送刺激的加工单元的活性程度和加工单元间的联结强度决定。

5. 和大脑一样，许多简单加工单元的活动是并行(同时)发生的。

6. 知识通过认知系统中所有加工单元之间的联结强度来表征。不存在某个加工单元或联结对应特定知识的情况；相反，知识分布在所有加工单元及其相互联结上。因此，由于并行加工活动同时在多个加工单元上发生，这些加工系统通常被称为平行分布式加工(parallel distributed processing，简称为 PDP)系统。

7. 学习主要是认知系统通过接收信息，做出反应，观察该反应与正确答案之间的差异，并调整加工单元之间的联结强度，从而做出更好的反应。这些调整包括

强化某些联结,削弱其他一些联结。通过这个过程,认知系统能够潜移默化地学习问题解决方法的隐性规则,尽管规则并不由任何一个加工单元或联结独立地表征出来。

8. 当认知系统发现新情境与以前遇到的某种情境类似时,认知系统关于知识的概括就发生了。当相同类型的隐性规则能解决新问题时,联结主义系统就可以非常有效地概括之前的经验。

许多研究者提倡使用联结主义模型作为研究发展的工具,如麦克莱兰(McClelland, 1995)、舒尔茨(Shultz, 2003)、普伦基特(Plunkett, 1996),以及马奇曼(Marchman, 1992)。麦克温尼、莱茵巴克(Leinbach)、塔拉班恩(Taraban)和麦克唐纳(McDonald)(1989)曾提出了一个令人印象特别深刻的联结主义模型,并用该模型说明了运用联结主义方法对思维发展进行建模的优点。

麦克温尼等人的模型描述了德国儿童学习德语里定冠词的情况。德语含有多个定冠词,其功能和单词 the 在英语中的作用一样。这项研究之所以令人感兴趣,正是因为德语的冠词系统非常复杂。使用哪一个冠词来修饰一个给定的名词取决于被修饰名词的语法性别(阳性、阴性或中性)、数量(单数或复数)及其在句子中的作用(主语、所有格、直接宾语、介词宾语或间接宾语)。更糟糕的是,德语名词的语法性别通常和事物本身并无联系。例如,叉子(fork)这个词是阴性的,勺子(spoon)这个词是阳性的,而刀子(knif)这个词却是中性的。这些关系如此复杂,学习的困难可想而知。然而,麦克温尼等人建立了一个联结主义模型,展示了儿童如何学会这个复杂的语言系统。

和大多数联结主义模型一样,麦克温尼等人的模型也包含一个输入层、多个隐藏层和一个输出层(见图 3.6)。每一层都包含许多离散单元。例如,在麦克温尼等人的模型中,输入层中的 35 个单元代表冠词所修饰的特定名词的特征,尤其是该名词的语音、语义和语境方面的特征。每个隐藏层都包含整合输入层特征信息的单元。6 个输出单元表示德语中的 6 个冠词,功能与英语中的冠词 the 相同(der、die、das、dem、den、des)。

如前所述,这种联结主义模型的一个核心特征是加工单元之间的联结非常多。在麦克温尼等人的模型中,输入层每个单元都与一级隐藏层的单元联结;一级隐藏层的每个单元都联结到二级隐藏层的单元;二级隐藏层的每个单元都联结到输出层的 6 个单元。学习通过系统的循环产生:(1) 接收初始输入(在本例中,是某语境中的一个名词);(2) 根据其各种联结的强度(反映过去的经验),系统决定如何输出;(3) 信息输出;(4) 调整加工单元之间的联结强度,以便加强代表正确答案的联结,削弱代表错误答案的联结。

麦克温尼等人通过反复呈现 102 个常用德语名词,检验了该模型对学习德语冠词系统的掌握能力。模型需要根据特定的语境,恰当地选择与名词相匹配的冠词。换言之,用特定的词来表达特定意思。在此基础上,正确答案得以显现,模型对联结强度进行调整,以优化其准确度。

基于这套训练系统,麦克温尼等人的模型为原始材料中90%以上的名词选择了正确的冠词。这不能简单地归因于死记硬背与每一个名词相匹配的冠词。当在一个新的语境中呈现一个之前学习过的名词时,该模型在90%以上的实验试次中选择了正确的冠词,尽管这个名词在新的语境中经常使用的冠词与之前的冠词不同。该模型还可以对新名词进行推测,即使该模型面对从未遇到过的名词,它也可以利用该名词的语音和语义特征对其所附带的冠词进行合理的猜测并选择合适的冠词。

该模型的学习模式与儿童的学习在许多方面类似。在早期的学习过程中,该模型就像母语为德语的儿童一样,倾向于过度使用与阴性名词搭配的冠词。其原因似乎是因为这种类型的冠词在德语中使用频率最高。此外,德国儿童最难学习的冠词、名词组合对该模型来说也是最难学习的。该模型在学习时产生的错误也与儿童学习时所犯的错误类似。

该模型如何在不学习显性"规则"(如"位于dative格的阳性名词要选择冠词dem")的情况下产生系统性的行为?这源于一个简单机制的相关运算(MacWhinney, 1998)。具体而言,该机制会反复调整输入层、隐藏层和输出层的加工单元之间的联结强度,以反映名词特征的特定组合与每一个冠词相关联的频率。最终,联结强度模式会捕获名词特征和冠词之间多重互动的复杂信息模式,从而不需要通过学习搭配规则来明确这些信息的组合。也就是说,该模型可以在不学习显性规则的情况下学会正确使用冠词。这也意味着,学习德语的儿童也可以在不学习搭配规则的情况下掌握定冠词的使用。

在构建模型时,麦克温尼和他的同事指定了每一层的加工单元数。输入层中的加工单元数是基于他们选择的输入名词的特征数决定的,输出层中的加工单元数则是根据德语中不同的冠词数来确定的。研究人员还提前设定了隐藏单元的数量。随着模型学习的进行,隐藏单元开始表征在输入单元之间发生的系统化模式,例如输入特征的组合。隐藏单元的数量主要是根据在学习中对输入—输出关系有重要影响的系统化模式的数量来确定的。如果模型所含隐藏单元的数量不同,则其展现的学习模式也有所不同(Quinn & Johnson, 1997)。

最近的一些联结主义模型采用了一种学习机制,该机制允许模型在需要的时候向信息加工中添加新的隐藏单元。在学习过程中,当模型的性能达到某既定水平的最高点时,它会吸收一个新的隐藏单元,从而取得新的学习收获。吸收新隐藏单元和学习时大脑中形成新的突触极为相似。一个儿童掌握数量守恒的模型很好地说明了这种模式(Shultz, 1998)。

舒尔茨的模型包含13个输入单元,这些输入单元含有以下几种类型的信息:(1)关于每一行物体的长度和密度的信息;(2)关于哪一行发生变化的信息;(3)关于变化性质的信息(物体的增加、物体的减少、行的压缩或行的拉长)。该模型还包括两个输出单元。当两个输出单元具有相同的激活水平时,该模型"判断"这些行所含物体数量相同。当其中一个输出单元具有更大的激活水平时,该模型"判断"与该输出单元对应的行所含物体的数量更多。

该模型由420个不同的守恒问题组成,这些问题在变换前各行物体的长度、密度和数量以及变换的性质(加减,压缩或拉长)上都有所不同。在训练过程中,首先在模型中输入守恒问题。在每个问题之后,模型使用数学算法调整联结强度,以减少输出中的误差。当这些调整无法提高模型性能时,模型会吸收一个新的隐藏单元。一般来说,在吸收新的隐藏单元后,该模型会立即显示出性能上的巨大改进。

在该模型成功地学会解决训练中的守恒问题之后,舒尔茨向模型输入了一个含有100个项目的问题集,这些项目未在之前的训练中出现过。该模型成功地将之前的学习成果进行了推广应用,并准确完成了新项目的95%。该模型的学习也与儿童的学习在某些重要方面很相似。在纵向研究中,儿童在解决守恒问题时的表现会有跳跃性进步,该模型也显示出类似的进步;儿童往往是先学会解决较少数量的守恒问题,再学会如何解决数量较多的守恒问题,该模型也显示出完全一致的学习模式;儿童倾向于认为两行中较长的一行含有的物体数量较多(不考虑物体排列密度),模型也得出了相同的结果。

联结主义模型也成功地描述了一些其他方面的认知发展,其中包括客体永存性(Munakata, 1998; Munakata, McClelland, Johnson & Siegler, 1997)、对时间—速度—距离问题的理解(Buckingham & Shultz, 2000; Shultz, Schmidt, Buckingham & Mareschal, 1995)、早期阅读能力(Plaut, McClelland, Seidenberg & Patterson, 1995)、第二语言的学习(MacWhinney, 1996)、分类学习(Mareschal, French & Quinn, 2000; Quinn & Johnson, 2000),以及词义习得和语法理解(Elman, 1993; MacWhinney & Chang, 1995; Marchman, 1992; Plunkett & Sinha, 1992; Shultz & Bale, 2001)。

与所有理论一样,联结主义理论也受到了一些研究者的批判。比较常见的批判是:联结主义者所谓的"大脑式认知"有夸大的成分。其模型机制完全无法与对大脑功能至关重要的化学活动相对应,其简单加工单元的功能与神经元的功能也不存在实质性的相似。另一个不足在于联结主义模型的学习过程非常缓慢,而且相比人类个体,它们需要更多的输入才能学习。尽管吸收新的隐藏单元的模型有时会显示出性能的突然提高,但它们并没有显示出人们通常会表现出的那种顿悟

(Raijmakers, van Koten & Molenaar, 1996)。第三点不足与第二点相关，这些模型不能像人类一样学习符号规则，例如数学公式，而且它们可能学不会某些语法知识(Pinker & Prince, 1988)。

另外，有些发展不依赖于显性规则的习得。联结主义模型在对这些发展进行建模时能发挥很大作用。尽管这些模型的运算处理与大脑的机理明显不同，但与其他计算机模拟方法相比，联结主义模型与大脑之间存在更为紧密的相似性。已有研究表明，联结主义模型特别适用于感知和语言等领域的建模。在这些领域中，准确的感知或言语行为必须集成大量但部分有效的信息。鉴于这些优势，联结主义理论能够迅速流行也就不足为奇了。

认知进化理论

达尔文的进化论是有史以来影响最为深远的理论之一。进化论主张物种间的相互竞争是生存的基础。物种的起源和演变主要通过两个过程完成：变异和选择。基因组合和突变产生变异，保证后代的存活是选择的基础。这些过程共同造就了我们地球上不断变化的生物多样性。

在生物环境中，竞争似乎是认知的一个基本特征。然而，竞争并不是物种之间的竞争，而是思想之间的竞争。认知进化理论面临的主要挑战是描述人类认知系统中的竞争实体，阐明这些实体之间的竞争如何导致适应性结果，并确定产生认知变异和选择的机制。

目前许多认知发展模型都是建立在为了产生进化和发展变化所必须完成的功能之间的类比基础上的(Changeux & Dehaene, 1989; Edelman, 1987; Geary & Bjorklund, 2000; Johnson & Gilmore, 1996)。在此，我们使用西格勒(1996, 2000)的重叠波模型(overlapping waves approach)来说明如何通过生物进化的相关类比来理解发展。

重叠波模型的基本假设是，在任何时候，儿童对大多数话题都有各种各样的思维方式；这些不同的思维方式在使用中相互竞争；更先进的思维方式逐渐占据优势。具体如图3.7所示。在任何年龄段，儿童的思维方式（图中的策略，策略是实现特定目标的程序）都是多样的。这些策略相互竞争，随着经验的积累，有些策略使用频率增加，有些使用频率降低，还有一些开始时使用得很频繁，后来使用得越来越少。此外，新的策略会被引入，旧的策略则会被弃用。有些理论认为，儿童会突然从一种思维方式向另一种方式转变。相比之下，这种重叠波模型似乎更符合我们目前对认知发展的认识。

西格勒和他的同事们在许多领域尝试验证这一进化模型，如算术、计时、阅读、拼写、工具使用、问题解决和记忆任务(Chen & Siegler, 2000; Jansen & van der

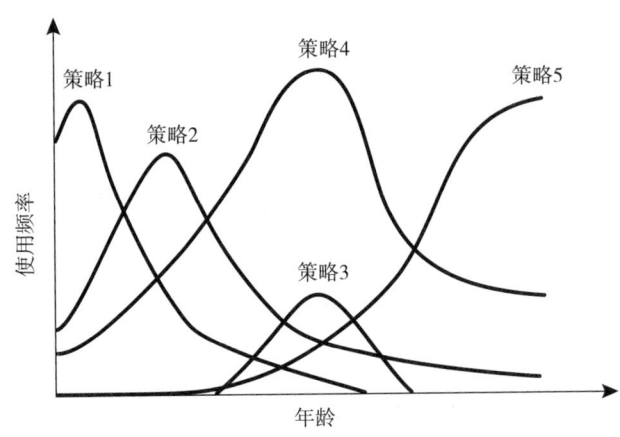

» 图 3.7　西格勒的认知发展重叠波模型

Maas, 2002; Rittle-Johnson & Siegler, 1999; Siegler, 1996; Siegler & Stern, 1998; Siegler & Svetina, 2002)。结果表明，在这些领域中，竞争产生适应性结果，而基础策略选择和发现机制产生适应性。下面我们以儿童对简单加法的学习为例来加以说明。

首先考虑竞争实体。即使是 5 岁的儿童也会使用各种策略来解决基本的加法问题，如 3＋5。有时儿童是从 1 开始数（count from one），这通常都是"扳手指"，一只手伸出三根手指表示第一个加数，另一只手再伸出五根手指表示第二个加数，然后数两只手一共伸出了几根手指。有时，他们伸出手指但不用数就能认出伸出的手指数。还有一些时候，他们会从记忆中找到答案。有些儿童还知道另外一种策略：计数（count-on）策略。使用该策略的儿童会先选取加法算式中较大的一个加数，然后从这个加数开始按照较小加数所表示的个数接着往下数数。例如，在计算 3＋9 时，他们可能会这样数：9，10，11，12。

这并不是说有些 5 岁的儿童使用其中一种策略，有些则使用另一种策略。相反，几乎所有的儿童都会使用几种不同的策略。此外，在算术、拼写、计时、回忆、类比推理、工具使用和许多其他任务上，大多数儿童都会使用多种策略。即使是在个体的问题上，策略竞争的结果也会有所不同。同一个儿童可能某一天选择了一种策略，隔一天可能又选择了另外一种策略（Siegler, 1987a）。

儿童对这些策略的选择在多个方面都体现出适应性的特点。对有准确答案的简单问题，他们主要会使用检索这一最快速的策略；对更复杂的问题，他们选择使用更耗时和更费神的策略，这样能保证解决困难问题时答案的准确性（Siegler, 1986）。

除了检索策略，儿童也会选择其他更合适的策略。与替代策略相比，他们尤其倾向于频繁使用对某个问题特别奏效的策略。按照进化论的说法，我们可以说策略找到了合适的环境。例如，计数策略最常被用于解决 2＋9 这样的问题，这类问题中较小的加数非常小,加数之间的差异又很大。针对此类问题,相对于从 1 开始数这样的替代策略,计数策略则显得既容易又有效(Siegler,1987b)。

随着时间的推移,策略使用也会出现适应性变化。例如,对于简单的加法运算,儿童越来越多地使用最有效的策略,如检索和计数,并不断减少使用效率较低的策略,如猜测和从 1 开始数策略。他们还会习得新的策略,比如分解策略(例如,在计算 3+9 时这样思考:3+10=13,9 比 10 少 1,所以 3+9=12)。

什么样的选择机制可以产生这样的适应性策略选择?西格勒的模型(如 Shrager & Siegler, 1998)将信息加工系统分为表征和加工。表征包括事实信息和数据;加工作用于表征以产生行为。例如,在算术问题中,表征包括问题和各种可能的答案之间的关联。加工则是诸如从 1 开始数、计数和检索等策略,它们作用于表征中的数据以解决问题。

图 3.8 描绘了这种机制如何在任意时刻产生有效的策略选择,以及随着时间的推移策略使用如何产生适应性变化。依据该模型,使用问题解决策略会生成问题的答案,也会生成关于问题解决的速度和准确性的信息。这些信息又会反馈至策略和问题本身,使得关于策略和问题的信息更加详细。后续的策略选择则以它们过去在解决一般问题、特定类型的问题和具体问题的有效性为基础。解决问题的策略越有效,被选择的频率就越高。此外,随着认识的不断深入,儿童会懂得总体上最有效的策略未必在处理特定类型的问题时也最有效,儿童对策略的选择也会变得越来越精细。

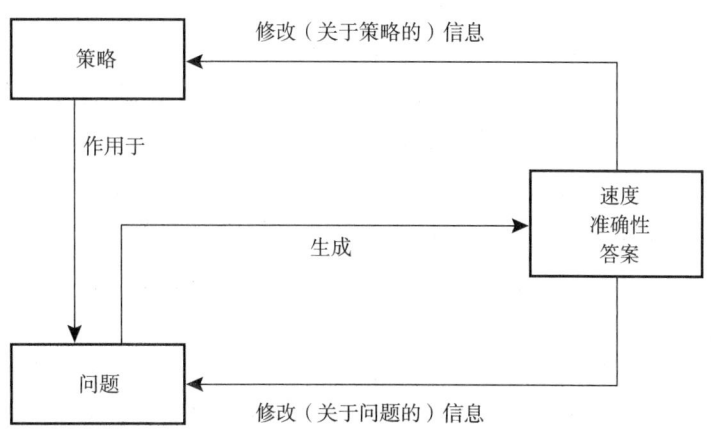

》图 3.8 西格勒和希普利(Shipley)(1995)的策略选择模型概览。请从左上角开始阅读

这种发展观为算术能力发展的计算机模拟提供了基础(Shrager & Siegler, 1998; Siegler & Shipley, 1995; Siegler & Shrager; 1984)。为了说明总体上的理论假设如何在特定的模拟中实现,我们借用了一个由西格勒和希普利(1995)开发、

并由施雷格和西格勒(1998)扩展的个位数加法发展模型。该模拟模型描述了儿童如何在三种策略中进行选择：从1开始数，计数，检索。我们可以通过该模型在计算9+1时所进行的策略选择来了解它的工作原理。

该模型会逐渐发现，从较大的加数开始计数比从1开始数更容易解决这个问题。从9开始数"9，10"比从1开始数"1，2，3，4，5，6，7，8，9，10"需要数的数字要少很多。而数数次数越少，错误就越少，解决问题的时间就越短，而这反过来也增加了计数策略在未来被选择的频率。该模型基于这一经验和其他问题的相似经验得出了如下结论：计数策略比从1开始数策略更具优势。除了将该结论推广至相关问题上（如9+2和8+1），该模型还将这些知识用于解决一些不熟悉的问题。

随着儿童选择正确策略解决问题的能力不断提高，他们对于正确答案与问题间关联的认识也在不断加强。例如，9+1与10有很强的关联，他们通过检索10就能得出问题的答案。检索答案甚至比数"9，10"还要快，而且同样准确。因此，生成正确答案的高效率既使计数策略优于某些策略，也导致它自己被淘汰。因为正是计数策略，准确检索才成为可能。

进化论的观点也为策略变化的来源提出了可进一步研究的问题。例如，新策略是如何习得的？有时人们会教给儿童一种新策略，有时儿童会对正在使用新策略的个体进行模仿。然而，最有趣的方式是策略发现（strategy discovery）。通过这种方式，儿童为自己创造一个新策略。

儿童如何发现新的策略？为了一探究竟，西格勒和詹金斯(Jenkins)(1989)研究了4岁和5岁儿童发现计数策略的过程。回想一下，该策略是通过数"9，10，11"来解决诸如2+9这样的问题。西格勒和詹金斯实验中的儿童知道如何从1开始计数，但还不知道如何从更大的加数开始计数。受试儿童每周练习3次加法运算，为期11周。对于加法运算，即使是年龄较小的儿童也能在答完题后立即准确地报告他们的方法(Siegler, 1987b)。因此，该实验可以确定每个儿童是否在尝试使用新策略。这也为西格勒和詹金斯的研究提供了保证。他们的研究也能帮助我们了解新策略被发现的原因，以及发现一种新策略对儿童来说是什么样的体验。

西格勒和詹金斯(1989)的研究结果显示，几乎所有受试儿童都在实验过程中发现了新策略。不过他们发现新策略的时间点差别很大，早至第二个试次，晚至第三十个试次。这些发现的质量也大不相同，有些显示出了儿童敏锐的洞察力，例如下面关于劳伦的访谈记录：

E：6+3是多少？

L：(长时间停顿)9。

E：嗯，你是怎么知道的？

L:我想我说过了……我想我说过了……哦,嗯……我想他说的……8是1和……嗯……我是说7是1,8是2,9是3。

E:你怎么知道要这么做? 你为什么不数1,2,3,4,5,6,7,8,9?

L:因为那样你就得把那些数字都数一遍。

E:哦,那你怎么知道你不必数所有的数字?

L:为什么不必……嗯,如果我不想那么做,我就不必那么做。(Siegler & Jenkins, 1989, P.66)

究竟是什么促使儿童产生了这些发现? 之前人们猜想可能是那些困难的问题,或儿童未能解决问题的那些情境引导他们去发现。但事实证明并非如此。与儿童在实验其他部分中的表现相比,促使他们发现新策略的问题是一样的,他们在发现新策略之前解决问题的准确度也不存在差异。唯一显著特点是发现新策略之前儿童解决问题的时间远超平时。例如,上面例子中的劳伦在发现新策略之前的实验试次中花了67秒解决实验问题,而在首次使用新策略的那个试次中,她只用了35秒。劳伦在这两次实验中的用时都比她的平均用时——11秒要长得多。超出的这些时间多是源于无数错误的开头、停顿、奇怪的表述(如劳伦在对话中提到自己数数的情况时说"我想他说的")以及其他一些认知上的混乱。

与劳伦一样,施雷格和西格勒(1998)的个位数加法发展模型也成功地发现了新策略。在该模型中,发现过程需要分析执行策略中涉及的运算序列,识别潜在的改进,并通过重组现有方法的某些部分来产生候选的新策略。该模型包括两种用于识别改进和生成新策略的一般试探法:(1) 如果检测到冗余行为序列,则删除两个序列中的一个;(2) 如果以特定顺序执行运算时A策略效果更显著,则创建始终使用该顺序的新版本A策略。新策略一旦创建,在使用之前会接受"过滤器"的检验,以帮助消除有缺陷的策略。该"过滤器"整合了问题的概念结构信息,如"两个加数都必须被表征",不符合这个标准的候选策略会被模型拒绝。

通过该发现过程,施雷格和西格勒(1998)的模型成功地发现了计数策略。而且,该模型的运行机制在多个关键方面与儿童相似。模型有时在解题错误之后发现新策略,有时则是在正确地解决问题之后发现新策略。这和儿童的表现是一样的。除此之外,该模型从不执行有违规则的策略。最后,该模型将新策略推广到解决新问题的方式也与儿童类似。该模型与儿童行为之间的巨大相似性表明,儿童的新策略发现过程与模型中的发现过程可能存在相同的运作机制。

在某些情况下,儿童可能并没有意识到他们发现了新策略。西格勒和斯腾(Stern)(1998)利用反演问题对此进行了研究。反演问题指如 $a+b-b=$ ___(例如,$18+5-5=$ ___)这种形式的算术问题。儿童有时会使用一种捷径策略(shortcut strategy)来解决这些问题。他们认识到,由于算式中先加后减的是同一个数字,所以可以忽略这个数字,那么剩下的另一个数字就是问题的答案。还有一些时候,儿童会使用更为劳神费力的计算(computation)策略;他们分两步来求解(18+5=23;23-5=18)。当然,这个计算策略所用的时间比捷径策略要长得多。西格勒和斯腾对二年级学生进行了研究。他们发现,当儿童使用计算策略解题时,他们平均用时16秒;当他们使用捷径策略时,平均用时为2.5秒。

最有趣的是,儿童有时很快(不到4秒钟)就能解决一个问题,这表明他们使用了捷径策略。但是,当研究者询问他们的解题方法时,他们却说自己使用了计算策略。在儿童明确自己所使用的策略之前,他们似乎没有意识到自己使用了捷径策略。西格勒和斯腾将这种现象称为"无意识捷径策略(unconscious shortcut strategy)"。他们发现,当问题形式为纯粹的反演问题,而没有夹杂着 a+b-c=___ 这种形式的问题时,儿童在解题时普遍选择无意识捷径策略。在只解答纯粹反演问题的实验组中,16个儿童中有14个(88%)在使用(有意识的)捷径策略之前使用了无意识捷径策略。这并不是因为口头表达能力影响了儿童对所使用的捷径策略进行准确描述,几乎所有的儿童都在后续的实验试次中明确表达自己使用了捷径策略。相反,研究结果表明,儿童在不知不觉中使用了捷径策略,只是当时他们还没有意识到这一点。

这些发现可能有助于解释上例中劳伦为何不能很好地表述她发现的计数策略。至少在某些情况下,策略发现的过程似乎涉及不易用言语表达的认知过程。另有一些研究者也得出了与此一致的结论。例如,戈尔丁-梅多和同事们已经证明,在用言语表述新策略之前,儿童往往先用手势描述解决问题的新策略(Alibali & Goldin-Meadow, 1993; Church & Goldin-Meadow, 1986; Goldin-Meadow, 2001; Perry, Church & Goldin-Meadow, 1988)。这些研究者认为,至少在某些情况下,儿童的新知识是内隐式的,尚无法用言语表达。最终,这些知识会以一种更为外化的形式被重新表征,此时就可以用言语表达了。与此类似,狄克逊和摩尔(Dixon & Moore, 1996)也认为,我们必须对一个问题范畴有直观的理解,才能在这个范畴内产生解决问题的策略。

西格勒理论的主要局限性是什么?其一,该理论似乎最适用于儿童所用策略能明确界定的范畴,它在策略定义不太明确范畴中的适用性还有待证明。其二,该理论几乎没有论及社会环境对认知发展的影响。不过,我们也不必对此持悲观态度。认知发展与生物进化的相似之处已开始在许多研究领域出现,如知觉发展(Johnson & Karmiloff-Smith, 1992)、语言发展(MacWhinney & Chang, 1995)、运动发展(Thelen, 2001)和类比推理(Gentner, 1989)。这一方法在理解生物进化方面起到了积极作用,如果它能在理解认知发展方面发挥其一半的作用,那这种尝试也是非常值得的。

小结

信息加工的发展理论有几个显著的特点。它们的基本假设是思维是信息加工。它们强调对变化机制的精确分析。它们侧重于儿童创建的策略，而这些策略主要是为了应对环境与自身加工能力、知识储备的局限所带来的挑战。

在信息加工的研究取向中，认知既反映认知结构又反映加工。认知结构是指信息加工系统中相对固定的方面，加工则指信息加工系统中可变的方面。最关键的认知结构包括感觉记忆、工作记忆和长期记忆。感觉记忆致力于在信息出现后的一秒钟内保存大量未分析的信息。工作记忆包含当前情景的信息以及长期记忆中在某特定时刻被唤起的信息。如果没有持续注意，信息会在15到30秒内从工作记忆中丢失。长期记忆包括我们对程序、事实和特定事件的持久认识。它的容量似乎是无限的，信息可以在其中无限期地保留。

相比数量较少的认知结构（每一种都影响所有情境下的思维），有大量的加工过程在特定的情境中发挥作用。因为特定环境的差异，这些加工过程差别很大，从而提高了人们的认知灵活性。同样的情境也会在不同的个体身上引发不同的加工方式，这取决于他们过去的经验和能力。人们最常使用的加工方式包括规则、概念和策略。

多个信息加工的发展理论都想解释一个问题：弱小又一无所知的婴儿如何习得成年人信息加工的能力和灵活性。新皮亚杰理论旨在将皮亚杰理论和信息加工理论结合起来。其中凯斯的理论颇具影响力。该理论假定了一系列类似于皮亚杰提到的阶段，以及一组中心概念结构。这些结构负责组织数字、空间和故事等范畴的思维活动。凯斯的理论还认为有限的工作记忆容量是认知发展的主要障碍。通过加工过程的自动化、生物成熟以及习得更高级的中心概念结构，儿童便能够执行越来越困难的认知任务。

心理测量理论旨在揭示个体智力差异在加工过程中的表现。斯腾伯格的三元智力理论阐明了如何利用信息加工的思想来探究这一问题。这一理论认为，人类有三种基本智力：分析性智力、创造性智力和实践性智力。分析性智力包括传统智力测验中测试的能力，如分析、批判和评价。创造性智力包括应对新情况所需的能力，如创造、发现和发明。实践性智力包括解决日常问题所需的能力，如使用和应用信息。斯腾伯格认为，这三种智力都是基于一套共同的加工过程：元构件、操作构件和知识获取构件。元构件是一种策略构建机制，负责将其他两种构件融入以目标为导向的过程。知识获取构件负责在无法立即解决问题时获取新信息。操作构件执行解决问题的任务。斯腾伯格的理论已被应用于很多认知技能的获取中，也被许多不同的人群使用。

生产系统理论旨在解释问题解决中的变化如何发生。克拉尔的理论特别清楚地解释了自我调整式生产系统如何促进人们对发展的理解。该理论重点研究了发展中系统的概括能力。按照克拉尔的理论，概括包括三个部分：时间线、规则检测和冗余消除。时间线记录了系统遇到的所有情况、系统对这些情况的反应以及行为的结果。规则检测指对时间线上的数据进行分析，以检测出重复的模式。冗余消除是在不改变加工结果的情况下找出可以消除的部分加工过程。总之，这些机制使得儿童可以将他们的知识推广应用至新的情境。

联结主义理论是一种参照大脑运行机制构建的计算机模拟模型。在这些模拟模型中存在无数类似于神经元的简单加工单元。这些加工单元以不同的强度相互联结。当有信息输入时，加工单元彼此接收激活信号，加工活动接着引发反应。反应就像是正确答案。为了得到正确的答案，加工单元间的联结强度会适时调整。麦克温尼演示了该模型学习德语复杂的冠、名词搭配规则的过程，舒尔兹演示了该模型如何学习解决数量守恒问题的过程。这两项研究都表明，无论是解决问题的难易程度，还是犯错误的类型，模型的学习与儿童的学习都极为相似。

认知进化理论是以生物进化和认知进化间的相似性为基础的。正如西格勒所强调的那样，引发生物和认知变化发展的关键因素是变异和选择。在儿童思维中，策略发现是变异的来源之一；策略选择过程提供了一种选择的手段。这两种过程共同作用，不仅改变儿童使用不同策略的频率，而且改变他们使用各个策略的时间。该理论还促生了很多的观察研究，这些研究旨在探明儿童如何构建新策略，以及他们对现有策略的使用如何随时间而变化。

推荐读物

Case, R., & Okamoto, Y. (1996). The role of central conceptual structures in the development of children's thought. *Monographs of the Society for Research in Child Development*, 61 (1-2, Serial No. 246). The most up-to-date presentation of Case's theory. Presents extensive evidence for Case's idea of central conceptual structures, together with a general model of how they develop.

Klahr, D., & MacWhinney, B. (1998). Information processing. In D. Kuhn & R.S. Siegler (Eds.), *Handbook of child psychology: Vol. 2. Cognition, perception, & language* (5th ed.). New York: Wiley. This chapter provides a historical account of the use of computational models to study cognitive development, as well as a detailed description of both production system and connectionist models.

O'Reilly, R. C. & Munakata, Y. (2000). *Computational explorations in cognitive neuroscience: Understanding the mind by simulating the brain.* Cambridge, MA: MIT Press. An introduction to connectionist modeling, with an emphasis on how such models implement properties of the human brain. Software and sample models are available for those who wish to work with the models directly.

Siegler, R. S. (1996). *Emerging minds: The process of change in children's thinking.* New York: Oxford University Press. A comprehensive statement of Siegler's theory, emphasizing how variability, choice, and a variety of change processes together shape cognitive development.

Sternberg, R. J. (1999). The theory of successful intelligence. *Review of General Psychology,* 3, 292–316. This article reviews some of the issues associated with conventional conceptions of intelligence, and presents Sternberg's influential theory of successful intelligence.

第四章
社会文化发展理论

场景:一位妈妈正在帮助儿子完成一个卡车拼图。他们以一个完整的拼图模型作为参考,最终目标是要拼出一个与模型一样的卡车拼图。尽管模型中卡车货厢部分并不是由绿色的三角形组成,但小男孩仍在不断尝试把一个绿色的三角形安放在货厢部分。

儿子:(从拼图里拿起两个绿色的三角形图块,且没有看拼图模型)还要一个绿色的。绿色的三角形图块在哪里?

妈妈:这里有绿色的三角形图块吗?(指着模型)

儿子:(看着模型)看这个。(指着模型的另一个位置)

妈妈:我想那块是多出来的。你觉得呢?

儿子:(点头)

妈妈:也许我们不需要绿色的图块,因为这上面没有绿色的,对吧。你还记得吗?

儿子:(看着图块,将绿色三角形图块放回去,并选择了两块合适的图块)(Wertsch & Hickmann, 1987)

上述故事中的小男孩最终成功地完成了拼图。然而,他并不是独自完成的。他妈妈提出的问题为小男孩提供了帮助和指导,使他能够成功地完成这个拼图。妈妈将小男孩的注意力指引到拼图模型的正确位置上,并帮助他有效地选择下一个图块。妈妈提供的社会支持提高了小男孩的能力,从而超越了他自己独立完成任务的能力范围。

如本例所示,社会环境对儿童的行为、思考内容以及思考方式有着深远的影响。与他人的互动为儿童提供了学习的机会,帮助儿童完成自己无法独立完成的任务。文化背景影响儿童的典型活动和社交机会,并为儿童提供行为和思考的重要工具,包括玩具(如上述故事中的拼图)、传统工具(如锤子和银制餐具)以及符号系统(如语言和数学)。

社会文化理论(sociocultural theories)强调社会文化环境在儿童发展中的作

用。以社会文化理论为指导的研究主要探讨社会因素如何影响人的认知和发展，社会和文化实践如何塑造和界定人的思维。本章将对这些理论和研究进行讨论。

皮亚杰是发展阶段论的奠基人，而苏联心理学家维果斯基则是社会文化理论的奠基人。虽然皮亚杰和维果斯基是同时代的心理学家，但是他们理论的取向却不同。皮亚杰把儿童描绘成小科学家，认为儿童很大程度上在独立地认识世界；维果斯基则认为儿童生活在他人中，人们渴望帮助儿童获得在自己文化中生存所需的技能。皮亚杰主要关注所有历史时期所有社会中所有儿童的共同发展规律，而维果斯基则强调在不同历史时期、不同环境中成长的儿童间的差异。这两种理论是互补的，因为理解认知发展既需要理解发展的普遍特征，也需要了解发展的差异性。

维果斯基认为，人类与动物有一些基础的心理过程是共同具有的，包括基本的注意过程、感知过程和记忆过程。他的理论试图解释那些将人类与其他动物区分开来的过程，他将这些过程称为"高级心理过程"，如推理和概念形成。维果斯基认为，人与动物在心理功能上的主要差异在于人类思维有社会文化基础。在他看来，所有的高级心理过程都源于社会互动。

本章分为三部分。第一部分介绍社会文化理论关于认知发展的主要观点。首先介绍维果斯基理论的主要观点，然后论述社会文化理论的最新进展。第二部分主要描述了现代社会文化研究中多个方面的实证研究，包括儿童在与成人和同伴的互动中学习、在他人引导下参与文化活动以及使用语言作为思考工具等。本章最后一部分讨论了社会文化理论的教育意义。本章组织结构见"章节概览"。

章节概览

一、社会文化理论关于认知发展的主要观点

1. 认知发展存在于社会互动中
2. 心理功能受语言和其他文化工具调节
3. 文化规范和他人影响儿童的学习机会
4. 社会和文化学习需要特定的认知能力
5. 小结

二、社会文化理论的现代实证研究

1. 在与成人互动中学习
2. 在与同伴互动中学习
3. 在他人指导下参与文化活动
4. 语言作为一种心理工具

> 三、社会文化理论的教育意义
> 1. 评估儿童知识的社会文化方法
> 2. 基于社会文化原则的教育干预
> 3. 学习使用心理工具
> 4. 对课堂教学过程的社会文化解读
>
> 四、小结

社会文化理论关于认知发展的主要观点

关于认知发展,社会文化理论的不同流派具有一些共同的观点。本部分内容首先介绍维果斯基社会文化理论的两个主要观点。时至今日,这两个观点仍然是社会文化理论的核心:(1) 认知发展存在于社会互动中;(2) 心理功能由文化工具(包括语言)进行调节。(请注意,尽管维果斯基的著作直到 20 世纪下半叶才被翻译成英文,但这些著作都是在 20 世纪二三十年代完成的。维果斯基著作的出版日期有时会引起误解,因为它们代表的是翻译日期,而不是原著的创作日期)本部分后面介绍了过去二三十年来社会文化理论特别强调的另外两个观点:(1) 文化规范和他人影响儿童的学习机会;(2) 社会和文化学习要求儿童和教师具有特定的认知能力。

认知发展存在于社会互动中

维果斯基的核心观点之一是认知发展存在于社会互动中,这也是社会文化理论的重要观点。儿童在日常生活中与许多不同的人进行直接的社会互动,包括父母、兄弟姐妹、亲朋、邻居、老师和同伴。社会文化理论认为,与他人的这些互动对儿童的发展过程有着深远的影响。

然而,值得注意的是,强调社会环境对儿童发展有重要影响的观点并非维果斯基理论所独有,甚至也不是社会文化理论所独有。如本书第二章所述,皮亚杰也承认他人在儿童发展中发挥着重要作用。特别值得一提的是,皮亚杰认为,他人提供的信息可能引发儿童认知的不平衡状态,从而引起认知发展变化。按照皮亚杰的说法,儿童与同龄人的互动比与年长儿童或成年人的互动更有可能引发不平衡状态。他认为,儿童很可能无条件地接受年长儿童和成年人的观点。但他们更有可能对同龄人的观点进行批判性地分析和深入思考,特别是当这些观点与自己的观点出现分歧时。

需要注意的是，皮亚杰的理论认为社会环境是影响儿童学习和认知的外部力量。环境给发展中的儿童提供信息，但发展变化发生在个体内部。因此，皮亚杰理论的基本分析单位是儿童个体（individual child）。而外部环境要发挥重要作用必须满足一个前提，即它能够激发儿童内部特定思想和思维发展的新平衡。对比而言，社会文化理论认为社会环境是儿童思维和行为的一个组成部分，儿童的认知和行为离不开他们所处的社会环境。社会文化理论强调以"社会环境中的儿童（child in context）"为基本分析单位。社会文化理论认为，社会互动不仅是在个人发展中发挥作用的外部信息来源，也是个体发展变化的来源，同时又是发展的一个有机组成部分（Gauvain，2001）。

维果斯基提出了一种具有社会性本质的发展变化机制。具体来说，他认为发展变化是通过社会共享过程的内化（internalization of socially shared processes）而发生的。维果斯基认为，在发展过程中，每一种心理功能都会经历两次发生过程，一次是在"人际心理"层面（参与社会互动的个体之间），另一次是在"个体心理"层面（个体内部）。儿童最初在社会伙伴的支持下完成认知任务。随着时间的推移，这些社会互动逐渐内化，直至儿童能够独立完成任务。因此，个体的心理过程源自社会互动，并在其基础上进一步演化。从这个角度看，社会互动不仅是影响发展过程的外部力量，而且本身是发展的原因机制。

维果斯基以婴儿期指示动作的发展为例来说明内化过程（Vygotsky，1978）。根据他的描述，指示动作之所以能发展是源于婴儿不能拿到想要的物品。成年人若把婴儿的行为理解为试图引起大人对物体的注意，婴儿行为的含义就发生了根本性的变化：原本是为了拿到物体，现在变成了与成年人的交流。然而，这个含义最初只存在于婴儿和成年人之间的社会互动中，并不存在于婴儿的头脑中。最终，婴儿将"拿取"的动作与社会情景联系起来，开始理解这个动作的目标不是指向某个物体，而是指向另一个人。当行为的社会意义被婴儿内化时，行为就发生了根本性的变化，成为一种"真正的手势"（Vygotsky，1978，p.56）。因此，指示动作的含义首先是在成年人与婴儿的社会互动中建构起来的，然后逐渐被婴儿内化。

有关内化的第二个例子是儿童学系鞋带。开始时，大人会帮助儿童，告诉他们下一步该怎么做（如"现在将一根鞋带绕成一个圈，把另一根鞋带绕过它……"）。后来，儿童会将这个步骤的顺序内化，这样就可以在没有大人帮助的情况下独自完成。儿童可能会在"脑海"里"听到"大人的指示，但已不再需要大人为自己的动作提供外部支持。

需要注意的是，这个理论强调认知责任从技能较高的个体转移到技能较低的个体。为了描述这一过程，维果斯基引入了最近发展区（zone of proximal development，简称为ZPD）的概念。最近发展区指儿童独立活动时的能力与其在大人或具有更高发展水平同伴的帮助下进行活动时所表现出的能力之间的差距(Vygotsky，1978)(见图4.1)。这个概念是基于这样一种观察：相比独立活动时的情况，儿童在得到帮助时通常可以用更复杂的方式进行思考，或者完成更复杂的任务。例如，在本章开头的故事中，那个学龄前的孩子在母亲的帮助下完成了一个复杂的拼图任务。如果只是靠他自己，那个任务可能无法完成。与之类似，一名中学生在老师的指导下也许能解答一个复杂的、含有混合运算的代数方程，但只靠他自己也许只能解决那些简单得多的问题。在老师的帮助下解决复杂的问题使得学生有机会将解决问题的过程内化，最终自己也能独立解决问题。

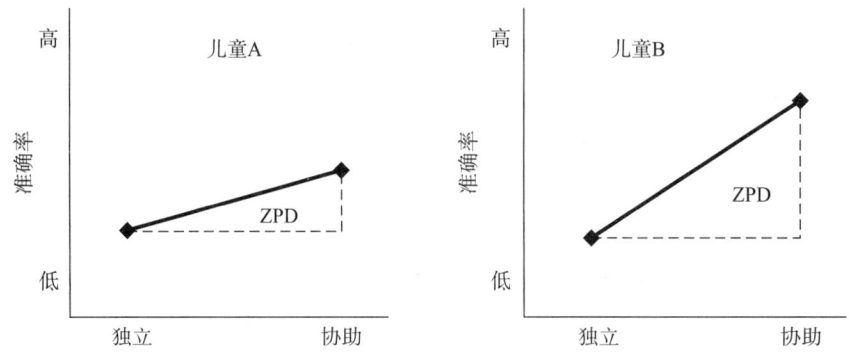

» 图4.1 两名儿童的最近发展区。他们在独立完成任务时的能力水平相当，但儿童B更能从他人的协助中受益

维果斯基相信，若要准确地描述儿童在某一时期的知识水平，既要考虑儿童在独立完成任务时体现出的实际能力，也要考虑儿童的潜在能力(正如儿童在最近发展区中表现出的能力那样)。图4.1所示的两名儿童在独立活动时表现的能力水平相当，但他们的潜在能力水平却有着显著的差异。因此，要准确描述每名儿童的知识水平需要对这两种水平都进行评估。正如本章后面将要提到的，维果斯基的观点对教育领域的知识评估产生了重要影响。

心理功能受语言和其他文化工具调节

维果斯基认为，人类的行为不仅受直接的社会互动的影响，也受到既定环境中现有的与发展有关的一系列文化工具的影响。文化工具既包括技术工具(technical tools)，即作用于环境的工具(如犁、锤子和银质餐具)，也包括心理工具(psychological tools)，即用来思考的工具。语言是主要的心理工具之一，因为它被用来调节行为、制订计划、帮助记忆和解决问题。除了语言之外，人们还创造了许多其他的心理工具，包括地图、图表、数字系统(阿拉伯数字、罗马数字)、代数符号、编程语言、解决数学问题的工具(量角器、滑尺、计算器、计算机软件)、计算日期和时间的系统(日历、钟表)、整理和组织信息的系统(杜威十进制图书分类法、林奈生物分类系统)等。

心理工具影响我们组织和记忆信息的方式。想一想我们是如何背诵字母表的，很可能是这样的：字母歌突然出现在你的脑海中。研究表明，人们用字母歌来组织他们关于字母表的知识，因此当被问到"K 之前的字母是什么？"时，人们通常先想到的是字母 H，脑海中浮现出字母歌中由字母 H I J K 组成的"字母块"(Klahr, Chase & Lovelace, 1983)。

实物也可以作为心理工具，如预约簿、算盘和串珠。有时，即便这些工具并不在现场，它们也能被人们内化并对思维产生影响。使用算盘的高手们为这一观点提供了令人信服的例证。

在东亚一些国家，算盘通常被用来解决算术问题。图 4.2 展示的是最常用的一类算盘。算盘中的各列支持十进制计数法，与标准计算中使用的计数法类似。最边上(任意一边)的一列表示个位，下一列是十位，再下一列是百位，依此类推。算盘中间有横梁，把各列珠子分为上下两部分，上面有 1 颗珠子，代表数值 5，下面有 4 颗珠子，每颗珠子代表数值 1。当上面(数值 5)的珠子位于算盘的顶部，而且下面的 4 颗珠子(数值 1)都位于算盘底部，则表示这一列的数值为 0。若要表示大于零的数字，使用者需要将珠子拨向中间的横梁。因此，如果一名女孩想要计算 4＋3，她会先把横梁下面的 4 颗珠子往上拨动(代表数值 4)，然后把位于这一列顶部、代表数值 5 的珠子向下拨，再将两个刚从下面拨上来的代表数值 1 的珠子拨回原来的位置(代表着 5 减去 2 等于 3)。这样，这一列中间就留下了一颗代表数值 5 的珠子和两颗代表数值 1 的珠子，也就意味着 4＋3 的答案是 7。

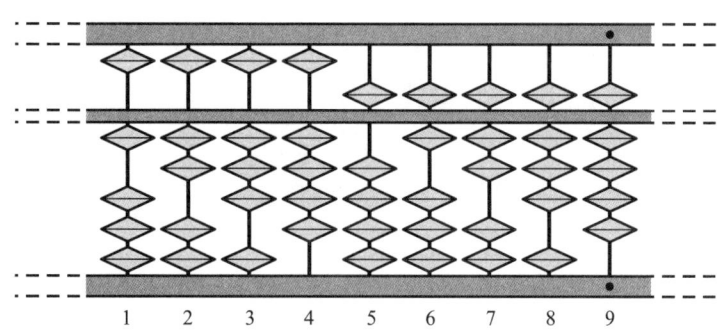

≫ 图 4.2　算盘上的数字 123,456,789。最左边的竖条代表数字 1，最右边的竖条代表数字 9 (from Stigler, 1984)

根据秦野(Hatano)、宫城(Miyake)和宾克斯(Binks)(1977)提出的假设，施蒂格勒(Stigler,1984)对熟练使用算盘的人在解决问题时是否在脑海中使用"心理算盘"进行了调查。他们以台湾地区11岁儿童作为研究对象,这些儿童都是算盘高手。他们向这些儿童提出算术问题,并要求他们不借助工具直接口算。这些儿童的犯错模式表明,他们在头脑中形成了算盘的心理图像,并想象在算盘上进行和现实中相同的手指拨算珠的计算操作。首先,这些儿童所犯的很多错误都是在其中一列的计算中不多不少正好相差5。这种错误在算盘上很容易发生,因为只有数值为5的珠子能分辨2和7、3和8等。其次,这些儿童少算一列数值的错误是美国本科生和研究生的三倍。如果一个问题的答案是43 296,那么台湾地区儿童常见的错误是误算为4 396。如果儿童头脑中的算盘上少显示一列,而他们又是从该算盘上读取答案,那么就会出现这种错误。因此,儿童所犯的错误表明,当他们需要进行心算时,他们确实使用了心理算盘来计算。对于这些算盘高手来说,算盘已经被内化,即使手边没有算盘,他们的计算还是会受其影响。

在东亚国家长大的儿童比在北美长大的同龄人更容易学会使用算盘。因此,上面的这个例子也说明不同的文化环境有不同的文化工具。这些文化工具是塑造和界定人类行为的重要手段。有史以来,随着新文化工具的出现,人类的行为都会发生变化。例如,计算器的便捷导致许多美国学校在数学教学中降低了对计算的重视程度。人们的行为在很大程度上是由他们可使用的文化工具所塑造成的。

由于人类具有从社会互动中学习的能力,人们能够集中自己的认知资源,并在成功经验的基础上不断扩展认知资源,而这种方式是其他物种无法企及的。因此,文化工具能被传递给文化群体中的年轻成员,也可以进一步得到完善。如此一来,随着历史的发展,文化工具在有效性和数量上都有所增加。例如,现代社会中的学生可以使用各种书写工具(木制铅笔、自动铅笔、圆珠笔、马克笔、钢笔等)。试想一下,300年前或3000年前的人都用哪些书写工具呢?心理工具也存在同样的变化模式。例如,许多今天被广泛使用的数学符号(+,-,=)最初是在15世纪和16世纪发展起来的。文化工具的这种创新不仅在个体之间得以保存和共享,而且可以跨越几代人。文化工具的这种变革过程被称为"棘轮效应(ratchet effect)"(Tomasello, Kruger & Ratner, 1993)。

在所有文化工具中,维果斯基认为语言在心理发展中具有特殊的意义。事实上,他曾声称语言与行动结合的时刻是"智力发展过程中最重要的时刻"(Vygotsky, 1978, p.24)。在这之后,语言不仅仅是一种交流的手段,也是一种让儿童能够控制和调节自己行为的手段。语言是一种工具,儿童可以用它来计划他们的行动、记忆信息、解决问题和调节他们的行为。在这些方面,儿童的行为可以说是由语言调节的。本章接下来将就这种调节方式进行更详细的论述。

文化规范和他人影响儿童的学习机会

现代社会文化理论不仅重视文化提供的工具,而且重视文化规范和社会实践对儿童参与的活动以及拥有的学习机会的影响。例如,社会整体决定是否提供正规的学校教育,如若提供,是否为义务教育?文化规范影响儿童日常活动的许多方面,包括婴儿日常护理、儿童护理安排以及对工作、学习和游戏的期望等。

不同种族之间的跨文化比较和深度研究表明,不同文化群体中的儿童以不同的方式度过他们的童年生活(Gaskins, 1999;Stevenson & Stigler, 1992)。即使在许多重要方面都相似的社会里(例如所有儿童都接受正规教育的工业社会),儿童的日常活动也存在很大的差异。有一项研究比较了格林斯博罗(美国北卡罗来纳州中北部城市)、水原(韩国)、奥布宁斯克(俄罗斯)和塔尔图(爱沙尼亚)儿童的日常活动。不同城市的儿童花费在所考察的每一类活动中的时间各不相同,这些活动包括游戏、课程(包括正式和非正式教学)、作业和谈话(Tudge等,1999)。游戏是四个城市中的儿童最常见的活动,但游戏时间的长短各不相同,韩国儿童花费的时间最多,俄罗斯儿童最少。俄罗斯和爱沙尼亚的儿童比韩国和美国的儿童在课程和作业上花的时间多,韩国儿童比其他三个国家的儿童花在谈话上的时间都少。如此看来,儿童的日常活动因文化不同而有很大的差异。

在上面四个城市中,中产家庭和工薪家庭的儿童在除作业以外的所有活动类别上也存在系统性差异。总的来说,中产家庭的儿童花在课程和谈话上的时间更多,而工薪家庭的儿童花在游戏上的时间更多。因此,受社会差别和阶层差异的影响,不同文化群体为儿童提供了不同类型的学习机会。

在整个文化框架内,父母、老师和其他看护者为儿童选择并组织了他们认为适合儿童的活动和社会互动。有时,他们在明确的教学目标指引下做出这些选择。例如,许多北美的父母会安排他们的孩子参加音乐课或参观儿童博物馆和图书馆。然而,当选择某些活动和社会同伴时,他们往往也不以是否有益于培养儿童的学习能力作为明确的目标。

女童军饼干义卖活动是后一种活动的一个很好的例子。童子军们的主要目标是筹集资金。然而,通过参与这些活动,她们学习了各种价值观和技能(Rogoff, 1995;Rogoff, Topping, Baker-Sennett & Lacasa, 2002)。学习活动包括:与部队领导、父母、顾客和其他儿童直接互动;使用其他人开发的工具,如彩色编码的订单表(该表使用不同颜色表明每种饼干的订购量和欠款);计划递送饼干的路径;计算客户支付订单时需要的零钱;尝试各种销售策略等。在参与这些活动时,儿童不仅会获得技能,而且能形成一定的价值观:责任感、礼貌、效率、精确性和及时性等。获取这些价值观和技能不是女童军饼干义卖活动的明确目标。相反,它们是非常有价值的"副产品",是在追求赚钱这一主要目标的过程中获得的。不同的文化提供不同的学习活动,但在所有文化中,儿童通过参与反映其社会价值观的活动,获得了很多价值观和掌握了一系列技能。

社会和文化学习需要特定的认知能力

现代社会文化理论的一个主要关注点在于明确社会文化学习的机制。解决这一问题的方法之一是详细论述学习者和教师在社会和文化学习中所需的认知能力。

也许社会和文化学习所需要的最基本的认知能力是建立主体间性(intersubjectivity)的能力,主体间性是指人与人之间在相互关注和交流的过程中形成共有的认识和理解。毫无疑问,主体间性较高的社会互动比主体间性较少的社会互动能带来更大的学习效果(如 Tudge, 1992)。

主体间性能力在儿童很小的时候就开始展现。从 2 个月大时开始,婴儿和看护者之间开始表现出偶发的交互式互动(contingent interaction)行为和反应,类似于展开交互式的对话(如 Bateson, 1979; Trevarthen, 1979)。大约 9 个月大时,婴儿可以很容易地追随成人的注视和指示手势进行反应(Butterworth, 2001; Morissette, Ricard & Gouin-Decarie, 1995; Murphy & Messer, 1977)。通过这些行为,婴儿协助建立起共同注意(joint attention)。在该状态下,他们和看护者共同关注特定的对象或事件。这也是主体间性的一个关键组成部分。随着儿童越来越能够从他人的角度看待问题,儿童实现和保持主体间性的能力在儿童早期得到不断发展(如 Göncü, 1993)。

通过对人类儿童和灵长类动物的比较研究,我们进一步了解了从社会交往中学习所需的认知能力。与人类一样,许多其他灵长类动物也可以通过观察其他个体的行为进行学习(如 Custance, Whiten & Fredman, 1999; Hirata & Morimura, 2000)。然而,按照迈克尔·托马塞洛(Michael Tomasello)和他的合作者的说法,只有人类才有能力进行某些更高级的社会学习,这种学习需要认识到他人也是有目的和目标的个体(Tomasello, 1998, 1999; Tomasello 等,1993)。根据这一观点,从社会互动中学习的关键是人类能够认识到"他人如己",即其他人和自己是相似的,特别是要有能力理解与自己具有一样目的和心理状态的其他人。托马塞洛和他的合作者提出三种建立在此认识基础上的文化学习:模仿学习(imitative learning)、指导学习(instructed learning)和合作学习(collaborative learning)(Tomasello 等,1993)。

根据托马塞洛的定义,模仿学习是指为了达到同样的目的而重复他人行为的学习。因此,模仿学习需要理解其他个体的行为和目标之间的关系。这种学习形式有别于模拟(emulation)学习。模拟学习专注于其他个体行为的最终结果,并不需要理解具体行为与预期目标之间的关系。因此,模拟学习只需要学习任务中的某些方面,而真正的模仿学习意味着学习其他个体的行为(Nagell, Olguin & Tomasello, 1993)。托马塞洛认为,很多灵长类动物研究所声称的模仿学习(如 Boesch, Marchesi, Marchesi, Fruth & Joulian, 1994; Whiten, Custance, Gomez, Teixidor & Bard, 1996)其实都只是模拟学习,并不是真正的模仿学习(Nagell 等,1993; Tomasello, 2001)。

指导学习是指学习者从教师的角度理解任务或材料,并将信息直接、有意识地传递给另一个体的学习方式。在指导学习中,学习者将教师的指导内化,然后用它们来调节自己的行为。指导学习既可以在正式场合进行(在学校上课),也可以在非正式场合进行(父亲教女儿如何钓鱼)。所有文化中的成年人都一直在教导他们的孩子,但其他灵长类动物则不具备这样的能力(若要了解另一种观点,请参见 Boesch, 1991)。不论是教学还是通过教学来学习,都要求个体至少有一定的能力来理解他人的心理状态。

这种能力也是第三类文化学习——合作学习所必需的。合作学习指多人通过合作解决以目标为导向的问题时发生的学习。例如,两个儿童一起为玩具火车建造轨道。他们一起建造的轨道可能比他们单独建造的要复杂,每个儿童从合作的过程中都可能学到一些东西。模仿学习和指导学习都是关于信息从一个人到另一个人的传递过程,而合作学习则是关于新知识的共同建构过程。该过程中的所有活动都需要个体能在互动中从他人角度看待问题,如建立一个共同的目标,为完成目标的行动分担责任,并合作执行这些行动等。

这三种文化学习方式都要求个体具备从他人角度思考问题的能力。托马塞洛认为,这种能力是区分人类和其他灵长类动物的关键,这种能力也使得人类能够从社会互动中学习。

小结

维果斯基在他 20 世纪初的著作中提出了两个观点,这两个观点构成了社会文化理论的基础。第一,认知发展存在于社会互动中。维果斯基认为社会互动不是引发个体内部变化的一种外部力量,而是发展变化机制本身的一部分。第二,人类的行为由文化工具调节。文化工具包括技术工具(作用于环境的工具)和心理工具(用于思考的工具)。维果斯基认为语言是最重要的心理工具。

现代社会文化理论以多种方式探讨了这些观点。社会文化理论关注的焦点问题之一是儿童学习和参与活动的机会。这些机会取决于文化规范和社会实践活动。第二个焦点问题是社会和文化学习所需的认知能力的本质。这包括建立主体间性的能力,以及认识到他人具有与自己相似的目标、目的和心理状态的能力。

社会文化理论的现代实证研究

现代发展心理学中许多活跃的研究领域都从社会文化理论中得到了启发。本部分将回顾近期几个研究领域中的重要结果,包括儿童在与成年人和同伴的互动中学习、儿童在他人指导下参与文化活动,以及语言作为心理工具的使用情况。

在与成人互动中学习

当成人与儿童互动时,他们通常会以促进儿童学习的方式来组织互动(Rogoff, Ellis & Gardner, 1984; Wang, Bernas & Eberhard, 2001; Wood & Middleton, 1975)。成人在这种互动中的角色有时被比作脚手架(Stone, 1998; Wood, Bruner & Ross, 1976)。施工脚手架本义是指在建筑施工过程中用来支撑高空作业人员和材料的临时结构。正如格林菲尔德(Greenfild, 1984)所指出的,施工脚手架为建筑工人提供支持,扩大了他们的活动范围,并允许他们完成那些凭自己力量本不可能完成的任务。一旦建筑物完成,工人们就不再需要脚手架。为了支持儿童完成任务,成人会向儿童提供与脚手架类似的社会脚手架。这种社会脚手架可以帮助儿童拓展他们的活动范围,并完成一些之前单凭自己的力量不可能完成的任务。一旦儿童能够独立完成任务,社会脚手架就可以被撤掉。

本章开头的小故事很好地阐释了社会脚手架的概念。故事中的小男孩一开始并未留意他试图复制的拼图模型。小男孩的妈妈引导他注意、观察模型,并温和地纠正他对拼图块的不当选择。在妈妈的帮助下,小男孩选择了合适的拼图块,并用它们正确地完成了拼图。妈妈的行为拓展了小男孩的能力范围,使他成功地完成了拼图。

◎ 成人支持的敏感性

在为儿童提供支持时,成人倾向于根据儿童的技能发展水平调整自己的支持行为(Greenfield, 1984; Kermani & Brenner, 2001)。有时他们为儿童提供较简单的任务;有时他们会简化任务,或减少任务所需的步骤,或突出任务的关键元素。成人会根据儿童的表现调整他们指导的方式和内容。例如,玛雅妇女对缺乏编织经验的女孩会给予更多直接性的指导,对于已经掌握一定技能的女孩,这类指导就要少得多。而且在开始编织时,即在那些相对困难的阶段,她们也会给予女孩更多的帮助(Greenfield, 1984)。这种或然性的互动有助于提高她们的技能,特别是当教学的目标水平刚好略微超出她们当前的技能水平时。在一项研究中,母亲帮助3岁和4岁的儿童学习用积木搭建复杂的金字塔模型。如果母亲按照儿童的技能水平对其进行指导,那么儿童在独立的后测实验中表现最好(Wood & Middleton, 1975)。

成人与儿童的敏感互动在儿童语言习得中也起着重要作用(Hampson & Nelson, 1993; Murray, Johnson & Peters, 1990; Killy, Tamis-LaMonda & Bornstein, 1999; Tamis-LaMonda, Bornstein & Baumwell, 2001)。当婴儿只是指向物体并不能说出物体名称时,他们的母亲有时会自发地说出这些物体的名称。母亲经常这样做,婴儿往往掌握了较大的词汇量(Masur, 1982)。同样,即使婴儿并没有指向这些物体,只是集中注意力盯着这些物体,母亲有时也会说出物体的名称。母亲经常以这种方式"跟随"幼儿的注意焦点,幼儿往往也具有更大的词汇量(Tomasello & Farrar, 1986)。母亲和儿童的谈话与儿童语言发展之间的关系也反映在儿童后期的语言技能发展方面,例如,儿童具有讲述内容连贯、结构清楚的故事的能力(Haden, Haine & Fivush, 1997)。

成人根据儿童的技能水平提供敏感性支持非常重要,这种体现敏感性的支持可以有多种形式。最近的一项研究(Göncü & Rogoff, 1998)对比了多种结构性互动的效果,在互动中,成人帮助儿童将物品照片分类(食物、餐具等)。成人通过以下三种方式之一向儿童提供支持:成人自己阐释分类的方法;通过导引问题引导儿童阐明分类的方法;结合上述两种方式(成人首先自己阐明分类方法,然后引导儿童说明分类方法)。研究结果表明,实验组儿童在三种支持条件下的独立后测中的表现都强于控制组儿童的表现。在控制组,成人并没有给予儿童帮助。需要指出的是,如图4.3所示,儿童在三种支持条件下的表现是相当的。这说明,各种类型的成人支持对促进儿童的学习都是有效的。

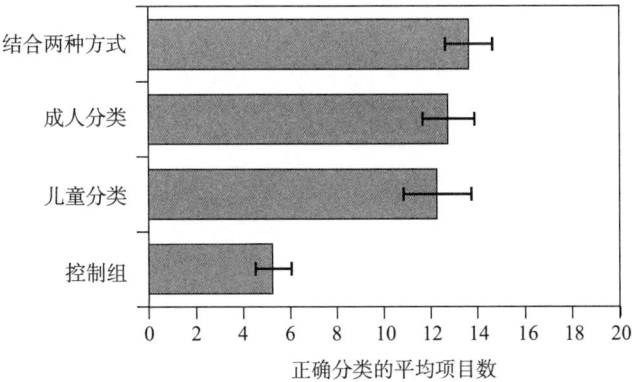

» 图4.3 文中描述的贡丘和罗格夫(Göncü & Rogoff, 1998)研究中儿童准确分类的平均项目数。在成人阐释分类原则条件下,成人说明分类的方法(吃的东西,打扫房间的东西等)。在儿童自己分类条件下,成人引导儿童阐明分类的方法并分类。在结合以上两种方法条件下,成人首先解释分类的基本原则,然后引导儿童阐明分类方法并分类。在控制组,成人并不提供帮助。无论支持的类型如何,儿童在有成人支持条件下表现良好。误差条(图中横向条块)表示标准误差

毫无意外，成人比同伴更善于为儿童的思维活动提供支持。例如，成人和同伴都试图教授儿童新技能，通过对比这两种情形可以发现，儿童在与成人一起工作时学习新技能的效果更好(Radziszewska & Rogoff, 1988, 1991)。成人作为教师的优势不仅仅是因为他们对正在解决的问题有更多的了解，即使同伴和成人都能很好地理解一项任务，成人仍然比同伴能更有效地进行教学(Ellis & Rogoff, 1986)。这种优势在很大程度上是因为他们的互动方式。成人更有可能概述任务目标，讨论实现目标的策略，并让学习者参与到决策过程中。相反，当儿童的同伴充当"教师"角色时，他们通常只是告诉学习者该做什么，并不解释原因。他们还经常依赖非言语的示范(Ellis & Rogoff, 1982)。这说明，成人的教学更有效。与该结论一致的是，如果成人能尽可能地与学习者共同承担学习的责任，将更有效地促进儿童的学习(Gauvain & Rogoff, 1989)。

成人与儿童的互动也因儿童的特点不同而不同。凯文·克劳利(Kevin Cronley)、莫琳·卡拉南(Maureen Callanan)和他们的合作者就此问题进行了研究并取得了强有力的证据。他们研究了儿童与父母在科学博物馆中的互动。当父母和儿童一起参观科学博物馆时，父母会以多种方式为儿童探索博物馆的展品提供支持(Crowley, Callanan, Jipson 等, 2001)。首先，父母帮助儿童对证据进行选择和编码，例如，指出展品的重要特征。其次，父母帮助儿童生成证据，例如，帮助孩子与展品互动，以生成他们能够观察到的证据。最后，父母有时会解释展品的工作原理或基本机制。不过，父母与儿童互动的方式因儿童的性别而有所差异。相比女孩，父母在向男孩解读展品时往往会解释更多的因果机制(Crowley, Callanan, Tenenbaum & Allen, 2001)。

在与同伴互动中学习

儿童与同伴的社会互动比与成人的社会互动多。同伴合作可以通过多种方式促进儿童学习：激励儿童挑战困难的任务，提供模仿和学习彼此技能的机会，促使儿童通过向同伴解释自己已掌握的知识来深化理解，提供参与讨论、增进理解的机会等(Azmitia, 1996)。这些潜在的优势使得合作学习在许多学校系统中得到了广泛的应用。

但是，同伴合作能对学习产生预期的效果吗？答案似乎并不确定，"有时有，有时并没有"。有一些研究发现，与同伴一起解决问题比单独解决问题能产生更大的学习效果(Blaye, Light, Joiner & Sheldon, 1991; Fleming & Alexander, 2001; Perret-Clermont & Schubauer-Leoni, 1981)。另外一些研究则发现没有这种效果(Russell, 1982; Tudge, 1992)。还有一些研究表明，由于任务、儿童和儿童互动的不同特点，以上两种结果都有可能发生(Glachan & Light, 1982; Levin & Druyan, 1993; Pine & Messer, 1998)。在下面内容中，我们将探讨合作的有效性如何因儿童的年龄、互动的质量、相对的专业知识、任务的难度和儿童文化背景的不同而呈现差异。

◎ **年龄**

儿童与同伴有效合作能力的发展相对较晚。5岁儿童在许多情况下已有能力解决问题,但尽管如此,他们也很难与人合作解决问题,除非是那些最简单和最熟悉的问题(Tomasello 等,1993)。这一困难源于多方面能力的局限性,其中包括抗干扰能力、协调注意力的能力(以便双方能从问题的同一方面进行思考),以及使用有效、准确的语言进行交流和合作的能力。

合作对年龄较小的儿童来说尤其困难。看一看下面例子中两名学前儿童的合作,其中一名儿童已学会了如何用乐高建造一座"房子",因此他已经是一个搭建"高手"。这两名儿童需要一起合作建造一座新的乐高"房子",但这个"高手"并不急于让"新手"同伴帮忙。

新手:你得让我帮忙。你说过你会让我帮忙的。

高手:我会的,等我把这个(门)搭完。

新手:(叹口气,往后坐,双臂交叉在胸前,皱着眉头。22秒后,拿起一些乐高块并开始正确地搭建房子的一部分。这部分完成后,他把它交给高手)我为我们的房子建造好了这部分。

高手:我是建筑师,你来找我需要的乐高积木,好吗?给我一块黄色的积木。

新手:我也想当建筑师。她(实验者)说让我们一起做。我搭的窗户很好……

高手:嗯,那不行,这是我的房子(把房子模型移到新手够不着的地方)。

新手:(开始摇晃桌子,使高手无法继续搭建)

高手:别摇了!如果你不住手,我们就搭不了。我的门快搭好了。

新手:(停止摇晃桌子,看着高手搭建房子,直到他把门搭好)轮到我了!轮到我了!(Azmitia, 1996, p.142)

这个"新手"最终对"高手"的霸道进行了回击。"高手"一直拒绝他参与搭建,最后他开始对着"高手"扔乐高积木块。当"高手"举起手来保护自己时,"新手"砸倒了他搭建的乐高房子模型。这次合作随即终止。

◎ **互动质量**

即使儿童能够很好地合作,而不是在合作中相互攻击,他们的互动质量也有很大的差异。互动的质量是儿童能否从同伴合作中受益的一个重要影响因素(Dimant & Bearison, 1991; Glachan & Light, 1982; Tudge, 1992)。如果儿童能共同承担任务责任,并能从他人的角度思考问题,他们就能比那些不太关注彼此想法的儿童更能从合作中受益(Azmitia & Montgomery, 1993; Kruger, 1992; Tolmie, Howe, Mackenzie & Greer, 1993)。例如,高文和罗格夫(Gauvain & Rogoff, 1989)研究了5岁儿童的路线规划效率,实验任务要求他们到玩具杂货店购买特定的商品。研究发现,共同参与路线规划的儿童比两人轮流完成任务的儿童表现更好。

互动质量的差异可能反映了这样一个事实,即儿童从与哥哥姐姐互动中学到的知识比从与他们认识的、与其哥哥姐姐同龄的其他儿童的互动中学到的知识要多(Azmitia & Hesser, 1993)。在教年幼儿童完成建造任务时,与其他年长儿童相比,年幼儿童的哥哥姐姐能够给自己提供更多的解释和更积极的反馈。年幼儿童更有可能从他们的哥哥姐姐那里寻求帮助,而不是其他年长儿童。因此,兄弟姐妹组合在任务中的共同参与程度要高于其他儿童组合。

为什么共同参与一项任务会提高儿童的表现?共同关注同一问题的儿童更有可能将彼此的想法结合成新的理论或规则,找出每种方法的优缺点,并通过他人的想法发现自己的不足。光是谈论并不能提高解决问题的能力,当儿童独自解决问题时,仅仅谈论他们正在做的事情对问题解决是没有益处的(Teasley, 1995),解决问题的关键是要看参与者能在多大程度上积极地思考对方的想法。

施瓦茨(1995)认为,结对合作的人往往比独立工作的人更能构建出较复杂、更抽象的问题表征。他发现,在多个类型的问题解决任务中,结对工作的儿童通常会形成一种共同的问题表征,并用之协调他们对问题的不同看法。因为这些共同表征跨越了不同的视角,它们往往是抽象的。抽象表征通常有助于任务的执行,而且由于结对工作的儿童更能生成这样的表征,他们往往比独立工作的儿童表现得更好。

◎ **相对的专业知识**

另一个影响同伴合作有效性的因素是合作者的相对专业知识。儿童通常会从与技能更熟练或知识更丰富的同伴的互动中受益(Fleming & Alexander, 2001; Golbeck, 1998; Manion & Alexander, 1997; Murray, 1972, Tudge & Winterhoff, 1993)。例如,有研究发现,相比独立或与其他同为新手的同伴合作,5岁的乐高新手在与乐高技术较高的同伴合作时其搭建乐高的能力提高得更多(Azmitia, 1988)。有一定技能水平的同伴通常也能从这样的互动中受益(Mugny & Doise, 1978; Weinstein & Bearison, 1985)。

儿童的初始知识状态也会影响与更熟练同伴合作的效果。在某些发展阶段,儿童的知识会保持不变,因此社会互动可能不会产生学习效果。例如,派因和梅瑟(Pine & Messer, 1998)研究了同伴合作对儿童保持杠杆上物体平衡的能力的影响。大多数儿童都能从与技能更熟练的同伴合作中获益。然而,已懂得"物体在中间时保持平衡"的儿童不大可能从同伴合作中学到什么。即使合作伙伴提出了不太确定的证据,儿童对这一理论知识的理解也基本上不会被改变。

尽管儿童倾向于从与更熟练的同伴合作中获益,但对于正在合作的儿童来说,为了取得进步,合作者之间技能水平的差异并不是必不可少的。儿童在与自己技能水平差不多的同伴合作时也能学到东西。有多项研究表明,对一项任务或一个问题都持有错误观点的两个儿童往往都能从合作中受益,因此,两个"错误"观点确实可以组成一个"正确"观点。大多数此类研究都以对一个问题持有不同错误观点的结对儿童为考察对象(Ames & Murray, 1982; Emler & Valiant, 1982)。研究结果表明,即使两种观点都不正确,观点间的冲突也有可能在社会互动中引发知识的变化。

然而,至少有一个实验表明,相互冲突的观点并不是知识发生变化的必要条件。埃利斯(Ellis)、克拉尔和西格勒(1993)让五年级的学生两两结对合作比较两组分数的大小。他们发现,不管结对儿童在前测时使用的错误策略是否相同,他们在互动合作后的成功模式都较为相似。

在整合这些发现的过程中,一个重要的变量是:儿童是否收到了关于他们任务解决方案准确性的反馈。当儿童收到这样的反馈时,不论他们是否具有与合作者相似的知识,他们往往会取得进步(Ellis 等,1993)。另一方面,正如埃姆斯和默里(Ames & Murray, 1982)以及埃姆勒和瓦利安特(Emler & Valiant, 1982)的研究所表明的那样,当反馈缺失时,如果想要通过同伴合作促进知识变化,相互冲突的观点则是必不可少的。事实上,有一项实验表明,只有在儿童未收到任务解决方案是否正确的反馈时,同伴合作才是有益的(Tudge & Winterhoff, 1993)。

◎ **任务难度**

任务的难度也会影响合作的效果。若其中有的合作者已经理解了任务,或他很快就会掌握,共同合作往往会促进他们成功地解决问题和他们的学习(Ames & Murray, 1982; Perret-Clermont & Schubauer-Leoni, 1981)。若合作的儿童都无法理解任务,或者任务要求远远超出了他们现有的知识水平,合作通常会让他们倒退,或对他们理解这项任务没有任何帮助(Levin & Dunyun, 1993; Tudge, 1992)。

合作同伴对自己推理能力的相对自信似乎也与这种效果有关。在较简单的任务中,回答正确的儿童往往比回答错误的儿童更自信。这可能会鼓励回答错误的合作同伴跟随回答正确同伴的领导。对比之下,面对难题,推理能力较弱的儿童往往更自信,这是因为他们没有意识到其他观点的合理性(Levin & Druyan, 1993)。有时这会产生一种不好的后果:那些推理能力较强、但对自己的认知不自信的儿童,他们会转而跟随那些推理能力较弱但非常自信的合作者。

◎ **文化规范**

文化规范也影响儿童的合作方式和结果。有研究者对比了纳瓦霍人(Navajo)和欧美儿童在合作解决问题上的表现(Ellis & Schneiders, 1989)。研究任务是一个棋盘迷宫游戏。因为迷宫有很多死路,所以在试图穿过迷宫之前规划好一条路线非常有用。实验对象包括接受了部分迷宫知识指导的儿童(称为"教师")和未接受过任何指导的年幼儿童(称为"学习者"),他们要一起合作完成任务。由于纳瓦霍文化没有美国主流文化那么重视解题速度,而且纳瓦霍文化既重视个人自主性,又重视合作性,因此人们预测纳瓦霍"学习者"会花费更多的时间进行计划,不需要"教师"督促他们采取行动。这些预测是准确的。特别是在最困难的问题(也就是最需要计划的问题)上,纳瓦霍儿童比他们的欧美同伴花在计划上的时间要长。但他们在解决迷宫问题时所犯的错误也更少。因此,年龄、相对的专业知识、互动质量、任务难度,以及文化规范都会影响儿童通过合作解决问题。

在他人指导下参与文化活动

为了描述儿童在社会和文化背景下的互动特点,芭芭拉·罗格夫(Barbara Rogoff)和她的合作者引入了指导式参与(guided participation)文化活动的概念(Chavajay & Rogoff, 1999; Rogoff, 1990; Rogoff, Mistry, Göncü & Mosier, 1993)。这一概念包含两层含义:第一,儿童的行为由他人指导;第二,儿童参与其文化环境中常规的、有价值的文化活动。指导式参与不仅指成人明确地尝试指导儿童的互动,还指儿童在成人或其所在环境中其他更熟练的成员(如兄弟姐妹和同龄人)的指导下观察和参与日常活动。这些活动包括穿衣、做家务、准备饭菜和参加宗教仪式等。儿童在指导下参与这些活动是使他们融入其所在社会的文化实践中的重要手段。

根据罗格夫(1990)的说法,所有文化中的成人都会指导儿童参与有文化价值的活动。然而,儿童参与的特定活动因文化背景不同而有所差异。在包括美国在内的一些文化中,儿童往往与成人的社会和经济世界隔离开来,他们的许多学习都是在正规教育的背景下进行的。而在其他文化中,儿童通常被纳入成人的活动中,他们的许多学习都是在日常生活中进行的。

◎ 指导式参与模式的跨文化研究

罗格夫、米斯特里(Mistry)、贡丘和默热(Mosier)(1993)对不同社群的儿童活动和社会互动进行了研究。研究涉及两类社群。第一类包含两个社群(美国犹他州盐湖市和土耳其凯其欧伦市的中产阶级社群),社群里的儿童通常与成人活动分开;第二类也包含两个社群(危地马拉圣佩德罗的玛雅土著人和印度多尔基帕蒂的部落村民),社群中的儿童通常被纳入成人活动中。四个社群里初学走路的儿童和看护者都是该研究的观察对象,他们在社群中进行日常活动(如喂食和穿衣)、玩社交游戏(如遮脸藏猫猫游戏和手指游戏),以及玩新奇的物品(研究人员提供的玩具,如木偶和铅笔盒)。

罗格夫等人发现,不同社群的指导式参与似乎在某些方面具有跨文化的普遍性。在他们所研究的四个社群的社会互动中,儿童和成人经常试图沟通他们对情境的个人理解,并寻求共同的意义或主体间性。在四个社群里,儿童和成人也会随着互动的进行而调整彼此的任务参与程度。调整的方式可以是语言和非语言的交流，也可由成人对儿童活动进行组织安排。

当然，不同社群的指导式参与在某些方面也存在着重要的差异。在儿童与成人的活动相互分离的两个社群里（盐湖市和凯其欧伦市），成人和儿童之间的社会互动往往由成人组织。他们提供明确的口头指导，并通过表扬和其他激励方式激发儿童的活动动机。在儿童被纳入成人活动的两个社群里（圣佩德罗和多尔基帕蒂），儿童在社会互动、观察成人正在进行的活动和尝试加入的过程中承担了更大的责任。这些社群内的成人看护者支持儿童参与活动，并经常提供非言语形式的示范。

◎ **对注意力管理的影响**

罗格夫等人发现，上述两类社群在指导式参与上存在的本质差异与注意力管理模式的差异有关。圣佩德罗和多尔基帕蒂的儿童和成人看护者比盐湖和凯其欧伦的儿童和成人看护者更有可能同时参加多个活动，而后者往往一次只关注一个活动（另见 Chavajay & Rogoff, 1999）。罗格夫等人认为，观察多个正在进行的事件可以帮助圣佩德罗和多尔基帕蒂的儿童锻炼他们的注意力管理技能。

注意力管理中的这些跨文化差异强调了指导式参与对各种环境下行为组织的潜在影响。事实上，已有证据表明，体验不同的指导式参与模式会产生长远的影响。最近的一项研究显示，与接受过少量正规教育的玛雅母亲相比，那些接受过大量正规教育的玛雅母亲与儿童进行问题解决的互动方式会有所不同（Chavajay & Rogoff, 2002）。由三个儿童和他们的母亲组成的小组共同构建了一个三维图腾柱拼图。接受过大量正规教育的母亲更倾向于采取"分工"的方法，这样，小组中的不同成员就能从不同方面对问题进行研究，她们也更倾向于对儿童的行为进行指导。在这些小组中，大多数有关下一步该做什么的建议都是由母亲提出的。相比之下，接受过很少正规教育的母亲倾向于和儿童一起工作，因此小组的所有成员都专注于问题的同一方面（例如同一排拼图）。在这些小组中，下一步的计划可能由小组中最大的儿童或母亲提出。因此，是否接受过带有等级社会结构特点的正规教育似乎会影响母亲与子女互动的性质。

◎ **"参与"在发展过程中的转变**

罗格夫理论框架的核心概念是文化活动中的"参与"。从这个观点看，发展变化涉及儿童参与性质的变化。在许多情况下，儿童在成长过程中会从观察者或活动的外围参与者发展为较为核心的参与者。在某些情况下，儿童最终承担起任务的主要责任或领导者角色。例如，如果家里正在准备饭菜，一个蹒跚学步的儿童可能只是观察这个过程，一个学前儿童可能会帮忙摆桌子，大一点的儿童可能会准备一些菜肴，而更大一点的儿童可能会决定最终吃什么。

除了儿童在活动中所扮演角色的变化外，儿童参与活动的其他几个方面也可能随着发展而变化。比如他们参与活动的原因(服从父母,而不是完成需要完成的任务)、对承担新角色和责任的态度,以及他们对不同活动如何影响整个任务的理解(Rogoff,1997,1998)。若要全面认识这些发展变化,需要首先理解儿童参与社会文化活动时在上述方面的变化特点。

语言作为一种心理工具

在每一种文化中,语言都是社会互动的普遍特征,也是思维和组织行为的普遍工具。事实上,语言通常被视为最重要的心理工具。这是因为:首先,语言是大多数社会互动形式(如指导式参与、指导学习和合作学习)的组成元素。因此,语言是社会互动产生学习效果的一种渠道。其次,人们用语言来规范自己的行为、制订计划、解决问题,这在自言自语现象中体现得较为明显。最后,即使是在没有明显涉及语言的任务和情况下,语言结构似乎也会影响思维的习惯模式。

◎ 语言对行为的调节

自言自语现象是语言调节行为的证据之一。儿童经常在玩耍、探索和解决问题时自言自语。例如,一名儿童在解答两位数的进位加法问题(如 17+28),她可能边解题边自言自语:"7 加 8 是 15,个位满十要进一,(停顿)2,3,4,所以是 45。"维果斯基认为这种自言自语现象是儿童使用语言来调节行为的一种表现。

如此看来,也就不难理解为何儿童在完成更具挑战性的任务时会产生更多的自言自语现象了。因为对于这些任务,自我调节的难度更大(Berk,1994)。此外,随着不断地发展,儿童自言自语现象会减少或"转入地下"(Bivens & Berk, 1990; Winsler, Carlton & Barry, 2000; Winsler, Diaz, Atencio, McCarthy & Chabay, 2000; Winsler & Naglieri, 2003)。维果斯基认为,自言自语最终会变成"内部言语(inner speech)"——一种无声的、内化了的自我对话。该观点还有一层含义,即大多数思维实际上就是内化了的语言。

◎ 语言与思维的关系

如果思维至少部分是由内化的语言组成,那么个体所说的特定语言的特征就可能影响其思维方式。这种观点被称为"语言相对论假说(linguistic relativity hypothesis)"。该观点认为,语言对现实的编码方式的差异会投射在语言使用者思维方式的差异上。作为这一观点的主要支持者之一,本杰明·李·沃尔夫(Benjamin Lee Whorf)提出:"我们把自然分割开来,按照概念将它组织起来并赋予意义,这主要是因为我们同意以这种方式组织自然。这是一个协定,而且这个协定在我们的语言社群内始终有效,我们的语言模式也遵照该协定而建立(Whorf,1940)。"

语言真的塑造了思维吗?越来越多的证据表明,不同语言在词义和语法模式上的差别确实与涉及思维的认知任务的完成情况有关,但这些任务并不直接涉及语言。

对这种现象的一种解释是,语言的结构模式会产生思维的习惯模式(Lucy,1992)。

莱文森(Levinson,1997)对以辜古依密舍语①(Guugu Yimithirr language)为母语的澳大利亚土著居民进行了研究。该研究很好地说明了上文提到的观点。在辜古依密舍语中,空间信息并不是用以身体位置作为参照的编码词语(如"左"和"右")表示的,取而代之的是标记绝对方向的词语,如"北"和"东"。这和英语等印欧语系语言很不一样。莱文森对标记空间关系的语言系统是否会影响非语言认知任务进行了考察。在其中一项任务中,被试首先需要观察摆在桌子上的一组模型:一个人、一头猪和一头奶牛。然后,被试被带到第二个房间,坐在一张桌子前,朝向与他们在第一个房间时相反。研究者向被试展示了一组相同的模型,并要求他们按照模型在第一个房间中的顺序排列(见图4.4)。研究结果显示,大多数说辜古依密舍语的被试都在尽量保持模型的绝对方位(例如,第一个房间中奶牛模型头朝东,在测试室中也被摆为头朝东)。相比之下,说荷兰语(像英语一样,以说话人或听者的空间位置作为参照进行空间编码)的被试则倾向于以他们自己身体位置作为参照来摆放模型[如第一个房间中奶牛模型朝向说话人的右边(绝对方向的东边),在测试室中也被摆成朝向说话人的右边(绝对方向的西边)]。这说明,以绝对或相对方向编码空间关系的特定语言模式在摆放模型的非语言任务中体现了出来。

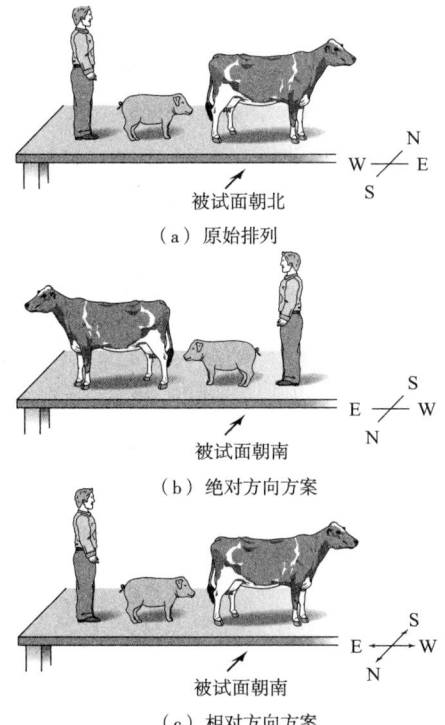

》图 4.4 (a)为本文中描述的莱文森(1997)研究所使用的原始排列,(b)为绝对方向方案,如大多数辜古依密舍语使用者提供的解决方案,(c)为相对方向方案,如大多数荷兰语使用者提供的解决方案(based on Levinson, 1997 Figure 4)

---

① 译者注:澳大利亚土著语言,是远北昆士兰地区辜古依密舍人的传统语言。

还有一项研究也很好地说明了语言对思维的影响。有学者对说尤卡坦玛雅语①(Yucatec Maya language)和英语的儿童和成人进行了考察。在英语中,具体名词的意思往往包含物品形状的信息[例如,Candle(蜡烛)一词表示长而细的东西]。但在尤卡坦玛雅语中,名词包含关于物品材质的信息,而关于形状的信息通常必须作为一个单独的词语存在[如英语中 a cube of sugar(一块方糖)的语言模式]。例如,尤卡坦玛雅语中的"一根蜡烛"在英语中对应的翻译是"一根细长的蜡"。因此,我们可以说,英语的结构"提请"人们注意物品的形状,而尤卡坦玛雅语的结构"提请"人们注意的是物品的材质。

为了检测这些语言差异对物品分类的影响,卢西(Lucy, 1992)向说尤卡坦玛雅语和英语的成人展示了一些物品,这些物品三个一组,其中之一被指定为"核心对象"(例如,一个小纸箱),另一个物品的形状与"核心对象"相同但材质不同(例如,一个小塑料盒),还有一个物品的材质与"核心对象"相同,但形状有差异(例如,一小块扁平的纸板)。被试需要判断另外两个物品中哪一个与"核心对象"最为相似。结果显示,几乎所有说英语的人都是根据形状来进行选择,而几乎所有说尤卡坦玛雅语的人都是根据材质来选择。因此,具有语言特异性的名词语义编码模式会对判断物品相似性的非语言任务产生影响。卢西和加斯金斯(Lucy & Gaskins, 2001)使用同样的任务对说英语和说尤卡坦玛雅语的儿童进行了考察。他们发现,带有语言特异性的分类偏好产生于 7 到 9 岁之间。

在其他任务中,语言结构似乎对 7 岁以前的任务完成情况有很大的影响。其中一个任务是空间分类。崔、麦克多诺、鲍尔曼和曼德勒(Choi, McDonough, Bowerman & Mandler, 1999)对分别学习韩语和英语的 18 至 23 个月大的幼儿进行了调查。英语和韩语对空间关系的分类方式有所不同。英语介词会区分动作是与"包含"有关[如 put in(放入)]还是与"支撑或附着"[如 put on(穿上)]有关。相比之下,韩语会区分物品之间接触关系的紧密程度,如紧密(kkita,韩语词)、松散抑或其他。该研究分别评估了幼儿(英语学习者)对英语介词 in 和幼儿(韩语学习者)对韩语词 kkita 的理解。

实验开始后儿童会听到包含目标单词的句子,同时,在他们眼前会呈现成对的场景刺激。其中一些场景对比了包含/支撑关系与紧/松关系(例如,其中一幅场景把圆环分散地放入篮子里,另一幅场景把圆环紧紧地套在圆柱上)。实验结果显示,在上述场景刺激条件下,英语学习者在听到包含 in 的句子时,倾向于关注"把圆环放入篮子"的场景,这表明 in 引起了他们对"包含"关系的注意。相比之下,韩

---

① 译者注:又称尤卡坦语,是位于中美洲北部、墨西哥东南部的尤卡坦半岛上的玛雅人所用的语言。

语学习者在听到包含 kkita 一词的句子时，倾向于关注"把圆环套在圆柱上"的场景，这表明 kkita 一词引起了他们对紧/松关系的注意。在不含目标单词的对照实验中，英语学习者和韩语学习者的视觉注意模式没有差异。这些研究表明，在 18 至 23 个月时，幼儿对表示空间关系分类的特殊语言较为敏感。因此，早期空间概念似乎并不具有普遍性，这也说明空间概念不只是源于人类知觉系统，否则，这种普遍性就应该体现出来。而语言在儿童早期就开始对其空间分类产生作用。

◎ **语言作为调节系统的发展**

上述发现表明，语言和思维之间的关系本身可能会产生发展性变化。随着儿童的语言表达越发流利，随着儿童逐渐融入母语的习俗，他们能更好地将语言当作思维的工具。

儿童是如何获得将语言作为思维调节工具能力的呢？理论家凯瑟琳·纳尔逊（Katherine Nelon）对这个问题进行了探讨。她提出，在学步阶段和学前阶段，儿童使用语言作为表征系统的能力会经历四个发展阶段（Nelson, 1996）。在第一个阶段，儿童关于世界的知识由基于经验的事件的心理模型组成。在这一阶段，语言形式（如单词）可能是经验的一部分，但它们还没有被用来表征经验（Nelson, 1999）。例如，儿童可能会将气球一词与她从父亲那里收到气球的事件联系起来，但在这个初始阶段，她还说不出这个词，也不能用这个词来调用该事件的心理模型。

在第二个阶段，儿童能够将其心理模型的某些方面转化为语言形式，从而能够将其心理模型传达给其他人。然而，在这一阶段，儿童的心理模型仍然是以直接经验为基础的，尚不能根据借由语言获得的信息来改变心理模型。例如，一个儿童可能记得从她父亲那里收到了一个气球，并说出气球这个词来表达这件事情。但是，如果她父亲回答说"是的，集市上那个卖气球的人有很多漂亮的气球"，这个儿童无法根据这些信息改变她已有的关于这件事情的心理模型。

在第三个阶段，儿童能够理解他人的语言表达，他们可以利用这些信息来改变自己的心理模型。为了在这个层面上完成任务，儿童必须提前习得特定的语法形式和词汇，这些语法和词汇使得他们可以解读和参与与他人的对话。听到上文中父亲所说的话后，这个阶段的儿童可能会想起卖气球的人，并能想象各种颜色的气球。

最后，在第四个阶段，儿童能够根据他人的陈述构建全新的心理模型。在最后这个阶段，语言是表征事件的一种方式。因此，一个儿童若听到她哥哥说"在查理的生日聚会上，我们每人得到了三个气球"，她就可以利用这个表述来为这件事情构建一个心理模型，即使她并没有看到或参与该事件。

需要注意的是，根据纳尔逊的说法，语言作为一种心理工具所起的作用是随着发展而变化的。在早期阶段，词汇只是用来标记从经验发展而来的心理模型的某些方面。在后期，语言形式可以用来构建新的心理模型，语言表征成为这些心理模型中重要的组成部分。另外，纳尔逊还认为，儿童通过参与更加复杂的双向互动，学会将语言作为一种心理工具加以使用。因此，通过与他人的互动，儿童学会了用语言来调节思维。

社会文化理论的教育意义

社会文化理论对教育实践有许多潜在的意义。其一，儿童的知识可以通过他们在支持性社会互动中执行任务的能力来进行考查。这种知识观意味着儿童知识应该根据其从社会互动中学习的能力来进行评估，而不是根据他们独立完成任务的表现水平来评估。其二，某些类型的社会互动，如指导式参与或在儿童最近发展区内提供的脚手架支持，应该特别有益于儿童的学习。因此，设计课堂教学和其他类型的教育活动来促进这些类型的社会互动应当是非常有价值的。社会文化理论也关注人们是如何使用文化工具的，如数学符号和写作。大多数学校教育都会教儿童使用文化工具，而不同的教学方法可能会对他们的思维产生不同的影响。其三，社会文化理论为我们打开了一扇窗，通过这扇窗，我们可以更好地观察和理解社会互动。这个理论将有助于我们理解在教育环境中发生的社会互动，也有助于理解这种互动如何促进知识的变化。

评估儿童知识的社会文化方法

维果斯基认为，教育测试中常用的诊断性测试是面向已经完全得到发展的过程和技能，即"昨天的发展"，他认为这不应该成为教育实践的重点。相反，他认为，教育工作者应该关注儿童的动态发展状况，即刚刚开始发展的过程和技能，亦即处在儿童最近发展区的过程和技能。在他看来，"唯一可称得上'好'的学习一定是先于发展的"（Vygotsky, 1978, p.89），因为这样的学习会创造新的最近发展区。因此，为了获得对教育目的有用的信息，人们必须在支持性社会互动的条件下评估儿童的知识。

维果斯基发现，在独立评估中知识水平表现得差不多的儿童，当他们在与技能更熟练的同伴互动时，他们在评估中表现出的知识水平可能会大不一样。这意味着，如果像传统教育领域那样通过独立完成任务来评估儿童的知识或技能水平，那么关于儿童能力的重要信息可能会被掩蔽起来。对儿童在有他人帮助条件下的学习潜力进行评估，而不是对他们独立完成任务时的学习能力进行评估，这一做法被称为动态评估（dynamic assessment）。最近一项针对 30 个研究的元分析表明，与传统的测量方法相比,学生在动态评估中确实表现出更高的知识水平(Swanson & Lussier, 2001)。

动态评估方法提供的关于儿童能力的信息与静态测量方法(如智力测验)所能提供的信息不同。费拉拉、布朗和坎皮恩(Ferrara, Brown & Campione, 1986)对这一现象进行了研究。他们通过实验确定了儿童完成字母序列填补任务(如排在这些字母后的下一个字母是哪一个:N G O H P I Q J?)时需要的提示次数。在所有儿童都学会解决简单的字母序列问题之后,实验者提出更具挑战性的问题,这些问题包括在简单问题中没有使用过的关系(如包含了按字母倒序排列的字母串:U C T D S E R F)。结果显示,在解决更具挑战性的问题时,那些在解决简单问题时需要较少提示的儿童比需要很多提示的儿童表现得更好。更重要的是,这并不是因为那些需要较少提示的儿童比需要很多提示的儿童拥有更高的智商,因为这种差异即使在儿童智商相当(不存在统计学差异)的情况下依然存在。因此,对儿童从社会互动中学习的能力的测量(如本例中的提示次数)揭示了更多关于儿童能力的信息,这些信息并不是静态测量(如本例中的智力测验)所提供信息的简单重复。

维果斯基对儿童知识动态评估的重视对现代教育实践产生了重要的影响。动态评估揭示了关于儿童学习潜力的有价值信息(Day & Cordon, 1993; Day, Engelhardt, Maxwell & Bolig, 1997)。因此,动态评估方法比一般的标准方法能更准确地对有语言障碍或学习障碍的儿童进行识别和评估(Peña, Iglesias & Lidz, 2001; Swanson, 1995)。教师可以使用动态评估来提高儿童的能力,并挖掘那些可能被忽视的能力。

基于社会文化原则的教育干预

许多教育干预措施都融合了社会文化理论中关于学习和发展的观点。其中一些结合了旨在促进儿童学习特定类型社会互动的机会。较为典型的例子是由布朗和坎皮恩开发的"学习者培养社群(fostering communities of learners,简称为FCL)"方法(Brown, 1997; Brown & Campione, 1994, 1996)。

FCL课堂上的学生会从不同方面对一个较大的话题进行研究,这样专业知识就被有意识地分配给全班同学。例如,FCL课堂上的学生调查了一个"大话题"——动物和栖息地的相互依存关系。不同的学习小组分别研究了防御机制、掠食者和猎物的关系、恶劣天气防御、生殖策略、交流和食物获取等子话题(Brown & Campione, 1994)。而后,学生在课堂上与同学分享他们通过小组互动学习所了解到的专业知识,这样所有的学生都能接触到全部的研究成果。这个分享是在"交叉搭配"小组中进行的:每个小组由研究不同子话题的学生"专家"重新组合而成。最后,所有的学生都必须完成一项复杂的任务,该任务要求学生了解更广的研究话题,其中就包括了他们从同学那里获得的信息。在研究动物和栖息地相互依存关系的课堂上,学生还要设计一种未来的动物,并阐明他们的设计思路。

FCL 课堂的活动类型是基于社会文化原则设计的。其中的一个目标就是让不同的学生掌握不同的专业知识,这样他们就有机会互相学习。另一个目标是使学生之间的社会互动变得必不可少,以便完成他们的任务。与传统课堂相比,FCL 课堂的学生在知识获取、批判性思维技能、阅读理解和论证技巧方面都取得了更大的进步(Brown & Campione, 1994)。因此,基于社会文化原则设计的课堂活动对学习有重要的促进作用。

学习使用心理工具

社会文化理论也关注儿童学习使用心理工具的过程。这些工具在获取和使用的便利性方面差别很大,有一个研究很好地说明了这种差异,即有学者研究了数字命名系统中的跨语言差异及这种差异对儿童计数技能习得的影响(Miller & Paredes, 1996; Miller, Smith, Zhu & Zhang, 1995)。在英语中,10 到 20 之间的数字名称没有 20 以上的数字名称那么有规律。11 和 12 这两个数字的命名方式比较特殊,13 到 19 的名称由其个位数字的名称加上代表 10 的词缀组成(如 fourteen①),这与 20 以上的数字的命名方式相反(如 twenty-four②)。而在中文里,10 以上的数字名称遵循一个统一的"以 10 为底"规则。汉语中的数字 11,12,13 直译为英语则分别为 ten-one、ten-two、ten-three。

米勒等人(1995)假设,如果英语数字命名系统的复杂性使得儿童难以掌握"以 10 为底"的数字系统,那么当中美儿童开始学习 10 以上的数字时,他们的计数能力应该会体现出差异。正如米勒等人预测的那样,他们发现,相比中国学前儿童,美国学前儿童在学习 10 以上的数字时更困难。如图 4.5 所示,在 3 岁以前,儿童的大多数数字学习都集中在 1—10③,中美儿童的计数能力相当。然而,3 岁以后,学习较为规则的汉语数字系统的中国儿童的计数能力开始快速提升,而学习命名没有规律的 11—20 数字的美国儿童,其计数能力提升较为缓慢。英语数字系统的复杂性显然不是美国儿童数学能力落后于中国和其他东亚国家儿童的唯一原因。然而,数字符号系统的特点似乎确实给美国儿童的学习带来了障碍。

---

① 译者注:Fourteen,指 14,four 代表个位上的数字 4,teen 代表 10。
② 译者注:twenty-four,指 24,twenty 代表 20,four 代表个位上的数字 4。
③ 译者注:原著中文字描述和图 4.5 所示的有一定差距。

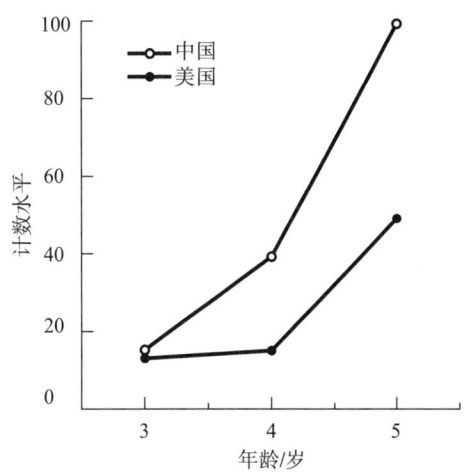

》图 4.5　中国和美国 3 岁、4 岁和 5 岁儿童的计数表现(Miller, Smith, Zhu & Zhang, 1995)。数据取每个年龄段所能达到的最大值的中位数。在掌握 1—10 这 10 个数字时,中美 3 岁儿童的表现相当;然而,到 4 岁需要掌握 10 以上的数字时,中美儿童的能力出现显著差异

不管儿童学习的是哪一种符号系统,大多数儿童是在学龄前和小学低年级学习数字系统。然而,儿童使用数字系统的能力却各不相同,这些差异可能取决于儿童对构成数字系统的中心概念结构的理解程度(Griffin, Case & Siegler, 1994)。这个中心概念结构包含了心理数字序列(mental number line)和多个相关的概念,如连续整数列中的下一个数都代表一个集合,这个集合包含更多的对象,或者在某个维度上具有更大的数值。为了帮助有经济困难的儿童更好地理解数字系统,格里芬、凯斯和西格勒研发了一门名为"良好开端(Rightstart)"的课程。该课程由互动游戏组成,这些互动游戏主要是针对假设的中心概念结构的组成元素(特别是心理数字序列)设计的。相比使用传统课程的控制组儿童,使用"良好开端"课程的学前儿童在数字知识和算术问题解题策略方面有了显著的进步。

在这个例子中,一种创新的、有理论指导的课程促进了学生对一个重要的心理工具——数字系统的理解和使用。其他正在进行的研究项目正在研究如何有效地教会学生使用其他的心理工具,如代数符号系统(Nathan, Stephens, Masarik, Alibali & Koedinger, 2002)以及数据表达和解释系统(Lehrer & Schauble, 2002)。若能更好地理解心理工具如何对思维进行调节,将有助于我们更好地设计教育活动来促进学生学习和使用此类工具。

对课堂教学过程的社会文化解读

社会文化理论也被用于阐释和说明在课堂环境中促使知识变化的社会互动过

程。有研究者从社会文化理论的角度分析了课堂教学,调查了教师如何通过社会互动向学生引介特定的说话和思考方式。

以斯特罗姆、凯梅尼、莱勒和福曼(Strom, Kemeny, Lehrer & Forman, 2001)的研究为例,他们对二年级学生的课堂讨论进行了分析。学生讨论的内容是三个不同的长方形(分别为 1×12、2×6 和 3×4 平方单位)是否具有相同的面积。当学生在思考长方形的数学特性时,老师通过多种方法为学生提供类似脚手架的支持。老师对学生已经发现的数学知识点进行概述和辨析,并对学生的行为提供支持,以此突出有用的数学知识点。老师将学生描述图形面积的日常语言与描述概念的精确数学语言联系起来,有时还用更专业的数学方法"复述"学生的评论。例如,老师把学生使用的"占用的空间大小"这一非正式概念与数学术语"面积"联系起来,并引入平方单位的概念,把它作为量化面积的一种工具。与亲子互动中的脚手架一样,这些教学实践似乎有助于促进学生理解能力的发展。在这堂课上,学生逐渐学会了利用专业的数学知识参与讨论,并渐渐意识到自己应当清楚地阐述对该数学问题的理解。

正如这些事例所述,社会文化理论对教育工作者来说大有裨益。社会文化理论为教育评估提供了一种新的思维方式,为教学干预的设计提供了灵感来源,为许多重要问题和思维模式的理解提供了指导,也为理解课堂教学和小组合作学习提供了一整套观念体系。

小结

维果斯基理论和更广泛意义上的社会文化理论的核心观点之一是认知发展存在于社会互动中。社会互动不仅是引发个体内部变化的一种外部力量,其本身也是发展变化机制的一部分。维果斯基认为,发展变化是在社会共享过程的内化中发生的。儿童最初在各类社会伙伴的支持下完成认知任务。随着时间的推移,这些社会互动逐渐内化,直至儿童能够独立完成任务。因此,心理功能首先发生在"人际心理(intermental)"(社会互动中的个体之间)层面,而后发生在"个体心理(intramental)"(个体内部)层面。

维果斯基理论的第二个主要观点是人类行为由文化工具调节。这些工具既包括作用于环境的技术工具,也包括用于思考的心理工具。语言是主要的心理工具,是进行计划、记忆、概念形成、问题解决和行为调节的手段。

现代社会文化理论强调,儿童的学习机会取决于文化规范和社会实践。儿童所在的社会特征和文化背景影响着儿童参与的活动。在社会和文化提供的框架内,儿童看护者会选择和组织他们认为适合于儿童的活动和社会互动。

现代社会文化理论也探讨了社会和文化学习所需的认知能力。其中之一是建立主体间性的能力，即通过相互关注和交流而产生的共同理解。建立主体间性的能力在婴儿早期就已显露出来，而且儿童建立和保持主体间性的能力在童年早期会持续发展。能从社会互动中学习的另一种重要能力是理解"他人如己"的能力，是能够认识到他人和自己具有相似的目的和心理状态的能力。根据托马塞洛的观点，这种理解使个体有三种形式的文化学习：(1) 模仿学习，即为了达到同样的目的而再现另一个体的行为；(2) 指导学习，即直接、有意识地将信息从某一个体传递到另一个体；(3) 合作学习，指多个个体合作参与以既定目标为导向的问题解决活动时所产生的学习。

现代发展心理学中许多活跃的研究都受到社会文化理论的启发或指导。关于"儿童在与成人和同伴互动中学习"的研究重点探讨了社会互动的变化与学习结果之间的关系。当成人与儿童互动时，他们通常会以促进儿童学习的方式来组织他们的互动。

事实上，敏感的成人—儿童互动与儿童获得更好的学习效果有关。尽管如此，无论同伴的技能比自己更熟练还是与自己水平相当，儿童都能从同伴互动中受益，总体来说，共同参与度较高的互动会带来更好的学习效果。此外，年龄、任务难度和文化规范都会影响从同伴合作中学习的效果。

部分关于"成人与儿童互动"的研究则重点关注成人如何指导儿童参与具有文化价值的活动。跨文化研究表明，指导式参与过程的变化取决于在特定文化中儿童参与成人活动的方式。在某些文化社群中，儿童往往与成人的活动分离开来，社会互动通常由成人组织，而且往往给儿童提供明确的语言指导。在另一些文化社群里，儿童被纳入成人的活动中，儿童通常会对活动进行观察，并尝试参与这些活动。这些社群的儿童看护者常常支持儿童参与他们的活动，并提供非言语示范来帮助儿童。

关于"语言作为一种心理工具"的研究主要集中在以下几个方面：语言对行为的调节、语言与思维的关系以及语言作为调节系统的发展等。儿童用语言来调节自己的行为，这在自言自语现象中较为明显，其行为表现为：在探索和解决问题时跟自己说话。维果斯基认为，自言自语最终会转变成一种无声的、内化了的自我对话。因此，许多思维实际上是内化了的语言。如果是这样，语言的特异性可能会影响个体思维的习惯模式。事实上，已有证据表明，不同语言在词义和语法模式上的差别与个体在完成某些认知任务上的表现差异有关，这些任务涉及思维，但并不直接涉及语言。语言作为一种心理工具的性质会随着时间的推移而变化。起初，词汇只是用来标记基于经验的心理模型的诸多方面。最后，语言被用来为从未经历过的情境构建新的心理模型。

社会文化理论为教育实践带来诸多启示。首先,儿童的知识应该根据他们在支持性社会互动中完成任务的能力进行评估,并且应该在社会互动中进行评估,而不是通过他们独立完成任务的表现进行评估。其次,社会文化理论认为,某些类型的社会互动(如与技能更熟练的同伴合作)可能对儿童的学习特别有益。再次,社会文化理论关注的是儿童如何学习使用文化工具,以及教会儿童使用这些工具的不同教学方法如何对他们的思维产生不同的影响。最后,社会文化理论为观察和理解教育情境中的社会互动提供了一种框架,并为研究这些社会互动如何促使知识发生变化提供了理论思路。

推荐读物

Brown, A.L., & Campione, J.C. (1996). Psychological learning theories and the design of innovative learning environments: On procedures, principles, and systems. In L. Schauble & R. Glaser (Eds.), *Contributions of instructional innovation to understanding learning.* Hillsdale, NJ: Erlbaum. Brown and Campione describe the theoretical principles that provide the basis for their highly successful Fostering Communities of Learning program.

Gauvain, M. (2001). *The social context of cog-nitive development.* New York: Guilford Press. Gauvain argues that social processes are involved in the mechanisms of learning, and she reviews evidence for this position from the domains of attention, memory, problem solving, and planning.

Rogoff, B. (1998). Cognition as a collaborative process. In D. Kuhn & R. S. Siegler (Eds.), *Handbook of child psychology: Vol. 2. Cognition, perception, & language* (5th ed.). New York: Wiley. A comprehensive review of the literature on collaboration and cognition.

Tomasello, M. (1999). *The cultural origins of human cognition.* Cambridge, MA: Harvard University Press. Tomasello argues that humans possess a unique ability for cultural learning, and that this ability allows them to pool their cognitive resources with other members of their social group.

Vygotsky, L.S. (1978). *Mind in society: The development of higher psychological processes* (M. Cole, V. John-Steiner, S. Scribner, E. Souberman, Trans.). Cambridge, MA: Harvard University Press. A collection of essays that present central aspects of Vygotsky's theory, methods for testing the theory, and educational implications of the theory.

第五章
感知发展

一个4个月大的婴儿同时看并排播放的两部影片。在其中一部影片里,一个女人在演示遮脸藏猫猫游戏。她先用手遮住自己的脸,而后把手拿开,并同时说"小宝宝,peekaboo",接着不停重复该动作。在另一部影片里,可以看到一只手拿着一根棍子,有节奏地敲打着一块木头。实验者选择播放第一部影片中peekaboo的音频,或者播放第二部电影中的鼓点音频,但不能同时播放这两个音频文件。

令人诧异的是,这个4个月大的婴儿能将音频和视频匹配起来。相比音频、视频不一致的那部电影,婴儿注视音频、视频文件相匹配影片的时间要更长一些。

斯佩克(Spelke, 1976)发现几乎所有4个月大的婴儿都表现得和这个故事中的婴儿一样。在她所测试的24个婴儿中,有23个对音频与视频相一致材料的注视时间更长。显然,即便是1—6个月大的婴儿,他们都能将视觉和听觉进行有意义的联结。

这个例子在当前关于感知发展研究的很多方面具有一定的代表性。虽然研究中的婴儿不到6个月,研究人员使用了一个简单的实验程序,但却提出了一个关于人类天性的基本问题:婴儿是否在很早的时候就能将图像和声音结合起来?研究结果显示,婴儿的感知能力比人们预期的要强。

本章有两个主要观点。第一,儿童的感知功能极为迅速地达到成年人或接近成年人的水平。即使是新生儿也能看到、听到和整合来自不同感觉系统的信息,这些能力在出生后的第一年里不断快速发展。第二,感知和行动是紧密相连的,这种联系从婴儿时期就出现了。感知为儿童提供了指导其行动的信息,而行动则为发展中的儿童生成感知信息。

◎ **感知与人类天性**

感知发展研究提出了关于人类天性的基本问题:生物遗传对人们感知世界的方式有何作用?经验又有何作用?最重要的是,生物因素和经验因素是如何相互作用的?

约翰·洛克和乔治·伯克利(George Berkeley)等经验主义哲学家认为,感知能力是后天习得的。婴儿最初体验到的世界可能是孤立的线条和棱角。渐渐地,他们知道这些线条和棱角构成了物体。后来,他们学会推断物体的属性。例如,儿童根据物体看起来的样子和自己爬行或步行至物体所需的时间来推测物体和自己之间的距离。基于这些哲学家所设想的有限的感知发展,早期伟大的心理学家威廉·詹姆斯(1890)提出假设:婴儿所体验到的是一个"繁忙的、嗡嗡作响的"混沌世界。

其他理论家,如詹姆斯·吉布森和埃利诺·吉布森(如 E. J. Gibson, 1969; E. J. Gibson & Pick, 2000; J. J. Gibson, 1979)认为,婴儿具有生存所必需的感知能力。他们指出,和所有动物一样,人类是在充满了物体和事件的环境中进化的。人类需要准确地感知这些物体和事件才能生存。生存的需要还要求动物和人类通过感知来指导自己的行为。例如,儿童可能需要观察他们面前的地形是否适合行走(是坚实的地面,还是水或悬崖),以便他们可以采取适当和安全的行动。因此,詹姆斯·吉布森和埃利诺·吉布森认为感知和行动是紧密相连的。

吉布森学派的理论不仅关注影响感知发展的生物因素,而且强调学习在感知发展中的重要性。在他们看来,感知学习是一个学习检测环境中有用信息的过程。随着经验的累积,婴儿检测和解释这些信息的能力会发生变化。同时,随着婴儿的发育成熟,他们需要执行的行动和他们可以完成的动作都会发生变化。因此,吉布森学派的感知发展观肯定了生物因素和经验因素的作用,同时也强调感知和行动在整个发展过程中的联系。

随后的研究发现更多地支持吉布森学派的理论构想,同时对经验主义者所提出的设想提出了挑战。即使在刚出生的几个月里,婴儿所体验到的由物体和事件构成的世界在很多重要方面都与成年人的世界相似(Kellman, 1988; Slater, Mattock & Brown, 1990)。现有的所有理论都认为,人类在生理上已经做好了以某种方式感知世界的准备,许多重要的感知能力在出生时就已经具备。现有的所有理论也认为经验有助于感知能力的发展。

后续研究也支持这样的观点,即感知和行动自婴儿诞生之日就紧密相连(如 Bertenthal, 1996; Bertenthal & Clifton, 1998; Thelen, 1995)。例如,当婴儿看到一个球在他们面前滚动时,他们有时会伸手去拦截它。颇为神奇的是,在拦截滚动的球时,他们不会把手伸向球当前所在的位置,而是伸向球即将到达的位置。(von Hofsten, 1993)。

感知和行动之间的联系在神经生理学层面和行为科学层面体现得都很明显。视觉系统包括两个主要子系统,一个是腹侧系统(ventral system),它将大部分信息传送到大脑的颞叶皮层,这是专门用于识别和表征视觉信息的区域。另一个是背侧系统(dorsal system),它把信息传送到大脑顶叶皮层,该区域专门负责利用感知信息来指导行动(Goodale & Milner, 1992; Milner & Goodale, 1995)。这两个系统在婴儿 5 个月大之前就已发挥作用(Johnson, Mareschal & Csibra, 2001)。

如果首先思考为什么我们会感知环境,那么感知和行动之间的联系就一点也不难理解了。对于任何一种动物,感知为环境中的有效行动提供了所需的信息。通过感知,我们能够时刻与不断变化的世界保持联系。植物什么也看不见是有原因的,因为根系的限制,植物无法移动。即便能看见,这对它们也没有好处。相比之下,对于能够移动的动物来说,视觉和听觉等感觉系统有助于满足它们获取食物和躲避掠食者的基本需求。

◎ **感知的任务**

我们通过诸多感觉系统感知世界:视觉(看)、听觉(听)、味觉(尝)、嗅觉(闻)以及其他系统。然而,不管是哪种感觉系统,感知都具有三种功能:注意(attending)、识别(identifying)和定位(locating)。注意包括确定在某种情况下值得详细加工的对象。识别指辨别我们所感知的对象。定位指确定感知物体或事件的距离以及相对于观察者的方向。所有这些功能都是为了有效地指导行动。

我们可以通过一个例子来更好地了解以上三种功能之间的区别和联系。假设你身处丛林中,一只老虎正要冲过来,你需要将注意力集中在老虎身上,识别出那是一只老虎,并判断出它离你的距离。你眼睛的余光隐约发现了移动对象,从而激发了你对老虎最初的注意。接下来你的注意可能会更仔细、更专注,能够将移动的物体识别为老虎。再接下来你的注意会更仔细,能够判断出老虎的位置并认识到老虎在迅速靠近。利用注意、识别和定位所获得的信息做决定,如是否爬树、藏身或祈祷。因此,注意、识别和定位都有助于指导人们做适当的行动。

虽然人们通过多种感觉感知世界,但我们最依赖的还是视觉和听觉。因此,本章主要关注视觉和听觉的发展,以及来源于视觉、听觉和其他感觉系统的信息的整合方式。本章最后一节主要讨论感知信息如何被用来指导行动。本章主要关注婴幼儿的感知发展,因为许多最重要的感知发展都是在儿童发育早期发生的。本章的组织结构详见下面的"章节概览"。

章节概览

一、视觉
1. 注意视觉模式
2. 识别物体和事件
3. 定位物体

二、听觉
1. 注意声音

2. 识别声音

3. 听觉定位

三、多感官整合

1. 注意

2. 识别物体和事件

3. 定位

四、感知发展的时间顺序

五、感知与行动

1. 感知指导行动

2. 行动产生感知信息

六、小结

视觉

认识成熟的视觉系统有助于我们了解视觉的发展。视觉感知通常源于环境中物体反射或者物体自身发射的光。光线进入眼睛，通过角膜(cornea)和瞳孔(pupil)进入晶状体(lens)(见图 5.1)。晶状体使光线发生折射，将聚焦的图像投射到它后面的感光视网膜(retina)上。使物体通过晶状体的形状变化来改变眼睛焦距的过程称为调节(accommodation)。

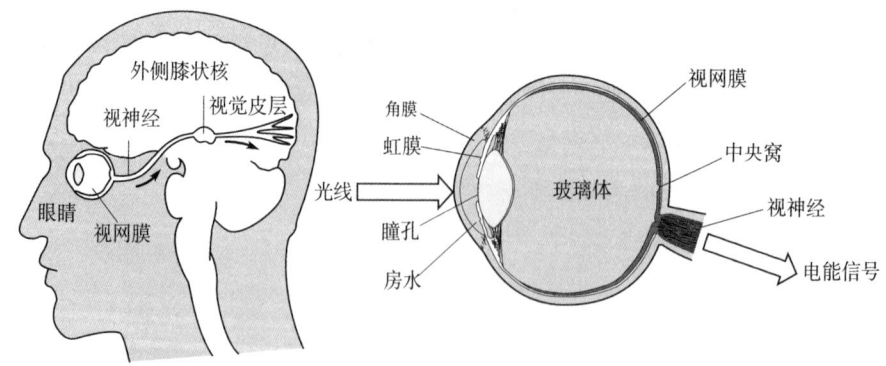

≫ 图 5.1　人类视觉系统内的信息加工图(左图)，眼睛的结构图(右图)

视网膜包括两种因形状而得名的感光细胞(光接收器)：视杆细胞(rods)和视锥细胞(cones)。视锥细胞集中在中央窝，它是视网膜中央附近的一个较小的、近似圆形的区域,该区域的视觉是最敏锐的。视锥细胞对不同波长的光有不同的反应,比较不同类型视锥细胞的输出可以实现颜色视觉。视锥细胞需要相对强烈的刺激,所以它们主要在白天发挥作用。相比之下,视杆细胞即使在昏暗的光线下也会产生反应,所以它们主要在夜间发挥作用。视杆细胞位于视网膜的边缘,中央窝内并没有视杆细胞。

信息从视网膜通过视神经传递给大脑。大脑的视觉皮层(visual cortex)记录信息,并将其与先前的信息整合,形成视觉图像。

上述描述为我们提供了视觉发展的框架,但也遗留了许多问题。例如,视觉的发展主要是因为眼睛的变化还是加工视觉输入信息的脑区的变化?大脑早期的发育不成熟是否意味着视觉系统内的皮层下结构(subcortical structure,视网膜、视神经、中脑等)最初在感知中所起的作用比后期要大?感知仅仅依赖于当前可感知的刺激吗?先前形成的记忆是否也会影响感知?

人们一直对这些问题感到困惑,直到最近才在这些方面取得实质性进展。其中一个重要原因是实验方法得到了发展,新的实验方法使得婴儿能够展示他们的视觉能力。婴儿无法用语言描述他们眼中的世界。他们也无法遵循实验者的指示,因此,几乎所有研究成年人和年长儿童感知的传统实验方法都不适用于婴幼儿。如此一来,要了解婴儿的感知能力,就必须识别出能反映该能力的行为。而眼动这一看似无比普通的行为则成为揭示婴儿感知世界的关键。婴儿会转动他们的眼睛,转动他们的头,直接看向他们感兴趣的物体。这些行为能反映感知,因为婴儿用感知信息来识别值得仔细观察的物体。

研究人员设计出了研究婴儿视觉感知的两种主要方法:注视偏好(preferential-looking)范式和习惯化(habituation)范式。这两种方法都利用了这样一个事实:婴儿会把他们的头转向他们感兴趣的对象。在注视偏好范式中,研究人员将两个仅在一个方面存在差异的物体并排显示,之后观察婴儿是否会多注意其中的一个。如果是,那就意味着婴儿一定觉察到了两者的差异。例如,研究人员反复给婴儿呈现一个红色的球和另一个除颜色外其他方面都与之相同的灰色的球,如果婴儿总是盯着红色的球看,那说明婴儿一定感觉到了颜色的不同。

习惯化范式既基于婴儿更倾向于看他们感兴趣的物体这一特点,又基于这样一个事实:婴儿和年龄大的个体一样,会对反复出现的物体感到厌倦。该范式包括两个阶段。第一个阶段是熟悉阶段。在此阶段,物体被重复呈现。当婴儿不再注视它的时候,就引入一种在某些特定方面与之前物体有所不同的新物体,同时进入第二阶段。如果婴儿对新物体表现出兴趣,那说明他们一定感觉到了两者之间的不同。研究人员利用这些简单的方法在探索婴儿如何感知世界的基本问题方面取得了很大进展。

注意视觉模式

自出生起,婴儿对某些事物的注视时间就会格外长一些。这些注视偏好可能对发展至关重要。如果婴儿倾向于注意环境中信息丰富的事物,而不是信息较少的,那么认知发展可能会更快。但是信息应该有多丰富呢?如果事物远远超出了婴儿现有的知识范围,他们也无法理解。

科恩(Cohen, 1972)区分了两种不同的刺激特性:注意吸引(attention-getting)和注意保持(attention-holding)。其依据是:物体的整体物理特征吸引了个体最初的注意力,但物体的意义决定了这种注意是否可以持续。科恩认为,注意吸引特性会影响个体一生的感知,但注意保持特性会随着年龄和经验的变化而变化。运动的物体会吸引成年人和婴儿的注意,但是,婴儿和成年人要保持注意,其需要的刺激物却有很大的不同。在下面的部分,我们会依次讨论注意吸引和注意保持这两种特性。

◎ 定向反射

当人们看到一道亮光或听到一声巨响时,甚至在对其进行识别之前,人们就已将注意力转向亮光或巨响了,这被称为定向反射。定向反射似乎是与生俱来的。它能够帮助人们对需要立即采取行动的事件做出快速反应。

定向反射可以由大脑皮层控制,但更多地是由皮层下脑区控制。这一结论来自对无脑(anencephalic)婴儿(先天大脑皮层缺失的婴儿)的研究(Graham, Leavitt, Strock & Brown, 1978)。当新刺激出现时,无脑婴儿表现出定向反射。该婴儿也会对熟悉的刺激表现出习惯化反应。也就是说,如图5.2所示,最初婴儿的心率在语音刺激后5到7秒出现大幅下降(一种典型的定向反射),但相同语音刺激重复出现6次后婴儿的这种反应便消失了。由于这名婴儿没有大脑皮层,其定向能力和习惯化反应说明这些过程不需要经由大脑皮层。皮层下机制足够支持以上两种过程。

值得注意的是,格雷厄姆(Graham)等人研究发现,那名1个月大的无脑婴儿的定向反射和习惯化模式实际上是早熟的,这达到了2个月大的正常婴儿的发展水平。格雷厄姆等人总结,在发育早期,大脑皮

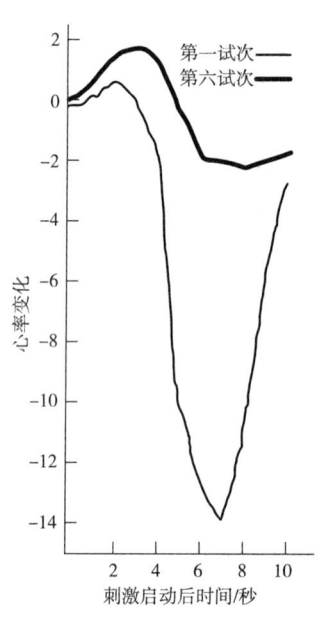

》图5.2 先天无脑婴儿的定向反应。曲线显示婴儿听到别人说话后心率的变化。在第一试次实验中,婴儿在听到语音后5到7秒心率有很大的下降。这是一种典型的定向反射。到第六试次实验时,心率几乎没有变化。因此,尽管大脑皮层缺失,婴儿还是对听到的声音产生了习惯化反应 (Adapted from Graham, Leavitt, Strock & Brown, 1978)

层的活动可能会阻碍而不是促进定向反射能力的发展,这就是为什么无脑婴儿的行为表现超前的原因。

◎ **注意的显性和隐性调度**

当一个人的注意力被某个事物吸引时,这个人通常会转头看向该事物。在这些情况下,注意反映在显性的行为上。然而,在另外一些情境中,虽然人们的眼睛在看某一样事物,但他们的心思却完全在另一样事物上。在这种情况下,注意发生了隐性调度。

如果研究者想要确定婴儿是否存在隐性的注意调度,很显然传统的研究设计并不适用。约翰逊、波斯纳和罗思巴特(Johnson, Posner & Rothbart, 1994)曾设计了一种颇具创造力的研究方案。他们让4个月大的婴儿接受一项训练,在训练过程中,婴儿视野的一侧出现一个菱形图案,这通常意味着半秒钟后在他们视野的另一侧会出现一个有趣的五彩轮子,这个五彩轮子边旋转边发出哔哔声。菱形图案呈现的时间太短,婴儿来不及注视,而且婴儿很少在轮子出现之前看向菱形图案出现的那一侧。然而,在某些试次中,五彩轮子在菱形图案出现后随即在另一侧呈现。如果婴儿注意到菱形图案出现的一侧,但眼睛并没有看向那里,他们可能会快速地把眼睛转向五彩轮子将出现的那一侧。研究结果正是如此。即使4个月大的婴儿没有直接看向菱形图案,但他们注意到了它,这表明婴儿有能力对注意进行显性和隐形调度。

◎ **环境扫视的规则**

即使在出生的头几天,新生儿也不只是注意他们视野中那些吸引注意力的物体,他们会积极寻找有趣的刺激。黑思(Haith, 1980)认为,新生儿的行为表明他们好像懂得在环境中发现有趣事物的以下5条规则:

(1)如果你清醒警觉,光线也并不强烈,那么睁开你的眼睛。
(2)如果你睁开眼睛发现周围漆黑一片,那么就仔细审视环境。
(3)如果你睁开眼睛能看到光,那么就大致地扫视环境。
(4)如果你发现一个边缘,就看看边缘周围,不要再看其他地方。如果可以的话,之后穿过边缘,看看另一边。
(5)当你看边缘附近时,如果发现该区域呈现很多轮廓,那么就缩小垂直于边缘的注视范围。

按照这些规则行事有助于婴儿发现环境中一些有趣的信息,但也可能会导致其他方面信息的缺失。特别是它可能导致婴儿在观察物体边缘的时候忽略其内部。例如,如图5.3所示,1个月大的婴儿会扫视面部和眼睛的外部轮廓,直到2个月大时婴儿才会留意其他的内部特征(Haith, Bergman & Moore, 1977; Salapatek, 1975)。

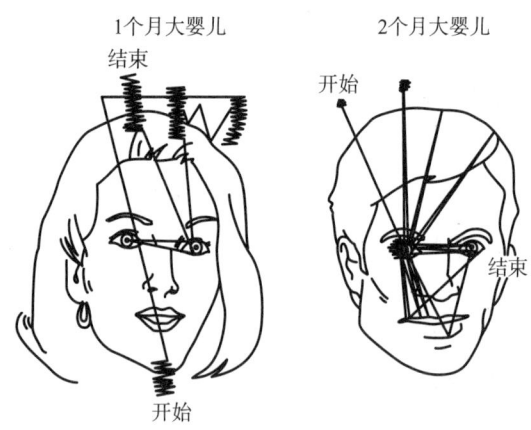

>> 图 5.3　1 个月大的婴儿和 2 个月大的婴儿扫视人脸的示意图(after Salapatek, 1975)。左边人的下巴水平线和面部发际线的集中趋势表明,1 个月大婴儿的扫视主要集中在人脸的外部轮廓。右边人的嘴巴和眼睛水平线的集中趋势表明,2 个月大的婴儿更多地注视人脸的内部特征

这些与年龄有关的扫视模式的变化,以及婴儿注意力的其他变化,似乎在很大程度上是因为视觉皮层和皮层下视觉结构的相对成熟度(Bronson, 1974)。扫视可由视觉皮层或皮层下结构(如上丘)控制。皮层下结构在出生时更为成熟,因此在最初几个月的注意力引导中所起的作用似乎比后期要大。这导致婴儿更多地注意物体的轮廓(如面部)和高对比度部分(如眼睛),因为皮层下机制对这些区域的视觉信息特别敏感。

多类证据支持上述观点,即皮层下机制在婴儿出生后 1—2 个月内的注意力引导中发挥着特别大的作用。第一,出生时视觉皮层结构发育尚不成熟。但是,目前尚不清楚新生儿大脑的这一部分是否充分发育到可以引导婴儿注视方向的程度。第二,新生儿的皮层下区域(特别是中脑)已被证明充分参与了注意力的调度,以避免注意力回到之前所注意的位置(Valenza, Simon & Umilta, 1994)。第三,随着大脑皮层在第一年发育成熟,婴儿有可能完成各种需要大脑皮层参与的注意任务。对这些任务的大脑活动分析显示,大脑皮层区域如顶叶的代谢活动有所增加(Chugani, Phelps & Mazziotta, 1987; Posner, Rothbart, Thomas-Thrapp & Gerardi, 1998)。综合看来,诸多证据都表明,婴儿视觉注意的调度最初由皮层下结构主导,后期转变为大脑皮层的广泛参与。需要注意的是,这并不意味着大脑皮层完全不参与婴儿早期的视觉注意,而只是说皮层下机制起主导作用。

◎ **刺激的复杂度**

事物的哪种特性能在吸引婴儿的最初注意后使之保持呢?其中一种可以保持注意的特性是事物具有适度的刺激。假设要在中等亮度的物体、非常暗的物体和非

常亮的物体之间进行选择,即使是出生 1—2 天的婴儿也会选择中等亮度的物体(Lewkowicz & Turkewitz, 1981)。更令人吃惊的是,当婴儿在这些物体出现之前被巨大的噪音刺激时,他们的选择偏好会转移到较暗的物体上。莫勒(Maurer, 1988)认为,这是由于婴儿试图调节收到的刺激的总量,响声和昏暗的光线一起组成了中等程度的刺激。根据这一解释,莫勒发现,如果分别增加少量三种感觉(视觉、听觉和触觉)刺激,其对婴儿注意力的影响与大量增加其中一种感觉(听觉)刺激的效果相同。

婴儿除了喜欢适度刺激,也喜欢看复杂程度适中的物体,而不是那些极其简单或极其复杂的物体。当然,适度复杂的含义会随着婴儿的发展而变化。2 个月大的婴儿认为复杂性适度的刺激对于 6 个月大的婴儿而言可能就比较简单。基于这些观察结果,研究者提出了适度差异假设(moderate-discrepancy hypothesis),即婴儿最感兴趣的是与他们现有的能力和知识存在适度差异的事物(Greenberg & O'Donnell, 1972; McCall, Kennedy & Applebaum, 1977)。

一些研究发现似乎支持适度差异假设。随着婴儿不断成长,他们越来越关注更复杂的刺激。例如,有研究者为婴儿展示了棋盘游戏。结果表明,3 周大的婴儿看 2×2 棋盘的时间比看 8×8 棋盘的时间长;相比之下,14 周大的婴儿更喜欢较为复杂的 8×8 的棋盘游戏(Brennan, Ames & Moore, 1966)。对特定刺激模式的熟悉程度也会影响婴儿的喜好。当最初看到 2×2 和 24×24 的棋盘时,4 个月大的婴儿更喜欢简单的 2×2 棋盘。然而,在重复呈现两种棋盘后,婴儿则更喜欢复杂的 24×24 棋盘(DeLoache, Rissman & Cohen, 1978)。同样,随着儿童应对复杂刺激的能力增强,他们会更偏好复杂性较高的事物。

适度差异假设之所以受到研究者关注,部分原因在于其提出了一种对认知发展的各个方面都具有潜在重要性的机制。如果人们所了解的内容刚好都超出他们当前的理解水平,那么他们将不断地被拉向更复杂的目标。如果一个领域有 10 种可能的理解水平,他们会首先关注那些可以用最简单的理解水平来掌握的材料,然后关注那些可以用下一个更复杂的理解水平来掌握的材料,依次类推。人们会自发地选择最佳的学习经验序列,从而有效地调节自己的发展。然而,由于很难测量婴儿的知识,也很难了解哪些刺激对婴儿的知识水平来说是适度差异的,因此,适度差异假设目前还只是一种耐人寻味的假设,尚未得到科学验证。

◎ 预期

婴儿从出生后的第一天起就要面向现在和未来。例如,正是由于对世界未来状态的预期,婴儿才会把手伸向移动物体将要到达的位置,而不是物体的当前位置(von Hofsten, 1993)。

至少在 3 个月大的时候,婴儿也形成了对有趣事件发生地点的预期,并用这些预期来指导他们的观察。很多研究支持这一观点。这些研究会呈现一幅有趣的图片,但该图片呈现的位置会有规律地交替变化(左—右—左—右……),或以不可预测的顺序变化(Canfield & Haith, 1991; Haith, 1993; Haith, Hazan & Goodman, 1988)。当实验中有规律地呈现图片时,不到一分钟 3 个月大的婴儿就觉察到了这一规律,并用它来预测接下来图片可能会出现的位置。也就是说,当图片在右侧出现时,相比无规律呈现图片组的婴儿,这些婴儿更有可能向左看,反之亦然。

3 个月大的婴儿也会对更复杂的事件模式形成预期。例如,实验呈现了多个图片序列,序列中趣味图片的位置会按 2/1 模式(左左右左左右……)或 3/1 模式(左左左右左左左右……)发生变化,3 个月大的婴儿发现了这些模式,并利用了这些模式来引导他们的目光注视,就像他们在交替变化时的表现一样。相比之下,2 个月大的婴儿对这些模式并未能形成预期。因此,婴儿形成的预期会随着他们的发展而变化。

◎ 小结

那么,关于婴儿期视觉注意的发展,我们能得出什么结论呢?某些事件,如嘈杂的噪音、明亮的灯光和环境的变化,会引起新生儿的注意,就像能引起成年人的注意一样。即使在没有此类事件的情况下,新生儿扫视环境的方式也会使他们注意到最重要的信息。例如,他们的眼睛关注的是物体的轮廓,而不是内部细节。他们可以隐性地注意某位置,即使他们的眼睛在看其他地方。婴儿的注意从早期开始就受到适度刺激偏好的引导,同时也受到他们所形成预期的指引。

识别物体和事件

婴儿如何识别他们看到的物体和事件?婴儿的视觉敏锐度、物体的运动和颜色都对其有影响。此外,人们似乎特别善于识别具有重要进化意义的刺激,如人脸和人体运动。本节重点介绍这些因素如何帮助我们识别物体和事件。

◎ 视觉敏锐度

识别物体和事件最关键的能力是将它们与持续不断的视觉刺激流区分开来。该能力的其中一个因素是视觉敏锐度,或称为精细视力。视觉敏锐度使人们能够清楚地看到刺激物之间的异同。通常,每个验光师的办公室里所挂的斯内伦视力表(Snellen chart)就是用来测量视觉敏锐度的。以从 20 英尺(约 6 米)外看到的字母作为参照点,如果你能在 20 英尺的距离看清楚一个视力正常的人在 150 英尺(约 46 米)处所能读出的字母,那么你的视力水平就可表示为 20/150。

婴儿的视觉敏锐度不能通过让他们读视力表上的字母来衡量。但我们可通过他们对某一个物体的注视偏好来获得类似的信息。几乎所有的婴儿都更愿意看黑白相间的条纹,而不愿看毫无区分度的灰色区域。有研究者在一侧呈现一幅灰色图片,另一侧呈现一幅条纹图片,之后观察婴儿是否更喜欢看条纹图片。通过这种方式,研究人员确定了婴儿需要多大的条纹间距(空间频率)才能看出差异。

通过该方法得到的研究结果显示,新生儿在 20 英尺远可以看清楚视力为 20/20 的成年人在大约 660 英尺(约 201 米)处所看到的物体(Courage & Adams, 1990),因此,新生儿的视觉敏锐度约为 20/660。2 个月大的婴儿平均视觉敏锐度会提高到 20/300,4 个月大时会提高到 20/160,8 个月大时则提高到 20/80。8 个月时 20/80 的视觉敏锐度和一个不戴眼镜也不会影响正常生活的成年人差不多。为了更好地了解婴儿视力的特点,图 5.4 展示了大多数 1 周大的新生儿在距离 1 英尺(约 0.3 米)处能分辨出与灰色区域不同的最细条纹(Maurer & Maurer, 1988)。他们能看到物体的轮廓,但却看不到它们的细节。

》图 5.4　1 周大的新生儿可以辨别与灰色区域不同的最细条纹(after Maurer & Maurer, 1988)

婴儿和成年人的视觉差异不仅表现在绝对敏感度上,而且表现在最大敏感度上。1 个月大婴儿的视力在极低的空间频率(条纹间的距离很宽)下灵敏度最大。在接下来的几个月里,灵敏度在空间频率越来越高(条纹间距变窄)时变得最好。这意味着,1 个月大的婴儿对非常粗糙的轮廓极其敏感。在此之后,随着物体细节的增加,最佳视觉敏锐度开始出现。图 5.5 显示了婴儿观察女性面孔时的视觉能力变化。

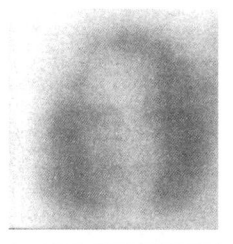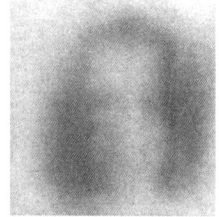
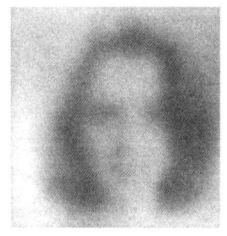

》图 5.5　女性的面孔,1 个月、2 个月、3 个月大的婴儿和成年人从 5 英尺(约 1.5 米)处看到的一位女性面孔(from Ginsburg, 1983)
Photograph courtesy of Dr. Martin Banks

视觉敏锐度的发展取决于对视觉世界的经验。这在先天性白内障患儿身上有所体现。白内障会阻止视觉输入,白内障一般在婴儿出生后的前 6 个月内进行根治。婴儿在手术后会佩戴隐形眼镜,这样就能接收适当的视觉输入。婴儿在手术刚刚结束后的视觉敏锐度和新生儿差不多。然而,即便是在术后的第一个小时,他们的视觉敏锐度也会迅速地改善,而且在接下来的一个月内还会继续改善(Maurer, Lewis, Brent & Levin, 1999)。因此,视觉经验对视觉敏锐度的发展至关重要。

◎ **运动**

婴儿的注意力会受到运动物体的吸引（Volkmann & Dobson, 1976）。随着年龄的增长，他们对运动的敏感性也会增强（Dannemiller, 2000; Roessler & Dannemiller, 1997）。即使是新生儿也具有较为稳定的跟踪运动物体的能力，但这一能力最初仅限于较大且移动较为缓慢的物体（Dayton & Jones 1964; Dayton 等，1964）。对于较小或快速移动的物体，婴儿的眼动跟踪尚不稳定。他们一般会盯着物体移动前所在的位置看 1 到 2 秒，然后把目光移向物体移动的大致位置，通常和物体移动后的新位置存在一定距离。随着年龄的增长，婴儿能够更好地利用头部和眼睛的移动来平稳地跟踪运动物体（Aslin, 1981; von Hofsten & Rosander, 1996, 1997）。平稳的视觉跟踪能力的发展与对视觉刺激持久注意能力的发展是同步的（Richards & Holley, 1999）。

对运动的关注表明我们的感知系统通过不断进化来帮助我们以多样的方式适应环境。在人类进化的世界里，运动的物体可能代表危险的掠食者、引诱性的猎物或其他重大事件。不管是过去、现在还是将来，注意运动的物体都有益于保障人类的生存。

运动吸引我们注意力的这一事实也有助于我们识别物体。从直觉上看，识别运动物体可能比识别静止物体更困难。然而，通过对物理环境中可用信息的分析，詹姆斯·吉布森（1966）指出，运动提供了关于物体在运动过程中持续存在的关键数据，例如，物体的所有部分是一起运动的。因此，婴儿可能会发现，如果一个物体在运动，那么就更容易察觉该物体各部分所组合的整体（并非细节）。

后续研究支持了这一分析。婴儿将物体视为单一实体在很大程度上似乎是基于运动提供的信息（Kellman & Short, 1987; Kellman & Spelke, 1983）。例如，如果物体独立运动，3 个月大的婴儿会认为物体是相互独立的，但如果相同的物体是静止的，婴儿的感知就会有所差别（Spelke & van de Walle, 1993）。因此，运动不仅能吸引婴儿的注意力，还能帮助他们识别所看到的对象。

◎ **颜色**

成人可以感知波长约为 400—700 纳米（nm）的光。我们把特定的波长看作特定的颜色。例如，我们认为波长 450—480 纳米的光为蓝色，波长 510—540 纳米的光为绿色，波长 570—590 纳米的光为黄色，波长 615—650 纳米的光为红色。虽然我们看到有些波长的光是混合色的（例如，500 纳米的光被认为是蓝绿色），但我们看到的大多数光都是单色的。

颜色是人类展示"类别感知（categorical perception）"现象的一个范畴。在类别感知中，类别（如绿色和黄色）之间的差异似乎大于同一类别内部的差异（如不同黄色的差异），即使在光学差异相同的情况下也是如此（如绿色和黄色波长的差异与不同黄色波长的差异相同)。类别感知在许多领域都得到了证实,包括语音感知(Eimas, Siqueland, Jusczyk & Vigorito, 1971)和面部表情感知(Etcoff & mage, 1992; Pollak & Kistler, 2002)。

由于不同语言的使用者对颜色的标记不同,人类学家推测,按波长划分颜色类别这一方式存在文化特异性。也就是说,不同文化的人对颜色间界限的划分有不同的理解。然而,关于婴儿感知和其他领域的研究表明,这种观点是错误的。例如,伯恩斯坦、克森和韦斯科普夫(Bornstein, Kessen & Weiskopf, 1976)给4个月大的婴儿反复呈现特定波长的光,直到婴儿失去兴趣不再看它。然后,研究者从两种替代光线中选择了一种再次呈现。从光的物理属性上讲,这两种光的波长都与最初呈现的光的波长(也就是婴儿已经觉得"无趣的"光)之间的差异相同。然而,至少对成人来说,其中一种新波长的光看起来与原来的光颜色不同,而另一种新波长的光则看起来和原来的光同属一个颜色,只是光的明暗度不同。

研究结果显示,婴儿会更多地观察那种成人认为和原有光颜色不同的光,而不是颜色相同、明暗度不同的另一种光。一些研究表明,即使新生儿也对某些颜色具有辨别力(Adams, 1987),1个月大的婴儿能辨别整个光谱上的颜色(Clavadetscher, Brown, Ankrum & Teller, 1988)。因此,和成人一样,婴儿具有颜色的类别感知能力,他们对颜色的划分与成人相同。值得注意的是,婴儿早在学习颜色名称之前就已经具备了这种辨别能力。有研究者发现,有些细胞对不同颜色会产生不同反应(DeValois & DeValois, 1975)。还有学者发现,世界各地的人们对相同的波长代表某一特定颜色的认识是相同的(Berlin & Kaye, 1969)。所有上述研究结果都说明,我们的生物属性在颜色感知中起着关键作用。

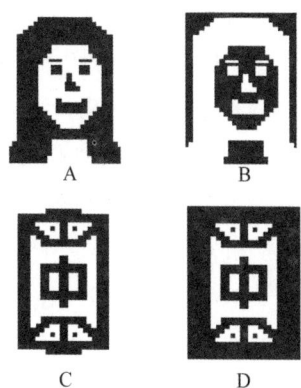

》图5.6 丹内米勒和斯蒂芬斯(1988)的研究中呈现给婴儿的图形刺激。图形A和B相同,只是黑白颜色部分互为反转色。在成人看来,图形A更像人脸,也更能吸引12周大婴儿的注意力。12周大婴儿对图形C和D无偏好差异,这表明他们对图形A的注视偏好是因为他们感知到了它的人脸特征,而不是由于其对图形暗边的偏好

◎ 社会感知

人们认为,婴幼儿对母亲、父亲和其他人人脸的注意在其发展中起着独特的作用。从出生后第1个月开始,相比其他大多数物体,婴儿更喜欢看人脸。然而,直到最近,人们还不清楚这种偏好是由于婴儿能够感知到人脸,还是由于人脸的其他特征吸引了婴儿的注意力。婴儿喜欢人脸的许多特征:对称、高对比度、能运动和能发出声音。因此,婴儿之所以喜欢看人脸可能是因为他们喜欢人脸的个别特征,而并不是感知到了人脸。

然而，丹内米勒和斯蒂芬斯（Dannemiller & Stephens, 1988）的一项引人注目的研究证实，至少在 3 个月前，人脸对婴儿来说还是很特别的对象。在他们的研究中，让一群 6 周和 12 周大的婴儿观察如图 5.6 所示的计算机生成的图形刺激。虽然图形 A 和 B 的差别仅仅在于它们颜色互为相反，但在成人看来，图形 A 更像人脸。在 6 周大时，婴儿对两幅图形的观察时间相当；但是 12 周大的婴儿，他们的观察强烈地倾向于更像人脸的图形 A。而对图形 C 和 D，他们没有表现出任何注意倾向上的差异。这表明，12 周大的婴儿对图形 A 的注视偏好并不是因为图形的暗边或图形中间的暗块。因此，12 周大的婴儿似乎能够从图形中感知到人脸，他们更多地观察图形 A 至少部分是因为这个原因。

年龄较小的婴儿也喜欢看人脸，图片上即便没有真实人脸的细节也能吸引他们的注意力。他们只需要两个点来提示眼睛的大概位置，另一个点来提示嘴巴的大概位置。因此，新生儿会更多地注意图 5.7 中的图形 A 和 B，而不是图形 C 和 D（Johnson & Morton, 1991）。与此类似，最近的一项研究表明，平均年龄为 53 分钟的新生儿更喜欢注意图 5.7 中图形 B 中类似面部形状的斑点，而不是其倒转图形 C（Mondloch 等,1999）。然而，同一组新生儿对图 5.6 中图形 A 和 B 所示的阳性对比（positive-contrast）和阴性对比（negative-contrast）刺激不存在注视偏好。

综上所述，这些发现表明，可能存在一种内在机制将婴儿的注意力引向人脸。这一机制似乎需要一个相当粗糙的面部初始表征，因为它不能区分阳性对比和阴性对比的人脸刺激。在出生后的第 1 个月里，相比其他大多数移动的物体，婴儿会更多地注视运动的人脸（Johnson & Morton, 1991）。这种对人脸的关注为婴儿详细了解人脸提供了更多的输入信息。

在出生后 4 到 6 周，婴儿跟踪运动人脸的趋势急剧下降。同期内，一些基于皮层下反射行为的发生频率也出现下降。到 3 个月大时，婴儿对图 5.7 中 4 种刺激的视觉跟踪情况基本相当。基于此，约翰逊和莫顿（Morton）（1991）提出，皮层下机制在早期人脸视觉跟踪方面起主要作用。之后，视觉皮层在人脸识别中发挥更大的作用，在区分不同人脸时尤为如此。

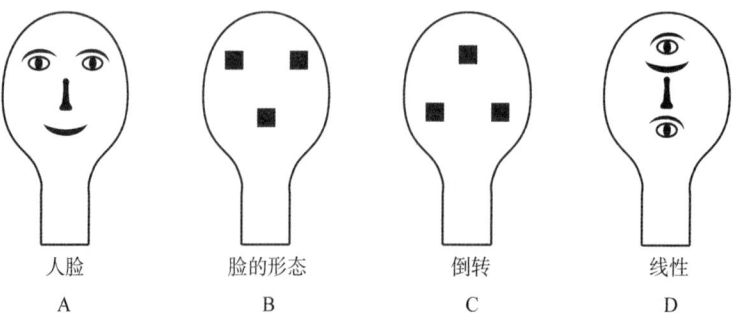

》 图 5.7　约翰逊和莫顿（1991）向新生儿展示的 4 张"人脸"

◎ 人脸之间的区别

总体上婴儿除了喜欢注意人脸之外，他们对不同人脸的喜欢程度也不一样。12 至 36 小时大的婴儿更喜欢母亲的脸，而不是陌生女性的脸（Bushnell, Sai & Mullin, 1989; Walton, Bower & Bower, 1992）。不论他们看到的是真人，还是照片或录像带，这种偏好都存在。

到 6 个月大时，婴儿就很善于辨别人脸了。帕斯卡利斯、德哈恩和纳尔逊（Pascalis, de Haan & Nelson, 2002）首先向婴儿呈现了一对相同的人脸图片，然后又呈现了另一对人脸图片，这对人脸图片包括一张新的和一张先前呈现过的。研究结果显示，婴儿盯着看第二对中新的人脸图片的时间更长，这表明他们感觉到了新脸和旧脸之间的差异。值得注意的是，当用猴子脸代替人脸时，6 个月大的婴儿仍然喜欢看第二对中出现的新脸（猴子脸）。因此，在 6 个月大时，婴儿可以分辨不同的猴脸。然而，这种能力会随着年龄的增长而下降：在 9 个月大时，婴儿能区分人脸，但不能区分猴脸。成人也表现出同样的感知特点。这一发现表明，早期的面部感知能力是由经验"调节"的。

婴儿不仅能很容易地分辨人脸，而且辨别时也有审美偏好。相比缺乏吸引力的脸，婴儿注意成人认为的有吸引力的脸的时间更长（Langlois 等, 1987），出生仅 3 天的新生儿就表现出了这种偏好（Slater 等, 1998）。这种对漂亮人脸的偏好跨越了种族、性别甚至年龄（Langlois, Ritter, Roggman & Vaughn, 1991）。而且不论婴儿母亲的脸的评分如何，婴儿依然会表现出这种审美偏好（Langlois 等, 1987）。

为什么婴儿（和成人）更喜欢特定的脸？很大一部分原因在于，他们认为这些脸符合普通脸的原型，所以有吸引力。该原型可以由大量人脸黑白照片来合成。合成时要提取照片内每个像素明暗度的平均值，之后采用平均值像素来创建人脸。这一过程并不是要创造吸引力一般的人脸，而是要创造出在成人看来比几乎任何现实中的人脸更具吸引力的脸，以及几乎比任何现实中的人脸更能吸引婴儿注视的新脸（Langlois, Roggman & Musselman, 1994）。这些人脸具有平均化的物理特征，但对婴儿或成人的吸引力却不一般。

有证据表明，婴儿在观察人脸时确实会抽象出原型。6 个月大的婴儿在熟悉了 8 张人脸之后，对一张他们以前从未见过的平均化特征的人脸做出了相应反应，就好像他们对该脸很熟悉一样（Rubenstein, Kalkanis & Langlois, 1999）。这一发现表明，婴儿似乎很可能从出生后不久就可以从自己所经历的人脸中快速提取出一张原型脸。因此，新生儿早期的人脸经验似乎丰富了其对人脸的最初表征（Slater & Quinn, 2001）。

事实上，早期的视觉经验对于人脸感知技能的正常发展是非常必要的。这一问题已经在先天性白内障患儿中进行了研究。白内障会阻止视觉输入,这些婴儿在出生后的 6 个月内进行了白内障摘除。即使在 9 年多后的测试中,与对照组相比,在 2 到 6 个月大之前没有视觉输入的儿童在人脸感知上也显示出细微的缺陷(Le Grand, Mondloch, Maurer & Brent, 2001)。因此,儿童出生后前几个月的视觉经验似乎对人脸感知能力的正常发展至关重要。

◎ **人体运动**

婴儿也会被人体运动所吸引。婴儿会更多地注视在成人看来像是卡通人行走的光点图像,而不是同等数量的、排列无规律的光点,这些光点的运动模式与人形图像中对应光点的运动模式相似(Bertenthal, 1993)。影像的吸引力似乎取决于人体运动,4 个月大的婴儿对成人眼中"四脚蜘蛛"的光点影像并没有表现出类似的兴趣(Bertenthal & Pinto, 1993)。

婴儿辨别人体各种运动的能力惊人的复杂。在 3 个月大的时候,婴儿能分辨出在成人看来像"行走"和"跑步"的影像,而在 5 个月大的时候,婴儿对人体运动的高阶特性较为敏感,例如四肢对称模式的变化(Booth, Pinto & Bertenthal, 2002)。这说明生物运动的感知既包括由进化形成的最初表征,又包括从观察人体运动的经验中获得的知识(Bertenthal, 1993)。

◎ **知识影响感知**

计算机象棋程序可以跟人类最优秀的象棋冠军比赛,但没有一个计算机视觉系统能像 1 岁幼儿那样识别物体。这是因为,即使在相对简单的情况下,了解你所看到的对象也需要惊人的知识量。

尼达姆、巴亚尔容和考夫曼(Needham, Baillargeon & Kaufman, 1997)发现至少有 3 种类型的知识会影响婴儿(和年龄较大的儿童)对物体的感知:结构知识、物理知识和经验知识。结构(configural)知识是对类型的理解,正是此类知识使我们认识到图 5.8 A 描绘的可能是一个球和一个盒子,而不是一个球和球旁边两个单独的物体;圆形物两边的形状相似,表明圆形物是在一个物体前面,而不是在两

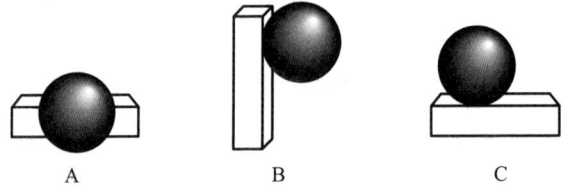

》 **图 5.8** A:结构知识使我们将盒子视为单个物体,而不是一个球旁边的两个物体;B:物理知识告诉我们,如果该图描绘的是真实物体,那么球必须粘在盒子上,否则它会掉下来;C:经验知识和结构知识表明,图中显示的是一个球在一个盒子的上面,而不是一个物体的两个部分(Examples from Needham, Baillargeon & Kaufman, 1997)

个单独的物体之间。物理(physical)知识告诉我们，如果图 5.8 B 描绘的是真实的球和盒子，那么球必须粘在盒子上，否则球就不可能悬浮在半空中。经验(experiential)知识表明，图 5.8 C 中的球和盒子可能是两个物体，我们经常看到球和盒子，但很少看到球粘在盒子上。

婴儿到 5 个月大时能够同时使用结构知识和经验知识来确定他们所看到的是什么；到 8 个月大时，他们也能使用物理知识(Needham 等,1997)。例如，在一项研究中，四个半月大的婴儿在观察一组静物，其中包括一个较高的蓝色盒子和一个较小的黄色圆筒。然后，实验者将一只手伸向这组静物，把圆筒移到一边。当盒子和圆筒一起移动时，婴儿注视盒子的时间要长一些，当圆筒移动而盒子不动时，婴儿注视盒子的时间要短一些。这表明婴儿将这组静物视为两个物体。当这两个物体像一个物体那样移动时，他们会感到惊讶。在这种情况下，婴儿利用结构知识推断出盒子和圆筒是相互分离的两个物体。

对于四个半月大的婴儿来说，他们一般很难理解更为复杂的盒子—圆筒静物展示问题(Needham & Baillargeon, 1997)。但是，婴儿对其中一个物体的短暂经验可以使他们理解该问题。在单独观察盒子或圆筒 5 秒钟后，婴儿能正确地将盒子和圆筒识别为两个物体(Needham & Baillargeon, 1998)。因此，通过经验获得的知识在很早的时候就在婴儿对物体的感知中发挥作用。

◎ **小结**

婴儿的视觉敏锐度在出生后 6 个月内及后期有显著提高。即使在出生后的第 1 个月，婴儿也能很清楚地看到物体的轮廓以及某些高对比度的内部细节。他们似乎也和成人一样能够看到存在质性不同的颜色。人脸和人体运动都能吸引和保持婴儿的注意力。令人惊讶的是，婴儿更喜欢看成人认为有吸引力的人脸。这种偏好曾一度被认为是特定文化价值观的产物。现有证据表明，该偏好早在婴儿期就出现了。我们几乎可以肯定地说，这种偏好也反映了生物因素的影响。

除了生物因素外，知识也是婴儿识别物体和分辨不同物体能力的重要因素。婴儿在出生后的前 6 个月内便开始利用结构知识、物理知识和经验知识来识别和分辨物体。

定位物体

除了识别物体，婴儿若要伸手抓取物体或朝着物体移动，他们还需要在空间中对物体进行定位。感知一个物体的位置需要同时感知物体的方向和物体与自身的距离。当物体可见时，感知物体的方向并不难；不过，确定物体的距离就比较困难了。在任何时候，光线在视网膜上的投射只能确定高度和宽度，并不能确定距离。那如何在二维视网膜影像中表征三维世界？如第一章所述，即使是出生 1—2 天的新生儿也能解决这个问题,而且他们对距离的感知有一定的准确性(Slater 等,1990)。在这一节,我们会讨论使距离感知成为可能的一些单眼(monocular)线索(每只眼睛可单独获得的线索)和双眼(binocular)线索(当两只眼睛都聚焦在同一个物体上时获得的线索)。

◎ **距离的单眼线索**

通过单眼感知获得的距离线索可分为两类:基于运动的距离线索和即使在静止场景中也存在的线索。首先来看一看基于运动的线索。当物体接近我们,或者我们接近物体时,物体会占据我们越来越多的视野,这就是所谓的"视觉扩张(visual expansion)"。与之类似,当一个人转动头时,距离较近物体的视网膜图像比距离较远物体的视网膜图像移动得更快,这就是所谓的"运动视差(motion parallax)"。第三个基于运动的单眼线索是"遮挡(occlusion)",当一个物体在另一个物体前面移动时,距离较近的物体会遮挡距离较远的物体与之重叠的部分。婴儿在出生后的前几个月里似乎能使用所有这些基于运动的单眼线索(Arterberry Craton & Yonas, 1993)。

相反,直到 6 个月或 7 个月大时,婴儿似乎才开始根据非运动的单眼线索来推断距离。因为这些线索最初被列奥纳多·达·达芬奇(Leonardo da Vinci)用来描述绘画作品中事物的相对距离,所以通常被称为图像深度线索(pictorial depth cues)。第一个线索是相对大小(relative size),指其他条件相同的情况下,物体距离越近,其在视网膜上覆盖的区域就越多。第二个线索是质地(texture),指其他条件相同的情况下,物体距离越近,其表面的差别就越大。第三个线索是插入(interposition),和遮挡相似,只不过插入指静止的物体。5 个月大的婴儿似乎不能从这些图像线索中感知到深度,但是每一条线索都能有效地向 7 个月大的婴儿传达深度信息(Arterberry 等,1993)。因此,婴儿利用图像深度线索推断相对距离的能力似乎是在 5 到 7 个月之间发展起来的。

◎ **深度的双眼线索**

由于人的双眼间相距几厘米,两个视网膜上的刺激模式几乎总是不同的。视网膜图像的差别对于判断两个相邻物体的相对距离或物体不同部分之间的距离是有价值的。设想一下,你来到一个陌生的地方,闭上一只眼睛,试着估计两个物体中哪一个离得更远。大多数人用一只眼睛估算的结果比用两只眼睛要糟糕得多。

立体视觉(stereopsis)指只依靠双眼线索感知深度的能力,该能力在婴儿 4 个月左右突然出现。婴儿的双眼线索感知在一两周内会突然发生明显的、从无到有的变化(见图 5.9)。最关键的变化似乎是神经通路从眼睛到大脑的分离(Held, 1993)。在婴儿 4 个月大前,双眼获取的信息会到达视觉皮层的相同细胞。而后这些路径突然分离开来,使得来自左眼的信息到达某一些细胞,来自右眼的信息到达另一些细胞。另外的双眼神经元接收来自双眼的信息输入。大脑检测到双眼信息输入的差异,并根据差异程度来推断深度(物体越远,差异越小)。

立体视觉在 4 个月左右持续快速发展,这可能被解释为立体视觉的发展仅仅是由于发育成熟。然而事实证明,视觉经验也是至关重要的。研究者用药物阻断视觉经验通常会引发的神经活动,结果导致分离的神经通路在既定时间并未形成(Stryker & Harris, 1986)。通常情况下,成熟不是在真空中发生的。即使是普遍性的、在固定年龄发生的发展通常也需要正常的经验和发育的成熟。

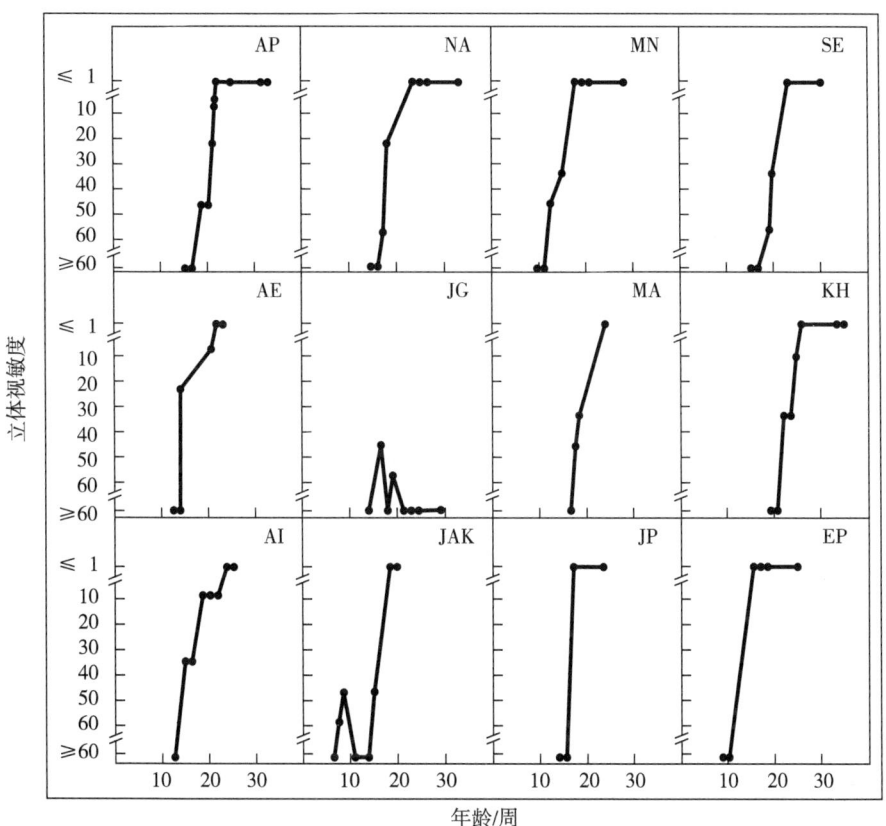

>> 图 5.9　12 名婴儿在 10 至 30 周内立体视敏度的变化情况。注意,多数婴儿在第 15 周到第 20 周之间出现了明显增长(after Shimojo, Bauer, O'Connell & Hold, 1986)

◎ 小结

婴儿使用各种线索来确定物体与自身的距离。其中包括每只眼睛单独获得的单眼线索和当两只眼睛集中在同一点时才能获得的双眼线索。单眼线索可分为基于运动的线索和基于图像的线索。即使是 1 个月大的婴儿似乎也能从基于运动的单眼线索中提取出关于深度的信息,但直到大约 7 个月大时,婴儿才能提取到有效的图像线索。这也再次证明,运动有助于感知,特别是婴幼儿的感知。

根据双眼线索感知深度的能力称为立体视觉。这种能力在婴儿大约 4 个月大时突然出现,很明显该能力依赖于眼睛和大脑神经通路的分离。然而,这并不意味着立体视觉的发展完全由生物因素控制,正常的视觉经验也至关重要。

听觉

认识听觉系统的基本结构将有助于我们了解听觉的发展(见图 5.10)。耳朵的外部即耳郭(pinna)负责收集声波。从耳郭传来的声波穿过耳道(ear canal),到达鼓膜(tympanic membrane),也就是耳鼓(eardrum),鼓膜随着声波而振动。鼓膜的振动引发了三块听小骨的连锁振动,这三块听小骨分别是锤骨(hammer)、砧骨(anvil)和镫骨(stirrup)。这些听小骨的振动压缩了耳蜗(cochlea)内的液体,这反过来又引起位于耳蜗内的基底膜(basilar membrane)的振动。基底膜的振动部位取决于听觉刺激的频率。基底膜的振动反过来激活与听觉神经纤维相连、被称为毛细胞(hair cell)的感觉细胞。因此,声波进入耳朵并启动一连串的振动,最终在听觉皮层产生神经信号。

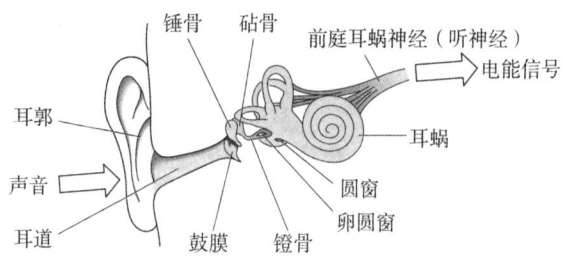

》图 5.10 外耳、中耳和内耳的解剖结构

研究婴儿听觉都有哪些方法?回顾一下,研究婴儿视觉的两种主要方法是注视偏好和习惯化。相应地,听觉研究也有两种方法。在转头偏好研究中,声音从位于婴儿左右两侧的扬声器中传出。婴儿的注意力被闪烁的灯光吸引到其中一个扬声器上,当婴儿转向扬声器时会出现一个实验刺激。只要婴儿一直注意扬声器,刺激就会一直存在。当婴儿转头看向别处时,一个并不了解所呈现刺激的观察者会进行监控,通过比较婴儿对不同声音持续注意时间的长短,我们可以确定婴儿喜欢的声音,以及他们注意到的感知上的区别。

习惯化方法也被用来研究听觉,而且通常会使用一种叫作高幅度吸吮(high amplitude sucking)的方法。在这个过程中,婴儿吮吸与压力传感器相连的奶嘴,剧烈(高幅度)的吮吸会触发听觉刺激。随着时间的推移,婴儿对刺激的兴趣下降,吮吸速度随之下降,表现出对刺激的习惯化。一旦婴儿的吮吸速度低于预先设定的阈值,就会出现一种新的刺激。如果婴儿的吮吸速度再次增加,那么就表明婴儿肯定已经能够区分两个刺激。

注意声音

婴儿甚至在出生前就对声音有反应。当胎儿还在母亲肚子里时,若听到巨大的声响,他们的活动会增加,心跳也会加快(Kisilevsky & Low, 1998)。在出生1周后,新生儿会听到各种各样的声音并做出反应。当新生儿听到很响的声音时,他们表现得很吃惊,四肢会无规律地抽搐着,如果当时他们睁着眼睛则会快速眨眼,如果当时他们闭着眼睛就会更紧地闭着。较小的声响不会引起新生儿太大的反应。因此,新生儿的听觉系统从出生的第1天起就开始发挥作用了。

婴儿更能注意到某些特定的声音。他们似乎特别注意说话声。婴儿对频率范围(音高)在1 000到3 000赫兹之间的声音反应最为明显,这是大多数说话声的频率范围。他们对像说话声一样涵盖某一个频率范围的声音反应较大,而对所有声音都属同一频率的纯音的反应则要小得多。这不是因为他们能够最准确地听到这些声音。他们同样能准确地检测到更高频率的声音(Schneider, Trehub & Bull, 1979)。相反,这是因为这些声音能够吸引他们的注意力。婴儿对说话声频率的听觉注意使人联想到他们对人脸和人体运动的视觉注意。在这两种情况下,婴儿都倾向于关注有助于他们了解他人的信息。

有一种声音对婴儿特别有吸引力,那便是他们自己名字的声音(Mandel, Jusczyk & Pisoni, 1995)。如果一个扩音器正在播报他们自己的名字,而另一个在播报具有相同重音模式的不同名字,4个月大的婴儿会花更长时间注意前者。

从很小的时候起,婴儿也喜欢听自己的母语(Moon, Cooper & Fifer, 1993)。此外,即使对两种语言都很陌生,他们也能够区分出不同语言的片段。不过,新生儿如果要能区分不同的语言,这些陌生的语言必须来自不同的语系。例如,刚出生的法国新生儿可以区分英语和日语,但他们不能区分英语和德语,因为英语和德语有相似的韵律模式(Nazzi, Bertoncini & Mehler, 1998)。

识别声音

婴儿表现出一种令人印象深刻的能力,他们能够识别和分辨仅存在细微差别的声音。这种能力最显著的表现与语音感知有关。不过,婴儿也有敏锐的识别和分辨其他声音的能力,如音乐的音调。

◎ 语音

2个月大的婴儿能区分如下相似的语音，如 ba 和 pa、ma 和 na、s 和 z。他们对这些语音之间差异的感知似乎是类别化的，就像他们对颜色之间差异的感知一样。这一点最初在 1 个月大和 2 个月大的婴儿辨别 ba 和 pa 两个音的实验中得到了证实（Eimas 等，1971）。这两个音只在声音启动时间（voice onset time，简称为 VOT）上有所不同，即说话者声带振动开始发出声音的时间不同。尽管这个时间维度是连续的，当某些声音的 VOT 低于一定值时，成年人听到的声音是 ba；而当这些声音的 VOT 高于某个阈值时，成年人听到的是 pa，但我们听不到 ba 和 pa 混合的声音。显然，1 个月大和 2 个月大的婴儿也能对语音进行类别化感知。在反复听到 ba 音之后，婴儿听到 pa 或一个不同的 ba，相对于 pa 音，婴儿对不同的 ba 音表现出更多的习惯化反应，而这两个音的 VOT 与原来 ba 音的 VOT 具有相同的差异，只是方向相反。婴儿在辨别音节方面也表现出相似的能力，这些音只在发音部位如嘴唇（ba 与 ga）、舌头（a 与 i）以及许多其他特征上有区别（Aslin, Jusczyk & Pisoni, 1998）。

婴儿是因为听到了特定的语言，才能辨别这些音节吗？一项关于危地马拉 4 至 6 个月大婴儿的研究表明并非如此。研究者之所以对危地马拉婴儿感兴趣，是因为危地马拉婴儿的母语（西班牙语）中 ba 和 pa 之间的 VOT 差异与英语和其他大多数语言不同。尽管具有这样的语言经验，危地马拉婴儿的去习惯化反应表明，他们对 ba 和 pa 的区分与大多数语言是一致的，并没有受到他们母语的影响（Lasky, Syrdal-Lasky & Klein, 1975）。因此，婴儿出生时可能就对特定的区别具有敏感性。

这些倾向不会一直存在。尽管婴儿在早期对母语中许多并不存在的对立音较为敏感，但这种敏感性在后期会逐渐消失。沃克尔、吉尔伯特、汉弗莱和蒂斯（Werker, Gilbert, Humphrey & Tees, 1981）对此进行了研究。他们调查了说英语和印地语的成年人和在加拿大长大的 7 个月大的婴儿。实验刺激是两个不同的语音，这两个语音的对比可以帮助区分印地语中的单词，但不能区分英语单词。在反复呈现其中一个语音后，实验者突然切换到另一个语音。为了获得奖励，受试需要在语音发生改变时把头转向一边。几乎所有 7 个月大的婴儿和所有说印地语的成年人都准确地感知到了这种语音变化。然而，只有十分之一说英语的成年人能准确地感知到该变化。随着年龄的增长，这种能力会下降。这让我们想起了另一种相似的趋势，儿童识别其他物种个体间脸的差异的能力也会随着年龄的增长而下降（Pascalis 等，2002）。

婴儿感知母语中不存在的对立音的能力在他们学会使用母语时开始下降（Werker & Desjardins, 1995），大致发生在婴儿 10 个月大的时候。在这个阶段，婴儿感知许多不同对立音的能力都有所下降，包括存在于祖鲁语而非英语中的三类对立音(Best, 1995),存在于英语而非日语中的一类对立音(Kuhl, 1998),以及存在于美洲原住民语言尼克拉珀马克语(Nthlakapmx)而非英语中的一类对立音(Werker & Tees, 1984)。在接下来的 8 到 10 年里,儿童分辨对立音的能力会持续下降,届时这种分辨能力将下降到成年人的水平。

为什么儿童的音位辨别能力会下降? 这可能是因为,儿童在习得母语的过程中学会了将存在声学特征差异但并不影响意义的语音进行分组(例如艾玛斯和他的同事在研究中提到的不同声学特征的 ba 音)。与这种解释一致的是,婴儿在即将丧失对其他语言中语音差异(这些差异在他们的母语中显得无关紧要)的敏感性之前,会对他们母语的语音模式表现出相当高的敏感度。9 个月(而非 6 个月)大的婴儿表现出以下特点:(1) 更喜欢听那些含有母语中常用音素组合的单词,而不是含有不常用音素的单词(Jusczyk, Luce & Charles-Luce, 1994);(2) 更喜欢听那些含有母语中常用重音模式的单词,而不是含有不常用重音的单词(Jusczyk, Cutler & Redanz, 1993);(3) 当两个音节都符合母语典型的重音模式时,9 个月大的婴儿更有可能将新奇的双音节组合整合为一个语言单位(如单词)(Morgan, 1996);(4) 对音节起始音的相似性较为敏感(Jusczyk, Goodman & Baumann, 1999)。因此,儿童对母语语音模式的敏感度的提高应当是先于(也有可能造成了)其对母语中无意义的语音差异的辨别能力的下降。通常情况下,发展过程也伴随着一定的失去(关于这一原理的更多说明,请参见 Baltes, 1997)。

语音感知能力不仅仅包括辨别声音的能力,还包括识别不同发言者的声音。出生仅 3 天的婴儿就可以识别母亲的声音,而且他们更喜欢母亲的声音。德卡斯珀和菲弗(DeCasper & Fifer, 1980)设计了一种程序,婴儿可以用不同的方式吮吸一个特殊的奶嘴来放出母亲的声音或陌生女性声音的录音。结果表明,只有 3 天大的婴儿学会了如何放出母亲的声音,而且比放出陌生女性声音的频率更高。

在德卡斯珀和菲弗的实验中,没有一个婴儿在产后与母亲相处的时间超过 12 小时。尽管这种经历可以解释对母亲声音的偏好,但也存在另一种可能,即这种偏好是因为婴儿在出生前对母亲的声音非常熟悉。有一项研究对这种可能性提供了支持证据,在这项研究中,准妈妈们被要求在怀孕的最后六周内每天大声朗读瑟斯(Seuss)博士的故事《戴帽子的猫》。婴儿出生后,实验人员播放了一段录音,内容是由母亲朗读的这个故事或婴儿不熟悉的另一个故事。当听到熟悉的故事时,婴儿吮吸的频率更高(DeCasper & Spence, 1986)。

当成年人与婴幼儿交谈时,他们通常采用一种被称为母亲语(motherese)或婴儿导向言语(infant-directed speech)的方式说话。这种方式的特点是高音和夸张的语调。斯腾、斯派克和麦凯恩(Stern, Spieker & MacKain, 1982)针对德国母亲进行了研究。他们发现,母亲对 0—6 个月大的婴儿所说的话中有 77% 都具有这个特点。后续研究表明,婴儿导向言语在各种文化和语言社群中都较为普遍(Fernald 等,1989)。

成年人有充分的理由使用婴儿导向言语的说话方式。出生仅 2 天的婴儿似乎很喜欢这种方式。研究人员以听录音为奖励来检测出生 2 天婴儿注视棋盘的时间。如果婴儿听到一个女性用婴儿导向言语的方式说话,他注视棋盘的时间比较长;如果婴儿听到同一个女性用对成年人说话的方式重复说同样的话,他注视棋盘的时间比较短(Cooper & Aslin, 1990)。婴儿对这种婴儿导向言语的偏好在极早的时候就表现出来,这说明,它并不依赖于将一种说话方式与母亲提供的其他奖励(如食物和舒适感)联系起来,它似乎与出生后的经历无关。

总之,婴儿能够区分说话声、声音和语调。他们也更喜欢母亲的声音,而不是其他女性的声音,而且与成年人的说话方式相比,他们更喜欢婴儿导向言语的说话方式。

◎ 音乐

婴儿会按类别对某些音乐中包含的声音进行区分,就像他们将颜色和语音归为不同类别一样。当听到小提琴发出的各种声音时,成年人可以区分出哪些是拨弦音,哪些是拉弓音。拨弦和拉弓之间的差异可以被缩小到一个称为"上升时间(rise time)"的单一维度。2 个月大的婴儿也能区分拨弦音和拉弓音,但却不能区分在"上升时间"上偏差相似的声音,而成年人则能听出这是两种拨弦音或两种拉弓音(Jusczyk, Rosner, Cutting, Foard & Smith, 1977)。

婴儿也能注意到他们所听到声音的音高(pitch)。他们可以区分协和(悦耳的声音)音程(成对的音调)和不协和(不悦耳的声音)的音程(Schellenberg & Trehub, 1996),他们更喜欢听包含更多协和音程的乐曲(Trainor & Heinmiller, 1998)。因此,婴儿对相邻音的相对音高很敏感。

婴儿也能用绝对值来编码音高。萨夫兰和格里彭特罗格(Saffran & Griepentrog, 2001)给 8 个月大的婴儿和成年人分别播放了一条 3 分钟长的乐段,其中有些音始终一起成对出现。当播放结束后,实验人员需要确定被试到底是根据相对音高(相邻音之间的音程)还是绝对音高(准确音调,如 A 调和 C 调)对所听到的乐段进行编码。婴儿部分的实验主要考察他们是否能够区分在实验乐段中一直同时出现的成对音和具有相同的相对音高但并未同时出现的成对音。如果婴儿对实验乐段中听到的音进行绝对音高编码,他们就会对这两种类型中的某一类成对音表现出系统性的偏好。如果婴儿采用相对音高编码的方式,他们则会随机选择,因为两种类型的成对音具有相同的相对音高。实验结果显示,8 个月大的婴儿能够区分上述两类音,而且他们更喜欢新奇的成对音。这些数据表明,婴儿对所听到的乐段进行了绝对音高编码。

成年人部分的实验使用了与婴儿相同的测试材料,但实验任务由听力偏好任务改为了强迫选择任务。在每个实验试次中,成年人都要从两组成对音中选出更熟悉的那一对。结果显示,成年人的选择具有偶然性,这表明他们对相邻音的音程进行了编码,而不是根据绝对音高进行编码。综合之前关于婴儿的研究结果,我们可以看出,婴儿对音高的编码能力会发生发展性转变,早期以绝对音高为主,成年后则以相对音高为主。在这两个年龄段,人们都可以用两种方式编码音高,但对于最显著的信息,其编码方式似乎存在一种发展性变化。

人们辨别音乐中对立音的能力也存在其他的发展性变化。与言语辨别能力一样,音乐感知能力对婴儿在家庭环境中所接触的声音类型越发敏感,婴儿对陌生声音的分辨能力也随着时间的推移而减弱。林奇和艾勒斯(Lynch & Eilers, 1992)为6个月和12个月大的婴儿播放了一条简短的旋律,该旋律或是常用、熟悉的大音阶,或是少见、不熟悉的增音阶。该旋律通过立体声扬声器反复播放,直到婴儿熟悉为止。然后,婴儿会听到这一熟悉的旋律,或是听到该旋律中有一个音符走调的版本。在这两种音阶条件下,6个月大的婴儿都能辨别出这种走调,不论是用熟悉的还是不熟悉的音阶,当他们听到那个走调的音符时都更倾向于转向扬声器。相比之下,12个月大的婴儿以及成年人的辨别能力则较为有限。他们在熟悉音阶条件下能注意到音调上的偏差,但在不熟悉音阶的条件下则无法辨别。婴儿和成年人在熟悉的西方大音阶和不熟悉的爪哇佩罗格(Javanese pelog)音阶中感知旋律失谐的能力也表现出类似的状况。在6个月大的时候,婴儿在两种音阶上都能辨别出旋律的走调,但缺乏音乐经验的成年人却无法分辨(Lynch, Eilers, Oller & Urbano, 1990)。

这一发现提出了一个有趣的问题:音乐和言语感知能力同期减弱到底是因为巧合,还是说这意味着听觉感知系统的总体重组?截至目前,这还是一个谜。

听觉定位

婴儿从出生起就在寻找声音的来源。沃特海纳(Wertheimer, 1961)首先证实了这一点,他用女儿做了一个简单的实验。女儿一出生,他就用工具先在房间的某一个地方制造声音,然后换个地方制造同样的声音。从第一声响起,女儿就把头转向声音发出的方向。从那以后,采用更大新生儿样本的研究也发现了同样的结果。后续的研究发现表明,婴儿有一定的能力将声音定位在声源所在的方向,并能将其大致定位为右边或左边(Morrongiello, Fenwick, Hillier & Chance, 1994)。婴儿在定位声音时所依赖的线索之一是声音到达双耳的时间差,这一线索又被称为"耳间时间差(interaural time difference)"(Litovsky & Ashmead, 1997)。

婴儿的听觉定位能力使其能够利用声音来引导自己抓取物体的行为。在3个月大的时候,婴儿处在完全黑暗的房间里时会把手伸向发出声音的物体(Clifton, Muir, Ashmead & Clarkson, 1993; Perris & Clifton, 1988)。婴儿不仅利用声音推断方向,还利用声音推断距离。6 个月大时,婴儿会伸手去拿 10 厘米外发出声音的物体,但他们不会伸手去拿 100 厘米外的发声物体(Clifton, Perris & Bullinger, 1991)。

令人惊讶的是,新生儿的听觉定位能力似乎比 2 个月和 3 个月大的婴儿更强,尽管这种能力比不上 4 个月大的婴儿。这种模式被称为"U 型曲线(U-shaped curve)",这种模式在本书中会多次出现。最初,婴儿的听觉定位能力处于高水平,然后开始下降,最后再返回到高水平。U 型模式具有特殊的意义,因为它表明同一行为在不同的发展阶段有不同的机制在发挥作用。人类听觉定位的发展状况似乎正是如此。

缪尔、亚伯拉罕、福布斯和哈里斯(Muir, Abraham, Forbes & Harris, 1979)进行了一项纵向研究,对 4 名婴儿的听觉定位能力进行了为期 4 个月的跟踪调查。他们发现,其中 3 名婴儿的听觉定位能力都呈 U 型模式发展。如图 5.11 所示,婴儿寻找声源的转头反应首先表现出高水平,然后减弱至低水平,大约 4 个月后又恢复到先前的高水平。在此期间水平的下降并不是因为婴儿对声音缺乏兴趣。即便婴儿的母亲或父亲在嘈杂的环境中叫他们的名字,婴儿转头反应的模式也没有改变。

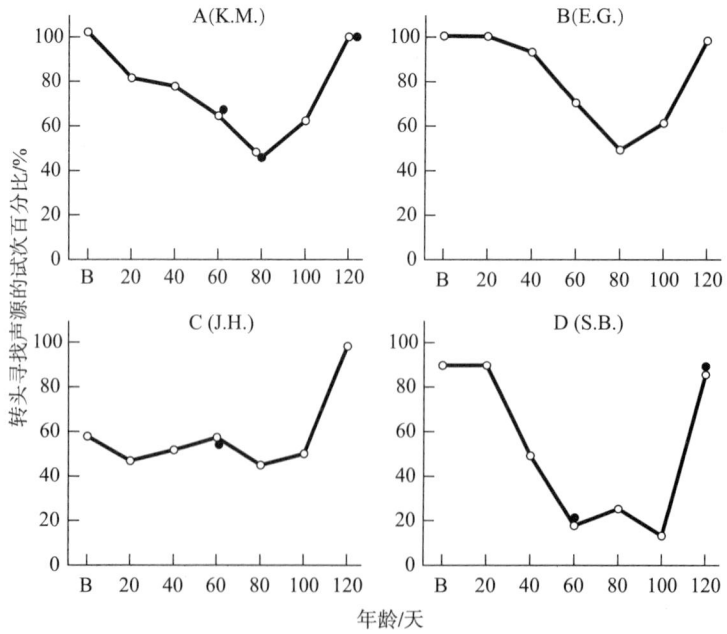

》图 5.11　4 名婴儿转头寻找声源的试次百分比。婴儿从出生起至 120 天每隔 20 天进行一次测试(from Muir, Abraham, Forbes & Harris, 1979)

缪尔等人对婴儿听觉定位的 U 型模式提出了一种解释，该解释与布朗森(Bronson, 1974)和约翰逊(Johnson, 1998)提出的关于婴儿视觉行为中的 U 型模式的解释类似。他们认为，婴儿出生后第一个月的听觉定位能力主要反映大脑皮层下结构的功能。在第二个月和第三个月，皮层活动增加，并取代皮层下活动成为影响婴儿听觉定位的主要因素。然而，正如之前的皮层下机制一样，在这一时期，皮层活动还没有充分发展，无法对声音进行精确定位。只有到第四个月，大脑皮层的活动才足够成熟，婴儿的听觉定位能力也可恢复到精确定位的水平。

听觉定位的准确性在婴儿出生后 2 到 5 个月之间迅速提高，而且在大约 1 岁半之前会持续缓慢地提高(Ashmead, Davis, Whalen & Odom, 1991)。在听觉定位能力迅速提高的同时，婴儿控制头部运动的能力也在迅速提高，这可能并非巧合。更好的控制能力使婴儿能够更精确地转动头部，并使他们能够学习到如何将头部转到寻找声源的最佳位置(Bayley, 1969; Bertenthal & Clifton, 1998)。

◎ 小结

婴儿带着相当可观的听觉能力来到这个世界，这些能力在他们出生后的前几个月里会进一步发展，这在多个方面都有显著体现，如声音吸引婴儿注意、婴儿对声音进行识别和对声源进行定位等。类似于语音的声音特别容易引起婴儿的注意。像成人一样，婴儿对语言和音乐都会进行类别化处理。语言和音乐感知能力的发展既有耗损也有收获。在快满 1 岁时，婴儿的感知能力在一定范围上缩小了，注意力集中在自己文化中的语言和音乐上。在 0—4 个月之间，婴儿的声音定位能力呈 U 型模式发展。U 型两端的能力发展水平较高，中间的水平较低。一种可能的解释是，最初的高水平听觉定位能力是因为皮层下机制的作用，而 4 个月后类似水平的定位能力是因为皮层活动的作用。

多感官整合

婴儿如何将从不同感觉系统接收到的信息整合为单一而连贯的经验？一种可能的发展路径是，每个感觉系统先独立发展，当所有系统都达到一定的成熟度后，系统间会形成相互联系。皮亚杰(1971)曾提出过这样的理论。不过，最近对婴儿感官系统整合的研究表明，实际情况可能大不相同。目前看来，视觉和听觉从一出生就整合在一起。

本章的其他部分已经提及了感官整合的证据。感官整合在感知的三个主要功能中都发挥着作用，这三个功能分别是：注意、识别和定位。

注意

定向反射说明了感官整合如何影响婴儿的注意力。婴儿听到巨大的噪音时会看向声源。也就是说,他们利用听觉信息来指导视觉注意。

正如婴儿遵循基于视觉信息的视觉规则,他们也遵循基于听觉信息的视觉规则(Mendelson & Haith, 1976)。规则之一,如果你正在看其他地方时听到某个声音,你会转向注视声源。规则之二,当你观察声音的明显来源时该如何做。在此情况下,你应该把注意力紧紧集中在这个声源上,并减少你的眼球运动。这两条规则似乎有助于提高人们对生命体的注意,例如能制造声响的人和其他动物。

根据这两条视觉规则,当 5 到 7 个月大的婴儿听到声音时,他们会增加对眼前人脸的扫视,特别是眼睛(Haith 等,1977)。这种视觉和听觉的协调可能有助于婴儿将特定的人脸与特定的声音联系起来。这种联系能力婴儿在 3 个月大时就已经具备(Brookes 等,2001)。

巴赫里克(Bahrick, 1992; Bahrick & Lickler, 2000)认为,婴儿的注意力特别容易受到在多个感觉系统中同时出现的信息的吸引。因此,婴儿在习得单通道呈现的信息之前,会先习得以多种感官通道呈现的信息。关于此问题的一项研究探讨了婴儿学习节奏(韵律)的过程。相比只以视觉或听觉的单通道方式呈现,当某一特定的节奏(用锤子敲击产生)由听觉和视觉双通道呈现时,婴儿的学习效果更好(Bahrick & Lickliter, 2000)。这种对多通道信息的偏好有助于婴儿将人脸和声音联系起来。当人们说话时,他们的嘴唇和面孔以一种与声音同步的节奏和时长进行移动,婴儿的注意力会被这种多通道的表现所吸引。

识别物体和事件

图像和声音也被婴儿用来识别物体和事件。回顾一下斯佩克(Spelke, 1976)的一项研究。在这项研究中,4 个月大的婴儿会更多地看那些视觉图像与他们所听到的声音(母亲说 peek-a-boo 或鼓声)一致的电影。如果婴儿没有整合电影中的视觉和听觉信息,他们就没有理由会这样做。

4 个月大的婴儿在识别物体时也会整合触觉(tactile)和视觉信息。在一项实验中(Streri & Spelke, 1988),婴儿首先用双手去触摸下列物品之一:两个刚性连接的圆环或两个由活动带连接的圆环。圆环上放了一块厚布,婴儿看不到他们探索的物体。在婴儿对遮盖的物体熟悉后,实验人员会向他们展示任意一类圆环。结果显示,4 个月大的婴儿对未触摸过的圆环的观察时间更长。这个演示特别有趣,因为在手动探索阶段,大多数婴儿并没有接触圆环的连接部分,他们只是触摸圆环。因此,婴儿在推拉圆环的过程中会观察到物体的反应并形成关于物体类型的推断，而他们的视觉识别似乎正是基于这种推断。

斯特瑞(Streri)和斯佩克的研究还引出了另一个问题，视觉经验会促进还是会阻碍个体的动手探索能力的发展。为了一探究竟，莫伦吉勒、汉弗莱、蒂莫尼、乔伊和罗科(Morrongiello, Humphrey, Timney, Choi & Rocca, 1994)对比了3—8岁先天性失明儿童与视力正常的同龄儿童的物体识别能力，后者在蒙眼状态下完成实验任务。一种可能的结果是，视力正常的儿童会做得更好，因为他们在触摸到物体的某些特性时，能够推断出物体是什么样子。另一种可能是，失明儿童会做得更好。因为他们更多地使用触摸探索，所以该技能更加熟练。

事实上，失明儿童和视力正常儿童通过动手触摸来识别物体的能力是一样的。他们在实验中的正确率相当，在探索过程中花费的时间相同，探索任务的完成度也一样。然而，年龄较大儿童在所有这些方面都比年龄小一点的儿童表现好。研究结果表明，动手探索能力会随着年龄增长而提高，但这种提高是因为一般认知和运动能力的提高，而不是因为具体的视觉经验或与触觉和视觉信息相关经验的积累。

定位

对婴儿听觉定位的研究表明，婴儿的视觉和听觉自出生起就相互协调运作。在大多数的听觉定位研究中，婴幼儿主要的定位表现都是将头转向声源。如果婴儿不看向声源，转头反应也不会成为一个有用的测量指标。

婴儿在空间中控制自己身体位置的能力也需要多种感觉系统信息的整合。很显然，前庭(平衡)信息与保持和控制姿势有关。但人们容易忽略一个事实，即视觉信息也包括在里面。"移动室"实验很好地说明了视觉信息的重要性。在"移动室"中，被试或坐或站在固定的地板上，而天花板和周围的墙壁可以移动。刚学会站立的婴儿在墙壁移动时身体会出现摇摆或摇晃，这表明他们会根据视觉信息调整姿势(Lee & Aronson, 1974)。同样，坐着的婴儿在看到墙壁移动时也会随之晃动他们的身体(Bertenthal & Bai, 1989; Bertenthal, Rose & Bai, 1997)。因此，儿童将前庭信息和视觉信息进行整合，以此来控制身体在空间里的位置。

感知发展的时间顺序

为了更好、更完整地了解感知发展，我们很有必要了解一下婴儿1岁以内的不同阶段，在视觉、听觉和多感官整合方面所具有的能力。表5.1列出了婴儿在各年龄段所发展的一些能力。表中对年龄的统计略偏保守，婴儿很可能比表中所示更早地发展了这些能力。

表 5.1 婴儿在不同年龄段所具备的感知能力

年龄	能力		
	视觉	听觉	多感官整合
刚出生	定向反射 视觉规则 颜色视觉 大小恒常性 扫视物体外部轮廓	定向反射 在中高频范围内接近成年人的音量阈值 喜欢母亲的声音	看向声源 遵循对声音做出反应的视觉规则 在视觉引导下抓取物品
出生后 1 个月	基于运动的单眼深度线索	语音的类别化感知	声音强化视觉扫视
出生后 2 个月	扫视物体内部	音乐的类别化感知	
出生后 3 个月	形成预期 眼睛稳定地跟踪移动物体 喜欢母亲的脸		
出生后 4 个月	喜欢有组织的生物移动模式 双眼深度感知（立体视觉）		整合节奏相似的视觉和听觉信息 整合视觉和触觉信息
出生后 7 个月	图像深度线索变得有效：相对位置、相对大小等 利用记忆推断距离		

这张表揭示了一个有趣的模式：听觉似乎比视觉或多感官整合的发展快得多。表中列出的所有关于听觉的基本发展在婴儿 3 个月大的时候基本实现了。当然，这里并未涵盖所有的听觉能力。婴儿的听觉能力在出生 3 个月后仍在不断发展。例如，他们能够听到更柔和的声音，特别是较低频率的声音。当他们的听觉越来越适应他们的母语时，他们也将失去感知一些言语差异的能力。对婴儿听觉的进一步研究也有可能发现一些他们在 3 个月大之前根本不具备的能力，或发现婴儿所有的视觉和多感官整合能力也在同样早的年龄段得到发展。而目前研究已表明，婴儿早期的听觉发展水平之高令人惊讶。当我们意识到还有许多其他能力也在极早期就已发展时，婴儿的发展速度就显得更加令人印象深刻。

感知与行动

为什么人类会用既定的方式感知世界？原因之一是感知为有机体提供了在世界上进行有效行动所必需的信息。反过来，行动可以产生感知信息，并提高可用信息的质量。因此，感知和行动形成了一个统一的系统，既相互影响，又相互促进。

感知指导行动

感知是指导行动的必要条件,不论是如姿势控制那样的基本行动,还是如食物获取和危险规避那样的复杂行动,感知指导都必不可少。事实上,我们可以说,感知的目的就是指导行动。到目前为止,这一点在本章讨论的许多研究中都有所体现。例如,在"移动室"研究中,婴儿利用视觉来指导他们根据空间的变化调整姿势的行为。同样,在黑暗中触碰发声物体的实验研究中,婴儿通过感知物体发出的声音来指导他们的触碰行为。

对运动表现的研究也强调了感知信息在诸如位移运动(locomotion)等引导性行为中所起的关键作用。有知觉障碍的婴儿运动发育迟缓。例如,失明或有中度视力障碍的儿童在平衡和姿势控制方面都存在困难。他们在掌握大多数运动技能(包括坐、爬、站和行走)方面都表现出明显的延迟(例如,Bouchard & Tetreault, 2000; Prechtl, Cioni, Einspieler, Bos & Ferrari, 2001)。失聪儿童也表现出运动发育延迟(Dummer, Hauben stricker & Stewart, 1996)和动作执行迟缓(Wiegersma & Van der Velde, 1983)。因此,视觉和听觉似乎都与运动行为的指导有关。

行动产生感知信息

感知与行动之间是一种互补的关系。一方面,感知技能的提高为个体做出精细动作提供可能。另一方面,行动也会产生感知信息。例如,转动头部可能会使听到的声音更响亮,而这些信息将有助于听觉定位。与之类似,空间中的移动可能会生成有助于识别物体的视觉信息模式。正如詹姆斯·吉布森(J. J. Gibson, 1979)所说:"我们必须有感知才能移动。同时,我们也必须通过移动才能生成感知信息。"这种为了生成感知信息而进行的移动通常被称为探索性运动(exploratory movements)。

如果探索性运动的目的是产生感知信息,那么当婴儿需要借助感知信息来选择一个行动时,他们应该会更多地进行这种运动。例如,当婴儿遇到必须下陡坡的情况时,他们需要决定是爬行、滑行还是后退。为了做出决定,婴儿通过探索性运动来收集信息,比如用手拍打斜坡,在斜坡边缘来回晃动。婴儿在陡坡上会比在缓坡上产生更多的探索性运动,这可能是因为若在陡坡上做出错误决定,其后果会更严重(如摔倒)(Adolph, 1997)。在一项研究中,实验人员发现,如果婴儿穿上一件厚重的背心(一件口袋里装满铅的背心),他们进行探索性运动的能力会被削弱。这件背心使婴儿很难拍打斜坡,也使婴儿很难在斜坡边缘摇晃时保持平衡。如果穿上这件背心,婴儿在能否下坡和如何下坡等问题上的决策表现会变差(Adolph

& Avolio, 2000)。

由于行动产生感知信息, 新的行动能力的发展对感知发展有重要影响(Bushnell & Boudreau, 1993)。运动技能的提高使婴儿有可能以新的方式探索所处的环境, 从而产生新的感知信息来源。

在一项关于运动和感知发展关系的研究中, 尼达姆(Needham, 2000)对婴儿探索物体的技能进行了考察, 并研究了他们使用物体特征确定既定视野中相邻物体之边界的能力。结果显示, 如果婴儿在第一部分实验中能更积极地探索一组物体, 那么他们在第二部分实验中更有可能分辨其他物体之间的边界。尼达姆认为, 具有较强的物体探索能力的婴儿能够收集更多关于物体的信息, 这些信息有助于他们理解物体的特征。

爬行动作的发展也与其他领域的许多重要变化有关, 包括社交、认知和感知技能(Campos 等, 2000)。会爬行的婴儿比还不会该技能的同龄婴儿在多种情境中都表现出更好的感知能力。例如, 他们在"移动室"中会表现出更多的补偿姿势, 这表明他们对视觉信息的反应更灵敏(Higgins, Campos & Kermoian, 1996)。与之类似, 相比不会爬行的同伴, 会爬行的婴儿更能注意到距离较远的物体(Campos 等, 2000)。因此, 移动技能的提高与婴儿所注意信息的变化有关。

视觉悬崖(visual cliff)实验(见图 5.12)能很好地说明运动技能和感知之间的关系。吉布森和沃克(Gibson & Walk, 1960)在他们的研究中首次使用了该实验。视觉悬崖实验中使用了一块透明的有机玻璃板, 婴儿可以在上面爬行。玻璃板的一边压着一块方格图案的桌布, 另一边也有一块同样图案的桌布, 只是这块桌布与玻璃板相距几十厘米。在成年人看来, 玻璃板像是在两部分之间的边界处急

≫ 图 5.12 一名婴儿接近视觉悬崖
Photo provided courtesy of Dr. Joseph Campos

剧坠落。实验人员将会爬行的婴儿放在玻璃板较"浅"的一边,使其处在"深浅"边界附近,而后让婴儿的母亲召唤婴儿,诱导他们穿过边界爬向自己。结果显示,已有6到8周爬行经验的7个月大婴儿常常拒绝穿越"深浅"边界。当母亲催促他们这样做时,他们的心跳加快(害怕的迹象之一)。与此相反,还不会爬行的同龄婴儿则不会表现出类似的恐惧迹象(Campos, Bertenthal & Kermoian, 1992)。

造成这种差异的关键似乎是自我产生的位移运动经验,而不是爬行经验。在另一项实验中,一组不会爬行的婴儿坐在学步车里,用脚在地板上推来推去,这样他们就可以独立地四处移动。40个小时后,实验人员对这些婴儿进行测试,心率指标显示,有学步车经验的婴儿在跨越视觉悬崖时比没有学步车经验的同龄婴儿表现得更害怕(Bertenthal, Campos & Kermoian, 1994)。学步车为婴儿提供了一个新的行动机会,通过执行这个行动,婴儿获得了新的信息,这使得他们能够以不同的方式感知到视觉悬崖,因此出现了害怕反应。因此,自发式运动(self-generated locomotion)经验似乎对深度警觉(wariness of heights)的发展至关重要。与该观点一致,自出生起就能进行位移运动的哺乳动物在其生命早期就懂得避开悬崖。

为什么自发式运动会有这种影响? 毕竟,婴儿常常有被父母从一个地方带到另一个地方的经验。坎波斯等人(Campos等,2000)认为,自发式运动和其他运动之间的关键区别在于从不同来源收集的感知信息之间的对应关系,包括视觉信息、前庭(平衡)信息和体感(身体感觉,如肌肉和关节部位)信息。当婴儿被抱起时,他们可能不会朝着运动的方向看(事实上,他们常常把脸转向相反的方向,看向父母的身后),因此他们所接收到的视觉信息往往与他们从身体接收到的其他信息(如前庭和体感信息)不一致。因此,被抱着的婴儿不能对这些不同信息源之间的关系形成一致的预期。相反,当婴儿自己移动时,这些信息源间的联系是系统化的,因此婴儿可以对这些信息源之间的对应关系形成预期。如在视觉悬崖实验中,自发式运动的婴儿对视觉、前庭和体感信息之间相关性的预期被打破,这导致他们不敢在"悬崖"处进行移动。

小结

我们从各个感觉系统如何发展,以及感知如何与行动整合的角度讨论了婴幼儿的感知发展。婴幼儿的感知功能能迅速达到成年人或接近成年人的水平。即便是新生儿也能看到、听到和整合来自不同感觉系统的信息。在出生后的6个月里,婴儿的这些能力进一步发展,使其能够非常有效地注意、识别和定位物体和事件。从出生起,感知和行动就紧密相连,二者相辅相成,共同发展。

吸引视觉注意和保持视觉注意对事物的属性产生了不同的要求。一般来说,吸引婴幼儿注意力的属性在其一生中保持不变。例如,定向反射使新生儿和成年人能够注意到响亮的声音和明亮的灯光,以及不熟悉的物体和移动的物体。新生儿和成年人对光、边缘和轮廓进行扫视,这种带有一定特征的视觉扫视模式被称为视觉规则。另一方面,保持注意力的属性会随着婴幼儿年龄和经验的增长而发生很大变化。尽管中等刺激会使婴儿和成年人的视觉注意得以保持,但中等刺激的构成会随着个体的发展而变化。同样,尽管在各个年龄段预期似乎都在引导注意力,但可形成的预期也会发生变化。在婴儿出生后的前几个月里,皮层下的大脑机制似乎在引导注意力方面起着特别重要的作用;之后,皮层机制在控制婴儿注意力方面开始变得越来越重要。

在出生后的前 8 个月,与事物视觉识别相关的能力迅速发展。视觉敏锐度从大约 20/660 提高到 20/80。这种提高在中等空间频率下尤其明显。在出生后的头几个月,婴儿眼睛生理结构的不成熟似乎是导致其存在诸多视觉特性的原因,如婴儿喜欢扫视事物的轮廓而不是内部,喜欢看有大方格的棋盘等。婴儿除了具有识别物体的一般能力,相对某些物体,他们还对一些物体有明显的偏好,如人脸,特别是有吸引力的人脸(尤其喜欢自己母亲的脸)。

定位物体需要能够识别物体的距离和方向。婴儿通过使用单眼线索(任意一只眼睛都可以使用的线索,即便闭着另一只眼睛)和双眼线索(基于当两只眼睛都聚焦在同一位置时视网膜上产生的两个图像的差异而形成的线索)来确定物体与自身的距离。基于运动的单眼深度线索在婴儿很小的时候便在发挥作用,而图像单眼线索则在婴儿 6 或 7 个月大后才开始发挥作用。双眼深度感知(立体视觉)大约在婴儿 4 个月大时突然出现,这显然是因为连接眼睛和大脑的视觉通路的成熟,以及它与正常视觉经验相结合了。

婴儿的听觉感知能力和他们在视觉感知方面的能力一样令人印象深刻,甚至还有过之而无不及。婴儿特别关注语音,这似乎是因为他们对类似于语音的声音特别感兴趣,而不是因为他们能够更容易地检测到是语音而不是其他声音。到 4 个月大时,婴儿还会对一些特殊的声音感兴趣,比如自己名字的语音。

婴儿对语音和一些音乐的识别是类别化的,这与他们对颜色的感知方式很像。类别感知不是源自婴儿所听到的特定语言;婴儿能使用不同于其母语中的方式设置类别界限。除了能够区分特定的声音外,新生儿也能够识别更常见的语音特征。例如,他们可以将母亲的声音与其他女性的声音区分开来。他们还偏爱以高音和夸张的语调为特点的婴儿导向言语。

婴幼儿的听觉定位能力呈 U 型模式发展。在出生时及 4 个月后两个时期,他们的听觉定位相当准确。在此期间,这种定位能力则较差。就像婴儿的视觉注意模式一样,这种模式可能反映该能力从由皮层下支配向由皮层支配的转变。

自生命伊始感知和行动就形成了一个整合系统。在这个系统中,感知信息指导着行动,而行动又为有机体提供感知信息。感知在指导行动中的作用在有感知缺陷的儿童中体现得非常明显,失明或失聪儿童常常表现出运动发育迟缓。人们常常为了产生感知信息而进行探索性行动,比如触摸一个闪亮的表面来判断它是否光滑。随着婴儿运动技能的发展,他们能够以崭新的方式探索环境。因此,运动技能的提高会影响婴儿产生和使用感知信息的能力。

推荐读物

Campos, J.J., Anderson, D.I., Barbu-Roth, M.A., Hubbard, E.M., Hertenstein, M.J., & Witherington, D. (2000). Travel broadens the mind. *Infancy*, 1, 149–219. A compelling review of the effects of learning to crawl on perceptual, cognitive, and social development.

Gibson, E.J., & Pick, A.D. (2000). *An ecological approach to perceptual learning and development.* Oxford: Oxford University Press. A comprehensive statement of the Gibsonian approach to perceptual learning and development. The core theme is that perception is a two-way relationship between the organism and the environment: the environment affords resources and opportunities for the perceiver, and the perceiver gains information from and acts on the environment.

Lynch, M.P., Eilers, R.E., Oller, D.K., & Urbano, R.C. (1990). Innateness, experience, and music perception. *Psychological Science*, 1, 272–276. Presents evidence for the role of early musical experience in music perception. Young infants can detect an off-key note in familiar and unfamiliar scales, whereas older infants and adults can do so only in familiar scales.

Maurer, D., Lewis, T.L., Brent, H.P., & Levin, A.V. (1999). Rapid improvement in the acuity of infants after visual input. *Science*, 286, 108–110. Describes the development of visual acuity in infants who were born with cataracts that prevented visual input. After surgery to remove the cataracts, infants were fitted with contact lenses, and their visual acuity began to change within hours.

Pascalis, O., de Haan, M., & Nelson, C.A. (2002). Is face processing species specific during the first year of life? *Science*, 296, 1321–1323. Presents evidence for the role of experience in face perception. Six-month-old infants are able to distinguish among both monkey and human faces, but older infants and adults can do so only for human faces.

第六章
语言发展

去哪你？

我要走了。

鞋子好了。

和妈妈谈谈。

鞋子好了。

安东拜拜。

安东尼（Anthony）。

晚安。

明早上见。（Weir, 1962）

这一段独白来自一段录音，该录音记录了一个2岁半的儿童睡觉前在婴儿床上说的话。这个儿童的表述体现了语言发展的几个关键特征。第一，这些表述传达了有意义的信息。人们很容易理解儿童所说的大部分内容，即使年龄较大的儿童或成年人一般情况下不使用这样的短语表达方式。第二，这些语言表述得有些模糊。当儿童刚学会说话时，他们的表述中只包括基本的内容。许多介词、冠词、副词和形容词都会被省略，而正是这些词使得成年人语言能够表达精确、充满感情色彩和起语法作用。第三，语言是内在驱动的。安东尼说话时，房间里并没有其他人。尽管如此，他还是觉得说话很有意思，所以在那自言自语。

儿童的语言习得涉及几个基本问题。或许最基本的问题就是之前讨论感知发展的那一章中所提到的一个问题：儿童如何理解那些喧闹的、混乱的、杂烩的语音？简单地将声音流分成不同的单词是相当困难的，目前还没有一个计算机程序能很好地完成这项工作。理解他人的陈述需要另外一种技能：即不仅要理解字面含义，而且要理解未直接表达的隐含之义。正确表达自己的观点需要更多的技能：单个语音要正确发音，句子中词汇要正确排序，语句要按能够传达连贯思想的方式组织等。

要具备上述能力，儿童会进行大量的思维活动，这些思维活动使他们能够理解和产生言语。前一章中描述的完善的听觉感知系统有助于儿童将语音分成单个单词。儿童对他人言语的准确感知和其早期已具备的模仿能力有助于他们学会正确发音。他们注意并记住他们在特定短语中听到的单词的顺序,同时也寻找出普遍适用的语法规则。

最重要的是,儿童会关注要表达的意思,包括他们想要表达的意思和其他人试图传达的意思。强调语意是习得语言的一种有效方法。语言是一种适应社会的工具。即使在语音和语法上存在严重缺陷,表达既定意义的句子也会对这种适应性产生进一步的促进作用。反之,如果句子不能表达既定意义,那么即使语法和语音都很完美,也无法产生适应性效果。

在学习语言时,除了儿童自身的努力外,父母、兄弟姐妹、其他成年人和儿童也会起到促进作用。他们会改变说话的语调以吸引婴幼儿的注意,会多用简单易懂的短句,会关注当前环境中存在的物体和事件。文化历史也有利于婴幼儿的语言习得。语言由人类创造并不断发展变化,这样儿童就可以习得语言。尽管语言极其复杂,但最后几乎所有的儿童都能快速、轻松地习得母语。

◎ **本章的组织结构**

本章首先介绍关于语言发展的两个普遍问题。第一,语言学习是否具有特殊性,即它是否有不同于其他的更普遍的学习形式? 第二,语言的生物基础是什么? 这两个普遍问题为本章其余内容讨论语言发展奠定了基础。

本章接下来的内容可分为四个主要部分,分别对应于语言的四个主要方面:语音(phonology)、语义(meaning)、语法(grammar)和交流(communication)。语音指言语声音的结构和序列。语义一方面强调特定词语与短语的对应关系,另一方面强调词语与特定的物体、物体的属性、事件和思想观点之间的对应关系。语法侧重于人们造句时所采用的规则体系。交流则包括利用语音、句法和语义知识向他人传达信息并理解他们想法的过程。

儿童语言知识在上述各方面的发展既反映在他们理解语言的能力上,又反映在他们表达语言的能力上。一般来说,在语言的各个方面,语言理解都先于语言表达,而且两者往往还有较大的差距。例如,婴儿先学会识别母语中的语音差异,然后才能发出有差异的语音。婴儿先是理解很多词汇,然后才学会怎么说这些词汇。

语言的这四个方面在儿童语言习得的不同阶段都发挥着重要的作用。语音知识在婴儿出生后不久就开始发展,婴儿识别和掌握具有母语特点语音的能力越来越强。语义的重要性在儿童 1 岁后开始突显出来。许多婴儿在 6 个月大的时候就能够理解一些简单的单词(Tincoff & Jusczyk, 1999),1 岁前后就能开始说话。在出生后第二年,语法对儿童变得非常重要。到了 1 岁半左右,大多数儿童对各种句法结构之间的差异表现出一定程度的理解,而且在这之后,大多数儿童开始把两个或两个以上单词组成短语。最后,交流与语言的其他三个方面都有复杂的关系,它的重要性在多个方面都有体现。要很好地理解交流,就不能脱离语言的其他三个方面,不过为了便于探讨,我们把交流放在最后进行讨论。本章的组织结构见下面的"章节概览"。

章节概览

一、语言发展的一般问题

1. 语言是否具有特殊性?

2. 语言的生物基础是什么?

二、语音

1. 语音知识的发展

2. 发音能力的发展

三、语义

1. 早期词汇和词义

2. 早期词汇和词义的后续发展

四、语法

1. 早期语法发展

2. 后期语法发展

3. 对语法发展的相关解释

五、交流

1. 口语交流

2. 手语交流

六、小结

语言发展的一般问题

语言是否具有特殊性?

毫无疑问,绝大多数儿童学习语言的速度都很快,效果也很好。但是,人们对这一现象的解释却众说纷纭,存在着巨大的分歧。伟大的语言学家诺姆·乔姆斯基(Noam Chomsky, 1972)提出了一个解释:人们拥有一个"语言器官",这使得他们能够特别容易地习得语言。乔姆斯基认为,如果没有这样的"语言器官",儿童就不可能在现有语言输入的基础上习得像语言这样复杂的系统,因为语法规则太过复杂，语言输入也千差万别。此外，乔姆斯基认为，一般的学习机制（如模仿和强化）不可能产生学习者所表现出的那种语言知识（抽象知识）。正是这类知识使得学习者能够说出他们从未听过的话语。在乔姆斯基看来，只有"语言器官"这样的特殊机制才能解释这样的问题：为何年幼儿童在如此贫乏的语言输入基础上，依然能够快速、轻松地习得如此复杂而抽象的语言系统。乔姆斯基提出，"语言器官"体现了适用于世界所有语言的内在语法知识，这种语法知识被称普遍语法。不管这种内在知识有多复杂，它将使儿童能够在多种可能的语法类型中识别出其母语使用的语法，从而快速学会。

其他研究者支持"语言具有特殊性"这一普遍说法，但对以下具体表述普遍存疑，即语言学习能力体现在"语言器官"中，该器官包含了普遍语法的内在知识。麦克温尼（MacWhinney, 2002）指出，语言学习能力已历经六百万年的发展。在这期间，不仅与语言学习紧密相关的大脑结构发生了进化，而且更普遍的认知能力和灵长类群体的社会结构也发生了进化，故而产生了对更精细的交流系统的需求。因此，在麦克温尼看来，语言学习之所以特殊，并不是因为普遍语法是内在的，而是因为语言学习是从神经、认知和社会因素间独特而复杂的相互作用中产生的，这些因素也随着历史的发展而发生演变。

多类证据支持"语言学习具有特殊性"这一普遍观点，这种观点认为语言习得不同于其他更普遍的学习形式。语言习得的第一个特殊之处在于它具有普遍性。它可以存在于各种环境中且过程迅速，如语言习得存在于以下文化环境：成人与儿童就儿童特别感兴趣的话题进行交谈；成人拒绝讨论此类话题；成人完全不鼓励儿童与他们交谈等（Snow, 1986）。而大多数其他复杂认知技能的习得更多地依赖于有利的环境和直接的指导。

语言习得的第二个特殊性是它的自我激励性。有些儿童对卡车感兴趣，有些对鸟类感兴趣，还有一些对恐龙感兴趣。相比之下，几乎所有的儿童都对语言非常感兴趣，这使得他们能够在相对较短的时间内掌握一个非常复杂的语言系统。其中的一部分原因是人们渴望交流。这种渴望在人类身上体现得如此明显，以至于人们很容易认为其他动物也一定具有这个需求。然而，人类似乎是唯一对交流感兴趣的动物，而交流的信息对生存并没有直接的重要性。在野外，没有任何一种动物会像正常发育的3岁儿童那样频繁地与外界交流。即使是已经学会用手语交流的黑猩猩也极少仅仅为了交流而交流（Tomasello 等, 1993）。

人们对语言的兴趣不仅仅局限于交流，人们也试图用合乎语法的语言来表达，虽然不合语法的表达也同样适合交流。初级语言使用者经常会问一些问题，比如本章开头安东尼所说的"去哪你？"，其他人能理解这种说法，对其做出适当反应，且很少纠正其语法问题。然而，儿童很快就会放弃这种不成熟的形式，转而选择语法正确的形式。这种动机不是源自对成年人和年长儿童进行模仿的普遍愿望,年幼儿童在服装、音乐和食物方面的特殊喜好已表明了这一点。相反,学习语言的这种欲望,就像接近他人和了解我们周围世界的欲望一样,似乎是人类的天性。

语言习得的第三个特殊性体现在语言与某些影响思维的障碍之间的关系上,例如唐氏综合征(Down Syndrome)和威廉姆斯综合征(Williams Syndrome)(Bellugi, Lichtenberger, Jones, Lai & St. George, 2000; Harris, Bellugi, Bates, Jones & Rossen, 1995; Maratsos & Matheny, 1994; Vicari, Caselli, Gagliardi, Tonucci & Volterra, 2002)。患有这两种综合征的儿童的智商往往远低于正常水平,通常在 50 至 70 之间。然而,威廉姆斯综合征儿童的语言能力往往比唐氏综合征儿童强得多。前者在许多词汇测试和复杂句法测试中的得分比根据其智商的预测要高。事实上,有些患有威廉姆斯综合征的青少年和成年人语言表达都很好,他们甚至可能会被误认为正常成年人。这种情况在唐氏综合征患者中则极为罕见。但患有唐氏综合征的儿童通常能成功地完成皮亚杰式的测试任务,这些任务旨在测试推理能力,如数量守恒和类包含。威廉姆斯综合征儿童则无法完成这些任务。因此,虽然语言和思维存在复杂的相互依存的关系,但患有这些综合征的儿童的行为模式表明,语言和思维彼此也是有区别的。

尽管许多证据都支持乔姆斯基的观点,即语言学习在某些方面具有特殊性,但乔姆斯基关于儿童具有普遍语法内在知识的具体主张却引来不少质疑。问题之一是,普遍语法的存在证据还比较薄弱。通过对世界范围内各语言语法的比较发现它们之间存在巨大的差异(Slobin, 1986)。即使是简单的语法区别,例如 a 和 the 之间的区别,其区分方式也异常多样。在英语中,a 和 the 是不同的词,尽管这两个词都放在名词前面。在匈牙利语中,这两个词的区别可以通过动词和直接宾语的顺序来表示。在一些非洲语言中,这两个词是通过语调来区分。在汉语、日语、波兰语和俄语中,这种区别则纯粹是从上下文推断出来。鉴于这种差异,语言学习似乎不太可能只是简单地识别所听到的几种可能的语法类型。相反,语言学习似乎既需要一般的学习能力,又需要特定的语言习得能力(Maratsos, 1998)。

语言的生物基础是什么?

语言学习不同于其他类型的学习。这一观点表明,语言很可能具有生物基础。这一问题涉及两个特别重要的概念:其一是定位(localization),即认为进行具体认知功能的大脑活动集中在大脑的特定部位;其二是可塑性(plasticity),即认为大脑功能随着经验的变化而变化。

我们首先来看看有关语言定位的相关证据。语言有其独特的解剖基础。对大多数人来说,语言加工的主要区域在大脑左半球中部,特别是布洛卡区(Broca's area)和威尼克区(Wernicke's area)(见图 6.1)。对脑损伤(大脑部分受损或切除)患者的研究表明,这些区域的损伤对语言能力的损害要大于大脑右半球相应区域同等程度的损伤所带来的损害。无论是手语能力还是口语能力都是如此。这表明,这一区域的关键加工不仅仅限于言语或听力加工。

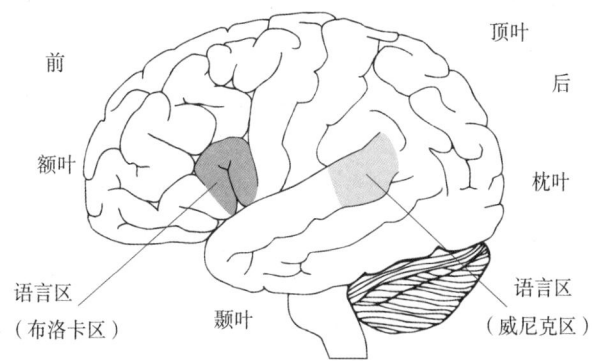

》图 6.1 大脑左半球侧面图。图中标示了布洛卡区和威尼克区所在的位置

语言加工整体上通常集中在大脑左半球,而特定的语言功能通常位于大脑左半球的特定区域。例如,对脑损伤患者的研究表明,给颜色命名至少涉及大脑的三个区域。大脑后部(枕叶下部)区域的损伤会导致颜色视觉丧失。威尼克区的损伤会导致患者无法说出颜色的名称。这两个区域之间的脑损伤通常不会影响颜色识别和说出颜色词(例如,说出红色、绿色、蓝色、棕色)的能力,但患者将颜色与名称相对应的能力会受到影响(Damasio & Damasio, 1989, 1992)。

还有证据表明,相比一般词汇,语法功能较强的单词在大脑中的加工位置也有所不同(Neville, 1995a; Neville, Mills & Lawson, 1992)。当人们读到一个功能词(如英语中的冠词 the)时,大脑的电反应在读到这个单词后大约四分之一秒达到峰值,并且最显著的反应出现在左半球的颞叶前部。相反,当人们读到实词,如 dog(狗)时,大脑的电反应在大约三分之一秒后达到峰值,最显著反应出现在大脑两个半球的后部。此外,语法功能词引发的电活动取决于个体对该语言语法的掌握情况。在 8 至 13 岁的儿童和聋哑成人中,语法知识掌握较多的人往往对语法功能词有着显著的反应,而语法知识掌握较少的人则没有(Neville, 1995a)。语法功能词主要在大脑左半球颞叶前部进行加工,这为大脑中特定语言功能的定位提供了证据。

然而,将语言功能定位在大脑的特定部位往往并非易事。即便大脑左半球的语言优势已得到广泛认同,例外情况也依然存在。对于三分之一的左利手个体(left handers)来说,语言加工主要发生在右半球(Kolb & Whishaw, 2003)。语言功能越具体，其在大脑中定位的例外情况就越多。

有证据表明，在婴儿早期，大脑左半球已开始专门负责语言活动（Bertoncini, Morais, Bijeljac-Babic & McAdams, 1989; Holowka & Petito, 2002）。然而，在发育早期，大脑左半球损伤带来的言语理解和表达能力的损害要比发育后期类似损伤带来的损害小得多（Stiles, Bates, Thal, Trauner & Reilly, 2002）。简单地说，大脑处理这种损伤的可塑性会随着年龄的增长而降低。

关于这一点的有关证据来自出生时即患有癫痫的婴儿。先天大脑畸形是这一致命疾病的诱因。已知的唯一防止癫痫发作的方法是切除导致癫痫发作的整个大脑半球，这是一种被称为半球切除术（hemispherectomy）的外科手术。尽管至少有一位接受了半球切除术的患者完成了大学学业，毕业后进入了职场正常工作（Smith, 1984），但通常这种手术会导致一定程度的智力减退（Huttenlocher, 1994）。令人惊讶的是，尽管左半球在语言加工中通常占据主导地位，在1岁之前接受过左半球切除术的婴儿依然发展出了相当正常的语言能力。他们大脑的右半球承担了一般由左半球完成的大部分功能，他们在大多数情况下都能正常地使用语言（Stiles & Thal, 1993）。其中一个明显原因是语言加工占据了右半球执行感知空间功能的区域。因此，颇为奇怪的是，左半球切除术有时会对婴儿的感知空间功能（通常是右半球负责）造成更大的损害，但对语言功能（通常是左半球负责）造成的损害却相对较小。该结果表明，左半球可能更适合进行语言加工，但如果左半球不可用，这些加工就会转移到右半球。或者，语言加工可能存在一个基于基因的程序，它更喜欢占据左半球的脑组织，但如果左半球不可用的话，它就会占领大脑其他部位的脑组织（Maratsos & Matheny, 1994）。

大脑早期更大的可塑性在功能部位损伤的例子中体现得很明显。如果左半球功能部位损伤在婴儿1岁前发生，这些儿童有很大的可能发展出接近正常水平的语言能力。他们3岁前的语言学习速度会比较慢（Marchman, Miller & Bates, 1991），但到了四五岁时，他们的语言能力一般都能达到正常范围。相比之下，1岁以后出现的左半球损伤带来的损害会更持久。因此，加工位置的强大可塑性通常在发展早期就表现出来了，后随着大脑发展而可塑性降低。

语音

语音知识的发展

婴儿在说出第一个词之前就对语言的发音有了很多了解。如第五章所述，从大约2个月大起，婴儿就可以区分出相似的声音，如 ba 和 pa、a 和 i（如 Eimas 等，1971）。在早期，婴儿对母语中不使用的许多语音之间的差异较为敏感。然而，在

1岁的晚些时候,儿童开始丧失对母语中无明显差异的语音的敏感性(如 Werker & Tees, 1984)。

从很小的时候起,婴儿就能识别母语中的语音。事实上,婴儿还在母亲子宫里时似乎就学会了他们母语中的一些语音,因为只有2天大的婴儿就对他们的母语产生了偏好,更喜欢听母语而不是另一种语言(Mehler 等, 1988; Moon, Cooper & Fifer, 1993)。在1岁以内,婴儿对母语的发音有了更多的了解(Aslin 等, 1998)。例如,9个月大的婴儿更喜欢听由母语语音组成的单词,而不是非母语语音组成的单词(Juszcyk, Friederici, Wessels, Svenkerud & Jusczyk, 1993)。

婴儿会利用他们的母语语音知识从流利的语流中识别单个词汇。这种技巧对语言学习至关重要,因为大多数话语在单词间并无停顿。在6个月至1岁期间,婴儿至少可以使用母语语音模式的三个方面作为单词识别的线索,这一点在前一章的转头偏好研究中已经提及(见第五章)。第一个线索是单词在母语中的主要重音模式(Jusczyk, Cutler & Redanz, 1993)。7个半月大时,学习英语的婴儿能成功地分离出以重音音节开头的单词,如 doctor(医生)和 candle(蜡烛),这在英语中是一种常见的语音模式。但他们往往也会错误地将非重音音节开头的单词进行分离,如 guitar(吉他)和 surprise(惊喜),而这一重音模式在英语中并不常见(Jusczyk, Houston & Newsome, 1999)。

婴儿用来分离单词的第二个线索是语音转移概率(transitional probability),即语言中语音相邻的可能性。以英语短语 pretty baby(漂亮宝贝)为例。在英语中,pre 音节后面很可能接 ty 音节,因为这两个音节总是一起出现在 pretty 这个相当常见的英语单词中。然而,音节 ty 后面不太可能接音节 ba,因为 pretty 这个词还经常和其他单词(除了 baby 之外)搭配,如 pretty dress(漂亮的衣服)、pretty eyes(漂亮的眼睛)等。pre 后面接 ty 的高概率表明 pretty 很可能是一个单词,而 ty 后面接 ba 的低概率表明 tyba 不可能是一个单词。采用人工语言刺激进行的研究表明,大约8个月大时,婴儿能够从流畅的语音流中提取这些统计信息,并利用这些信息识别单词(Saffran 等, 1996)。

第三个线索是音位信息,它包括该语言内对单个单词中可能出现的语音序列的限定。例如,很多英语单词,如 ant(蚂蚁)和 tent(帐篷)都含有 nt 字母组合,但只有少数单词中含有 mt 组合。因此,语音序列 nt 表示其所在字母串很可能是一个单词,但 mt 则很可能只代表两个单词之间的一个界线,如 come to me(来找我)。9个月大的婴儿能够使用这些线索在流利的语流中分离单词(Mattys & Jusczyk, 2001; Mattys, Jusczyk, Luce & Morgan, 1999)。

综上所述,婴儿在学会说任何单词之前就已具备有效追踪语言输入可能特征的惊人能力。他们能追踪多种特征,包括重音模式、语音转移概率和音位模式,并能利用从这些统计学习中获得的信息来帮助他们在流利的语流中识别单词。

发音能力的发展

在1岁以内,婴儿不仅要学习识别和使用母语的语音模式,而且开始发出各种各样的声音。在讨论发音能力的发展之前,让我们首先看一看产生声音所涉及的方面。

◎ 人们说话的方式

当人们静静地呼吸时,空气在气管、鼻腔和口腔中自由地流动。我们通过阻断气流来说话。语音的两个基本类别——元音和辅音就是由不同类型的气流阻断产生的。元音是在气流通过声带部位时进行阻断而形成。舌头、牙齿、嘴唇等部位没有阻断。辅音的发音过程则涉及舌头、牙齿、嘴唇和声带部位的气流阻碍。我们以两个英语单词的发音来说明元音和辅音的区别。英语单词 hat 中 a 的发音就是元音,单词 ball 中 b 的发音就是辅音。元音的发音不需用嘴唇;而辅音的发音则正好相反。所有语言中都包含元音和辅音。

不同的元音主要通过发音时舌头的位置来区分。如表 6.1 所示,meet 中的元音在发音时舌前部抬起,舌位较高;而 mat 中的元音在发音时舌位要低得多(因为人们通常并不清楚发音时舌头在口腔中的位置,所以当你要发这些音时,你可以用手指来辅助确定具体的舌位)。

表 6.1 英语元音发音时的舌位

舌位	舌前部	舌中部	舌后部
高位	meet mitt		cooed could
中位	mate met	glasses	code cawed
低位	mat	mutt	cod

◎ 发音能力的发展过程

发音能力是如何发展的?婴儿常常很难发出他们想发出的特殊声音。随着婴儿的不断成长,他们随意发出声音的能力越来越强。以下内容描述了该发展的大致情况(Kent & Miulo, 1995)。

1. 啼哭(crying):婴儿从出生时就会哭。哭声传达他们的意图。许多父母相信自己能从哭声中推断出他们想要什么。然而,如果回听婴儿哭声的录音,父母通常无法听出婴儿究竟想要什么(Muller, Hollien & Murray, 1974)。因此,父母必须依靠情境来推断婴儿啼哭的原因,而不是单靠哭声。

2. 咕咕细语(cooing)：在 1 到 2 个月之间，婴儿开始发出哭声以外的声音。他们尤其会把舌头放在口腔靠后的位置，然后嘴巴变圆发出"喔、啊"声。这些声音类似于英语单词 fun 中 uh 的发音。

3. 简单发音(simple articulation)：在 3 个月左右，婴儿发音中辅音的数量大大增加。

4. 咿呀学语(babbling)：在 6 个月大时，婴儿将辅音和元音结合起来，从而产生音节。这些音节经常重复出现，如 babababa。婴儿咿呀学语时的语调也越来越趋向于正常言语的语调。

5. 语言雏形(patterned speech)：在快 1 岁时，婴儿发出其母语中语音的数量会增加，而非母语语音的声音会减少。在 1 岁左右(前后大约差几个月)，大多数儿童开始第一次正式开口说话。

婴儿手语习得也表现出类似的发展过程。失聪婴儿与普通婴儿在啼哭、咕咕细语和咿呀学语阶段上具有相似的时间发展进程。学习手语的失聪婴儿和正常婴儿都会表现出手语的咿呀学语特征，例如手语动作有节奏，且不断重复(Petito, Holowka, Sergio & Ostry, 2001; Petito & Marentette, 1991)。正如口语中的咿呀学语在口语习得中的重要作用一样，手语中的咿呀学语也在手语习得中发挥着重要作用。

尽管父母通常把婴儿说出的第一个单词(或第一个手语动作)看做是婴儿成长过程的一个重要里程碑，但在这之前，随着婴儿咿呀学语能力的发展，婴儿的语音能力也在不断提高。对于学习口语的婴儿来说，他们咿呀学语的声音和他们说出的第一个单词的发音往往是相似的。纵观 15 种不同语言，b、p、m、d 和 n 是婴儿在咿呀学语阶段最常见的发音(Locke, 1983)。这一趋势解释了为何在如此多样的语言中，带有这些发音的单词都是用来称呼父母的，如 papa(爸爸)、mama(妈妈)和 dada(爸爸)，同时也是儿童最先学会的单词(见表 6.2)。不管怎样，说不同语言的婴儿总会发出这些声音，各种语言也就正好利用了这一事实。

如表 6.2 所示，辅音 m 和 n 与母亲而非父亲的含义相关。这种模式较为典型；有研究调查了来自世界不同语言的 1 000 多个词汇。结果表明，55％的意为母亲的词汇都包含鼻音，如 m 和 n，只有 15％意为父亲的词汇含有这样的鼻音(Jakobson, 1981)。雅各布逊(Jakobson)针对这种差异提出了一个有趣的解释。当婴儿将嘴唇贴在母亲乳房上时，他们只能发出鼻音，如 m 和 n。之后，婴儿可能会一看到食物就发出这些声音，以表达对食物的兴趣，或表达想要其他东西的意图。因此，包含 m 和 n 的单词就特别便于用来称呼最常为自己提供食物和满足自己意愿的那个人，即婴儿的母亲。这是一种利用便利发音来称呼母亲的方式。该方式很好地说明文化在用一种让父母和儿童都满意的方式适应儿童的天性。

表 6.2　9 种语言中表示母亲和父亲的早期词汇

语种	母亲	父亲
英语	mama	dada
德语	mama	papa
希伯来语	eema	aba
匈牙利语	anya	apa
纳瓦霍语	ama	ataa
北方汉语	mama	baba
俄语	mama	papa
西班牙语	mama	papa
南方汉语	umma	baba

文化也会顺应稍大一点儿童(学步儿)语言能力有限的情况,不会使用很难发音的单词来描述那些学步儿最想谈论的对象(人、动物、车辆)。例如,虽然 str 在英语中相当常见(例如,strong、strap、straight),但却很少在学步儿特别感兴趣的对象名称中出现。

尽管语言会顺应婴幼儿的能力,但要想习得语音能力仍需要大量的练习。有一个案例说明了这类练习的重要性。因为先天缺陷,一名认知功能正常的儿童在出生后 5 个月大时需要在口腔内插管,并维持至第 20 个月(Locke & Pearson, 1990)。在这段时间里,该儿童获得了正常的语言输入,但是因为口腔内插入了管子,她几乎无法发出任何声音。在第 21 个月,当口腔内的插管被取出时,她所发出的声音数量即刻大幅增加,但只有极少数含有正确的音节。她的语音能力与同龄的失聪儿童(Oller & Eilers, 1988)更为相似。在经历了几个月的自由发音之后,该儿童才获得了与其年龄相匹配的正常语音能力。

大多数儿童在学龄前并没有完全的语音能力。学步儿和学前儿童所遇到的一些问题主要是因为他们不能发出想说的声音。他们的发音缺乏统一性,有时能正确读出单词的发音,有时又会读错。还有一部分原因是因为某些音发音难度很大。要想正确发出像 sh、th、s、r 这样的音需要精确协调声带、舌头、牙齿和嘴唇。如果发音的同时还要应对其他认知要求,这种困难就会加剧;当儿童试图说出语法复杂的句子时,他们的发音错误就会增加(Panagos & Prelock, 1982)。

年幼儿童会通过精心选择词汇来应对这些挑战。如果多个词汇都可表达同一意思,词汇量只有 25 到 75 个的学步儿则倾向于选择更易发音的单词(Leonard, 1995; Menn & Stoel-Gammon, 1995)。反过来,一旦掌握了某种语音模式,他们就会更多地使用含有该语音模式的词汇(Vihman, 1992)。

年幼儿童似乎很清楚自己发音中的困难。例如,在一项实验中,实验人员给一名 3 岁的儿童呈现一些句子(如"I 'mell a 'kunk."),并问他这是他的发音方式还是他父亲的发音方式。在实验的 30 次试次中,这名儿童都能准确地识别出使用那个发音方式的人(Kuczaj, 1983)。这种认识体现了早期的元语言意识,即意识到你对语言的了解和不解之处。下面这个例子形象地说明了这种元语言意识。来看一看一位心理语言学家和他 2 岁半的儿子之间的对话:

父亲:说"跳"。

儿子:掉。

父:不对,是"跳"。

子:掉。

父:不对,是"跳"。

子:只有爸爸才能说"掉"!(Smith, 1973, p. 10)

语义

即便只是学习一个单词的意思也远非易事。例如,如果一位家长指着一只狗说:"那是一只狗。"对于孩子来说,这个说法其实并不是很明确。孩子是否应该就此断定狗一词是指动物、牧羊犬、哺乳动物、四条腿的物体、毛茸茸的物体、有尾巴和耳朵或其他任何可能的东西呢?而对于动词等不是表示物体名称的词,情况则更为复杂,例如,动词 give(给予)。每当有人给予东西时,另一个人就 get(得到)东西。因此,只要某情境中可以使用给予一词,那得到一词也一定适用于该情境。既然任何给予事件中都存在这种固有的模糊性,那么一个既不知道给予也不知道得到的儿童怎么会对每个词的正确含义一清二楚呢?更糟的是,儿童都是从他人说话时快速的语流中听到这些词,而所指的事物当时甚至都不在现场。但神奇的是,他们还是明白了这些词的意思。那么问题来了,他们是怎么做到的呢?在这一部分,我们首先会描述儿童在 1 岁半以前学习单词和词义的相对缓慢的过程,然后探讨在此之后较快的习得过程。

早期词汇和词义

◎ 理解词汇

婴儿什么时候开始把语音和词义联系起来?有证据表明,对于那些非常熟悉的词汇,即使是 6 个月大的婴儿也能意识到语音和语义的对应关系。蒂科弗和贾斯齐克(Tincoff & Jusczyk, 1999)采用注视偏好方法考察了婴儿对妈妈和爸爸这些名称的理解。他们首先给每个受试婴儿的父亲和母亲分别录像,而后并排播放这两个视频,同时还播放一个音频文件,音频内容为由童声合成的妈妈或爸爸(或者受试父母用来指称自己的任何名称)。实验结果显示,6 个月大的婴儿观看与所听到名称相对应视频的时间比观看另一个没有相应称呼视频的时间要长。然而,当视频里呈现出陌生男女时,他们并没有表现出这种注视偏好。因此,婴儿在 6 个月大时即可将妈妈和爸爸这两个词与对应的个体联系起来。这些发现表明,婴儿在将名称与他们所处环境中的重要个体相联系的过程中,他们可能开始形成自己的词库(一组已知词汇)。

几个月后,婴儿开始更广泛地将名称词语与环境中的物体联系起来。当 9 个月大的婴儿听到与某物体配对的名称时,他们更可能会关注同一类别的其他物体,而不是不同类别的其他物体(Balaban & Waxman, 1997)。这表明,他们理解了物体名称的含义。另外,这个时期的婴儿也开始对诸如"接球"之类的命令做出适当的反应(Benedict, 1979)。因此,在 9 个月大时,婴儿的单词词义理解似乎就已经开始了。这远远早于大多数婴儿清楚地说出任何可听懂单词的时间。

◎ **产生早期词汇**

婴儿的咿呀学语和他们说出的早期词汇极为相似,以至于很难确定婴儿说出第一个单词的准确时间。相比亲朋好友,父母往往能早几个月识别婴儿说出的这些词。目前尚不清楚这种差异是源自父母的期望和自豪感,还是因为父母更理解自己的孩子。无论如何,大多数研究者都认为儿童大约在出生后 10 到 13 个月时就开始说话了。当然,有的儿童可能会更早一些开始说话,有些则会更晚一些,这两种情况都较为常见。

到 18 个月大时,儿童一般能掌握 3 到 100 个词汇。在许多观察者看来,这些词汇带有一种典型的"孩子气"。1 岁儿童常使用 ball(球)、doggie(狗狗)和 more(更多)这样的词;他们几乎从不使用 stove(炉子)、animal(动物)和 less(更少)这样的词。一般来说,他们言语中的词汇都是指向他们感兴趣的、相对具体的、自己需要的物体和行动。

世界各地的儿童最早说出的词语都指向同一类型的对象。他们说 dada、mama,谈论的是人;他们说 car(汽车)、truck(卡车)、train(火车),谈论的是车辆。他们还会谈论食物、衣服和家用器具,如钥匙和锁。表 6.3 列出了美国儿童早期词汇中最常用的 50[①] 个词语。意大利儿童和其他国家的儿童所说的第一个词非常相似(Caselli 等,1995)。这种相似性不限于口语;学习美国手语的儿童最先产生的前 50 个手语词也较为相似,其中包括 mommy、daddy、cookie(饼干)、baby、shoes(鞋子)、milk

---

[①] 译者注:原著中表 6.3 中列出的单词总数不是 50 个。中文版未做改动。

(牛奶)、dog(狗)、bye 和 ball 等(Bonvillian, Orlansky & Novack, 1983)。

表6.3 美国儿童早期词汇中最常用的 50 个单词

类别及词汇*	频率†	类别及词汇	频率
食品和饮料		**交通工具**	
juice(果汁)	12	car(汽车)	13
milk(牛奶)	10	boat(船)	6
cookie(饼干)	10	truck(卡车)	6
water(水)	8	**家具和家居用品**	
toast(吐司面包)	7	clock(时钟)	7
apple(苹果)	5	light(灯)	6
cake(蛋糕)	5	blanket(毯子)	4
banana(香蕉)	3	chair(椅子)	3
drink(饮料)	3	door(门)	3
动物		**个人物品**	
dog[狗(含变体)]	16	key(钥匙)	6
cat[猫(含变体)]	14	book(书)	5
duck(鸭子)	8	watch(手表)	3
horse(马)	5	**饮食用具**	
bear(熊)	4	bottle(瓶子)	8
bird(鸟)	4	cup(杯子)	4
cow[牛(含变体)]	4	**户外物体**	
衣物		snow(雪)	4
shoes(鞋子)	11	**地点**	
socks(袜子)	4	pool(游泳池)	3
玩具			
ball(球)	13		
blocks(积木)	7		
doll(玩偶)	4		

资料来源:改编自 Nelson,1973。
"*"表示成人使用的词形。许多词有多种变体,特别是动物词汇。
"†"表示前 50 个习得词汇中使用该词的儿童数目(共 18 个儿童)。

这些例子表明,名词(nouns)在儿童早期词汇中较为普遍。事实上,有研究者认为,幼儿具有"名词偏向(noun bias)",因此相比动词,他们更容易习得名词(Gentner, 1982)。该观点获得了相关研究的支持。一项关于儿童学习英语和意大利语的研究发现,儿童早期习得的词汇中有很大一部分都是名词(Caselli 等,

1995)。然而，也有一些研究表明"名词偏向"可能并不具有普遍性(Bloom, Tinker & Margulis, 1993)。对于学习韩语的儿童而言，动词在其学习过程中出现的频率与名词相当(Choi & Gopnik, 1995)，而学习汉语的儿童早期习得的词汇中动词的数量实际上超过了名词(Tardif, 1996)。如此看来，看护者对儿童所说话语的差异可能是造成这些跨语言差异的原因之一。与说英语的看护者相比，说汉语和韩语的看护者在对儿童讲话时会使用更多的动词(Choi, 2000; Choi & Gopnik, 1995; Tardif, Gelman & Xu, 1999; Tardif, Shatz & Naigles, 1997)。因此，儿童早期词汇的内容似乎在一定程度上取决于他们所接收的语言输入。

◎ 单字短语期

儿童在1岁半(大约12—18个月)期间的言语通常只包含一个单词。即便只是说一个词也需要消耗他们的认知资源。很多证据都表明了这一点。这个阶段的儿童在说话时经常将多音节单词说成单音节单词[用 po 表示 piano(钢琴)]；他们还经常在一个单词的音节之间停顿(Echols, 1993; Johnson, Lewis & Hogan, 1995)。因此，说出单词的认知需求似乎限制了他们能够表达的意思。

为了部分地克服上述限制带来的不足，学步儿会选择语义更广的单词。这些词语通常被称为"表句词(holophrases)"，因为一个单词就能表达整个短句的意思。当1岁的儿童说球的时候，这个词似乎暗示了一个完整的想法，比如"把球给我""那是一个球"或者"狗把球拿走了"。语境和儿童选择的特定单词都让这个单字的表述变得容易理解。例如，处在单字表达阶段的儿童如果想要一根香蕉，他们通常会说 banana 而不是 want(Greenfield & Smith, 1976)。因为儿童想要的东西可能有很多，而香蕉一词中他们可以谈论的方面相对较少，因此香蕉是一个信息更为准确的词。不过，当我们把一根香蕉递给他们而他们并不想要时，他们通常会说 no 而不是香蕉，这大概是因为此时说香蕉可能会引起误解。

◎ 泛化、窄化和叠化

儿童使用一个词所想表达的意思和成年人对这个词意义的理解很可能有所不同。在2岁前，儿童说出的词汇所表达的意思与词汇标准意义间普遍存在明显的偏离，而较微妙的偏离在往后数年都会持续存在。

儿童对标准词义的偏离分为三类：泛化(overextensions)、窄化(underextensions)和叠化(overlaps)。安格林(Anglin, 1986)在他大女儿埃米的演讲中观察到了这些现象。泛化指儿童将一个单词不仅用来指代标准义所描述的对象，而且用来指代更广泛范围内的其他对象。例如，埃米使用的 doggie 一词不仅指狗，还指羊、猫、狼和牛。窄化指将单词的意义限制在其标准意义的子集内。例如，埃米说 bottle 时，她仅仅用来指自己的塑料饮料瓶。她不会用这个词来指代其他瓶子，如可乐瓶。叠化指在某些方面将一个词语泛化，而在其他方面又将之窄化。埃米拒绝将 brella 这个词称呼为可折叠的雨伞(umbrella)(窄化),但同时又用它来指代风筝,以及故事书中的猴子用来挡雨的一片叶子(泛化)。

泛化是最能使人注意到的一类词义偏离。当儿童称一只猫为 doggie 的时候,几乎每个人都能意识到这个儿童将 doggie 一词的词义泛化了。相比之下,窄化就没有那么明显了。在日常情况下,当某个儿童看到狗却不说 doggie 时,我们通常很难确定这到底是因为儿童对这个词的扩展不足,还是因为儿童只是不想谈论狗。这给人一种初步印象,即泛化比窄化更为普遍。然而,对 1 岁和 2 岁儿童词义理解更直接的测试却揭示了另一种可能(向儿童展示物体,并询问"这是什么?"或"这是一个_____吗?")。这些研究表明,实际上窄化比泛化更常见(Kay & Anglin, 1982)。初学语言的人在将新习得的单词扩展至新指称物时表现得更加保守(MacWhinney, 1989)。

◎ 形态和功能

在早期词义中发挥最大作用的特征是什么?有两点显得特别重要:形态和功能,即对象可感知的外观和它们的功能。形态在儿童泛化错误中的影响是显而易见的(Clark, 1973)。例如,世界各地的儿童都把圆的东西叫作"球",比如核桃、石头和橘子,这些东西和球在功能上大相径庭,但它们的外观却很相似。早期词义中功能的重要性在儿童使用的早期词汇中体现得较为明显(Nelson, 1973)。这些词往往指代的是儿童想要的东西(如 more、up、cookie),或是他们感兴趣的事物(doggie、car、keys)和活动。

早期词汇及其指代的事物

伊芙,踢。

原型: 用脚踢球,使球向前进。

特征: (a) 摆动的肢体;(b) 突然的剧烈接触(特别是身体部位和其他物体之间);(c) 物体被推动前进。

例子: 第 18 个月:(第一次使用)踢落地扇(特征 a、b);看一张关于猫爪附近有球的照片(所有特征,在预期将要发生的事件中?);看飞蛾在桌子上飞舞(特征 a),看电视上一排卡通海龟跳康康舞①(特征 a)。第 19 个月:在扔东西之前(特征 a、c);"踢瓶子",用脚踢瓶子,使它滚动(所有特征)。第 21 个月:用婴儿车前轮或婴儿车撞球使球滚动(特征 b、c);用泰迪熊的腹部去推克里斯蒂的胸膛(特征 b),用泰迪熊的腹部去推镜子(特征 b);用泰迪熊的胸部去推水槽(特征 b)等。

资料来源:Bowerman, 1982, p.284。

---

① 译者注:康康舞,法国的一种舞蹈。

形态、功能和其他属性在早期词义中起主导作用,但它们通常不能单独起作用。鲍尔曼(Bowerman, 1980)通过对女儿伊芙(Eve)和克里斯蒂(Christy)的观察阐释了这一点。两个女儿都将许多早期词语过度扩展(泛化)了。较为典型的是,她们的泛化所涉及的情形与其最初学习这个词语的特定情形是一致的。泛化强调了她们所命名物体和行为的各种显著特征,尽管形态和功能是最常见的。

"早期词汇及其指代的事物"展示了一个很好的例子。伊芙在踢球的情景中学会了 kick(踢)这个词。后来,她将这个词泛化,以描述具有类似形态和功能的活动,尽管她提到的许多事件在英语中通常不属于 kicks 的范畴。例如,她用 kick 来指称手臂和物体之间突然的剧烈接触、被推进的物体,以及肢体的摆动。

这个例子也说明了词义学习的要求。当儿童听到一个不熟悉的单词时,他们并不能确定它所指代的是哪方面的内容。有些词主要指功能(如 help),有些词指形态(如 big),有些词指动作(如 hits)。有趣的形态和功能有可能激发儿童对一个物体或动作产生足够的兴趣,从而促使他们尝试猜测指称该物体和动作的正确单词,并在早期使用这个词。因此,形态和功能在儿童赋予这些词意义时都占有突出的地位。

早期词汇和词义的后续发展

◎ 词汇习得过程

在大约 18 个月之前,儿童的词汇学习进展都非常缓慢。然而,18 个月以后,儿童会出现一个"词汇喷涌(vocabulary spurt)"期,他们的词汇学习会骤然加速。如表 6.4 所示,儿童每月的平均词汇量增长在 18 到 21 个月之间超过一倍。这种快速增长会持续数年。目前的估计表明,到一年级时,普通儿童的词汇量至少能达到 10 000 个单词,到五年级时则会达到 40 000 个单词(Anglin, 1993)。这意味着,在 1 岁半到 10 岁期间,儿童的词汇量平均每天增加 10 个以上。儿童在口语表达中产出的单词数量也在以同样快的速度增加(Dromi, 1986; Goldfield & Reznick, 1990)。

表 6.4 不同年龄段儿童的词汇量

年龄		词汇总量/个	新增词汇量/个
年	月		
	8	0	
	10	1	1
1	0	3	2
1	3	19	16

续表

年龄		词汇总量/个	新增词汇量/个
年	月		
1	6	22	3
1	9	118	96
2	0	272	154
2	6	446	174
3	0	896	450
4	0	1,540	318
5	0	2,072	202

资料来源：改编自 M. E. Smith，1926。

这种急剧的增长表明，儿童一定是从有限的语言输入中推断出了生词的意思。关于儿童词义习得的研究支持这一结论。尽管一个词可能有很多可能的含义，但1岁儿童通常可以从不到10次的语言接触中识别出一个生词的含义（或近似含义）(Woodward, Markman & Fitzsimmons, 1994)。2岁和3岁儿童通常在1次语言接触后就能大致推断出一个词的正确含义(Carey, 1978; Heibeck & Markman, 1987)。但是，如前文所述，如果指着一只狗说"这是一只狗"都能有那么多不同的阐释，那么一个词和它表达的含义之间又是如何实现如此"快速的映射"呢？哲学家奎因(Quine, 1960)把这个问题称为"归纳之谜(the riddle of induction)"。

对于该谜，研究者们提出了不同的可能解决方案。综合看来，主要分为四大类：(1) 学习过程中的约束；(2) 语法线索；(3) 一般认知过程；(4) 社会认知技能。

◎ **学习过程中的约束**

马克曼(Markman, 1989, 1992)提出，儿童解决"归纳之谜"时从不考虑绝大多数符合逻辑的词义假设。相反，他们关注的是成年人最有可能想到的意义。这并不是说儿童会"读心术"。如马克曼所说，这反倒意味着，儿童关于词义的假设受到约束，词义的可能范围在缩小，而这通常可以使他们一开始的假设就能直达正确词义。马克曼认为，有三种约束尤为重要：整体对象约束（whole-object constraint）、互斥性约束（mutual-exclusivity constraint）和分类约束（taxonomic constraint）。

整体对象约束假设对象的名称指代的是对象整体，而不是其某个部分或属性。因此，当一个成年人指着某新奇物体说"这是我的布利克"，2岁的儿童会认为"布利克"是这个新奇物体的名字，而不是指它的颜色或质地(Soja, Carey & Spelke, 1991)。在同样的情况下，成年人也会做出相同的假设(Imai & Gentner, 1993)。

当儿童被告知"这是一个 X"时,他们对 X 含义的猜测特别容易受到命名对象形状(shape)的影响。学前儿童和成年人都会使用一个生词来指代与原对象形状相同,但颜色、纹理、材质或大小上有所区别的对象(Baldwin, 1992; Landau, Smith & Jones, 1992; Samuelson & Smith, 2000a; Smith, Jones & Landau, 1992)。他们不太可能用这个生词来指代那些形状不同,但颜色、纹理、材质或大小相似的物体。

互斥性约束指如果某对象具有一个已知的名称,那么某生词指称的可能是另外一个对象。因此,当儿童遇到一个生词,而在当前语境里这个词可能指代两个对象中的某一个,鉴于他们已经知道其中一个对象的名称,所以他们的第一个猜测通常是:这个生词指代的应该是另一个对象。例如,3 岁儿童知道 spoon(勺子)一词但不知道 tongs(钳子)这个词,当向他们展示一个勺子和一个钳子,并对他们说"给我看一下 gug"时,儿童通常都会选择钳子(Golinkoff, Hirsh-Pasek, Lavallee & Baduini, 1985; Markman & Wachtel, 1988)。这一约束不仅适用于对象的名称,学前儿童同样会假定新动词指的是他们不知道其名称的动作,而不是他们已知名称的那些动作(Clark, 1993; Golinkoff, Hirsh-Pasek, Mervis, Frawley & Parillo, 1995; Merriman, Marazita & Jarvis, 1993)。

当儿童到 1 岁半时,互斥性约束似乎已经开始发挥作用(Liitschwager & Markman, 1994)。在 16 个月大的时候,对比词库中已有词语对应物体名称的情况,儿童在学习他们既有词库中无词语与之对应的物体名称时要快得多。在接下来的几年里,儿童依赖互斥性约束的一致性显著提高(Merriman & Bowman, 1989)。

分类约束指当用一个生词命名某个对象时,这个词也可以用于指代与该对象同类的其他对象。例如,让 18 个月大的儿童看一张狗啃骨头的照片,并告诉他们"这是一个 sud"。儿童便会假设 sud 指代的是狗这一类动物,而不是指狗的鼻子、身体、皮毛或"狗啃骨头"这一事件(Markman, 1989)。

但是,儿童如何知道 sud 表示的是动物这样的一般用语,还是狗这样的具体名词,抑或是德国牧羊犬这样更具体的词语呢?部分解释是,除非有相反的证据,否则儿童倾向于认为不熟悉的词语包含一个基本水平(basic level)的描述,该描述涉及对象主要的感知和功能特征,并不涉及非常具体的细节(Golinkoff, Shuff-Bailey, Olguin & Ruan, 1995)。儿童会认为 sud 指的是狗,因为知道"某个对象是狗"就告诉了我们该对象的主要特征,不必详细区分狗的种类。这个假设颇有道理,因为儿童言语中出现更多的是基本水平的词语(比如狗),并不是更抽象或更具体的词语(Anglin, 1977; Blewitt, 1983)。

在某些情况下,这些约束相互冲突。例如,某实验给儿童看一个生日蛋糕,并告知儿童木偶们将蛋糕称为 fep,然后问儿童另外两个物体是否也是 fep,这两个物体分别是一个形状不同于生日蛋糕的馅饼和一顶形状与蛋糕相似的帽子。当面对物体形状与其类别之间的冲突时,3 岁儿童比 5 岁儿童更有可能认为形状相似的那个物体是 fep,而 5 岁的儿童则更可能选择类别相同的物体(Imai, Gentner & Uchida, 1994; Merriman, Scott & Marazita, 1993)。该实验结果表明,物体的外观在年幼儿童的词义推断中尤为重要。而随着年龄的增长,同属一种类别(如糖果)和提供相同功能(如好吃)的重要性会变得越来越重要。

◎ **语法线索**

学习过程中的约束并非帮助儿童在无须反复试错的条件下解决"归纳之谜"的唯一要素。至少在儿童 2 或 3 岁以前,语法线索也在发挥作用。在关于该问题最早的一项研究中,布朗(Brown, 1957)发现学前儿童把 a wug[①] 理解为一个对象,把 some wug 理解为一个未分化的群体,把 wugging 理解为一种活动。2 岁的儿童也知道,"这是 X"这句话中 X 通常是专有名称(如"This is Robert.")(Gelman & Taylor, 1984; Macnamara, 1982),而"这是一个 X 的东西"(如"This is a tasty one.")中的 X 则是一个形容词,表示物体的属性(Waxman & Markow, 1998)。

语法线索在学习动词的意义方面显得尤为重要。单个动词的句法结构各不相同。有些动词是及物动词(transitive),这意味着它们后面需要跟一个直接宾语。例如英语动词 hit,"Molly hit the ball.(莫莉击打了那个球)"是合乎语法的句子,而"Molly hit(莫莉击打)"就不符合语法了。还有一些动词是不及物动词,这意味着它们不能直接跟宾语。例如动词 fall,句子"Susie falls."是符合语法的,而"Susie falls the ball."则不符合语法。含有某特定动词的句法结构揭示了该动词相关的语义信息。例如,及物动词一般涉及引起某种结果的动作,而不及物动词则通常是涉及非因果关系的动作。再举一个例子,与介词短语搭配的动词倾向于表达运动的方向,例如,"Becky walked up the hill.(贝基向山上走去)"。这些句法结构和动词意义之间的系统关系在父母与幼儿的言谈中表现得很明显(Naigles & Hoff Ginsberg, 1995)。

从很小的时候起,儿童就利用这些信息来确定动词的意义。奈格尔斯(Naigles, 1990)给 2 岁儿童展示了一只鸭子和一只兔子的视频片段,该片段描绘了一个因果动作(鸭子压在兔子的头上,使兔子蹲下)或一个非因果动作(鸭子和兔子围成圈挥舞着上肢)。同时,研究人员给儿童呈现一个含有新动词的及物句"The duck is gorping the bunny.(鸭子在啄兔子)"或不及物句"The duck and the bunny are gorping.(鸭子和兔子在啄)"。不一会儿,让受试儿童同时观看两个视

---

① 译者注:wug 是一种虚构的卡通生物。

频,并问他们"gorping 在哪里"。结果显示,最初在及物句中听到该动词的儿童观看因果动作片段的时间更长,而最初在不及物句中听到该动词的儿童观看非因果动作片段的时间更长。

在一项相关的研究中(Fisher, Hall, Rakowitz & Gleitman, 1994), 3岁和4岁的受试儿童观看了各种动作的视频片段,这些动作可以被理解为及物的,如"The rabbit pushes the elephant.(兔子推大象)"或不及物的,如"The elephant falls.(大象摔倒了)"。当儿童观看这些片段时,一个木偶用"木偶话"来描述这些动作,如"The rabbit is ziking the elephant."或"The elephant is ziking."等。受试儿童的任务是把"木偶话"翻译成英语。实验的预期是,如果儿童注意到语法线索,他们对"木偶话"中动词的理解将取决于该动词所处的句子结构。结果表明,当儿童在及物句子结构中听到 ziking 这个词时,他们将其解释为 pushing,但当他们在不及物句子结构中听到这个词时,他们将其解释为 falling。

年幼儿童是如何知道句法结构和语义的对应关系的?一种可能是他们通过观察语言输入的规律来学习这些对应关系。语言输入似乎为儿童提供了一个丰富的数据库,通过它可以推断出句法线索和词义之间的关系。而这些推论会指导词汇习得的过程。

◎ 一般认知过程

语法线索观强调作为早期词汇学习发展源泉的语言输入(language input)的特点,而一般认知过程观则强调语言学习者(language learner)的特点。根据这一观点,感知、注意和记忆这些基本认知过程本身就足以使儿童快速有效地学习新单词(Bloom, 2000; Samuelson & Smith, 1998, 2000b; Smith, Jones, Landau & Gershkoff-Stowe, 2002)。重要的是,这些基本认知过程是各范畴通用(domain general)的,它们适用于学习多种不同类型的信息,而不仅仅是语言。这是与约束观点形成对比的一个关键方面。约束观点认为,儿童能够快速地学习大量单词是因为专门用于语言学习的约束在起作用。

马克森和布卢姆(Markson & Bloom, 1997)的研究提供了令人信服的论据,证明一般的学习和记忆过程可以实现快速的单词学习。他们的实验设计了一个游戏,3岁和4岁的儿童会在游戏中用到6个新奇的物品。在游戏过程中,受试儿童被告知其中一个叫作 koba,另外一个是实验者的叔叔送给实验者的。之后,受试儿童收到了一系列的物品,任务要求是在这些物品中找出叫作 koba 的物品以及实验者从她叔叔那里得到的物品。正如预期的那样,大多数儿童识别出了被称为 koba 的物品,而且他们还能将这个名称保持一周到一个月。然而,更令人惊讶的是,对于实验者从叔叔那得到的物品,儿童展现出了同等的识别和记忆能力。这说明了一个事实,即新词语和新事实的学习具有可比性。而该事实又表明,产生学习的是一般的认知过程，而不是专门用于语言的认知过程。

一般的认知过程也可能影响词义的约束发展。为了验证这个可能性，史密斯等人（Smith 等，2002）对 17 个月大的儿童进行了一项训练研究，这些儿童在研究开始时年龄还很小，还不能根据物品形状概括出新词汇。在为期七周的一系列训练课程中，训练组的儿童学习图 6.2 中某一种形状的物品名称。每一次训练期间会使用一个新单词对该物品所属类别中的其他物品进行反复标识（看，一个 zup），还会呈现一个不同类别的对比案例（一个不同形状的物品）（哦，那不是 zup），对照组的儿童没有参加这些训练课程。

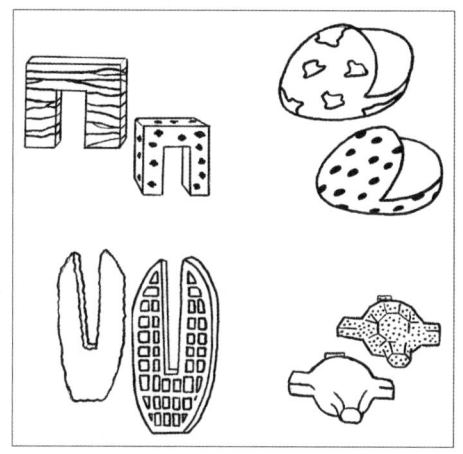

» 图 6.2　史密斯、琼斯、兰多和格什科夫·斯托（Smith，Jones，Landau & Gershkoff-Stowe，2002）使用的四类物品。每个类别的物品具有相同的形状，但在其他属性（如纹理和颜色）上有所不同
Copyright 2002, Blackwell Publishers. Reprinted with permission

在研究的最后一周，实验人员给两组儿童都呈现全新的物品和新单词，并测试他们能否根据形状将新单词概括至其他物品。结果显示，训练组中的儿童确实会进行这种概括，而对照组中的儿童则做不到。因此，在训练课程中学习形状分类的儿童会通过形状来推断新单词的意思，他们也会把形状的重要性推广到新的物品和单词。这些数据表明，基本的认知过程（如注意和概括）可能是早期词汇学习中一些模式如"形状偏向（shape bias）"等的来源。

更为显著的是训练对儿童词汇的影响。该影响可以在研究开始和结束时通过父母的检查表来衡量。在整个研究过程中，训练组的儿童产出性词汇中关于物品名称的数量显著增加，增幅远远高于对照组的儿童。这些数据表明，学习注意物品的形状实际上给这些儿童带来了词汇的激增。在更为自然的环境中，儿童最初可能会学习一些基于形状的单词（如球、杯子、鞋子等），然后对这些实例进行归纳，以推断出形状是确定单词和物品对应关系的一个重要特性。

◎ 社会线索和社会认知类知识

儿童解决"归纳之谜"的另一个可能来源是社会环境。大量的语言学习发生在社会互动中,包括儿童和成年人共同关注的情境、阅读书籍等文本类活动,以及遮脸藏猫猫等日常游戏活动(如 Bruner, 1983)。儿童和成年人都在这些社会互动中发挥作用。例如,婴儿会注意到他们感兴趣的物体,而成年人通常会给儿童所注意的物体命名(Masur, 1982)。随着儿童语言能力的提高,他们试图就脑海中的东西进行交流,而大多数成年人对这些早期的交流努力都会进行积极地回应(Bloom, 1998; Bloom, Margulis, Tinker & Fujita, 1996)。这样的社会互动提供了一个语境,儿童可以在其中学习语言及其使用。此外,随着儿童对他人的认识不断深入,他们可以在语言学习中利用这些知识。

到 2 岁时,儿童意识到语言通常指的是说话者所注意的事物,而不是他们自己注意的事物。为了证明儿童具有这种理解,鲍德温(Baldwin, 1991, 1993a)创设了这样一种情境:一个成年人看着某新奇物体,一个 18 个月大的儿童看着另一个物体,这时成年人说:"A modi!"儿童听到这句话后把注意力转移到了成年人正在看的物体上。而后,当要求儿童去拿成年人称为 modi 的物体时,儿童更倾向于选择成年人在使用这个词之前一直在看的那个物体,而不是他们自己一直在看的物体。理解他人的意图也有助于学步儿的语言学习。例如,如果一个成年人在说一个单词时无意中执行了一个新动作,学步儿不会将该动作与该单词关联起来。但如果成年人有意执行相同的动作,学步儿则会将单词与动作联系起来(Tomasello & Barton, 1994)。因此,对交流以及社会环境更广泛的理解会影响儿童的词义学习。

社会环境也以其他方式促进儿童的词汇学习。成年人有时会在儿童出现用词不当时提供正确的反馈(Bohannon & Stanowicz, 1988)。儿童还认识到,成年人可以作为词义信息的储存库,一个 4 岁女孩提出的以下问题就是很好的证明:

妈妈,土在下雨的时候就变成脏兮兮的泥巴,干燥的时候就是土,对吧?(Makris,私人谈话,2002)

因此,通过社会互动、正确反馈和问题回答,成年人创造了促进儿童学习语言的条件。通过建立共同注意、区分有意和无意行为以及提问,儿童也促进了这一社会学习过程的形成。

◎ "归纳之谜"以外的挑战

在前面几节里,我们讨论了儿童在推断所听到单词的意思时用以解决"归纳之谜"的线索和能力。儿童似乎依赖于约束、语法线索、各范畴通用的一般认知过程和社会信息的组合来确定单词的含义。然而,解决"归纳之谜"并不是儿童在学习词义时面临的唯一挑战。另一个挑战是找到一种方式来表达他们没有恰当词语可以表达的意思。

为了应对后一种挑战,儿童常常发明新颖的方式来表达期望的意思。克拉克(Clark,1995)举了一个这样的例子。一个 24 个月大的儿童说"'鼠叔叔'(rat-man)来了",另一个 25 个月大的儿童说"妈妈刚粘好了这张'长矛纸'(spear-page)"。这个"鼠叔叔"是她父亲的一个同事,在一个心理学实验室里利用老鼠开展研究工作;"长矛纸"原是一张破损的纸,纸上有丛林部落的人手拿长矛的画,这个儿童的妈妈把破损的部分粘在了一起。克拉克还提到了一个 28 个月大的儿童。这个儿童说:"你是剑手(sworder),我是枪手(gunner)。"正如这些例子所表明的,儿童对语言的创新式使用绝非偶然。它们反映了儿童构建新词语的规则,例如组合本身有意义的词或其他成分,并在组合之后表达一个明确的含义。这样的语言创造力让儿童能够表达出远远超出他们有限词汇所能表达的意思。

当遇到更复杂的词义状况时儿童怎么办呢?是否如皮亚杰认知发展分析所描述的那样,儿童是否会重新组织他们最初的词义知识,以反映出更成熟的总体思维水平吗?人们观察到的情况显然就是如此。以 2 到 6 岁的儿童学习动词和前缀 un 的组合为例。乍一看,uncover(揭开)、undress(脱下)、unlock(打开)、unstaple(拆开)等词似乎没有什么共同的特点可以将它们与 unbreak、unspill 等假词区分开来。然而,对这些词的进一步分析表明,它们存在一种共同的构词模式(Bowerman, 1982; Clark, 1995)。un 通常可以附加到用来表示对象之间接触[unlock、unfasten(解开)和 unstaple(拆开)]或覆盖[undress、unveil(揭开)和 uncover]的动词前。相对而言,un 几乎从来不会被添加至其他动词前面。

鲍尔曼发现,儿童第一次使用这些词时会正确地重复所听过的别人用过的词,如 unbuckled(解开)和 untangled(解开)。之后,他们开始用新的、常常是错误的方式在动词前添加前缀 un。例如,一个儿童对她妈妈说"I hate you! And I'll never unhate you or nothing!(我恨你!我永远不会不恨你,一点都不)"!这些错误表明,儿童意识到 un 是她所听到动词的一个不同的部分,而且它可以附加到其他动词前,但这个儿童还没有弄清楚何种情况下可以使用前缀 un。后期的错误表明,儿童更清楚地认识到 un 通常只能附加在表示接触或覆盖的动词前。例如,还是那个发誓永远不"不恨"她妈妈的儿童,8 个月后,她背诵了一个鬼故事,并说道"He tippytoed to the graveyard and unburied her.(他偷偷摸摸地来到墓地,把她挖了出来)"。虽然 unburied 在英语中不是一个词,但它确实符合前文提到的规则,即 un 常常可以附加在表示覆盖的动词前。这种区别的微妙之处反映出儿童在词义学习上表现得如此出色:有多少成年人告诉过你动词前添加 un 的使用规则呢?

语法

所有的人类语言都有语法,即构成句子的规则。儿童有学习这些语法的动力,即使他们在不学习语法的情况下也能够很好地交流,即使他们因为极少语法错误被纠正过(Brown & Hanlon, 1970)。儿童对语法学习的兴趣将人和猿类区分开来。尽管后者能学会用符号表达意思,但猿类对所学语言的语法不会产生兴趣。

世界上许多语言的语法都极其复杂。儿童在很小的时候就能够学习如此复杂的系统,这使得一些研究人员提出,早期发展阶段存在一个"关键期(critical period)",在这个时期,大脑特别容易接受语法知识。下面,我们首先会讨论儿童在生命头两年的语法发展,接着探讨年龄稍大儿童的语法发展情况,最后将梳理关于儿童如何学习语法的几种理论解释。

早期语法发展

◎ 语法学习的感知基础

即使刚出生的新生儿似乎也对语法信息具有一定的敏感性。史、沃克尔和摩根(Shi, Werker & Morgan, 1999)考察了新生儿对功能词(如 the、in 和 its)和实词(如 play、chair 和 ball)之间区别的敏感性。这两类词在语言中的角色不同:实词(如名词、动词、形容词和副词)具有实际意义,而功能词(如冠词、介词和助词)主要在结构方面起作用。这两类词的感知特征也不同。例如,功能词中的元音发音较短,音节结构也较简单。

为了测试新生儿是否能够区分实词和功能词,史和同事向 1—3 天大的新生儿展示了一个由功能词或实词组成的词表。在习惯化阶段,新生儿会吸吮一种能记录吸吮速度的特殊奶嘴。当新生儿对词表的兴趣下降到一定程度,以至于他们的吸吮速度达到了预先指定的标准时,一个新词表就会出现。对于部分新生儿,新词表由他们在习惯化过程中听到的同一类单词(功能词或实词)组成;对于另外一部分新生儿,新词表由另一类别的单词组成。结果显示,与词表类别保持不变的新生儿相比,当测试阶段词表类别与习惯化阶段不同时,新生儿对奶嘴的吸吮速度有较大的提高,这说明他们对新词表表现出更大的兴趣。因此,新生儿可以根据词汇的感知特征来区分功能词和实词。一项后续研究表明,到 6 个月大时,婴儿更喜欢听实词而不是功能词(Shi & Werker, 2001)。这些研究发现说明,语言通过在婴儿看来具有感知显著性的方式标记某些语法差异,这种标记有助于语法学习。

◎ 句子

句子是语法的基本单位。它们不仅仅是一串简单的单词。相反,句子是表达意义的连贯单位,并遵循词序、语调和重音的相关规则。安妮菲尔德(Anisfeld, 1984)曾评论道:"从真正意义上来说,声音和单词就是要被用于句子中才有意义。"(p.113)

从很小的时候起,婴儿就能够从句子中词汇的顺序发现其规律。为了研究这种能力,戈麦斯和格肯(Gomez & Gerken, 1999)使用了一种由8个无意义的词组成的人工语言,这些词以"句子"的形式出现,句子则是根据一组任意的词序规则构建的。婴儿会学习这种人工语言里一组"合乎语法"的句子(它们符合词序规则)。对于这些句子,12个月大的婴儿只听两分钟就可以区分新的"合乎语法"的句子(先前没有展现的句子)和违反词序规则的"不合语法"的句子。

其他研究表明,7个月大的婴儿可以从如ga ti ga和li na li的"句子"中概括出ABA句型(Marcus, 2000; Marcus, Vijayan, Bandi Rao & Vishton, 1999)。若婴儿在习惯化阶段学习含有ABA句型的人工语言,他们随后更倾向于较长时间地注意ABB句型的新句子(如wo fe fe),而不是ABA句型的新句子(如wo fe wo)。在习惯化阶段学习含有ABB句型语言的婴儿则表现出相反的偏好。这些研究发现表明,婴儿很容易习得抽象的、规则性的语法信息。

甚至在儿童能够开口说出完整的句子之前,他们在日常语境中对他人表述的理解就反映了儿童对母语中某些语法惯例的了解程度(Hirsh-Pasek & Golinkoff, 1996)。例如,在言语产出主要以单字短语为主的年龄阶段,儿童已经对句子中词序的作用有了一些了解。在一组研究中,17个月大的儿童同时观看了两部影片,这两部影片的内容只在"谁对谁做了什么"上有所不同。在其中一部影片里,大鸟①(Big Bird)在给饼干怪兽②(Cookie Monster)洗澡;而另一部影片里则是饼干怪兽在给大鸟洗澡。当儿童被问道"大鸟在哪里给饼干怪兽洗澡?"时,他们通常会看向描述这种行为的那部电影。这种模式表明,17个月大的儿童认为句子中的第一个词指代的是动作的执行者,这与英语中常见的语法规则相对应。

转而看一看儿童自己的言语活动。他们最早的双词短语似乎介于单个词配对和真正的句子之间。双词短语中的两个词都倾向于表达相关的意思,但它们不是很连贯,常常被长时间的停顿隔开。有时,它们被称为(单词的)序列(sequence),以区别于真正的句子。因此,一个20个月大的男孩会说出诸如 train/bump、cow/moo"和beep/beep/trucks这样的短语(Anisfeld, 1984;斜线表示单词之间的停顿)。这些短语似乎表达了与简单句子相当的意思[The train bumped.(火车很颠簸),Cows say moo.(牛会哞哞叫),Trucks beep.(卡车会嘟嘟响)]。然而,它们缺乏语调模式和句子的连贯性。

---

①② 译者注:大鸟和饼干怪兽都是美国儿童教育电视节目《芝麻街》中的经典角色。

儿童在学会说这些短语之后,开始产出真正的句子。起初,这些句子很少见,但在几个月内,它们就占了主导地位。建构句子所需的认知努力在儿童说话的停顿方式中显而易见。布雷恩(Braine,1971)估计,24至30个月大的儿童中,他们30%至40%的言语表达属于"替换序列(replacement sequences)",在这种序列中,儿童会在先前的言语基础上继续构建他们想要的形式和意义。布雷恩就此描述了两名儿童的话语。一个25个月大的儿童接连说了这样的话"Want more. Some more. Want some more. (还想要。再来点。还想要再来点)"。而一个26个月大的儿童则这样说"Stand up. Cat stand up. Cat stand up table(站起来。猫站起来。猫站起来到桌子)"。

在语言学习的早期,语法知识常常与语义知识交织在一起(Corrigan, 1988; Corrigan & Odya-Weis, 1985)。来自不同语言背景的儿童在他们产出的双词短语中强调同样的语义关系:施事者—动作[mommy hit(妈妈打)]、所有者—所有物[Adam checker(亚当检查器)]、属性—物体[big car(大汽车)]、重现[more juice(更多果汁)]和消失[juice allgone(果汁全部消失)](Anisfeld, 1984; Bloom, 1990; Braine, 1976)。在每一种关系中,儿童都遵照一定规律排列单词。因此,当描述一个已经消失的物体时,如果该儿童会说juice allgone,那么他/她就很少会说allgone juice 或 allgone milk。不过,词序的一致性还取决于所要表达的意思。

最初,儿童对于从他们已有的语法能力中进行概括是非常保守的。例如,库奇扎伊(Kuczaj,1986)观察到,他的一个孩子最初只在以these(这些)或those(那些)开头的陈述句中使用are(Those are good toys.)。他另一个孩子一开始只在句子的结尾用is(There they is.)。这种不愿意将新习得的语法形式扩展到新语境的现象类似于儿童在将新习得的词义扩展到新的指称物时表现出的保守,以及他们对发音困难词语的回避。

后期语法发展

一旦儿童能说出真正的句子,他们就开始学习成人语言中使用的许多语法规则。例如,说英语的儿童会学习在动词后面加上 ed 来表示过去发生过的事情。他们也会学习在名词后面加 s 或 es 来表示不止一个人参与了一件事。他们学会在不同的情况下正确地使用 am、is 和 are。两种语法规则的习得状况能特别清楚地说明语法的发展:过去式和疑问句。

◎ 过去式

在英语中,大多数动词的过去式是由不定式加 ed 组成的(例如,把 ed 加在 help 后变成 helped)。然而,一些特别常见动词的过去式却存在不规则变化,例如 came、went、hit 和 ate。这表明,要描述过去发生的事需要同时掌握这一规则和那些例外情况。

儿童开始学习过去式时,似乎是把每个单词当作一个单独的情况。因此,他们习得的第一个动词过去式多是他们所听到形式的正确重复,包括规则变化(如jumped)和不规则变化(如 ran)。然而,一旦他们学会了相当多的动词(大多数情况下大约是 60 到 70 个),并抽象出动词过去式 ed 的变化模式,他们就会把这一模式用于所有动词的过去式变化,不管遇到的动词应属于规则变化还是不规则变化(Marchman & Bates, 1994)。这种做法可以帮助他们推断出许多从未听过的规则动词的过去式,但也会导致出现诸如 runned 和 eated 等泛规则化(overregularized)的形式。这些泛规则化的形式并不是他们在任意特定时间产生的唯一形式,同一名儿童有可能在一句话中说 runned,在下一句话中又可能会说 ran,有时还可能会说 ranned(Marcus 等,1992)。泛规则化现象会持续很长一段时间,大多数儿童在 2 岁左右至学前阶段都会时不时出现这种现象(Marcus 等,1992)。这种现象也不像是偶然失误。当要求 5 岁和 6 岁的儿童判断某特定形式是"可以接受"还是"不能接受"时,大多数儿童表示 ate 和 ated 都是可以接受的,尽管大多数儿童认为 eated 是不可接受的(Kuczaj, 1978)。直到 7 岁时,儿童才能判断出正确的动词过去式。

◎ **疑问句**

儿童在学会使用双词短语后不久就开始学习一套常见但却异常复杂的语法形式:那些与提问有关的语法形式。通常,他们问到的第一个问题是"What dat?"(Reich, 1986)。接下来的问题则是关于 Where(Where Mommy boot?)的,然后是关于 yes-no(Go now?)的问题,以及关于 doing 的问题(What Billy doing?)。

显然,从这些简短的问题发展到完全合乎语法的问题还有很长的路要走。儿童需要数年的言语经验才能做到始终用语法正确的句子提问。以学习 wh 问句的过程为例。最初,学英语的儿童通常会保持英语中典型的主谓宾(subject-verb-object)顺序不变,只是在他们刚听到的句子前加一个 wh 开头的疑问词(de Villiers, 1995)。一个听到"Billy hates Mary. (比利讨厌玛丽)"的儿童,可能会问"Why Billy hates Mary?(比利为什么讨厌玛丽?)"。后来,儿童会意识到,这种情况下句子必须加上助动词,如 does。有时他们会把助动词放在错误的位置(Why Billy does hate Mary?(为什么比利讨厌玛丽?)),有时助动词使用正确但他们却忘记把动词的 s 去掉(Why does Billy hates Mary?)。还有些时候,之前出现各种错误的儿童又会说出形式完全正确的句子。直到大约 5 岁,儿童才正确地提出这些问题而不出错。儿童坚持不懈地学习这套复杂问句形式的表现再次说明,儿童具有说出合乎语法言语的强烈动机。

◎ **语法学习的关键期**

为什么这些语法形式的学习是在既定的时期,而不是更早或更晚的时候? 伦内伯格（Lenneberg, 1967）提出了一种有趣的可能：从 18 个月到青春期是一个关键时期，在此期间大脑特别容易接受语法学习。

语法习得的最初解释似乎与伦内伯格的假设相矛盾。例如，研究人员对在荷兰生活满一年的成年人和学前儿童进行了比较研究，结果表明成年人对荷兰语语法的掌握程度更好（Snow & Hoefnagel-Hohle, 1978）。

不过，有研究更关注语法习得的年龄终点，而不是经过一年或几年的语言接触后所积累的语法知识。这些研究表明，较早学习语法的学习者最终会达到更高的水平。约翰逊和纽波特（Johnson & Newport, 1989）研究了移居美国的韩国人和中国人的英语语法知识，这些移民在 3 到 39 岁时到了美国，在美国生活了 3 到 26 年。由于他们所研究的群体到达美国时的年龄和在美国生活的时间之间仅存在中等程度的相关性，研究人员可以将移民开始学习英语的年龄方面的影响从他们学英语所花的时间方面的影响中分离出来。

结果显示，移民抵达美国时的年龄与其语法掌握程度密切相关。相比之下，在美国生活的时间则与此几乎没有关系。7 岁以前抵美的移民掌握的语法程度和出生在美国的成年人差不多；8 到 10 岁间抵美的移民语法掌握程度稍差；11 到 15 岁抵美的移民语法掌握程度则更差。更重要的是，15 岁以后抵美的人中很少有人能很好地掌握英语语法（见图 6.3）。所调查的 22 人中只有一人是 15 岁以后来到美国。这个人的语法知识和 11 岁前抵美的那 15 个人中语法知识最弱的那个人相当。此外，在那些 15 岁后抵美的移民中，无论是抵达美国时的年龄还是在美国生

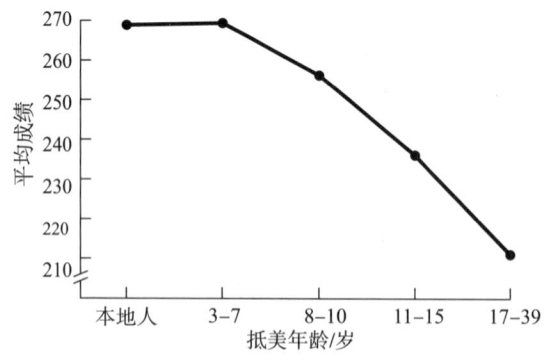

》 图 6.3　从测试表现看移民抵达美国时的年龄对其语法能力的影响（data from Johnson & Newport, 1989）

活的时间，都没有呈现出与语法掌握程度之间的高度相关性。与美国本地人普遍掌握英语基础语法的情况不同，一些成年英语学习者对英语语法的掌握能达到中等程度，而另一些则掌握较差。

与约翰逊和纽波特的研究一样,大多数关于语法学习关键期的研究都集中在第二语言学习上,因为不让一个正在发育的儿童接触母语是不道德的。然而,极个别儿童可能由于严重的忽视或虐待,从而在没有语言输入的情况下长大。吉妮(Genie)就是这样的一个儿童。她从 20 个月大时就被关在一个小房间里,到 13 岁 7 个月大时才被发现。被发现后,吉妮在语言习得方面取得了很大的进步,但她无法掌握语法中许多更复杂的内容,如助动词系统(例如,她总是会漏掉诸如"I will go home.(我要回家)"等句子中的 will)和被动结构(她不能说出"The ball was hit by Molly.(球被莫莉击中)"之类的句子)(Curtiss, 1977)。这些数据验证了这样一种观点,即关键期内的语言输入至少对习得语法的某些方面是必不可少的。不过,除了缺乏语言接触外,吉妮也有可能存在其他的发展或学习问题,因此人们不能非常肯定地认为,吉妮无法习得这些语法结构是由于在关键期时缺乏语言输入。

也存在一种非人为引发的状况,儿童在早年可能在没有语言输入的情况下成长,这就是父母听力正常的失聪儿童所遇到的情况。这些儿童中有一些直到入学才接触到流利的手语。同样,与关键期假设一致,这些手语的"晚期学习者(late learners)"在对语法能力要求较高测试(如回忆复杂句)中的表现通常不如从出生就学习手语的人(Mayberry, 1993; Mayberry & Eichen, 1991; Newport, 1990)。晚期的美国手语学习者在后来学习书面英语时的表现也比本土手语者差(Mayberry, Lock & Kazmi, 2002)。

这些发现清楚地支持了在发展早期学习语法会更好的观点。然而,其他研究也提出了一些问题。有研究表明,至少有些将英语作为第二语言学习的成年人确实获得了与英语是母语的人相当的语法精通程度(Bialystok & Hakuta, 1994; White & Genesee, 1992)。其他研究表明,与关键期假说相反,随着年龄的增长,第二语言的学习能力是逐渐下降的,而不是突然变化的(Hakuta, Bialystok & Wiley, 2003)。如此看来,关于关键期的争论远未停止。

对语法发展的相关解释

目前,还没有公认的语法发展理论。不过,有些理论还是在一定程度上对语法发展进行了阐释。

◎ 基本儿童语法

斯洛宾(Slobin, 1986)提出,儿童在接收到的任何语言输入上都会强加一个基本儿童语法。这一观点与词义约束关系紧密,也与皮亚杰同化概念存在联系。在斯洛宾看来,儿童预期某些意义非常重要,这些意义应该在语法中反映出来。他们还预期特定的意思应在短语中的特定位置表达出来。当儿童认为重要的意义由语法进行了标记,而且这些标记的位置与儿童的预期相同时,他们很快就能学会语法规则。当语法标记出现在不同于儿童想法的地方时，或者当儿童根本不认为意义比较重要时，他们学习的速度会慢一些。

否定词的使用说明了斯洛宾的总体思想。否定词会影响它们所修饰的整个短语的意思。当我们说"He didn't run to the store.（他没有跑向商店）"时，didn't 中的否定词修饰了整个动词短语 did run to the store。儿童的错误表明他们试图将否定词保留在短语之外，即使他们听到的言语里是将其放在短语内的。在土耳其语中，正确的句子先指定动词，而后指出其是否为否定意义，然后才是完整的动词短语（如"He run didn't to the store."）。然而，说土耳其语的儿童经常会犯这样的错误，把 didn't 移到动词短语之外（如"He didn't run to the store."）。因此，儿童的预期可能优先于他们所接触的语言规则，从而导致出现语法错误。总体上来说，儿童的预期与他们所听到语言的语法规则之间的契合程度影响着他们学习语法的速度。

◎ **语义自举**

儿童早期产生的句子通常遵循标准的意义顺序，如"发起者—动作—接受者（agent—action—recipient）"，比如，"Billy hit me.（比利打我）"。然而，儿童最终也会说出偏离这种标准顺序的句子。例如，当一个儿童说"Going to school sure is fun.（上学确实很有趣）"时，主语（Going to school）并不是一个动作的主体（发起者），动词（is）不是一个动作，宾语（fun）也不是任何动作的对象（接受者）。随着儿童语法能力的提高，他们也会认识到一个无意义的句子在语法上仍然有可能是正确的［例如，Frequent exercise prevents restless windows.（经常锻炼可以防止不安静的窗户）］。完整的语法理论必须能够解释人们如何形成如此抽象的语法理解，以及他们对意义的最初理解在这一过程中扮演了什么角色。

平克尔（Pinker，1984）提出，早期的语法学习以语义自举（semantic bootstrapping）为基础。其重要观点是，儿童首先在他们听到的句子中识别出最常见的意义类别（例如，发出动作的人或事物、动作的名称以及受动作影响的人或事物）。然后，在此基础上他们形成基于意义的范畴和规则来对句子中的单词进行排序。最后，他们将这些基于意义的范畴和规则"拉升"到纯粹语法范畴和规则。

由于语法范畴往往与意义相关，上述的学习过程是可能的。在英语中，人或事物的名称通常被当作名词，动作被当作动词，人或事物的属性被当作形容词。这些关系为早期的句子分析提供了基础。例如，儿童通过频繁接触如"Babar jumped on the bed.（巴巴尔跳到了床上）"之类的句子，他们了解到在英语中动作的发起者通常位于句首，动作本身通常位于中间，动作的接受者通常位于句尾。这为儿童根据"发起者—动作—接受者"的语法结构在句子中对单词排序提供了基础。

这些早期形成的句子结构不仅有助于儿童说出合乎语法的句子，而且还为儿童学习不基于意义的语法规则提供了基础。平克尔认为名词、动词、主语和谓语等语法范畴是人类与生俱来的。儿童的学习任务是确定这些语法范畴如何在他们特定的语言中发挥作用。儿童通过在最初所表征的意义和已知的语法范畴之间建立对应关系来实现这一点。例如，他们把语法范畴"主语（subject）"映射到基于意义的概念"发起者（agent）"上，把语法范畴"谓语（verb）"映射到基于意义的范畴"动作（action）"上。一旦儿童根据这些语法范畴对所听到的言语进行编码，他们就会注意到排序、短语和语调的构成规律，这使得他们能够将语法范畴扩展到"语法主语不是动作发起者、动词不表示动作"的情况［例如，The house has three bedrooms.（房子有三个卧室）或 Going to school is fun.（上学很有趣）］。在这个过程中，他们创造了纯粹的语法范畴，这些范畴是成熟语法能力的特征。

◎ **构式语法**

理解语法发展的另一种理论是构式语法。该理论否认了诸如平克尔和乔姆斯基所假设的先天语法范畴的存在。相反，根据构式语法的观点，早期语法发展涉及学习特定的语言单元或构式（construciton）。构式是"以相对常规化的方式与完整连贯的交流功能相关联的完整连贯的言语表达"（Tomasello & Brooks, 1999, p.162）。从本质上讲，构式是一种循环的语言模式。例如，"Where's X?"是一个传达出寻求某物交流功能的简单构式。它含有一个抽象的名词"空位（slot）"，代表正在寻找的东西（Where's Daddy? Where's doggie? Where's bottle?）。

根据构式语法理论，早期的语法发展包括学习构式并开始有效地使用构式（Tomasello & Brooks, 1999）。初级语言学习者能轻松地在构式中用一个名词替换另一个名词，然而，他们必须将动词和其他谓语成分当作一个个新构式逐个学习（Tomasello, 2000）。因此，儿童早期习得的构式通常围绕动词或其他谓语结构，并为名词留有空位，如 eat X 或 see X。布雷恩（Braine, 1976）所描述的系统的双元素组合（如 allgone juice、allgone milk）就是此类构式。

在 2 到 3 岁之前，儿童倾向于对每个动词只使用一种构式（Lieven, Pine & Baldwin, 1997; Tomasello, 1992）。例如，使用构式 eat X（eat apple、eat cereal）的儿童不太可能也使用构式 X eats（mommy eats、doggie eats）。因此，学习一个关于某个动词的构式并不能立即使儿童生成该动词的其他构式。构式语法的倡导者就此认为儿童不具备先天的动词语法范畴，因为先天的语法范畴应该能够让他们迅速地扩展到其他新的动词构式（Tomasello, 2000）。

随着时间的推移，儿童能从单独的动词构式中提取共性，这样他们就发展出更多的抽象构式，比如及物句［名词短语—动词—名词短语，如"Molly hit the ball.（莫莉击打了球），Willie pushed the truck.（威利推了卡车）"］和方位句［名词短语—动词—名词短语—方位，如"Amy put the cup on the table.（艾米把杯子放在桌子上）"］。根据托马塞洛（Tomasello, 2000）的观点，这种发展是通过结构组合和类比构建而进行的。儿童开始将简单的结构组合成更复杂的结构,例如,eat X 和 X eats 构式可以组合成更大的构式,如"X eats X."(Mommy eats cake.)。儿童也开始注意到各种构式之间的结构相似性,并在这些相似性的基础上形成类比。最后,儿童从这些存在类比相似性的构式集合中提取出共同的结构,这些共同的结构形成了更抽象构式的基础。例如,儿童可能会注意到"X eats X.""X pushes X."和"X breaks X."之间的相似性,在此基础上,他们可能会抽象出更概括化的构式"名词短语—动词—名词短语"。根据构式语法的观点,通过这些机制,儿童最终会发展出不再基于单个结构的普遍句法构式。

◎ **联结主义理论**

正如本书第三章(第80—84页)所述,一些联结主义的发展模型都侧重于语法学习(如 Elman, 1993; MacWhinney & Chang, 1995; MacWhinney & Leinbach, 1991; Plunkett & Marchman, 1993)。这些模型表明,通过对语音、语义和词序特征进行编码,计算机模拟程序可以学习复杂的语法系统,如英语过去式和德语的阴阳性标记和格标记。

联结主义系统通过检测所呈现语言中的相关模式运作,并使用这些相关模式来预测新情境下应该使用的语法形式。这种机制也可能在儿童语法学习中发挥作用。所有的联结主义模型学习语法的速度都很慢,这是因为这些模型都需要接触成千上万的言语实例。这很适合儿童学习语法。正如马拉楚斯(Maratsos, 1998)所指出的,语法系统是如此复杂,以至于儿童对语法系统的习得必然更像是一个"磨练"的过程,而不是通过检验一些假设来了解系统是如何工作的。

◎ **评价**

我们该如何评价这些关于儿童语法习得的不同阐释?从很多方面看,这些阐释都与"盲人摸象"的寓言故事有几分相像,每一种阐释都揭示了一部分真理,但没有一种揭示了全部真理。斯洛宾和平克尔强调意义在早期语法范畴形成中的作用,这是有根据的。平克尔语义自举的观点所涉及的转换机制也很有吸引力。构式语法则认为,早期的语言能力建立在学习特定构式的基础之上,而直觉告诉我们这种观点也很有道理。联结主义理论认为,语法能力的发展建立在检测语言内部复杂联结模式的基础之上,该观点显然也非常重要。然而,这些观点之间存在着如此大的差异,目前尚不清楚如何将它们整合到一个统一的理论中。总之,解释语法能力的发展这一任务对该领域最优秀的人来说仍然是一个挑战。

交流

学习语言的最终目的是交流。这种交流可以通过口语或手语来完成。以下各节将讨论这两种交流方式。

口语交流

◎ 与婴儿的交流

在婴儿出生后的前几个月,基本的交流技能就已存在。在 3 到 4 个月大的时候,婴儿就表现出激发成年人与他们交谈的行为。当成年人与他们交谈时,他们往往会保持安静,当成年人停止交谈时,他们会发出更多的声音(Ginsburg & Kilbourne, 1988)。在出生后的前几个月里,婴儿和母亲的声音经常发生冲突,因为它们同时发生。然而,到了 3 到 4 个月,这种互动就演变成了一个平稳的轮流进行的过程,类似于年长儿童和成年人的对话。这个年龄段的婴儿也倾向于模仿他们母亲说话时的总体语调模式(Masataka, 1992)。婴儿通过轮流互动和模仿语调模式的方式鼓励成年人与他们进行更多的交谈。如果婴儿保持沉默或表现出与成年人所说内容不相关的行为,这种交流就会少很多(Locke, 1995)。

反过来,成年人会用鼓励婴儿倾听和做出回应的方式与婴儿交谈。就像婴儿模仿母亲的语调一样,母亲也会模仿婴儿发出的语音。当母亲模仿婴儿类似于说话的声音而不是其他的声音时,婴儿发出类似于说话声音的机会会增加(Bloom, Russell & Wassnberg, 1987)。如前一章所述,许多文化中的成年人和年长儿童也使用一种婴儿导向言语,或"母亲语"。在这种言语形式中,他们使用高音、夸张的语调、简短的句子和拖长的元音(如说 wheeee)。从很小的时候起,相比成年人导向的语言,婴儿偏好婴儿导向言语(Cooper & Aslin, 1990)。当看护者使用婴儿导向言语时,婴儿会更加注意看护者所说的话和他们所进行的活动(Fernald, 1992)。

婴儿导向言语在全世界很多文化中很常见,但也并非普遍存在。例如,在爪哇岛、危地马拉部分地区和西萨摩亚部分地区,父母很少与婴儿交谈(Ochs & Schiefflein, 1995; Pye, 1992; Smith-Hefner, 1988)。当新几内亚的卡鲁利(Kaluli)成年人看到西方人与婴儿交谈采用婴儿导向言语时,他们对这种言语形式对婴儿学会正确语言的作用提出了质疑(Schiefflein, 1990)。在这些社会中,婴儿和学步儿主要通过观察成年人的言语来学习语言。这些案例不能因为只是个别例外而被忽略。有 1 亿人生活在爪哇岛,他们的这种做法似乎不太利于语言学习,但儿童仍然能很有效地掌握其母语语法(Ochs & Schiefflein, 1995)。

◎ 与学步儿和年长儿童的交流

当婴儿开始能说出词汇时,他们会增加新的交流策略。其中一些策略是初期语言使用者所独有的。例如,一些学步儿能够重复整个短语,且只改动很少的语法(Billman & Shatz, 1981; Keenan, 1977)。当一位父亲问他 2 岁的儿子"Are you a great big boy?(你是一个棒棒的小伙子吗?)",孩子回答说"I are a great big boy.(我是棒棒的小伙子)"。之前描述中提到的对"wh-"疑问句的早期回答也体现了这种模仿。模仿的句子往往比儿童在既定阶段能说出的典型句子要长得多。因此,模仿可能为儿童构建更长、更复杂的句子提供了基础(Schlesinger, 1982)。

随着儿童的成长,他们在使用语言时越来越能考虑到他们的交流伙伴(Krauss & Glucksberg, 1969; Sonnenschein, 1986, 1988)。例如,2岁的儿童在跟年龄更小的儿童(Tomasello & Mannel, 1985; Shatz & Gelman, 1973)和玩具娃娃(Sachs & Devin, 1976)说话时会简化他们的语言。幼儿也会根据听者是否能看到他们而改变他们的交流行为。3岁的儿童在与蒙眼的人交谈时言语表达会更清楚(Maratsos, 1973)。相比与听者面对面交谈的情况,幼儿园的儿童在与坐在帘子后面的人交谈时会使用较少的手势语(Alibali & Don, 2001)。因此,即便是年龄很小的儿童也可以根据听众的需要调整他们的交流行为。这种能力还会随着年龄和经验的增长而不断提高。

尽管婴儿和学步儿为顺畅的交流做出了很大努力,但要理解其中一些细节也需要来自父母的直接帮助。礼貌习惯的学习是一个较为突出的例子,如下面的对话所示(cited in Ely & Gleason, 1995, p.252)。

CHILD:Mommy, I want more milk.(妈妈,我还想要牛奶)

MOTHER:Is that the way to ask?(是这样说的吗?)

CHILD:Please.(请)

MOTHER:Please what?(请什么?)

CHILD:Please gimme milky.(请给我牛奶)

MOTHER:No.(不对)

CHILD:Please gimme milk.(请给我牛奶)

MOTHER:No.(不对)

CHILD:Please…(请……)

MOTHER:Please may I have more milk?(请问,能再给我些牛奶吗?)

CHILD:Please may I have more milk?(请问,能再给我些牛奶吗?)

手语交流

手语,如美国手语(American Sign Language,简称为ASL)和魁北克手语(Langue des Signes Quebecoise,简称为LSQ),不管从哪个角度看都是真正的语言。它们的词汇由成千上万的手势和语法组成,这些语法和任何口语语法一样丰富而复杂。全世界失聪社区使用的手语有数百种。和口语一样,每一种手语都是独特的,某一种手语的使用者一般不能理解其他的手语。

自出生就学习手语的失聪儿童与自出生就学习口语的正常儿童相比,他们的语言习得途径极为相似(Petitto,1992,1995)。这两组儿童都会在相似的年龄段开始咿呀学语,说出单字短语、双词短语;他们在相似的年龄段学会过去式、否定词和疑问句等语法形式;同样在相似的年龄段习得相似的意义和相似的交流能力;两组儿童中的年长者都能使用大量的非字面语言,如隐喻、明喻和自造单词(Marschark & West, 1985; Marschark, West, Nall & Everhart, 1986)。

鉴于儿童习得手语和口语的相似性,佩蒂托(Petitto,1995)提出,手语和口语习得存在同样的语言习得机制。她假设,这种机制能识别出以口语和手语的方式构成的输入,一旦学习系统识别出相关输入,不管该结构化输入是经由视觉通道还是听觉通道,它都会刺激运动活动(言语或手势活动)对该结构做出反应。

斯托克(Stokoe,1960)描述了决定单个手语手势意义的三个维度。一是手势产生的部位。按频率排列,最常见的部位是手部活动通常所在的身体部位,如下巴、躯干、脸颊、肘部和额头。这些也是年幼儿童觉得最容易做出手语手势的部位,同时也是语言进化促进学习的又一个例证(Bonvillian, Orlansky & Novack, 1983)。区分手势的第二个维度是手型。图 6.4 显示了几种常见的手型。手势变化的第三个维度是做手势的动作。例如,ASL 中表示"糖果"的手势是用食指在脸颊处做旋转运动。在这三个维度中,部位似乎是儿童最容易掌握的,而手型则是最难掌握的。邦维利安和西德莱基(Bonvillian & Siedlecki,2000 年)在一项针对 9 名儿童(5 至 18 个月大)学习 ASL 的研究中发现,儿童在做出目标手势时对其部位的掌握是最准确的(正确率超过 80%),其次是动作(正确率大约为 60%),而手型的正确率最低(大约为 50%)。

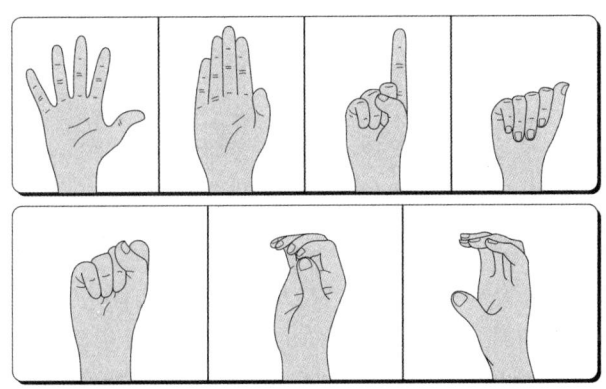

≫ 图 6.4　美国手语(ASL)中常用的一些手型

幼年时没有接触手语的失聪儿童经常会发明简单的手势语与家人交流，这些手势语又被称为家庭手语系统（home sign system）。这些儿童使用他们的家庭手语系统来交流信息、提出请求、讲述故事，以及谈论当前在场或不在场的事物（Goldin-Meadow, 2003; Morford & Goldin-Meadow, 1997; Phillips, Goldin-Meadow & Miller, 2001）。这些儿童甚至用发明的家庭手语跟自己说话！因此，家庭手语系统的功能与传统语言相同。戈尔丁-梅多和莫福德（Goldin-Meadow & Morford, 1985）对10名家庭手语使用者进行了观察。他们提出"人类的交流是一种带有弹性的现象；当交流不能通过口头表达实现时，它几乎会无法抑制地从手指传递出来"（p.146）。

家庭手语系统最引人注目的一个方面是，它们在不同层次上都有类似语言的结构。每名儿童的家庭手语系统都含有一个简单的特征化语法，它规定了单个手势该如何组合成句子（Goldin-Meadow & Feldman, 1977; Goldin-Meadow & Mylander, 1984, 1998）。例如，在大多数（但不是所有）儿童的家庭手语系统中，当描述针对某一对象的动作时，该对象的名称出现在动作（apple eat）之前。此外，与传统手语中的手势一样，家庭手语系统中的单个手势也由不同的成分组成，如手型和动作。它们以系统的方式结合在一起以表达意义（Goldin-Meadow, Mylander & Butcher, 1995）。因此，无论是在句子层面还是单个手势层面，家庭手语系统的结构都与传统语言相似。此外，很明显，儿童自己创造了这些类似语言的结构，因为他们听力正常的父母所使用的手势并没有表现出这种结构（Goldin-Meadow & Mylander, 1983）。

尽管有相似之处，但家庭手语系统与真正的手语在某些重要方面也存在差别。其中最重要的差别是，与真正的手语相比，家庭手语系统的系统性没有那么强，语法也没有那么复杂。为什么会产生这样的差别呢？这是因为家庭手语系统是由儿童自己发明创造的，而手语则是一代一代传承和完善的结果。此外，家庭手语系统往往只由少数人（只存在一个"本族语"者，即发明人自己）共享，而不是由整个语言社区共享。这些因素似乎对成熟的传统语言的演变非常重要。

20世纪70年代末，尼加拉瓜的第一所聋哑学校聚集了许多存在听力障碍的家庭手语使用者。当这些儿童试图相互交流时，他们各自独立的家庭手语系统开始融合，并系统化为一种崭新的、共享的语言。在这种情况下出现的新手语体系比它所基于的任何一种单独的家庭手语体系都要系统，语法也更加复杂，而且随着下一代失聪儿童将其作为母语学习，这一新手语系统变得更加复杂（Kegl, Senghas & Coppola, 1999; Morford & Kegl, 2000; Senghas & Coppola, 2001）。这种新语言被称为"尼加拉瓜手语（Lengua de Signos Nicaraguense）"，是为数不多的一诞生就具有系统性的语言之一。

小结

儿童出生后最初几年的语言习得是其最大的成就之一。他们很快学会了语音、语义和语法,并将这些知识用于交流。语音是指言语声音的产生和理解。语义是指词汇与其所描述的事物之间的关系。语法包括将单词排列成句,以及时态和数字方面的相关规则。交流是指通过语音、语义和语法共同协作以表达愿望和意图,引起反应和提供信息的过程。

所有语言的语音都包括元音和辅音的发音。阻碍正常气流的流动对发出元音和辅音都至关重要。然而,产生元音和辅音的气流阻碍在类型上有所不同。对于元音,气流仅有的阻碍由声带产生;而辅音的产生,需舌头、牙齿和嘴唇部位的气流同时受阻碍。婴儿在说出任何单词之前,对母语的语音已有非常多的了解。他们最初对语音之间的许多区别都很敏感,然而,在出生后第一年的晚些时候,他们开始丧失对语言中无实质差异语音的敏感性。幼儿发出声音的能力存在一定的发展顺序。最早是啼哭,接着是咕咕细语,然后是简单发音,再然后是咿呀学语,最后学会说话。全世界的语言都是利用婴儿咿呀学语时最常说的音节类型如 mama、dada 来作为父母的称呼。初学说话的幼儿所说的话变得比较容易听懂,这既是因为他们回避了发音困难的单词,也是因为语言倾向于使用相对容易发音的单词来给婴幼儿希望讨论的人、事、物命名。语音的后期发展表现在对发音的控制能力和发音的清晰度上。

纵观全世界,儿童最开始说出的词都表达了相似的意思,大多指代人、动物、玩具、车辆,以及其他儿童感兴趣的、相对具体的或想要的东西。即使初学说话的儿童所说的话和成年人一样,儿童也可能会赋予其不同的含义。一开始,儿童可能会窄化某些词语的意义,或泛化某些词语的意义,还有可能在词语意义的某些方面窄化,在其他方面又泛化。生词习得的速度起初是渐进的,但在儿童 18 个月大时会大大加快。这种词汇激增可能涉及的因素有:缩小可能的词义范围、词义的语法线索、学习和记忆等一般认知过程以及社会经验。当儿童找不到恰当且标准的单词时,他们也会使用各种聪明的策略来创造能够表达既定意义的单词。

语法发展始于婴儿时期。在这个时期,婴儿开始区分功能词和实词,而且开始对他们所听到的语言中的词序规则变得敏感。当儿童能够说出双词短语时,他们需要对话语中的单词进行排序。首先,他们根据单词的意思进行排序。这种排序遵从标准模式,如发起者—动作,以及所有者—所有物。双词短语期后,儿童开始学习形成各种各样的语法结构,其中许多结构是以与意义没有明确对应关系的范畴为基础的。促成纯语法范畴和规则形成的因素包括:儿童对语法形式的预期、从早期基于意义的范畴到后期基于语法的范畴的语义自举、儿童对构式的学习以及对语言中规则模式的觉察。

儿童可以通过口语和手语进行交流。早在婴儿开口说第一个词之前,他们就通过模仿成年人的语音语调或在对方停止说话时发出声音来鼓励对方与他们继续交谈。成年人和年长儿童通过采用被称为婴儿导向言语的谈话风格来吸引年幼儿童倾听,如高音、夸张的语调以及简单的句子。学习手语的失聪儿童和具有正常听力的儿童都能使用手语进行交流,而没有接触过手语的失聪儿童会发明并使用非正式的家庭手语系统。这种手语系统具有简单的、类似于口语的结构。学习口语的儿童和学习手语的儿童在语言发展的顺序和时间上有明显的相似之处。这些相似之处表明,无论输入是经由视觉通道还是听觉通道,儿童都存在想要交流以及在输入中寻找规则结构的普遍动机。

推荐读物

Bloom, P. (2000). *How children learn the meanings of words*. Cambridge, MA: MIT Press. In this book, Bloom argues that word learning depends on general cognitive abilities, including the ability to infer others' intentions and certain general learning and memory abilities.

Goldin-Meadow, S. (2003). *The resilience of language*. New York, NY: Psychology Press. This book summarizes Goldin-Meadow's path-breaking research about the gesture systems developed by deaf children with no language input.

Johnson, J. S., & Newport, E. L. (1989). Critical period effects in second language learning: The influence of maturational state on the acquisition of English as a second language. *Cognitive Psychology*, 21, 60-99. An unusual study that examines the relation between age at onset of immersion in a language and the degree to which people master the language's grammar. Makes a strong case for a critical period in grammatical acquisition.

Saffran, J. R., Aslin, R. N., & Newport, E. L. (1996). Statistical learning by 8-month-old infants. *Science*, 274, 1926-1928. Compelling evidence that infants are able to segment words from fluent speech based solely on the statistical relationships between neighboring speech sounds.

Senghas, A. & Coppola, M. (2001). Children creating language: How Nicaraguan Sign Language acquired a spatial grammar. *Psychological Science*, 12,

323 – 328. A study of language creation in a group of deaf Nicaraguans who were not exposed to conventional sign language in early childhood. When this group came together in Nicaragua's first school for the deaf, a new sign language was "born", and this sign language has become more systematic with each successive generation of learners.

第七章
记忆发展

哥哥科林想把我的"喷灯"(一个活动人偶)拿走,我不让,于是他把我推到了有捕鼠器的木堆里,结果我的手指被夹住了。然后我们去了医院,妈妈、爸爸和科林开车送我去了医院,开着我们家的车,因为那里很远。医生在这根手指上绑上了绷带。(比利,4岁)。(Ceci & Bruck, 1998)

比利对这件轻微创伤事件的详细回忆只存在一个问题,那就是这件事从来没有发生过!

这个4岁的儿童把他被捕鼠器夹住手指的"记忆"令人信服地完整再现了出来。这其实是某个实验的一部分。实验的目的是确定儿童关于虐待和伤害自己的证词是否可信。这种情况有点不太寻常,在持续10周的实验中,研究人员每周会向儿童提出一些引导性问题,这些问题都与从未发生在他们身上的事件有关。例如,有人问比利这样的问题:"如果你遇到过这种情况就告诉我。你记得手指被捕鼠器夹了去医院这件事吗?""你能多说一点吗?""接下来怎么了?"上面引述的那段话就是比利在对另一个成年人描述他的经历。

尽管这种情况是人为设计的,但它与儿童在虐童案中经常面临的情况没有太大区别。据估计,儿童证人在案件开庭审理之前平均要接受10次面谈(Whitcomb, 1992)。儿童证人被问的一些问题同样具有引导性。看一看1989年一次高度公开审判中的提问。在这次审判中,一家日托中心的负责人被指控虐待该中心的儿童。据称,有些虐待行为被认为使用了厨房用具:

检察官:她用勺子碰过你吗?

儿童:没有。

检察官:没有? 好的。你喜欢她用勺子碰你吗?

儿童:不喜欢。

检察官:不喜欢? 为什么呢?

儿童:我不知道。

检察官：你不知道？

儿童：不知道。

检察官：凯莉碰你的时候你对她说了什么？

儿童：我不喜欢那样。

在这种情况下，儿童记忆的可靠性之所以如此关键，是因为在任何一个方向上的错误都是灾难性的。如果陪审团不相信儿童对虐待行为的报告是准确的，犯罪者可能还会虐待其他儿童。如果陪审团相信一个谎报虐待的儿童，一个无辜的人可能会被判入狱多年。那么，我们如何知道儿童何时是可信的呢？年幼儿童也许不能很清楚地区分幻想和现实，他们是否比大一点的儿童更有可能报告从未发生过的事件？或者鉴于年长儿童能想象出范围更广的事件，他们比年幼儿童更有可能这样做？究竟要怎样提问，才能让儿童给他们不愿意讨论的事件作证，而不引导他们报告从未发生过的事情？每年有超过 10 万名儿童在法律案件中出庭作证 (Ceci & Bruck, 1993, 1998)，在性虐待案中出庭作证的儿童超过 40% 的都在 5 岁以下 (Gray, 1993)，因此，探讨上述关于儿童记忆的问题至关重要。

心理学研究对于确定儿童目击者证词的信度特别有用。实验与法庭上的案例不同，我们可以确定真正发生了什么，并且可以将它与儿童报告作对比。从这些实验中得到的结果可以告诉我们很多关于记忆发展总体情况的知识，特别是关于儿童目击证词的知识。

儿童的目击证词

人们常常把记忆看作是他们所经历事件的一系列照片或一部电影。如果是这样的话，目击证人证词的准确性就不会有问题了，证人只需正确叙述发生了什么。然而，不论处在什么年龄，人的记忆都不可能如此完整或准确。成年人和儿童一样，会遗忘曾看过的事物，会"记住"从未发生过的事件，也可能将不同的经历组合成一个完整的故事。学前儿童的记忆与那些比他们年长的儿童相比准确性较差，但也只存在程度上的差异，而不是类别上的。每个人的记忆都可能会产生缺失和混淆。

考察记忆的有效方法之一是按时间维度将之分为三个阶段：编码、存储和提取。任何事件的记忆都要求在事件发生时对重要信息进行编码，而后将这些信息存储在记忆中以备使用，最后在需要时提取出这些信息。每一个步骤都有出错的可能。人们可能没有在事件发生时接收所有重要的信息；他们接收了信息，但可能会以容易忘记的形式将之存储；或者他们可能会有效地编码和存储信息，但在需要时却无法提取。

编码

当对信息进行编码时,人们会形成两种表征形式:字面表征(verbatim representation)和要点表征(gist representation)(Brainerd, Reyna, Howe & Kingma, 1990)。字面表征包括情境的详细细节:所说的确切词语、人们脸上的表情、墙壁的颜色等。要点表征包括事件的意义或本质:谁对谁做了什么。人们对这两种类型的信息都进行编码,但要点表征比字面表征保持得更久。日常经历也说明了这一点。当读一个故事时,你在短时间内会记得确切的单词,但基本情节会在你记忆中保留很多年。

年幼儿童的记忆能力不如年长儿童的部分原因在于他们的编码更加强调字面表征,而不是要点表征(Brainerd 等,1990)。由于每个人忘记字面信息的速度都快于所发生事件的要点信息,所以年幼儿童对字面信息的重视会导致更多的遗忘。像年长儿童一样,年幼儿童也会对事件的要点进行编码,不过,他们对要点的重视程度并不如年长儿童。他们也无法将事件的某些重要方面进行综合编码。

年幼儿童对要点的编码相对而言并不完整,究其原因,很大程度上与他们的知识水平较低有关。关于某个事件的记忆并不是在真空中发生的,它反映了人们对在既定情境下重要、合理事件的先验知识。例如,在一项研究中,实验者问 3 到 7 岁的儿童看医生时的情况,当问 7 岁的儿童"护士舔你的膝盖了吗?"这样奇怪的问题时,他们很少说"是的"。相比之下,3 岁的儿童经常对这样的问题做出肯定的回答,特别是在就诊过了很长时间(3 个月)后再被询问时(Gordon, Ornstein, Clubb, Nida & Baker-Ward, 1991)。年长儿童对就诊时做什么和不做什么有更多的了解,因此这可能有助于他们对就诊期间实际发生的事情进行编码,同时帮助他们排除护士舔他们膝盖的可能性。

然而,先验知识是一把双刃剑。它通常会使回忆更准确,但也会让回忆产生扭曲。对他人的刻板印象是造成这种扭曲的根源之一。来看看这样一个例子,一群学前儿童听到几个故事,故事里一个名叫萨姆・斯通(Sam Stone)的角色被描绘成一副笨手笨脚的样子(Leichtman & Ceci, 1995)。在讲述了四个这样的故事之后,一个名叫斯通的人来参观教室,并逗留了两分钟。这次参观很愉快,也显得很平常。第二天,大家"发现"一只泰迪熊被弄脏了,一本书被撕破了。问题来了:是谁干的呢?

儿童先前对斯通的了解本身并没有让很多人认为他应该对这些事负责。然而,当这种刻板印象与斯通是罪魁祸首的引导性问题共同起作用时,72%3 到 4 岁的儿童声称是斯通做的,44%声称他们看到斯通做过,甚至当被问到"你没有真正看到斯通做过,对吗?"时,21%的儿童仍然坚称他们看到过。在斯通参观之前没有听过这些故事的儿童不太可能做出上述判断,听过这些故事的学前儿童(5 到 6

岁)也不会。

如上例所示,人们的记忆并不局限于实际发生的事情。相反,记忆是人们所见、所知和所想的混合体。儿童的推论多是正确的,但有时也是错误的。因此,在斯通故事的实验中,一些儿童报告说自己看到斯通把泰迪熊泡在水里,用蜡笔在泰迪熊上乱涂乱画(这样就可以解释他们第二天所发现的关于泰迪熊的情况)。这些似是而非的推论让专家们很难分辨儿童的证词是否准确。当逾100名临床医生和研究人员播放儿童谈论斯通的实验录像时,这些专门研究儿童目击证词的专家也无法确定哪些儿童的报告是准确的,哪些是错误的(Leichtman & Ceci, 1995)。

存储

更好的信息存储也有助于年长儿童更准确地记忆。该现象与目击证人证词特别相关的一个方面是暗示性(suggestibility)。尤其是6岁以下的儿童,他们往往比年长儿童更容易受到暗示,因为他们对事件的回忆会受到在原始事件之后、在提取之前的经历的较大影响,而这段时期正好是信息存储阶段(Bruck & Ceci, 1999)。因此,在相关事件发生后,当被问引导性问题时,学前儿童通常会根据问题所暗示的含义改变他们的回忆(Clarke-Stewart, Thompson & Lepore, 1989; Goodman & Clarke-Stewart, 1991)。暗示性问题不仅会让儿童"回忆"起不重要的事件,而且会让他们回忆起影响自己身体的事件,比如护士对着他们的耳朵吹气(Ornstein, Gordon & Larus, 1992),儿科医生把手指或棍子插入他们的生殖器(Bruck, Ceci, Francoeur & Renick, 1995),陌生人把恶心的东西放进他们的嘴里(Poole & Lindsay, 1995)等。年长儿童和成年人也容易受到暗示,但所受影响比学前儿童少。

另一种常在法律案件中使用的技术是让儿童想象事件,再让他们报告想象的事件是否发生过。不过这种技术可能会导致儿童的记忆失真。这种想象常常导致儿童将想象中的事件作为真实事件进行报告,并且一直这样认为(Foley, Harris & Herman, 1994; Parker, 1995)。当要求儿童画出并未实际发生的事件时,同样的现象也会出现。他们经常在稍后的报告中宣称这些事件确实发生了(Bruck, Melnyk & Ceci, 2000)。学前儿童身上特别容易出现真相检测(reality monitoring)困难的情况,即很难区分他们的想象或想法与真实发生的事情。

对信息存储质量产生影响的最后一个因素是时间。随着时间的流逝,人们会开始遗忘。遗忘在年幼儿童身上特别明显。即使他们在事件发生后所拥有的记忆和年长儿童一样多,他们也会更快地开始遗忘(Brainerd & Reyna, 1995)。很多遗忘在事后即刻发生,而且遗忘会无限期持续。在一到两年的时间里,也就是相当于虐待最初发生的时间和审判日期的间隔时间,儿童回忆的准确性会大大下降。与事后及时回忆相比,儿童更容易遗漏重要信息,也更易添加那些看似合理但并未真实发生的信息(Goodman, Hirschman, Hepps & Rudy, 1991; Poole & White, 1993)。

提取

当被问及有关事件的开放式问题时(例如,今天学校发生了什么事情?),儿童倾向于提供准确的和相关的信息。然而,他们报告的事情经常不完整,特别是在学前阶段。提出更具体的问题有助于儿童对实际发生的事件进行更全面的报告。例如,在生殖器检查之后对5岁和7岁的女童进行询问时,她们一般不承认有过任何生殖器接触,除非被问到很具体的问题,如"医生碰过你这里吗?"(Saywitz, Goodman, Nichols & Moan, 1991)。只要问题本身不暗含发问者所倾向的某个答案,在事件发生后立即便提出具体的问题似乎可以更好地保持记忆,而不是产生错误的记忆(Ceci & Bruck, 1998)。

儿童提取信息时的条件极大地影响了他们记忆的内容和数量。其中一个重要影响因素是他们是否需要从记忆存储中回忆(recall)信息(医生碰过你哪里?)或者仅仅是再认(recognize)信息(医生摸过你的舌头吗?)。对各个年龄段的人们来说,再认都比回忆容易得多。

当鼓励儿童对事件进行深入思考时,他们也会记住更多内容。例如,当要求5岁和6岁的儿童画出并讲述他们参观消防站时发生的事情时,他们回忆起的事情比只是简单谈论要多(Butler, Gross & Hayne, 1995)。想必"画出消防站"让他们对这次参观消防站有了更深刻的思考。同样,与观察或聆听事件描述相比,儿童能更准确地报告他们直接参与的事件(Gobbo, Mega & Pipe, 2002)。儿童似乎能更深入地思考他们实际经历的事件,而不是仅仅看到或听到的事件。

提问者的预期也会影响儿童对事件的记忆。当提问者认为某些事件确实发生过时,学前儿童更有可能会报告这些事件(Ceci, Loftus, Leichtman & Bruck, 1994; Goodman & Clarke-Stewart, 1991)。持有偏见的访谈者会以各种方式传递着他们的预期,比如用一种指责性的情绪基调、提供错误的信息,以及使用高度具体的、引导性的问题(Bruck & Ceci, 1999)。为了合作,儿童有时会说访谈者想听到的话。

提问的频率也会影响儿童的记忆表现。当一个问题被问到不止一次时,儿童通常会给出不同的答案。这并非完全是因为遗忘。很多时候,儿童在早些时候可能并未记住某个重要的细节,但晚些时候又会记得。为了取悦访谈者,当一个问题被重复时,年幼儿童也可能会改变他们的答案。例如,普尔和怀特(Poole &

White，1991)发现,当用是非问题反复问 4 岁儿童他们所目击的事件时,不论是同一次采访内还是多次采访中,儿童对这些问题的回答都经常发生变化。

关于儿童目击证词的结论

关于儿童对事件记忆的研究得出了有关儿童目击证词的如下 5 个结论：

1. 儿童对事件的叙述反映了他们最初编码的内容、他们在存储期间的经历以及他们提取信息的条件。

2. 在消除了访谈者偏见的情况下,即使是学前儿童也能准确地回忆与法律案件有关的内容。证词可能缺乏细节,但他们所说的大体上是准确的。

3. 学前儿童特别容易受到误导性问题和带有成见观念的影响。每个人都会受到这些影响,但学前儿童比年长儿童或成年人更容易受到这些的影响。

4. 儿童容易在涉及自己身体的事件和带有性暗示的事件上受到上述影响,在个人经验较少的事件上也是如此。

5. 为了准确而完整地进行回忆,提问应以中立的方式进行；提问应足够具体,以引发报告中可能被忽略的记忆；提问不应超过必要的次数。

记忆发展意味着什么？

目击证词的有关数据表明,年长儿童通常比年幼儿童记得更准确。为什么会这样呢？以下 4 种解释似乎能回答这一问题。

第一种解释,年长儿童在基本加工和能力方面具有优越性。若用计算机来做类比的话,也就是说发展体现在存储器的硬件上,即存储器的绝对容量或运行速度。第二种解释强调策略,年长儿童比年幼儿童懂得更多的记忆策略,并且使用策略的频率更高,效果更好,也更灵活。第三种解释强调元认知(metacognition),即对自己认知活动的认识。年长儿童能更好地理解记忆的工作原理,他们可以利用这些知识来选择策略,更有效地分配记忆资源。第四种解释,年长儿童对他们需要记住的内容类型有更多的先验知识,更多的内容知识可能是他们卓越记忆的主要来源。当然,这四种解释并不是相互排斥的；所有这些解释或它们的任意组合都有助于解释年长儿童的记忆优势(Brown & DeLoache, 1978)。

在本章的其余部分,我们将探讨这四种潜在因素对记忆发展的作用(见下面的"章节概览")。大致看来,有些发展因素似乎比其他因素的作用更大；有些因素在童年的某些时期扮演着重要的角色,而其他因素则没有。运用你所学到的关于目击证词和一般儿童思维的普遍知识,预测一下哪种记忆发展因素在婴幼儿期、儿童中期、儿童后期和青少年期分别最具影响力。

章节概览

一、儿童的目击证词

1. 编码
2. 存储
3. 提取
4. 关于儿童目击证词的结论
5. 记忆发展意味着什么?

二、基本加工和能力

1. 外显记忆和内隐记忆
2. 关联
3. 再认
4. 模仿与回忆
5. 洞察、概括和经验整合
6. 抑制
7. 加工容量
8. 加工速度
9. 评价
10. 基本加工与婴儿失忆症之谜

三、记忆策略

1. 搜索对象
2. 复述
3. 组织
4. 选择性注意
5. 策略变化的其他解释
6. 评价

四、元认知

1. 显性元认知知识
2. 隐性元认知知识
3. 评价

五、内容知识

1. 对儿童记忆量的影响
2. 对儿童记忆内容的影响

3. 脚本
4. 内容知识对其他记忆变化的解释
5. 内容知识如何促进记忆发展？
6. 评价
六、记忆发展过程中会发生什么？
七、小结

基本加工和能力

基本加工是经常使用的、快速执行的记忆活动，如关联、概括、再认和回忆。它们是认知的组成部分之一。也就是说，所有更复杂的认知活动都是基于它们的不同组合。由于基本加工的使用频率很高，它们内部所存在的与年龄相关的差异可能导致了记忆中大量的其他差异。

基本加工在记忆功能中的作用在生命早期尤为重要。婴儿没有记忆策略，他们对自己记忆的运作一无所知，他们对世界缺乏了解。尽管如此，婴儿还是学会了很多，记住了很多。这都是源于他们对基本加工相对熟练的执行。

外显记忆和内隐记忆

基本加工使儿童形成外显（explicit）记忆和内隐（implicit）记忆。外显记忆是可以通过口头描述的、有意识的，或者可以被视为一个心理图像的记忆（Nelson, 1995）。内隐记忆是在这些方面体现得并不明显，但可以通过其他不太直接的方式检测到的记忆，如解答次数（solution times）模式或生理反应模式。

纽科姆和福克斯（Newcombe & Fox, 1994）的一项研究表明了这种差异。他们给9岁的儿童看5年前学前班同学的照片和当时另一个学前班幼儿的照片。大约有一半的9岁儿童明显地认出了他们学前班的同学。他们更倾向于认为和他们一起上学前班的那个儿童在他们班上，而不是那个没有一起上学前班的儿童。另外一半的儿童没有表现出如此明显的认知。不过，不管他们是否表现出明显的认知，与看到另一个班儿童时的情况相比，当看到同班同学的照片时，他们产生了更多记忆特有的生理反应。这些生理反应表明，无论儿童是否有意识地认出了他们以前的同学，他们都产生了内隐记忆。

内隐记忆不仅限于生理反应，也会表现在行为上。例如，当儿童之前已经看过图片时,他们比没有看过图片时更能够识别这些图片的模糊版本,即使他们没意识到这就是以前看过的图片(Drummey & Newcombe, 1995)。除此之外,与陌生的脸相比,当被识别人脸是儿童曾经认识的人时(比如以前的同学),儿童更善于完成将完整的脸与部分人脸相匹配的任务(Lie & Newcombe, 1999)。

婴儿从出生起就形成了内隐记忆,但直到 6 到 8 个月大时才形成外显记忆(Nadel & Zola-Morgan, 1984; Nelson, 1995)。支持这一观点的证据既有行为数据,又有生理数据。婴儿在此之前表现出的记忆行为(如看新事物多于看熟悉事物)使大脑中与内隐加工相关的部位(如纹状体和小脑)变得特别活跃。婴儿在此之后(而不是之前)表现出的记忆行为(如对系列行为的延迟再现)则完全依赖于与外显加工相关的大脑结构,如前额叶皮层和杏仁核。一些与外显记忆相关的结构都是很晚才发育成熟,特别是前额叶皮层,这可以解释为什么幼小的婴儿似乎没有形成这种记忆。然而,其他结构(特别是下丘脑)在婴儿出生后的前几个月就已经足够成熟,这些结构可以支持内隐加工,不过它们似乎需要进一步发育才能支持外显加工。因此,婴儿如果要形成外显记忆,出生后大脑的发育必须达到相当的成熟程度。

接下来我们将讨论产生记忆的一些具体过程:关联、再认、回忆和概括。

关联

关联是最基本的基本加工之一。如果没有将刺激与反应联系起来的能力,也就根本谈不上认知发展。考虑到关联的中心地位,婴儿一出生就具有将刺激和反应联系起来的能力也就不足为怪了。有一项实验证明了这一事实(Siqueland & Lipsitt, 1966)。在实验中,当蜂鸣器响起时,新生儿如果转向右边就能尝到糖水;而当有声音响起时,他们转向左边即可尝到糖水。结果显示,新生儿很快就学会了转向正确的一边,这表明他们将其中一种声音与左转联系在了一起,将另一种声音与右转联系在了一起。

再认

与关联一样,再认从婴儿出生起就存在。这在新生儿的习惯化(habituation)和去习惯化(dishabituation)模式中体现得较为明显。当为早产婴儿反复呈现一张图片时,他们对图片的注视时间会逐渐下降;当这些婴儿看到不同的图片时,他们的注视时间会立即增加(Werner & Siqueland, 1978)。因此,他们通过内隐的方式将旧图片识别为熟悉的图片,并减少看该图片的时间,然后将新图片识别为不熟悉的图片,并长时间地关注它。

婴儿对物体的再认能力惊人地持久。当 2 个月大的婴儿已习惯了某一图形后，即使在两周后他们仍然更喜欢看以前从未见过的其他图形(Fantz, Fagan & Miranda, 1975)。此外，如第一章所述，7 个月大的婴儿对刺激的习惯化速度能相当准确地预测他们以后的智商(Rose 等, 1992; Rose & Feldman, 1995)。这可能是由于能快速再认的婴幼儿有更多时间和精力了解世界的其他方面，也可能是因为婴儿期的快速习惯化通常意味着他们的信息加工更加有效。

婴儿靠什么将物体识别为熟悉的物体？为了回答这个问题，斯特劳斯和科恩(Strauss & Cohen, 1978)让 5 个月大的婴儿先熟悉具有特定大小、颜色、形状和方向的物体(例如，向下的黑色大箭头)。之后，婴儿会看到这个物体和另一个在上述一个或多个属性上存在差异的物体。另一个物体可能是向下的白色大箭头。在示例中，婴儿若要表现出更喜欢新物体，他们需要记住原来物体的颜色，因为这是区分新旧物体的唯一维度。

当 5 个月大的婴儿看到最初的物体，他们立即记住了该物体四个方面的属性。15 分钟后，他们只记得形状和颜色。24 小时后，他们只记得形状。因此，婴儿对他们所看到的物体类型(如箭头)的记忆是相当持久的，但他们对其他属性(如大小、方向和颜色)的记忆却不那么持久。形状在婴儿记忆中的长久保持的这种重要性使我们想起了婴儿在推断早期词义时对形状的依赖(第六章)。

即使儿童处在较小的年龄段，其再认能力也颇具准确性。与成人对图片的回忆相比，2 岁的儿童能更准确地再认这些图片(Perlmutter & Lange, 1978)。到 4 岁时，儿童再认的准确性更加惊人。在一项研究中，当 4 岁的儿童被问到是否看过一张图片时，他们回答的正确率达到了 100%，尽管他们在看到重复的图片之前还看过多达 25 张其他图片(Brown & Scott, 1971)。学前儿童甚至能较准确地识别出一些细小差异，例如，在识别图片中的狗是坐着还是站着时，学前儿童也能正确再认 95% 的图片(Brown & Campione, 1972)。辨别细微差别的能力自学前阶段后不断提高(Sophian & Stigler, 1981)，但总体来说，再认能力在发展早期就较为出色了。

模仿与回忆

出生后不久，婴儿就能很好地回忆行为并在之后进行模仿。举例来说，当 6 周大的婴儿看到成年人在做婴儿自己有时会做的行为(比如吐舌头、张嘴、闭嘴)，他们在 24 小时后做这种行为的频率比那些没有看过成年人类似行为的婴儿要高(Meltzoff & Moore, 1994)。模仿仅限于婴儿看到的行为。看到成年人吐舌头的婴儿会更频繁地吐舌头，但张嘴和闭嘴的频率不会增加。相反，婴儿看到成年人张嘴和闭嘴时，他们会更频繁地张嘴和闭嘴。为了模仿这些行为，婴儿必须回忆起他们先前所见的行为。

在接下来的一年里,婴儿模仿的行为种类和模仿的时间大大增加。到9个月大时,婴儿不仅能够在24小时后回忆和模仿日常发生的行为,而且能回忆和模仿任意发生的行为,如按下按钮发出嘟嘟声(Meltzoff, 1988)。到14个月大时,儿童能在更长的时间间隔后重复更多不常见的行为。例如,他们会把前额压在一块面板上,让灯亮起来,而4个月以前,他们曾看到成年人这样做过(Meltzoff, 1995b)。婴儿模仿行为的发展变化让我们想起皮亚杰假设的循环反应,婴儿起初只是重复与自己身体有关的行为,之后会重复与外部物体有关的行为。这种早期的模仿为婴儿提供了一种向他人学习的方式,同时也证明了婴儿在数月后仍然能够回忆起之前看到过的活动。

洞察、概括和经验整合

一系列关于移动挂件的实验揭示了婴儿的几种基本能力(Rovee-Collier, 1995, 1999)。在这些实验中,实验人员将一个挂件放在婴儿床的上方,并用一根绳子把挂件系在婴儿的脚踝上,这样当婴儿踢腿时挂件就会移动并发出声音(见图7.1)。3个月大的婴儿在该任务中表现出的学习行为往往发生得很突然。在实验的某个时候,他们踢腿的动作突然开始变得频繁(Rovee & Fagen, 1976)。这种变化的突然性表明,婴儿和成年人一样,有时可能会突然洞悉了事物的运作方式。

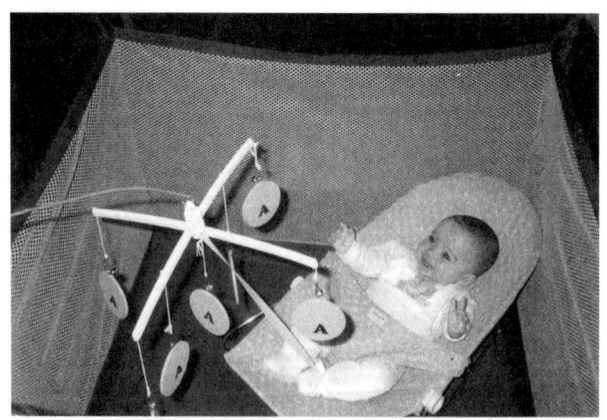

》图7.1 婴儿通过踢腿来使挂件移动
Photograph courtesy of Carolyn Rovee-Collier

不过,3个月大的婴儿对踢腿和挂件移动之间关系的理解常常局限于最初情境,即使有些变化在成年人看来似乎完全无关(例如,婴儿床上更换了不同颜色的布料),也会使3个月大的婴儿无法将他们早期的学习经验概括、推广至新挂件上。

不过，在接触过多种类似的挂件后，婴儿学会了将"踢腿就动"的经验推广到新挂件上(Rovee-Collier, 1989)。因此，3个月大的婴儿具有概括的能力，但他们只有在极其有利的情况下才会表现出来。

婴儿也能够整合在相当短的时间内发生的相关经验。相比只接触一次，或两次接触相隔4天或更长时间的情况，如果3个月大的婴儿在初次接触挂件后的3天内再次遇到该物体，他们在5到7天后能更好地回忆起踢腿和挂件移动之间的关系(Rovee-Collier, Evancio & Earley, 1995)。

为了解释这种跨时间的记忆整合，罗夫-科利尔(Rovee-Collier, 1995)提出了"时间窗口(time window)"概念。其基本设想是，在一定时期内(窗口打开的时间)，儿童可以整合信息，并增强最初的记忆。此时段结束后，窗口将关闭，即使是高度相似的事件也会被单独存储，而不会与原始事件整合在一起。时间窗口持续打开的时间在很大程度上由对初始信息的遗忘来确定，一旦信息被遗忘，时间窗口就会关闭。由于年长儿童通常忘记得比较慢，他们在应对给定的任务时其时间窗口打开时间都会比较长。

在时间窗口的末尾，亦即当关于原始事件细节的记忆已不如原来那么强烈但还没有被完全遗忘时，呈现第二个类似的事件对保存初始记忆尤其有效。这不仅适用于婴儿，也适用于年长儿童和成年人(Rovee-Collier, 1995; Rovee-Collier, Adler & Borza, 1994)。这一发现对目击证人的证词具有有趣的意义。在原始事件时间窗口快要关闭时，亦即当儿童对原始事件的记忆开始减弱时，就相关问题向儿童提问对保存记忆可能特别有效(Brainerd & Ornstein, 1990)。

抑制

我们要想很好地思考，必须阻止无关想法的入侵。由于概念往往与特定情境中相关和不相关的想法有所关联，记忆和其他认知过程的有效利用就要对特定情境中无用的想法进行抑制。举例来说，如果你想掌握一个新的物理概念，那么抑制和晚餐有关的那些想法可能会有帮助。

额叶似乎在抑制中起着关键作用。它是大脑中最后发育的区域之一，在婴儿快满1岁时表现出显著的发展，在4岁和7岁期间及以后的时间也是如此(Luria, 1973; Thatcher, Lyon, Rumsey & Krasnegor, 1996)。这种婴儿期的神经发育在儿童完成需要抑制反应的任务时体现出一定的影响，比如皮亚杰的"A非B"任务。在这项任务中，婴儿看到一个物体隐藏在位置B，并从此位置多次取回该物体，然后他们看到物体隐藏在位置A。要成功取回物体，婴儿必须抑制前往位置B取回物体的倾向，并在位置A寻找物体。成年猴子通常可以完成这项任务。但是，如果它们的额叶皮层被切除或冷冻，它们就不会去新位置寻找物体，转而在之前的隐藏位置寻找(Diamond, 1985; Goldman-Rakic, 1987)。这种实验不能在人类婴儿身上进行。不过,人们已经了解到,在婴儿6到12个月大时,即他们能够完成这项任务的年龄段,婴儿在执行任务时其额叶的电活动增加(Bell & Fox, 1992)。进一步发展的抑制能力使得婴儿对新位置产生更持久的记忆。戴蒙德(Diamond, 1985)发现,即便新寻找行为的延时持续增加,婴儿也总能在最新位置寻找隐藏物体。到7个月大时,婴儿在延时长达2秒时仍能在正确的位置寻找物体;到9个月大时,延时长达6秒;到11个月大时,延时长达10秒(见图7.2①)。

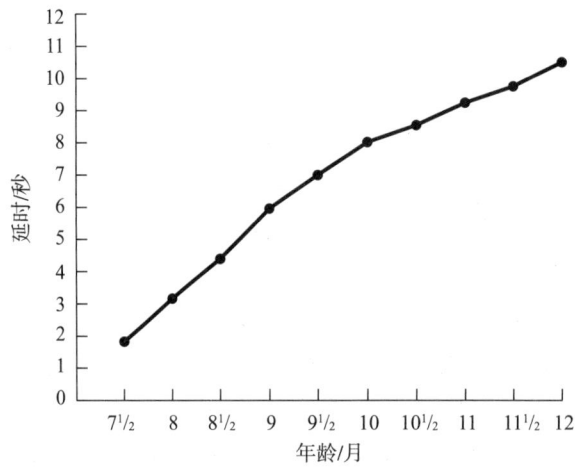

≫ 图7.2　7—12个月大婴儿能成功完成"A 非 B"任务的延时情况(after Diamond, 1985)

在4到7岁时,儿童抑制反应的能力和额叶功能之间进一步平行发展。他们平时完成"西蒙说(Simon Says)"游戏的能力就体现出了这种发展。当成年人一直在说"西蒙说",但后来却不这样说时,4岁的儿童很难抑制指令的执行。7岁儿童对指令的抑制则要容易得多。对于需要抑制的任务,儿童在4到7岁之间会发生许多类似的变化(Dempster, 1992)。例如,如果要记住单词列表,儿童必须关注最新列表中的单词,并抑制关联词语和其他列表中的单词。4岁和5岁儿童在执行此类任务时会比较困难。一部分原因是因为他们未能抑制这些相关词语,而且回忆时将它们误加入新单词列表(Harnishfeger & Bjorklund, 1994)。同样,为了理解液体体积守恒,儿童必须抑制感知信息,即高而细的玻璃杯看起来装有更多水,并且注意到"液体无添加或减少"的事实(Dempster, 1992)。4岁和5岁的儿童也很难做到这一点。儿童在完成守恒任务中的困难主要是因为存在干扰信息,如果消除误导性线索,比如在装有液体的玻璃杯前放置一个防护罩,4岁儿童总是能够

---

① 译者注:在原著,正文描述与图7.2显示的数据有差距,中文版未做改动。

成功地完成守恒任务(Bruner,1966)。因此,抑制不当反应能力和屏蔽干扰信息能力的持续增长似乎对婴幼儿的认知发展有很大作用。

加工容量

关于儿童思维最具争议的问题之一:儿童单次积极加工的信息量(他们的工作记忆容量)是否会随年龄而变化。这种变化的潜在重要性毋庸置疑。如果年幼儿童不能和年长儿童一样同时加工一样多的信息,他们的学习和记忆能力应该会低于后者。但工作记忆容量真的会扩大吗?

为了解答这个问题,研究者考察了不同年龄的儿童能回忆随机选择的字母或数字(小于10的个位数)的情况。图7.3①表明,儿童能记住的字母或数字个数随着年龄的增长而稳步增加。大多数5岁儿童能正确地回忆包含4个数字的列表,但最多也就4个;而大多数成年人能回忆起含7个数字的列表。基于这些数据,包括帕斯库利昂(Pascual-Leone, 1970, 1989)在内的很多研究者提出,从婴儿到成年,人们在工作记忆中所能保存的符号绝对数量增加了一倍多。

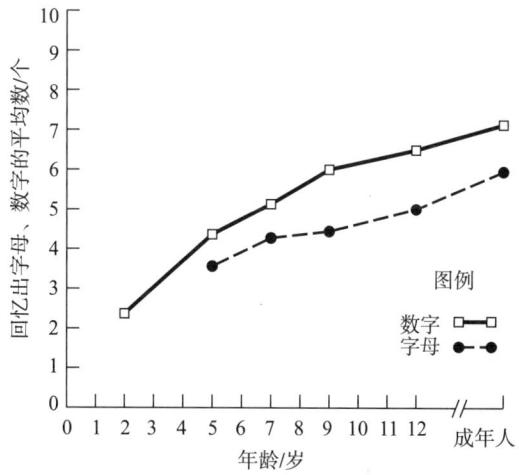

》图7.3 数字和字母记忆广度随年龄增加而增长(after Dempster, 1981)
Copyright © 1981 by the American Psychological Association. Adapted with permission

尽管数据很清楚,但工作记忆容量是否会随年龄而变化这一问题仍然没有清晰的答案。任务对认知资源的需求反映出儿童认知资源和任务本身的特点。任务表现的发展性改善可以通过增加儿童的认知资源或减少儿童在既定任务中所分配

---

① 译者注:图、文数据有些不一致,中文版保留原著的。

的认知资源来实现。想想看,为什么年长儿童能记住更长的数字列表,即便他们工作记忆的绝对容量与年幼儿童没有区别。因为年长儿童对数字的了解更多。这种较好的熟悉度可以帮助他们更有效地记忆数字。他们还知道更多用来提高记忆的策略,如复述。他们也更善于选择何时使用他们所掌握的策略。因此,很明显,年长儿童可以在工作记忆中存储更多的材料,不过我们仍不清楚(或许永远也无法知道)这是否是因为工作记忆的实际容量发生了变化,还是因为知识和策略的变化,从而更多的材料得以在原有的记忆容量内储存(如第三章中"汽车后备厢"的例子)。

加工速度

随着年龄的增长,信息加工的速度会大大提高,就像记忆中可存储的数字个数会随年龄增长而大幅提高一样。很多加工都体现出这一特点,如即时加工(immediate processing)(Hoving, Spencer, Robb & Schulte, 1978; LeBlanc, Muise & Blanchard, 1992)、工作记忆中的信息加工(Hale, 1990; Hale 等, 1997; Hitch & Towse, 1995; Miller & Vernon, 1997)以及长期记忆中的信息提取(Hale, 1990; Kail, 1986, 1988; Whitney, 1986)。速度提高的总体趋势比较明确。如图7.4所示,加工速度在年龄较小时增长最快,此后增长速度减慢,尽管在进入青春期时信息加工的速度会继续增长(Kail, 1991)。不过,关于加工速度提高的原因存在相当大的争议。有人认为加工速度提高是由于使用了更多、更有效的策略,有人认为是由于对正在加工的材料更为熟悉,还有人认为是速度本身有所提高。

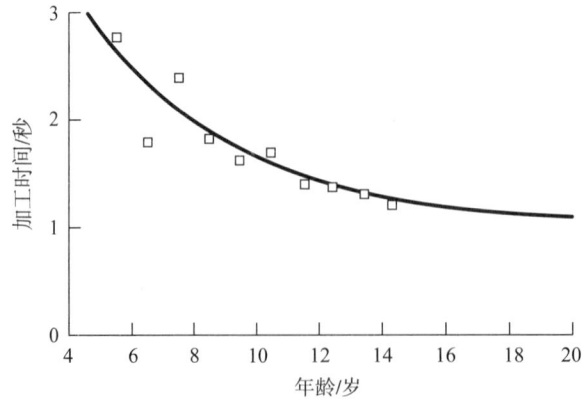

》图7.4 加工速度随年龄增长而变化的估算曲线。这些值表示进行基本加工需要的时间。5岁儿童每次加工大约需要3秒,而14岁的儿童每次加工只需1秒多。这些估算以过去30年所发表的72个实验中儿童和大学生的成绩为基础(after Kail, 1991)

最近的证据表明,加工速度本身会随着身体的不断成熟而提高。在一定的年龄,身体发育更成熟的儿童(亦即儿童的身高很大一部分取决于父母的身高)加工信息的速度会更快(Eaton & Ritchot, 1995)。尽管通过练习也能加快信息加工的速度,但年龄和加工速度之间的关系似乎并不能归结为年长儿童对于特定任务有更多的练习经验。最能够描述加工速度随年龄增长而提高的数学公式与描述随着练习增加而进步的数学公式有所不同(Kail, 1991; Miller & Vernon, 1997)。而且,不管是儿童很少遇到的任务(如心理旋转),还是他们每天都会遇到的任务(如阅读和算术),其加工速度都有类似的提高。因此,加工速度会随着年龄的增长而提高,而不仅仅是因为练习和高级策略。更快的加工速度可以提高儿童在很多任务上的表现水平。

评价

从婴儿出生的第一天起,基本加工就是促进记忆发展的重要且直接的因素。即使是很小的婴儿也会进行关联、再认、回忆、概括以及其他基本加工。这些能力使他们能够在掌握策略、理解记忆或内容知识之前记住大量内容。此外,如果没有这些基本能力,所有其他的记忆活动都将是徒劳的。例如,如果我们不能将电话号码与号码的主人关联起来,那么复述电话号码就毫无意义。在婴儿期及之后的阶段,关联的数量、回忆经验时的时间长度、进行经验整合的时间窗口的持续时间、归纳总结时情境的多样性,以及执行所有这些过程的速度等都会大大增加。然而,基本加工使得婴儿从生命伊始就能够学习和记忆。

基本加工和婴儿失忆症之谜

既然婴儿能够再认、关联和学习,为什么成年人几乎永远记不起早年发生在自己身上的事情?想想看,你对自己3岁前的生活还记得多少?尽管有些人最早的记忆可以追溯到2岁左右(Eacott & Crawley, 1998, 1999; Weigle & Bauer, 2000),但大多数人都很少记得3岁之前发生的事情(Bruce, Dolan & Phillips-Grant, 2000; Pillemer & White, 1989; Rubin, 2000)。成年人对3岁以后那几年的记忆往往也很少。大多数人只记得个别事件,通常都是非常有意义和独特的事情,如迪斯尼乐园之旅、生病住院或弟弟妹妹出生。这种现象不仅存在于人类,老鼠和许多其他哺乳动物也很少记得生命早期发生的事情(Spear, 1984)。

如何解释这种无法回忆起早期经历的现象?该现象并非纯粹是由于时间的流逝。回想一下第三章中提到的例子,人们对35年前高中同学的照片有极高的识别度。另一个看似合理的解释是,婴儿在这个发育阶段不会形成持久的记忆。该解释也不正确。2岁半至3岁的儿童可以记住数月前发生的事情,有些儿童还记得他们出生后第一年发生的一些事情(Myers, Clifton & Clarkson, 1987; Peterson, 2002)。与之类似,1 岁儿童学习了简单的一组动作(如敲锣),之后一年内他们都能回忆起这些动作(Bauer, Wenner, Dropik & Wewerka, 2000),而且儿童在 13 个月到 20 个月期间记忆会保存得越来越牢固和持久(见图 7.5)。弗洛伊德(Freud, 1905, 1953)曾提出婴儿失忆症(infantile amnesia)反映了对性冲动压制的假设。该假设也不能解释这种早期失忆现象。虽然这种压制可能会发生,但人们也记不起从婴儿期至学步期的普通事件。

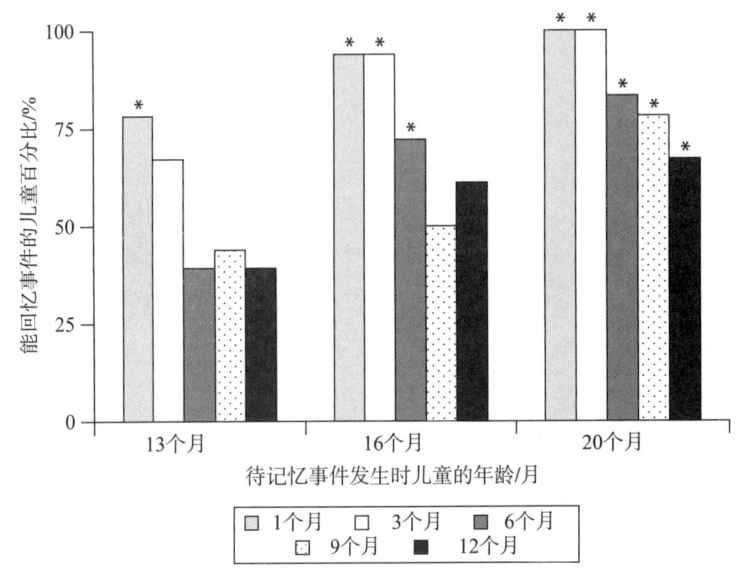

》 图 7.5　儿童能成功回忆事件的百分比。儿童在 13 个月、16 个月或 20 个月大时初次经历的事件,之后在不同的时间间隔点对该事件进行回忆。星号表示该值与随机水平存在显著差异(data drawn from Bauer, Wenner, Dropik & Wewerka, 2000)

另外三种解释似乎更让人信服。其中之一涉及与记忆相关的生理变化。大脑额叶在整个儿童期都在持续发育。大脑的这个部分(特别是前额叶皮层)可能对记忆特定的片段非常重要,这些片段必须能够被重新提取(Diamond, 1990; Newcombe, Drummey, Fox, Lie & Ottinger-Alberts, 2000; Schacter, 1987)。婴儿和学步儿的长期记忆通常涉及他们先前看过或做过的重复动作序列(如 Bauer, 1996; Bauer 等, 2000)。大脑的生理成熟程度可能会支持这些记忆类型,但不会支持需要用明确言语描述的记忆。

解释之二涉及社会环境对儿童谈论过去事件的影响。成年人经常和年幼儿童谈论过去的事件。早期,成年人为这些对话提供了大部分的结构和内容,勾起了儿童对过去事件的记忆(例如,还记得莫莉阿姨什么时候来过吗?)。有些母亲会通过精心的设计,鼓励儿童说出许多过去事件的细节,并帮助儿童提高其在谈话中的参与度。还有些母亲使用一种不那么复杂的方式,她们问一些具体的问题,但很少涉及细节(Fivush & Fromhoff, 1988)。大量研究表明,与使用该方式的母亲相比,那些精心设计谈话方式的母亲能帮助儿童记住更多内容(Haden, Haine & Fivush, 1997; Harley & Reese, 1999; Leichtman, Pillemer, Wang & Koreishi, 2000)。然而,不管父母的风格如何,随着时间的推移,儿童都会更积极地参与关于过去事件的对话,他们会把过去的事件作为话题提出来,并自己开始对事件进行描述(Nelson & Fivush, 2000)。

年幼儿童参与由成年人引导的关于过去事件的对话可以帮助他们存储信息,而且这些信息能够保存到儿童后期以及成人期(Fivush & Hammond, 1990; Hudson, 1990)。通过聆听或讲述一个有明确的开头、发展和结尾的故事,儿童可以学会提取事件的要点,而这一方式使他们多年后依然能够对其进行叙述。与这一观点一致,当儿童3岁左右时,父母和儿童会越来越多地谈论过去的事情。然而,仅仅听这些故事不足以让年幼儿童形成持久的记忆。为2岁的儿童讲述这样的故事似乎也不会产生持久的、可表达的记忆(Goleman, 1993)。

婴儿失忆症的第三种可能解释是：婴儿编码信息的方式与年长儿童和成年人提取信息的方式不匹配。人们是否能记住某个事件,关键取决于他们先前编码信息的方式和之后提取信息的方式是否匹配。一个人如果能更好地重建信息编码的视角,那么回忆的效果可能就更好。

有很多种因素会造成年幼儿童的信息编码与年长儿童和成年人的信息提取不匹配。如果一个人身高只有两三英尺,而另一个人身高有五六英尺,那么这两个人看到的世界将大不相同。关于事件类别的一般知识(生日聚会、生病就医、棒球比赛)有助于年长儿童对他们的经验进行编码(我记得我7岁生日时观看的那场棒球比赛),但婴儿和学步儿不太可能在这种知识结构中对经验进行编码(Nelson, 1993)。同样,婴儿和学步儿也不会使用语言来对事件进行编码,但在年长儿童中,回忆往往是通过口头提示和问题来进行调节的。儿童有一定的能力将言语期之前的记忆重新编码成言语形式,特别是当他们再次体验到最初事件发生时的情境(Bauer, Kroupina, Schwade, Dropik & Wewerka, 1998)。不过,如果儿童在叙述技能发展之前经历了某事件,那他们之后很少能以口头形式进行回忆(Peterson & Rideout, 1998),即使对于创伤性事件(如受伤需要紧急护理)也是如此。

有关婴儿失忆症的上述三种解释并不相互排斥,事实上,它们彼此支持。生理上的不成熟可能是婴儿和学步儿不能形成持久记忆的部分原因,即使他们听到了这类会促进学前儿童记忆持久保持的故事。聆听这些故事可能会让学前儿童对事件的某些方面进行编码,从而形成他们成年后能提取的记忆。相对地,对他们所听到的内容进行改善性的编码可以帮助他们更好地理解和记忆故事,从而使故事对记忆未来的事件更加有用。因此,这三种解释——生理成熟度、聆听和讲述关于过去事件的故事、改进事件关键方面的编码方式——似乎都能用来克服婴儿失忆症。

记忆策略

法院在星期一获悉,在某持械抢劫案发生后,有一个9岁的男孩记住了一辆逃逸汽车的车牌号……这个男孩和他的朋友……透过药店的橱窗看到一个男人抓着一名14岁出纳员的脖子……抢劫发生后,男孩们在脑海里重复着车牌号码,直到他们告知警方(Edmonton Journal,1981年1月13日,Kail,1984)。

如果男孩们没有使用这种被称为"复述(rehearsal)"的记忆策略,他们几乎肯定会在告知警察之前忘记车牌号码。但是,什么是记忆策略?儿童如何习得这些策略?当需要使用时,他们又是如何选择策略的呢?

策略是"个体有意控制的、用以提高记忆效果的认知或行为活动"(Naus & Ornstein,1983,p.12)。儿童在记忆的所有阶段(编码、存储以及提取)都会使用策略,许多与年龄相关的记忆水平的提高都反映了新策略的获得、现有策略的改进以及现有策略在新情况下的应用。

尽管许多细节因策略不同而不同,但所有策略的发展都具有某些普遍的特点(Waters & Andreassen,1983)。当儿童第一次获得一种记忆策略时,他们只会在某些情况下使用这一策略。他们将策略局限在易于应用该策略的材料和对策略需求不太高的情境。儿童在应用策略时也缺乏灵活性,常常无法适应不断变化的任务需求。而所有这些局限都会随着发展而改变。年长儿童使用策略的情境更加多样化,包括那些难以执行策略的情境;他们使用策略的高质量版本;他们会根据具体情况调整策略;他们也能从策略使用中获得更大的益处。

策略使用的另一个普遍特点是:策略会随儿童的经验变化而变化。例如,德国二年级和三年级的学生比美国同龄人更常使用某种特定策略来组织材料(Kurtz, Schneider, Carr, Borkowski & Rellinger,1990)。为什么会有这种差别呢?德国儿童和美国儿童之间似乎没有任何先天的差异。两国儿童在接受组织策略的简短训练后,他们使用这一策略的频率也没有差别。这种差异反而可能是因为成年人使用了的不同教育方法。当被问及是否教过儿童时,相比美国的家长和教师,德国家长和教师更常给儿童教授这样的策略(Kurtz等,1990)。

接下来,我们将讨论儿童使用的一些特定策略、策略的使用如何随年龄而改变,以及改变发生的原因。

搜索对象

儿童甚至在 2 岁之前就开始使用基本的策略。其中一些策略在他们搜索隐藏物体时体现得较为明显。在一项研究中（DeLoache, Cassidy & Brown, 1985），18 到 24 个月大的儿童看到一个"大鸟①"玩偶被藏在诸如枕头等各类物体下面。他们必须等三四分钟，直到实验者告诉他们可以去找"大鸟"了。学步儿进行了多种策略活动来保持他们对玩偶位置的记忆。在等待的时候，他们会看着隐藏位置，并指向它，还会给隐藏的物体命名。当"大鸟"就在他们视线里时，他们并没有那么频繁地进行这些活动。这表明他们的记忆策略仅限于需要记住"大鸟"位置的情况。

年龄很小的儿童在使用这些策略时带有很强的局限性，他们只会在最有利的情况下使用。因此，当一个物体藏在 3 个相同杯子的其中一个里，而不是藏在一个更独特的物体（如枕头）下时，2 岁的儿童并没有进行策略性的活动，如观察或触摸藏有物体的杯子。与此相反，3 岁儿童则将策略性活动（如给它命名和指向它）扩展应用到那些易混淆的物体上，而较年幼的儿童只会将这些策略性活动应用于更独特的物体（Wellman, Ritter & Flavell, 1975）。一般来说，熟悉的任务场景会使儿童的策略使用更加统一和有效（Schneider & Sodian, 1988）。

寻找隐藏物体策略的发展会持续数年。例如，当要在转盘上 6 个相同杯子之一的下面找到一个隐藏的物体时，8 岁的儿童自发使用了这样的策略：从桌子上选择一颗星星或一个回形针，并将这一标记放在相应的杯子上；5 岁的儿童则通常需要实验者的提示才会使用这种策略；而 3 岁儿童要么根本没有使用该策略，要么也是在大量的提示下才使用这一策略（Beal & Fleisig, 1987; Ritter, 1978）。

复述

当需要逐字回忆时，一遍又一遍地重复信息将大有帮助。学龄儿童通常能很好地使用这种策略，如本节开头提到的"记车牌号"的故事。然而，6 岁或 7 岁以下的儿童不太可能会不停复述车牌号码。在一项有关复述方法的研究中，实验者向 5 岁和 10 岁的儿童展示了 7 张图片，然后儿童看到实验者指向了其中的 3 张。受试儿童知道，15 秒过后他们需要按同样的顺序指出那 3 张图片。从图片出现到说出图片名称的时间间隔有 15 秒，在这 15 秒内，相比 5 岁的儿童，实验者看到有更多 10 岁的儿童嘴唇在动，或是能听见他们一遍又一遍地重复图片的名称。使用这种复述方法的儿童比那些没有使用该策略的儿童记得的内容更多（Flavell, Beach & Chinsky, 1966）。

---

① 译者注：大鸟是美国儿童教育电视节目《芝麻街》中的经典角色之一，这一名称在第六章中出现过。

这些结果有时被解释为 5 岁的儿童没有采用复述策略,而 10 岁儿童则使用了这一策略。不过,实际情况可能更复杂。对儿童系列回忆的逐次(trial-by-trial)测试表明,在某些试次中,大多数 5 岁儿童的复述方式与年长儿童相同(McGilly & Siegler, 1989, 1990)。他们在使用复述策略的试次中的记忆效果比没有使用的试次要好。

通过学习复述策略,5 岁儿童会增加使用该策略的频次,他们也能记得更好。然而,他们回忆的水平并不会提升至年长儿童的水平。而且在新情境下,年幼儿童通常不会继续稳定地使用复述策略(Hagen, Hargrove & Ross, 1973)。

组织

当人们需要回忆材料,但不一定要按原有顺序回忆时,他们常常会把材料重新组织成更易记忆的形式。例如,当要求 10 岁的儿童记住沙发、香蕉、狗、椅子、苹果、老鼠、桌子、牛、橘子这些词时,他们通常会把这些词分为三类:家具、水果和动物。然后,他们试着在脑海中这样回忆:家具,让我们想想看,有没有桌子,有桌子;有没有台灯,没有;有没有椅子,有椅子;等等。

这种组织策略在很大程度上与复述策略是平行发展的。与复述一样,5 岁和 6 岁的儿童比 9 岁和 10 岁的儿童更少使用组织策略(Carr, Kurtz, Schneider, Turner & Borkowski, 1989)。然而,与年长儿童一样,年幼儿童有时确实也会使用组织策略(Bjorklund & Coyle, 1995),使用这种策略的儿童往往比不使用的儿童能记住更多信息(Schneider, 1986)。复述策略中提到的儿童在逐次测试中表现出来的特点在组织策略使用中体现得也很明显(Coyle & Bjorklund, 1997)。

很多儿童会表现出一种相当突然的转变,即从不使用组织策略突然转变为经常使用。有研究者考察了儿童在一系列周期实验中的记忆表现(Schlagmueller & Schneider, 2002),该研究也观察到了儿童这种快速的"跳跃(jump)"表现。他们发现儿童似乎能认识到组织策略的益处,而且一旦他们发现了组织策略,就会经常使用这些策略。

儿童早在 4 岁或 5 岁时就可以学习组织策略,学习这种策略有助于他们记住更多信息(Lange & Pierce, 1992)。另一方面,他们通常不会将学习所获得的策略迁移至新的情境,哪怕两种情境类似(Williams & Goulet, 1975)。

选择性注意

第五章讨论了刺激吸引注意的特性,婴儿的很多注意都是由刺激激发的、不自觉的。不过,儿童很快就开始对有助于实现目标的重要信息进行有选择性的注意。

例如，如果 4 岁的儿童被告知之后需要记住一些玩具，他们往往会在等待期间更频繁地重复这些玩具的名称（Baker-Ward, Ornstein & Holden, 1984）。这表明，他们会有选择地注意那些他们需要记住的玩具。

与复述和组织策略一样，选择性注意策略在学前阶段到儿童中期之间相当普遍。在图 7.6 所示的任务中，选择性注意的增加尤其明显。儿童看到两排盒子，每排有 6 个。每个盒子里都有一个动物玩具或家用物品；装有动物玩具的盒子上面有笼子图片，装有家用物品的盒子上有房子图片。告诉部分儿童他们需要记住每一只动物所在的盒子，告诉另一些儿童他们需要记住每一个家用物品所在的位置。然后他们会有一个学习阶段，在此期间可以打开任何他们认为有助于记忆相关物品位置的盒子。如果一名儿童需要记住动物玩具的位置，一个较为明智的策略是打开每个有笼子图片的盒子，而后找出每个盒子里藏有哪种动物玩具。

》图 7.6　米勒及其同事（DeMarie-Drebow & Miller, 1988）在选择性注意实验中使用的装置。在学习阶段，儿童可以打开 12 个盒子中的任意一个并查看里面的物品。在测试中，他们只会被问到其中 6 个盒子里的物品，这 6 个盒子上带有之前告知他们的相关图片（笼子或房子）
Photo courtesy of Patricia Miller

在 3 到 8 岁之间，儿童将注意力集中在相关类别上的选择性大大增加（DeMarie-Drebow & Miller, 1988; Miller & Seier, 1994）。在学习阶段，发展最为迟缓的儿童（往往也是最年幼的儿童）在观察这两种类型的盒子时并没有表现出任何注意上的差别。已经发展较好的儿童看相关盒子的频率则更高一些，但看其他盒子的频率也不低。不过，发展更快的儿童几乎只看相关的盒子，但回忆起的内容并不比那些看不相关盒子的儿童多。只有发展水平最高的儿童才能把注意力完全集中在相关的盒子上，并且比那些不太会选择性注意的儿童记得更多。

年长儿童对注意力的分配更优越，部分原因是他们的注意更具系统性。这一点在对 4 到 8 岁儿童的眼动分析中得到了证实（Vurpillot, 1968）。实验者向儿童展示了有 6 个窗户的房子图片，如图 7.7 所示。儿童需要确定左边的房子和右边的房子是否相同；如果不同，则需要找出它们的差异。在理想情况下，儿童会先扫视左边房子的一扇窗户，再扫视右边房子的对应窗户，接着扫视左边房子的另一扇窗户,再扫视右边房子的对应窗户,如此反复……直到儿童发现差异或检查完了所有的窗户。按从上到下、从左到右等顺序系统地观察窗户似乎也是一种可取的注意分配方式,因为这样可以确保比较所有窗户而不会重复比较。

随着年龄的增长,儿童的扫视变得越发系统。年长儿童会更频繁地在两栋房子的相应窗户之间来回观察,也更多地沿着房子内的列或行进行扫视。他们更有可能在检查过所有的窗户后才回答说两栋房子是一样的。综上所述,随着年龄的增长,儿童的注意力会越发集中在相关信息上,同时也变得越来越系统。

》图7.7 沃皮洛特(Vurpillot, 1968)用于研究视觉注意发展的刺激。儿童需要确定两栋房子是不同的(如上面两栋)还是相同的(如下面两栋)(after Vurpillot, 1968)
Reprinted from Vurpillot, E., The development of scanning strategies and their relation to visual differentiation, Journal of Experimental Child Psychology, 6, 632 – 650, Copyright 1968, with permission from Elsevier

策略变化的其他解释

这些研究发现提出了一个疑问:儿童为什么不使用有益的策略?最初对这一现象的解释多集中在学前儿童不使用复述策略的两个原因上。其中之一是中介性不足(mediational deficiency)(Reese, 1962)。根据这一观点,学前儿童不使用复述等策略是因为这些策略并不能提高他们的回忆效果。另一个是生产性不足(production deficiency)(Flavell, 1970)。因为这样,儿童选择不使用策略,尽管使用策略会帮助他们记忆。

目前看来,这两种解释似乎都不是很充分。中介性不足假说无法解释为何学前儿童在学习策略时记忆力通常会提高;生产性不足假说无法解释为何大多数5岁的儿童有时会使用复述,也不能解释为何他们有时选择复述,而其他时间又不这样做。

要理解学前儿童对复述和其他记忆策略的有限使用,我们似乎需要更深入地了解使用策略的代价和益处。在很多情况下,年幼儿童在使用策略中获得的益处都比年长儿童少,付出的代价却更大。当人们第一次学习某个策略时,使用该策略所需的心智努力比以后使用时要高。例如,如果年幼儿童在复述一组数字的同时执行另一项任务(例如,用食指尽可能快地敲击桌子),那么他们的敲击频率会明显低于年长儿童(Guttentag, 1984, 1985; Kee & Howell, 1988)。年幼儿童桌面敲击率的下降似乎是因为他们需要花费更多的心智资源来进行复述。

这一分析表明,年幼儿童对某种策略的使用率可以通过增加策略使用的益处或降低策略使用的成本来提高。与这一预测一致,当使用策略的益处增加时(例如，成功回忆后会得到报酬），儿童会更频繁地使用复述策略，并且会以更复杂的方式进行复述（Kunzinger & Wittryol, 1984）。当使用策略的成本降低时，如呈现相对容易复述的材料，策略的使用也会增加（Ornstein, Medlin, Stone & Naus, 1985; Ornstein & Naus, 1985）。因此，儿童使用策略时对其成本和收益都很敏感。随着年龄的增长，策略使用会增多。这对年长儿童来说也就意味着更大的益处和更低的成本。

中介性不足和生产性不足的概念旨在解释为何儿童通常不使用能够提高其记忆的策略。相反的情况同样也存在：儿童也经常使用一开始并不能帮助他们更好地记忆的策略（Bjorklund & Coyle, 1995; Miller, 1990; Miller & Seier, 1994）。这种现象被称为利用性不足（utilization deficiency）。记忆效果没有提高似乎反映出使用策略所付出的心智资源成本抵消了使用策略所产生的益处。与此分析一致，当实验者通过帮助儿童执行一部分策略来减少使用策略所需的心智努力时，年幼的儿童会从那些原本不能提高他们回忆的策略中获益（DeMarie-Dreblow & Miller, 1988; Miller, Woody-Ramsey & Aloise, 1991）。

利用性不足的存在提出了一个问题，即"为何儿童会使用不利于他们回忆的策略？"，解答这个问题的关键可能在于利用性不足通常与新策略有关。任何加工效率都会随着实践的增多而提高，这一发现非常一致，因此被称为实践规律（law of practice）（Newell & Rosenbloom, 1981）。如果某个新学习的策略已然与一个被熟练使用的策略一样，能够产生相同或几乎相同的提高记忆的效果，那么很有可能随着实践的进行，新策略将获得更好的效果。若是如此，为什么不用呢？因此，从利用性不足似乎可以看出，人类认知系统好像隐约懂得实践规律。

评价

随着年龄增长，儿童的策略使用频率和质量都会提高。这在学前期和青春期间的记忆发展中发挥着重要作用。在此期间，复述、组织和选择性注意等策略的使用频率和质量都大大提高。记忆策略的发展并不仅仅局限于策略使用频率的变化。年长儿童也会使用更有效的策略，策略使用也涵盖了简单和困难的情境，并且通常在使用策略时会大大提高他们的记忆力。

与记忆策略相关的一个有趣现象是，训练儿童使用这些策略并不能保证他们会继续使用。这就提出了一个问题："儿童如何决定使用哪种策略？"其中一种可能的回答是，儿童依靠他们的元认知知识（有关策略、任务难度和他们自己的认知能力的知识）来做出相应的决定。

元认知

元认知可分为两类知识：显性的、有意识的事实性知识和隐性的、无意识的程序性知识（Brown, Bransford, Ferrara & Campione, 1983）。即使是学前儿童也意识到记住一些东西比记住许多东西要容易，这就是显性的元认知知识。然而，很多元认知知识都是无意识的，它在不知不觉中影响着我们的行为。当高水平阅读者读到书中较难的内容时，他们会放慢阅读速度，但并不会意识到自己在这样做。这正是隐性元认知知识在起作用。在这一节中，我们会考察显性和隐性元认知知识的发展以及它们对儿童记忆能力的影响。

显性元认知知识

学龄儿童和成年人拥有大量关于一般思维（特别是记忆）的显性知识。这些知识包括任务信息（记住一段话的要点比逐字记住一段话容易）、策略信息（复述一个电话号码有助于记忆）以及关于"人"的信息（年长儿童通常比年幼儿童记得更多）。这些知识大部分是在 5 到 10 岁之间获得的。

也许我们对记忆最基本的认识是记忆容易出错。几乎所有 6 岁以上的儿童都知道自己会遗忘，但有相当一部分 5 岁儿童（30%）则否认自己曾经遗忘过（Kreutzer, Leonard & Flavell, 1975）。学前儿童对记忆能力的过度乐观在其他情境中也有所表现。例如，当问 4 岁的儿童他们能记住 10 张图片中的多少张时，大多数儿童认为他们 10 张图片都能记住（Flavell, Friedrichs & Hoyt, 1970）。他们对自己记忆水平的估计要比年长儿童高，尽管他们实际上记住的很少。学前儿童的过度乐观可能反映了他们的"美好想法"以及较少的抽象知识。当这些儿童对其他儿童的记忆能力进行预测时，他们的预测就不如之前对自己的预测那么乐观了（Stipek, 1984）。

在小学及以后的阶段，儿童和青少年获得了关于学习者的任务、策略和特征如何影响记忆的广泛知识（Schneider & Bjorklund, 1998; Weiner, 1986）。大约一半的小学一年级学生能够认识到记住故事的要点比逐字逐句地记故事要容易；几乎所有五年级学生都知道这一点（Kreutzer 等, 1975）。与此类似，大约一半的一年级学生知道再认比回忆容易，所有的五年级学生也都知道（Speer & Flavell, 1979）。在这一时期，元认知知识的增长可能是源于儿童在学校需要完成的记忆任务量的增加，以及他们所得到的关于他们的记忆是否正确的反馈。

许多关于认知的这类显性的事实性知识的研究都是基于这样一个假设，即儿童的记忆知识和一般认知系统知识的增长会使他们选择更好的策略并更有效地记忆。但这种直觉上合理的观点却很难获得支撑证据。早期的调查研究仅揭示出它们之间存在较弱的联系(Cavanaugh & Perlmutter, 1982)。最近对许多研究结果的分析表明，元记忆知识与记忆成绩之间存在较紧密的关系(Schneider & Bjorklund, 1998; Schneider & Pressley, 1989)。尽管如此，这种关系并不像很多人直觉上认为的那么牢固。

隐性元认知知识

学步儿和学前儿童关于记忆的显性事实性知识比较有限。而与此相反，他们体现出的隐性知识则令人印象深刻。这一点在他们对自己认知活动的监控中尤为明显。例如，2 岁的儿童会自发地纠正自己在发音、语法和物体命名中的错误，这说明他们会监控自己的语言使用。他们在评论自己和他人的语言使用时也体现出了这种监控；他们会根据听者的知识和一般认知水平调整他们所说的话，这也说明监控在起作用(Clark, 1978)。例如，西格勒 2 岁半的女儿曾告诉他 "You're a 'he', Todd's a 'he', and girls are 'she's'.（你是一个'他'，托德是一个'他'，女孩们是'她'）"。两周后，她在念 hippopotamus（河马）这个词时遇到了困难，并解释说："我说不出来，因为我的嘴巴做不了那个动作。"

这种自我监控能够让即使是年幼儿童也体验到一种知晓感(feeling of knowing)，这种感觉可以帮助他们预测自己之后的记忆能力。举例来说，在一项研究中，4 岁和 5 岁的儿童看到了与他们熟悉程度不同的其他儿童的照片。即使 4 岁和 5 岁的儿童不记得照片对应的名字，但如果告诉他们照片上所有儿童的名字，他们也能准确地预测自己能否记住这些名字(Cultice, Somerville & Wellman, 1983)。

尽管这种监控思维的早期能力足以让儿童体验到知晓感，尽管它在小学阶段会得到进一步的提高(Zabrucky & Ratner, 1986)，但即使是年龄较大的学生(Pressley, 1995; Zabrucky & Ratner, 1986)和成年人(Narens, Graf & Nelson, 1996; Reder & Schunn, 1996)，这种能力也远未得到完美的发展。当需要对个人的理解情况进行监控以发现自己对他人所说的话理解不够或存在误解时，这个问题尤其明显。例如，相当一部分大学生也未能发现以下这段话中明显的矛盾之处：

有些蛇有毒，但有些蛇是无害的，甚至会帮助我们。例如，束带蛇帮助我们赶走花园中的害虫。因为束带蛇吃这些昆虫。他们靠"听"来寻觅昆虫。昆虫会发出一种特殊的声音。束带蛇没有耳朵。它们听不到昆虫。它们能听到昆虫的声音。这就是它们找到昆虫的方法(Elliott-Faust, 1984; Schneider & Pressley, 1989, p.167)。

高水平阅读者和低水平阅读者在监控他们的认知能力上存在很大的差别。年长的高水平阅读者会放慢阅读速度，而且经常会返回到文本中难以理解的地方。相反，年幼的低水平阅读者则很少返回到难点处重新阅读（Garner & Reis, 1981; Whimbey, 1975）。这种情况有些矛盾，年幼的低水平阅读者有更多的理由进行重读（因为他们在第一遍阅读时通常理解得不太好），但他们却很少这样做。

自我监控能力对于选择学习内容和学习的任务量尤其重要。毫不奇怪，年长儿童能更有效地监控他们的知识，也能更有效地调整他们的学习策略以适应他们对内容的掌握程度。从4岁至12或13岁，儿童在认为自己已掌握学习内容之前所需要的学习时间稳步增加，这可能是因为年长儿童对自己知识的监控使他们明白，他们直到学习的后期才掌握了学习内容（Dufresne & Kobasigawa, 1989; Flavell 等, 1970）。年长儿童也会把更多的注意力集中在他们还没有掌握的内容上，这大概同样是因为他们的监控表明，这些内容需要花费更多的注意力（Bisanz, Vesonder & Voss, 1978）。

不过，分配学习时间是一件棘手的事。设想一下这种困境：你已经收到之前测试的结果，接下来要学习相同的材料以为之后的测试做准备。面对这种情况，最好的策略是把时间主要花在之前出错最多的问题上，还是把学习时间花在其他问题上？一方面，把时间集中在你之前忘记的部分应该有助于那部分的记忆，但可能会导致你第一次测试中正确回忆内容的成绩下降。另一方面，复习已掌握较好的内容可能是在浪费时间。

毫无疑问，刚学会学习的儿童很难做这样的选择。在一项实验中，儿童在最初的记忆测试中只有部分回答正确，之后他们继续进行学习（Masur, McIntyre & Flavell, 1973），7岁和9岁的儿童选择了不同的学习策略。9岁的儿童把注意力集中在他们没记住的内容上；7岁的儿童则把注意力分散得更广。9岁儿童的策略听起来似乎更为成熟，但并不比7岁儿童的策略更有用。在第二次测试中，这两种策略都提高了回忆效果且程度相当。儿童在两次测试之间忘记的内容会和他们之前没记住、但后来又记得的内容相互抵消。有些问题就是没有很好的解决办法。

评价

元认知对记忆发展的解释力既引人入胜又令人感到沮丧。之所以吸引人，一部分原因是其核心假设的合理性，即儿童对记忆的了解会影响他们的记忆方式。另一部分原因则是元认知技能和知识影响力的潜在普遍性。例如，了解策略的相对应用价值可以优化儿童在各种情况下的策略选择。除此之外，还有一部分原因在于传授元认知知识和技能的潜在好处。元认知知识和技能具有潜在的指导性和广泛的应用性，这使得它们比基本加工更适合教学，而基本加工即便可以改变也非常困难。元认知知识的教学也比特定策略的教学更具优势,这些策略只能在有限的情境下使用,例如复述只能用于死记硬背。元认知技能知识的增长(例如,如何监控理解)对儿童的学习有着广泛的有益影响(Baker, 1994; Borkowski, Johnston & Reid, 1987; Palincsar & Brown, 1984; Pressley, 1995)。

当我们试图确定儿童不断增长的元认知知识是否有助于他们更好地记忆时,元认知令人沮丧的一面就显现了出来。记忆能力和记忆知识都会随着年龄的增长而提高和增长。然而,记忆能力与记忆知识量之间的关系并不是特别紧密(Schneider & Bjorklund, 1998)。这就提出了一个问题:元认知对记忆发展的影响到底有多大?

有一句谚语是这样说的"凡事难以十拿九稳(杯到唇边还会失手,Many a slip' twixt the cup and the lip.)"。这句谚语为回答刚才的问题提供了一种有用的思路。只有当各个系列条件全都满足时,元认知知识才能影响记忆成绩。设想一下这种情况,一名女孩使用元认知知识来选择一种策略以便逐字记住一长串数字。这其中都涉及什么呢?这名女孩需要明白她的记忆并不完美,她可能记不住所有的数字。当她听到特定的数字列表时,她需要很好地监控自己的记忆,以便认识到在不使用某种策略的情况下她不可能将所有数字持久地保存在记忆中。她还需要知道一个相关的策略,比如复述,并且在需要的时候选择这一策略,而不是选择效果较差的策略。最后,为了将来能经常地使用这个策略,她需要将所获得的任何益处都归因于策略的使用,而不是诸如"努力程度"等其他因素。

以上思考可以帮助我们理解针对儿童的元认知技能教学所获得的巨大成功,也可以使我们理解日常环境中元认知知识和记忆能力之间不太紧密的联系。假如一切都像在精心策划的教学计划中经常出现的那样,这个链条中的所有环节都存在,那么元认知知识可以极大地提高记忆能力。然而,假如实际情况像在日常环境中经常发生的那样,那么哪怕仅一个环节有所缺失,元认知知识与记忆能力之间的相关就可能消失。

想想看,某情境下的策略是如何转换应用到新情境中的?即使儿童知道某个策略,并使用了这一策略,记忆能力也得到了提高,他们还是很少将该策略转移应用到新情境,除非他们也将记忆能力的提升归因于该策略的使用(Borkowski, Carr & Pressley, 1987; Fabricius & Hagen, 1984; Pressley, Levin & Ghatala, 1984)。儿童和成年人经教导学会了某种能提高记忆的策略,但他们通常把记忆的提高归因于策略以外的因素。例如,法布里修斯和哈根(Fabricius & Hagen, 1984)创设了这样一种情境:6岁和7岁的儿童有时使用组织战略,有时不用。当儿童使用这种策略时,他们能记住的内容要多得多。尽管所有的儿童都观察到了这一现象,但只有部分儿童认为这种差异是由于使用了组织策略。另一些儿童则认为这种现象是由于长时间的观察,积极动脑,或是速度的减慢。儿童对记忆提高的归因能预测到他们一周后是否会在稍有不同的情境中使用这种策略。如果儿童认为他们先前记忆的提高是由于使用了新策略,那么这部分儿童中的99%都会在新情境中使用该策略;而如果儿童认为是其他因素造成了记忆效果的差异,那么这部分儿童中只有32%会在新情境中使用该策略。

无论元认知知识的理论地位如何,其实践意义都是显而易见的。在第十一章关于儿童阅读的讨论中,我们将谈到一个非常成功的培训项目,该项目由帕林切萨和布朗(Palincsar & Brown, 1984)发起,旨在指导阅读水平较低的人们更好地理解他们正在阅读的内容。该项目会教他们对所读文本的理解进行有效的监控,同时也提供了应对理解起来有困难的文本的策略。任何和这个项目一样有效的研究都值得我们学习。

内容知识

年长儿童几乎在所有事情上都比年幼儿童了解得多。一般来说,人们对一个话题越是了解,就越能更好地学习和记住关于它的新信息。因此,更丰富的内容知识会让年长儿童记得更多,即使他们和年幼儿童之间不存在其他差异。

相关内容的先验知识会对记忆产生多种影响。它影响着儿童回忆的数量是多少和回忆的内容是什么;它还会影响儿童的基本加工和策略的执行、元认知知识的掌握和新策略的习得。在某些情况下,先验知识的影响比所有其他因素加起来都要大。接下来我们将讨论这些观点的相关证据。

对儿童记忆量的影响

年长儿童通常比年幼儿童能回忆更多内容,这很大程度上是因为年长儿童更了解他们要记住的材料。内容知识的影响如此之大,以至于知识渊博的儿童往往比知识面较窄的成年人记得还要多。例如,有这样一项任务,研究人员先在棋盘上演示棋子的位置,然后要求受试儿童按照记忆中的位置在一个空棋盘上重新摆出这些棋。10岁的象棋高手在这项任务中的表现胜过成年象棋新手(Chi, 1978)。这一发现并不是因为儿童更聪明或拥有更好的记忆。当儿童和成年人需要完成一个标准的数字跨度(digital span)任务时,成年人记住得更多(见图7.8)。后续对儿童象棋高手和同样精通象棋的成人高手的比较分析表明,二者都能回忆起象棋的布局且能力相仿(Schneider, Gruber, Gold & Opwis, 1993)。一般来说,对于比较熟悉的内容类型,儿童比成年人记得更清楚,例如儿童电视节目和读物的名称(Lindberg, 1980, 1991; Schneider & Bjorklund, 1998)。因此,内容知识的差异可以使儿童的记忆超越成年人的其他记忆优势。

内容知识的差异也比儿童的整体智商更能影响相关类别内容的记忆。施耐德、科凯尔和韦纳特(Schneider, Korkel & Weinert, 1989)研究了德国儿童对故事中一个虚构的年轻足球运动员及其参与"大型比赛"相关经历的记忆。听这个故事的儿童按足球知识水平和智商水平分为人数相等的四组,分别是:知识高水平、智商高水平;知识高水平、智商低水平;知识低水平、智商高水平;知识低水平,智商低水平。

正如预期的那样,足球知识水平高的儿童比那些足球知识水平低的儿童记住了更多的故事内容,得出了更多的正确推论,并注意到了故事中更多不一致的地方。然而,令人惊讶的是,当知识水平相当时,智商高水平的儿童对足球比赛的记忆内容并不比智商低水平儿童记得多。智商高水平的儿童获得专业知识的速度更快(Johnson & Mervis, 1994),这可能会使他们掌握更多领域的知识。然而,当知识水平相当时,他们对新信息的记忆也趋于相等。

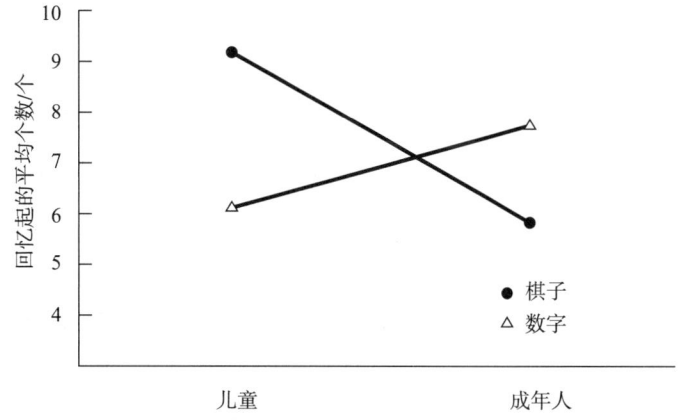

》图 7.8　8—10 岁象棋高手和成年象棋新手能回忆起的棋子和数字个数(after Chi, 1978)。儿童象棋高手能回忆起更多的棋子,但回忆起的数字并不比成年人多

对儿童记忆内容的影响

正如在儿童目击证词的讨论中所指出的,儿童在某事件发生之前的所有知识会极大地影响他们对事件的记忆。因此,那些知道了萨姆是个笨手笨脚家伙的学前儿童,他们就"记住"了萨姆就是在参观教室时弄脏泰迪熊的那个人。

儿童在某事件发生之后获得的知识也会影响他们的记忆。格林豪特(Greenhoot, 2000)向学前儿童讲述了一个目标人物和另一个儿童相遇的故事,然后评估了儿童对故事情节的记忆情况。几天后,儿童得到了一些有关故事主人公的另外一些信息,要么是说主人公和蔼可亲,要么是说主人公尖酸可恶。在接收到这些信息后，儿童再次被问到最初的故事内容。这次，儿童按照他们获得的新信息改变了自己对故事的记忆。了解到主人公和蔼可亲的儿童报告了更多的积极行为，了解到主人公尖酸可恶的儿童则报告了更多的消极行为。这说明，在最初的故事经历之后获得的知识导致儿童改变了他们的记忆报告。

知识有时会导致儿童记忆错误，但更多时候会帮助他们正确地记忆。这很大程度上是源于知识使儿童做出正确的推论。因此，年幼儿童若听到一个关于一只无助的断翅动物的故事，他们就会记得这个故事是关于一只鸟的，即便没有明确提到这个事实(Paris, 1975)。同样，知识也会使儿童记住没有发生过的事情。回想一下前面的例子，7岁(而不是3岁)的儿童如何知道医生办公室的护士没有舔他们的膝盖？因此，内容知识有助于人们记忆发生过和未发生过的事情。

脚本

很多事件经常以相似的形式出现。当儿童烤饼干、参加生日聚会、吃饭或去看医生时，虽然具体情况可能因场合而异，但事件基本结构是一样的。例如，去看医生通常包括去诊所、告诉接待员已经到达、在候诊室等候、听到自己名字时站起来、跟随护士去另一个房间、等待医生或护士过来并施行他们的诊疗工作。

到3岁时，儿童会以脚本(scripts)的形式来表征这些日常活动，脚本是描述事件一般进行方式的知识结构。即使是学前儿童也有各种脚本，如在日托中心和餐馆吃饭(Nelson, 1978)、参加生日聚会(Nelson & Hudson, 1988)、进行日常活动(Fivush & Hammond, 1990)以及从事其他熟悉的活动。当儿童回忆事件时，在很大程度上是符合脚本的，只在某些细节上可能有所偏离，这样的错误使脚本的作用很明显(Fivush & Hammond, 1990; Nelson & Hudson, 1988)。例如，当学前儿童在一家不错的餐馆吃饭时，他们经常会想起在吃饭前付钱，就像在快餐店一样。脚本与特定事件之间的这种混淆在学前阶段尤为普遍。到了7岁，儿童对经常发生的事情和在特定场合发生的事情有了更清晰的区分(Farrar & Goodman, 1992)。

哪些经验会促使儿童形成脚本？其中一个影响似乎是父母给他们讲的故事和父母针对过去事件提出的问题。例如，赫德森(Hudson, 1990)观察到，在大多数家庭中，父母要求年幼儿童回忆信息时主要集中在回忆过去的事件上。父母提问的顺序往往与平时的活动顺序相似，如"我们是怎么去参加生日聚会的？""你到的时候给了比利什么？""你在聚会上吃东西了吗？"。问题的顺序有助于儿童认识到什么是重要的，以及重要事件发生的一般顺序(Nelson, 1993)。

儿童不仅通过脚本回忆自己的经历，而且用脚本来回忆他人的故事，比如童话故事。很多儿童故事都遵循一套标准的模式，包括背景介绍、事件开端、故事角色的内在反应、设定目标、努力实现目标、目标实现(或未实现)(Trabasso, van den Broek & Suh, 1989)。这一模式在故事中常常多次出现,先前的结果会产生新的目标,故事中的人物会努力实现这些目标。

一般来说,3 岁儿童复述这些故事时会忽略故事中角色的主要目标和内在反应,但会包含很多与主要序列无关的细节(Trabasso & Nickels, 1992; Trabasso & Stein, 1995)。4 岁儿童的复述更专注于相关活动,但他们仍然经常忽略角色的目标和意图。直到 5 岁,儿童的复述才会始终包含故事的所有关键部分。因此,在 3 到 5 岁之间,儿童一方面对童话故事的脚本进行了限定,使其集中于最重要的事件,另一方面也将其拓展,使之包含促使角色行动的心理状态。

内容知识对其他记忆变化的解释

基本加工、策略和元认知的变化有助于儿童对特定内容的记忆随年龄增长而提高。不过,反之亦然,增加内容知识可以提高基本加工的效率、促进策略的获取和执行,并增加元认知知识。

首先看看内容知识的增加对基本加工效率的影响。至少从 5 岁开始,儿童会自动对经常发生的事件进行编码,而且编码非常准确。不过,相比不熟悉的内容(如陌生儿童的照片),5 岁儿童在遇到熟悉内容(如同学的照片)时编码更为准确(Harris, Durso, Mergler & Jones, 1990)。类似地,人们对他们要记住的内容了解得越多,他们在工作记忆中能存储的材料就越多(Huttenlocher & Burke, 1976)。

接下来看看内容知识如何影响记忆策略的使用和效率。与记忆不太熟悉的内容相比,儿童更多地使用组织等策略来记忆熟悉的内容(Bjorklund, Muir-Broaddus & Schneider, 1990)。此外,当使用策略记忆熟悉的内容时,策略执行的效率会更高。8 岁儿童对熟悉内容进行复述,而 11 岁儿童对陌生的内容进行复述,前者回忆的内容和后者一样多(Zember & Naus, 1985)。

熟悉的内容也有助于学习新策略。季(Chi, 1981)研究了一名 5 岁女孩为了记住同学名字而学习字母提取策略的情况(首先考虑是否有以 A 开头的名字;然后再考虑是否有以 B 开头的名字,等等)。虽然这个策略很新颖,但女孩还是学会了该策略,并且通过这一策略很容易地记住了同学的名字。然而,这个女孩虽然在熟悉的语境中已学会了这种策略,却无法运用这一策略来记忆一组她从未见过的人名。

这些结果可能对了解儿童如何学习新策略具有重要意义。在学习过程的早期,儿童可能只在熟悉的内容上有效地使用策略。利用熟悉内容练习使用策略可能会使策略的执行变得自动化,并且对加工资源的需求也会更少。反过来,这种自动化使得儿童可以将这些策略应用到加工需求更高、更陌生的内容上。因此，熟悉的内容可以作为一种练习场，儿童可以在场内练习使用新的记忆策略。

最后，内容知识会影响元认知。儿童象棋高手不仅比成年象棋新手更能记住他们所看到棋子的位置，而且能更准确地预测若要完美地重建棋局所需的相对大量的观察次数。显然，记忆的各个方面都受到内容知识的影响。

内容知识如何促进记忆发展？

内容知识通过许多机制对记忆提供帮助。其一是特征编码。通过关注不同的特征，内容知识帮助儿童记住不同的事物。例如，脚本可以为儿童明确编码的对象并以此来帮助记忆。当儿童去参加生日聚会时，脚本指示他们一定要注意自己给"小寿星"的礼物、其他儿童送的礼物、玩过的游戏、蛋糕的种类，以及他们带回家的所有礼物。类似地，专业知识带来的很大一部分益处在于让儿童知道应该编码哪些信息。象棋高手之所以能如此准确地回忆棋局，主要是因为他们将具有保护国王、攻击主教等特定功能的棋子分组编码，并将它们与整体布局联系起来。当棋子随机排列时，高手并不比新手能更好地回忆棋子的布局(Chi, 1978)。因此，内容知识对记忆的提升一部分是通过强化编码实现的。

内容知识发挥作用的另一个关键机制是传播激活(spreading activation)。当人们思考一个主题时，这个主题就会被激活，也就是说人们可以很快地提取到关于该主题的信息。这种激活会自动地从正受关注的主题传播到与之相关的其他主题，从而促进对相关主题信息的提取。比如，一想到暑假，儿童可能就会想起在度假地吃龙虾，这可能会让他们想起在其他场合也吃过龙虾、在其他场合吃贻贝和蛤蜊等等。如果有人在儿童脑海中浮现出这些信息时问他们贻贝是否有壳，他们可能会比平时更快地回答"有"。

当儿童了解一个话题时，传播激活可以让他们的记忆越发有效。试想一下，在知识丰富的主题上儿童为什么会更有效、更经常地使用组织策略(Rabinowitz & Chi, 1987)？假设两个8岁的男孩，他们具有的鸟类知识水平不同。他们需要记住一组包含"鹰""企鹅"和"鸡"的单词。知识丰富的男孩可能知道3个单词所指都是鸟，而另一个男孩可能只知道鹰是鸟。对于知识丰富的男孩来说，激活会在3个单词和一般类别的"鸟"之间传播，而对于另一个男孩，激活只会在"鸟"和"鹰"之间传播。这将使得知识丰富的男孩更有可能使用"鸟"作为类别来组织他对3个例子的记忆。而且，这样做将在更大程度上帮助他记忆(因为"鸟"这一类别将激活最初的3个词语)。因此，传播激活可能会使知识丰富的儿童更频繁地使用策略，并在更大程度上帮助他们回忆。

评价

任何关于记忆发展的解释都必须为不断增加的特定内容知识预留一个很大的空间。内容知识从婴儿到成年稳步增长。这显然与儿童的记忆力有关,而且关于棋子布局、足球和童话故事的记忆研究都体现了这一点。内容知识会提供脚本,儿童可以在其中组织新的信息;内容知识使儿童可以检查他们记忆的真实性,促进他们得出推论,并帮助他们对事物的独特特征进行编码。内容知识也有助于发展其他可以解释记忆发展的能力,如基本加工、策略和元认知。毫无疑问,不断增长的内容知识是年长儿童比年幼儿童记得更多的一个重要原因。

记忆发展过程中会发生什么?

记忆的各个方面不仅对记忆的发展发挥不同的作用,而且还在不同的时期发挥其最大的作用。表 7.1 总结了基本加工和能力、策略、元认知以及内容知识在人生不同阶段的作用。

表 7.1　记忆的四个方面在不同发展时期的作用

发展源	年龄		
	0—5 岁	5—10 岁	10 岁—成年
基本加工和能力	存在许多能力:关联、再认、概括等;最迟 5 岁时感觉记忆的绝对容量达到成年人的水平	加工速度提高	加工速度持续提高
策略	一些基本的策略,如命名、指向和选择性注意	掌握多种策略:复述、组织等,并增加使用频率	所有策略的质量持续提高
元认知	关于记忆的事实性知识很少,对实时表现有一定的监控	关于记忆的事实性知识增加。对实时表现的监控能力提高	显性和隐性知识持续增长
内容知识	不断增加的内容知识有助于记忆知识所在的领域	稳步增长的内容知识有助于记忆知识所在的领域。同时,也有助于学习新的策略	持续增长

很多基本加工,例如使对象相互关联的能力和再认熟悉对象的能力,都是与生俱来的。这些加工对儿童早期的学习和记忆至关重要。目前尚不清楚记忆的绝对容量是否随年龄增长而增加。然而,加工速度从出生到青春期后期都在提高,这有助于提高记忆的功能性容量,无论绝对容量是否增加。

相比基本能力,记忆策略对记忆发展的作用要来得晚一些。已知最早的策略出现在出生后第二年,但许多其他重要的策略,如复述、组织和精细加工(elaboration)，在 5 到 7 岁之间变得非常突出。这些策略的质量、使用频率以及根据具体情境的需求进行调整的灵活性会一直发展直至儿童后期和青少年阶段。

两种元认知技能（记忆的显性事实性知识和隐性程序性知识）似乎存在不同的发展过程。隐性元认知知识很早就有所显现。即使是学步儿有时也会监控他们对事物的理解，并发展出知晓感，尽管使他们产生这种行为表现的情境在此后的许多年里还会持续增长。相比之下，关于记忆的显性元认知知识似乎主要在 5 到 15 岁之间发展起来，这可能是由于儿童在这个阶段开始接受学校教育，并且需要记住大量的任意信息。

内容知识从婴儿期开始有助于记忆的发展。它影响着儿童记忆的数量和内容。它还影响基本加工的执行效率、新策略的学习和与记忆相关的元认知知识的有效性。基本加工和能力、策略、元认知和内容知识解释了记忆发展的两个基本特征：第一，即使是刚出生的婴儿也有学习和记忆所学内容的能力；第二，记忆的有效性在整个婴儿期、幼儿期、儿童中期和青春期都在不断提高。

小结

越来越多的儿童被要求出庭作证。对儿童证词准确性的研究表明，当他们被问到开放性和中立的问题时，即使是学前儿童的回忆也是准确和贴切的。然而，如果提带有偏见和带有成见的引导性问题，就可能导致儿童特别是学前儿童报告从未发生过的事件。为了获得准确和完整的记忆报告，访谈者应以中性的方式提问，问题应足够具体，以激发儿童在其他情况下不太容易报告的记忆，而且提问不应超过必要的次数。

记忆发展可归因于四方面的变化：基本加工和能力、策略、元认知以及内容知识。基本加工和能力在新生儿中就已存在，例如关联和再认能力。到 3 个月大时，婴儿表现出许多其他的基本加工。他们能概括，能记住事件的要点，甚至表现出洞察力。加工速度在整个儿童期和青春期不断提高。在这段时期内，可保存在工作记忆中的符号数量也逐渐增加，但尚不清楚这是因为记忆绝对容量的变化还是其他方面的发展。尽管儿童从很小的时候就能够进行最基本的记忆加工，但大多数人几乎不记得 3 岁以前发生的任何事情。这种现象被称为婴儿失忆症，而且这可能是多种因素综合作用的结果。婴儿失忆症的可能原因包括大脑的生理变化、儿童与他人谈论过去事件方式的变化，以及婴儿编码信息的方式与年长儿童和成年人信息提取方式之间的不匹配。

在 5 岁到青春期之间，儿童对广泛适用的记忆策略（如复述、组织和选择性注意）的使用率迅速增长。使用这种策略的儿童通常比不使用此类策略的儿童记住的内容更多。在儿童初次使用策略之后的年龄段，策略的质量和使用该策略的情境范围会持续变化。在儿童使用策略之前，这些策略可以由他人教给儿童。然而，接受过此类训练的儿童往往不会在随后的情境中使用这些策略，而且他们使用这些策略的效率也低于年长儿童。这可能是由于使用策略给儿童带来的益处较少，成本较高，也可能是因为他们没有意识到策略使用和记忆改善之间的关系。总的来说，学习这些策略似乎是记忆发展的一个重要原因，尤其能解释儿童中期及以后的记忆发展。

元认知包括两种不同类型的知识：显性元认知知识和隐性元认知知识。关于记忆的显性知识是有意识的，可明确表达的。它包括关于策略、任务和能力的事实性知识。相比之下，隐性知识是无意识的，也不可以用言语表达。它包含对个体理解和知晓感的监控等。记忆的隐性知识在学步儿中已有明显体现。显性知识在早期并不明显，但在5到10岁之间，显性知识发展得相当迅速。这两种元认知知识的发展会贯穿一生。

内容知识对儿童各年龄段的记忆都有很大的影响。内容知识可以让儿童记住得更多，会影响他们学习策略的能力，也能帮助他们做出合理的推论，并使儿童形成记忆事件序列的脚本。在某些情况下，内容知识的差异所带来的影响可能会超过由年龄和经验引起的所有其他变化带给记忆的影响。在某个方面（如象棋和足球等）比较擅长的儿童在他们的专业领域里表现出了令人印象深刻的记忆能力，尽管他们在其他领域的记忆力并不出众。独特特征编码和传播激活这两种机制似乎有助于具有丰富内容知识的儿童更好地记忆新信息。

推荐读物

Bruck, M., & Ceci, S.J. (1999). The suggestibility of children's memory. *Annual Review of Psychology*, 50, 419–439. A readable review of research on the accuracy of children's eyewitness testimony and conditions that make it more and less accurate.

Kail, R. (1991). Developmental changes in speed of processing during childhood and adolescence. *Psychological Bulletin*, 109, 490–501. Intriguing evidence that the basic speed of information processing increases with age over the entire period from early childhood through adolescence.

Miller, P. & Seier, W. (1994). Strategy utilization deficiencies in children: When, where, and why. In H. Reese (Ed.), *Advances in child development and behavior* (Vol. 25). New York: Academic Press. This review presents a large body of evidence documenting the surprising finding that children often use strategies before their recall benefits from them, and suggests several explanations for why they do so.

Rovee-Collier, C. (1999). The development of infant memory. *Current Directions in Psychological Science, 8*, 80 – 85. A brief, informative summary of research demonstrating that infants' memory processes are fundamentally similar to those of older children and adults.

Schneider, W., & Bjorklund, D. F. (1998). Memory. In D. Kuhn & R. S. Siegler (Eds.), *Handbook of child psychology: Vol. 2. Cognition, perception, & language* (5th ed.). New York: Wiley. A comprehensive review of research on memory development, with a particular focus on memory strategies and on nonstrategic factors in memory development.

第八章
概念发展

实验人员(E):现在是中午12点,阳光非常好。你今天已经吃了点东西,但你还是很饿,所以你决定去吃煎饼、喝橙汁、麦片粥和牛奶。这个可以当作午餐吗?

幼儿(K):不能……因为午餐时你得吃三明治之类的东西。

E:你能把麦片粥当午餐吗?

K:不能。

E:你能把煎饼当午餐吗?

K:不能……不能……

E:好吧,你怎么知道哪些东西可以当作午餐,哪些东西不能呢?

K:如果时间到了12点就是午餐了。

E:现在是12点。

K:但我不这么认为。

E:(重复故事)那是午餐吗?

K:我知道……那不是午餐……午餐时你得吃三明治。

E:除了三明治还有些什么呢?

K:你可以喝饮料,但不能吃早餐。(Keil,1989,pp.77,291)

这名幼儿关于午餐的概念明显不同于年长儿童和成年人。我们能从这种差异中得出什么结论呢?这仅仅是对午餐的典型特征和本质特征之间的一种孤立的混淆吗?或者说,这是一种普遍的情况,即年幼的儿童只是在浅显的层面理解概念,而不能理解概念的核心含义?

概念是在某种相似性基础上不同实体的集合。相似性可以是非常具体的(如"狗"的概念),也可以是非常抽象的(如"正义"的概念)。概念允许我们将经验组织成连贯的模式,并在缺乏直接经验的情况下做出推论。如果告诉儿童 malamutes(爱斯基摩犬)是狗,他们马上就知道它们有皮毛、一条尾巴和四条腿,它们是动物,它们可能对人友好,等等。概念也能让我们把以前的知识应用到新情境,从而节省我们的脑力劳动。一旦我们有了"小猫"的概念,我们就无须费尽心力地去琢磨这只瘦骨嶙峋的、棕色的小猫想吃什么了。

形成概念的倾向是人类的一个基本特征。婴儿甚至在出生后的前几个月就能形成概念（Haith & Benson, 1998; Quinn & Eimas, 1995）。几年之内，儿童会获得大量的概念。看看美国大多数 5 岁儿童具有的一些概念：桌子、黄金、动物、树木、任天堂①、越野自行车、跑步、生日、冬天、公平、时间和数字。其中一些概念涉及物体，一些涉及事件、思想、活动，还有一些涉及存在状态的其他维度。有些物体是自然的一部分，有些则是人们为达到特定目的而创造的。有一些概念是全世界儿童所共有的，并贯穿于整个历史。另一些则是生活在 20 世纪晚期先进工业社会中的儿童所特有的。有些概念是广泛适用的，有些概念的应用范围相当狭窄。

在这一章，我们将从两个角度来探讨儿童的概念发展。其一侧重于一般的概念表征；其二关注几个特别重要概念的发展（见"章节概览"）。

章节概览

一、一般的概念表征

1. 定义性特征表征
2. 或然性表征
3. 基于理论的表征

二、一些重要概念的发展

1. 时间
2. 空间
3. 数字
4. 生物

三、小结

强调概念表征发展的方法总体上是基于这样一个假设，即人类思维本质使得人们能以特定的方式表征大多数或所有概念。在这种表征方式中，概念的本质最为重要，特定概念的细节则居次要位置。该方法在研究物体概念（如工具、家具和车辆）时最为常见。在这里概念的细节不如概念的表征重要。

如果思维的本质使人们采用某种类型的表征，抑或年少者的思维与年长者存在根本的不同，那么年幼儿童的概念也可能与年长儿童的存在根本的不同。例如，他们的概念可能是具体的，而年长儿童的概念可能是抽象的。许多杰出的发展理论

---

① 译者注：一家主要从事电子游戏和玩具的开发、制造与发行的日本公司。

家都赞同这一"表征发展假说(representational development hypothesis)"。表 8.1 列出了已总结出的年幼儿童和年长儿童概念之间的一些对比。

表 8.1　年幼儿童和年长儿童所具有概念的典型特征

年幼儿童的概念描述	年长儿童的概念描述	理论家
具体的	抽象的	皮亚杰(Piaget, 1951)
感知的	概念的	布鲁纳、古德诺和奥斯汀(Bruner, Goodnow & Austin, 1956)
整体的	分析的	沃纳和卡普兰(Werner & Kaplan, 1963)
主题的	分类的	维果斯基(Vygotsky, 1934, 1962)
普遍的	特殊的	英赫尔德和皮亚杰(Inhelder & Piaget, 1964)

有一些研究关注一些重要概念的发展。有一些概念是我们理解世界的基础,如时间、空间、数字和生物。它们的发展本身就很重要。这些概念在康德等哲学家和皮亚杰等心理学家的理论中发挥了核心作用。它们的发展也可能有别于其他概念。与大多数概念不同,这些概念在不同的文化和历史时期基本上是普遍存在的。在婴儿时期,这些概念就以基本形式存在,并被经常使用。如果没有一些相对特定的生物基础,很难想象人们是如何学习这些概念的。例如,如果人们不会依照事件发生的先后顺序进行编码,那么,是什么样的经验让他们这样做呢?对这些基本概念的理解在发展过程中经常发生巨大变化,但它们的核心似乎是我们人类所固有的(Spelke, 1994, 2000)。在接下来的章节中,我们将首先阐述一般的概念表征的发展,而后再分析一些特别重要概念的发展。

一般的概念表征

人们如何表征概念？研究者提出了三种主要的可能方式:定义性特征表征(Defining-features representations)、或然性表征(Probabilistic representations)和基于理论的表征(theory-based representations)。图 8.1 中对叔叔这一概念的描述体现了以上三种表征之间的差异。定义性特征表征类似于字典定义。它们只包括必要的和充分的特征,这些特征决定了一个例子是否是一个概念的实例。或然性表征不仅仅是表征一些始终必然存在的特性,它更像百科全书中的条款。人们可能用大量的属性来表示概念,这些属性与概念之间存在某种程度的关联,但并不高度相关。因此,叔叔们往往对侄女和侄子很好,尽管他们未必一定如此。最后,基于理论的表征类似于科学教科书中的章节,因为它们强调系统中各元素之间的因果关系。儿童的概念表征可能包括解释为什么他们的叔叔总是和蔼可亲,为什么叔叔和父母年纪相仿等。

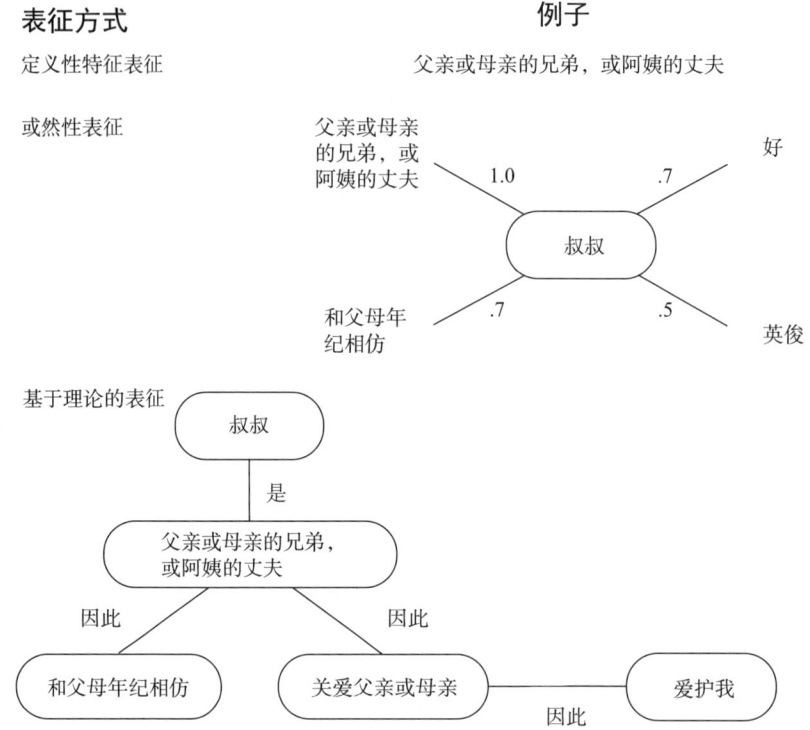

> 图8.1 叔叔概念可以用定义性特征表征、或然性表征和基于理论的表征三种方式来表示

年幼儿童是否能够产生所有这些类型的表征？如前所述，一些杰出的发展理论家如皮亚杰、维果斯基、沃纳和布鲁纳等人给出的答案是否定的。尽管他们使用了不同的术语，但都认为年幼儿童不能形成我们所称的定义性特征表征。接下来，我们将讨论支撑这一观点的有关证据并进一步就理论家这一观点的正确性进行探讨。

定义性特征表征

人们用定义性特征的方式来表征概念究竟意味着什么？第一，人们会了解这些概念必要和充分的特征。第二，他们将使用这些特征来确定特定例子是否属于该概念的实例。

皮亚杰、布鲁纳等人认为年幼儿童不能形成定义性特征表征。这一观点主要是基于对儿童把玩物品的观察。他们给儿童展示了几类物品，如动物玩具、车辆和家具，并观察儿童会把哪些物品放在一起。他们发现，年长儿童通常会将这些物品分为具有明确特征的几类：把动物和动物放在一起，把所有车辆放在一起，等等。相比之下，学前儿童一般会这样组合归类：狗和车为一类（因为狗喜欢坐在车里）、猫和椅子为一类（因为猫喜欢蜷缩在椅子上）、玩具和架子为一类（因为玩具摆在架子上）。基于这种分类特点，英赫尔德和皮亚杰（1964）得出结论，前运算阶段儿童的概念是主题的（thematic，按照共同的活动或主题组织），而具体运算阶段儿童的概念是分类的（taxonomic，按照等级式的类别进行组织，类似于生物学中动植物的分类组织形式）。

维果斯基（1934，1962）使用了类似的任务来研究概念发展。他给儿童展示了一些大小、颜色和形状不同的积木，并让儿童把他们认为可以放在一起的积木归为一类。6岁及以上的受试儿童通常选择一个单一的属性作为定义特征。例如，他们会选择颜色作为特定类别的必要和充分属性，因此会将所有的红色积木放在一起，所有的绿色积木放在一起，以此类推。不过，学前儿童似乎形成了维果斯基所谓的连锁概念（chain concepts），这些连锁概念的分类依据会因实例不同而发生变化。他们首先会把几个红色积木放在一起；然后把几个三角形积木，无论是绿色积木还是红色积木都放在一起；最后再把几个绿色积木放在一起。

基于这些观察，维果斯基假设儿童的概念发展会经历三个阶段。儿童在很早的时候就形成了主题概念，强调特定配对物体之间的关系。后来，他们根据抽象维度（如颜色或形状）进行暂时的分类，形成了连锁概念，但往往忘记了他们在做什么，并改变分类依据。再后来，即在小学阶段，儿童基于稳定、必要和充分的特征形成了真正的概念。

◎ 评价

关于概念的定义性特征的观点使人们对学前儿童的概念理解有了很多发现：学前儿童通常不按照单一的统一维度对物体进行分类；他们倾向于根据物体间相互作用的方式而不是根据其类别关系来进行分类；比起成人，学前儿童更善于发现不同的有趣关系。

但是，我们是否应该相信更广泛的理论主张，即年幼儿童的概念与年长儿童和成年人的概念存在根本的不同？答案或许是否定的。有研究对年幼儿童是否能形成年长儿童的典型概念进行了测试，所有结果都证实能形成。例如，鲍尔和曼德勒（Bauer & Mandler, 1989a）发现，即使是1岁的儿童也能形成分类概念。他们向这个年龄的儿童展示了三个物品。目标物品置于中间位置，然后问儿童："看到这个了吗？你能找到和这个一样的物品吗？"其余两个物品中有一个在主题上与目标物品相关，另一个在分类上与目标物品相关。例如，在一个情境中，中间放的是猴子玩具，与它在分类上相关的是熊玩具，与它在主题上相关的是香蕉。在超过85%的实验试次中，1岁儿童选择了在分类上相关的物品（猴子玩具和熊玩具）作为相似的物品。

如果1岁的儿童都能理解分类关系,那人们为什么会形成4岁和5岁的儿童不能理解这些分类关系的印象呢?这可能是因为人们把儿童的兴趣和能力混为一谈了。年幼儿童分类时可能会把狗和飞盘放在一起,而不是狗和熊。因为他们发现狗和飞盘之间的关系更有趣。斯迈利和布朗(Smiley & Brown, 1979)的研究支持这一解释。他们发现,按主题对物体进行分类的学前儿童也能完美地解释分类关系。其他的研究发现学前儿童能灵活使用按主题和按类别两种分类方式。这些研究表明,儿童使用某一种概念的倾向取决于任务所处的背景(Blaye & Bonthoux, 2001)或任务说明的性质(Waxman & Namy, 1997)。科尔和斯克瑞布纳(Cole & Scribner, 1974)对非洲部落居民的研究也获得了相似的发现。实验者可以引导部落居民完成表面上更复杂的分类式归类,他们只需要问:"一个愚蠢的人会怎么做?"儿童和部落居民都拥有相关概念,但他们并不在某种特定情况下使用这些概念。

造成这种误解的另一个原因在于特定内容知识在概念理解中的作用被低估了。尽管年幼儿童会通过定义性特征表征某些概念,但他们并不知道其他许多概念的定义性特征是什么。以一个实验为例,在这个实验中,5岁和9岁的儿童听到描述一个特定物体的两个故事,然后实验者问他们这个特定物体是否可以作为一个特定概念的实例(Keil & Batterman, 1984)。如表8.2所示,其中一个故事表明,该物体包含许多与概念相关的特征,但也表明它缺乏定义性特征。另一个故事表明,该物体包含定义性特征,但缺少许多相关特征。

表8.2 凯尔和巴特曼的故事(Keil & Batterman, 1984)

典型性特征而非定义性特征	定义性特征而非典型性特征
有这样一个地方,它就像手指一样从大陆延伸出去。这个地方长着椰子树和棕榈树。因为一直很暖和,女孩们有时会在头发上戴花。这个地方三面环水。它是一个岛吗?	在这片土地上,有公寓,有雪,没有绿色植物。这片土地四面都是水。它是一个岛吗?

9岁的儿童通常强调定义性特征,他们通常认为表8.2左边的故事不是描述岛,表格右边的故事所描绘的才是岛。5岁儿童的表现在一些方面与之不同,在另一些方面又与之相似。5岁儿童依赖定义性特征的概念并不像9岁儿童那样多。尽管在一些熟悉的概念上,如robbers(强盗),5岁儿童确实也依赖定义性特征去理解。但在相对陌生的概念上,如taxi(出租车),9岁的儿童并不总是依赖定义性特征(这项研究是在一个小镇上进行的,因此儿童可能对出租车这个概念并不熟悉)。因此,年幼儿童和年长儿童都可以形成定义性特征表征,但关于特定概念的定义性特征知识会随着年龄的增长而增加。

或然性表征

自亚里士多德时代开始直至近些年,大多数概念都被视为具有定义性特征。儿童和成年人可能知道,也可能不知道这些特征,但它们总归会被发现。不过,今天哲学家普遍认为,大多数概念并不具有定义性特征。细想 chair(椅子)这个词。乍一看,椅子似乎具有定义性特征,"一个有四条腿的物体,可以用来坐。"但是没有腿的懒人沙发椅是椅子吗?现代艺术博物馆里那些从来就不是用来坐的椅子呢?对于 game(游戏)和 mercy(仁慈)等复杂概念来说,这种情况就更为极端了。我们甚至很难想象它们的定义性特征是什么。

识别定义性特征的这些困难使得我们所有人,无论是成年人还是儿童,都有可能借由概念和各种特征之间的或然性关系来对大多数的概念进行表征,而不是通过个别定义性特征来表征概念。埃莉诺·罗施(Eleanor Rosch)、卡罗琳·默维斯(Carolyn Mervis)和他们的同事基于这种概念观发展出一种颇具吸引力的理论。其中心主题是,大多数概念的实例都是通过"家族相似性"而不是定义性特征统一起来的。这些实例彼此间具有不同程度、不同方面的相似性,就像不同的家庭成员那样,但并不存在一组所有实例都具备的特征。罗施和默维斯的理论是围绕以下四个强大的概念构建的:线索效度(cue validities)、基本层类别(basic-level categories)、特征间的相关性(correlations among features)以及原型(prototypes)。

◎ 线索效度

儿童如何确定一个物体是否属于某概念的范畴?罗施和默维斯(Rosch & Mervis, 1975)建议通过比较线索效度来解答这个问题。其基本观点是,一个特征能在多大程度上使物体属于某概念的范畴取决于特征伴随该概念出现的频率和其伴随其他概念出现的较低的可能性。例如,鉴于"鸟能飞"这一特征发生的高频率和"其他物体能飞"的较低的可能性,"能飞"这一特征可以帮助人们确定物体很可能是鸟。因为大多数(虽然不是所有)鸟都能飞,而大多数(虽然不是所有)其他物体都不能飞,"能飞"是表明"一个物体是鸟"的非常有效的线索。

线索效度的概念有助于运用或然性表征方法来解释一个现象,若使用定义性特征表征方法来解释该现象将会很麻烦,即一个概念的有些实例似乎比其他实例更好。按照定义性特征表征方法,如果知更鸟和鸵鸟都具有鸟类所必需的、充分的特征,为什么知更鸟看起来比鸵鸟更像鸟呢?或然性表征方法表明,如果某物体被视为是一个概念的更好实例,那么该物体的特征往往具有该概念的更高线索效度。因此,人们认为知更鸟比鸵鸟更适合作为鸟类的实例,因为知更鸟的颜色、大小和飞行能力更能有效地说明它是鸟。

人们在形成概念时所考虑的线索在发展过程中会发生很大的变化。婴儿在出生后的前几个月就已经对线索效度开始变得敏感了,不过他们关注的线索类型会随着年龄和经验的变化而变化。婴儿一开始最关注可见和可听的特征,但随着经验的积累,他们越来越关注更抽象的特征(如 Eimas & Quinn, 1994; Madole & Cohen, 1995)。这也解释了为什么婴儿会把狗和跑步归为同一类,但却不会把工具或公平和跑步归为一类。

尽管婴儿在早期关注感知线索,但婴儿并不局限于在感知特征的基础上进行分类。甚至在出生的第一年,婴儿就已经具备了关于物体因果关系和功能属性的知识。他们可以用这些知识来对物体进行分类(Mandler, 2000; Mandler & McDonough, 1993)。例如,婴儿如果已经熟悉了一组人造动物玩具,他们就会对玩具椅子表现出新的兴趣,即使椅子被涂成与动物相似的样子(Pauen, 2002)。因此,婴儿似乎从很小的时候就开始使用他们正在形成的概念知识(如区分有生命和无生命的知识)来进行分类。

表 8.3 上位层、基本层、下位层分类实例

上位层(Superordinate Level)	基本层(Basic Level)	下位层(Subordinate Level)
家具	桌子	茶几
动物	鸟	金丝雀
食物	蔬菜	芦笋
工具	锤子	平头钉锤
车辆	汽车	马自达汽车

◎ 基本层类别

罗施、默维斯、格雷、约翰逊和博伊斯-布伦(Rosch, Mervis, Gray, Johnson & Boyes-Braem, 1976)指出,许多类别都具有层级,因为一个类别的所有实例都必然是另一个类别的实例。他们提出,这些层级结构通常至少包含三个层次(见表 8.3):上位层、下位层和基本层。基本层是线索效度最大化的层级。例如,chair(椅子)是一个基本层类别,因为它的有些部分具有非常高的线索效度,其包括椅腿、靠背和坐面。像 furniture(家具)这样的上位层类别并没有线索效度较高的特征。有些家具有腿,有些没有;有些是用来坐的,有些则不是。相反,诸如 kitchen chairs(厨房椅)之类的下位层类别则具有基本层类别的所有特征,但缺少明显区别于基本层类别其他实例的特征。厨房椅和餐椅有什么明显区别呢? 罗施等人认为,基本层类别比上位层和下位层类别更为根本。

若基本层类别确实是基础,儿童应该在学习上位层、下位层类别之前先学习基本层类别。这一启示已通过习惯化实验在婴儿身上进行了验证。第一步,给婴儿反复看属于基本层类别的物体,直到他们减少对其的观察。第二步,给他们看同一个基本层类别中的新物体,或给他们看同一个上位层类别下分属不同基本层类别

的物体。例如,给婴儿反复看"马",然后给他们看"长颈鹿"或其他的"马"。

对 3—9 个月大婴儿的研究得出了较为一致的结论。当婴儿看到来自不同基本层类别的物体时,他们会产生去习惯化(dishabituate)的反应(Colombo, O'Brien, Mitchell, Roberts & Horowitz, 1987; Quinn, Eimas & Rosenkrantz, 1993; Roberts, 1988)。例如,在多次看到"马"的图片后,婴儿在看到相似大小的长颈鹿、斑马或猫的图片时会产生去习惯化的观察反应(Eimas & Quinn, 1994)。不过,通过同样的研究方法发现,婴儿也会形成更具一般性的类别(Behl-Chadha, 1996)。例如,在看过多种不同的哺乳动物后,3 个月和 4 个月大的婴儿看到鸟、鱼或家具时会出现去习惯化反应,但在看到其他哺乳动物时则不会。因此,婴儿能够形成基本层类别,但也能形成更一般、更高一级的类别。

虽然基本层类别在早期的概念理解中扮演着重要的角色,但一些特殊的类别与成年人所理解的基本层类别存在很大的不同。举例来说,1 岁儿童称为 balls(球)的物体通常包括圆形蜡烛、圆形存钱罐和多面的珠子。他们所理解的 ball(球)类似乎与成年人认为的"能滚动的东西"的这一类别相对应。默维斯(Mervis, 1987)将这类概念称为儿童基本类别(child-basic categories)。儿童基本类别和标准基本类别的具体细节往往不同,但默维斯认为它们的形成原则是相同的。年幼儿童和成年人在其基本类别中都包含了可用于实现相似功能和具有相似外观的物体。关于功能构成的不同观点使不同年龄的儿童掌握着不同的类别。

儿童如何从儿童基本类别转换到标准基本类别?把握那些在感知上不重要但功能上重要的属性所发挥的作用可能对实现转变至关重要(Tversky, 1989; Tversky & Hemenway, 1984)。例如,年幼儿童最初可能忽略圆形存钱罐上的投币孔和圆形蜡烛上的灯芯,只把注意力集中在更引人注目的圆形外观上。一旦儿童理解了投币孔和灯芯的作用,概念上的区别就变得更容易理解了。根据这一解释,如果实验者能帮助儿童识别出对类别归属至关重要的细微的感知属性,并解释这些属性的重要性,2 岁的儿童就可以从儿童基本类别转换到标准基本类别(Banigan & Mervis, 1988)。

◎ **特征间的相关性**

概念理解不仅包括了解个别特征的线索效度,至少还包括理解特征间的相关性。世界万物的特征并不是随机分布,而是趋向于集聚在一起。如贴着地面滑行的物体大多长有鳞片,看起来又长又细,在自然环境中很难被发现,等等。幸运的是,即使是 10 个月大的婴儿也善于发现特征间的相关性,也善于利用相关性形成新的概念(Younger, 1990, 1993)。

◎ **原型**

罗施和同事强调的第四个概念是原型。原型是概念最具代表性的实例,即具有最高线索效度的实例。莱西(Lassie)[①]是典型的狗的实例,因为它具有狗的一般特征(如大小、外形、叫声)。

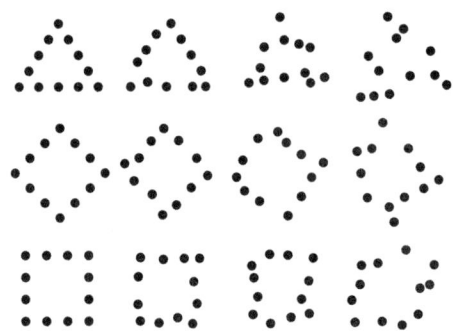

>> 图8.2 最左侧一列从上到下分别是三角形、菱形和正方形的原型。每行图形从左到右依次是变形程度不断加深的原型图变体(after Bomba & Siqueland, 1983)

Copyright © 1983 by Academic Press, Inc. Reprinted from Bomba, P. C., & Siqueland, E. R., The nature and structure of infant form categories, Journal of Experimental Child Psychology, 35, 294-328, Copyright 1983, with permission from Elsevier

3个月大的婴儿可以总结出原型。博姆巴和西克兰德(Bomba & Siqueland, 1983)为3个月和4个月大的婴儿展示了各种点状图形,这些图形是通过随机变换最初的原型图(如等边三角形)而生成的(见图8.2)。在实验的最初阶段,婴儿从未见过原型图。然而,在看过基于原型生成的图形(如图8.2右边三列图形)后,婴儿表现得仿佛他们之前看过原型图。当婴儿同时看到原型图和一个不熟悉的图形时,他们更喜欢看后者;婴儿表现得好像经常看到原型图,并且对它感到厌烦。随着时间的推移,对特定点状图形的记忆会减少,但大致的概念会被保留。相比没有看到过但确实"记得"的原型图,3个月和4个月大的婴儿实际上对他们看到过但显然并不记得的形状表现出了更大的兴趣。年长儿童和成年人表现出了相似的模式,他们自信地认为自己看过实际上从未出现过的原型图,而且不认为自己看过原型图的变体,而实际上他们确实见过这些变体图形(Bransford, 1979)。

◎ 评价

从或然性特征的角度来看概念表征有很多值得肯定的地方。即使在出生后第一年,婴儿也会总结出原型模式,形成基本层类别,并注意到线索效度和特征间的相关性。随着进一步发展,他们形成了越来越多的上位层和下位层类别;对于那些

---

① 译者注:莱西是一只雌性牧羊犬,出自英国小说家埃里克·奈特(Eric Knight)所创作的小说《灵犬莱西》。

基本层类别的概念,他们会从儿童基本类别转到标准基本类别;他们还对更加复杂和微妙的相关模式变得敏感。

然而,或然性特征方法也存在一些缺点。其一,它与定义性特征方法有一个共同点,即概念特征构成的模糊性。例如,哪些特征构成了"美丽面孔"这一概念?这些特征显然比特定颜色的头发、特定形状的眼睛、特定的嘴形、特定类型的鼻子等更为复杂。比这些可感知属性更重要的是特征之间的关系,以及它们是如何结合在一起的。然而,"结合"等关系是否可以被有效地视为特征尚无定论,而且鉴于许多美丽的面孔在我们看来都独一无二,它们是否完全基于或然性关系而产生也并不明确。

其二,与上一个缺点相关,即或然性特征方法没有明确说明儿童如何确定应该对不熟悉事物的哪些特征进行编码,以及应该忽略哪些特征。如第三章所述,确定编码哪些特征通常相当困难。除非儿童对重要的特征和关系进行编码,否则儿童无法学习它们的线索效度。

有研究者提出,婴儿和儿童在关于什么是重要的内隐理论引导下对相关特征进行编码(R. Gelman & Williams, 1998; Wellman & S. Gelman, 1992, 1998)。下一节我们将讨论这些理论的作用。

基于理论的表征

什么概念包含以下事物:儿童、便携式电视、珠宝和相册?这个问题似乎很奇怪,直到我们听到了答案:发生火灾时我们会先从房子里拿出来的东西。在这一刻,这个概念就不那么奇怪了(Barsalou, 1985)。

如本例所示,概念比特征间的相关性或定义性特征更值得推敲。概念还体现了关于世界和实体间关系的理论信念。这些理论信念影响我们对新信息的反应。为了理解这种影响,你可以对比一下自己听到这两个陈述时的反应:"今天我看到了一辆橙色车轮的车"和"今天我看到了一辆方形车轮的车"。这两个陈述描述的都是新奇的情况,人们没有机会去推算橙色车轮或方形车轮的线索效度或特征相关性。两者都绝非典型实例。然而,我们的理论信念使我们对这两个说法做出了不同的反应。当我们听说一辆车有橙色的车轮时,我们推断车主可能是个恶作剧者或嬉皮士,车的其余部分也可能漆得很亮,而且汽车可能是可以正常使用的。当我们听到一辆汽车有方形车轮时,我们推断它不能移动,它不能正常使用,它可能是一个雕塑品,意在制造惊喜。这些推论反映了我们关于汽车的功用以及人们怪异行为的日常理论。

凯尔(Keil, 1989, 1994)提出了一个颇有见地的理论,用以阐释这种日常理论在概念发展中所起的作用。他提出的主要原则包括:

1. 大多数概念都是部分理论，因为它们包含了概念各部分之间关系的解释以及它们与其他概念间关系的解释。
2. 理论与人们的关联性知识有着复杂的联系，它们并不是孤立的。
3. 在这些理论中，因果关系是基础，它们比其他类型的关系更有用。
4. 层级关系也蕴含着特别丰富的信息。

这些理论假设的重要性可以通过一种假设的情况加以说明。假如问一个女孩："为什么牦牛有四条腿而不是三条或五条腿？"她可能会回答：四条腿可以成对移动，这样牦牛可以跑得相对快一些，同时还能保持平衡。该答案表明，这个儿童拥有理论认识，她能够超越定义性特征和与或然性相关的特征来解释为什么世界是这个样子的。该答案还说明了关联性知识（associative knowledge）和理论信念之间的关系，因为它既反映了关于其他四条腿动物奔跑的具体记忆，又反映了一种关于动物如何奔跑的日常理论。因果关系的作用在儿童解释四条腿使牦牛奔跑得更快时体现得很明显。最后，这个儿童知道她可以将动物的一般知识运用到一种特定的动物（牦牛）上，这说明对概念采取层级组织的方式非常有用。

理论认识存在于年幼儿童的概念中，也存在于年长儿童和成年人的概念中。这并不是说所有年龄段对概念的理解都是一样的。理论信念的准确性和相互关联性分别会随着发展而提高和增强，人们依赖它的频率也会随着发展而增加。凯尔（Keil，1989）认为，所有年龄段的概念都包括理论性联系知识和独立的事实信息。然而，随着各种理论越来越复杂，它们也就能解释越来越广泛的事实知识。

尽管人们产生了许多日常理论，但一些核心理论仍然尤为重要（Wellman & S. Gelman，1992，1998）。举例来说，韦尔曼和格尔曼（Wellman & S. Gelman）假设，儿童倾向于发展三个核心理论：一个是关于无生命物体的理论[naive physics（朴素物理学）]，一个是关于生物体的理论[naive biology（朴素生物学）]，一个是关于人类意识的理论[naive psychology（朴素心理学）]。这些核心理论系统地组织了儿童关于世界的大量知识，并帮助他们获得更多的知识。正如韦尔曼和格尔曼（1998）所指出的，这三个领域是基本生存以及与他人和现实世界进行日常互动的核心。

关于他人的知识有助于协调社会互动，完成繁衍和养育后代的重要任务；关于动植物的知识有助于采集食物、躲避掠食者以及保持健康；关于物体的知识有助于人们预测自己和他人行为的结果，并懂得工具的创造和使用，等等。（Wellman & Gelman，1998，p.524）

这些核心理论的一个显著特点是，它们在因果关系的类型上有所不同。想一想，我们如何回答这个问题：X 为什么会移动？对这个问题的回答取决于我们所谈论的是一块鹅卵石、一条鱼还是一个人。对于鹅卵石或任何其他无生命物体，我们会通过与另一个移动物的物理接触来解释其运动,如"鹅卵石飞过马路是因为有一辆卡车从上面经过"。对于鱼或其他生命体,我们通常会从其物种机能来解释运动,如"鸟在冬天会飞往南方取暖"。对于人,我们借由个人的目标来解释运动,比如"男孩去商店买 CD"。

儿童什么时候开始拥有核心理论?斯佩克(Spelke,1994)推测,婴儿自出生即拥有关于无生命物体的原始理论,她将这种理论称为物理学理论。该理论包括如下知识:世界由物理实体组成。这些实体具有凝聚性,有边界,含有物质,只有在与另一个物体接触时才会移动,并且在空间和时间中以连续的方式运动。作为证据来源之一,斯佩克引用了巴亚尔容(Baillargeon,1987,1994)的研究发现,当看到一个固体似乎能穿过另一个固体时,4 个月大的婴儿表现得非常惊讶(第二章),她还引用自己的研究发现予以佐证(Spelke 等,1992)。当看到物体似乎从一个点跳到另一个点而没有经过中间位置,或当独立的物体一前一后开始移动或停止时,4 个月大的婴儿也感到很惊讶。

韦尔曼和格尔曼(1998)提出,第一个心理学理论可能在婴儿 18 个月左右出现,第一个生物学理论可能在 2—3 岁左右出现。然而,即使是婴儿也能感觉到无生命物体、人和其他生物之间的差异。例如,5—8 周大的婴儿会模仿另一个人的嘴部运动(如伸出舌头或张大嘴巴),但是,他们不会去模仿无生命物体产生的类似运动,如带有可伸缩"舌头"的管子,或者一个可以从一边打开的有"嘴"的盒子(Legerstee,1991)。如果无生命的物体在没有施加任何外力的情况下开始移动,婴儿也会感到惊讶,但如果人们这样做,婴儿并不会感到惊讶(Spelke, Phillips & Woodward, 1995)。

这些知识在什么时候能构成"理论"?我们将在下面关于儿童生物概念的章节中讨论这个问题。

◎ 评价

以理论为导向的概念发展方法很大胆,也颇具前景。概念本质上就是关系。因果关系往往特别重要。儿童似乎从小就关注这些因果关系。了解因果关系有助于儿童在一定情况下编码最相关的信息。因果知识有助于他们推断、概括和理解自己的经验。

然而,这种方法引发的问题至少与它所能解答的问题一样多。它的局限性之一是对理论的定义模糊不清。物理学家的物质理论与一般成年人的物质理论有着极大的不同,更别提与婴儿的理论了。在科学理论中,内部一致性、简约性和形式化是很重要的特征。婴儿和年幼儿童具有的概念都不具备这些特点。在区分核心理论和非核心理论时也存在类似的问题。

这种关于何为理论、何为核心理论的模糊性导致不同的研究者对"理论"这一术语的使用有极大的差别。凯里(Carey,1985)提出,年幼儿童只有两种理论:物理学理论和心理学理论。她认为年幼儿童最终会将这两种理论分为十来个不同的理论,分别对应于大学里所教授的主要学科:物理、化学、生物、心理学、经济学等。相反,凯尔(Keil,1989)认为,总体上而言概念都是理论性的,年幼儿童可能拥有无数的理论。当无法确定概念何时可以成为一个理论或核心理论时,这种分歧是不可避免的。

尽管存在这些困难,但是,从基于理论的表征这一角度来看待概念依然是一种对概念发展很有意义的方法。虽然许多问题仍有待解决,但该方法强调因果关系在概念理解中的作用,这似乎是一个特别重要的观点。阐释我们的经验是人类的一个基本属性,它在我们形成的许多或大或小的概念中起着关键作用。

◎ 小结

关于儿童的概念表征,我们能得出哪些结论? 从很小的时候起,儿童似乎就能够以之前讨论中提到的三种方式来表征概念:定义性特征表征、或然性表征和基于理论的表征。然而,这些不同类型的表征在儿童概念理解中的作用可能会发生变化。特别是当儿童刚开始形成概念时,特征和概念之间的或然关系可能会发挥特别大的作用。对于早期形成的一些概念和后期形成的某些其他概念,不论是关于概念不同方面之间的因果关系,还是关于概念及相关观点之间的因果关系,儿童都形成了关于因果关系的简单理论。最后,对于符合定义性特征模型的概念,儿童会区分出定义性特征和典型性特征。

一些重要概念的发展

有些概念特别重要,也特别普遍,因此值得我们特别关注。这些概念在所有文化的儿童中都存在并发展,这种发展很可能贯穿整个历史时期。它们都发源于早期,其发展方式也反映了所处文化的影响。这些特别重要的概念包括时间、空间、数字和某些基本的生物学概念,如生物。

时间

时间概念包括经验和逻辑两个方面。经验时间(Experiential time)是指我们对事件发生的顺序和持续时间的主观经验。逻辑时间(Logical time)是指可以通过推理推断出来的时间属性。比其他事件开始得晚、结束得早的事件所持续的时间必然较短。

◎ 经验时间

如果我们不具备对事件发生顺序的认识,世界将变得难以理解。所以,不满1

岁的婴儿能注意到这样的顺序也就不足为奇了。例如,当一组有趣的照片以"右侧,右侧,左侧"的顺序重复显示时,3个月大的婴儿会觉察到这一顺序模式,他们甚至能在照片出现之前就开始注意接下来照片会出现的位置(Haith, Wentworth & Canfield, 1993)。如果他们没有对事件顺序进行编码,他们就不知道该看哪里。

同样,4个月大的婴儿也能分辨出描述重力对液体和固体影响的电影是在正常播放还是倒放(Friedman, 2002; Friedman, Gardner & Zubin, 1995)。由于电影中的事件除了发生的顺序外都是相同的,婴儿必须能编码如下内容:液体和固体通常先处在较高的位置,后处在较低的位置,而不能是相反的。4个月大的婴儿会区分出显示液体被倒进玻璃杯的电影是正常播放还是倒放(Friedman, 2002),8个月大的婴儿(虽然不是4个月大)会区分出显示一块积木掉落至地板的电影是正常播放还是倒放(Friedman 等,1995)。

婴儿能理解时间顺序的更多证据来自有关婴儿观察并模仿一系列动作的研究。当婴儿12个月大时,他们能够按照正确的顺序模仿两个动作(Bauer, 1995)。因此,对时间顺序的理解似乎在婴儿出生后的第一年就已建立起来。

还有一些证据表明婴儿能够估计事件的持续时间。科洛博和里奇曼(Colombo & Richman, 2002)针对婴儿进行了一项实验。实验中先亮灯两秒钟,然后关灯保持黑暗3秒或5秒钟。这一模式重复了8次。第9次重复时,亮灯的步骤省去,而婴儿的心率降低,这与婴儿预期灯光重新出现的时间几乎同步。这表明,婴儿似乎可以准确估计持续数秒钟的时间长度。

当然,很久以后儿童才能准确地估计事件的持续时间。到了5岁,儿童可以相当准确地估计30秒的时间会持续多久,特别是在因对实际持续时间做出正确判断而得到反馈时更是如此(Fraisse, 1982)。年长儿童越来越善于用计数来帮助他们估计间隔时间的长短。然而,计数只有在所计的时间单位相等时才能做出准确的估计。快速数到10与慢慢数到10所需的时间不同。许多5—7岁的儿童使用不同的时间单位进行计数,这使他们在使用计数策略时对持续时间产生了错误的估计(Levin, 1989)。

再后来,儿童对持续时间的估计就发展到数周或数月的范围。到4岁时,儿童开始获得这种能力,相对于数周前发生的事件,他们能一致判断一周前的事件发生得更晚(Friedman, 1991)。如果生日或圣诞节有一个最近发生过(过去60天内),而另一个没有,这个年龄段的儿童也能准确判断哪一个是最近发生的(Friedman 等,1995)。不过,如果这两个事件都发生在60天之前,那么儿童要到9岁才能够准确地判断哪一个事件是最近发生的。

对于儿童来说,理解延伸到未来的时间是一个更大的挑战。4岁儿童通常无法辨别近期会发生的事件和遥远未来将发生的事件。例如,在情人节前一周接受测试的 4 岁儿童并不总是能判断出情人节比圣诞节来得早。辨别未来事件之间间隔的能力在 5 岁左右出现,并在随后的几年中进一步提高(Friedman, 2000)。为什么对过去的理解要先于对未来的理解? 一个可能的原因是,儿童的记忆质量可能会给他们提供关于过去的线索(例如,最近发生事件的记忆更生动)。这样的经验线索不可用于推断未来。

在小学早期,儿童学习了传统表示时间的方法,如周、月和年。这些表示法开始在他们对未来事件的判断中发挥作用。8—10 岁,儿童开始通过年的心理表征来准确判断未来事件(如假期)距离现在的时间(Friedman, 2000)。

◎ **逻辑时间**

为了衡量儿童对时间的逻辑理解,皮亚杰(1969)向儿童展示了两列沿着平行轨道朝着同一方向行驶的火车。儿童需要回答:哪列火车行驶的时间比较长? 虽然这两列火车的开始时间和结束时间一样,但 6 岁或 7 岁以下儿童普遍认为在铁轨上停得较远的火车行驶的时间较长,行驶的距离较远,速度也较快。皮亚杰总结:前运算阶段的儿童缺乏对时间、速度和距离的逻辑理解。

随后的研究重复了皮亚杰的观察实验,但对皮亚杰的解释提出了质疑。例如,当 5 岁的儿童观察汽车在环形道路上行驶而不是沿直线行驶时,他们很容易就能从汽车的起止时间推断出哪辆汽车行驶的总时间较长(Levin, 1977)。两个玩偶在同一时间或不同时间入睡和醒来,5 岁儿童比较这两个玩偶的睡眠时间时也表现出对这些逻辑特性的理解(Levin, 1982)。在这些情况下,并不存在干扰性很强的提示(如不同的停止点),儿童若是考虑这些干扰提示就可能会做出错误的判断。如此看来,5 岁的儿童能理解开始、结束和总时间之间的逻辑关系,但是他们的理解并不稳固,干扰提示会阻止他们运用这种理解。

并不是只有年幼儿童不怎么使用他们对时间、速度和距离的逻辑理解。年长儿童和成年人也存在同样的问题。试想一下这种情景:当赛车在椭圆形赛道上行驶时,两个车门的移动速度是否相同? 大多数成年人相信是相同的,但事实上并不相同。在相同时间内,朝向轨道外侧的车门移动的距离更远,因此移动速度更快。

这个问题之所以如此困难,是因为它受到莱文、西格勒和德鲁延(Levin, Siegler & Druyan, 1990)所说的"单一物体/单一运动直觉(single-object/single-motion intuition)"的影响。该观点认为,一个物体的各个部分都以相同的速度运动。年幼儿童、年长儿童和大学生都有这种直觉,他们一致认为一个物体的所有部分都以相同的速度运动。

尽管"单一物体/单一运动直觉"通常至少会从三年级持续到大学,但通过与之相矛盾的切身体验可以克服这种直觉。莱文等人给六年级学生展示了一根六英尺长的杆子,杆子的一端与轴心相连。在实验的四个试次中,儿童和实验者手握杆子绕着轴心走。在其中两个试次中,儿童手握杆子的位置在轴心附近,实验者则把手放在远离轴心的杆子处;在另外两个试次中,儿童和实验者手握杆子的位置互换。当儿童分别握着杆子的近端和远端时,他们行走速度的差异非常显著,这不仅使他们了解到握着杆子远端时行走速度要更快,而且也使他们认识到单个物体的不同部分以不同的速度移动。切身经验完成了多年非正式经验和正规的科学教育未能完成的任务。正如一个男孩所说,"以前,我没有经历过。我没想过。现在我有了这样的经验,我知道当我在外圈时,我必须走得更快才能和你保持在相同的位置"(Levin 等,1990)。相比课堂教学,这样的切身体验可以帮助儿童更深入地理解概念。

空间

从生命早期起,人类就和其他动物一样,不仅会对事件发生的时间(when)进行编码,而且会对事件发生的地点(where)进行编码。在理想情况下,这些编码从生命早期起就非常准确。例如,如图 8.3 所示,1 岁儿童看到一个《芝麻街》^①里的玩具被埋在他们面前一个又长又细的沙盒里,等实验者把沙子抚平后,他们可以非常准确地指出能挖出玩具的位置(Huttenlocher 等,1994)。

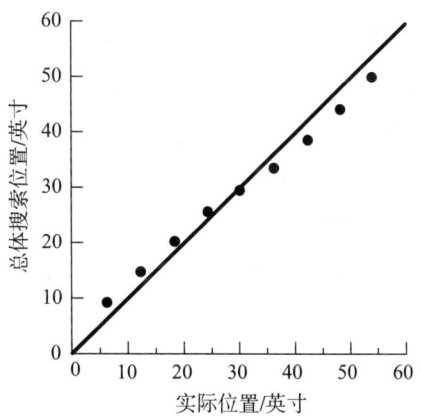

》图 8.3 1 岁儿童寻找埋在沙盒中玩具的总体搜索位置与实际位置的对比图。搜索位置与实际位置存在很高的契合度(after Huttenlocher, Newcombe & Sandberg, 1994)

这种空间编码的基本能力是一个很好的开端,但它并没有解决我们自身和物

---

① 译者注:《芝麻街》(*Sesame Street*)是美国公共广播协会(PBS)制作播出的儿童教育电视节目。

体的空间定位所带来的许多复杂问题。我们至少可以用三种方式来表征空间位置和距离：以自身位置为参照，以地标为参照，以某种抽象框架为参照（Huttenlocher & Newcombe, 1984）。自我中心表征（Egocentric representations）包括以我们自身为定位参照对象。因此，目标的位置可以表示为"离我左边 10 步"。地标表征（Landmark-based representations）以环境中其他对象为参照来定位目标。因此，我们可以通过"我把车停在 B 区标志附近的黄色区"来表示一个位置。非自我中心表征（Allocentric representations）通过抽象的参照框架来定位目标，例如地图或坐标系提供的参照框架。该名称"非自我中心"反映了这样一个事实：在这种表示法中，任何位置都可以作为周围空间的中心或参照点。

◎ 自我中心表征

皮亚杰（1971）提出，婴儿在出生后第一年表现出一种感觉运动以自我为中心的倾向。回顾第二章中提到的定义，以自我为中心指年幼儿童倾向于从自己的角度看待世界。皮亚杰认为，婴儿确实是以自我为中心的。婴儿只以他们自己的位置为参照来表示其他物体的位置。例如，即使婴儿移动到物体的另一侧，他们也可能依然认为物体在自己右侧，而实际上目标物当时位于他们的左侧。

皮亚杰的假设得到了后续研究发现的支持，6—11 月大的婴儿在他们自身位置发生变化后经常无法正确表示一个玩具的位置（Acredolo, 1978）。在这些实验中，一名婴儿被放在一个 T 型迷宫里。如果先沿直线爬行，之后在交叉路口向特定的方向（如向左）转弯，婴儿总是能找到一个玩具。当婴儿被移到迷宫的另一端，然后转向中间，这时他需要朝相反的方向（向右）转弯才能找到玩具。大多数 6—11 个月大的婴儿会继续朝着之前找到玩具的方向转向。直到 16 个月大时，儿童才能根据他们自身的位置变化做出调整。

不过，即使在如此年幼的阶段，这种以自我为中心的感觉运动也不是绝对的。如果独特的地标提供了物体位置的线索，婴儿适应空间位置变化的难度可以降低（Rieser, 1979）。在这种情况下，6 个月大的婴儿通常会朝着正确的方向转弯，即使该方向与之前找到玩具的方向不同。

婴儿如何学会用一种不依赖于自身位置的方式来表示空间位置？正如自发式运动（self-produced locomotion）的经验有助于婴儿充分感知深度以避免越过视觉悬崖（见本书第五章，第 154—155 页），因此对空间进行更广泛的了解似乎至关重要（Campos 等，2000）。8 个月大能爬行或已具有丰富学步车经验的婴儿在定位物体空间位置方面的成功率远远高于那些既没有良好爬行经验又没有学步车经验的同龄婴儿（Bai & Bertenthal, 1992; Bertenthal 等，1994）。儿童运动的时间越长，他们定位空间位置的优势就越大（Kermoian & Campos, 1988）。

自发式运动究竟如何产生克服自我中心倾向的这种能力？博腾塔尔等

(Bertenthal 等，1994)提出，当婴儿爬行时，他们必须不断更新自己相对于周围环境位置的表征。与此观点相一致的是，当 12 个月大的婴儿移动到某种物品陈设的另一边，并随时有机会观察奖品的隐藏位置，他们比被抱在怀中的婴儿对奖品的关注更多，之后从新的位置转向物体所在位置时也表现得更好(Acredolo, Adams & Goodwyn, 1984)。

自发式运动可以增强儿童的空间表征能力，即使他们所表征的空间并不是他们行走的空间。这一发现来自关于 5 岁儿童空间想象的一个设计巧妙的实验(Rieser 等，1994)。这些受试儿童来自同一个幼儿园班级，但在家中参与实验。一些儿童被要求想象自己在教室里，先走向老师的椅子，再转身面对全班同学。然后以他们所在的位置为出发点，想象并指出房间里各类物品所处的位置。结果表明，很少有儿童能精确地指出这些位置。然而，当来自同一个班级的另一些儿童一边通过想象执行相同的任务，一边实际在自家的厨房或卧室里走动时，他们却能准确地指出物体的位置。虽然行走的位置远离他们想象的地方，但这并不妨碍行走对他们的想象有所帮助。针对 4 岁和 9 岁儿童的一项研究也得出了相似的结论，这项研究的地点不在儿童家里(而在一个研究实验室)。这些发现表明，自发式运动激活了人们的空间表征，即便他们并不在想象中的特定空间。更广泛地说，研究表明运动系统和空间表征系统是紧密相连的(Rieser 等，1994)。

◎ **地标表征**

我们经常根据地标确定方向，如"你穿过皮特堡隧道，在班克斯维尔路出口处拐弯，向南行驶至麦克法兰路"。我们这样做是因为地标可以将环境划分为可管理的区域。在某种意义上，地标使得人们可以运用分而治之(divide-and-conquer)的策略来解决如何到达某个地点这一长久存在的问题。

用地标表示空间位置的能力始于出生后第一年。如前所述，如果物体附近存在一个独特的地标，6 个月大的婴儿在视角改变后依然能正确地表示物体位置(Rieser, 1979)。人和物体都可以成为这样的地标，9 个月大的婴儿有时会将母亲的位置作为地标来定位自己周围有趣的物体(Presson & Ihrig, 1982)。

地标的使用在生命早期过后会得到相当大的改善(Huttenlocher & Newcombe, 1984; Newcombe, 1989)。在 1 岁之前，只有紧邻目标物的地标才有助于婴儿精确定位目标物。大约 2 岁左右，距离目标物较远的地标也会有助于定位。到了 5 岁，儿童能够以多个地标为参照来定位目标物位置，这是一个更有效的确定精确位置的方法。例如，他们可以这样表示某个目标物的位置：位于两个物体的中间位置。

尽管地标有助于年幼儿童在空间定位物体，但它们也可能影响年幼儿童对物体之间距离的判断。皮亚杰、英赫尔德和塞明斯卡(Piaget, Inhelder & Szeminska，1960)研究发现，当两物体之间存在一个地标物时，前运算阶段的儿童对两物体间距离的估计比不存在地标物时要短。随后的研究证实，大多数4岁儿童以及大约一半的5岁和6岁儿童都表现出这种模式(Fabricius & Wellman, 1993; Miller & Baillargeon, 1990)。正如皮亚杰认为的那样，儿童空间距离判断的主要困难在于他们只关注整个距离中的其中一段，并误认为该段距离就是整个。

◎ **非自我中心表征**

通常情况下，障碍物或足够的距离会阻止我们看到目的地。这种情况要求从多个角度将空间信息集成到一个共同的抽象表征中。非自我中心表征可能是三种类型中最纯粹的空间表征。自我中心表征和地标表征可以很容易地简化为口头形式(如"瑞格利球场①在我的左侧""餐厅在杜邦环岛②附近")。相反，非自我中心表征包含空间中实体之间的所有关系，因而很难用言语来描述。

尽管直觉告诉我们，形成这种非自我中心表征比地标表征更具挑战性，但在一些不使用地标的情况下，1岁儿童依赖于非自我中心表征。赫尔默和斯佩克(Hermer & Spelke, 1994)的一项研究证明了这一点。该研究使用了如图8.4所示的房间。受试儿童在一个长方形的房间里接受测试，房间的每个角落前都设有一个红色的障碍物。儿童看到一个玩具被藏在房间的其中一个角落里，然后儿童蒙上眼睛转10圈，之后他们需要找到隐藏的玩具。有时房间的四面墙壁都是白色的，在这种情况下，受试儿童需要依赖非自我中心表征，因为没有地标，而且蒙着眼睛旋转并在未知点停止会破坏他们最初的自我中心定位。在这样的情形下，最好的方法可能是根据空间的几何特性形成一个表征，相当于"玩具在一个角落里，左边有一堵较长的墙，右边有一堵较短的墙"。使用这样的表征会引发对符合描述的两个角落进行同等次数的搜索(见图8.4)。1岁儿童和成年人都会这样做。

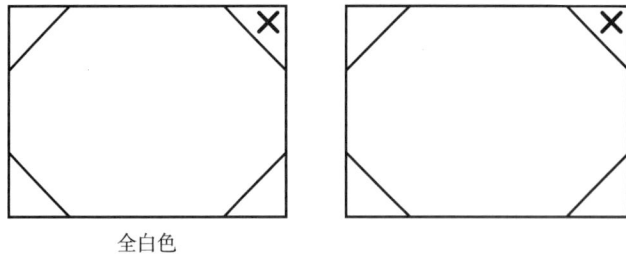

≫ **图8.4** 赫尔默和斯佩克(1994)用于研究儿童搜索行为的房间示意图。"X"标记了隐藏玩具的位置；两种实验条件之间唯一的区别是，在图右侧的房间中，与隐藏玩具位置相邻的一面墙是蓝色的，因此成为定位隐藏玩具的一个地标

---

① 译者注：瑞格利球场(Wrigley Field)，位于美国伊利诺伊州芝加哥市，是美国职棒大联盟中国家联盟中区的芝加哥小熊球队的主场。

② 译者注：杜邦环岛(Dupont Circle)，美国华盛顿的一处住宅区。

在另一种情况下,把一块蓝色的布放在玩具隐藏位置旁的墙上,或是把一只泰迪熊放在那里,这样就形成了一个地标。成年人会一直使用这一地标来引导他们搜索藏有目标物的角落。相比之下,1岁儿童通常会忽略这个地标。和之前一样,他们主要对长、短两堵墙附近两个角落的其中之一进行搜索,他们对符合描述的两个角落进行了同等次数的搜索。这一发现表明,从早期起,儿童就具有一种基本的非自我中心空间感,即使在无法利用地标定位的情况下,他们也会利用这种空间感来确定自己的方位。

不过,另一个研究小组的后续研究表明,1岁儿童可以利用地标来补充几何信息。利尔穆斯、纽科姆和赫腾洛克(Learmonth, Newcombe & Huttenlocher, 2001)在一个含有多种地标(书架、门和一堵彩色墙)的全白色房间里对儿童进行了测试,与赫尔默和斯佩克(1994,1996)的发现相反,他们发现儿童可以将几何信息和地标信息结合起来。不论目标物存在地标标记(如门),还是不存在地标标记(在门对面),儿童都能准确地走向目标物所在的角落。

那是什么导致同一年龄段的儿童在一项研究中依赖于非自我中心表征,而在另一项研究中又依赖于地标表征呢?解答这一谜团的关键在于房间的大小。那些表明儿童不依赖地标的研究多是在非常小的房间(4×6英尺)里进行的;而表明儿童将几何信息和地标信息结合在一起的研究则是在更大的房间(8×12英尺)里进行的。通过对儿童在不同大小房间中的表现进行直接比较,利尔穆斯、纳德尔和纽科姆(2002)发现,婴儿、年幼儿童确实在小房间中不使用地标,但他们在较大的房间中会使用地标来定位。对这一发现的一个可能解释是,不同大小的房间内所能执行的行为存在差异,因此需要不同的空间思维。与较小的房间不同,较大的房间有足够的空间可以移动,因此它可能更适宜儿童进行与位移运动相关的思维活动。

概括地说,这些研究强调了一点,即人们所采用的空间思维类型在很大程度上取决于任务的性质和环境的特点。了解空间知识的发展需要进一步研究处于不同发展阶段的儿童如何权衡不同环境中空间信息的不同潜在来源(Newcombe & Huttenlocher, 2000)。

◎ **如何获得空间知识?**

空间信息的一个明显来源是环境中的行动。婴儿行动能力的发展变化,例如开始爬行,使他们能够获得关于环境的新信息,而这些信息形成了他们的空间表征。如上文所述,自发式运动在儿童对自我中心的空间表征进行重塑上似乎产生了特别重要的影响。

其他形式的感知经验在改善空间表征方面也发挥着至关重要的作用,正如对视力受损者的研究所表明的那样(Rieser, Hill, Talor, Bradfield & Rosen, 1992)。里泽(Rieser)等人对比了那些在早期(差不多在出生前)或晚期(通常在10

岁以后)出现严重视觉障碍成年人的空间表征。实验任务是想象自己站在所熟悉的生活区内一个特定的地标上,面朝一个特定的方向,然后指出其他想象中的地标所在的位置。相比晚期出现视觉障碍或边缘视觉(peripheral vision)完好的人,那些在早期就出现视觉障碍且边缘视觉受损的人表征空间布局的准确性要差得多。这一发现表明,早期的感知学习对于准确空间表征的发展至关重要。

空间知识在文化中的中心地位也影响儿童空间技能的发展水平。关于此观点的证据来自对生活在澳大利亚西部沙漠土著居民的一项独特研究(Kearins, 1981)。这些土著居民几千年来一直过着游牧狩猎和采集的生活。他们的孩子不上正规学校。在大多数认知功能测试中,这些孩子的表现远不如欧洲和北美同年龄段的孩子。

不过,卡林斯(Kearins)推断,如果把重点放在土著文化中重要的思维类型上,可能会出现不一样的结果。空间思维就符合这个标准。土著居民的大部分生活是在相距很远的水源和溪流之间跋涉。某个特定地点是否有水取决于多变的降雨模式。在荒漠中,很少有明显的地标来指示水源和溪流的位置,因此,高质量的空间思维能力对生存至关重要。

基于这一推理,卡林斯将在沙漠中长大的土著儿童与在城市中长大的澳大利亚儿童的空间记忆进行了对比。一个实验者展示了20个以5×4矩形排列的物体。30秒后,实验者收起这些物体,然后让儿童按先前方式对其进行重新排列。

结果表明,土著儿童对空间位置的记忆更加出色。他们的记忆策略也不同于城市儿童。土著儿童会默默无语地记忆。当实验者随后问他们如何记住物体位置时,这些儿童经常回答"记得它们的样子"。相比之下,城市里的儿童采用口头复述的方法,在记忆时,他们会小声或大声说出物体的名字。城市儿童的策略对于记忆学校里的言语材料是有效的,但是土著儿童的策略对于记忆空间信息更有用。因此,每一组儿童都依赖有助于完成他们日常生活中最重要任务的策略。

数字

对数字的理解包括两类基本的知识:对基数(Cardinality)的理解和对序数(Ordinality)的理解。基数是指数值的绝对大小。人的胳膊、腿、眼睛和脚的一个共同特性是数量都是二。成对(two-ness)这一基数特点是这些人体部位所共有的。序数是指数字的关系特点,如一个女孩在班级里身高排名第三,5是在自然数计数中排在第五的数字等。

◎ 对基数特性的理解

对基数的理解从婴儿时就开始了。出生6个月,婴儿可以区分一个物体和两个物体,也能将两个物体和三个物体区分开来(Antell & Keating, 1983; Starkey,

Spelke & Gelman, 1990; van Loosbroek & Smitsman, 1990)。这都是通过习惯化范式习得的。婴儿看到一系列图片，每张图片都包含一组物体，如三个圆圈。在不同的实验试次中，每一组物体在大小、亮度、间距和其他属性上都有所不同，但它们的数量总是相同的。一旦婴儿习惯了这些数量的物体，实验人员就会展示出一组与他们所看到物体在其他方面相似但数量不同的物体。结果显示，婴儿观察这组不同数量物体的时间有所增加。这表明他们已经提取出了之前场景中的物体数量。

但是，这些发现是代表着儿童对数量的真正理解，还是对易与数量混淆的其他变量的理解，例如物体轮廓的长度或者物体的可见表面积？旨在区分这些因素的研究表明，婴儿似乎确实是基于轮廓长度(Clearfield & Mix, 1999)或可见表面积(Feigenson, Carey & Spelke, 2002)做出反应，而不是基于数量本身。然而，其他对变量进行严格控制的研究表明，婴儿仅凭数字就能辨别数量(Wynn, Bloom & Chiang, 2002; Xu & Spelke, 2000)。此外，婴儿不仅能辨别少量物体，还能辨别事件序列以及物体的静态排列(Canfield & Smith, 1996; Starkey 等, 1990)。例如，6 个月大的婴儿看一个木偶反复跳两次，他们会对此产生习惯化反应并开始觉得无聊。而后看到木偶跳三次或一次，他们又表现出新的兴趣。这表明他们能辨别出跳的次数(Wynn, 1995)。因此，婴儿似乎能够根据数字以及连续维度(如表面积和轮廓长度)来区分数量。然而，当连续维度和数字发生变化时，婴儿往往依赖于连续维度。

大多数关于婴儿数量辨别的研究都使用小于 3 的数。婴儿不能区分数量较大的物体集合，除非这些集合数量间存在很大差异(如 8 和 16)(Xu & Spelke, 2000)。直到 3 岁或 4 岁，儿童才能够将 4 个物体和 5 个或 6 个区分开来(Starkey & Cooper, 1980; Strauss & Curtis, 1984)。这些发现表明，婴儿通过"数感(subitizing)"来识别较小的基数。数感是一种快速、毫不费力的感知过程，人们只能将其应用于含有 1 到 3 或 4 个物体的集合。当我们看到 1 到 4 个物体，我们感觉自己马上就知道其数量。然而对于更大数量的物体集合，我们很少立即知道确切的数量。成年人和 5 岁儿童与婴儿相似，他们能够通过数感非常快速地识别 1 到 3 个或 4 个物体的数量，但不能识别数量更大的集合(Chi & Klahr, 1975)。

婴儿对基数的初步理解也使他们能够认识到增加和减少小数量物体的结果。温(Wynn, 1992a)在 5 个月大的婴儿身上发现了这种能力。如图 8.5 所示，婴儿看到舞台上有一个老鼠玩偶，随后看到一块屏幕出现在他们面前，接着看到一只手把另一个老鼠玩偶放在屏幕后面，之后看到屏幕下降。有时，屏幕降下后呈现的画面与所预期的一样，即加入一个新物体后舞台上出现两个物体；而其他时候(通过干预)则并非如此。相比出现预期结果(两个玩偶)的情况，婴儿在意外结果出现时

(一个或三个玩偶)的观察时间更长,这表明他们的预期是 1+1=2。其他的婴儿看到了一个减法事件,两个玩偶放在舞台上并被屏幕遮蔽起来,然后一个玩偶从屏幕后面被移走。同样,婴儿观察意外结果(两个玩偶)的时间比预期结果(一个玩偶)要长,这表明他们的预期是 2-1=1。

基于这些发现,温(1992a)认为,"婴儿能够准确完成简单的算术运算"(p. 750)。婴儿真的能进行算术运算吗?温的基本研究已经被多次重复(Simon, Hespos & Rochat, 1995; Uller, Huntley-Fenner, Carey & Klatt, 1999),然而,有些重复研究并未取得相同结果(Wakeley, Rivera & Langer, 2000),这表明婴儿的计算能力不是很强。另一个需要注意的问题是,对于基数,只有当"问题"涉及非常小的数字(3个或更少)时,婴儿才会表现出理解。在4岁或5岁之前,儿童并不理解稍大一些数字(如 2+2)的加法结果(Huttenlocher, Jordan & Levine, 1994; Starkey, 1992)。

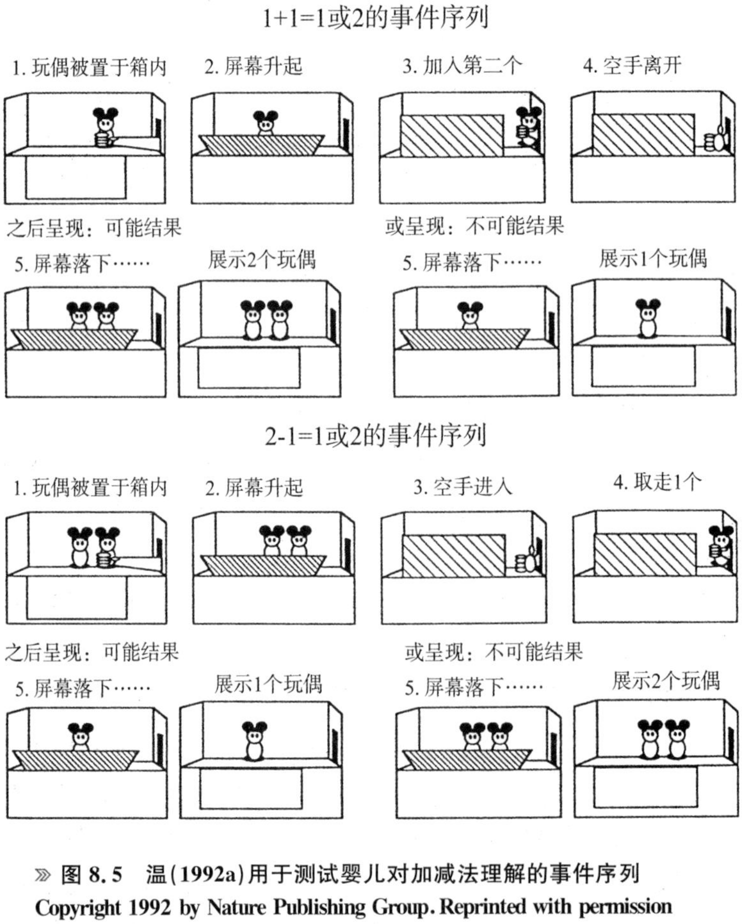

1+1=1或2的事件序列

1. 玩偶被置于箱内　2. 屏幕升起　3. 加入第二个　4. 空手离开

之后呈现:可能结果　　　　或呈现:不可能结果
5. 屏幕落下…… 展示2个玩偶　　5. 屏幕落下…… 展示1个玩偶

2-1=1或2的事件序列

1. 玩偶被置于箱内　2. 屏幕升起　3. 空手进入　4. 取走1个

之后呈现:可能结果　　　　或呈现:不可能结果
5. 屏幕落下…… 展示1个玩偶　　5. 屏幕落下…… 展示2个玩偶

图 8.5 温(1992a)用于测试婴儿对加减法理解的事件序列
Copyright 1992 by Nature Publishing Group. Reprinted with permission

为什么婴儿的算术能力只能处理小数字？如上所述，一种可能的解释是，婴儿通过数感来确定物体的数量（Haith & Benson, 1998）。这种加工对于非常小的数量是有效的，但是对于包含 4 个或更多物体的数量就无效了。这个案例说明了一个重要的普遍经验。理解儿童的思维需要理解他们用来解决问题的加工过程。关于婴儿的研究发现可能会得出婴儿"理解"加法的结论。这在某种意义上是正确的，但它完全没有说明为什么婴儿只能将其应用于 1—3 个物体。婴儿通过一个不能应用于大数目的加工过程来解决小数目的问题，而能应用于大数目（计数）的加工过程发展得相当晚。这一观点可以帮助我们理解婴儿的能力及其局限性。

◎ 计数

在 3 岁或 4 岁时，儿童会熟练掌握另一种确定一组数量的方法——计数。这使他们能够处理超越数感加工的更大数量。格尔曼和加利斯特尔（Gelman & Gallistel, 1978）研究了儿童学习计数的速度，认为快速学习是可能的，因为它受计数原理（counting principles）的知识所引导。具体而言，他们假设年幼儿童理解如下原则：

1. 一对一原则（one-one principle）：为每个物体指定一个且只指定一个数字。
2. 恒定顺序原则（stable order principle）：始终按相同顺序指定数字。
3. 基数原则（cardinal principle）：最后一个计数的数字表示集合数量。
4. 顺序无关原则（order irrelevance principle）：被计数物体的顺序不重要。
5. 抽象原则（abstraction principle）：其他原则适用于任何数量的一组物体。

多种证据表明，儿童到 5 岁时能理解所有这些原则，在 3 岁时只能理解部分原则（Gelman & Gallistel, 1978）。即使儿童数错了，他们也会表现出具有一对一原则的知识，因为他们能给大多数物体指定一个数字。例如，除了其中一个物体之外，他们可能将所有物体都数了一遍，而那一个物体漏了，或是数了两次。这些错误似乎是执行的错误，而不是被误导而出的错误。儿童几乎总是以恒定顺序说出数字，这展示了儿童的恒定顺序原则知识。通常，这都是一种常规的顺序，但有时也表现为某个儿童一直使用的一种特殊的顺序，如 1，3，6。重要的是，即使儿童使用一种特殊的顺序，他们在每一次计数时都会使用这一相同的特殊顺序。学前儿童计数时会特别强调地说出最后一个数字，在被问及一组物体的数量时会用这个数字来回答，这表明了他们具有关于基数原则的知识。儿童会毫不迟疑地对包含不同类型物体的集合进行计数，这表明他们理解抽象原则。最后，顺序无关原则似乎是最困难的，但即便如此，5 岁的儿童也能理解该原则。很多 5 岁儿童认识到，只要最终每个物体都被计算在内，计数就可以从一行物体的中间开始计数。虽然很少有儿童能说出这些原则，但他们的计数表现表明他们了解这些原则。

格尔曼和加利斯特尔(1978)认为,这些原则之所以重要,原因之一在于理解这些原则可以指导儿童习得计数技能。这一观点是基于这样一个假设,即儿童在准确计数之前就已经理解了这些原则。然而,随后的许多研究表明,儿童在理解潜在计数原则之前就已经熟练地掌握了计数技能(Bermejo, 1996; Briars & Siegler, 1984; Frye, Braisby, Lowe, Maroudas & Nicholls, 1989; Wynn, 1992b)。计数经验能够提供一个数据库,儿童可以从中分辨出一般计数过程的基本特征(例如,数数时每一个物体计且只计一次)和偶发特征(例如,从一行的最左端或最右端开始数)。

◎ **数字的序数特性**

序数是指数字的相对位置或数值的重要性。一个数字在某种排序中可能排在第一或第二,它可能大于或小于另一个数字。就像掌握基数特性一样,儿童对数字序数特性的掌握也始于婴儿期,区别在于它始于婴儿后期,大约在婴儿10个月大的时候。

最基本的序数概念是指更多(more)或更少(less)。为了测试婴儿在使用数字时是否理解这些概念,费根森、凯里和豪瑟(Feigenson, Carey & Hauser, 2002)让10个月和12个月大的婴儿看着实验者将不同数量的饼干依次放入两个不同的容器中,而后让这些婴儿爬过去并从他们选择的容器中取出饼干。在对一块饼干和两块饼干、两块饼干和三块饼干进行比较时,10个月和12个月大的婴儿始终都会选择饼干数量较多的容器。然而,当饼干数量大于3时,如3和4比较,2和4比较,两组婴儿的选择都较为随机。因此,相比基数知识,似乎只有极少数婴儿具有序数知识。

不过最近的一项研究表明,如果数值之间的比值很高,婴儿有可能理解涉及相当大数值的顺序关系。布兰农(Brannon, 2002)使用习惯化范式来研究婴儿区分递增数列和递减数列的能力。为了进行这种区分,婴儿必须认识到:在一种序列变化中,每一后续项都比前面的大;而在另一种序列变化中,每一后续项都比前面的小。实验者让婴儿对递增数列(如2,4,8和4,8,16)或递减数列(如8,4,2和16,8,4)进行习惯化,直到他们失去兴趣。在这两种类型的数列中,相邻数之间的比值总是1∶2。然后实验者用一个新的数列对婴儿进行测试,该数列与他们已习惯数列中数值的连续方向相同或相反(对于习惯化递增序列的婴儿呈现序列,3,6,12或12,6,3)。11个月大的婴儿(并非9个月大的婴儿)对新连续方向的数列表现出新的兴趣,这表明他们区分出了递增和递减序列。

至于基数,将这些早期对序数的理解拓展到更大的数字集合和联系更紧密的数值需要相当长的时间。到2岁时,儿童能以高于随机水平的正确率对6以内成对数值的序数做出判断,即便是4和5、4和6这样较难的成对比较(Brannon &

Van de Walle, 2001)。数年后,儿童才能展现出判断较大数值的较为完善的能力。

在幼儿时期,最常用来检查儿童序数理解力的任务是提问,比如"6 个橘子和 4 个橘子,哪个更多?"直到 4 岁或 5 岁,儿童才能始终正确地解决包括 1 到 9 数值的问题(Siegler & Robinson, 1982)。对他们来说,判断那些相邻数字(例如,7 和 8)哪个更大是最困难的。计数技能在发展这种序数知识中可能很重要,计数时后面出现的数字总是较大的数字,且当数字相距较远时,儿童更容易记住后面出现的数字。

总之,婴儿在将满 1 岁时似乎对序数有了初步的理解。然而,这种理解很脆弱,只适合较小的数值,或者比值较大的数值。这一领域未来研究的一个重要任务是勾勒出这一知识的发展历程,并研究该发展历程与后来依赖于计数知识的序数理解之间的关系。

生物

与时间、空间和数字一样,生物学被认为是人类认知的"基础"领域,因为有关生物现象的知识对于人们的基本生存和日常生活都很重要(Welman & Gelman, 1998)。从这个角度看来,人类在儿童期对生物着迷也就不足为奇了。

生物知识涉及多个相互关联的概念,其中包括基本的生物类别(category),如生物、动物和植物,以及基本的生物过程(processes),如生长(growth)、遗传(inheritance)和疾病(illness)。关于儿童生物理解的研究主要集中在儿童何时表现出对生物类别和过程的理解,儿童如何获得这些知识,以及儿童的生物知识在多大程度上形成了连贯的生物学领域的"理论"。

◎ 生物类别

儿童什么时候开始区分生物实体和其他类型的实体?最基本的生物学区分(也是最早获得的)是对生命体(animate)和非生命体(inanimate)的划分(Gelman & Opfer, 2002; Rakison & Poulin-Dubois, 2001)。甚至在 1 岁之前,儿童就能将鸟类与飞机区分开来,也能区分动物和车辆(Mandler & McDonough, 1993, 1998a)。儿童还认识到,动物与其他类型的物体不同,因为它们会喝水,会睡觉(Mandler & McDonough, 1996, 1998b)。

婴儿根据什么区分生命体和非生命体?一种可能是根据存在的某些特征,如人脸。如第五章所述,人脸对于人类婴儿来说特别有吸引力(Dannemiller & Stephens, 1988; M. H. Johnson & Morton, 1991)。就面部而言,眼睛可能特别重要(S. C. Johnson, Slaughter & Carey, 1998)。对眼睛或面孔的早期偏好可以为区分生命体和非生命体提供依据。

婴儿用来区分生命体和非生命体的另一个信息源是运动。在出生后第一年的早期,婴儿能区分生物(living)运动和非生物(nonliving)运动(如 Bertenthal,1993),并开始将不同类型的运动与生命体和非生命体联系起来。例如,到了9个月大时,婴儿似乎形成了如下预期:人类能够自行运动,但非生命体却不能。当他们看到机器人独立移动(通过遥控设备)时,他们会表现出更大的负性反应,但当他们看到人类这样活动时就不会出现该反应(Poulin-Dubois, Lepage & Ferland, 1996)。婴儿似乎也预期人类会进行目标导向的运动,但不会对非生命体产生这种预期。6个月大时,婴儿观察人伸出手臂触摸物体的方式会不同于其观察机械"手臂"伸出去触摸物体的方式(Woodward, 1998)。

对儿童来说,区分生物和非生物比区分生命体和非生命体要困难得多,而且儿童很晚才能习得这种区分能力。当被问到哪些东西是活的时,即使是小学生也会犯错误(Carey, 1985; Richards & Siegler, 1984)。对儿童来说,难度特别大的类别是植物。3到5岁,儿童认识到植物像动物一样需要食物和水(Inagaki & Hatano, 1996)、会生长(Hatano 等, 1993; Hickling & Gelman, 1995)、受伤后会恢复(Backcheider, Shatz & Gelman, 1993)、会死亡(Nguyen & Gelman, 2002)。此外,儿童认识到,与动物一样,植物也会因疾病或年老而死亡(Nguyen & Gelman, 2002),它们死后会被分解(Springer, Ngyuen & Samaniego, 1996),死后无法复生(Nguyen & Gelman, 2002)。然而,在幼儿园之后的几年里,儿童仍然不确定植物是否应该和动物一样被归为生物(Hatano 等, 1993; Richards & Siegler, 1984)。直到小学后期,大多数儿童才对包括动植物在内的生物形成一个完整的概念。

◎ 生物过程

如果一个过程是真正的生物过程,那么这个过程就必须被视为不依赖于心理机制(如渴望)或物理机制(如物理力量),而是依靠特定的生物机制。就许多独特的生物过程而言,这种理解出现在学前早期。

最基本的生物过程之一是自发式运动(self-generated movement)。上述研究表明,儿童在婴儿期就对生物运动有初步的了解。到学前阶段,儿童已能很好地区分生物运动和非生物运动。学前儿童可以对什么样的物体能够运动做出准确的预测(Massey & Gelman, 1988),他们能对生物和非生物运动做出不同的解释。例如,学前儿童报告说,跳跃的栗鼠是"自行"运动,而跳跃的发条玩具则是由于人类的干预而运动(Gelman & Gottfried, 1996)。因此,儿童认识到产生运动的生物机制和物理机制不同。

学前儿童也将生长理解为一个基本的生物过程。到3岁或4岁时,儿童懂得只有生物才能生长,玩具和家具等非生命体则不能生长(Carey, 1985; Rosengren, Gelman, Kalish & McCormick, 1991）。学前儿童也能理解,生物生长本质上是单向的,即从小到大生长,而不是从大到小。同样,他们知道生长是从简单形式到复杂形式（从毛虫到蝴蝶,从蝌蚪到青蛙）,而不是相反（Rosengren 等,1991）。学前儿童还认识到人们不能阻止小动物的生长,即使他们"想让它永远保持同样的大小,因为它太小太可爱了"（Inagaki & Hatano, 1987）。因此,儿童认识到,生长取决于生物机制,而不是取决于渴望这样的心理过程。

遗传是另一个基本的生物过程,儿童在学前阶段形成对这一过程的理解。当然,学前儿童并不知道遗传传递或 DNA,但他们对遗传有一个初步的了解。他们知道,幼小的动物会成长为与本物种成年动物一样的生物,即使它们在出生时长得并不像。而玩具娃娃或其他非生命体则不会出现这种情况（Gelman & Wellman, 1991）。儿童还意识到,即使是由另一个物种的"父母"抚养,幼小动物也会长大成本物种的成年个体（Johnson & Solomon, 1996）。同样,儿童也知道,如果一种动物被饲养在一个更适合另一种动物的环境中,这种动物仍然会具有符合自身物种的特征。例如,在猪群里长大的奶牛仍会发出哞哞声（而不是猪的叫声）,尾巴也是直的（而不是卷曲的尾巴）。儿童还将这种理解拓展至种植在更适合另一种植物生长的环境中的种子,如种植在花盆中的苹果种子（Gelman & Wellman, 1991; Peterson & Siegal, 1997）。

儿童早期的遗传观念似乎涉及特定的生物机制。斯普林格和凯尔（Springer & Keil, 1991）让儿童对花、狗和金属罐子如何获得各自颜色的一些不同的可能机制进行了排序。对于花和狗,儿童选择了自然机制,包括自然的内在机制（如"小花变为粉红色,这是因为当小花在种子内部生长时,它的妈妈给了它一些东西使它变为粉红色"）和自然的外在机制（如"当种子生长时,太阳和雨水落在它身上,使它发芽长大并开出粉红色的花"）。相比之下,对于金属罐子,儿童更倾向于将其颜色解释为人类机械加工的结果（如"制造罐子的工人做了一些让罐子变绿的事情"）。

然而,尽管有这些证据表明了儿童在早期理解了遗传,学前儿童的遗传观念在几年内仍然是有限的。例如,学前儿童认为,母亲的渴望可能在儿童身体特征的遗传中发挥作用（Weissman & Kalish, 1999）。因此,学前儿童似乎认为遗传具有心理机制和生物机制。直到 7 岁左右,儿童才认识到生物学上的亲子关系在解释父母和子女身体相似性方面的重要性（Solomon, Johnson, Zaitchik & Carey, 1996）。

学前儿童也将疾病理解为一个基本的生物过程。4 岁和 5 岁的儿童认识到疾病可以由一种看不见的机制引起,即细菌感染（Kalish, 1996）。根据对细菌的了解,学前儿童预测,如果没有细菌,危险的行为（如从垃圾中找食物吃）不会引起疾病,而如果有细菌存在,无害的行为（如吃落在水中的食物）也会引起疾病。此外,学前儿童能将疾病的原因与诸如悲伤等心理反应的原因区分开来（Kalish,1997）。他们意识到与污染物的身体接触会引起疾病，即使受影响的个人对污染物一无所知。然而，对污染物的情绪反应（如认为某物令人厌恶或"恶心"）取决于对污染物的了解。因此，他们能区分出对污染物的生物反应（疾病）和对同一污染物的情绪反应（厌恶）。

尽管学前儿童很早就了解致病的机制，但他们对疾病的了解仍然有限。大多数学前儿童不明白疾病的发展需要一段时间。相反，他们倾向于认为污染物会立即引起疾病反应（Kalish, 1997）。此外，他们倾向于以一种"全有或全无"的方式看待疾病造成的结果（Kalish, 1998b）。例如，如果某个教室里所有儿童都和一个生病的儿童一起玩，学前儿童倾向于预测，要么所有的儿童都会生病，要么没有儿童生病。因此，儿童无法认识到疾病是或然发生的事件。

总之，尽管学前儿童的生物知识在某些重要方面是有限的，但他们确实也了解一些基本生物过程的基本方面，包括运动、生长、遗传和疾病。此外，在大多数情况下，学前儿童能将生物机制与心理机制和物理机制区分开来。因此，到了学前阶段，儿童获得了独特的生物因果机制的知识。

◎ **儿童如何获得生物知识？**

从发展的角度来看，我们不仅有必要了解儿童生物知识的性质，而且有必要了解他们如何获得这些知识。研究者提出了很多关于儿童如何获得生物概念的解释。有研究者认为，人类天生就具有可以促进生物概念学习的特定大脑结构和大脑加工过程。例如，阿特朗（Atran, 1994）认为，人类天生就具有一个进化过程中发展起来的"生物模块（biology module）"，该模块能够促进人们在早期快速学习生物知识。这一观点的一个关键证据是儿童生物知识的性质和内容具有跨文化的相似性（Lopez, Atran, Coley, Medin & Smith, 1997）。

其他研究人员则着重于关注经验和环境影响在儿童获取生物知识中的作用（如Callanan, 1990; Springer, 1995, 1999）。例如，稻垣（Inagaki, 1990）发现，在家里养过金鱼当宠物的5岁儿童比没有养过金鱼的儿童能更好地预测不熟悉动物（青蛙）的行为。因此，照顾宠物的经验有助于儿童获得生物知识，并将其推广到其他物种。儿童也可从与父母和其他看护者的日常互动中获得生物知识。格尔曼及其同事（Gelman, Coley, Rosengren, Hartman & Pappas, 1998）对母亲与1岁和2岁儿童一起阅读动物图画书的情况进行了观察研究。他们发现，母亲的陈述和手势往往强调了不同种类动物之间的分类关系，有时会描述或指出不同种类动物的特征或一般动物的特征。这种隐性教学有助于儿童生物知识的发展。

显性教学也有助于儿童生物知识的发展。所罗门和约翰逊（Solomon & Johnson, 2000）研究了显性教学在5岁和6岁儿童理解生物遗传中所起的作用。

他们教给儿童一个重要的事实(婴儿来自母亲的肚子),他们还为儿童提供了一些关于基因的基本信息(我们体内被称为基因的微小物质使我们成为现在这个样子,棕色皮毛的兔子有棕色皮毛的基因,白色皮毛的兔子有白色皮毛的基因)。参与学习的儿童不仅习得了所教的概念,他们还重新组织了关于遗传的知识,以强调"出生"(而不是相似的信念)使父母和子女外貌相似的重要性。因此,教育引起了儿童遗传观念的重大变化。

当然,在儿童获得生物概念的过程中,先天和后天因素都发挥着重要的作用。全世界的儿童都对动植物着迷,他们学习动植物的积极性很高。儿童所处的社会和文化背景为他们提供了许多学习生物知识的机会。在某些文化中,这种学习至少有一部分是在正规教育中进行的。然而,儿童也通过自己从自然中获得的直接体验,通过与宠物、农场动物和室内植物的互动,以及通过对话、故事和电视节目等学习生物知识。

◎ **儿童的知识形成了一个连贯的生物学"理论"吗?**

基于学前儿童拥有生物类别和生物过程知识的有力证据,一些研究人员认为,儿童甚至在接受正规教育之前就拥有一种朴素的生物学"理论"(Hatano & Inagaki, 1994; Inagaki & Hatano, 2002; Keil, 1992)。儿童的知识必须具备哪些特征才能被视为"理论"呢?

韦尔曼和格尔曼(Wellman & Gelman, 1992, 1998)提出了四个标准来描述理论理解:领域特有的基本类别、领域特有的因果解释、不可观察的解释性结构以及连贯的组织。如上所述,从很小的时候起,儿童的生物知识就包含了关于基本类别的知识,如生命体、生物、动物和植物。到了学前阶段,儿童明白生物实体的行为反映了生物学领域特有的因果过程,如生长、遗传和疾病。他们还了解到,其中一些过程是由生物学领域特有的不可观察的解释性结构起作用的,如细菌引起疾病。最后,学习新信息有时会使儿童重新组织他们的生物知识。因此,这种知识似乎存在一个连贯的结构。综上所述,这些发现表明,至少根据以上标准看来是如此,学前儿童对生物的理解形成了一个真正的理论。

小结

概念发展可以通过一般的概念表征方法实现,又可以通过关注具有特别重要的特定概念来实现。概念表征至少可以采用三种形式。定义性特征表征使用数个必要和充分的特征来描述概念。或然性表征包括许多与概念在不同程度上相关联的特征,但不包含那些对类别归属十分必要和充分的特征。基于理论的表征侧重于概念理解的不同方面之间的因果关系。

许多著名的发展理论家(包括皮亚杰、维果斯基、沃纳和布鲁纳)都提出了不同版本的表征发展假说。根据这一假说,年幼儿童不能根据定义性特征形成表征。然而,即使是1岁的儿童也已经被证明有能力依靠这些特征表征熟悉的概念。与年长者相比,年幼儿童似乎较少依赖于定义性特征表征,但他们显然能够形成这些表征。

儿童和成年人的表征往往强调或然性关系,而不是定义性特征。从婴儿期开始,儿童会提取原型形式,检测线索有效性,注意特征之间的相关性,并生成基本层类别。在较短的时间内,儿童也开始形成上位层、下位层概念,从儿童基本类别向标准基本类别转变,并提取出越来越复杂的相关模式。

基于理论的表征强调因果关系和等级关系的作用。许多的儿童概念似乎都存在理论层面,这些理论层面有助于推理、解释和概括,也有助于儿童克服浅显的感知相似性的影响。儿童概念也可能具有某些核心理论,如生物学理论和心理理论,这些理论与一般概念相比具有不同的性质。不过,这些理论与其他理论间的差别尚不清楚。有些概念自生命早期就涉及了理论层面。但是随着儿童不断发展,这些基于理论的概念其深度和广度都会明显地大幅增加。

另一个研究概念发展的方法是关注特别重要概念发展过程中的细节。这些概念包括时间、空间、数字和生物。这些概念值得特别关注,因为它们被用来表示各种各样的经验。从婴儿期到老年,这些概念以某种形式存在于世界所有文化中,没有它们就不可能了解世界。

时间包括经验时间和逻辑时间两个方面。3个月大的婴儿会编码事件发生的顺序,从而表现出一种对经验时间的理解。到5岁时,儿童也能合理地估计相对较短事件的持续时间。在同一年龄段,儿童对开始、结束和总时间之间的逻辑关系有了一定的了解,尽管他们的这种能力还很薄弱,容易受到误导性线索的干扰。

空间位置和距离可以参照自身、地标以及抽象系统来表示。自我中心表征会导致1岁以下的婴儿连续转向先前目标所在的方向,即便婴儿相对于目标物的位置已发生变化。自发式运动(特别是爬行和行走)对于婴儿克服自我中心表征的倾向似乎至关重要。靠近物体的地标有助于婴儿(甚至是1岁以内)对物体进行空间定位。类似地,即使在出生后第一年,婴儿也可以形成非自我中心表征,他们可以根据整个空间布局来表征空间。早期的经验将视觉信息的流动与自身的运动联系起来,这对于形成非自我中心表征可能至关重要。

理解数字包括理解基数和序数概念。儿童在婴儿时期能理解数字的某些基数和序数特性。他们习惯于使用给定数量的数列,他们也会选择具有较大数量的数列。这都很明显地体现出了儿童对数字某些特性的理解。到学前阶段末期时,除了对基数的早期理解,儿童也形成了对计数和数量守恒的理解。他们对序数的理解中也增添了数值重要性的知识。

儿童的生物知识既包括基本的生物类别,如植物、动物和生物,也包括独特的生物过程,如生长、遗传和疾病。儿童最早获得的生物知识是如何区分生命体和非生命体。随着时间的推移,儿童具有的生物类别知识变得更加丰富和分化,而对"植物是生物"的理解则相对较晚才获得。儿童对许多独特生物过程的理解在学前阶段早期就出现了。不过,学前儿童对生物过程的认识相对有限,它在整个儿童时期不断丰富。尽管如此,学前儿童的生物知识具有理论性理解的数个特征,包括领域特有的基本类别、领域特有的因果解释、不可观察的解释性结构和连贯的组织。因此,儿童似乎从学前阶段开始就拥有了生物学理论。

推荐读物

Inagaki, K., & Hatano, G. (2002). *Young children's naïve thinking about the biological world.* New York: Psychology Press. A comprehensive review of children's understanding of biological concepts. The authors make the case that children's knowledge about biology constitutes a naïve theory well before the onset of formal schooling.

Kearins, J.M. (1981). Visual-spatial memory in Australian aboriginal children of desert regions. *Cognitive Psychology*, 13, 434–460. An unusual study documenting the superior spatial skills that Australian aboriginal children develop in the course of their long treks through the desert.

Newcombe, N.S. & Huttenlocher, J. (2000). *Making space: The development of spatial representation and reasoning.* Cambridge, MA: MIT Press. An integrative account of the development of spatial thinking and reasoning, with a focus on the importance of interactions between biological preparedness and experience in the physical world.

Rieser, J.J., Garing, A.E., & Young, M.F. (1994). Imagery, action, and young children's spatial orientation: It's not being there that counts, it's what one has in mind. *Child Development*, 65, 1262–1278. Action, perception, and imagery are linked in complex and surprising ways. This study demonstrates that walking through one space improves children's representations of other spaces, if children are thinking about those other spaces while they are walking.

Wellman, H.M., &Gelman, S.A. (1998). Knowledge acquisition in foundational domains. In D. Kuhn & R. S. Siegler (Eds.), *Handbook of child psychology: Vol. 2. Cognition, perception, and language* (5th ed.). New York: Wiley. This chapter argues articulately for the existence of "love domains" in which children possess theory-based knowledge.

第九章
社会认知发展

杰里米(3岁):妈妈,你从厨房里出来。

妈妈:为什么,杰里米?

杰里米:因为我想要一块饼干。(from Peskin, 1992)

上面故事中的幼儿想骗他妈妈,但没能成功。他似乎没有意识到,将自己不当的行为计划"告知"妈妈的结果可能与妈妈亲眼"看到"自己不当行为的结果不会有什么不同。这类对话揭示出幼儿对他人的理解与成年人有着非常大的不同。本章着重于关注儿童对社会世界的认知,对自己和他人的理解,对人类思维方式的理解,以及对社会规则和社会类别的理解。

儿童是在人群中成长的。正如社会文化理论(第四章)所强调的那样,社会关系对儿童的行为、思想和思考方式有着深远的影响。此外,社会关系对人一生的健康成长和发展至关重要。基于这些事实,了解儿童如何认知他人和社会就显得特别重要了。

从进化的角度看,理解人类行为和社会关系具有明显的生存价值。若个体能更好地协调社会关系,其生命周期会更长,繁衍的后代也更多。这意味着,社会认知的某些方面可能存在一个通过进化过程中的自然选择奠定的生物学基础。若果真如此,那么即便是非常小的婴儿也应该表现出一些基本的社会认知能力。不过,还有一点也是显而易见的,即与他人互动的经历为儿童提供了许多了解社会世界的机会。

皮亚杰认为发展是一个普遍过程。这一颇具洞察力的观点为思考社会认知的发展提供了一种特别有用的方法。皮亚杰(1952)提出,在婴儿期,现实(reality)主要存在于儿童的行为和外部环境的联系接口(interface)上。从这个观点出发,发展既可以向内进行,让儿童更好地了解自己,也可以向外进行,让他们更好地了解更广阔的世界。

皮亚杰的观点不仅为研究社会认知发展提供了一种有效途径,而且为我们组织本章内容提供了依据。本章第一部分着重于探讨社会认知的基础,包括对他人和自我的最初理解。第二部分探讨儿童如何将这种最初的理解内化，以把握自己和他人心理活动的本质，包括意图、渴望和信念在行为产生中的作用。第三部分描述了儿童如何将他们的早期理解扩展到更广阔的社会世界，从而学习社会所定义的适当行为规则和社会类别，如基于性别、种族和民族的社会分类。本章的内容结构如下面的"章节概览"所示。

章节概览

一、社会认知的基础

1. 对他人的理解
2. 对自我的理解

二、关于心理状态和心理活动的知识

1. 对意图的理解
2. 对渴望的理解
3. 对信念的理解
4. 对思维的理解
5. 对认识的理解
6. 对假装的理解
7. 对幻想的理解
8. 心理理解发展的来源

三、对社会世界的理解

1. 对社会规则的理解
2. 对社会类别和群体的理解

四、小结

社会认知的基础

要了解社会世界，婴儿和儿童需要注意社会刺激。当然，相比其他许多物体，特别是天花板、炉子或婴儿车，在婴儿的感知世界中人更有趣。此外，如上所述，关注社会信息可能具有适应性价值。因此，关注他人并与他人互动是社会认知最早的表现形式之一，这也并不奇怪。

婴儿和儿童在了解社会世界时面临的最基本任务之一是了解自己和他人。婴儿需要认识到他们是独立于其他物体和个人而存在的个体。在以后的发展中，儿童需要发展一种自我概念,这种自我概念包含了关于他们的身体特征、好恶以及性格方面的信息。他们还需要形成包含类似信息的他人概念。这些概念的基础在婴儿早期就已经形成了,并在整个儿童期和青春期不断变化。

对他人的理解

婴儿的社会世界里充满了其他人,包括父母、兄弟姐妹、其他家庭成员和其他看护人员。了解这些人是婴儿和儿童在了解社会世界时面临的最基本任务之一。

◎ 注意社会刺激

如第四章所述,婴儿非常关注人脸和人类的声音。相比非人脸刺激,即便新生儿也更偏好人脸刺激(Mondloch 等,1999)。婴儿特别注意复杂的声音,例如人类的言语,他们能够对人类言语中使用的声音进行精细的区分(Eimas 等,1971)。婴儿也表现出对婴儿言语或"母亲语"的特殊偏好(Cooper & Aslin, 1990)。

从很小的时候起,婴儿似乎也预期人们的行为有别于物体,他们对人和物体的反应也不同。如前一章所述,莱格斯蒂(Legerstee, 1991)发现,5—8 周大的婴儿会模仿另一个人的嘴部运动(如伸出舌头或张大嘴巴,请参见 Meltzoff & Moore, 1977)。然而,婴儿并没有模仿非生命体所产生的类似动作,如软管伸出"舌头",盒子张开"嘴"。相比面对物体的情况,婴儿面对人时微笑也更多(Ellsworth, Muir & Hains, 1993),当一个非生命体自发移动时,婴儿会显得很惊讶,但当一个人这样做时,婴儿就不会产生惊讶的反应(Spelke 等,1995)。

年幼的婴儿也能区分他人。出生后,婴儿可以将自己母亲的声音与其他女性的声音区分开来(DeCasper & Fifer, 1980)。在出生后第一年早期,婴儿开始辨认出照顾自己的人,并开始发展对他们的情感依恋(emotional attachments)。第一年后期出现的"陌生人焦虑(stranger anxiety)"表明,此时的婴儿已可以将他们社交世界中的熟人与陌生人区分开来。

◎ 早期的社会互动

如第四章所述,大约 2 个月大时,婴儿和他们的看护者之间产生偶发的交互式互动(contingent interaction),类似于展开交互式的对话(如 Bateson, 1979; Trevarthen, 1979)。这种交互式互动意味着婴儿从很小的时候起就能预料他们互动伙伴的某些行为类型。

大约 3 个月大时,婴儿就期待他人与他们互动。当看护者显露出"平静的面部表情",不动也不说话,婴儿的微笑较少,而且会转移视线。他们的心率也会发生变化,代表婴儿处于唤醒状态,有些婴儿则会哭闹(Kisilevsky 等,1998; Toda & Fogel, 1993; Tronick, Als, Adamson, Wise & Brazelton, 1978)。这些反应表明,"平静的面部表情"打破了婴儿对看护者互动行为的期望。

婴儿对社会互动性质的预期似乎相当具体。在一项研究中,一个成年人在与婴儿进行"正常版"或"混乱版"的遮脸藏猫猫游戏。混乱版游戏的各步骤(挡住眼睛,露出眼睛,说peek-a-boo)按随机顺序进行。与正常版游戏条件下的同龄婴儿相比,处于混乱版游戏条件下的4个月和6个月大的婴儿笑得少,对实验者的注视更多(Rochat, Querido & Striano, 1999)。这些发现表明,婴儿对成年人如何与他们互动抱有预期,而混乱版游戏模式违背了这些预期。

婴儿在大约3个月大时开始追随成年人的目光。这项技能逐渐完善,并且在9个月大时已完全建立起来(Butterworth, 2001)。大约在同一时间,婴儿也开始追随成年人的指点手势(pointing gestures)(Morissette等,1995;Murphy & Messer, 1977)。如第四章所述,婴儿追随看护者的注视和手势有助于建立共同注意(joint attention),即婴儿和看护者共同关注特定物体或事件的状态。共同注意被认为是培养交际能力的重要前提。通过追踪成年人的注意焦点,婴儿能够将成年人的话语与正确的参照物联系起来(Baldwin, 1991, 1993b)。

◎ 对情绪表达的早期理解

从1岁开始,婴儿就能够区分不同的情绪表达。在一项关于这种能力的研究中,沃克(Walker, 1982)让5个月大的婴儿观看两部影片。在其中一部影片中,一个陌生的成年人很生气地说话,并做出愤怒的表情和手势;而在另一部影片中,一个陌生的成年人在愉快地说话,并做出快乐的表情和手势。电影的原声由扩音器传出。结果显示,不管影片中的人是快乐还是愤怒,婴儿观看与原声匹配影片的时间更长。这说明,到5个月大时,婴儿对不同的情绪以及如何通过表情和声音表达这些情绪有了一定的认识。

在6个月至1岁间,婴儿开始估计他人的情绪反应,以此评估情境或物体的安全性。这种被称为"社会参照(social referencing)"的现象在6个月大的婴儿身上得到了证实(如Walden & Ogan, 1988)。关于此问题有一项经典研究。该研究对12个月大的婴儿跨越视觉悬崖(见第五章)较深一侧的意愿进行了调查。当婴儿的看护者表现出害怕或愤怒的表情时,没有一个婴儿从较深一侧经过。但是当他们的看护者表现出快乐的表情时,大多数婴儿都会爬过去(Sorce, Emde, Campos & Klinert, 1985)。因此,婴儿能够运用从社会世界中获得的信息来指导他们的行为。从这个意义上说,婴儿认识到他人及其情绪表达是潜在的信息来源。

◎ 关于他人的概念

婴儿在社会交往中的行为及其对他人情绪表达的反应表明他们正在形成关于他人的概念。随着儿童语言和认知技能的发展,他们关于他人的概念变得更加明确,更容易通过言语来表达。对年幼儿童他人概念的研究表明,这些概念在发展过程中经历了重大变化(Livesley & Bromley, 1973; Ruble & Dweck, 1995; Shantz，1983）。总体发展进程是从关注具体的、外在的、可观察的特征转到关注抽象的、内在的、不可观察的特征。

如果要求 5 岁以下的儿童描述特定的其他个体，他们往往倾向于关注外在的、可观察到的特征，比如外貌、拥有的物品和典型行为。他们还关注他人行为与自己的关系。以下示例是 5 岁以下儿童对朋友的典型描述：

约翰是我最好的朋友。我们在街上玩。他有一个姐姐。我喜欢他，因为我可以玩他的玩具。(Livesley & Bromley, 1973, p.265)

从幼儿园开始，儿童有时也会用心理术语解释他人的行为（比如"他很害怕""妈妈很难过"）(Lillard & Flavell, 1990)。然而，学前儿童的心理归因一般是针对特定情境，而不是指持久的性格或特质。

随着时间的推移，儿童对行为心理诱因的认识变得越来越抽象和复杂。到了儿童中期，他们开始用性格或特质来描述他人并解释他们的行为（Alvarez, Ruble & Bolger, 2001; Eder, 1989; Kalish, 2002; Rholes & Ruble, 1984）。在针对该问题的一项研究中，罗莱斯和鲁布尔（Rholes & Ruble, 1984）向儿童展示了旨在揭示演员个性特征的小故事，然后让儿童预测演员在其他类似情况下的行为。9 岁及以上的儿童认为演员在最初故事中的行为是由其性格决定的，他们预测在新的情况下演员会出现与之一致的行为表现。相比之下，年龄较小的儿童并没有预测出演员在新的情况下会出现同样的行为。基于这些发现，罗莱斯和鲁布尔推断，对他人稳定、持久的性格特征的认识出现在儿童中期。

不过，其他研究表明，至少在某些情况下，年幼儿童确实能认识到性格信息。费尔德曼和鲁布尔（Feldman & Ruble, 1981）曾描述过一项研究，儿童在观看简短视频后要对视频中的演员进行描述。有一些受试儿童只是简单地描述了视频中的演员，而其他受试儿童则是在被引导相信他们很快就会与这些演员见面和互动之后才进行描述。当存在对未来互动的期待时，即使是 5—6 岁的儿童也会在描述中包含一些性格信息。例如，比较一下 5—6 岁年龄组儿童提供的这些描述：

没有对未来互动的期待：
她在往桶里扔球。她在朝目标扔飞盘。
她长着一头黑发。她进了另一个房间。
有对未来互动的期待：
她很擅长游戏，而且她很和蔼。她非常努力。我认为她喜欢玩游戏。(Feldman & Ruble, 1981, p.202)

对未来与目标人物互动的期待使儿童在描述中关注人物的心理特征，而不是可观察到的特征，如外貌和活动。

到了青春期，儿童对他人的描述通常会包含一些不可观察的特征信息，比如特质和一致的行为模式，还包括一些关于社会背景对塑造个人行为重要性的信息。以下是一名 15 岁男孩的描述摘录。

菲尔很谦虚。在陌生人面前他甚至比我更害羞，但与认识和喜欢的人在一起时他却很健谈。他的脾气似乎总是很好，我从未见过他发脾气。他会看低别人的成就，但也从不夸赞自己的成就。他似乎不会对任何人发表自己的意见。他很容易紧张。(Livesley & Bromley, 1973, p.199)

就像这个例子一样，青少年对他人的描述揭示了他们对他人行为的心理复杂性和情境多变性的认识。

对自我的理解

在任何人的社会世界里，自我都可能是最重要的个体。婴儿的自我意识出现得出乎意料的早。随着时间的推移，婴儿和儿童形成了完整的自我概念，包括对自我的感知、身体、社会和心理方面的认识。

◎ 对自我的认识和识别

婴儿什么时候开始意识到自我？换言之，他们什么时候知道自己是独立于其他物体和他人的个体？要解答这一问题，方法之一是研究婴儿对自己和他人形象的注意。当观看自己和同龄人的录像时，即便 3 个月大的婴儿也更喜欢看同龄人 (Bahrick, Moss & Fadil, 1996)。这表明到了该年龄阶段，婴儿可以将自己和他人区别开来。

探究这个问题的另一个方法是考察婴儿何时开始识别出镜子里的自己。在图 9.1 所示的胭脂测试 (rouge test) 中，母亲擦拭婴儿的脸时在婴儿的鼻子上偷偷

≫ 图 9.1　胭脂测试。母亲擦拭 12 个月大婴儿的脸时在他的鼻子上偷偷贴上了一个红色的标记。注意，婴儿伸手去摸镜子里婴儿的鼻子，而不是自己的鼻子。大约 15 个月大时，大多数儿童在这种情况下都会摸自己的鼻子

贴上了一个红色的标记(Amsterdam, 1972; Bullock & Luetkenhaus, 1990; Lewis & Brooks-Gunn, 1979)。然后将婴儿放在镜子前。大多数 12 个月大的婴儿都会摸镜子中婴儿鼻子上的标记。然而,到了 15 个月左右,大多数儿童都会摸自己的鼻子,这表明他们能认识到镜子里的儿童就是自己。

这种发展趋势是因为儿童关于镜子的经验不断增加而造成的吗?为了找到答案,普里尔和德绍南(Priel & deSchonen, 1986)对来自以色列沙漠地区且从未见过镜子或其他表面可反射光线物体的婴儿进行了胭脂测试。他们发现,这些婴儿的发展模式与附近城市有镜子使用经验的对照组婴儿相同。两组受试中 6—12 个月大的婴儿都没有去摸自己的鼻子,部分 13—19 个月大的儿童触碰了自己的鼻子,而几乎所有 20—26 个月大的儿童都摸了自己的鼻子。

儿童行为的其他方面也表明,自我意识在 2 岁时就已经确立。大多数 2 岁的儿童在看自己的照片时会比看同龄人的照片笑得更多,笑的时间也更长。此外,大多数这个年龄段的儿童用自己的名字或人称代词来称呼自己,有些还知道自己的年龄或性别(Lewis & Brooks-Gunn, 1979)。

◎ 自我概念

罗查特(Rochat, 2001)认为,婴儿从出生开始,在大约 2 个月大的时候会加速形成一种内隐的、前言语的自我概念。该概念包括感知成分和社会成分。婴儿的感知性自我认识包括对自己身体和行动能力的认识,这些知识是婴儿通过自我探索和体验自身行动在外部世界中的影响而获得的。婴儿的社会性自我认识包括对自己行为模式的认识,这些知识是婴儿通过与他人互动并看到自身与他人的不同而获得的。罗查特认为,这种早期的感知性和社会性自我认识构成了更为明确、更具反思性的自我认识的基础,例如儿童在学步期及之后的阶段开始用言语表达的自我认识。

随着儿童语言和认知技能的发展,他们自我概念的性质也发生了变化。在蹒跚学步的阶段,儿童开始根据年龄、性别、身体特征(如"我长得很壮")和善良或顽皮(如"我是个好女孩")等评价性特征对自己进行归类(Stipek, Gralinski & Kopp, 1990)。到了学前早期,大多数儿童都能用言语描述自己。学前儿童通常用具体的、可观察到的特征来描述自己,例如他们的身体特征、所有物和典型行为(Keller, Ford & Meacham, 1978)。例如,下面的这个自我描述源自一个 5 岁的小女孩,同时也是本书其中一位作者的侄女:

我有朋友。我的眼睛是淡褐色的。我有一个妈妈,一个爸爸,一个哥哥和一个妹妹。我以前养过一只狗,但它死了。我上学了。我会跳芭蕾。(Makris,私人交谈,2002)

像上面这个小女孩一样,大多数学前儿童很少在自我描述中提及心理特征。然而,学前儿童确实对自己的性格有一个基本的了解。在一项研究中,要求儿童从一对陈述(如"当我生气时,我想要打人",或者"当我生气时,我感觉很平静")中选出能更好地描述他们自己的陈述(Eder,1990)。相比用文字描述自己的任务,这项任务对语言技能的要求较低。埃德(Eder)发现,3岁半的儿童对相关陈述的选择始终是一致的,并且这些选择融入了一定的心理维度,比如自我控制、自我接纳和外向性(extraversion)。因此,3岁半儿童的自我概念似乎包含了心理层面。

儿童的自我概念会随着他们的发展而发生重要的变化(Harter,1998)。当自我理解的各个方面(包括感知、身体、社会和心理等)得到协调和整合时,儿童的自我表征会组织得更好。随着时间的推移,儿童的自我概念也变得更加抽象化和心理化(Mohr,1978)。在童年中期,儿童经常通过与他人比较来描述自己(比如"我比我姐姐聪明"),而不是用绝对的词语;到了童年后期,大多数儿童根据一般的性格或特质来描述自己(比如"我很友好,很外向");随着儿童接近青春期,他们的自我描述开始反映他们不断增加的社会角色和复杂的人际关系(如学生、女儿、朋友、女朋友)以及社会背景的重要性(如"我通常都很严肃,但当我和朋友在一起时,我也能变得非常的活泼有趣")(Harter,1999)。

因此,随着不断发展,儿童对自己的描述变得更加抽象,更具可比性,更具差异性。伴随这一转变,他们的概念开始融入关于行为多样性和社会背景重要性的信息。因此,儿童的自我概念,就像他们对他人的概念一样,揭示了一个总体发展过程,即从早期关注稳定、外在、可观察的特征发展到后期关注更多变的、内在的和不可观察的特征。

关于心理状态和心理活动的知识

在理解自我和他人的基础上,一个特别重要的任务就是让儿童向内扩展他们的社会认知,从而掌握自己和他人心理活动的本质。儿童需要认识到人们有目标、意图和预期;人们知道某些事情而不知道另外一些事情;儿童也要认识到他们自己相信一些事情并不意味着其他人也相信。简单地说,儿童需要了解人类心理的运作方式。

人们理解心理的方式之一是对自我的意识。我们能觉察到自己心理的一些运作方式,这可能为概括他人的心理提供了基础(Harris,1992; Johnson,1988; Smiley & Huttenlocher,1989)。不过,我们是如何理解我们有目的、信仰、知识、意图和渴望的呢?毕竟,没有人看到过目的或信仰,我们也不认为汽车、树木或大多数其他动物有目的或信仰。然而,即使是刚学会走路的儿童也能意识到这种心

理过程,这一点从他们的日常语言中就可以看出端倪(Bartsch & Wellman, 1995):

罗斯(2岁10个月):妈妈不会唱这首歌。她不知道。她不明白。(p.41)
娜奥米(2岁11个月):我梦见了花儿和小狗。(p.41)
亚当(2岁11个月):我想那是口香糖……不是。(p.46)

正如这些对话片段所揭示的,到3岁时,儿童已经开始思考他们和其他人所想、所知、所梦和所理解的东西。儿童是如何如此迅速地获得这些知识的?尤其是当心理内容如此难以捉摸?

有研究者认为心理学是一个"核心"领域。在进入这个世界时,儿童已预置了形成关于心理工作机制的合理理论的能力(Gelman, 2003; Gopnik & Meltzoff, 1994; Leslie, 1994; Wellman & Gelman, 1998)。韦尔曼(Wellman)及其合作者就此提出了一个特别有影响力的观点。他们认为,从大约3岁开始,儿童就形成了一个关于心理原理的朴素理论。这一理论的目的是解释人类的行动,特别是有意图的行动,这些行动是行为者出于某种原因(比如他们想要某种东西)而采取的自愿行为。韦尔曼和他的同事们将这一理论称为"信念—渴望心理理论(belief-desire theory of mind)",因为其核心原则是内在的信念和渴望引发行动。该理论的基本结构如图9.2所示。

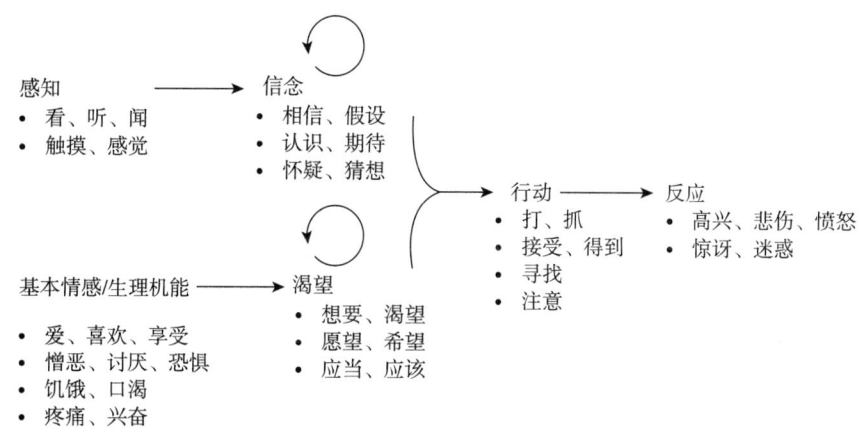

》图9.2 韦尔曼(1990)对儿童的信念—渴望心理理论的描述

韦尔曼及其同事认为,一个成熟的心理理论需要理解心理状态(如信念、渴望和幻想)是与现实不同的内在实体,并且这种心理状态以特定的方式与世界相连。更普遍地说,它需要认识到心理内容是对外部世界的表征。个体若能认识到心理状态可以表征现实,他们就有可能预测和解释他人的行动。例如,如果一个女孩知道她哥哥"相信"饼干罐里有曲奇饼干,她便预测当她哥哥想要曲奇饼干时,他会去饼干罐里找。此外,即使她知道妈妈已经把饼干取出来并放进了冰箱,她也预测她哥哥会去饼干罐里找饼干。是小女孩哥哥对世界的表征,而不是世界的真实状态决定了他的行动。一个真正的心理表征理论包括理解心理可以表征世界,并且这种表征以系统的方式与行动相关联。

如图 9.2 所示,儿童心理理论的"核心"是儿童对意图、信念和渴望以及它们与行动的关系的理解。不过,儿童也必须理解许多其他的心理活动。最近的研究对儿童如何理解两大类心理活动进行了探讨:一类主要关注"现实"世界的表征,如思考、认识和猜测;另一类主要关注虚构世界的表征,如假装、幻想、想象和做梦(dreaming)。在接下来的章节中,我们首先会回顾最近关于意图、渴望和信念理解发展的研究,然后探讨儿童对思维、认识、假装和幻想的理解。

对意图的理解

对意图的初步理解出现在婴儿时期。到 6 个月大时,婴儿似乎明白了人们在特定情况下往往会采取特定的行动。例如,在一项研究中,6 个月大的婴儿看到一位演员不断地对着隐藏在障碍物后面的对象说话,或反复伸手去拿物体。在婴儿对说话事件或伸手拿物体事件习惯之后,障碍物后的隐藏物或人出现。看到说话事件的婴儿观察物体的时间比观察人的时间长,这表示他们很惊讶于演员会对物体说话。然而,看到伸手拿物体事件的婴儿观察人的时间比观察物体的时间长,这表明他们预期演员伸手拿取的是物体,但说话的对象是人(Legerstee, Barna & DiAdamo, 2000)。因此,到 6 个月大时,婴儿就认识到人们对人和物体有不同的意图。

这些发现表明,婴儿能够理解一些有关意图行为的重要规律。不过,要对意图有一个完整的理解,仅仅认识到人们以总体上可预见的方式行动是不够的。还必须认识到,人们的行动是由渴望和信念等心理状态驱动的。因此,一个真正的意图概念需要认识到心理状态(mental states)指导人们的行动。检验这种理解的一种方法是考察婴儿对同一行动在有意和偶然情况下的反应是否不同。在一项关于这个问题的研究中,成年人演示了他们的行动,然后立即发出一个言语暗示,表明他们的行动是偶然的(哎呀)或者有意的(你瞧)。如果行动被标记为有意的而不是偶然的,14 个月大的儿童更有可能模仿成年人的行动(Carpenter, Akhtar & Tomasello, 1998)。类似地,如果行动看起来是有意的,而不是偶然的,那么 2 岁的儿童更有可能学习关于该行动的一个新词汇(Tomasello & Barton, 1994)。

婴儿对意图的理解也可以更直接地进行测试。梅尔佐夫(Meltzoff, 1995a)向 18 个月大的儿童展示了这样一个场景:一个成年人试图产生一个目标动作(比如用棍子按按钮),但没有成功。当婴儿有机会与该物体接触时,他们往往会产生之前那个成年人试图完成的动作,尽管他们从未见到该动作完成过。然而,当婴儿看到一个玩具机器人像成年人一样做演示时(试着用棍子按按钮,但没有成功),他们并没有产生该目标动作。因此,到 18 个月大时,儿童似乎能意识到一个人想做什么,即使这个人并没有成功。此外,儿童会将这种理解应用到其他人身上,但不会应用于无生命物体,如玩具机器人。

很明显,婴儿在很小的时候就能区分有意和无意的行为。然而,这并不意味着对意图的理解在婴儿时期就已得到充分的发展。事实上,对意图的早期理解似乎并不包括认识到意图是独立于后续行为结果的。由于这种有限的理解,年幼儿童常常把错误、意外和反射动作与有意行为混淆起来(如 Astington, 1991; Shultz, 1980)。例如,舒尔茨(Shultz, 1980)使用反射锤在年幼儿童身上诱发反射性膝跳动作,然后询问儿童是否有意进行这些动作。大多数 3 岁的儿童声称他们想要移动他们的腿,而大多数 5 岁的儿童意识到他们无法控制自己腿的移动,并正确地否认他们想要这样做。一般来说,如果一个行动的结果是积极的,3 岁的儿童会认为这个行动是有意的。4 岁和 5 岁的儿童则更善于将意图和产生积极结果的偶然事件区分开来。

对渴望的理解

渴望是由生理状态(如饥饿、口渴和疼痛)或情感(如爱、愤怒和恐惧)所激发的心理状态。12 个月大的婴儿似乎对渴望及其如何激发行动形成了初步的认知。例如,菲利普斯,韦尔曼和斯佩克(Phillips, Wellman & Spelke, 2002)已证明,12 个月大的婴儿可以将他人注视方向和情绪表情的信息与他们的行动联系起来。婴儿看到一个演员在看两只小猫玩偶(一只橙色,一只灰色)中的一只,演员脸上流露着兴趣和喜悦,并用悦耳的声音说:"哦,看这只小猫。"然后整个场景被遮挡起来,两秒钟后移除遮挡。当演员重新出现后,手里拿着她之前一直关注的小猫,或是另一只小猫。当看到演员拿着的小猫不是她早些时候做出肯定评论的那只时,婴儿观察该场景的时间较长。这表明婴儿觉得这个结果令人惊讶。因此,在 12 个月大时,婴儿似乎可以认识到演员的表情和积极情感之间的联系,这通常意味着渴望以及她随后的行为。

18 到 24 个月大时,许多儿童也开始使用心理状态话语来描述他们的渴望(如"想要果汁")和相关的情绪状态(如"我害怕")(Bartsch & Wellman, 1995)。到了这个年龄阶段,儿童似乎也明白,其他人可能有不同于自己的渴望。雷帕乔利和戈帕尼克(Repacholi & Gopnik, 1997)让儿童在金鱼饼干和西兰花之间进行选择。毫不奇怪,大多数儿童选择了饼干。之后,儿童观察到实验者用面部表情和言语表达了对西兰花的偏爱(嗯,这西兰花很好吃)。接着,实验者让儿童给她一些吃的。

大多数 14 个月大的儿童将他们自己喜欢的食物（饼干）给了实验者，但大多数 18 个月大的儿童则给了实验者本人喜欢的食物（西兰花）。因此，到 18 个月大时，儿童就可以对他人的渴望进行推理。

韦尔曼及其同事（Bartsch & Wellman, 1995; Wellman, 1990）认为儿童对渴望的早期理解是不可表征的。也就是说，年幼儿童认识到人们与物体的关系就是他们渴望得到这些物体。然而，他们还不理解人们会以特定的方式（准确或不准确地）在心理上表征（mentally represent）他们所渴望的物体。因为对渴望的基本理解不需要理解心理表征，所以对渴望的理解先于对其他需要这种理解的心理状态的理解，如信念理解（Astington, 1993; Bartsch & Wellman, 1995; Gopnik & Slaughter, 1991; Lillard & Flavell, 1992）。比如，2 岁的儿童总是预测故事中的人物会按照他们自己的渴望行事，即使儿童自己的选择和故事中人物的选择不一样。然而，2 岁儿童几乎不大可能根据人的信念来预测其行为。例如，儿童根据他人关于物体隐藏地点的信念预测他们去哪里找物体，当这些信念与儿童自己的信念不同时，儿童的预测很难正确（Wellman & Woolley, 1990）。

对信念的理解

韦尔曼和他的合作者认为，当儿童理解了信念以及信念在激励行动中的作用时，他们会形成一个成熟的、表征性的心理理论。儿童在 3 到 4 岁间获得这种理解（Wellman, Cross & Watson, 2001）。

当然，儿童信念理解的一些基本元素在 3 岁之前就已经存在了。其中之一包括理解感知和心理状态之间的关系。在 18 个月到 3 岁之间，儿童开始理解视觉观点采择（visual perspective taking）。他们意识到其他人可能看到一些他们看不到的东西，并且最终意识到，对于采取不同视角的人来说，同一个物体可能看起来不一样（Lempers, Flavell & Flavell, 1977）。到 18 个月至 2 岁时，大多数儿童能正确地使用"看见"一词来描述视觉感知（Flavell & Miller, 1998）。

儿童不仅必须懂得感知和心理状态之间的关系，而且必须认识到感知和心理状态如何与现实联系起来。这一领域的一个重要成就是理解表象和现实的区别，即关于表象可能具有欺骗性的认识。为了检验儿童对这一区别的理解，弗拉维尔、弗拉维尔和格林（Flavell, Flavell & Green, 1983）向 3 岁、4 岁和 5 岁的儿童展示了一些具有欺骗性的物体，比如画得像石头的海绵。他们鼓励儿童玩这些物体，这样儿童就能知道这些东西和它们看上去不同。然后，问儿童这些物体看起来像什么，它们"实际上是什么"。儿童还通过放大镜观察物体，然后问儿童这些物体看起来有多大，它们"实际上有多大"。

大多数 4 岁和 5 岁的儿童都能正确回答这些问题。然而，大多数 3 岁的儿童不仅声称海绵看起来像一块石头,而且声称它就是一块石头。当他们用放大镜观察一个物体时,4岁和5岁的儿童再次区分出了表象和现实,但3岁的儿童认为,这个物体通过放大镜看起来很大,实际上也确实很大。这些发现并非西方社会的儿童所独有,面对同样的任务,在中国长大儿童的表现也与之类似(Flavell, Zhang, Zou, Dong & Qi, 1983)。

理解他人视角和理解表象与现实的区别都是儿童信念理解发展的重要成就。不过,研究人员用来证明对信念理解的"黄金标准(gold standard)"是能够完成理解自己或他人错误信念(false belief)的任务。其中一项理解任务是"误导性外观(misleading appearance)"任务。在该任务的典型版本中,研究人员向一个儿童展示了一盒"聪明豆"(Smarties,一种糖果),盒子外面印有"聪明豆"图片。当被问到盒子里装的是什么时,3岁及以上的儿童都会说"糖果"。然后打开盒子,儿童惊讶地发现盒子里还有别的东西,比如铅笔。大多数5岁的儿童觉得这很有趣,承认他们感到很惊讶,并预测其他没有打开盒子看的儿童也会觉得盒子里有糖果。相比之下,大多数3岁的儿童都不懂个中蹊跷,还声称他们一直知道盒子里有铅笔,并预测其他儿童也从一开始就知道铅笔在盒子里(Gopnik & Astington, 1988)。以下是典型的3岁儿童的反应:

成年人:看,这是一个盒子。里面装了什么?

3岁儿童:聪明豆!

成年人:让我们看看里面。

3岁儿童:哦……天呐……是铅笔。

成年人:当你第一次看到盒子的时候。你觉得里面是什么?

3岁儿童:是铅笔。

成年人:尼基(儿童的朋友)没看过这个盒子里面的东西。当尼基看到盒子时,他会觉得盒子里是什么?

3岁儿童:是铅笔。(Astington & Gopnik, 1988, p. 195)

另一个常用的儿童对错误信念理解的测试是"位置变更(location change)"任务,它涉及某物体位置发生变化的一个故事(见图9.3)。故事是这样的:"马克西把他的巧克力放进橱柜里。然后他出去玩了。当他在外面的时候,妈妈进来把巧克力从橱柜转移到桌子抽屉里,而马克西并没看到这一幕。然后妈妈离开去拜访一个朋友。当马克西回到家想要拿巧克力时,他会去哪里找呢?"(Wimmer & Perner, 1983)。大多数3岁以下的儿童都会回答说:马克西会去桌子抽屉里找巧克力。然而,到4岁时,大多数儿童都会说:马克西会去橱柜里找。也就是他原来放巧克力的地方。这种发展模式也不是仅限于西方儿童。例如,生活在非洲热带雨林中的巴卡(Baka)狩猎部落的儿童对错误信念问题的回答与美国和欧洲的儿童并无二致(Avis & Harris, 1991)。

》图9.3 威默和珀纳(Wimmer & Perner)于1983年设计的"位置变更"任务示意图

影响儿童在错误信念任务中表现的因素有很多,已有大量的研究涉及"标准"任务的变式。最近一项针对178项独立研究的元分析揭示了影响儿童表现和成功完成任务时所处年龄的五个主要因素(Wellman等,2001)。第一,如果故事以欺骗作为位置改变的动机(例如,如果移动巧克力就是为了欺骗故事里的主人公),那么儿童往往表现得更好,并且能在较小的年龄完成任务。第二,如果儿童自己完成位置转移（比如儿童自己移动巧克力，而不是看着实验者移动巧克力），他们的表现会更好，也会更早成功地完成任务。第三，当被问到错误信念问题时，如果目标对象不存在（比如将巧克力从桌子抽屉里拿出来吃了，这样巧克力就不存在了），儿童表现得更好，也能更早成功地完成任务。第四，与需要推断主人公信念的故事相比，儿童面对明确陈述或描绘主人公信念的故事时表现得更好，也更早成功地完成任务（例如，如果故事明确陈述：马克西认为他的巧克力在桌子抽屉里）。第五，如果错误信念问题强调了所涉及的时间范围（例如，当马克西回来时，他会先去哪里寻找他的巧克力？），4岁以上的儿童往往表现得更好。不过，所有这些表现增强因素并不会改变总体发展趋势，即在学前阶段，儿童在错误信念任务中的表现会从低于随机水平（below-chance）向高于随机水平发展。

　　儿童在错误信念中的表现引发了激烈的争论。这场争论并不涉及这些研究结果本身（它们很容易被复制），更多的是关于它们的正确解读。从许多方面来说，这些争论让人想起围绕皮亚杰关于守恒等概念的研究发现的争论（第二章）。一类研究者认为，3岁儿童之所以不能完成错误信念任务，是因为他们缺乏一种特定的核心能力。在这种情况下，该能力指能认识到他人的心理表征可能与自己不同的一种心理理论（Astinton & Gopnik, 1991; Flavell & Miller, 1998; Perner, 1991）。另一类研究者认为，3岁儿童拥有上述能力，但由于任务对语言技能或会话习惯的理解有所要求，所以他们还是无法完成错误信念任务（Lewis, Freeman, Hagestadt & Douglas, 1994; Lewis & Osborne, 1990; Siegal & Peterson, 1994）。还有一类研究者强调了任务所需的一般信息加工需求，如采用复杂的、分层的规则进行推理的能力或抑制支配性反应的能力。这类研究人员认为，这种需求与理解他人心理密不可分，因此儿童在掌握这些能力之前不能完成错误信念任务（Carlson & Moses, 2001; Carlson, Moses & Hix, 1998; Frye, 2000; Frye, Zelazo, Brooks & Samuels, 1996; Russell, Jarrold & Potel, 1994）。

　　关于3岁儿童对信念的理解，特别是他们对他人可能持有因人而异的信念和他人可能持有不同于现实的信念的理解，我们可以得出什么结论？在回顾大量有关这个问题的文献之后，弗拉维尔和米勒（Flavell & Miller, 1998）得出了以下合理的结论。

　　许多3岁的儿童可能拥有一些初步的理解，但这种理解在多个方面受到严重限制。它很脆弱，其表达容易受到信息加工和其他限制的阻碍……在儿童的日常生活中或在实验室以外的情境中，它极少能被自发地触及。还有，该理解本身可能不同于年长儿童所拥有的理解，相比之下，这种理解更含蓄，更程序化，更不容易被反映，也不易用言语表达。（p. 874）

对信念的理解是表征性心理理论的重要组成部分。然而,信念只是儿童需要学习的心理状态之一。其他心理状态还包括代表"现实世界"的心理状态和代表虚拟世界的心理状态。接下来,我们将探讨儿童对这些表征性心理状态的理解。

对思维的理解

一般来说,思维就是"头脑……与某些内容进行某种心理接触"(Flavell, Green & Flavell, 1995, p.3)。思维通常包括形成对现实世界或可能的现实世界的心理表征。

到3岁左右,儿童对思维的许多基本方面有了基本的了解。他们知道只有人(或许还有其他一些生命体)才能思考,而无生命的物体则不会思考,如车辆和家具(Dolgin & Behrenden, 1984; Lillard, Zeljo, Curenton & Kaugars, 2000)。他们知道,思维是一种涉及精神和大脑的内在心理活动(Johnson & Wellman, 1982; Wellman, 1990)。他们还知道思维可以是关于实际上并不存在的事物。他们能够将关于某物体的思维活动和其他相关活动区分开来,如看到物体、触摸物体和谈论物体等(Flavell等, 1995)。

然而,学前儿童对思维的理解也存在明显的局限性。他们似乎低估了人们的心理活动量。例如,他们常常认为一个安静地坐在那、看着点什么、听着点什么、看着书或说着话的人并没有心理活动(Flavell, Green & Flavell, 1993; Flavell等, 1995)。当学前儿童确实认识到某人在思考时,他们往往也很难推断出此人思考的内容,即使现有的证据充分且明确(Flavell等, 1995)。

学前儿童对自己思维的理解也很有限。即使是5岁的儿童也常常难以报告自己的心理活动。在一个实验中,要求儿童静静地思考家里放牙刷的房间。之后,许多儿童否认他们之前一直在思考,而许多承认一直在思考的儿童都无法报告他们的思考内容(Flavell等, 1995)。在另一个实验中,5岁和8岁的儿童坐在一个特殊的"不要思考(Do not think)"的椅子上,实验者要求他们什么都不要想。25秒后,儿童转移到一张普通的椅子上,然后问他们,当坐在"不要思考"的椅子上时,他们是否产生过任何想法。绝大多数5岁的儿童不承认他们产生过想法,但绝大多数8岁儿童承认想过(Flavell, Green & Flavell, 2000)。

对认识的理解

认识是一种心理状态,它涉及以高度的确定性来表征事物的真实状态。儿童会识别出认识的这些特征,而且到4岁左右,他们就能将认识与思维和其他形式的心理活动区分开来(Montgomery, 1992)。甚至在4岁之前,儿童似乎就对人们如何获得知识形成了初步了解。例如,3 岁儿童认为知道盒子中物品的人是看了盒子内部的人,而不是摸了盒子的人(Pillow, 1989; Pratt & Bryant, 1990)。然而,儿童对感知经验和知识之间联系的理解最初是相当有限的。直到 5 岁左右,儿童才形成一个完善的理解,即不同的感知体验方式会产生不同类型的知识,例如,触摸物体不会获得关于物体颜色的知识(O'Neill, Astington & Flavell, 1992; Pillow, 1993)。

在学前阶段,儿童对自己如何获得知识的理解也在不断加强。年幼儿童往往很难确定他们是如何获取知识的。为了研究学前儿童监控自己知识来源的能力,戈帕尼克和格拉夫(Gopnik & Graf, 1988)通过以下方式向儿童提供了抽屉中物品的相关信息:让儿童查看抽屉里的物品,或告诉儿童抽屉里是什么,或提供可以用来推断抽屉里物品的线索。当问儿童他们如何知道抽屉里的物品时,3 岁儿童很难确定他们的知识来源。相比之下,5 岁的儿童却能确定该知识的来源。

年幼儿童通常也很难确定他们何时获得了相关信息。例如,泰勒、埃斯本森和贝内特(Taylor, Esbensen & Bennett, 1994)给学前儿童讲了一个故事,其中,包括一个新奇的事实,即老虎身上的条纹能提供伪装保护。当故事结束后问儿童此事时,大多数 4 岁和许多 5 岁的儿童声称他们早就知道这个事实。一项后续研究表明,相比学习新的事实(如日语里数词的含义),学前儿童在学习新的行为(如如何用日语数数)时更容易认识到自己知识的转变(Esbensen, Taylor & Stoess, 1997)。因此,年幼儿童似乎把行为视为认识的最佳指标(Perner, 1991)。

对假装的理解

假装是"本着快乐的精神,把假想的情况投射到实际情况上"(Lillard, 1993a, p.349)。假装包括使用一种物品和行动来代表其他物品或行动。因此,假装既包括心理活动,也包括可见行为。儿童在 12—18 个月大时就开始出现假装行为。例如,一个女孩可能会假装香蕉是一部电话,把一端放在耳朵上,然后对着另一端说话。这种假装行为至少需要一种隐性的理解,即一个物体可以代表另一个物体。这种理解似乎是认识到物体也可以由思维和心理意象来表征的前兆(Bretherton, 1984; Leslie, 1987)。从这个意义上说,假装可能是心理表征理解的早期表现。

但是,年幼儿童真的理解假装涉及心理表征吗?有证据表明,儿童通过行动而不是心理状态来理解假装。利拉德(Lillard, 1993b)向 4 岁的儿童展示了一个像兔子一样跳跃的怪物玩偶。告诉儿童怪物所在地没有兔子,而且这个特别的怪物对兔子一无所知。尽管如此,大多数儿童都说怪物是在假扮兔子。这表明,4 岁的儿童并不明白,要想假扮兔子,就必须知道什么是兔子。

另一个表明年幼儿童不理解心理表征在假装中作用的证据来自儿童对于谁可以假装和假装什么的判断。在一项关于该问题的研究(Lillard等,2000)中,许多3岁和4岁的儿童声称,无生命体可以假装,特别是当其被装扮成生命体时(如装饰成猫一样的卡车),或者当物体像生命体一样移动时(如像蠕虫一样移动的火车)。

显然,假装的外在特征(如外表和动作)对年幼儿童来说是非常醒目的。然而,对外在特征的关注并不意味着儿童对假装所涉及的心理状态一无所知。相反,最近的几项研究表明,学前儿童确实对伪装的心理基础有所了解。例如,卡斯特(Custer, 1996)向3岁的儿童展示了一个故事场景,该故事中一个人物的心理表征与现实不同。在一个故事中,儿童被告知,这个人物在假装他钓到了一条鱼,而实际上只是钓到了一只靴子。然后,让儿童从两张照片中选择一张来表明该人物的想法——一条鱼还是一只靴子。3岁的受试儿童通常会选择正确的图片,这表明他们认识到假装包括心理表征。

在一项相关的研究中,戴维斯、伍利和布鲁尔(Davis, Woolley & Bruell, 2002)向儿童展示了一系列图片,这些图片讲述的是一个女孩、一只鸟和一只蝴蝶的故事。最后一幅图描绘了那个女孩和身旁的鸟。女孩挥舞着双臂,仿佛要飞翔,女孩头顶上的"想法泡泡(thought bubble)"表明她正在想蝴蝶。受试儿童需要回答:女孩假装的是两种动物中的哪一种?女孩的飞行动作与鸟和蝴蝶都是一样的,所以,如果儿童不明白假装涉及对相关事物进行思考,他们应该会在两种动物之间随机选择。然而,即使是3岁儿童在这项任务中表现得也相当不错,4岁和5岁的儿童表现得近乎完美。综上所述,这些研究表明,到了3岁,儿童已经开始明白,假装涉及心理表征。这种理解能力会随着年龄的增长而提高,到5岁左右似乎已经比较成熟。

对幻想的理解

幻想思维指"对违反已知自然原理的自然世界进行推理的方式"(Woolley, 1997)。这种思维在许多儿童的生活中无处不在,比如相信魔法,相信假想同伴的存在,以及相信女巫、仙女和圣诞老人等幻想人物等。对儿童如何理解幻想的研究主要集中在儿童进入幻想思维的程度以及儿童对幻想与现实区别的理解上。

幻想思维的一种常见形式是相信神奇的事件和过程。许多儿童似乎相信,人们可以通过特殊的想法,如愿望,或通过特殊的动作,如施咒语、念咒语或踩裂缝

(step the crack)①，对现实世界中的物体和事件进行控制。但儿童真的相信魔法吗？抑或他们是否认识到这类想法属于幻想的范畴？

儿童常常否认他们具有魔法信念，但他们的行为表现却与之相悖。萨博斯基（Subbotsky, 1993）曾给4—6岁的儿童讲了一个关于魔盒的故事，当在魔盒上方念咒语"阿尔法—贝塔—伽马（alpha beta gamma）"时，这个魔盒可以把图片上画的事物变成真实的。故事结束后，研究人员问儿童是否相信魔盒，大多数儿童都声称不相信。几天后，受试儿童又回到实验室。研究人员向他们展示了一个盒子和若干物品，而且研究人员告诉他们这些物品是通过在盒子里放图片并说出咒语变出来的。受试儿童还得到了一些渴望得到物品（如戒指）的图片和一些可怕物品（如黄蜂）的图片。然后，研究人员单独把儿童和盒子留在房间里。几乎所有的儿童（每个年龄段大约90%）都试图用这个盒子将图片上画的一些物品变出来。此外，他们选择了可爱的图片，并避开了可怕的图片。许多儿童反复尝试将各种图片上的物品变出来。当研究人员回来时，他们对盒子"不起作用"表示失望。这些发现表明，尽管直接问时儿童可能会否认，但大多数儿童在6岁以前确实相信魔法的存在。

儿童对魔法的理解在小学早期似乎发生了变化。费尔普斯和伍利（Phelps & Woolley, 1994）对儿童依靠魔法来解释令人惊讶的自然现象（比如一块磁铁在不接触的情况下让另一块磁铁移动）的情况进行了调查。他们发现，在4到8岁之间，儿童使用魔法作为解释的倾向减少了。此外，当儿童无法对观察到的事件提供足够的物理解释时，他们倾向于用魔法来解释。

另一种常见的幻想思维是相信假想同伴的存在（Gleason, Sebanc & Hartup, 2000; Taylor, 1999）。泰勒和卡尔森（Taylor & Carlson, 1997）在对152名3岁和4岁儿童及其父母的访谈研究中发现，28%的儿童有假想同伴，有些儿童还不止一个。一部分儿童在6岁或7岁时再次接受了访谈。到了这个年龄段，63%的儿童认为现在或以前都有过某种形式的假想同伴（Taylor, 1999）。

儿童的假想同伴有多种类型（见表9.1）。有些儿童发明了看不见的人或动物，并把他们当作真正的同伴对待。这些看不见的同伴常常是创造他们的儿童的玩伴。有些儿童还把动物玩偶（如漫画人物卡尔文的毛绒老虎霍布斯）当作真正的同伴，并赋予它们个性和其他始终保持一致的行为。对这些儿童来说，毛绒动物不仅仅是简单的玩具或安全物品，它们是幻想的延伸，与看不见的假想同伴可能是一样的。有些儿童不创造同伴，而是创造假想的角色，他们在固定、一致的基础上扮演自己——一种他们经常扮演的"假想身份（imaginary identity）"。有些儿童创造

---

① 译者注：在某些文化中，踩裂缝被认为会带来不好的后果。

出的假想同伴与其说是"假想的朋友",不如说是负面的或可怕的"假想敌",因此,幻想为许多儿童的社会世界增添了丰富性和戏剧性。

表 9.1　儿童假想同伴的例子

名称	描述	资料出处
Margarine（人造黄油）	一个参加过儿童游戏组的善良女孩。她梳着黄色的辫子,长长的,能一直拖到地板上	Taylor, 1999
Fake Rachel（假瑞秋）	一个叫瑞秋(Rachel)的真实朋友的想象形象。当真正的瑞秋不在的时候,就可以和假瑞秋一起玩	Taylor, 1999
Star Friends and Heart Fan Club（明星朋友和心灵粉丝俱乐部）	一群学前儿童,曾和他们一起庆祝生日,去集市,说一种叫霍博奇的语言	Gleason, Sebanc & Hartup, 2000
Nutsy and Nutsy（疯子和疯子）	住在儿童卧室窗外树上的两只鸟(一雌一雄),羽毛颜色鲜艳,叽叽喳喳叫个不停。它们落在车上一起参加家庭郊游,在家里的餐桌上也有它们的位置	Taylor, 1999
Dipper(北斗星)	一只如门那么大的海豚,身上有光点和条纹,住在一颗非常遥远的星星上	Taylor, 1999
Herd of cows(一群牛)	一群大小和颜色不同的奶牛,经常要像对婴儿那样喂养或使用尿布。儿童的父亲不小心踩到其中一只时才发现了它们	Gleason, Sebanc & Hartup, 2000
Barnaby（波那比）	一个留着黑胡子的"坏蛋",喜欢吓唬人,住在卧室的壁橱里	Taylor, 1999

资料来源:
Taylor, M. (1999). *Imaginary companions and the children who create them*. New York: Oxford University Press.
Gleason, T. R., Sebanc, A. M., & Hartup, W. W. (2000). Imaginary companions of preschool children. *Developmental Psychology*, 36, 419-428.

有假想同伴的儿童是否意识到这些同伴并不是真实的?也就是说,他们是否理解他们想象中的同伴只是对虚拟世界的心理表征?现有的数据表明儿童确实具有这种意识。泰勒(Taylor, 1999)描述了她的一项研究。在这项研究中,她对儿童假想同伴的情况进行了访谈。

我们有一个明显的印象,在回答一个研究人员针对假想同伴的详细提问时,儿童若发现这名研究人员不但仔细倾听,甚至还会做笔记,他们便开始怀疑研究人员可能感到迷惑。因此,在访谈过程中的某个时刻,儿童往往会去帮助研究者,他们会说"你知道,这只是假装的"或"她不是真的"。(Taylor, 1999, p.112)

另一种普遍存在于童年时期的幻想思维形式是相信幻想人物,包括怪物、鬼魂和仙女等超自然人物,以及圣诞老人和牙仙子等传统的、与事件相关的人物。在对

4—6岁儿童父母进行的一项调查中,大约40%的父母报告说他们的孩子相信怪物和仙女的存在,超过80%的父母报告说他们的孩子相信圣诞老人是真的(Rosengren, Kalish, Hickling & Gelman, 1994)。父母还报告说,他们鼓励孩子相信与事件有关的人物,而不是鼓励孩子相信超自然人物。例如,许多家庭报告说,在圣诞节前夜,他们会在烟囱旁给圣诞老人留牛奶和饼干,或者给驯鹿留胡萝卜。儿童相信这些传统的、与事件相关的幻想人物也得到了广泛的文化支持,这一点很明显,圣诞节期间几乎每个美国购物中心都能看到圣诞老人。因此,大多数庆祝圣诞节的儿童也相信圣诞老人存在就不足为奇了。

相信圣诞老人存在是否意味着儿童不能清楚地认识幻想和现实之间的区别?泰勒(1999)认为并非如此。鉴于父母和社区对圣诞老人故事的支持程度,大多数儿童相信圣诞老人的故事并不奇怪。但这种信念并不意味着儿童很难理解幻想人物不是真实的。事实上,这种理解在3岁儿童身上已得到了证实。当儿童对许多不同的物体和人物按"虚幻"或"真实"进行分类时,大多数3岁儿童都能正确地完成分类(Harris, Brown, Marriot, Whittall & Harmer, 1991)。他们把怪物、鬼魂和女巫放在"虚幻"的盒子里,把狗、房子和熊放在"真实"的盒子里。

因此,学前儿童似乎确实能够理解幻想和现实之间的区别。然而,多大年龄的儿童能够在任意情况下做出这种区分则取决于几个因素,包括是否存在对幻想事件的其他解释(如以自然的因果关系还是魔幻的因果关系)、社会对幻想的支持程度以及幻想事件的起源等。相比那些既定的、有着广泛社会支持的幻想(如圣诞老人),儿童似乎更能理解和区分那些自己创造的幻想,比如假想同伴。

心理理解发展的来源

哪些因素有助于儿童理解心理和心理活动?对于这一理解的发展来源,人们存在着很大的分歧。有关这一问题的大部分研究都集中在儿童对信念的理解上。不过,有一些研究已经涉及对其他心理状态和活动的理解,如假装和幻想。

第一种研究取向,研究者强调,若要将理解社会信息作为发展的主要来源,成熟过程(maturation of processes)将起到特别重要的作用(Baron-Cohen, 1991; Fodor, 1992; Leslie, 1994)。这些研究者强调了心理理解在发展时间上的一致性。特别是在错误信念理解的发展时间上,各个研究之间存在着很强的一致性:大多数5岁的儿童在完成错误信念理解任务上不存在困难,而大多数3岁儿童却存在很大困难(Wellman等,2001)。

这一阵营的研究人员还强调了自闭症儿童在理解人们心理如何运作的任务中表现出极大困难。自闭症是一种罕见的发展障碍(每1000个儿童中大约有1例),主要表现为社会交往和交流中的质性缺陷,以及重复、刻板的行为、兴趣或活动模式（APA，1994）。自闭症儿童在智商测试中的得分通常都很低，但他们在需要理解他人心理的任务（包括错误信念任务）上的表现比根据他们的一般智力水平预期的应有表现还要差（Baron-Cohen，2001；Baron-Cohen，Leslie & Frith，1985）。

自闭症儿童使用"思考"和"知道"等心理动词的频率也低于其他类似发育迟缓的儿童（Tager-Flusberg，1992）。此外，他们参与假装和幻想游戏的能力也受到了损伤（Baron-Cohen，1987）。根据这些发现，一些研究者认为，理解心理的机制在某种程度上独立于理解其他现象的机制，而且自闭症儿童理解自己和他人心理的机制遭受到了特定的损坏（Frith，1989；Leslie，1991）。

第二种研究取向，研究者强调一般能力（如信息加工能力）的提高（growth of general abilities）是心理理解发展的主要来源（如 Carlson & Moses，2001；Carlson 等，1998；Halford，1993；Rice，Koinis，Sullivan，Tager-Flusberg & Winner，1997）。心理理解任务会带来相当大的信息加工负荷。例如，错误信念任务要求儿童记住他人看到了什么，并抑制自己说出真相。与这一解释相一致，相比亲眼看见的情况，3岁儿童在被告知真实状况的条件下在错误信念任务中的表现更好（Zaitchik，1991）。同样，当信息加工要求降低时，3岁儿童在错误信念任务上表现得更好。例如，让儿童彻底了解原始问题的前提（Lewis 等，1994），或者让儿童有意识地欺骗目标对象（Hala & Chandler，1996；Sullivan & Winner，1993；Wellman 等，2001）。因此，一般信息加工能力的发展可能是儿童在3—5岁时完成错误信念任务和相关任务的能力得到提高的基础。

第三种研究取向强调与他人交往的经验（experience with other people）是心理理解发展的来源（例如，Dunn，1988；Hughes & Dunn，1998；Perner，Ruffman & Leekam，1994；Ruffman，Slade & Crowe，2002）。研究这一问题的方法之一是考察家庭结构的变化与心理理解任务中儿童表现之间的关系。这项研究表明，兄弟姐妹较多的学前儿童比兄弟姐妹较少的儿童在错误信念任务上表现得更好，可能是因为他们有更多的机会了解别人的想法（Jenkins & Astington，1996）。有一个年长的哥哥或姐姐对儿童似乎特别有益（Ruffman，Perner，Naito，Parkin & Clements，1998）。

为什么兄弟姐妹状况与心理理解有关系？一种可能的解释是，有兄弟姐妹的儿童特别有可能参与有助于心理理解发展的活动。例如，有一个哥哥或姐姐可以给假装游戏提供重要支持（Youngblade & Dunn，1995）。而且一般来说，参与更多社会性假装游戏的儿童会表现出更高级的心理理论（Harris，2000；Schwebel，Rosen & Singer，1999）。同样，有兄弟姐妹的儿童也有很多机会就心理过程进行交流，这种交流似乎是心理理解发展的一个重要因素。即便是在对言语能力进行统计学控制的条件下，如果儿童在2岁时经常与父母交流感受，到3岁时他们完成心理理论任务的表现要更好(Cutting & Dunn, 1999; Dunn, Brown, Slomkowski, Tesla & Youngblade, 1991)。

关于沟通重要性的更多证据来自对失聪儿童的研究。这些儿童心理理解的发展常常会出现延迟(Figueras-Costa & Harris, 2001; Lundy, 2002; Peterson & Siegal, 2000; Woolfe, Want & Siegal, 2002)。如图9.4所示,由听觉正常父母抚养的失聪儿童尤其容易出现这种延迟,而由失聪父母抚养并以手语为母语的失聪儿童则不太可能出现这种延迟(Courtin, 2000; Peterson & Siegal, 1999)。这种发展模式的一个可能解释是,听觉正常的父母往往不能流利地用手语与失聪儿童交流,因此他们与子女交流心理过程的可能性比失聪父母要小,而后者通常能流利地使用手语与失聪儿童进行交流。

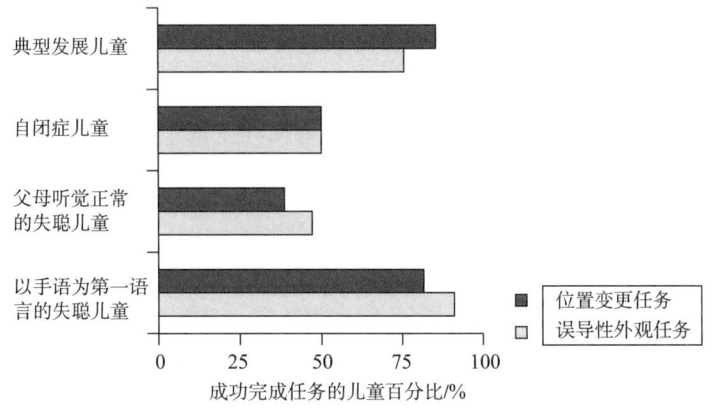

》图9.4 以手语为第一语言的失聪儿童、父母听觉正常的失聪儿童(会使用手语)、自闭症儿童和典型发展儿童在两种心理理论任务上的表现。任务分别为:位置变更任务(见本书第281—283页描述的"马克西"任务)和误导性外观任务(见本书第281页描述的"聪明豆"任务)(based on Table 1, Peterson & Siegal, 1999)

第四种研究取向侧重于将语言发展作为心理理解发展的潜在来源(如,Astington, 2000; Olson, 1988)。最近的几项研究表明,语言能力与心理理论的发展之间存在着联系。这些研究包括正常发育的儿童(Astington & Jenkins, 1999)、自闭症儿童(Happe, 1995; Tager-Flusberg, 2000)和听觉正常父母的失聪儿童(Jackson, 2001)。

语言在心理理论发展中存在许多不同的作用方式。第一种可能性是心理理论涉及一般语言能力。例如,面对相互冲突的视觉信息(巧克力原来在抽屉里,但现在在橱柜里①),儿童可能会用语言对过去的情况形成心理表征(Astington,

---

① 译者注:本书第281—283,巧克力原本放在橱柜里,后来被移到抽屉里,此处疑是原著有误。

2000)。第二种可能性，心理理论的发展取决于心理状态词汇（如思考、知道和好奇）的习得（Olson，1988）。

第三种可能性是语言以一种更基本的方式参与了心理理解。德·维利尔斯和德·维利尔斯（De Villiers & De Villiers, 2000）认为，语言为儿童提供了一种称为"补充结构（complement structures）"的表征结构，这使儿童能够将一个想法嵌入另一个想法中（例如"他说他喝了牛奶""他认为巧克力在抽屉里"）。他们假设，以这种方式嵌入想法的能力对错误信念理解的发展至关重要。与这一假设一致，维利尔斯发现，理解和使用补充结构能极好地预测在多个心理理论任务中当前和后续的表现。因此，语言发展，特别是补充结构使用能力的发展，可能是儿童对信念和其他表征性心理状态进行推理的能力的基础。

幸运的是，我们不需要一定要从过程的成熟、一般认知能力、与他人相处的经验和语言发展中选出儿童心理理解发展的潜在来源。这四种解释并不是相互排斥的，很可能每种解释都在一定程度上揭示了儿童对自己心理和他人心理的理解。我们面临的挑战是探究认知机制和相关经验如何在学前期共同促进概念发展模式的出现。

对社会世界的理解

到目前为止，本章的重点是儿童对个体的理解，包括对自我和他人的理解，以及对个人心理的理解。理解个体对于适应性功能的发挥和社会互动显然很重要，但这并不是社会认知的全部。儿童的另一项重要任务是了解更广阔的社会世界。本节主要讨论儿童如何将他们对个体的早期理解扩展到更广阔的社会世界。我们将重点关注儿童如何学习社会定义的适当行为规则和基于性别、种族、民族和社会阶层进行划分的社会类别（categories）。

对社会规则的理解

社会规则指一个社会或文化群体所接受的习俗，比如着装风格（男孩不穿长裙），就餐习俗（餐桌上叉子要摆在左边，刀子和勺子放在右边），以及社交礼仪（称呼不熟悉的成年人时要用头衔而不是名字）。一些社会规则规定了恰当行为的一般准则，例如"嘴中有食物时不要说话"或"收到赞美后说声谢谢"。其他社会规则只适用于更为有限的情况，例如"不要分享食物"，这是许多学校自助餐厅的常见规则，但在少数其他场合并不适用。

社会规则在任意性方面不同于道德规则（如"不能偷盗"）（Turiel, 1983, 1994）。与社会规则相反，道德规则旨在保护他人的权利和福利，因此，它们不是任意的。儿童早在3岁时就意识到社会规则和道德规则的不同。一项研究表明,相比违反社会规则的行为(比如用手指吃冰激凌),3岁儿童能判断出违反道德规则的行为(比如偷玩伴的苹果)在大多数情况下都是错误的(Smetana & Braeges, 1990)。此外,到3岁半时,儿童相信即便成年人没有看到违反道德规则的行为,该行为仍然是错误的。但同等条件下,违反社会规则就不见得是错误的行为(Smetana & Braeges, 1990)。

儿童理解社会规则和道德规则区别的其他证据来自儿童对违反这些规则现象的反应。努奇和图瑞尔(Nucci & Turiel, 1978)观察了学前儿童对自然发生的违反社会规则和道德规则行为的反应。他们发现,儿童对违反道德规则行为的反应比对违反社会规则行为的反应大得多。儿童对违反道德规则行为的反应包括情绪反应和关于违反行为、他人感受以及道德规则本身的口头陈述。对于违反社会规则的行为,这些类型的反应要少得多。因此,儿童很早就能将社会规则与道德规则区分开来。

学前儿童有时认为人们"不能"违反社会规则,就像他们不能违反自然法则一样(Levy, Taylor & Gelman, 1995)。不过,当被问及为什么不能违反这两种规则时,儿童给出了不同的理由(Kalish, 1998a)。3岁儿童通常认为违反自然法则(例如,把球变成鸟)是不可能的。然而,当面对违反社会规则的行为(如穿着衣服洗澡)时,他们并不认为这种违反是不可能的,而是说这种行为是不允许的,或可能导致不良后果。因此,3岁儿童既能将社会规则和自然法则区分开来,也能将社会规则和道德规则区分开来。

到4岁左右,儿童开始明白遵守社会规则既取决于对规则的了解,也取决于遵守规则的意图。卡利什(Kalish, 1998a)让3岁和4岁儿童预测其他儿童的行为,这些或是不懂得各种自然法则和社会规则,或是试图违反这些法则和规则。4岁儿童预测,如果这些儿童不知道,或者他们有意违反社会规则,他们就会违反这些社会规则。然而,4岁儿童并不认为这些儿童会违反自然法则,即使后者不知道或打算违反这些自然法则。相比之下,3岁受试儿童并不能根据这些儿童的意图或知识有效地区分出自然法则和社会规则。因此,4岁(而非3岁)儿童懂得知识和意图这样的心理状态什么时候对遵守规则很重要,什么时候不重要。

对社会类别和群体的理解

更广泛意义上的社会世界知识的另一个方面是有关社会中有意义的社会类别和群体的知识。当然,将个人归入社会类别的方法很多。儿童在童年期所学习的是根据性别、种族、民族和社会阶层划分的一些社会类别。

◎ 儿童的性别知识

儿童很小的时候就意识到性别和性别刻板印象。在 18 个月大时,儿童可以将男性面孔与男性声音相匹配,将女性面孔与女性声音相匹配(Poulin-Dubois, Serbin & Derbyshire, 1998)。同一年龄段,在视觉偏好任务中,男孩看车辆的时间比女孩长,女孩看玩偶的时间比男孩长。这些视觉偏好在 23 个月大时变得更加明显(Serbin, Poulin-Dubois, Colburne, Sen & Eichstedt, 2001)。这些发现表明,儿童在很小的时候就具有性别类别的知识。

性别理解发展的一个重要成就是性别恒常性(gender constancy),即儿童认识到性别具有生物基础,而外部特征、行为或渴望的变化都不会改变个体的性别。劳伦斯·科尔伯格(Lawrence Kohlberg, 1966)提出,儿童获得性别恒常性理解的过程存在可预测的三个阶段。第一个阶段,性别标签(gender labeling)期,大多数 2—3 岁的儿童达到此阶段。在这个阶段,儿童可以准确地说出自己和他人的性别。不过他们却相信,表面的、外在的特征(如着装和发型的变化)可以改变性别。他们还没有意识到性别是永恒的。这个阶段的儿童相信,如果个人想改变自己的性别,这是可以做到的。第二个阶段,性别稳定(gender stability)期,大多数儿童在学前早期到达该阶段。在该阶段,儿童明白,伴随着时光流逝,性别是稳定的。因此,男婴长大后会变成男孩,最终会变成男人;女婴长大后会变成女孩,最终会变成女人。然而,他们仍然相信,表面特征和活动的改变会导致性别的改变。第三个阶段,性别恒常(gender consistency)期,大多数 4—8 岁的儿童都到达了这一阶段。在这个阶段,儿童认识到,尽管外在特征、行为或渴望发生了变化,但性别仍然是不变的。他们认识到性别取决于内在的、不可观察的、在各种情境保持一致的特征。

在美国和很多其他国家都有大量的证据表明,儿童对性别恒常性的理解是按照科尔伯格(De Lisi & Gallagher, 1991; Munroe, Shimmin & Munroe, 1984)所描述的顺序发展的。然而,也有证据表明,对特定事实的认识可以影响发展顺序的时间进程。特别是有些儿童知道男孩和女孩的生殖器官不同。这些儿童比不懂这一知识的同龄儿童更可能表现出性别恒常性(Bem, 1989)。

尽管有确凿的证据表明,儿童对性别恒常性的认识是按可预见的顺序发展的,但对于这一认识的含义一直存在着相当大的争议。具体而言,很少有实证数据支持性别恒常性的测量与基于性别理解的行为之间的联系。例如,早在儿童获得性别恒常性认识之前,他们就喜欢玩体现性别特征的玩具(Lobel & Menashri, 1993),而且相比异性榜样,他们更倾向于模仿同性榜样的行为(Bussey & Bandura, 1984)。此外,性别恒常性认识的增长与特定性别角色和活动偏好的增加没有联系(Martin & Little, 1990; Smetana & Letourneau, 1984)。即使儿童不明白性别在一生中是不变的,他们仍然会按照相应性别的方式行事。

科尔伯格的性别恒常性发展理论明确了儿童学习有关重要性别概念的顺序，但没有说明儿童如何学习这些概念。为了解释儿童如何学习性别概念，马丁和霍尔沃森（Martin & Halverson, 1981）提出了一种被称为"性别图式理论（gender schema theory）"的信息加工理论。他们认为，儿童首先获得性别认同（gender identity），然后构建性别图式。性别图式是组织性别信息的知识结构。性别图式包含关于性别刻板印象以及不同性别典型行为和活动的知识。根据这一理论，儿童使用他们的性别图式来指导自己的行为。如图9.5所示，当儿童遇到物体、行为或活动时，他们首先决定是适合男性还是女性。根据该初始分类，儿童决定是否要进一步了解物体、行为或活动。儿童会接触和学习更多他们所认为的与自己性别相关的事物；儿童也会规避或忽视他们所认为的与自己性别无关的事物。因此，随着时间的推移，儿童关于自身性别的图式变得更加丰富和牢固。

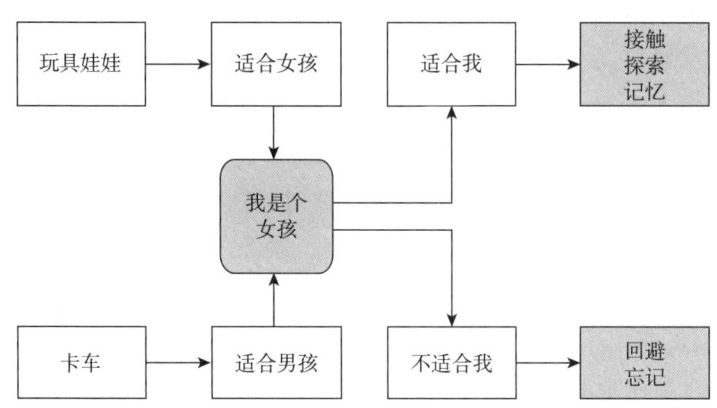

» 图9.5 性别图式的运作机制（based on Martin & Halverson, 1981）

正如性别图式理论所预测的那样，儿童更喜欢符合他们性别的新奇事物。相比那些贴有异性标签的事物，他们能记住更多符合自身性别事物的细节（Martin, Eisenbud & Rose, 1995）。此外，与性别图式较弱的儿童相比，性别图式较强的儿童表现出更多与自己性别类型相符的行为，他们更有可能按照性别分类来加工信息（Welch-Ross & Schmidt, 1996）。因此，儿童的性别图式对他们的认知和行为都有影响。

其他研究者则关注社会世界在儿童性别学习中的作用。例如，伯西和班杜拉（Bussey & Bandura, 1999）认为，儿童通过三种主要方式了解性别，而每种方式都与他人有关。第一，儿童通过观察学习（observational learning）来认识性别。儿童会关注自身环境和大众媒体中的榜样人物，然后从他们的行为中推断出关于性别角色的信息。第二，儿童通过生成的经验（enactive experience），或根据自己行为的结果来学习与性别相适应的行为。例如，父亲经常对儿子玩偏女性的玩具做出消极反应。儿童通过觉察他人对自己行为的反应，认识到什么样的行为不符合自身性别。第三，儿童通过直接教学（direct teaching）了解性别。父母和其他人有时会直接教导孩子理解符合性别的行为，比如说"男子汉不能哭"。

儿童能接触到许多关于性别的信息，认知和社会因素似乎都有助于他们性别图式的发展。然而，探明各种信息在发展过程中如何整合仍然是这一研究领域的一个重要挑战。了解儿童性别知识的来源可能有助于更好地了解性别特定行为的差异，也可能有助于了解性别偏见的形成过程。

◎ 儿童对种族、民族和社会阶层的认识

如上所述，儿童对性别理解的发展可以分为一系列具体的阶段。类似的方法也被应用于儿童对种族和民族理解的发展（如 Aboud, 1988）。

关于儿童对种族和民族理解的最新阶段模型是昆塔纳（Quintana）模型（1994，1998）。该模型包含了四个有序的阶段。昆塔纳模型为梳理有关种族和民族理解发展的研究结果提供了一个十分有用的框架。

第一阶段，3 至 6 岁的儿童，主要关注种族和民族的情感和感知理解的整合（integration of affective and perceptual understandings）。在这一阶段，儿童能意识到不同种族和民族群体的存在，并开始形成对种族和民族群体的态度，这种态度能反映出在更广泛的社会中普遍存在的态度。就态度而言，这个阶段的儿童往往会对特定民族群体表现出负面反应，在某些情况下甚至对自己民族的成员也表现出此类反应（Aboud, 1988）。出乎意料的是，这一时期儿童的种族态度与他们父母的态度并没有系统的关联（Branch & Newcombe, 1986），它们似乎是基于更广泛的社会观点。不过，在这个阶段，儿童的态度往往并不反映在他们对玩伴的选择上或他们在游戏中的行为上（Doyle, 1983）。

在第一阶段，儿童还学会了在不同的种族和民族群体之间进行感知区分。到了 4 岁左右，大多数儿童都能准确地为个人、玩偶和图片赋予"黑"和"白"的标签。随着时间的推移，他们能够更好地区分其他种族和民族群体中的个体（Aboud, 1988; Barrett & Short, 1992）。在这一阶段，儿童对种族和民族群体的口头描述往往侧重于外在的、生理的特征，例如肤色或着装（如传统的美洲土著的服饰）（Aboud, 1988）。

这个阶段的儿童对社会阶层也表现出初步的理解。他们能够根据外部特征，如着装、住所和财产区分富人和穷人（Ramsey, 1991）。不过，他们还没有认识到受教育水平和职业地位等更抽象的因素在社会阶层中的重要性。

第二阶段涉及大约 6 到 10 岁的儿童。这个阶段的儿童表现出对种族和民族的字面理解（literal understanding）。他们能够根据种族和民族将他人进行准确的归类。他们对其他种族和民族群体的口头描述从强调外部特征转变为包括更多不

可见的特征,如所说语言、食物偏好和民族节假日(Quintana, 1994)。从外在特征到不可见特征的转变同样也适用于儿童对社会阶层的理解。在童年中期,儿童经常用心理属性来区分富人和穷人(比如,富人"会挣钱攒钱",穷人"很懒惰")(Leahy, 1983)。

在第二阶段,儿童对其他种族和民族的负面态度渐渐改变(Doyle, Beaudet & Aboud, 1988; Kowalski & Lo, 2001; Powlishta, Serbin, Doyle & White, 1994)。他们对个体的理解变得更加丰富,更具差异化。儿童开始认识到不同种族的人在某些方面是相似的,同一种族的人往往彼此差别很大。因此,他们开始认识到群体间的相似性和群体内的差异性。这些认识与偏见的减少有关(Doyle & Aboud, 1995)。当然,个别儿童是否、以及在多大程度上持有基于种族、民族和社会阶层的偏见是因人而异的。在这种偏见的形成过程中,成年人对不同群体之间差异的强调程度似乎起了一定的作用。成年人越是强调群体差异,儿童越有可能表现出对自己群体的偏好和对其他群体的偏见(Bigler, Spears-Brown & Markell, 2001)。

在第三阶段,即大约10至14岁时,儿童形成对种族和民族的社会理解(social understanding)。在这一阶段,儿童意识到了更精细的种族和民族特征,例如社会阶层中各民族之间的差异。他们还开始认识到,民族可能在社会交往中发挥着作用,例如友谊的建立和群体交往的动态过程。最后,他们还认识到种族和民族可能影响个人对他人的感知和反应(Quintana, 1994)。

在第四阶段,青少年开始形成民族认同感(ethnic identity)和民族群体意识(ethnic group consciousness)。在这一阶段,青少年认为民族是身份的一个主观维度,个人可以选择是否积极地表达出来。他们开始意识到一个民族群体中共有的观点、态度和经验,从这个意义而言,他们倾向于从群体角度看待民族,有时甚至将某些个体视为其民族群体的"代表"(Quintana, 1994)。因此,在青少年时期,成见和民族中心主义态度常常会增长(Black-Gutman & Hickson, 1996)。

上述一系列的阶段明确了不同年龄的儿童对种族和民族的理解,但并未具体说明这种理解是如何发展的。与性别一样,探明种族和族裔知识的发展过程依然是这一领域的一个重要挑战。若能更好地理解推动变化的力量,可能会有助于指导方案的设计以减少(或理想状态下能够消除)偏见。

◎ 儿童对社会类别理解的总体模式

儿童对社会类别(如性别、种族、民族和社会阶层)的理解表现出一种总体趋势。在早期阶段,儿童倾向于关注群体成员外在的、身体上的特征。例如,他们依靠肤色来区分种族群体,依靠着装和典型活动来区分性别群体,依靠财产来区分社会阶层群体。随着不断发展,儿童对社会类别的理解变得更加抽象,儿童开始将不可观察的、推断出来的特征融入他们的社会群体观念中。例如，语言、食物偏好和民族节日等信息开始融入他们的民族观念里，他们的社会阶层观念也开始包含职业地位和受教育水平等信息。最后，随着儿童开始考虑更广泛的社会影响和群体成员的社会背景，他们对社会类别的理解变得更加不同。

儿童对自身和其他个体理解的发展也鲜明地体现出这种总体趋势，即从关注具体的、可观察的特征发展到关注抽象的、不可观察的属性。当然，在所有这些领域，这种总体趋势都是对复杂的发展过程的简化，该发展过程因个人和环境的差异会产生很大的不同。不过发展的大方向似乎非常符合总体趋势。

小结

社会理解的基础包括关注他人、与他人互动的兴趣，以及对他人和自我的初步理解。在发展过程中，儿童将这种最初的社会理解向内延伸，以把握自己和他人心理活动的本质。他们也将这种理解向外延伸，以把握更广阔社会世界的本质。

对他人的兴趣是社会认知的最早表现之一。即使是新生儿都对人脸和人类的声音非常关注。在婴儿2个月大之前，他们对人和物体会产生不同的反应，而且他们似乎预期人的行为与物体会有所差异。大约2个月大时，婴儿和他们的看护者开始表现出交互式的行为和反应，称为"偶发的交互式互动"。在出生后第一年早期，婴儿就能够区分不同的情绪表达。到了第一年的下半年，婴儿能够判断他人在情境中的情绪反应，并利用这些信息来指导自己的行为，亦即具备了所谓的社会参照能力。

随着儿童语言和认知技能的发展，他们开始形成明确的他人概念。这些概念在童年和青少年时期会发生重大变化。在描述他人时，学前儿童往往会关注身体特征和典型活动等；到了童年中期，儿童开始用性格或稳定的特征来描述他人。因此，总体的发展趋势是从关注具体的、外在的、可观察的特征转换到关注抽象的、内在的、不可观察的特征。

在出生后第一年，婴儿也开始理解他们是独立于其他物体和个人之外的个体。3个月大时，婴儿能将关于自己的视频与他人的视频区分开来，大约15个月大时，儿童可以识别出自己在镜子里的样子。和关于他人的概念一样，儿童的自我概念也随着他们的不断发展而发生极大的变化。在学步阶段，儿童开始依据年龄、性别和身体特征对自己进行分类。在学前阶段，儿童通常利用具体的、可观察到的特征来描述自己，比如身体特征、所有物和典型活动。到了童年中期，儿童的自我概念变得更加抽象和心理化。当自我理解的各个方面（包括感知的、身体的、社会的和心理的理解）得到协调和整合时，他们的自我表征变得更有条理。

为了了解自己和他人，儿童需要认识自己和他人的心理运作机制。一个真正的"心理理论"需要认识到心理状态（如信念、渴望和幻想）是与现实不同的内在实体，也要认识到这种心理状态可以表征外部世界的状态。儿童心理理论的核心是对意图、渴望和信念的理解，以及对这些心理状态与行为的关系的理解。在学步阶段，儿童对意图、渴望和信念有了初步的理解。不过，直到 3 至 4 岁，儿童才会明白这种心理状态（准确或不准确地）表征了世界的状态，而他人可能持有因人而异的信念，这些信念也可能与现实存在差异。

除了意图、渴望和信念，儿童也必须理解许多其他的心理活动。最近的研究集中在两大类心理活动上：一类主要关注"真实"世界的表征，如思维和认识；另一类主要关注虚拟世界的表征，如假装和幻想。对思维和认识的理解在学前阶段和小学早期逐渐出现。而含有假装和幻想的游戏活动则出现得更早一些。不过，儿童要到晚些时候才能认识到假装包含了心理表征，幻想和现实也存在差异。

儿童还需要了解他们所在的更广阔社会中的社会习俗和社会结构。该认识的一个重要方面是理解社会规则。儿童早在 3 岁时就意识到社会规则和道德规则之间的差异。到 4 岁左右，儿童开始明白遵守社会规则既取决于对规则的了解，也取决于遵守规则的意图。

了解更广阔社会的另一个方面是了解社会类别，例如根据性别、种族、民族和社会阶层所划分的社会类别。在学习社会类别时，儿童最初倾向于关注群体成员外在的、身体上的特征，例如区分种族群体的肤色，区分性别群体的着装和典型活动等。在发展过程中，儿童开始将不可观察的特征融入他们对社会群体概念的认识中，并最终开始考虑更广泛的社会影响和群体成员的社会背景。因此，随着发展，儿童对社会类别的理解变得更加分化和抽象。

推荐读物

Bussey, K., & Bandura, A. (1999). Social cognitive theory of gender development and differentiation. *Psychological Review,* 106, 676–713. This paper reviews major theoretical approaches to the development of understanding of gender and presents a social learning theory about how such knowledge is acquired

Flavell, J. H., & Miller, P. H. (1998). Social cognition. In D. Kuhn & R. S. Siegler (Eds.), *Handbook of child psychology: Vol. 2. Cognition, perception & language* (5th ed.). New York: Wiley. A comprehensive review of research about the development of understanding of mind.

Taylor, M. (1999). *Imaginary companions and the children who create them.* New York: Oxford University Press. Taylor reviews her extensive research on the nature of children's imaginary companions, the characteristics of the children who create such companions, and children's understanding of the distinction between fantasy and reality. Includes many compelling examples.

Wellman, H. M., Cross, D., & Watson, J. (2001). Metaanalysis of theoryofmind development: The truth about false belief. *Child Development*, 72, 655 – 684. This paper presents a metaanalysis of 178 studies of the development of false belief understanding. The authors identify several factors that influence how preschoolers perform on tasks designed to assess false belief understanding.

第十章
问题解决

乔治(Georgie)(2岁)想把石头从厨房的窗户扔出去。割草机在外面。爸爸告诉乔治不能把石头扔出窗外,因为石头会砸坏割草机。乔治说"我有个主意"。他走到外面,带来一些他一直在玩的桃子,说:"它们不会弄坏割草机的。"(Waters, 1989, p.7)

乔治战胜了那些会破坏他乐趣的人,他的胜利说明了问题解决的本质:一个目标,一种障碍,一种绕过障碍并达到目标的策略。在乔治的例子中,目标是把东西扔出窗外;障碍是他父亲的反对;解决策略是"扔桃子,而不是石头"。对一个2岁的儿童来说,这个问题解决得还不错。

问题解决是我们生活的重要组成部分。下学期决定选修什么课程,填字游戏中要填什么词,如何找到放错了地方的钥匙,以及如何回答脑筋急转弯问题,所有这些都是问题解决。也许每一天我们都在试图解决一些问题。

问题解决也为其他认知过程(如感知、语言、记忆和概念理解)提供了用处。如果我们问,为何进化使人们能够完成这些认知过程?答案很可能是这些认知过程提高了人们解决环境中各种问题的能力。也就是说,这些认知过程帮助人们适应具有挑战性的环境。

问题解决在成年人的生活中无处不在,但在儿童的生活中可能更为普遍。随着年龄的增长和经验的丰富,人们学会了规避障碍的方法,这样一来那些困境就不再存在了。例如,当一个儿童第一次去几个街区外的一个朋友家时,找出回家的最佳路线就是一个切实的问题。然而,去过多次之后,那就不再是一个问题了。但对儿童来说,他们所遇到的情况大多都是陌生的,因而儿童总是需要解决各种问题。

儿童如何应对这些挑战?德洛克、米勒和皮耶鲁萨科斯(DeLoache, Miller & Pierroutsakos, 1998)提出了一个恰当的比喻。他们把儿童比喻成bricoleur。bricoleur是一个法语词,意思是"修补匠",指那些用手头的材料来解决问题的人。这个比喻表明,儿童会将推理、概念理解、策略、内容知识、他人以及任何其他可利用的资源结合起来,以达到问题解决的目标。儿童的解决方案可能并不总是适宜的,但他们通常都会找到完成任务的方法。

◎ **本章的组织结构**

本章包括两个主要部分(见"章节概览")。第一部分概述了儿童的问题解决。概述中首先描述了儿童问题解决研究中的几个中心主题,然后在问题解决的发展的背景下,通过"天平平衡"这一单一任务,对其中的一些主题进行了阐述。

本章的第二部分着重于讨论具体的问题解决过程:计划、因果推理、类比、工具使用以及科学和逻辑推理。之所以特别强调这些过程,是因为儿童经常使用这些过程,而且这些过程的有效性变化与问题解决的整体有效性变化存在很大关系。儿童使用的过程太多,我们无法在一章内容中穷尽所有。以上这些并不是儿童所使用的问题解决的所有过程,不过它们是最为重要的过程。

章节概览

一、问题解决概述

1. 中心主题

2. 问题解决能力发展的例子

二、一些重要的问题解决过程

1. 计划

2. 因果推理

3. 类比

4. 工具使用

5. 科学和逻辑推理

三、小结

儿童有时是独自完成本章讨论的具体问题解决过程,有时是在更有能力的成年人帮助下完成,有时是与同龄人或其他儿童合作完成。本章的重点是关注儿童独立解决问题的过程;在他人帮助下解决问题和合作解决问题的研究已在第四章讨论过了。

问题解决概述

中心主题

◎ **任务分析**

任务分析是对问题进行仔细审视,旨在确定解决问题所需的过程。例如,对多位数加法(如 375+536)的标准算法进行任务分析涉及这样的过程:将最右一侧的个位数字相加,所得和的个位数作为答案的个位数,个位相加满十(如果有)则向十位进一,并和十位上的其他数字相加,依此类推。在人们高效解决问题的情况下,任务分析可以表明他们在做什么。在人们无法有效解决问题的情况下,任务分析可以指出他们可能存在困难的地方以及困难的来源。

我们举一个例子来看看任务分析如何解释儿童的问题解决。克拉尔(Klahr, 1985)向 5 岁的儿童展示了一个拼图。该拼图描绘了一只狗、一只猫和一只老鼠分别要找到一块骨头、一条鱼和一大块奶酪。为了解决这个问题,儿童需要把 3 只动物都放到有合适食物的地方。从表面上看,达成目标所需的动作越多,问题就越难解决。

然而,克拉尔的任务分析表明,不同的问题会在儿童的眼前目标——让每只动物获得它们想要的食物——和儿童的更高目标——把所有 3 只动物都摆到正确的位置——之间产生不同程度的冲突。有些问题要求儿童暂时把一只已经在正确目标路径上的动物移离目标,这样另一只动物就可以达到目标。对学前儿童来说,这些问题比那些需要更多移动但不同动物目标之间没有任何冲突的问题更加困难。其他的问题需要儿童在动物距目标只差一步时抵制住向目标移动的冲动,并采取不同的移动方式。这些问题甚至比需要把动物从已经达到的目标移开的问题更困难。对任务的详细分析及其在短期目标和长期目标之间产生的冲突使克拉尔得以确定许多儿童使用的方法:尝试每一种移动,使图块当前的排列样式不断接近于拼图的完成图。这种方法被称为方法—目的(means-ends)分析,是一种广泛应用的问题解决策略。

◎ 编码

如第三章所述,编码需要识别情境中的关键信息,并使用这些信息来构建关于该情境的内部表征。儿童常常无法对某一任务的重要信息进行编码,因为他们不知道重要信息是什么,或者无法理解这些信息,抑或不知道如何有效地对它们进行编码。无法对关键信息进行编码可能会导致儿童无法从潜在的有利经验中学习。如果他们不能理解相关信息,也就无法从中受益。

错误编码往往会使解决问题的努力付诸东流。有一个这样的案例,4 到 11 岁的儿童和大学生看到了一辆行驶中的电动火车,火车运送着载有一个球的平板车。火车到达一个预先指定的地点时,球会从移动的平板车上的一个洞里掉下来,落到几英尺外的地面上。儿童和大学生的任务是预测球下落时的轨迹(McCloskey & Kaiser, 1984)。

超过 70% 4 到 11 岁的儿童以及相当一部分大学生都预测球会垂直掉下。在他们提出这一假设之后,实验者开动火车,以便儿童和大学生能够看到实际发生的情况(球沿着抛物线轨迹掉下)。儿童和大学生面临着将他们的预测与他们看到的结果相调和的问题。

这些儿童和大学生的解释揭示出了错误编码如何影响问题解决和推理。有人说球会直接掉下来，就像他们之前所想的那样。另一些则说火车在球下落前会给球一个向前的推力。有趣的是，一些认为球会垂直下落的大学生之前已经参加并通过了大学物理课程。显然，这种经历不足以改变他们的预期或他们对自己所见事物的编码。正如本章所展示的，编码的变化在各种问题解决方式的发展中起着至关重要的作用。

◎ **心理模型**

为了解决问题，人们常常构建任务的心理模型，并建立起对完成任务所需努力的认识（Crowder, 1996; Gentner & Stevens, 1983; Halford, 1993; Johnson-Laird, 1983; Markovits & Barrouillet, 2002）。一个3岁的儿童会问："为什么张开嘴的时候我的血不会流出来？"这表明，即便是年幼儿童也会形成关于复杂系统运作方式的模型（Deloiche等, 1998, p.801）。3岁儿童的这个问题提出了一个有关循环系统的心理模型，循环系统内的血液在体内循环，但血液却无处不在，而不仅仅局限于静脉、动脉和毛细血管。

哈尔福德（Halford, 1993）确定了最佳心理模型的数个核心特征。最重要的特征是模型能够准确地表征问题的结构。也就是说，心理模型各组成部分之间的关系应该与问题中各组成部分之间的基本关系相一致。当模型的结构与问题中所描述的情况结构相一致时，人们会感觉自己理解了问题。否则，他们会感觉自己无法理解，即使他们可以通过其他方式（如通过记忆）生成问题解决方案。心理模型中描述的结构不仅包括静态特征，而且包括动态特征，例如可能的移动和操作。心理模型建构是一个抽象的过程。通过这一过程，问题的非本质特征被剥离从而无须表征出来。这种非本质特征的剥离有助于将最初问题的心理模型概括推广到表面特征不同但结构一致的相关问题上。

心理模型建构通常需要儿童将别人告诉他们的内容与自己的经验调和起来。例如，当成年人说地球是圆的，而每个人都看到它是平的时，儿童一定会疑惑成年人到底说的是什么意思。为了解决这个问题，美国6到11岁的儿童构建了至少5个心理模型（Vosniadou & Brewer, 1992）。有一些儿童把地球想象成一个圆盘，从而使"地球是圆的"这一说法与"地球看起来是平的"这一观察结果相一致（见图10.1）。有一些则构建了一个双地球模型。他们认为有两个地球，一个是在天空中的圆形地球（这种观念可能源自看到过的太阳系模型），另一个是他们所居住的平的地球。有一些儿童认为地球是一个空心球体，人们生活在球体内部的平坦地面上，顶部的天空像一个圆顶覆盖着地面。有一些儿童认为地球是一个扁平的球体，人们生活在扁平的那一部分。最后，还有一些儿童把地球理解为一个完整的球体。从一年级到五年级，持有这种观点（地球是完整球体）儿童的百分比在增加，而采用其他地球心理模型的百分比在减少。不过,即使到了五年级,仍有 40% 美国儿童的地球心理模型不是完整球体。

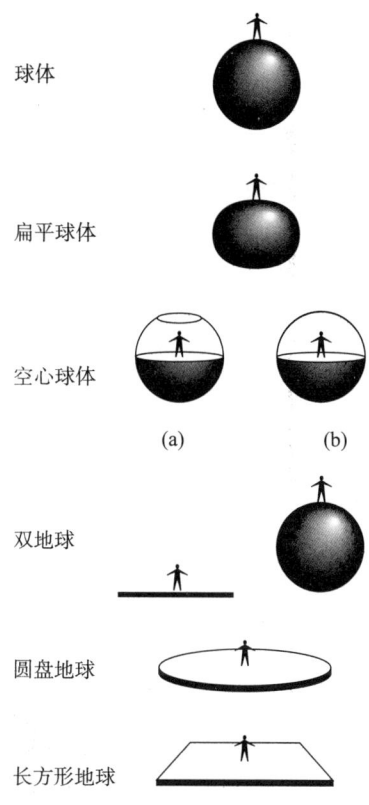

» 图 10.1　6 至 11 岁儿童的地球心理模型(from Vosniadou & Brewer, 1992)。除了长方形地球模型外,所有的地球模型都代表着儿童在努力对成年人所持有的"地球是圆的"这一观点和儿童"地球看起来是平的"这一观察结果进行调和(特别是在这项研究的开展地伊利诺伊州的香槟努尔巴纳)
Reprintd from Vosniadou, S., & Brewer, W., Mental models of the earth: A study of conceptual change in childhood, Cognitive Psychology, 24, 535-585, Copyright 1992, with permission from Elsevier

跨文化研究(如 Samarapungavan, Vosniadou & Brewer, 1996)表明,关于地球的许多心理模型都具有跨文化的特征。例如,像美国儿童一样,在印度长大的儿童通常同时持有圆盘模型和空心球模型。一个可能的解释是,这两种文化中的儿童都必须将他们自己对"地球看起来是平的"这一观察结果与他们从成年人或学校获得的"地球是圆的"的信息相调和。然而,其他模型是特定文化的产物。印度儿童通常具有一个美国儿童不具备的模型,即他们经常认为地球漂浮在水上。具有文化特异性的心理模型可能是儿童受所接触到的特定的"民间宇宙观(folk cosmologies)",或关于宇宙的非正式理论的影响。"地球漂浮在水上"的观点在印度民间宇宙观中很常见,因此这个模型可能反映出儿童试图将这种民间观点与自己的经验相结合。和美国的儿童一样,认为地球是一个完整球体的印度儿童的百分比也随着发展而增加,而采用其他心理模型的百分比在下降。不过,即使是在三年级(测试中最高年级),58% 的印度儿童仍然持有非完整球体的地球心理模型。

◎ 范畴一般性知识和范畴特定性知识

问题解决的过程因情境不同而不同。顾名思义,范畴一般性知识的适用范围相对广泛,而范畴特定性知识的适用范围则较为局限。

范畴一般性知识听起来似乎对问题解决的贡献比范畴特定性知识更大,毕竟,它们的应用范围更广。然而,问题并没有那么简单,因为在解决任何特定类型的问题时,过程的适用范围与其效率之间存在平衡问题。广泛适用的知识在解决特定问题时往往不如为解决这些问题而精确定制的具体方法那么有效。因此,尽管成年人问题解决的一般技能强于儿童,但季(Chi, 1978)的研究表明,儿童象棋高手的具体策略使得他们能够比经验不足的成人棋手更有效地解决象棋问题,而后者在下棋时更多地依赖问题解决一般性方法。

尽管范畴特定性知识和范畴一般性知识的相对重要性常常引发争论,但是探讨二者如何协同合作比单纯比较它们的单独作用将更加有益(Ceci, 1989; Sternberg, 1989)。回顾一下乔治和桃子的故事便能理解这一点。如果乔治不知道桃子比石头软,他就不可能想出自己的解决办法。如果没有问题解决的一般技能,例如认识到实现同一个目标可能有不同的途径,或者不具备媒介物一般性知识,例如任何一个具有一定大小和形状的物体都可以被投掷,乔治也不可能解决问题。问题解决依赖于一般性水平不同的知识和方法。关键是儿童如何将这些不同的信息整合到有效地解决问题的过程中,而不是比较特定知识和一般知识哪个更重要。

◎ **发展差异**

许多关于认知发展的著名理论都涉及问题解决的过程,且认为年幼儿童无法完成这些过程。例如,皮亚杰(1970)以及英赫尔德和皮亚杰(1964)认为,前运算阶段的儿童不能进行科学的演绎推理。相比之下,他们认为形式运算阶段的青少年则擅长这些类型的推理(inherder & Piaget, 1958)。

不过,最近的调查研究并不支持上述这些分类的划分。事实上,本章的其中一个主题就可以"年幼儿童之所能与年长儿童之所不能"这样一个看似矛盾的表述为标题。许多研究表明,年幼儿童的问题解决能力比人们通常所认为的要强。揭示这些问题解决能力的关键是通过消除困难的来源来简化问题。另外,有许多其他研究也表明,青少年(和成年人)远不如人们曾经认为的那么富有逻辑性和理性。他们的计划、科学推理和演绎能力都与理想的形式运算阶段的推理者相去甚远。

这些发现并不意味着问题解决在儿童早期和青少年时期是相似的。事实上,它们存在很大的不同。这种变化通常不是从完全无法解决问题到成功解决问题。相反,大多数变化都涉及儿童成功执行问题解决过程的各种情况。年长儿童可以克服复杂的记忆需求、语言的微妙差异、误导性提示等因素带来的困难,并成功地解决问题,而这些因素会彻底导致年幼儿童问题解决失败。年长儿童还能学会如何更快地解决新问题。因此,尽管年幼儿童的能力比之前人们所认为的要强,而年长儿童的能力不及人们之前认为的,但是在问题解决方面,许多与年龄相关的进步仍然是显而易见的。

◎ 变化的过程

最近许多关于问题解决的研究不仅试图找出年幼和年长儿童在问题解决方面的差异,而且还试图揭示儿童问题解决的发展过程。研究问题解决能力变化本质的手段之一是微观发生学方法(microgenetic method),即在儿童思维发生变化时频繁采集思维的信息(Siegler & Crowley, 1991)。相比其他方法,这些思维信息能提供关于变化过程的更精确数据。

微观发生学研究揭示了关于儿童问题解决能力变化本质的相对一致的几个发现。其一,变化并非像通常认为的那样,简单地用更先进的问题解决策略取代较简单的策略(Alibali, 1999; Kuhn, 1995; Siegler, 1995; Tunteler & Resing, 2002)。即使在新的、更好的策略产生之后,原有的、不够完善的策略依然会继续使用,而且往往会持续很长一段时间,即便在儿童能够解释新方法优越性的前提下也是如此(Siegler & Jenkins, 1989)。因此,新思维方式的运用往往不是突发的、完全替代的,而是渐进的。

其二,在任何时候,儿童通常都会以多种方式思考问题。虽然这种认知多样性在变化期间往往会加强,但是这种认知特点在快速变化之前和变化之后也很明显(Alibali & Goldin-Meadow, 1993; Siegler & Svetina, 2002)。认知多样性在婴儿、儿童和成年人中均有所体现,在大量问题解决任务中体现得都很明显,其中包括运动任务(Adolph, 1995)、守恒任务(Church, 1999; Siegler, 1995)、记忆任务(Coyle & Bjorklund, 1996)、数学问题(Goldin-Meadow & Alibali, 2002; Siegler, 2002)、齿轮转动问题(Perry & Lewis, 1999),以及需要理解新技术的问题(Granott, 2002)。

其三,创新既伴随着成功,也伴随着失败。失败不是激发儿童去探索发现的必要条件,不论原有方法是否产生了正确的解决方案,儿童都能产生解决问题的新方法(Karmiloff-Smith, 1992; Siegler & Stern, 1998)。有时,儿童会在前不久已用老方法解决的问题上发现新策略(Siegler & Jenkins, 1989)。

与微观发生学研究相比,传统研究对儿童进行观察或测试的频率较低。那么,在微观发生学研究中观察到的变化过程与在更传统的研究中观察到的变化过程是否具有可比性呢?为了一探究竟,西格勒和斯韦提纳(Siegler & Svetina, 2002)直接比较了两组儿童的变化。一组儿童进行了微观发生学(microgenetic time scale)研究(实验分为7个阶段,为期10周)。另一组儿童进行了横向比较(cross-sectional time scale)研究(两次评估,相隔一年)。这项研究重点关注6到8岁儿童完成矩阵任务的表现,如图2.6所示(见本书第45页)。在每个3×3矩阵中,9个方框中有8个已被填充,并且各条目在行和列中以系统的方式变化。儿童的任务是从 4 个选项中选出正确的答案,这 4 个选项在形状、大小、颜色或方向上有所不同。

西格勒和斯韦提纳发现,微观发生学研究样本的变化模式与横向比较研究样本的变化模式非常相似。两组儿童最常见的错误属于同一类型,即选择了矩阵中已经存在对象的复本。两组重复性错误的绝对百分比也非常相似,微观发生学研究样本组为 59%,横向比较研究组样本为 57%。两组儿童选择方向和大小都正确选项的百分比也随着时间的推移而增加,而选择颜色和形状都正确选项的百分比都没有增加。因此,微观发生学研究中观察到的变化与横向比较研究中观察到的问题解决能力的变化惊人地相似。这些数据表明,从微观发生学研究中获得的关于变化的经验确实可以推广至更广泛的时间尺度上的变化。

问题解决能力发展的例子

要了解问题解决能力的发展,通过单一任务考察从婴儿期到成年期的变化将会有所帮助。天平任务为研究这些变化提供了一种有用的方法。即便是不足半岁的婴儿也能解决某些天平问题;而同时,即使是受过大学教育的成年人也常常无法解决另外一些天平问题。与解决问题有关的很多方面都发生了变化:儿童解决问题的朴素规则、儿童从经验中学习的能力,以及儿童对问题的编码等等。此外,此项任务的问题解决能力的发展也说明了问题解决方面总体上的一些特点。

◎ 问题解决的规则

图 10.2 描绘了一种经常用来测试儿童问题解决能力的天平问题。这个天平包括一个支点和一个可以围绕它旋转的力臂。力臂可以向左或向右倾斜,也可以保持水平,具体取决于支点两侧销钉上的重物(有孔的金属圆盘)。不过,天平通常还设置有一个控制杆(图中未显示)来使力臂静止不动。儿童的任务是预测当松开控制杆时力臂哪一端会下降(如果会的话)。

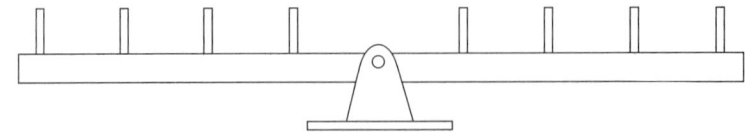

》图 10.2 天平示意图。金属圆盘放在支点两侧的销钉上。儿童需要综合考虑销钉上的重量配置并判断天平力臂的哪一端会下降(from Siegler, 1976)

对这一问题的任务分析表明,有两个变量会影响结果:支点两侧重物的重量和重物与支点之间的距离。因此,解决这类问题的关键是同时考虑这两个方面,并将它们恰当地结合起来。基于这一分析以及年幼儿童倾向于只关注单一相关维度的知识,西格勒(1976)假设,儿童将通过使用图 10.3 所示的四个规则之一来解决此类问题。

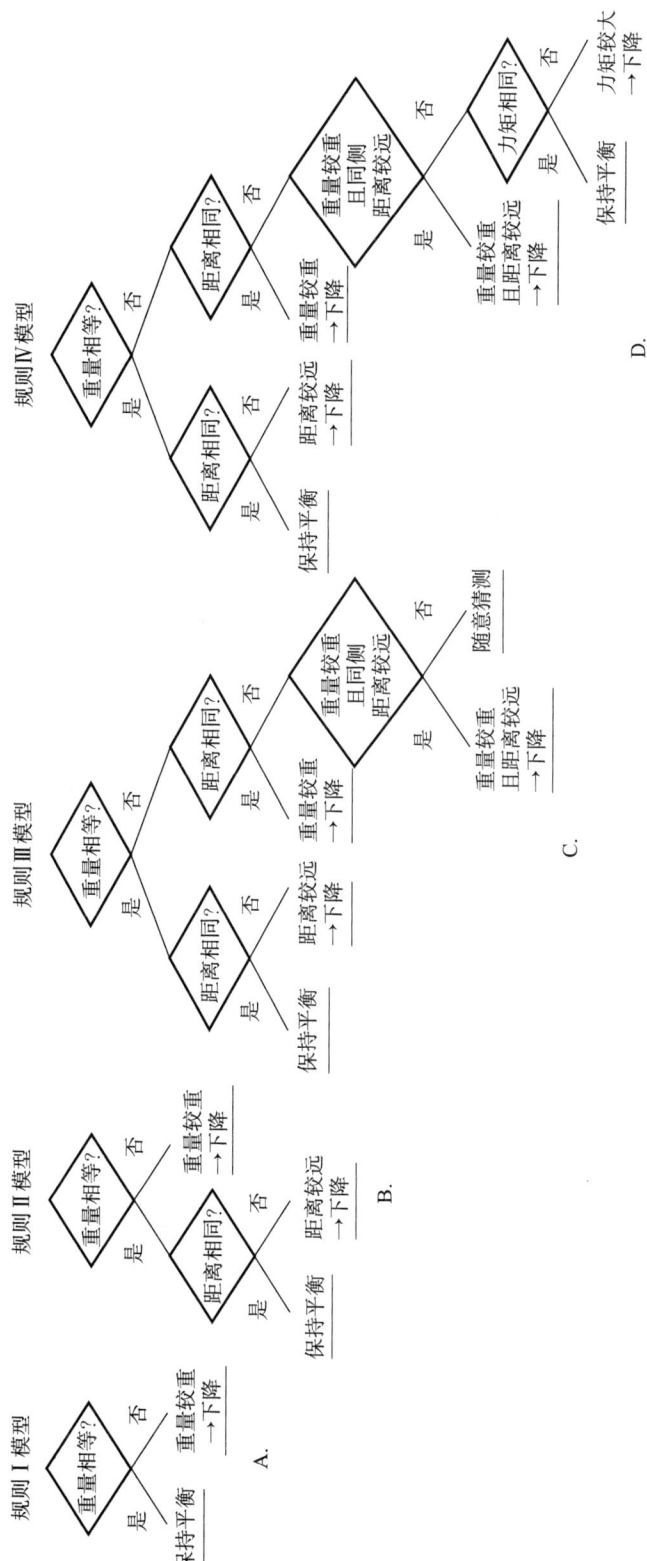

图10.3 解决天平问题的规则(from Siegler, 1976)

规则Ⅰ：如果两边的重量相等，预测天平会保持平衡。如果重量不相等，预测重量较重的一侧会下降。

规则Ⅱ：如果一侧重量较重，预测它会下降。如果两侧的重量相等，则选择距离较远的一侧（重物离支点较远的一侧）。

规则Ⅲ：如果重量相等，距离相同，预测天平会保持平衡。如果一侧重量较重或距离较远，并且两侧在另一个维度上相同，则预测在不相同维度上值较大的一侧将下降。如果一侧重量较重，而另一侧距离更远，则随意猜测结果。

规则Ⅳ：按规则Ⅲ进行，即一侧重量较重，另一侧距离较远。如果是这种情况，则用重量乘以距离以计算两侧力矩。然后预测力矩较大的一侧将下降。

但是如何确定儿童是否使用这些规则来解决天平问题呢？最简单的策略是直接问儿童他们是如何解决该问题的，但对这些问题的回答很有可能高估或低估儿童的知识。如果儿童只是根据在家里或学校里听到的信息"鹦鹉学舌"，那么他们的回答会给人一种误导性的正面印象。如果儿童口齿不清，无法就他们实际上拥有的知识进行交流，那么他们的回答又会给人一种误导性的负面印象。

针对这些困难，西格勒制定了规则评估方法（rule assessment method）以确定儿童所使用的规则（如果有的话）。这种规则评估方法设计了一系列问题，针对这些问题，使用不同的规则会产生特定的正确答案和错误答案的模式。如表10.1所示，用于评估儿童所用规则的问题类型有：

1. 平衡问题：支点两侧重量相等（两侧销钉上重量配置相同）。
2. 重量问题：重量不等，与支点等距。
3. 距离问题：重量相等，与支点的距离不同。
4. 重量冲突问题：一侧重量较重，另一侧重量离支点较远，重量较重一侧下降。
5. 距离冲突问题：一侧重量较重，另一侧距离较远，距离较远的一侧下降。
6. 平衡冲突问题：重量和距离两者都冲突，但两侧达到了平衡。

使用不同规则的儿童会对这些问题产生不同的反应模式（见表10.1）。那些使用规则Ⅰ的儿童总是能正确地预测平衡、重量和重量冲突问题，并且总是不能正确地预测其他三类问题。使用规则Ⅱ的儿童的行为表现类似，只是他们能正确回答距离问题。采用规则Ⅲ的儿童在三类非冲突问题上回答都是正确的，在三类冲突问题上的表现则处在随机水平（33%正确）。使用规则Ⅳ的儿童可以正确地解决所有问题。

表 10.1　预测儿童使用各个规则回答不同类型问题的正确率

问题类型	正确率/%			
	规则Ⅰ	规则Ⅱ	规则Ⅲ	规则Ⅳ
平衡问题	100	100	100	100
重量问题	100	100	100	100
距离问题	0（应当回答"保持平衡"）	100	100	100
重量冲突问题	100	100	33（随机反应）	100
距离冲突问题	0（应当回答"右侧下降"）	0（应当回答"右侧下降"）	33（随机反应）	100
平衡冲突问题	0（应当回答"右侧下降"）	0（应当回答"右侧下降"）	33（随机反应）	100

当面对表 10.1 所示的问题类型时，超过 80% 5—17 岁的受试自始至终使用了四种规则中的一种(Siegler, 1976)。5 岁儿童最常使用规则Ⅰ，9 岁儿童最常使用规则Ⅱ或规则Ⅲ，13 岁和 17 岁受试通常使用规则Ⅲ。不管哪个年龄段，都很少有受试使用规则Ⅳ。很多后续研究也在天平问题中发现了相似的规则序列(Amsel, Goodman, Savoie & Clark, 1996; Damon & Phelps, 1988; Ferretti & Butterfield, 1986; Jansen & van der Maas, 2001, 2002; Marini, 1992; McFadden, Dufresne, & Kobasigawa, 1986; Surber & Gzesh, 1984; Zelazo & Shultz, 1989)。此外，如以上规则序列所示，至少有一些规则之间的转换是不连续的(Jansen & van der Maas, 2001)。

之前预期的儿童在 6 种问题类型上的发展变化也表现出来了。以儿童在重量冲突问题上的表现为例。如表 10.1 所示，使用规则Ⅰ的儿童能始终正确地解决此类问题。他们预测，重量较重的一侧会下降。正如前面提到的，这是由于他们对重量冲突问题的定义是正确的。相比之下，使用规则Ⅲ的儿童意识到重量和距离都很重要，他们在所有类型的冲突问题上都会模棱两可或胡乱猜测。因此，他们通常无法正确解决重量冲突问题。与此分析一致，西格勒(1976)研究中的 5 岁儿童(其中大多数使用规则Ⅰ)在 89% 的重量冲突问题上是正确的，但 17 岁的青少年(其中大多数使用规则Ⅲ)仅有 51% 的正确率。研究还发现，成年人在解决这些问题方面比 6 岁的儿童要慢(van der Maas & Jansen, 2003)。儿童的表现极少会随着发展而下降。这一数据模式表明,规则分析能很好地对儿童的表现进行预测。

解决天平问题的能力实际上早在5岁之前就开始发展了。某些这样的能力甚至在婴儿期就已出现。凯斯(Case, 1985)为婴儿展示了一个天平,天平一端下方有一个铃铛。将这一端往下推,铃铛就会响。在4到8个月大的时候,当婴儿看到实验者通过推压天平的一端而发出声响,他们也会伸手去推压天平。在12到18个月大的时候,儿童会模仿实验者解决一个更难问题时所用的方法:压下天平的一端,使另一端向上抬起,并触碰到上方的铃铛使其发出声响。2至3岁半时,儿童就可以找到解决这个问题的方法,而无须先观察实验者的解决策略了。4到5岁时,哪怕给儿童一重一轻两个木块,并要求他们在天平两端各放一个木块以使一端上方的铃铛发出声响,儿童依然可以完成。

哈尔福德和他的同事(Halford, Andrews, Dalton, Boag & Zielinski, 2002)使用了一种更传统的天平任务来研究儿童解决问题的能力,他们的研究对象是2岁的儿童。他们对标准实验工具进行了修改,将原有的标准天平每端4个销钉改为3个。他们还在天平的一端放了一只"小兔子",在另一端放了一只"小鸭子",这样儿童就可以很容易地对天平两端进行区分。实验者问儿童:"说说看,小鸭子会不会下降,小兔子会不会下降,或者它们都不会下降?"哈尔福德等人研究发现,当涉及较轻的重量和较短的距离,以及当一次只改变一个维度时,2岁的儿童能够就该问题做出准确的预测。

转而再来看看年龄大得多的儿童的情况。一则小故事可能就会说明问题解决的技巧通常是多么的具体。在最初的研究(Siegler, 1976)中,西格勒决定不研究16岁和17岁的青少年。但选取被试学校的校长告诉他,学生们会表现得很好,因为他们在之前的两门科学课上都学过天平。因此,当最后发现不到20%的学生使用了规则Ⅳ时,西格勒和校长都感到非常惊讶。

后来和学校一位科学课老师的谈话一定程度上了解了其中的原委。这位老师指出,实验中使用的天平是力臂天平,而课堂上使用的天平是托盘天平。托盘天平可承载不同重量,用挂钩挂在天平两端,挂钩和支点之间的距离也可以调整。对部分学生的再次测试表明,他们确实可以解决与托盘天平有关的类似问题。不过遗憾的是,这种有限的结论指的是规则,而不是问题解决的特例。

◎ 学习和编码

为何要明确规则发展的典型顺序以及不同儿童个体所使用的规则?原因之一在于要预测哪些教学经验有助于特定儿童的学习。为了说明这一点,西格勒(1976)在前测实验中确定了在天平问题上使用规则Ⅰ的5岁和8岁儿童。然后,实验者为这些儿童提供了反馈体验。在这种反馈体验中,实验者首先向儿童提出一个问题,并询问天平的哪一端会下降。之后,松开控制天平平衡的控制杆,儿童会看到他们的预测是否正确。每个儿童都收到了三类问题中其中一类问题的反馈。有些儿童接受的是平衡和重量问题的反馈,儿童在前测中使用的方法能够正确解决这些问题。另一些儿童则接受了距离问题的反馈,他们现有的规则无法正确解决这类问题,但当他们习得典型发展序列中的下一个规则时,他们就能正确解决这类问题。其他儿童则接受了冲突问题的反馈,在儿童习得规则Ⅲ之前,他们甚至无法理解这些问题的本质。

适度差异假设(见本书第 131 页)表明,促进学习最有效的问题应该在一定程度上(但不是很大程度上)超出儿童的现有水平。因此,对于使用规则Ⅰ的儿童来说,距离问题是最有帮助的,因为采用规则Ⅱ可以解决距离问题,而规则Ⅱ是使用规则Ⅰ的他们最有可能掌握的下一条规则。

与这一假设一致,5 岁和 8 岁的儿童面对距离问题时通常会进阶到规则Ⅱ的水平。同样,如预期的那样,5 岁和 8 岁的儿童在收到现有方法(规则Ⅰ)已解决重量问题的反馈后,他们会继续使用规则Ⅰ。不过,对冲突问题的反应与预测有所不同。大多数 5 岁儿童没有任何进步,这符合预期。然而出乎意料的是,大多数 8 岁儿童都从冲突问题反馈中受益匪浅。8 岁儿童通常会进阶至规则Ⅲ的水平,规则Ⅲ从本质上帮助他们理解重量和距离在所有问题上的作用。

为什么 5 岁和 8 岁的儿童最初都使用规则Ⅰ,但对冲突问题却有不同的反应?研究者通过分析一些儿童解决冲突问题的录像后发现,对天平问题结构的编码对学习起着关键作用。这些 8 岁儿童似乎能对支点两边的重物以及两边重物和支点之间的距离等信息进行编码。相比之下,5 岁儿童似乎只看到了支点两边的重物,他们似乎没有对重物与支点间的距离进行编码。如果 5 岁儿童的编码存在这样的局限,他们无法从冲突问题中学习也就不足为奇了。因为他们不可能理解有关距离的信息。

为了测试编码的改善是否真的与学习有关,研究者对使用规则Ⅰ的 5 岁和 8 岁儿童进行了编码测试。受试儿童首先对销钉上的砝码进行时长 10 秒的观察。之后,这些砝码被一块木板遮挡,儿童需要在一个没有任何砝码的相同天平上"制造同样的问题"。能把正确数量的砝码摆放在两边表明儿童对重量进行了精确编码;能把砝码放在适当的销钉上代表儿童对距离进行了精确编码。

8 岁儿童通常能把正确数量的砝码放在正确的销钉上,这表明他们准确地编码了重量和距离信息。相比之下,5 岁儿童会在支点的每一侧放正确数量的砝码,但通常会将砝码放在错误的销钉上。他们几乎没有编码砝码与支点之间的距离信息。

为了进一步测试有限编码是否与 5 岁儿童缺乏冲突问题经验有关,实验者对其他使用规则Ⅰ的 5 岁儿童进行了距离编码和重量编码的培训。之后,儿童收到与之前相同的冲突问题的反馈,这些问题之前并没有在这个年龄段的儿童中体现出学习的效果。结果表明,编码学习发挥了很大的作用。尽管没有一个未经培训的 5 岁儿童从这些冲突问题的反馈中受益,但接受编码培训的 70% 儿童都受益匪浅。因此,编码能力似乎与学习密切相关。

◎ **普遍性**

儿童处理其他问题的方法与他们在天平问题上使用的方法相似。下面来看看阴影投射问题解决能力的发展(Siegler,1981)。在这个任务中(见图 10.4),两个 T 形条都位于光源和屏幕之间。实验问题是:如果打开光源,哪个 T 形条投射在屏幕上的阴影更大?通常,5 岁儿童多基于单一维度进行判断,他们判断较大的物体总是投射出较大的阴影。这与他们在天平问题中只考虑每一侧的重量这一单一维度相类似。而 8 岁和 9 岁的儿童最常见的方法是采用规则Ⅱ。在规则Ⅱ中,儿童主要考虑主导维度(在这个例子中指物体的大小),如果物体的大小相等,儿童会考虑第二维度,即物体与光源的距离。在 12 岁和 13 岁儿童及成年人中,规则Ⅲ占主导地位,他们较为一致地考虑了这两个维度,但不知道整合这两个方面所需的比例公式。最后,和天平问题一样,不论什么年龄,很少有人用规则Ⅳ来正确解决所有问题。在许多问题上也发现了类似的规则序列,包括温度和甜度(Strauss,1982)、幸福和公平(Marini,1992)、人格诊断(Marini & Case,1994)、满盈程度(Bruner & Kenney,1966)和斜面问题(Ferretti 等,1985;Zelazo & Shultz,1989)等。

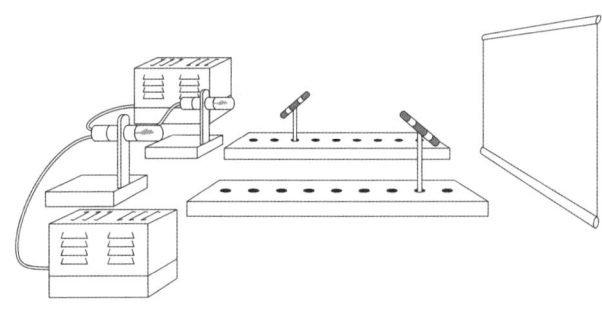

》 **图 10.4** 西格勒(1981)使用的阴影投射装置。打开光源后屏幕上会出现大小不同的阴影,而阴影的大小取决于 T 形条的长度及其与光源和屏幕的距离

一个非常普遍的发现是,4 到 6 岁的儿童在解决涉及两个或多个维度的问题时,大多数都是基于单一的维度。这不仅适用于刚刚列出的问题,还适用于液体和固体守恒问题,时间、速度和距离问题,概率问题,传递性推理问题,空间推理问题,叙事、社会两难困境、货币价值和情感反应的理解问题,音乐视景阅读,数量形容词的使用等(Andrews & Halford,1998;Bruchkowsky,1992;Capodilupo,1992;

Case & Okamoto, 1996; Case 等, 1996; Dean, Chabaud & Bridges, 1981; Dennis, 1992; Griffin, Case & Sandieson, 1992; Levin, Wilkening & Dembo, 1984; Marini & Case, 1989; Siegler, 1981; Siegler & Richards, 1979; Surber & Gzesh, 1984）。

这些发现并不意味着 4 到 6 岁的儿童在解决问题时不能考虑一个以上的维度。他们可以而且经常这样做。在涉及不止一个维度的情况下，年幼儿童也不是唯一依赖单一维度（unidimensional）的人，成年人也经常这样做（如 Neisser & Weene, 1962）。不过，这个年龄段的儿童似乎对单一维度有着特别强烈的偏好，基本上很难说服他们相信这样做是错误的。

天平问题反映出的学习发展差异在许多其他情况下的学习也非常典型。关于认知发展的一些重要概念都是基于对学习发展差异的观察而建立的，其中包括阶段、关键期、准备（readiness）状态等。例如，以下是 20 世纪初的研究中提到的对阅读准备（reading readiness）状态的观察：

> 在儿童开始阅读的早期，我们一直致力于通过不懈的努力和有效的方法提高他们的阅读能力，而这种能力实则会随着他们自身的成长而提高。当儿童的感觉器官和神经系统变得成熟，阅读能力届时也会提高得很快。其实我们在早期的时候浪费了很多宝贵的时间。（Huey, 1908, pp. 303, 309）

这段语言描述很难懂，但基本的观察结果是正确的，即年长儿童比年幼儿童学得快。我们该如何解释这种学习上的差异，即便年幼儿童和年长儿童最初表现的水平相同，这种差异也依然存在？我们已经明白，编码在这一问题解决过程的差异可以让年长儿童在解决天平问题时收获更大。现在我们将探讨另一些关键过程对许多其他类型问题解决的作用。

一些重要的问题解决过程

本节重点介绍几个重要的问题解决过程：计划、因果推理、类比、工具使用以及科学和逻辑推理。当然，这些并不是儿童使用的仅有的问题解决过程，它们只是最基本和最普遍过程中的一部分。此外，在成长过程中，儿童问题解决整体有效性的变化在很大程度上取决于这些过程的改善。

计划

计划是面向未来的问题解决过程（Haith, 1994）。它最常用于复杂和新奇的情况。在这些情况下，我们没有可参考的常用路径，如果我们不做计划就有可能犯错。然而，即使是在新奇的情况下，人们也常常毫无计划地行动，有时往往会后悔（Friedman, Scholnick & Cocking, 1987）。这种无计划的行为常常令人惋惜，但也可以理解。为什么儿童在计划有助于解决问题的时候却不做计划呢？看一看如下原因（Ellis & Siegler, 1997）：

1. 计划需要儿童抑制立即行动的冲动。抑制行为的能力在童年时期发展缓慢（Dempster, 1993）。

2. 儿童常常对无计划条件下成功的可能性过于乐观（Stipek, 1984）。

3. 计划带来了浪费精力的风险，例如，如果儿童未能正确执行计划，或者问题本身超出了儿童的解决能力（Berg, 1989）。

4. 计划通常需要与他人合作，这对每个人都是挑战，但对经常斗嘴、忘记最初任务、拒绝合作的儿童来说尤其困难（Baker-Sennet, Matusov & Rogoff, 1992）。

5. 如果儿童不做计划，其他人，特别是父母，可能会把他们从失败的后果中拯救出来。例如，如果他们没有为家庭作业留出足够的时间，父母可能会帮助他们（Ellis, Dowdy, Graham & Jones, 1992）。

鉴于所有这些障碍和不做计划的理由，儿童如果还做计划就有点让人意外了。然而，从婴儿期开始，儿童就经常做计划。

◎ 方法—目的分析

方法—目的分析是一种特别有用且应用广泛的计划形式。正如在本章前面的"狗—猫—鼠"实验中所讨论的，这种分析涉及将我们想要达到的目标与当前情况进行比较，并减少两者之间的差异，直至目标实现。该分析过程要求同时关注多个方面：子目标、实现子目标的过程以及当前状态与总体目标之间的差异。

近1岁的婴儿已经能够使用方法—目的分析法。威拉茨（Willatts, 1990）向12个月大的婴儿展示了一个泡沫橡胶障碍物，障碍物后面是一块布料，布料上绑着一根绳子。另有一个玩具，有时连着绳子，有时就放在周围。当玩具系在绳子上而不是放在周围时，婴儿能更快地移开障碍物，拉动布料并拽起绳子，从而得到玩具。因此，12个月大的婴儿似乎形成并执行了一个三步计划：移除障碍物，拉动布料，拽起绳子以拿到玩具。

在威拉茨的研究中，目标（玩具）和实现目标的方法（绳子）之间的关系很容易被察觉，因为绳子明显地与玩具相连。然而，在许多类型的问题中，目标和实现目标所需的特定动作是不可直接被感知到的，而是必须由问题解决者提前想到。鲍尔和他的同事（Bauer, Schwade, Wewerka & Delaney, 1999）发现，在21个月大的时候，儿童便具有了产生某种不可见路径以实现目标的能力。他们向21个月和27个月大的儿童提出了4个问题，这些问题都涉及将组件组装成玩具。对于每一个问题,他们首先向儿童展示目标状态(例如,一个用木块做成的拨浪鼓,装在塑料桶里),再在儿童视野之外将玩具拆解。然后给儿童提供组件(木块和分为两半的塑料桶),并鼓励他们组装玩具。总的来说,儿童成功地解决了40%的问题。在90%的解决方案中,他们准确地按照正确的顺序执行了目标动作,这表明他们已经预先计划了动作的顺序。虽然27个月大的儿童比21个月大的儿童在实验中显示出更多的计划性,但后者在某些试次的实验中也成功地进行了计划。因此,到2岁时,即使目标和实现目标的方法不易察觉,儿童也可以为实现目标而产生一系列行动。

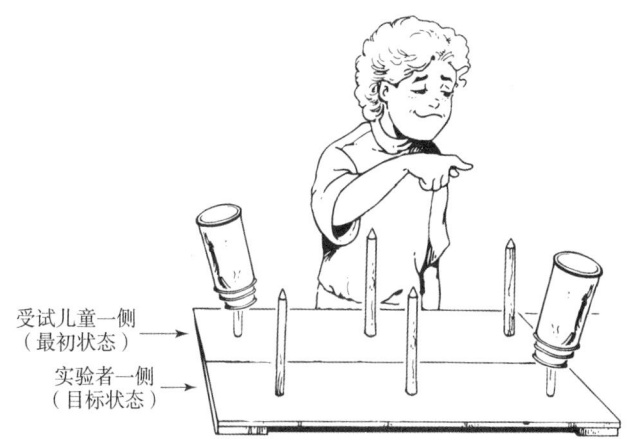

≫ 图10.5 三个罐子的汉诺塔问题。目标是让儿童一侧的三个罐子和实验者一侧的相匹配。一次只能移动一个罐子,较小的罐子不能放在较大的罐子上。这个问题七步之内可以解决(from Klahr, 1989)

在随后的几年里,方法—目的分析的持续发展表现为儿童可以立即记住的子目标数量和复杂性的巨大变化,以及他们抵制短期目标的吸引以追求长期目标能力的巨大变化。这些变化在3至6岁儿童完成汉诺塔(Tower of Hanoi)任务所用的方法中有所体现(见图10.5)。该任务旨在通过尽可能少的移动,将自己一侧的罐子摆成与实验者一侧的相同。规则只有两条:其一,一次只能移动一个罐子;其二,不能将较小的罐子放在较大的罐子上(因为它会掉下来)。若要了解解决此类问题所需的计划,请尝试找出图10.5中问题的最佳(七步)解决方案。

毫不奇怪,年长儿童可以解决需要移动更多步数的问题。大多数3岁儿童能解决"两步骤"问题(从最初状态到目标状态需要移动两步的问题);大多数4岁儿童能解决移动四步的问题;大多数5岁和6岁儿童能解决移动五步或六步的问题(Klahr & Robinson, 1981; Welsh, 1991)。相比儿童能解决的问题所需步数的变化,更有趣的是他们在计划中所使用策略的变化。3岁儿童的策略仅限于直接将罐子移动到目标位置。当另一个罐子位于他们想移动罐子的目标位置上面,从而导致他们不能把罐子移到它的目标位置时,儿童经常不顾规则限制而按自己的想法移动罐子。而年长儿童面对这种情况时会规划一些子目标,使自己沿着正确的方向去实现他们最初的目标。他们还将进一步计划自己的行动。然而,即使在 6 岁的时候,儿童也很难解决需要他们采取远离短期目标行动的那些问题,就像前面所描述的该年龄段儿童所遇到的"狗—猫—鼠"难题一样(Klahr,1985)。

◎ 路径计划

计划的用途之一是选择到达目的地的最有效路线。例如,当告诉儿童要将散落在房子里的东西收起来时,他们会尽量减少他们走的路程。他们可能会先把散落在一楼的衣服、游戏、书籍和玩具堆起来,然后把这些东西拖到二楼的卧室。

路径计划的能力发展得很早。接近 1 岁的婴儿经常会去起初没看过的房间,以便得到他们开始时没见过的玩具(Benson,Arehart,Jennings,Boley & Kearns,1989)。

在这一阶段之后,路径计划能力毫无意外地有了长足的发展。即使在 4 到 5 岁的较短时期内,儿童的计划能力也会大大提高。与 4 岁儿童相比,5 岁儿童在出发前能考虑更多的行动路线,走更少的回头路,也能更快地纠正错误(Fabricius,1988)。

年长儿童也能更准确地选择与情境相适应的策略。在一项对 4 至 10 岁儿童的研究(Gardner & Rogoff,1990 年)中,部分儿童被告知,他们需要计划如何从一个点到另一个点,而且速度和避免转向错误都是重要的。其他 4 到 10 岁的儿童被告知,唯一重要的是避免转向错误。在这两种情况下,4 到 7 岁的儿童提前计划了一部分路线,其余的则是在到达选择点时再做计划。当速度和避免转向错误都要考虑时,7 到 10 岁的儿童也这样做。然而,当只有"选择最直接的路线"成为重要考虑因素时,年长儿童往往在开始之前就计划好了整个路线,这使他们减少了转向错误的次数。因此,年长儿童在速度不重要的时候意识到了计划的好处;而在速度重要的时候不会浪费时间做计划。相比之下,年幼儿童在速度无关紧要的情况下也没有做计划,这导致他们在该条件下所犯的错误和速度是重要因素的时候一样多。

因果推理

如第八章所述,将概念视为隐性理论的研究者强调因果关系知识是概念理解的核心。

因果关系对于整合我们的理解是如此重要,以至于哲学家大卫·休谟(David Hume)将之描述为"宇宙的黏合剂"。因此,毫不奇怪,问题解决往往是为寻找事件原因所做出的一种努力。例如,如果一个儿童拆开一个时钟想看看内部的工作原理,他是在试图找出引起各部分移动的原因。2岁儿童没完没了地问"为什么",比如"为什么狗会叫?",有时也是为了了解原因(有时,他们只是想惹恼父母)。

为什么人们会推断事件之间的因果关系?这一直是哲学家和心理学家感兴趣的问题。外部世界并没有强迫我们产生这些推论。当一颗台球击中另一颗台球,而且第二个台球开始滚动时,在我们看来,很明显是第一颗台球的滚动导致了第二颗台球的滚动。但这个推论合乎逻辑吗?难道第二颗台球就不能因为别的原因开始滚动吗?如果我们打开汽车后备厢,汽车的收音机突然响起来,我们会得出开后备箱导致收音机响这样的结论吗?

◎ **休谟变量(The Humean variables)**

英国哲学家大卫·休谟(1739—1740/1911)假设有三个特征使得人们认为事件存在因果关系:事件在时间和空间上紧密相连[邻接性(contiguity)];标记为"原因"的事件在标记为"结果"的事件之前发生[前导性(precedence)];因果关系在过去的情况下也一贯同时存在[共变性(covariation)]。根据休谟的假设,每个变量都会影响儿童(和成年人)的因果推理。

1岁以内的婴儿已经能使用时间和空间邻接性来推断因果关系。研究者通过实验证明了这一结论(Leslie, 1982; Oakes, 1994; Oakes & Cohen, 1990, 1995)。6到10个月的婴儿反复观看一个运动物体与静止物体碰撞的影片,静止物体在碰撞后开始移动。然后,婴儿看到或违反空间邻接性(尽管第一个物体没有触碰第二个物体,后者依然发生移动),或违反时间邻接性(第一个物体击中了第二个物体,但第二个物体直到碰撞发生后,过了3/4秒才移动)的事件序列。与保持空间和时间邻接性的事件相比,违反空间和时间邻接性的事件引发婴儿注视的时间更长,这表明违反行为使婴儿感到惊讶。

到了5岁(或许更早),儿童也用事件的发生顺序来推断一个事件或许是另一个事件的原因。当3岁和4岁的儿童按A—B—C顺序观察3个事件,然后被问及:"是什么让事件B发生?"他们倾向于选择事件A(先于事件B发生),而不是事件C(晚于事件B发生)(Bullock & Gelman, 1979; Kun, 1978)。不过,应该指出的是,与年长儿童相比,3岁儿童只在较少的情况下表现出这种对前导性的理解。在某些情况下,3岁儿童中认为第二个事件引起第一个事件的人数和持相反观点的人数相同(Corrigan, 1975; Kuhn & Phelps, 1976; Shultz, Altmann & Asselin, 1986; Sophian & Huber, 1984)。然而,所有的研究都发现,到5岁时,儿童始终能选择较早的事件作为原因。

事件共变性的意义似乎是休谟提出的最后一个需要重视和理解的变量。当该变量与邻接性发生冲突时,年幼儿童特别容易将其忽略。例如,如果一个事件总是在另一个事件之后5秒发生,5岁的儿童很少认为这样的事件序列存在因果联系

(Mendelson & Shultz, 1976)。相比之下,8 岁儿童和成年人则能认识到,这种存在延迟但一致的关系表明这两个事件存在因果关系。综上所述,即使在婴儿期,邻接性也会在因果推理中产生重要影响;到 3 岁时,儿童有时能考虑到前导性,到 5 岁时,儿童始终能意识到前导性的影响;5 岁之后,共变性逐渐成为重要的影响因素。

◎ 超越休谟变量

儿童的因果推理能力在多个方面超越了休谟的分析。从婴儿期开始,儿童就明白效果的大小与原因的大小有关。在某实验中,中等大小的物体与静止物体碰撞并使其移动一定距离。11 个月大的婴儿对该事件进行了观察并形成了习惯化反应(Kotovsky & Baillargeon, 1994)。然后他们看到一个较大的物体碰撞静止物体并使之移动得更远,或者看到一个较小的物体碰撞静止物体并使之移动得更远。当较小的物体碰撞静止物体并使之移动较远时,婴儿注视的时间较长,这表明他们预期较小的物体会发挥较小的作用。

从 3 岁左右开始,儿童也能区分身体上的和心理上的因果关系。在一项针对这个问题的研究中(Schlottman, Allen, Linderoth & Hesketh, 2002),3 到 9 岁儿童首先看到 3 张图片,一张描绘身体因果关系(一个人踢球,使球飞到空中),一张描绘心理因果关系(一个人追逐另一个人,使其跑开),还有一张描绘了一个非原因的行为(一个人在行走),从某种意义上说,它并没有导致其他行为的发生。然后,受试儿童观看影片,影片中红色和绿色的形状以不同的模式移动。在每部影片结束后,儿童需要指出哪一张图片与影片类似。结果显示,不论处在哪个年龄,当儿童看到一个移动的物体与一个静止的物体发生碰撞,静止的物体随之开始移动时,他们几乎总是选择身体因果关系图。此外,当儿童看到一个移动的物体接近一个静止的物体但没有接触它,而后静止的物体开始移动,他们几乎总是会选择心理因果关系图。因此,到 3 岁时,儿童会根据不同的因果机制解释不同类型的图式事件(接触事件和非接触事件)。

自发展早期开始,儿童也认识到不同类型的原因适用于解释不同类型的实体。即使是学前儿童也意识到,动物体内的某些东西会让动物在想要移动的时候动起来(Gelman & Gottfried, 1996; Opfer & Gelman, 2001; Simons & Keil, 1995)。他们不太清楚那些东西具体是什么,但他们相信肯定不同于使非生命体运动的原因。这种总体上的区分能力可能促使儿童从不同的方向寻找生命体和非生命体运动的特定原因。

这些例子说明了一种更大的规律:从生命早期开始,儿童就强调因果机制(mechanisms)的重要性,这种重要性超越所有其他事件起因线索。当儿童理解了一个因果机制时,他们期望事件的发生与之相一致。例如,与物体碰撞有关的因果机制是力。在其他条件相同的情况下,较小的运动物体对静止物体施加的力较小,从而导致较短距离的移动。即使是婴儿也会对违反这种因果关系的事件感到惊讶。同样，与非接触事件相关的因果机制是心理方面的，也就是说，可以从施事者的意图和信念的角度来理解。在 3 岁时，儿童会根据心理原因来解释非接触事件，即使所涉及的施事者是非生命的形状而不是生命体。

不同的情境呈现出可用以推断事件发生原因的不同类型信息。有时，这些信息来源指向同一个结论，有时则并非如此。在确定事件的其他潜在原因时，很大一部分挑战在于决定哪种类型的信息最为重要。至少从 3 岁开始，儿童似乎会采用一套"策略—选择"规则来做出这些决定（Shultz, Fisher, Pratt & Rulf, 1986）。当关于因果机制的信息可用时，儿童会使用这些信息。如果不可用，他们倾向于依靠时间和空间邻接性和其他令人印象深刻的感知事件进行推理。只有当这两类信息都不可用时，儿童才会考虑与结果相关的不那么显著的因素，例如因果之间存在延迟但有规律性的共变因素。

儿童一旦理解了因果关系，他们就会把这些知识运用到其他类型的问题解决中，比如分类和推断。事实上，一些证据表明，儿童在分类中赋予因果信息的权重特别大（Keil, Smith, Simons & Levin, 1998）。在关于该问题的一项研究中（Ahn, Gelman, Amsterlaw, Hohenstein & Kalish, 2000），7 至 9 岁的儿童了解了关于一种新奇动物的描述。一些儿童被告知，这种动物的一个特征导致另外两个特征出现（如"塔里波斯①神经中所含的蒲吟霉素②使它们长有粗大的骨骼和大眼睛"）。然后研究者给儿童呈现另外两只动物，并让他们选出哪一只是该类别的另一个成员（另一只塔里波斯）。其中一只动物缺失了原因特征（神经中的蒲吟霉素），另一只则具有原因特征，但缺失了结果特征（大眼睛）。在这两种情况下，新动物都具有三个关键特征中的两个。不过，与选择缺少原因特征但具有结果特征的动物相比，儿童更倾向于选择具有原因特征但缺少结果特征的动物作为同一类成员。因此，关于因果机制的信息在儿童的思维中显得尤为突出，不仅被用于评估因果关系，而且还被用于分类。

类比

类比推理是一个普遍而强大的过程。它涉及通过识别被比较物体或事件中的相应结构或功能来解决问题（Gentner 等，1995；Goswami，2001；Halford，1993）。例如，若要理解隐喻性表述"照相机就像录音机"，人们需要理解两种设备的功能——记录现在发生的事情，以备将来检查。类比被广泛应用于日常生活中

---

① 译者注：taliboos 的音译，是一种虚构的动物。
② 译者注：Promicin 的音译，是美国科幻电视剧《The 4400》中提到的一种虚构的神经递质。

的推理和问题解决,以及更专业的领域中,如科学家在实验室会议上提出假设,或政治家试图在政治集会上左右选民等(Dunbar & Blanchette, 2001)。

类比推理的发展类似于因果推理的发展。一方面,随着年龄的增长,儿童能够理解和产生类比的范围大大扩大。例如,当提出照相机/录音机的类比时,6岁儿童倾向于列出两者表面上的相似之处,如两者都是黑色的,而9岁儿童则专注于它们的共同功能(Gentner等,1995)。另一方面,在某些情况下,即使是婴儿和学步儿也能成功地进行类比,而在另一些情况下,即使是受过大学教育的成年人也不一定能完成类比。因果推理和类比推理之间的这种相似并非巧合。进行恰当的类比通常极其依赖于理解和识别被比较因果关系中的相似之处(例如,为什么人们要使用照相机和录音机?)。

◎ 类比推理发展过程的相似性

在接近1岁时,儿童形成类比的能力已经初露端倪。陈、桑切斯和坎贝尔(Chen, Sanchez & Campbell, 1997)向10个月和13个月大的儿童提出了呈系列的3个问题,在这些问题中,吸引儿童注意力的玩具放在障碍物后面。这些问题与威拉茨(1990)提出的问题类似。儿童需要移除障碍物,拉动系着绳子的毛巾(绳子的另一头连着玩具),而不是拉动绳子没有系在玩具上的毛巾。不过,在陈等人的研究中,儿童先试图自己解决问题,再观察他们父母解决问题的方法。之后,研究者呈现概念上相同的问题,这些问题在表面特征上有所不同,如具体物体、颜色和大小,以及儿童是以坐姿还是以站姿获得玩具等等。在看过父母的问题解决方案后,13个月大的儿童能越来越有效地解决随后的问题,即使这些问题看起来与最初的问题并不十分相似。10个月大的婴儿也可以做出适当的类比,但只限于随后的问题和他们看到的已解决问题非常相似的情况。

学前儿童能形成更复杂的类比。在一项研究中,3到5岁的儿童听到了一个故事。在这个故事里,一个精灵需要把珠宝运过一堵墙,装进一个瓶子里(Brown, Kane & Echols, 1986)。为了解决这个问题,精灵需要卷起一块纸板形成一根管子,而后把管子放入瓶口,然后把珠宝从管子装到瓶子里。听过这个故事后,儿童被问及一个关于复活节兔子的问题,兔子需要将鸡蛋运过河,并放到河对岸的篮子里。儿童需要展示他们如何用一块纸板把鸡蛋转移到河对岸的篮子里。河是画在地板上的。一些5岁儿童(但很少有3岁儿童)用一种类似于精灵故事里的策略解决了复活节兔子的问题。不过,当被问及每一个故事的核心情节(主人公试图达到什么目标,哪些困难使得目标难以实现,主人公做了什么来克服困难)是什么时,3岁和5岁儿童都始终如一地解决了这个问题。因此,3岁儿童可以形成相关的类比,但需要提示他们形成相关类比的关键因素。

到4岁时,儿童在某些情况下无须提示即能形成类比。图特勒和雷森(Tunteler & Resing，2002)给 4 岁儿童介绍了一些简短的故事，然后让他们完成一些体力任务。这些任务可以用类似于故事中所描述的方法来解决。例如，有一个故事描述了一位老太太，她的包掉进了灌木丛里。她够不到那个包，但她用手杖把它捡了起来。听完这个故事后，实验者让儿童取回一个放在桌上，但伸手够不到的塑料瓶。实验者为儿童提供了用来解决问题的 14 种工具。所有的问题都可以用类似的方法(使用与故事中具有相同功能的工具)或不相关的非类比方法(用不同类型的工具，采取不同的操作方法)来解决。

实验条件下的儿童每周需要解决两个这样的问题，为期六周；对照条件下的儿童仅需要在第一周和最后一周解决两个这样的问题。两组儿童自发选择类比工具的频率都高于随机选择的频率，这表明 4 岁儿童能够自发地形成类比。此外，实验组的儿童从第一周到最后一周越来越多地使用类比推理解决问题，而对照组的儿童则没有。因此，类比推理的实践促进了年幼儿童对类比推理的使用。

尽管婴儿和年幼儿童在某些情况下可以自发地形成类比，但年长儿童和成年人却不能识别出许多其他情况下的类比。就像布朗等人(Brown 等，1986)的研究中提到的 3 岁儿童例子，大学生常常无法识别出那些他们只需注意到类似情况就能发觉的类比(Holyoak & Thagard，1995)。

同样的变量普遍影响着年幼儿童、年长儿童和成年人的类比推理。当表面特征(如人物的名字)和深层特征(如目标、障碍和潜在解决方案)相似时，所有年龄段的个体都更容易认识到情境之间的类比性(Goswami，1992，1995a)。当他们发现之前遇到的多个问题(而不仅仅是一个问题)具有相同的解决方法(Chen，1999；Crisafi & Brown 1986；Gholson, Emyard, Morgan & Kamhi，1987)，以及用于解决源问题和目标问题的过程高度相似时(Chen，1996，2002)，他们更有可能使用类比推理。对于所有年龄段的个体而言，相关结构特征的完整编码与类比问题解决同样重要(Chen 等，1997；Gentner 等，1995)。进行类比的可能性随着年龄的增长而变化，但引起这种可能性增加或减少的变量往往是相同的。

◎ **发展差异**

影响相关类比推理生成的变量是相似的，但这种相似性不应掩盖类比推理随着年龄的增长而发生的深刻变化。年幼儿童需要明确的暗示或示范才能进行类比推理，而年长儿童无需这种帮助就能进行类比推理(Brown 等，1986；Chen 等，1997；Crisafi & Brown，1986)。他们的类比推理也受到表面感知差异和联想的阻碍，这些差异和联想对年长儿童和成年人的类比推理影响较小(Chen，1996；Chen, Yanowitz & Daehler，1995；Goswami & Brown，1990)。

类似的发展趋势在他们对隐喻的解读中体现得也很明显(Gentner，1988；Winner，1988)。当看到"狱警是一块坚硬的石头(The prison guard was a hard rock.)"这一隐喻表达时,6 岁和 7 岁的儿童通常会进行字面解读或引申解读,比如"狱警在有坚硬石墙的监狱里工作"或"狱警长有坚硬、结实的肌肉"(Winner, Rosenstiel & Gardner, 1976, p. 293)。相比之下,13 岁和 14 岁的儿童一直强调心理特征和身体特征之间的关系,如他们解释说"狱警很刻薄,不关心囚犯的感受"(Winner 等,1976, p. 293)。总的来说,儿童在正确解读只有关系结构类似的隐喻之前,一般会根据被比较对象的外观来正确解读隐喻。此外,随着年龄的增长,儿童越来越倾向于从关系的角度解读那些既可从对象之间的相似性也可从关系之间的相似性来解释的隐喻(Gentner, 1988)。

为什么类比推理能力会随着年龄的增长而提高?原因之一在于内容知识的增加。随着儿童获得的知识越来越多,他们越来越认识到那些表面上并不引人注目属性的中心地位。回顾一下照相机/录音机的例子。儿童了解到这些设备的关键特征是信息保存,而不是颜色、大小或其他表面的特征。类比推理能力发展的第二个原因是语言(Gentner 等,1995)。语言赋予抽象关系以名称,否则可能无法将其识别为相似的关系。因此,若个体认识到照相机和录音机都是"信息保存设备",就能注意到二者之间的相似性,以及它们与其他表面特征不同的物体(如书籍和肖像画)之间的相似性。

工具使用

儿童不是在真空中解决问题。他们会使用可用的工具来帮助自己。有了合适的问题,几乎任何东西都可以作为工具:手杖、耙子、口头和书面语言、地图、数学符号,甚至其他人。这些工具的适用范围不同,用来解决问题的直接性和间接性也不相同,但都为儿童提供了解决问题的方法,否则这些问题将超出他们的现有能力。

儿童首先使用的工具是他们的母亲(Mosier & Rogoff, 1994)。当发现自己拿不到有趣的玩具时,6 到 13 个月的儿童会将他们的母亲作为工具来获得这些玩具。他们在母亲和玩具之间哀求地来回张望,用手做"给我"的手势,向玩具倾斜,并发出声音。和任何有用的工具一样,"他人"这一工具大大扩展了儿童可以解决问题的范围。

儿童很快也会开始使用无生命的物体作为解决问题的工具。在一项研究中,1 岁半和 2 岁的儿童看到一个实验者用耙子拉过来一个有趣的玩具(Brown, 1989)。然后实验者让儿童自己去拿玩具。儿童被绑在一个座位上,这样他们就不能移动,但他身边有各种潜在的工具可供使用。例如,有一个儿童看到通过长耙子即能得到玩具,这个儿童可能够得着一根长拐杖、一把短耙子、一根与实验者所用耙子颜色相同的棍子以及一个又长又弯又软的物品。儿童很快就做出了选择,他们的工具选择几乎总是最优的。他们选择的工具是刚性的,工具一头适合拉动,并且长度足以够到玩具。他们并不关心所选工具的颜色与他们看到的最初使用的工具是否相同。他们也非常愿意用长拐杖代替耙子。因此,他们理解了让所选工具适合于问题解决的因果特征。

在布朗的研究中,实验者在儿童试图自己取回玩具之前演示了耙子的使用。陈和西格勒(2000)研究了实验者的演示对促进儿童使用工具的作用。在他们的研究中,18到35个月大的儿童中有一组看到实验人员演示如何使用工具来取回玩具,并接收到使用适当工具的提示(你能用这个来取回玩具吗?),另一组既没有看到演示也没有收到提示。在示范和提示条件下的儿童比在对照条件下的儿童更可能在以后的实验中使用工具,这表明他们从示范和提示中学到了经验。此外,综合该研究的实验试次可以看出,儿童使用工具的策略更稳定,策略执行也更加熟练,面对可用的工具时也能做出更好、更精细的选择。

◎ **作为工具的符号表征**

符号表征(symbolic representations)(如地图、缩放模型和图片)也是非常有用的问题解决工具。到3岁时,儿童在使用这类工具方面表现出相当强的能力。在这项能力的经典演示中,德洛克(DeLoache, 1987)给2岁半和3岁的儿童展示了一个玩具。这个玩具藏在一个模型房间里。儿童需要在一个真实房间里找到这个玩具,这个真实房间与模型房间的构造一样。如果模型房间中的玩具藏在一把迷你椅子下,则真实房间中的玩具也藏在相应的椅子下。实验者给出了如下的指示:"注意!我把小史努比藏在这里。现在我要把大史努比藏在大房间的同一个地方!"(DeLoache, 1995, p.110)。

尽管两组儿童的平均年龄相差很小(7个月),但他们在使用缩放模型的能力上差别很大。3岁儿童在超过70%的试次中都准确无误地发现了隐藏物;而2岁半的儿童仅在不到20%的试次中发现了隐藏物。这不是因为2岁半儿童未能了解情况或未能记住模型演示。在被问及小史努比的位置时,这两个年龄段的儿童始终能记起小史努比在模型房间中的位置。因此,二者的不同之处在于年幼儿童无法使用模型房间来推断大史努比在真实房间里的位置。

为什么2岁半的儿童在使用缩放模型解决问题时会遇到这样的困难?一种可能的解释是,他们不能理解何种类型的表征如何被用作解决此类问题的工具。为了验证这一解释,德洛克(1987)向2岁半的儿童展示了大房间的线条图或照片,并告知他们要使用这些图或照片来找到隐藏物。那些之前不会使用缩放模型作为工具的儿童在这次任务中成功地找到了隐藏物,区别只在于这一次他们使用了线条图或照片。这说明,他们能够使用一些符号表征作为解决问题的工具。

德洛克认为,2岁儿童难以使用缩放模型的原因在于,将缩放模型本身视为有趣的物体与将其视为另一个物体的表征之间存在冲突。与这种解释相一致,若让

3岁儿童首先玩一个缩放模型,他们会把缩放模型本身看作一个有趣的物体,从而降低了他们之后用缩放模型来寻找隐藏物的成功率。相反,若将模型放在一个可以看到但不可触摸的玻璃盒中,消除儿童与模型的任何潜在互动,2岁半的儿童找到隐藏物的可能性更大(DeLoache, 1989, 2000)。这也解释了在发展过程中,为何图片和照片比缩放模型更早地用作问题解决的工具:它们没有具体的实物模型有趣,因此不会引起冲突(DeLoache & Burns, 1994; Troseth & DeLoache, 1996)。

另一个巧妙的实验为以下解释提供了特别有说服力的证据:年幼儿童很难既将缩放模型本身视为一个物体,又将其视作另一个物体的表征。德洛克、米勒和罗森格伦(DeLoache, Miller & Rosengren, 1997)创建了另一个版本的缩放模型任务。在该任务中,2岁半儿童被引导相信"一个神奇的缩放机器"使房间变成了模型。因此,在儿童看来,缩放模型并不是另一个房间的表征,它就是"另一个房间"。为了让缩放机器的说法更可信,实验者让儿童首先看到了机器本身(一个带闪光灯的示波器)。之后实验者在机器前放了一个巨大的怪物。机器打开,实验人员和儿童离开实验室大约10秒钟,在这段时间里,实验室传出奇怪的声音。当他们回来时,儿童看到机器前面有一个小小的怪物。接下来,儿童被带到了一个移动的帐篷式房间(据称是怪物的房间)前,缩放机器对准了这个房间。实验者和儿童再次短暂离开实验室,在这段时间里,实验室传出更多奇怪的声音。当他们回来的时候,儿童看到缩放机器前出现一个移动房间的缩放模型。

为了保证实验的适切性,怪物和房间被"放大"(缩放机器"反向"运行),怪物藏在房间里。而后,藏有怪物的房间又被"缩小",儿童被要求在这个小房间里找到怪物。在近80%的试验试次中,2岁半儿童立即在正确的位置找到了隐藏物,这一结果比同龄儿童在标准版任务中的表现要好得多,标准版任务要求儿童将缩放模型视为一个实物的表征。缩放机器任务不需要儿童既将模型本身视为一个物体,又将其视为房间的表征。相反,儿童认为模型就是那个房间。

德洛克和其同事们的研究展现了为何符号工具对年幼儿童来说很难理解和使用的一部分原因。同时,他们的研究也表明,在出生后的几年里,儿童使用符号表征(如工具)的能力有了很大的发展(DeLoache, 2002)。这是幸运的,因为现代生活中许多重要的工具都涉及符号:口头和书面语言、计数系统、测量仪器,当然还有计算机。不过,文化提供的符号工具并不是儿童使用的唯一工具,他们自己也会创造新工具来解决问题。

◎ **自创的符号工具**

在一项关于新符号工具的研究中,埃斯克里特和李(Eskritt & Lee, 2002)研究了一、三、五、七年级儿童设计的、用以帮助他们完成"专注"这一记忆游戏的象征符号。该游戏使用一副由成对卡片组成的纸牌,成对的卡片具有相同的图片。在游戏开始时,所有的牌都正面朝下随机排列。一个玩家翻起一张牌,然后再翻第二张,以找到与之成对的牌。只要玩家翻起的第二张牌与第一张成对,玩家就可以继续进入下一个翻牌回合;当玩家翻起的两张牌不成对时,这一回合游戏结束。通常,这个游戏有不止一个玩家参与,但是在埃斯克里特和李的研究中,受试儿童独自玩这个游戏。对这些儿童来说,游戏的目标是以尽可能少的翻牌回合完成所有牌的配对。

在儿童开始游戏之前,埃斯克里特和李告诉儿童:"可以写出或画出任何你认为能够帮助自己用较少的回合赢得游戏的标记。"受试儿童做了各种不同的记号来帮助他们记住卡片及其位置,记号包括一些图片和文字。如图10.6所示,一年级学生做的记号对他们的记忆没有帮助;然而,五年级和七年级的学生经常创造出包含卡片特征及其位置信息的记号,如画有各种卡片草图的图表。很显然,记号的质量影响了儿童在游戏中的表现——创造出高质量记号的儿童以较少回合获胜。

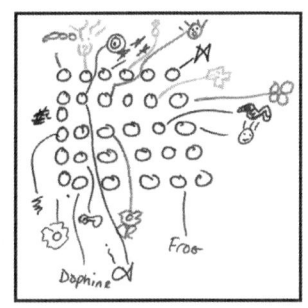

》图10.6　分别为一个年幼儿童和一个年长儿童在完成"专注"游戏时创造的记号。他们被要求"可以写出或画出任何你认为能够帮助自己用较少的回合赢得游戏的标记"。注意,年幼儿童创造的记号不包含有助于记忆卡片特征和位置的信息,但年长儿童所做的记号包含这些信息
From Eskritt and Lee(2002), Copyright © 2002 by the American Psychological Association. Reprinted with permission

在后续一项研究中,埃斯克里特和李让一组七年级学生游戏开始时做记号,另一组则只研究纸牌。实验人员引导做记号的儿童相信他们在游戏中会使用所做的记号。不过,他们并没有再玩记忆游戏,所做的记号也被移走了。而且他们还需完成两个"意料之外"的任务。在其中一个任务中,儿童得到了一副新的纸牌,其中既含有原来那副牌中的纸牌,也含有一些新的纸牌。他们需要识别出原来那副牌中的卡片。在另一个任务中,儿童需要指出他们认为属于原来那副牌中的卡片的位

置。这两组儿童在识别纸牌方面表现得同样出色。然而,做过记号的儿童在指出卡片位置方面表现得比单纯研究纸牌的儿童差很多。因此,儿童自己生成的表征符号有助于存储关于特定卡片位置的信息。当这些记号被意外地消除时,儿童对位置的记忆受到了影响。

另一种自创的符号工具是非正式导图。卡尔米洛夫-史密斯(Karmiloff-Smith, 1979, 1986, 1992)在一项研究中调查了儿童使用这些导图的情况,在这项研究中,7到11岁的儿童扮演了救护车司机的角色,他们需要将一名病人送往医院。在一张长40英尺的纸上画了一幅导图,病人的家标在导图的一端,医院标在导图的另一端。两地之间有二十个选择点。每个选择点包含两个选择,其中一个最终通往死胡同。儿童被告知在没有病人的情况下先走一次,这样他们就能找到最快的路线。他们还被鼓励在纸上做符号标记,以帮助他们记住以后该走哪条路。

在一个小时的熟悉过程中,即使最初的符号标记含有最有用的信息,儿童也经常改变他们所做符号标记的类型。图10.7描绘了一名7岁儿童的符号标记。一开始,她仅通过画一根垂直于路线的线来标记死胡同。然后,她在错误的路线上又加上一个"×",在正确的路线上加一个箭头,以此来扩充这个符号标记。最后,她回到最初的符号标记。

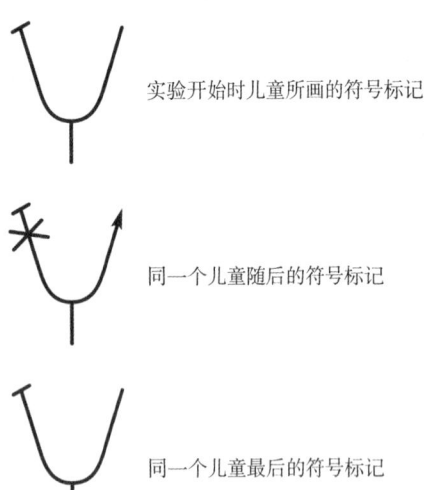

》图10.7 一个7岁儿童绘制的导图。注意,第二幅图中增添了冗余信息,第三幅图又消除了冗余信息(Karmiloff-Smith, 1986) Reprinted from Karmiloff-Smith, Stage/Structure versus Phase/Process in Modeling Linguistic and Cognitive Development, in I. Levin (Ed.), Stage and structure: Reopening the debate. Copyright © 1986 by Ablex Publishing Corporation. Reproduced with the permission of Greenwood Publishing Group, Inc., Westport, CT

为什么儿童会放弃一个可以让他们有效执行任务的正确方法?这一现象并非导图绘制所独有,同样的现象也存在于儿童的数量守恒、类包含策略以及过去式和使役动词(casual verb)的使用中(Bowerman, 1982; Markman, 1979)。卡尔米洛夫-史密斯(1992)提出,这个过程反映了一种驱动力,即儿童必须理解他们的策略为什么有效。儿童的第一个目标似乎是成功完成任务。然而,实现这一目标并不能永远使他们感到满足。如果他们不理解一种方法为什么有效,或者怀疑另一种方法可能更有效、更高效或更简练,他们可能会放弃原来的方法,至少暂时如此。理解这种认知动机,并了解儿童如何决定何时该尝试其他方法,这都是当前认知发展理论面临的深层次挑战之一。

◎ **测量工具**

测量工具(如计数、称重和使用尺子)对解决许多问题特别有用。然而,与所有其他解决问题的工具一样,它们也是双刃剑。如果使用得当,它们会增强问题解决的能力;如果使用不当,它们就会将问题解决引向错误的道路。

试想一下,测量工具的不当使用(特别是不恰当地使用计数)是如何使儿童误入歧途的。米勒(Miller, 1989)让 3 到 10 岁的儿童给两只海龟分配等量的食物(食物由不同大小的黏土块代替)。大多数儿童使用了计数策略,他们先给其中一只海龟分一块,再给另一只海龟分一块……这使得食物能按块数平均分配,但通常这不代表食物总量的平均分配,因为有些食物块比其他的大。儿童对计数手段有效性的深信不疑,当几个学前儿童发现他们给其中一只海龟多分了一块食物时,他们就把那块食物切成两半,然后每只海龟各分一半,从而保持食物的块数相同。随着年龄的增长,儿童更多时候会尝试做出大小相等的食物块,但他们仍然会让每只海龟得到相同的食物块数,即便无法使食物块大小一样时也是这样。直到 9 岁时,大多数儿童才能将食物等量分配,而不是根据块数分配。这一现象让我们想起 5 到 9 岁的儿童没有以相同的时间持续单位来计算时间,从而对时间流逝做出了错误的估计(Levin, 1989)。测量工具提高了儿童解决问题的能力,但他们有时也会因此而犯错。

科学和逻辑推理

◎ **科学思维**

人们常把儿童比作科学家。因为两者都会提出关于宇宙本质的基本问题。他们也都会提出很多问题,这些问题对其他人来说微不足道。社会给予了他们时间去思考。这种"儿童就像科学家"的隐喻激发了大量关于儿童如何形成假设、进行实验和解释数据的研究。

尽管儿童和科学家在问题解决上总体存在某些相似之处,但同时也存在很大的差异。其中一些差异涉及实验的质量。首先,儿童不太可能像成年人一样设计出无混淆变量的实验(unconfounded experiments)。在这类实验中,除了要研究的实验变量,其他变量都被定义为常量。因此,儿童的实验通常有多种解释(Chen & Klahr, 1999; Klahr, Fay & Dunbar, 1993; Kuhn, Schauble & Garcia-Mila, 1992)。其次,他们进行的实验通常非常少,不足以获得他们需要的证据以得出一个有根据的结论(Klahr, 2000; Klahr 等,1993; Kuhn 等,1995)。最后,儿童常常无法整合多个实验的信息。他们有时会"就单个实验"解释该实验的结果,而不是寻求一种适用于整套实验的解释(Klahr,2000)。

不过,对实验逻辑的理解在童年时期并不是完全缺失的。当一年级和二年级的学生面对就某简单问题而设计的两个可能的实验方法,并需要判断哪一个实验更好时,他们更倾向于选择能得出结论性证据的那个实验(Sodian, Zaitchik & Carey, 1991)。此外,如果教小学生理解为什么有混淆变量的实验不能得出结论,而无混淆变量的实验可以得出结论,他们能学会如何设计无混淆变量的实验(Chen & Klahr, 1999)。因此,在指导支持下,小学生可以学会每次只改变一个因素的实验比较的基本原理。不过,总的来说,儿童为检验假设而进行实验的能力以及在不同假设之间做出选择的方法设计能力还是相当有限的。

儿童科学推理的一个重大不足在于理论和证据的分离。儿童通常对日常生活和科学现象持有非正式的理论,这些理论会影响他们对证据的评价(Koslowski, 1996; Zimmerman, 2000)。他们有时无法区分基于观察得出的结论和基于他们先前理论或信念得出的结论(Dunbar & Klahr, 1988; Kuhn, Amsel & O'Loughlin, 1988; Kuhn 等, 1995; Metz, 1985)。当实验结果与他们先前的信念不一致时,他们对实验的解释显得特别困难。在科学领域中,改变自己的观点以应对意料之外的观察结果尤为重要,因为新的证据常常表明有意料之外的结论。

肖布尔(Schauble, 1990)对儿童先前信念、实验和数据解释之间的相互作用进行了一项特别有趣的研究。实验人员给 9 至 11 岁的儿童展示了一款涉及玩具赛车的电脑游戏。实验任务是确定 5 个对赛车速度有影响的因素:发动机排量、车轮尺寸、尾翼的有无、消声器的有无以及车的颜色。在游戏中,一个大排量发动机和中等大小的车轮会让汽车跑得更快,消声器和颜色都无关紧要。发动机排量大时没有尾翼会提高汽车的速度,发动机排量小时则无影响。

研究分 8 个阶段来验证这 5 个特征的效果。在每个阶段,他们可以为赛车配备自己选择的任何特征,然后将赛车的速度与这些特征进行比较。这项任务本质上并不难。通过改变某一个特征并保持其他所有特征不变,儿童便可以快速确定每个变量的效果。一个成年科学家通过一个阶段的学习就发现了所有特征对车速的影响力。

9 至 11 岁的儿童在确定因果关系方面要慢得多。其中一个原因是他们一半以上的实验都是无效的。在这种无效的实验中,儿童设计的赛车常常存在两个或多个特征变化,因此无法确定是哪个特征导致了车速的变化。即使儿童进行了有效的实验,他们也常常得出与实验证据不一致但与他们先前的信念相一致的结论。此外,即使他们一开始正确地假设了一个变量的作用并获得了与假设一致的实验证据,他们之后仍然会在正确的新假设和先前观念产生的错误预期之间摇摆不定。

不过,9 至 11 岁儿童的科学推理也不是全无可取之处。儿童在 8 个阶段的学习中表现出了相当好的学习能力。他们的实验有效率提高了,他们能越来越多地得出适当的结论,他们对赛车速度的预测也变得更加准确。因此,随着科学推理实践的增加,儿童的实验方法和得出适当结论的能力都有了很大的提高。

成年人也常常难以达到科学解决问题的理想境界。他们会有所偏倚地解释数据,以便符合他们先前的观念;他们在生成正确的新假设后会继续相信错误的旧假设,而且他们在进行实验时会改变多个变量(Kuhn 等,1995;Oaksford & Chater,1994;Shaklee & Elek, 1988);他们也很少把一系列的实验组织成总体计划,这导致实验往往不能得出明确的结论(Schauble, 1996)。不过,成年人的实验设计得更好,他们对数据的解释通常也没有儿童的解释那么偏颇。例如,在一项类似于赛车问题的研究中,成年人在 56% 的实验中一次只改变一个变量,而 11 岁儿童的这一比例为 34%;成年人在 72% 的实验中得出有效的推论,而 11 岁儿童只有 43%(Schauble, 1996)。科学推理能力会随着年龄的增长而显著提高,但通过有效的实验和数据解释来确定原因仍然是成年人和儿童面临的挑战。

◎ 逻辑推理

看看下面一个 4 岁儿童无可挑剔的逻辑:"如果我扔的时候它没有碎,那它就是块石头……它没有摔碎,它一定是块石头。"(Scholnick & Wing, 1995, p.342)。再来看看一个 3 岁儿童和他妈妈的对话,后者刚从冰箱里拿出一罐已经打开的汽水:"这是谁的?它不是你的,因为上面没有口红印。"(DeLoache 等,1998, p.801)。这个 3 岁儿童的推理似乎是:"我妈妈喝饮料时总会把口红粘在罐子上;这个罐子上没有口红印,所以这不是她喝过的。"

这些陈述是演绎推理(deductive reasoning)的日常生活实例,当某问题的初始陈述中提供的信息足以确保特定解决方案的正确性时,演绎推理就可以用来解决问题。在演绎推理中,如果前提是真实的,那么由此得出的结论在逻辑上就是真的。演绎推理常常与归纳推理(inductive reasoning)形成对比,归纳推理指从大量观察中概括出一般结论。通过归纳推理得出的结论极有可能是正确的,但并不能完全确定。下面源于加洛蒂、小松和沃兹(Galotti, Komatsu & Voelz, 1997)的这个例子很好地说明了两者的差异:

演绎问题	归纳问题
所有的波格(音译)都穿蓝色的靴子。	汤姆博是个波格。
汤姆博(音译)是个波格。	汤姆博穿着蓝色的靴子。
汤姆博穿蓝色靴子吗?	所有的波格都穿蓝色的靴子吗?

在演绎问题中,我们可以百分之百肯定汤姆博穿蓝色靴子。毕竟,他是个波

格,所有的波格都穿着蓝色的靴子。在归纳问题上,我们不能肯定地认为所有的波格都穿蓝色的靴子。即使我们看到了1 000个波格,而且都穿着蓝色的靴子,我们也无法得出这个结论。总会存在这种可能,在某个地方,有一个我们没见过的、穿红色的靴子的波格。若是这样,那就说明并不是所有的波格都穿蓝色的靴子。因此,对于归纳问题,最好的答案是:我们无法判断是否所有的波格都穿蓝色的靴子。

尽管年幼儿童同时使用演绎推理和归纳推理,但我们还不清楚他们对两者之间的区别是否理解(Gellatly, 1987; Markovits, 1993; Murray, 1987; Murray & Armstrong, 1976)。试想一下学前儿童和四年级学生对汤姆博问题和其他类似问题的回答。学前儿童对归纳和演绎问题的反应相似,他们认为这两种说法都可能是正确的。相比之下,四年级学生更倾向于认为演绎推理的结论是真的,对这些结论的真实性也更有信心,通过演绎推理得出结论的速度也比归纳推理快。所有这些发现都表明,四年级学生不同于学前儿童,他们明白演绎推理和归纳推理存在差异(Galotti等,1997)。

年幼儿童对演绎推理的理解更加困难。一些证据表明,4岁儿童认为演绎推理和单纯的猜测差不多(Pillow, Hill, Boyce & Stein, 2000)。皮洛(Pillow)和同事给儿童呈现了一个木偶和两个不同颜色的玩具。玩具随后藏在不同的容器里,并在儿童(和木偶)的视野之外。接下来,木偶去查看其中一个容器,并对另一个容器中玩具的颜色进行描述(演绎推理),或者在不查看任何容器的情况下对其中一个玩具的颜色进行直接描述(猜测)。儿童需要评估木偶描述的可信度。4岁儿童对木偶在推理实验和猜测实验中做出判断的评价没有差别。不过,到6岁,许多儿童对推理的评价高于猜测;到9岁,几乎所有的儿童对推理的评价都高于猜测。随着年龄的增长,儿童对木偶推理的解释力也有所提高。很少有4岁的儿童(但是有很多9岁儿童)在解释他们的评价时援引了演绎推理的前提,比如"因为木偶看到另一个玩具是黄色的"。

上述以及其他实例都表明,年幼儿童认为他们的演绎推理与其他类型的推理没有区别,例如午餐不包括麦片粥和橙汁。年幼儿童未能区分逻辑上的必然结果和经验上的可能结果,这一现象也解释了年幼儿童为何偏向于通过实证方法验证在年长儿童和成年人看来纯粹逻辑性的那些关系(Efklides, Demetriou & Metallidou, 1994; Galotti & Komatsu, 1989; Kuhn, 1989; Overton, Ward, Noveck, Black & O'Brien, 1987)。例如,7岁的儿童在判定"我手里拿的芯片要么是蓝色的,要么不是"这句话是否为真之前,常常坚持要求实验者先张开手看看是不是这样(Osherson & Markman, 1975)。

儿童无法区分经验上的可能结果和逻辑上的必然结果的这种情况,使得我们能更好地理解,当证据从逻辑上并不能得出结论的时候,年幼儿童却能得出结论这种表面相反的趋势了（Acredolo & Horobin, 1987；Byrnes & Overton, 1986）。例如，在某个游戏中会依次打开四个盒子，打开每个盒子后，儿童需要说出他们能否确定红色碎片来自哪个盒子。即使面对这个问题："是否有可能是来自另一个盒子（未打开的）呢？"大多数 5 岁的儿童依然选择了曾看到的第一个装有红色碎片的盒子（Fay & Klahr, 1996）。

为什么儿童需要很长时间才能理解演绎推理，即使他们在很小的时候就开始了演绎推理？哈尔福德（Halford, 1993）提出了 3 个影响因素：对演绎基本逻辑的理解、多重策略的选择和信息加工的局限性。

依照哈尔福德的理论，演绎推理起源于对具体情况的理解。这可以在传递性推理（transitive inference，如果 A>B，B>C，则 A>C）情境中加以说明。哈尔福德认为，儿童可能首先在日常活动中表现出这样的推理能力，比如玩积木。具体而言，儿童可能会注意到，如果积木 A 大于积木 B，积木 B 大于积木 C，那么积木 A 也总是大于积木 C。这种最初的理解可以作为一种心理模型，有助于决定如何表征其他序列。与这一观点一致，4 岁儿童可以从《金发女孩和三只熊》[①]的故事中进行类比（在这三只熊中，熊爸爸用的东西总是最大的，熊宝宝的最小，熊妈妈的介于二者之间），以解决他们本不可能解决的传递性推理问题（Goswami, 1995b）。

在哈尔福德的模型中，逻辑演绎发展的第二个来源是在众多策略中做出更好的选择。儿童通常了解多种解决问题的策略，而年幼儿童即使理解演绎的基本逻辑，他们也可能选择演绎以外的策略。传递性推理就是证明。在某些情况下，即使 5 岁的儿童能用逻辑方法解决这些问题（Trabasso, Riley & Wilson, 1975），但他们同样知道并会使用其他策略来解决问题。其中一种策略便是假定最近提及的对象是所比较的所有事物中最大的一个（Halford, 1984）。这种简化策略减少了信息加工的负荷，但也存在猜错排序的风险（见图 10.8）。另一种策略是记住前提的要点，而不是它们的细节。这种策略可实现相同的目标，但同时也存在不足。例如，形成一种一根既定的棍子通常比其他棍子长的印象（Brainerd & Reyna, 1990）。因为这些策略往往会导致错误的结果，随着时间的推移，儿童会越来越依赖演绎推理的方法。

演绎推理的最后发展涉及提高信息加工能力。这种提高使得儿童能够在更复杂的情况下记忆所有相关信息，从而使他们无论在复杂情况还是在要求较低的情况下都能进行演绎推理。

---

① 译者注：英文名为"Goldilocks and the Three Bears"，这个故事最初是由英国作家和诗人罗伯特·索西（Robert Southey）以叙事形式记录，并以"The Story of the Three Bears"（《三只熊的故事》）为题于 1837 年在他的著作《医生》（*The Doctor*）中首次匿名出版。

哈尔福德理论的启示之一在于,如果某种策略正确表示了前提间的逻辑关系并减少了信息加工的负荷,那么教授儿童这些策略应该能提高他们在演绎问题上的表现。对于三段论问题(如"所有的 A 都是 B,所有的 C 都是 B,所有的 A 都是 C 吗?"),维恩图(Venn diagrams)①提供了一种这样的策略。成年人经常在这些问题上自发地使用维恩图(Oakhill, 1988),但很少有儿童知道如何去这样做。不过,教六年级和八年级的学生使用维恩图有助于他们避免逻辑错误,如避免他们得出这样的逻辑错误结论:在夏天,海滩上晒黑了的女性比海滩上的女性多(Agnoli, 1991)。

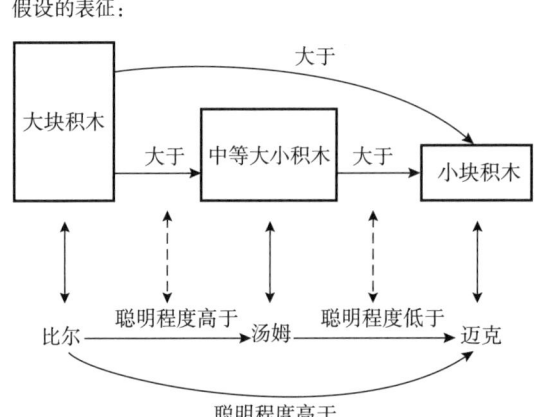

》图 10.8 哈尔福德(1993)对儿童从关于积木的先验知识中得出的类比如何导致其在传递性推理问题上犯错的分析。比尔实际上可能比迈克聪明,也可能没有迈克聪明

其他的研究者也强调了教学在儿童学习演绎推理中的重要性。例如,莫里斯和斯卢茨基(Morris & Sloutsky, 1998)研究了俄罗斯数学实验课程的效果。该课程明确强调演绎推理,特别是逻辑上的必然结论和需要实证验证的结论之间的区别。与其他接受传统教学的学生相比,接受实验课程的学生在演绎推理方面表现出更大的进步。令人惊讶的是,许多没有接受明确指导的学生甚至到了 16 岁也没有完全理解演绎推理。教学可能是演绎推理能力发展的一个关键因素,在教学缺失的情况下,许多学生可能无法发展出完整的演绎推理能力。

---

① 译者注:维恩图,或译为文氏图、维恩图解、韦恩图等,是数学中用以表示集合(或类)的一种草图。它用于展示不同事物群组(集合)之间的数学或逻辑关系,也常常被用来帮助推导(或理解推导过程)关于集合运算(或类运算)的一些规律。

综上所述，许多条件似乎都有助于演绎推理的发展。随着经验增加和接受教学指导，儿童对演绎的基本逻辑有了更好的理解，他们学会了突破信息加工能力限制的方法，比如更好地表征演绎推理问题中的前提。这些新知识使得儿童能够从解决演绎推理问题的众多策略中做出更好的选择，从而更好地进行推理。

小结

问题解决需要儿童努力协调大量的过程，以克服障碍和实现目标。任务结构对问题解决影响很大，这使得准确的任务分析在理解成功和失败的问题解决时都显得至关重要。对任务关键信息进行编码、基于编码信息形成适当的心理模型、整合一般知识和具体知识，以及选择适当的问题解决策略是成功解决问题的主要决定因素。最近的研究表明，年幼儿童的问题解决能力要强于预期，年长儿童的问题解决能力则不如预期。不过，随着年龄的增长，儿童解决问题的能力也发生了实质性的进展。

问题解决能力的总体发展模式在儿童处理天平问题时表现得很明显。任务分析表明，儿童会使用 4 种规则中的一种来解决天平问题，从根据每一边的重量进行判断，到必要时通过计算力矩进行判断。规则评估方法的应用表明，儿童使用了所有这些规则。有一些方法在许多任务中是通用的，特别是 4 到 6 岁的儿童倾向于基于一个单一的、显著的维度进行判断。学习解决天平问题的发展差异很大程度上源于年幼儿童在编码上的局限性。帮助儿童对相关信息进行编码有助于他们更有效地学习。

最主要的问题解决过程包括计划、因果推理、类比、工具使用以及科学和逻辑推理。计划是面向未来的问题解决方法。它最常用于复杂和新奇的场合。一种常见的计划类型是方法—目的分析，它逐步减少当前状态和目标之间的差异。无论是在解决天平问题上还是在远距离获取玩具问题上，简单的方法—目的分析能力在婴儿出生后第一年就体现得很明显了。计划能力的发展主要体现在两方面：儿童能够记忆的子目标的数量和复杂性；他们对牺牲长期目标以实现短期目标进行抵制的能力。

许多因果推理都基于由 18 世纪哲学家大卫·休谟所提出的 3 个重要变量：邻接性、前导性和共变性。即使是婴儿也会受到邻接性的影响。前导性有时会在儿童 3 岁时产生影响，到 5 岁时其影响会始终存在。5 岁以后，在邻接性缺失的情况下，共变性对因果推理变得越发重要。不过，有一个变量甚至比以上 3 个变量所占的权重更大，即合理地产生结果的机制。在各种可能引起事件发生的原因间进行选择时，学前儿童首先会注意能够产生结果的原因机制。其次会注意显著的感知信息，如邻接性。最后才会注意其他线索，如一致的共变性。一旦儿童形成因果推理，他们就会在分类和其他类型的问题解决中使用这些知识。

年龄很小的儿童也可以在简单的情境下形成类比，而即便是成年人有时也无法识别其他可能有用的类比。影响儿童和成年人形成类比的因素很多是相同的。这些因素包括源问题和目标问题之间的相似程度、类比关系的性质以及之前用同样的方法所解决的问题数量。不过，与年幼儿童相比，年长儿童和成年人的类比能力更强，特别是当问题的表面特征遮蔽了新旧情况之间的关系时，这种差异更加明显。

使用工具解决问题在年龄很小的儿童中也很明显。其中一些工具，如拐杖和耙子，可以直接用于实现目标。其他工具，如导图和缩放模型，其效果并不是那么直接。工具通常有利于解决问题，但并非总是如此。工具的可用性可以诱使儿童犯错，也可以帮助他们解决其他的困难问题。

科学和逻辑推理是相对较晚发展的能力。儿童发现，要设计出能针对他们的假设产生明确结论的实验特别困难。他们还发现很难将理论与证据区分开；通常他们的初始假设会影响他们设计的实验和从证据中得出的结论。成年人也存在这些困难，但程度较轻。在逻辑思维方面，即使是年幼儿童也会推断出一些结论，但直到童年晚期或青少年时期，他们才能理解归纳推理和演绎推理的区别，有时甚至到那时也无法理解。儿童难以区分逻辑上的必然结论和经验上的可能结果。许多因素都有助于演绎推理的发展，包括提高对演绎基本逻辑的理解、从众多策略中选择更好的，以及学习新的方法来突破信息加工的局限性等。解决演绎问题的经验和直接的教学指导都有助于儿童解决此类问题能力的提高。

推荐读物

DeLoache, J. S. (2002). The symbol-mindedness of young children. In W. W. Hartup & R. A. Weinberg (Eds.), *Minnesota Symposium on Child Psychology: Vol. 32. Child psychology in retrospect and prospect.* Mahwah, NJ: Erlbaum. In this chapter, DeLoache summarizes her research on children's understanding of symbols and their ability to use symbolic representations to solve problems.

Halford, G. S. (1993). *Children's understanding: The development of mental models.* Hillsdale, NJ: Erlbaum. An integrative account of how changes in mental models, working memory capacity, and problem-solving experience shape cognitive development.

Klahr, D. (2000). *Exploring science: The cognition and development of* *discovery processes.* Cambridge, MA: MIT Press. In this book, Klahr synthesizes research on preschoolers through adults to provide a comprehensive account of the psychology of scientific discovery.

Kuhn, D., Garcia-Mila, M., Zohar, A., & Andersen, C. (1995). Strategies of knowledge acquisition. *Monographs of the Society for Research in Child Development*, 60(4, Serial No. 245.) Unusually precise descriptions of children and adults in the process of acquiring new knowledge.

Vosniadou, S., & Brewer, W. (1992). Mental models of the earth: A study of conceptual change in childhood. *Cognitive Psychology*, 24, 535–585. Interpreting what adults mean is not easy, especially when their claims contradict seemingly obvious truths. Children's mental models of the earth's shape illustrate both the children's ingenuity and the ambiguity of even simple statements that we make to them, such as "The earth is round."

第十一章
学业技能发展

我费劲地读着字母表,仿佛它是一丛荆棘一样;每一个字母都让我相当地不安和难受。从那以后,我就受困于那9个数字,那9个家伙就像一群小偷,他们似乎每天晚上都要弄出新花样来伪装自己,好让旁人认不出来。但是,最后我开始会读,会写,会算了,尽管还在懵懵懂懂地摸索,尽管以极其缓慢的速度。(Pip,狄更斯《远大前程》中的人物)

当儿童进入学校,认知发展并不会进入停滞状态。儿童在学校里所学的内容会影响他们的一般认知能力,以及他们特定的知识和技能。反过来,儿童一般认知能力的发展也极大地影响着他们的课堂学习。

有关儿童教育的实践决定,同认知发展理论一样,取决于课内和课外因素的相互影响。例如,父母需要决定是在孩子符合条件后立即送他们入学,还是推迟一段时间,让他们在第二年开始上学。在美国许多社区,让孩子(特别是男孩)推迟一年入学已经很普遍了。因为他们觉得,孩子长大后会更成熟,也能学到更多。

为了测试推迟一年入学是否会使儿童在一年级学到更多,研究人员对某地区的儿童进行了调查。该地区95%的儿童在符合条件后立即开始上学(Bisanz, Morrison & Dunn, 1995; Morrison, Griffith & Alberts, 1997; Morrison, Smith & Dow Ehrenberger, 1995; Varnhagen, Morrison & Everall, 1994)。研究采用了截点设计(cutoff design),即比较出生日期刚好在该地区幼儿园入学截止日期之前的儿童与出生日期稍晚于该日期的儿童的学业表现。后者因年龄稍小,所以晚一年入学。两组儿童平均年龄相差在一个月以内,但其中一组比另一组提前一整年进入一年级学习。研究问题是:对于出生日期稍晚于入学截止日期的儿童而言,在年龄稍大时入学是否会学到更多?

研究结果清楚地表明,尽管相差11个月,但在一年级时,刚好符合入学截止日期要求的儿童在阅读和数学方面的进步程度与刚好错过截止日期而晚一年才入学的儿童相同。当这两组儿童读完一年级时,他们的学业表现也差不多。这一结果模式并不是因为那些刚好符合入学年龄要求或刚好不够入学年龄的儿童不同寻常。对于诸如数量守恒这样的任务,学校教育通常不会对儿童的表现产生影响,但年龄对儿童的表现会产生影响,所以在一年级结束时,年长一岁的儿童在这类任务上的表现明显要更好(Bisan 等,1995)。此外,两组儿童的智商和父母背景都很相似。在其他地区使用截点设计的研究也得到了类似的结果(Crone & Whitehurst, 1999; Naito & Miura, 2001)。儿童推迟入学可能还有其他原因,如年龄较大的儿童在运动技能和社会性发展方面更有优势,但若是为了学习阅读和数学,似乎没有必要让儿童推迟入学(Stipek, 2002)。

◎ **本章结构**

本章主要讨论儿童三个方面的学习:阅读(reading)、写作(writing)和算术(arithmetic)。第一部分首先讨论儿童在学前阶段和小学早期获得的算术技能,然后讨论更复杂的算术、代数和计算机编程。第二部分首先讨论儿童在正式接受正规教育前所获得的阅读技能,然后探讨单个单词的阅读过程,最后讨论儿童对故事等的理解。第三部分主要描述儿童如何写短文和编故事,以及他们如何修改(或未能修改)所写的内容(见"章节概览")。

◎ **关于学业技能的基本问题**

当人们谈心理学在学校中的作用时,首先想到的通常是标准化考试。教育工作者借助智商和成绩测试的分数来做出各种重要的决定,包括"天才班"的设置、特殊教育的提供和大学的招生录取等。

这些测试对于预测学生未来的学校成绩很有用,也可以用作衡量儿童对特定科目了解程度的一个指标。不过,这些测试很少能让我们了解儿童的学习过程,也不能告诉我们如何更有效地教育儿童。而恰恰是这些信息对理解儿童和帮助儿童非常重要,因此对儿童思维的研究越来越侧重于学习的具体过程。这些学习过程是本章讨论的重点。

章节概览

一、数学

1. 个位数算术
2. 复杂算术
3. 代数
4. 计算机编程

二、阅读

1. 典型的按时间顺序发展
2. 前阅读技能

3. 识别单个单词

4. 阅读理解

5. 教学启示

三、写作

1. 初稿起草过程

2. 修改过程

四、小结

无论我们谈论的是数学、阅读还是写作，以下几个关于具体的学习过程和教学过程的问题都是我们讨论的核心：

1. 儿童如何分配注意力资源来应对相互竞争的加工需求？
2. 儿童如何从他们所了解的方法中选择拟要使用的策略？
3. 教师应该直接教授学习技巧，还是间接教授学习方法更有效？
4. 哪些因素导致了知识掌握和学习过程上的个体差异？

通过对这些问题的探索，研究者发现儿童思维在不同学科领域体现出惊人的统一性，如儿童在算术、阅读和拼写方面的策略选择。在这三个领域，儿童需要选择是依靠记忆说出答案，还是选择更耗时的替代策略。在做加法运算时，儿童需要决定是从记忆中提取并说出一个答案，还是通过计数得出答案。在读单词时，儿童需要决定是从记忆中提取发音，还是拼读单词。在拼写单词时，儿童需要决定是写一个提取到的字母组合，还是在字典中查找这个单词。尽管这些领域之间存在差异，但儿童似乎是通过相同的策略选择过程做出了这些决定。在本章中，我们将讨论数学、阅读和写作的具体研究发现，以及它们之间的一般模式。

数学

正如第八章所述，大多数儿童在入学时对数字已有基本的了解。大部分 5 岁儿童至少可以数到 20，知道数数是给每个对象分配一个且只有一个数字，也认识到包含 n 个对象的不同集合（虽然所含对象不同）都具有相同的数量 n，而且知道数字 1 到 10 的相对大小。不过，这也意味着他们还有很多内容需要学习：算术、代数、几何等。

个位数算术

个位数算术似乎是最简单的技能,只需要从记忆中提取答案。然而,这种印象是一种误导。在小学低年级,儿童使用各种各样的策略来解决如3+6和8+5之类的问题。他们不仅从记忆中提取答案,而且还会从1开始数手指,或从两个加数中的较大者开始计数(如计算3+6时,会这样数:6,7,8,9),或从相关问题的知识中推断答案(6+5,嗯,我知道,5+5=10,所以6+5一定是11)(Fuson & Kwon, 1992; Geary, Fan & Bow-Thomas, 1992)。即使大学生也会在30%的个位数加法问题上使用除提取以外的策略,这让人颇感意外(Geary, 1996; LeFevre, Sadesky & Bisanz, 1996)。他们也会从较大的加数开始计数,或将困难的问题分解为两个较简单的问题(例如,将9+6分解为10+6和16-1)。算术需要使用大脑的不同部分。研究者还对进行算术运算的个体进行了磁共振成像(Magnetic resonance imaging,简称为MRI)研究。结果表明,算术运算涉及前额叶皮层、运动皮层、顶叶和大脑两个半球的其他一些区域(Rueckert等,1996)。因此,算术比看起来更复杂。

◎ 个位数算术的发展

现在大多数儿童很早就开始学习算术。当他们进入幼儿园时,许多儿童已经可以解决一些个位数的加减法问题。像《芝麻街》这样的电视教育节目可以加速他们对这些问题的了解。电视普及之前的研究(如Ilg & Ames, 1951)并未发现儿童在进入一年级之前具有类似的能力。

儿童并不只是在加法中使用不同的算术策略。例如,二年级到四年级的学生在计算乘法时,有时会把一个乘数按照另一个乘数所代表的次数重复相加(计算6×8时,用8个6相加或6个8相加);有时会画记号来计数或相加(计算3×4时,画出3组每组含4个符号来计数或相加);有时会从记忆中提取答案;有时则是基于相关问题得出答案(Cooney, Swanson & Ladd, 1988; Lemaire & Siegler, 1995)。

随着经验的增加,儿童的策略也会变化。最显著的变化是越来越多地使用提取策略。经过几年的加减运算,再经过大约一年的乘除法运算,大多数儿童对大部分基本算术问题都使用提取策略。他们对提取以外策略的使用也发生了变化。当儿童开始计算加法时,他们最常用的方法是竖起手指,从1开始数数。随着不断获得技能和理解得更透彻,他们越来越多地使用更复杂的策略,如从较大的加数开始计数或将相对困难的问题分解为两个更简单的问题(如通过10+7=17,17-1=16来求解9+7)。

与此同时,儿童也能越来越快、越来越准确地解决算术问题。速度和准确度的提高既是因为所使用策略的变化,也是因为各策略执行效率的变化。在以后的使用中占主导地位的策略,如提取和从较大的加数开始计数,本质上比最初常用的策略(如从 1 开始计数)要快。对于任何一个原有策略,速度和准确度都提高了。

欧洲、北美和东亚的儿童也具有同样的发展特点,尽管他们的学校体制存在显著差异(Fuson & Kwon, 1992; Geary, Bow-Thomas, Fan & Siegler, 1993; Lemaire & Siegler, 1995; Naito & Miura, 2001)。不过,欧洲和东亚儿童比美国儿童更早使用更先进的策略,他们的计算速度和准确性也提高得更快。例如,东亚儿童通常从记忆中提取答案,从较大的加数开始计数,或者依据相关的算术问题得出答案,而美国儿童仍然使用从 1 开始计数的策略(Geary 等,1993)。

◎ **策略选择**

儿童算术最显著的特点之一是他们具有在不同的策略中进行选择的高度适应性。这种适应性在儿童是选择陈述一个提取到的答案还是使用备份策略(backup strategy,除提取之外的策略)时表现得很明显。即使在 4 岁和 5 岁的儿童中,加法问题越难解决(通过是否存在大量错误或是否用了很长的解题时间来衡量难易度),他们越常使用备份策略,如从 1 或更大的加数开始计数(Siegler & Shrager, 1984)。

在最困难的问题上使用备份策略是适应性的表现,因为这有助于儿童对速度和准确性进行平衡。考虑一下这种情况,一名一年级学生解决加法问题时在提取策略和计数策略之间所做的选择。提取策略速度更快,但对于困难的问题,计数策略往往更准确。年幼儿童的方法是:对于较容易的问题主要使用提取策略,因为这样可以得到准确的答案;对于较难的问题主要使用备份策略,因为较难的问题需要这样的策略才能得出准确的答案。换句话说,儿童倾向于选择他们能准确执行的最快方法。如图 11.1 所示,儿童在减法和乘法中会在备份策略和提取策略之间做出类似的适应性策略选择(Siegler, 1986)。

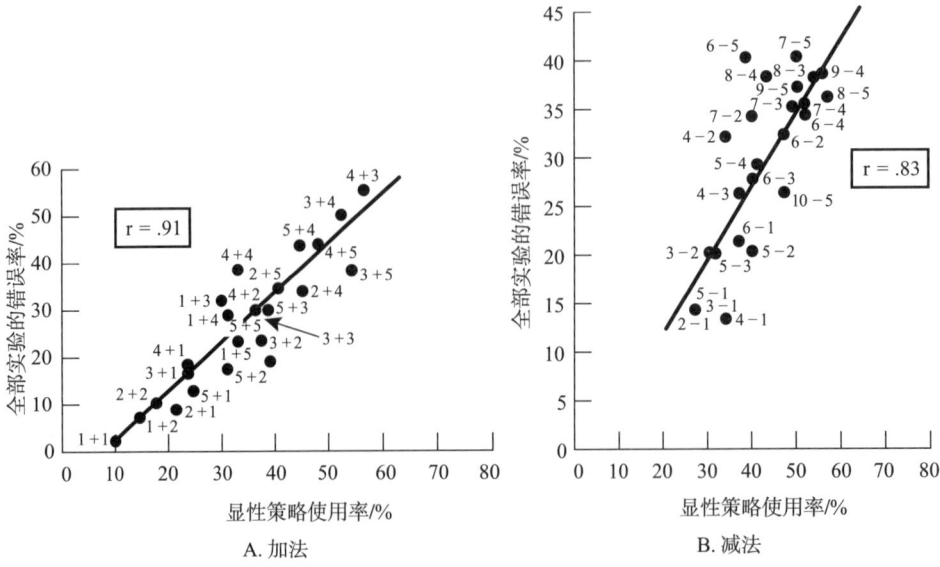

A. 加法 　　B. 减法

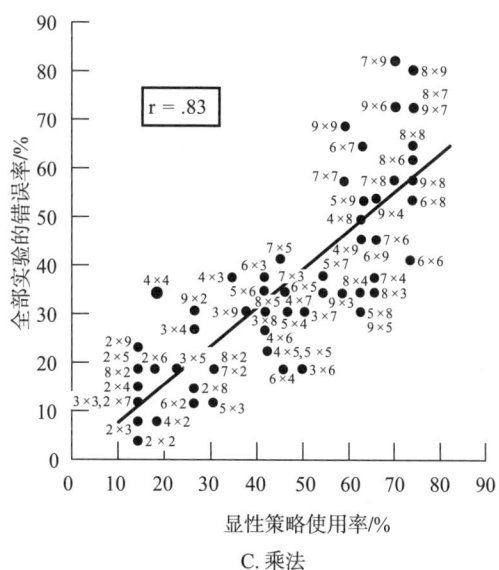

> **图 11.1** 算术题越难(用错误率来衡量),儿童使用显性策略的频率就越高 (Siegler, 1987a, 1988b; Siegler & Shrager, 1984)。图中之所以标示"显性策略使用率/%"是因为:在这些实验中,备份策略的使用是通过观看记录解决问题时儿童显性行为的录像进行评估的

◎ 策略选择模型

儿童如何在他们所知道的各种策略中做出如此具有适应性的选择?在第三章,西格勒和希普利(Siegler & Shipley, 1995)的策略选择模型主要讨论了这个问题。在此,我们主要考察该模型通过何种方式完成刚才所描述的选择:是直接提取答案,还是使用备份策略来解决加法问题。

该模型做出这种选择的机制包括两个相互作用的部分:对特定问题的知识表征,以及作用于该表征以生成答案(representation to produce performance)的过程。这种表征涉及每一个问题和潜在答案(无论正确还是错误)之间不同强度的关联。例如,在图 11.2 中,答案 6 与问题 3+4 相连,关联强度为 0.12,答案 7 与该问题的关联强度为 0.29,依此类推[①]。

对不同问题的表征会随着峰度(peakedness)而变化。在图 11.2 中,2+1 的表征呈峰值(peaked)分布,因为大多数关联强度集中在单个答案(分布的峰值)中。

---

① 作者注:这些关联强度的估计值是基于儿童在一个单独实验中的表现而得出的。研究人员让 4 岁儿童完成一些简单的加法问题,要求他们"不要竖起手指或数数,尽可能快地说出你认为正确的答案"。这些指导语的目的是为了获得对问题和答案之间关联强度的最纯粹估计。图 11.2 中的值表示在这个仅使用提取策略的实验中,儿童对既定问题给出既定答案的次数百分比。因此,当遇到 3+4 问题时,儿童在 12% 的次数中给了答案 6。在另一项研究中,研究人员把同样的问题通过 10 种不同的场合呈现给个体儿童,最后也得出了类似的百分比。

相反,3+4 的表征呈平稳(flat)分布,因为关联强度分布在许多答案中,没有一个答案构成一个强峰值。

该过程按以下方式作用于表征。首先,儿童设定一个置信标准(confidence criterion)。此置信标准是一个阈值,若要说出提取到的某个答案,该答案与问题的关联强度必须超过这一阈值。

置信标准一旦建立,儿童就会提取一个答案。在特定的提取中,任意既定答案被提取的概率与一个因素成正比,即该答案与问题的关联强度相对于所有答案关联强度的程度。因此,由于 2+1 和 3 的关联强度是 0.79,并且 2+1 和所有答案的总关联强度是 1.00,所以提取 3 作为 2+1 答案的概率是 0.79。

如果所提取答案的关联强度超过了置信标准,那么儿童会说出该答案。否则,儿童可能会再次提取一个答案,并检查该答案是否超过置信标准;或者放弃提取,并使用备份策略来解决问题。

在这个模型中,某个问题越是呈峰值分布,在这个问题上使用提取策略而不是备份策略的频率就越高。这是因为关联强度在某个答案上的集中度越大,提取关联度最强答案的概率就越高,并且该答案的关联强度超过置信标准的概率就越高,从而使提取到的答案被儿童说出来。类似地,由于关联强度最大的答案通常是正确的答案,所以关联强度在该答案中的集中度越大,提取到的答案越有可能是正确的。因此,一个问题的错误率和针对该问题的备份策略使用率(见图 11.1)呈高度相关,因为每个问题上的错误和策略选择都反映了该问题关联分布的峰度。

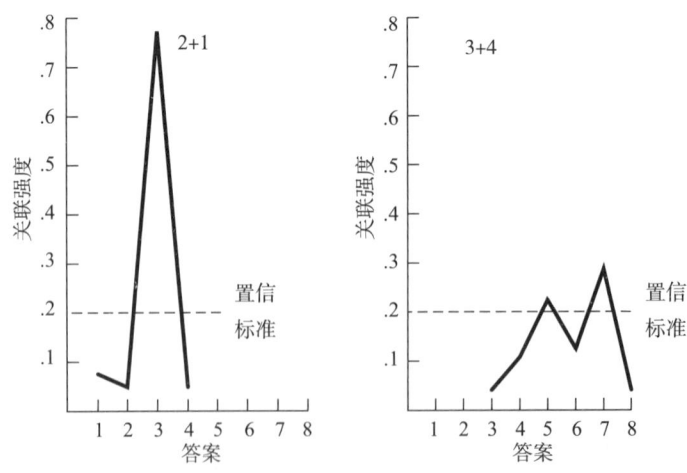

》 图 11.2　关联的峰值分布和平稳分布。峰值分布意味着儿童较少使用显性策略,较少犯错,以及解决问题所用时间较短(from Siegler, 1986)

为什么有些问题会出现峰值分布,而另一些问题会出现平稳分布?策略选择模型的基本假设之一是,儿童会将他们说出的答案与相应的问题联系起来。因为儿童在不同的时间对一个问题会产生不同的答案,他们在一定程度上会把所有这些答案与问题联系起来。儿童对某个问题的答案陈述得越频繁,这个问题就越有可能在将来出现时引出该答案。因此,像 2+1 这样的问题的关联分布比 3+4 更呈峰值分布,因为相比用手指数到 7 并将答案 7 与 3+4 联系起来,儿童更可能正确地用手指数到 3,从而将答案 3 与 2+1 联系起来。与这一观点相一致,若儿童在一年级时能最为准确地使用备份策略,那么他们到二年级时使用提取策略的频率最高(Kerkman & Siegler, 1993)。

最后的这一发现和上述模型带来一个有趣的教学启示:劝阻儿童不要通过数手指来进行加法计算的普遍策略是错误的。许多老师反复教导儿童不要用手指,老师自有他们的道理。教育的目标之一是使年幼的、技能不熟练的儿童成长为像年长的、技能更熟练儿童的样子。年长的、技能更熟练的儿童不使用手指去计算,因此,按照这个逻辑,年幼的、技能不熟练的儿童也不应该用手指。

不过,策略选择模型表明,强迫儿童不使用手指实际上可能会阻碍学习进程。算术知识较丰富的儿童拥有更多的关联峰值分布,他们不使用手指,因为他们可以准确地提取问题的答案。然而,年龄较小、知识水平较低的儿童使用备份策略,正是因为他们缺乏关联的峰值分布。强迫他们提取答案会导致许多错误,因为每次回答都会增强该问题与答案的关联强度,从而强化了对问题的错误回答。所以,这就可能产生颇为矛盾的结果,强迫儿童不使用手指可能会导致他们需要在更长的时间里使用手指。通常情况下,达到教学目标的最直接方法未必是最有效的方法。

◎ 个体差异

这一模型的用途之一是帮助人们理解儿童之间的差异。该模型提出了儿童个体差异存在的两个维度:儿童关联分布的峰度和儿童设定的置信标准的严格性(stringency)。第一个维度能反映儿童对问题正确答案的了解程度的差异;第二个维度则能反映儿童在陈述之前对提取答案的确定程度的差异。

对一年级学生加减法的研究表明,他们的表现在两个维度上都存在差异(Kerkman & Siegler, 1993; Siegler, 1988a)。这些儿童可以划分为三类:优秀、一般和完美。

优秀学生和一般学生表现之间的差异在两个维度上表现得很明显。优秀学生在提取策略和备份策略实验中表现得更快、更准确,他们使用提取策略的频率也更高,在标准化成绩测试中的得分也要高很多。

优秀学生和完美学生表现之间的差异更为有趣。这两组学生在成绩测试中的准确度和得分相同,但在策略使用上存在差异。优秀学生比另外两类更多地使用提取策略;完美学生比其他两类更少使用提取策略。然而,当完美学生使用提取策略时,他们的准确率非常高。

依据该模型,优秀学生属于具有峰值关联分布和中等严格置信标准的儿童。一般学生是那些具有平稳关联分布且设定了低置信标准的儿童。完美学生则是那些具有峰值分布且设定了非常严格的置信标准的儿童。

为了验证这种解释,我们创建了西格勒和希普利(1995)模型的三个变体。除了假设的用以区分三者的两个变量(关联分布的峰度和置信标准的严格性),这些变体的其他方面都是相同的。模拟结果给出了各组的策略选择和准确性模式特征,说明假设的重要变量具有预测效果。

这个例子说明了本章开头所提出的一个观点:通过研究特定的认知过程,而不是关注标准化的考试分数,可以对思维有更深的理解。优秀学生和完美学生、优秀学生和一般学生在标准化成绩测试上的表现存在显著差异。这种差异反映了对算术知识掌握的好坏。然而,优秀学生和完美学生之间没有差异,也不可能通过标准化成绩测试来显现。这些儿童的知识水平相当,但认知方式不同。他们的表现方式代表了算术学得很好的不同方式,并不代表学得更好或更坏。该模型预测出儿童在这些维度上的差异,这有助于我们理解早期的个体差异,而仅凭成绩测试是不足以反映这些内容的。

◎ **数学学习障碍**

鉴于较差的课堂表现和标准化考试分数,美国约有 6% 的儿童被认为存在数学学习障碍(Badian, 1983; Gross-Tsur, Manor & Shalev, 1996)。像前面描述的一般学生一样,这些儿童在执行备份策略和提取正确答案方面都存在困难(Geary, 1994; Geary, Hamson & Hard, 2000)。作为一年级学生,他们经常使用不成熟的计数方法(如从 1 开始计数,而不是从较大的加数开始),他们执行备份策略时速度较为缓慢且不准确;他们很少使用提取策略,且不准确。到了二年级,他们使用一些更复杂的计数方法,如从更大的加数开始计数,他们的计算速度和准确性都有所提高。不过,他们依然很难提取到正确答案,之后数年亦是如此(Geary, 1990; Geary & Brown, 1991; Goldman, Pellegrino & Mertz, 1988; Jordan, Levine & Huttenlocher, 1995)。随着他们在学校不断进步,这些儿童在建立在基本算术基础上的许多技能上遇到了更多的问题,如多位数算术和代数(Hanich, Jordan, Kaplan & Dick, 2001; Zawaiza & Gerber, 1993; Zentall & Ferkis, 1993)。

为什么有些儿童在算术上会遇到这么大的问题?原因之一是入学前儿童接触数字的机会太少。许多被贴上"数学学习障碍"标签的儿童来自贫困家庭,他们几乎没有接受过正规教育。当具有这样家庭背景的儿童进入学校时,他们中很多人已经在计算能力、数字大小知识和算术基本知识方面远远落后于其他儿童。

另一个关键区别是工作记忆容量。算术学习需要足够的工作记忆容量,以便在计算答案的同时将原始问题保存在记忆中,从而使问题和答案能够关联起来。存在数学学习障碍的儿童在记忆中存储的数字信息没有同龄人那么多(Geary, Bow-Thomas & Yao, 1992; Koontz & Berch, 1996; Passolunghi & Siegel, 2001)。他们也存在其他方面的记忆缺陷,包括视觉—空间过程和执行过程,这些过程涉及协调输入信息并将其分配给认知任务(Bull, Johnston & Roy, 1999; Keeler & Swanson, 2001; McLean & Hitch, 1999)。对计数、算术运算和位值的有限概念理解进一步阻碍了这些儿童的算术学习(Geary, 1994; Geary 等, 2000; Hanich 等, 2001; Hitch & McAuley, 1991)。因此,数学学习障碍反映了有限的背景知识、有限的加工能力和有限的概念理解。

◎ **对原则的理解**

随着算术技能的提高,对算术基本原则的理解也在加深。其中一个原则是反演原则(inversion principle),即加上和减去同一个数,原始值保持不变。大约 4 岁或 5 岁时,儿童会在接触成组的物体时表现出对反演原则的初步理解(Klein & Bisanz, 2000; Vilette, 2002)。例如,幼儿园的儿童认识到,如果从一组物体中拿走两个,然后再添加两个,这组物体的数量保持不变。不过,儿童对以数字形式呈现问题的反演原则的理解却表现出明显的滞后。他们面对 $a+b-b=?$(如 $5+8-8=?$)这种形式的问题时的表现体现出这一点。如果儿童能够运用反演原则解决这类问题,那么不管 b 值大小,他们都能在相同的时间内得出答案,因为他们不需要进行加和减的操作。相比之下,儿童若通过加减操作来解决此类问题,当 b 值较大时所需要的时间要比 b 值较小时更长,因为加减大的数字比加减小的数字要花费较多的时间。

在 6 到 9 岁之间,儿童在解决所有 $a+b-b$ 问题上的速度都会更快。不过,9 岁儿童和 6 岁儿童一样,相比 b 值很小的问题,他们在解决 b 值很大的问题上要花更多时间(Bisanz & LeFevre, 1990; Stern, 1992)。由于对加减法的理解加深了,所有问题的加工速度都有所提高。因 b 值大小而带来的解题时间的持续差异表明,6 岁和 9 岁的儿童都未能形成对概念的充分理解,特别是对反演原则的理解,以至于不能始终如一地在不进行加和减的情况下解决这类问题。直到 11 岁,大多数儿童才可以像成年人一样,忽略 b 值,并以同样的速度解决所有问题,从而展示出对反演原则的概念性理解。

与此相关的一个概念是数学等式,儿童需要花很长的时间才能理解这个概念。即使是三年级和四年级的学生也常常不明白等号意味着其两边的值代表了相同的数量。相反,他们认为等号只是进行算术运算的符号。当要求他们对等号进行定义时,他们经常说等号的意思是"把所有的数字加起来"(McNeil & Alibali,即将发表)。对于 3＋4＋5＝＿＿ 这样的典型问题,这种误解不会造成任何麻烦。然而,在非典型问题上,如 3＋4＋5＝＿＿＋5,这种误解就会使得大多数三、四年级学生要么只是把等号左边的数字都加起来,然后回答 12;要么把等号两边的所有数字都加起来,然后回答 17(Perry 等,1988; Rittle-Johnson & Alibali, 1999)。

对于诸如 3＋4＋5＝＿＿＋5 这样的问题,儿童常常会用手势来表示那些他们不能在口头陈述中明确表达的知识。例如,那些回答 12 并解释说是将 3,4,5 加起来的儿童也会用手朝着等号右边的数字移动。在预测试中,相比那些手势和言语反映出相同理解的儿童,言语和手势间常常表现出差异的儿童随后从解决这些问题的指导中学到的知识要多得多(Alibali & Goldin-Meadow, 1993; Goldin-Meadow, Alibali & Church, 1993; Goldin-Meadow & Singer, 2003; Perry 等, 1988)。同样地,相比那些口头解释清晰但不正确的儿童,在预测试中口头解释含糊且不正确的儿童从教学中学到的也要更多(Graham & Perry, 1993)。这些发现说明了在许多情况下都能获得的一个结果,即思维和行为的高度变异性往往伴随着进一步学习的准备状态(Goldin-Meadow 等, 1993; Siegler, 1994; Thelen, 1992)。

◎ **语境的影响**

加里·拉森(Gary Larson)在其漫画《远端》(*Far Side*)中描述了一间名为"赫尔(Hell)"的图书馆。该图书馆里全都是关于算术和代数应用题的书籍。他的这个描述让很多人深有同感。这些应用题之所以很难往往是因为它们复杂的表述(乔有 23 个弹珠;他比比尔在昨天给乔一半弹珠之前拥有的弹珠数量多 7 个;比尔失了了所有弹珠吗?)。这样的表述会加重工作记忆的负担,儿童往往很难理解(Mayer, Lewis & Hegarty, 1992; Stern, 1993; Verschaffel, De Corte & Pauwels, 1992)。

认识到应用题带来的工作记忆负担后,一些研究者建议在第一次教授应用题时使用较小的数字(Lesgold, Ivill-Friel & Bonar, 1989)。其逻辑是,较简单的数字会减轻记忆负荷。不过,这种逻辑也存在一个缺陷,即人们通常在开始做算术之前会先理解题意,因此,理解题意和开展计算是在两个不同的时间进行。可能正是因为这个原因,使用简单的数字并不能帮助儿童理解应用题(Rabinowitz & Woolley, 1995)。

即使题目的表述并不复杂,陌生的语境也常常使儿童不会使用他们在其他语境中成功使用过的方法。一项针对 9 至 15 岁巴西儿童的研究证明了这一点。这些儿童来自大城市中的贫困家庭(Carraher, Carraher & Schliemann, 1985)。他们在街边小摊上卖椰子、爆米花、玉米饼和其他食物,以贴补家用。这些工作要求他们完成加、减、乘(一个椰子要花 x 美元,五个椰子要花多少?)的运算,有时还要进行除法心算。尽管没有接受过什么正规教育,这些儿童还是可以告诉顾客买东西要花多少钱,他们应该找给顾客多少钱。

卡拉赫(Carraher)等人的研究还涉及向这些儿童提出三类问题。第一类是在"顾客—商贩"的交易中可能出现的问题(一个椰子要花 85 克鲁塞罗①,一个玉米饼要花 63 克鲁塞罗,我该付多少钱?)。第二类问题情况类似,区别在于儿童摊位上没有这些商品(如果一根香蕉要花 85 克鲁塞罗,一个柠檬要花 63 克鲁塞罗,那两个加起来要花多少钱?)。第三类问题所涉及的数字是相同的,但没有销售的语境(85+63 是多少?)。结果显示,这些儿童解决了几乎所有第一类问题,也解决了大部分第二类问题。然而,在不存在销售语境的情况下,他们解决了不到一半的第三类问题。这些儿童清楚地知道怎么算加法,但并不总是知道什么时候该使用这个技能。

语境效应在美国儿童选择解决算术问题的策略中也得到了证明。例如,比约克隆和罗森布拉姆(Bjorklund & Rosenblum, 2002)发现,相比在游戏语境中的问题(在滑梯棋游戏②中计算掷两个骰子后棋子可以移动的步数),当问题出现在学术语境中时(一个成年人问:2+3 是多少?),儿童会使用更复杂的策略来解决算术问题。在学术语境下,儿童最常用的策略是提取数字结果或从最大的加数开始计数。在游戏语境中,儿童通常从 1 数至总数。因此,儿童并不总是使用他们所知的最复杂策略。问题的特点和语境会影响儿童的策略选择。

语境也影响儿童所激活的概念知识。麦克尼尔和阿里巴利(Mcneil & Alibali,即将发表)要求七年级的学生在三种不同的语境下定义等号。这三种语境分别为:(1) 一个典型的加法问题(4+8+5+4=____);(2) 一个等号两边都有加数的问题(4+8+5=4+____);(3)等号本身(=)。大多数七年级学生在(1)(3)语境中对等号的定义都存在错误(它意味着把所有的数字相加),但在语境(2)条件下,大多数七年级学生都能准确理解等号的意义(它意味着两边相等)。这说明,概念知识不是"全有或全无"的。相反,儿童会在不同的情境中激活概念知识的不同方面。

复杂算术

儿童一旦掌握了基本的算术知识,他们就会学习解决多位数问题的算法。然

---

① 译者注:克鲁塞罗是巴西的货币单位。
② 译者注:英文为 chutes and ladders game,一种棋盘游戏,棋盘上有方格、梯子和滑梯。玩家们通过投掷骰子来决定如何移动棋子,梯子可以让你直接跳至相应的格子,滑梯则让你退回到相应的格子。

而,许多儿童没有掌握解决这些问题的过程和这些过程所依据的概念之间的关系。不加理解地记住结果为错误概念的滋生提供了肥沃的土壤。儿童在学习多位数减法运算时出现的"错误"就是这些错误概念存在的例证。

◎ **减法运算的差错**

布朗和伯顿(Brown & Burton, 1978)研究了多位数减法技能的习得。他们使用了一种错误分析方法,与用于研究天平问题的规则评估方法很像(见本书第308—311页)。这一方法先提出一些问题。对于这些问题,特定的错误规则(偏差)会导致特定的错误。而后考察每个儿童正确答案和错误答案的模式,看它们是否符合错误规则所产生的模式。

许多儿童的错误都反映了这种偏差,如图 11.3 所示。乍一看,除了认为这个男孩不太擅长减法,针对其表现似乎很难得出其他结论。然而,经过仔细分析可以发现,这个男孩的表现能够呈现出更多的内容。他犯的 3 个错误都出现在被减数(最上面的数字)包含 0 的题目上。这表明这个男孩的困难是由于不懂得如何从零中减去一个数字。

通过对男孩的错题(自左起的第一、第三和第四道题)和他所提供的答案进行分析,可以看出有两种偏差会产生这些特定的答案。第一种,每当一个题目需要从 0 减去一个数字时,他只是翻转了含有 0 的这一列中两个数字的位置。例如,在 307-182 这个题目中,他将 0-8 视为 8-0,并将 8 作为答案。第二种偏差是没有将 0 左边的数字减去 1(没有把 307-182 中的 3 变为 2)。这种递减缺失并不奇怪,因为正如第一种偏差所指出的,这个男孩并没有从这一列数字中借位。因此,若要解释 3 个错误的答案以及 2 个正确的答案,可以假定一个包含上述两种偏差的基本正确的减法过程。

307	856	606	308	835
−182	−699	−568	−287	−217
285	157	168	181	618

图 11.3 减法偏差示例

虽然这种偏差在美国儿童中很常见,但在韩国儿童中却很少见(Fuson & Kwon, 1992)。一个主要原因在于韩国儿童对十进制系统和运算时的借位把握得更好。第四章曾指出,东亚语言中多位数的名称与其在十进制系统中的位置之间更为显性的关系可能让儿童更容易获得相关的理解(Miller 等,1995)。因此,韩语中数字 57 的名称是"5 个 10 和 7 个 1",该表述也进一步解释了为什么在 57-29 等问题上,把 5 个 10 和 7 个 1 改为 4 个 10 和 17 个 1 是合理的。这样的理解使儿童在借位时更有可能保留原来数字的值。更广泛地说,儿童对位值的概念性理解指导着减法运算的应用。

◎ **分数**

在计算 1/2＋1/3 时,许多儿童回答和是 2/5。之所以得出这样的答案,是因为他们将两个分子相加形成和的分子,并将两个分母相加形成和的分母。这种误解绝非暂时出现。许多参加社区大学数学课程的成年人也会犯同样的错误(Silver, 1983)。

儿童在分数运算上的困难很大程度上是由于他们没有考虑到每一个分数所代表的数量。这一点在儿童估算 12/13＋7/8 的和时所犯错误中体现得很明显(见表11.1)。在一次全国成绩测试中,不到 1/3 的 13 岁和 17 岁的美国学生准确估算出了这个简单问题的答案(Carpenter, Corbitt, Kepner, Lindquist & Reys, 1981)。不过,两个分别接近 1 的数字相加之和怎么会是 1,19 或 21 呢?

表 11.1　估算 12/13＋7/8 之和 *

答案	选择不同答案的百分比/%	
	13 岁	17 岁
1	7	8
2	24	37
19	28	21
21	27	15
我不知道	14	16

* 资料来源:美国国家教育发展评估(Carpenter, Corbitt, Kepner, Lindquist & Reys, 1981)。

儿童在计算小数时也对符号与量的关系存在类似的误解。试想一下,他们是如何判断两个数字(如 2.86 和 2.357)的相对大小的。四年级和五年级学生解决此类问题的最常见手法是:小数点右边的数字越多,数字就越大(Ellis 等,1993;Resnick 等,1989)。因此,他们会判断 2.357 大于 2.86。这种选择似乎是基于小数和整数之间的类比做出的。因为一个数字多的整数总是大于一个数字少的整数,所以有些儿童认为小数也是如此。

另一组儿童则做出了相反的结果。他们一致认为较大的数字是小数点右边位数较少的数字。因此,2.43 大于 2.897。这部分儿童中的许多人推断 0.897 包含千分之一,0.43 包含百分之一,百分之一大于千分之一,所以 0.43 必然大于 0.897。

对小数理解的困难不会很快消失。朱克(Zuker, 1985,引自 Resnick 等,1989)发现,1/3 的以色列七年级和九年级学生会持续犯上述两个错误中的一个。因此,对于小数和多位数减法,儿童不理解数字系统会导致系统性和持续性的错误。

不过,正如儿童对多位数减法的理解存在跨文化差异一样,儿童对分数的理解也存在跨文化差异。与之前类似,语言差异可能是原因之一。在某些东亚语言中,用简分数(common fractions)表示的部分——整体关系比用英语表达得更清楚。例如,在韩语中,1/3 的值称为"sam bun ui il",它可以直译为"三部分之一"。通过将部分——整体关系明确化,韩语可以帮助儿童理解分数。与这个观点相一致,韩国一、二年级的学生将分数与图形表征关联起来的能力也优于美国和克罗地亚的同龄人(Miura, Okamoto, Vlahovic-Stetic, Kim & Han, 1999)。

代数

学习代数大大提高了儿童的数学推理能力。一个代数方程可以用来表示和推理多种情况。不过,这种力量往往没有被学生认识到。学生在学习代数时经常会遇到很大的困难,部分原因在于他们不能直接将算术的先验知识推广到代数中(Herscovics & Linchevski, 1994)。在算术中,运算是在数字上进行并产生其他的数字;而在代数中,运算是在代数表达式上进行的,并产生其他代数表达式。在学习代数时,学生必须学会将符号表达式(包括含有变量或多个项的表达式,如 $2x$ 或 $x+3y+5$)本身视为数学实体。

◎ 问题解决

在许多学生看来,代数学习归根到底就是学习代数运算的规则。确实,学习代数时的确需要学习一种新形式的象征符号,并学习如何使用这种符号来解决问题。许多学生很难正确应用代数运算规则,他们的错误揭示出他们还没有完全理解这些代数符号,对运算规则的概念基础理解也比较薄弱。学生在问题解决上的困难往往来自对正确规则的错误扩展(Matz, 1982; Sleeman, 1985)。例如,因为分配律表明:

$$a \times (b+c) = (a \times b) + (a \times c)$$

一些学生便得出了表面上相似的结论,比如:

$$a + (b \times c) = (a+b) \times (a+c)$$

还有一个例子,学生有时会不恰当地应用这样的规则,即在分离变量时,必须"在等式的两边进行相同的运算"。凯丁格和内森(Koedinger & Nathan, 2004)曾报告说,学生经常"在某一个运算符号的两边进行相同的运算",而不是等号的两边。如图 11.4 中的作业样本所示。

学生使用各种方法来确定代数方程的转换是否恰当。在 11 到 14 岁的儿童中,最常见的策

》 **图 11.4** 错误应用代数运算规则的学生作业(from Koedinger and Nathan, 2004)。注意,学生对加号两边"进行了同样的运算",而不是等号的两边

Copyright © 2004 by Lawrence Erlbaum Associates. Reprinted with permission

略是将数字插入原始方程和转换的方程中,以查看它们能否产生相同的结果(Resnick, Cauzinille-Marmeche & Mathieu, 1987)。此过程会显示转换是否得当,但很少指出原因。另一种常见的方法是引用规则来证明转换的合理性。一些学生引用了适当的规则,但如前面的例子所示,许多学生会用错规则。

与多位数减法和小数一样,学生解决代数问题的困难往往源于未能将过程与背后的基本原理联系起来。学生对代数的理解往往集中在过程本身,而不是过程的含义和操作原理。如果没有这种联系,代数就成为一种无意义的练习,只是在记忆哪些符号运算是允许的,哪些不允许。由于传统代数课程中的许多学生未能建立起这种联系,最近针对代数课程进行的改革重点强调了象征符号和代数运算的概念基础(NCTM[①],2000)。

◎ **表征流畅性**

除了解决问题外,代数能力还涉及在数学信息的不同表征方式(包括方程式、图表和文字等)中生成、推理和转化的能力(Brenner 等,1997; Kaput, 1989; Knuth, 2000; NCTM, 2000)。这组能力被称为"表征流畅性(representational fluency)"(Nathan 等,2002)。

若要将数学信息从一种表征转化为另一种表征,学生必须具备理解既定表征和生成目标表征的能力。例如,要成功地将应用题转化成一个方程式,学生必须能够充分理解应用题,理解其中表达的数学关系,而且他们还必须能够生成一个能在代数符号系统中代表那些数学关系的方程式。

对许多学生来说,表征之间的转化是一个很大的困难(Heffernan & Koedinger, 1997),这些困难在高中之后的阶段依然存在。例如,某州立大学 37% 的大一工科新生无法写出正确的方程式来表示"这所大学的学生人数是教授人数的六倍"(Clement, 1982)。大多数人写的是 $6s=p$[②]。乍一看,这似乎合乎逻辑。然而,当意识到 $6s=p$ 意味着用更大的值(学生人数)乘以 6 得到的结果等于更小的值(教授人数)时,这种印象就会崩塌了。

代数的力量根本上来自数学表征,如代数符号和图表,这些表征使一些特定情况可以抽象化。为了能表现代数的这种力量,学生需要能够构建与特定情况相对应的抽象表征,并且能够流畅地运用这些抽象表征进行推理。事实上,NCTM(2000)制定的最新数学教学标准强调,不仅在高中阶段,初中阶段也要使用抽象表征来模拟数学情境。一些研究者(如 Carpenter, Franke & Levi, 2003)甚至呼吁将代数思想(包括一些抽象表征形式)整合到小学课程中。不过,将抽象表征较早

---

① National Council of Teachers of Mathematics,美国国家数学教师委员会。
② 译者注:s 代表学生(student),p 代表教授(professor)。

地引入学生的数学经验是否会使这种表征的使用更流畅、更恰当,目前看来仍有待观察。

计算机编程

现在的在校学生获得的计算机编程经验比 10 年前多得多。编程学习的提倡者认为,这种经验不仅可以培养儿童的编程技能,而且可以提高一般的问题解决能力。佩珀特(Papert, 1980)设计出了 LOGO 语言,旨在帮助儿童获得很多通用的技能,如将问题划分为几个主要部分、识别思维中的逻辑错误,以及生成深思熟虑的计划等。

然而有证据表明,当以标准方式学习时,LOGO 不足以达到这些目标。不过,LOGO 在以培养可迁移技能为目标的中介式教学(mediated instruction)中却非常成功(Carver & Klahr, 1987; Klahr & Carver, 1988; Lehrer & Littlefield, 1991, 1993; Littlefield, Delclos, Bransford, Clayton & Franks, 1989)。与计算机编程的传统教学一样,中介式教学包括教师向学生演示如何使用命令和概念,并在学生尝试使用命令和概念后给其提供反馈。除此之外,中介式教学还包括教师明确指出特定命令和程序对一般编程概念的阐释力,并将编程逻辑和其他语境中的问题解决逻辑进行明确的类比。

这种中介式教学产生了各种各样的理想迁移。例如,克拉尔和卡弗(Klahr & Carver, 1988)证明了 LOGO 中的中介式教学可以创造出在 LOGO 语境内外都有用的调试(debugging)技能。他们的教学计划是以调试的任务分析为基础的。在此分析中,调试过程从调试员确定某个程序产生的结果开始,并观察其结果是否以及如何偏离计划(如运行计算机程序并检查其输出)。随后,调试员对期望结果和实际结果之间的差异进行描述,并假设可能的错误类型。下一步是确定程序中可能产生所观察到错误的部分。此步骤要求将程序划分为若干组成部分,以便确定程序特定部分的特定功能。接着,调试员对程序的相关部分进行检查,以确定哪些部分(如果存在)无法产生预期的结果。最后,重写出错的部分,并运行调试后的程序以确定其是否可以输出期待的结果。

接受这种教学的 8 到 11 岁儿童在解决 LOGO 调试问题上所花的时间仅为没有进行相关学习儿童的一半。他们还改进了用以完成诸如前往目的地等任务的标准英语指令的调试。这一改进似乎是由于儿童运用了该课程中学到的技能:分析与预期结果不符的偏差的本质,假设可能的原因,并集中在指令的相关部分进行查找,而不是简单地逐行检查。

年幼儿童也可以从 LOGO 的中介式教学中获得问题解决的技能。给二年级学生提供这类指导有助于提高其在类比推理标准化考试中的成绩,也能提高他们分析几何形状之异同的能力(Lehrer & Littlefield, 1993)。这些结果表明,通过中介式教学,LOGO可以让儿童获得其创始者所设想的可迁移的问题解决技能。

阅读

我们可以按时间顺序(在特定年龄段会发生什么)或主题顺序(×能力是如何发展的)来看待阅读能力的发展。本节首先对阅读能力习得按时间顺序进行简要的总结,然后详细地介绍该领域中一些特别重要的主题,如前阅读技能、词汇识别和阅读理解。

典型的按时间顺序发展

一些研究者把学会阅读分为一系列阶段。例如,乔尔(Chall, 1979)假设阅读能力存在五个发展阶段。这些阶段使阅读能力习得看起来比实际情况要清晰和有条理,它们也确实展现了发展的主要成就及其顺序。

阶段0,从出生持续到一年级开始。在该阶段,儿童掌握了阅读的几个必备技能。许多儿童学习识别字母表中的字母,写出自己的名字,以及认读个别单词。和算术一样,现在的儿童所具有的阅读知识似乎比50年前要丰富得多。这种进步可能是源于《芝麻街》等教育节目,也可能受经常重复、吸引眼球的电视广告的影响。

阶段1,通常指一年级和二年级。儿童在此期间获得了语音转码技能(phonological recoding skill),即把字母转化成语音,将语音变成单词的能力。在这一阶段,儿童还学会了字母和发音。

阶段2,通常指二年级和三年级,儿童开始流利地阅读。他们识别单个单词的速度变得更快。不过,乔尔指出,在这个阶段,阅读仍然没有被当作用于学习的工具。单词识别对儿童加工资源的需求仍然很大,所以通过阅读获取新的信息非常困难。

阶段3,四年级到八年级,儿童能够从阅读书籍中获得新信息。引用乔尔的话,"在低年级,儿童学习如何阅读;在高年级,他们通过阅读来学习。"(p. 24)不过,在这一阶段,大多数儿童只能从单一角度理解所呈现的信息。

阶段4,指高中阶段,儿童开始从多个角度理解书本知识。这使他们对历史、经济和政治的理解比以前更加深入。他们也能欣赏到伟大小说作品的微妙之处。相比之前的阶段,这些作品在高中阶段更常见。

该按时间顺序发展的观点指出了儿童阅读能力获得中的两个主要主题:理解是阅读的最终目的,有效识别单词使理解艰深材料成为可能。不过,在儿童获得单词识别技能之前,他们需要一定的基础能力。下一节将讨论这些问题。

前阅读技能

儿童不费吹灰之力就掌握了一些前阅读技能，例如，(英语)从左向右阅读、上一行的最右端接着下一行的最左端、单词间有空格。这种知识在他们的模仿写作中显而易见，甚至在儿童知道如何写字前，他们的"作品"就以水平排列，潦草的文字也通过空格被分割成一个个长度与单个单词差不多的单位(Levin & Korat, 1993; Teale & Sulzby, 1986)。不过，另外两个前阅读技能则更具挑战性：识别字母和区分单词中的不同语音。

◎ 字母感知

要阅读英文等字母语言，儿童必须学习每个字母独特的形状组合：横线、竖线、曲线和对角线。即使经过了初步学习，儿童仍然经常混淆那些只在方向上不同的字母，例如 b 和 d、p 和 q(Adams, 1990)。这种混淆会出现，可能是因为在阅读以外的语境中，方向很少影响身份识别。男孩拥有一只狗，不管这只狗面朝哪个方向，它还是属于这个男孩。不管怎样，到了二年级或三年级，绝大多数儿童不会再混淆字母。

许多家长、老师以及研究人员都想知道，在入学前学习字母是否有助于儿童学习阅读。这个问题很复杂，但至少可以得出初步结论。幼儿园儿童认识字母的能力可以预测他们以后的阅读水平，而且至少能预测他们到七年级时的阅读成绩(Vellutino & Scanlon, 1987)。乍一看，这似乎表明早期学习认识字母能使儿童以后更好地进行阅读。然而，研究表明，给随机挑选的年幼儿童教授字母并未能提高他们的阅读水平(Adams, 1990; Venezky, 1978)。综合看来，上述事实说明，学习认识字母并不会提高阅读能力。相反，儿童提早学习字母且后期阅读能力更好可能是因为其他因素的影响，例如，对读物的兴趣、一般智力、感知能力和父母对孩子阅读的关注等。

◎ 音素意识

阅读英语等字母语言的另一个先决条件是认识到单词由可分离的语音组成。这种认识被称为音素意识(phonemic awareness)。即使已经使用该语言多年，大多数儿童似乎尚未意识到他们是在把不同的语音组合成单词。利伯曼、尚克韦勒、菲希尔和卡特(Liberman, Shankweiler, Fischer & Carter, 1974)对 4 岁和 5 岁儿童的研究说明了这一点。儿童被告知听到一个简短单词的每一个音时都敲击一次。因此，it 应该敲 2 下，hit 应该敲 3 下。儿童在该测量和其他音素意识测量上的表现被证明是一个极好的早期阅读成绩预测指标(Bruck, 1992; Olson, Forsberg & Wise, 1994)。尤为重要的是，对 4 岁和 5 岁儿童进行音素意识技能训练(如识别 3 个单词中的哪一个不包含相同的声音)可以提高其远至 4 年后的阅读和拼写能力(Bradley & Bryant, 1983; Byrne & Fielding-Barnsley, 1995; Byrne,

Fielding-Barnsley & Ashley, 2000; Vellutino & Scanlon, 1987)。最近一份对52项研究的回顾分析表明,音素意识的训练有利于单词识别、拼写和阅读理解(Ehri等,2001)。

为什么音素意识能提高阅读能力?思考一下儿童学习阅读的过程就可以找到答案。儿童学习阅读时,他们会学习每个字母的语音。然而,除非他们能把这些语音混合成一个词,否则,相应的语音知识就没有什么用处了。能区分单词中的音素是音素意识任务所测量的技能,它似乎对将语音混合成单词从而进行阅读至关重要。

音素意识可以通过一些简单的活动来培养,如给儿童读童谣。儿童在3岁时对童谣的掌握程度可以预测他们后期的音素意识和阅读准备能力,即便在统计分析时对母亲的教育水平、儿童的年龄和智商都进行了一定控制后也是如此(Maclean, Bryant & Bradley, 1987)。在童谣中,经常出现在句尾单词之间的微小差别(如 horn 和 corn、muffet 和 tuffet)可能有助于儿童分离每个音节中存在的单个语音,并认识到单词是由这些可分离的语音组成的。学校的阅读教学也促进了这种技能的提高。刚好达到入学年龄的儿童在一年级结束时比年龄几乎相同但刚好没够上入学年龄的儿童具有更强的音素意识,后者因为达不到入学年龄而又在幼儿园度过了一年(Bentin, Hammer & Cahan, 1991)。因此,音素意识和阅读之间互相促进,相辅相成。

◎ **早慧的阅读者(precocious reader)**

有些儿童2到3岁时就会读书。他们通常没有接受过任何特别的指导。相反,他们自己学会了字母。这些早慧的阅读者和其他儿童有什么区别呢?整体而言,他们的智商往往高于平均水平,但分数通常并不出众(Jackson, 1988)。虽然智商很高的儿童中有一半在5岁时就开始阅读,但另一半却没有(Roedell, Jackson & Robinson, 1980)。

早慧的阅读者在多个方面与其他大多数儿童不同(Jackson, Donaldson & Cleland, 1988; Jackson, Donaldson & Mills, 1993)。有一些与智力有关。早慧的阅读者往往拥有不同寻常的丰富语言知识和强大的工作记忆广度。另一些特征还包括对前阅读技能的早期掌握。大多数早慧的阅读者在3岁之前就能背诵字母表并能识别一些大写字母。还有一些超乎寻常的特征包括对阅读的兴趣:这些儿童往往比大多数其他儿童对阅读更感兴趣。

与许多教育工作者的担心相反的是,提早学会阅读并不会对以后的学校表现产生不利影响。若儿童在进入学校时已学会阅读,那么至少在六年级前他们一直是优秀的阅读者(Durkin, 1966; Jackson 等, 1993)。但是,并不能因此说提早学会阅读使儿童在以后的阅读中表现出色。有研究随机抽取了部分儿童,并让他们在上一年级之前接受两年的阅读指导。结果显示,这些儿童并没有在三年级结束时展现出更好的阅读能力(Durkin, 1974/75)。不过,早期阅读至少对儿童没有伤害,也为以后优秀的阅读能力埋下了伏笔。

识别单个单词

快速、毫不费力的单词识别不仅对良好的理解必不可少,而且对愉快的阅读也不可或缺。朱尔(Juel, 1988)报告的一项统计结果显示,缺失这些技能的后果是显而易见的:40%单词识别能力较差的四年级学生声称他们更喜欢打扫房间而不是阅读。其中一个说:"我宁愿清理浴缸周围的霉菌,也不愿意看书。"这种态度不仅对阅读本身是灾难性的,而且会拖累其他学科的学习,因为所有这些学科都需要通过熟练的阅读来掌握学习知识(Stanovich, 1986)。单词识别能力差也意味着儿童的阅读量达不到课堂所要求的最低水平,这就加剧了这一问题的严重性。正如亚当斯(Adams, 1990, p.5)所指出的:"如果我们想引导孩子们大量阅读,我们就必须教他们如何好好阅读。"

儿童识别单词的方法主要有两种:语音转码(phonological recoding)(有时称为解码)和视觉提取(visually based retrieval)。在这两种方法中,儿童都首先观察一个以书面形式呈现的单词,然后在长期记忆中找到该单词的记录。二者的区别在于其中的机制有所不同。当儿童对一个单词进行语音转码时,他们会将视觉形式转换成一个声音,并使用声音表征来识别这个单词。当他们基于视觉形式提取一个单词时,他们不会采取这一中间步骤。这两种方法的差别并不像描述中所说的那么明显。例如,儿童有时会对单词的第一个或前两个字母进行语音转码,然后提取单词的含义。尽管有这种混合的情况,但在单词识别策略上两者有根本的区别。

阅读教学中两种主要方法之间的差异与上述两种单词识别方法的差异遥相呼应。整词法(whole-word approach)强调视觉提取;自然拼读法(phonics approach)强调语音转码。纵观历史,教育实践在两者之间换来换去。20世纪初,美国大多数教师都强调自然拼读。从20世纪20年代到50年代,大多数教师又强调视觉提取。近年来,大部分教师又再次强调自然拼读。这种转换的原因有两个。其一,这两种方法最终都教会了大多数儿童如何阅读,但它们也都没能教会每一个儿童如何阅读。此外,这两种方法都不必以非此即彼的形式存在,大多数教师都同时使用这两种方法。问题不在于儿童是否需要学习字母—发音的关系,也不在于他们是否需要快速提取单词,问题在于每项技能应该在多早和多大程度上得到重视。

其二,这场争论悬而未决的原因是,每种立场都可以提出合理的论据。整词法认为,熟练的读者依赖视觉提取来阅读,阅读教学的目标是培养熟练的读者。因此,应该教导初学者像熟练的读者一样阅读。自然拼读法认为,为了让儿童学会阅读,他们必须能够识别不熟悉的单词,而语音转码技能可以帮助他们识别这些不熟悉的词汇。因此,应该以一种能够让他们独立阅读的方式来教导阅读初学者。

理解儿童学习阅读的过程可以帮助人们在这些论断之间做出选择。在下一节中,我们将讨论这两个单词识别方法,以及儿童如何选择其中一个来识别特定的单词。通过分析,我们将会了解为什么其中一种教学方法比另一种更有效。

◎ **语音转码**

语音转码使儿童能够阅读他们不认识的单词。一项对基础读本(basal reader)的分析很好地说明了为何这项技能对初级读者如此重要。弗思(Firth, 1972)研究了适用于一年级和二年级学生的一本基础读本中出现的近3 000个单词。结果表明,其中有超过70%的单词最多重复出现了5次,超过40%的单词只出现了1次。有些基础读本中单词重复的频率更高,而且很多重复往往都是"Look, look, see spot.(看啊,看啊,看斯波特)"这种简单机械的风格,读者易于记忆。因此,早期掌握语音转码技巧对于初学者识别他们很少遇到的单词是至关重要的。

除了使儿童能独立阅读之外,熟练的语音转码也有助于有效的视觉提取。乔姆和沙瑞(Jorm & Share, 1983)以及沙瑞和斯塔诺维奇(Share & Stanovich, 1995)描述了这种提取的发生过程。他们的基本假设是:儿童会习得他们能陈述的内容,这与西格勒和希普利(Siegler & Shipley, 1995)关于算术学习的假设是一样的。如果儿童缺乏良好的语音转码技能,他们将被迫更多地依赖语境来推断单词的意思。然而,语境的引导作用通常是不可靠的,依赖语境会导致许多错误。相比之下,准确的拼读将增强书面文字和口语之间的关联,从而提高儿童通过视觉提取识别单词的可能性。

◎ **视觉提取**

单词识别技能的发展很容易被描绘成如下的过程:首先儿童会读出单词,然后他们使用视觉提取。事实上,过程比这个要复杂得多。许多儿童甚至在知道任何声音—符号的对应关系之前就可以提取个别单词的含义。高夫和希林格(Gough & Hillinger, 1980)举了这样一个例子,一名学前儿童学会了两个单词:budweiser(百威)和stop(停)。这个儿童从啤酒罐上学会了第一个单词,从路标上学会了第二个单词。情境为这两个单词的识别提供了线索。然而,许多学前儿童也可以在没有情境线索的情况下认识一些单词,例如,当单词出现在索引卡上时,一个女孩可能明白她知道两个单词,budweiser是那个长词,stop是那个短词。接下来,她可能会学习 coke(可乐)这个单词,因为 coke 和 stop 都含有四个字母,所以她需要除词长以外的其他特征来对二者进行区分。也许她会注意到两个单词第一个字母不同,并得出结论:如果单词很短,并以一个含有一处弯曲的字母开头,那就是 coke;如果单词很短,并以一个含有两处弯曲的字母开头,那就是 stop。

尽管最初使用视觉提取可能依赖一个或两个特征,但提取过程最终包含了大量信息的并行加工(Seidenberg & McClelland, 1989)。这些信息包括来自特定字母的信息、来自整个单词的信息以及来自周围情境的信息。早在一年级时,儿童就开始使用包括单词中的字母和周围情境在内的多个线索了。当一年级学生用一个词替换另一个词时,他们选择的词通常与当前的词具有相同的首字母,并且与周围的情境一致(Weber, 1970)。因此,多个信息源从阅读初期就影响着视觉提取。

◎ **识别单词的多种方法**

塞登伯格及其同事(Harm & Seidenberg, 1999; Plaut 等, 1996; Rayner, Foorman, Perfetti, Pesetsky & Seidenberg, 2001; Seidenberg & McClelland, 1989)使用联结主义模型描述了阅读者在单词识别过程中如何使用语音转码和视觉提取这两种方法。该模型还明确了当个体获得阅读技能时,这两种方法的相对作用如何发生变化。

该模型基于这样一个假设,即儿童最终会在单词的语音、单词的视觉形式和单词的意义之间建立联结(见图 11.5)。即便是在学会阅读之前,基于口语经验,儿童已经在语音和意义之间建立了很强的联系。后来,当他们学习阅读时,他们逐渐获得了单词的视觉形式与其语音和意义之间的联系。

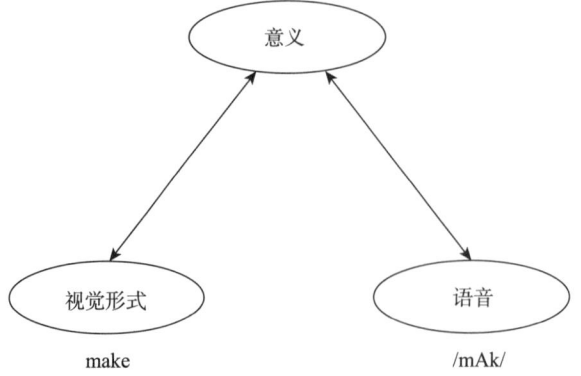

≫ **图 11.5** 塞登伯格和麦克莱兰(Seidenberg & McClelland, 1989)开发的模型中语音(语音学)、视觉形式(拼写)和意义之间的关系,哈姆和塞登伯格(Harm & Seidenberg, 1999)对此模型进行了扩展

该模型的训练以如下过程进行：在单词的视觉形式、语音和意义之间形成关联，并接收正确的反馈。在训练过程中，模型对视觉形式和语音之间联系的学习比视觉形式和意义之间联系的学习要更快。这是因为拼写与发音存在系统性联系，所以视觉形式与语音的联系比视觉形式与意义的联系更为密切。在训练阶段的早期，当呈现一个单词的视觉形式时，模型主要依靠"视觉形式—语音—意义"的途径来识别这个单词。随着时间的推移，模型积累了更多的词汇经验，从视觉形式直达意义的途径变得更强，因为每次单词被正确理解，其视觉形式和意义之间的联系都会加强。随着这种更直接的途径得到强化，该途径开始在单词识别上战胜较间接的途径（视觉形式—语音—意义）。因此，如乔姆和沙瑞（Jorm & Share，1983）以及沙瑞和斯塔诺维奇（Share & Stanovich，1995）所述，联结主义模型揭示了一种可能的机制，通过这种机制，熟练的语音转码会有助于有效的视觉提取。

该模型表明，在阅读学习的早期阶段，儿童会利用他们关于语音和意义联系的既有知识（来自口语），以及视觉形式和语音之间系统性联系的知识。为了识别单词，他们最初使用语音中介的途径，即首先依赖视觉形式和语音之间的联系，然后依赖语音和意义之间的联系。随着阅读经验的不断积累，从视觉形式到意义的直接路径越来越强。因此，随着儿童词汇经验越来越多，他们开始使用直接的视觉提取。

这个模型还带来了一个有趣的启示：阅读学习可能会改变儿童单词语音表征的质量。儿童在早期形成的单词语音表征通常不包含有关词汇子单位的信息，如单个语音或音素。举例来说，根据儿童的口语经验，他们可能会意识到 make 和 bake 是不同的单词，但他们可能不会明确地表征这样的信息：两个单词的区别在于其初始辅音不同。在联结主义模型中，在习得单词的视觉形式与其语音之间的映射关系后，模型发展出了更为具体的单词语音表征，并开始明确地形成词汇子单位表征，如单个音素和韵脚（如 make 和 bake 中的 ake）。这表明，当儿童习得了从视觉形式到语音的映射关系后，他们可能会发展出更明确的词汇子单位表征，例如单个音素和韵脚。因此，这个模型意味着学习单词的视觉形式和其语音之间的映射有助于提高音素意识。事实上，学习阅读确实能提高儿童的音素意识（Rayner 等，2001）。

◎ **单词识别中的策略选择**

和算术一样，熟练的阅读者能够选择合适的阅读策略。当快速提取可以产生正确答案时，他们便使用这种方法；当遇到较难的词汇时，他们会采取备份策略，如拼读（sounding out）（见图 11.6）。这一观察提出了一个问题，即当两种方法都可用时，儿童如何知道是选择语音转码还是视觉提取来识别特定的单词呢？

决策过程可能与儿童在算术中的相同。当儿童看到一个单词时，他们会尝试

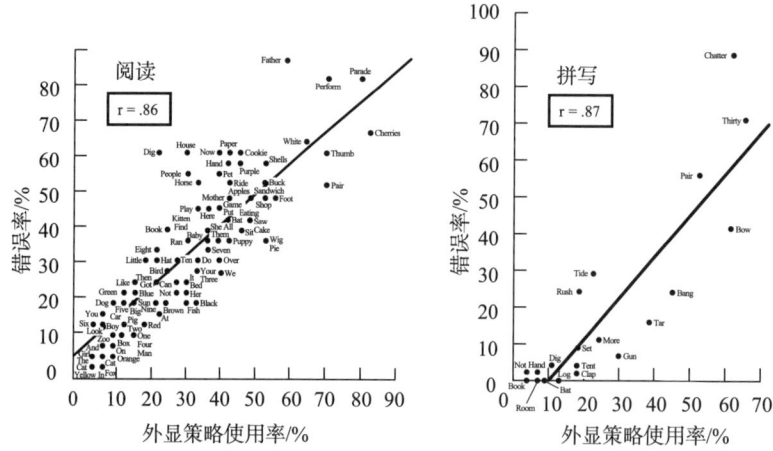

>> 图11.6 和算术一样，单词难度越大（用错误率来衡量），儿童就越有可能使用外显策略来阅读或拼写（from Siegler, 1986）

根据这个单词的视觉形式来提取它的含义。如果他们提取到的备选单词具有足够的关联强度，他们会说出单词。否则，他们会采取备份策略，比如拼读。或者如前文提到的联结主义模型所示，儿童可以尝试同时使用视觉提取和语音转码这两种方法。哪种方法能最快得到具有足够关联强度的答案，识别单词时就会选择这一方法。

结合语音转码的使用有助于有效视觉提取的相关证据，上述观点意味着基于语音的教学在帮助儿童快速准确地识别单词方面应该优于整词法。其逻辑是，准确使用备份策略将在单词与其视觉形式之间建立强大的关联，从而使快速准确地提取成为可能。事实证明，这一预测是正确的。在课堂和实验室测试中，自然拼读法在促进阅读成绩方面具有优势（Adams, 1990; Foorman, Francis, Fletcher, Schatschneider & Mehta, 1998; National reading Panel, 2000）。

◎ **阅读障碍**

有些儿童尽管智力正常，但学习阅读时却异常困难。已明确的两个阅读障碍对应于本节中描述的两个主要的单词识别过程。二者中较为常见的是语音障碍（phonological dyslexia），涉及语音转码障碍。较为少见的是浅表性障碍（surface dyslexia），涉及视觉提取障碍（Rack, Snowling & Olson, 1992; Stanovich, Siegel & Gottardo, 1997; Wagner & Torgeson, 1987）。

若要区分阅读障碍的不同形式，可以让儿童阅读例外词（exceptional words，具有不规则符号—语音对应关系的词，如 pint 和 yacht）和可读的非词（pronounceable nonwords，并非单词但可以发音的字母串，如 thack）。浅表性障碍的主要困难在于视觉提取，因此例外词会给有浅表性障碍的儿童带来更大困难，而其他人则可以从记忆中提取到例外词。语音障碍的主要问题在于拼读困难，因此可读的非词会给这类儿童带来更大的困难，因为这些词是新奇刺激，需要语音解码(Castles & Coltheart, 1993; Manis, Seidenberg, Doi, McBrideChang & Peterson, 1996)。

大多数无法阅读可读非词的儿童同样也存在例外词阅读困难，反之亦然。因此，语音障碍和浅表性障碍之间的区别通常是这两种能力损伤程度的区别。不过，大约25%的儿童在一项任务上的表现处于正常范围内，但在另一项任务上会低于正常范围(Manis 等，1996)。

患有阅读障碍的儿童在成年后的阅读能力依旧不乐观。即使在接近正常阅读水平的情况下，他们仍然难以读出那些非词。阅读这些词必须要依赖语音转码技能，而他们的音素意识仍然很差(Bruck, 1990, 1992)。据推测，阅读经验使他们经常使用提取策略，但陌生单词的拼读困难仍然存在(Manis, Custodio & Szeszulski, 1993)。

幸运的是，这种情况并非无法挽救。教导阅读水平较低的人学习规避语音转码困难的策略，或者集中精力提高语音转码技能，都能产生实质性的积极效果。例如，洛维特等(Lovett 等，1994)研究了策略培训的效果。该培训旨在指导阅读水平较低的人在新单词和已知单词之间进行类比、在首次没有猜测对词义时尝试其他元音发音、识别单词的已知部分，而后将注意力集中在单词的剩余部分。在接受了针对这些策略总时长为35个小时的指导后，相比在问题解决和学业技能方面得到了类似指导的阅读水平较低的儿童，这些儿童在单词识别和拼写的标准化测试中取得了显著的进步。因此，虽然阅读障碍是一个持久的、难以治愈的问题，相关的训练还是颇有帮助的。

阅读理解

在儿童获得的众多学业技能中，阅读理解可能是最重要的。它使儿童能够去学习，追随自己的兴趣，排遣无聊。

阅读理解过程可分为四个部分：词汇通达(lexical access)、命题集合(proposition assembly)、命题整合(proposition integration)和文本建模(text modeling)(Perfetti, 1984)。词汇通达包括识别单词并提取其意义。在阅读中，词汇通达指儿童从长期记忆中提取书面形式单词意义的过程。命题集合指将单词相互关联以形成有意义的单元。例如，在"The sick boy went home.(生病的男孩回家了)"这句话中，读者会构建"There was a boy.(有一个男孩)""The boy was sick.(男孩生病了)"等命题。命题整合包括将单个命题组合成更大的意义单元。最后，文本建模指儿童形成推断并将他们的所读与他们已知的内容联系起来的过程。例如，读者可以利用关于患病男孩以及学校和家庭之间的距离这些信息推断出男孩的父母可能把他接回了家，尽管刚刚那句话并没有提到这种情况。

珀费蒂(Perfetti)的分析有助于阐明阅读理解和听力理解之间的关系。这二者都需要形成、整合命题,并构建关于情境的一般模型。但是,二者的词汇通达过程有所不同。在阅读理解中,词汇通达需要在词汇的书面形式和意义之间进行转化;在听力理解中,词汇通达需要在词汇的口头形式和意义之间进行转化。起步阶段的阅读者在将口语转化成意义方面的能力更强,这是他们的听力理解优于阅读理解的原因。直到七年级或八年级,大多数儿童才能消除这种差距,使自己的阅读理解和听力理解水平相当(Sticht & James, 1984)。

◎ **阅读理解中什么在发展?**

理解与记忆密切相关。因此,影响记忆发展的主要因素(基本加工、策略、元认知和内容知识)也会影响阅读理解,这不足为奇。

词汇识别的自动化和工作记忆的高效运作是提高阅读理解能力的两个基本加工。自动识别单词有助于阅读理解,就像自动运算有助于学习更高级的数学;因为自动化释放了认知资源。与该观点一致,一年级早期时单词识别的自动化程度不仅可以预测当时的阅读理解能力,而且可以预测三年级末儿童的阅读理解水平(Lesgold, Resnick & Hammond, 1985)。同样,单词识别能力也是四年级学生阅读理解能力的一个强有力的预测因素(Zinar, 2000)。基于类似的原因,越有效的工作记忆越有助于阅读理解。若儿童能够在记忆中保留更多的材料,他们便更有可能整合新旧内容,并理解它们之间的联系。较大的工作记忆容量似乎特别有助于加工歧义词。而在消除歧义之前,对歧义词的理解需要保持一种以上的解释(Daneman & Tardif, 1987)。

策略的习得也会影响阅读理解能力的发展。通常,这种策略包括根据阅读材料的难度和个人的阅读目标调整阅读的速度和仔细程度。例如,优秀的读者阅读一般小说的速度要比读教科书快得多。然而,这种策略使用的灵活性发展得非常晚。例如,在回答无须理解细节的问题时,10岁的儿童就很少使用略读策略,直到14岁时,儿童才会经常使用(Kobasigawa等,1980)。

阅读理解也受对阅读过程的元认知的影响(如 Zinar, 2000)。在从一年级到成年的所有年龄段中,较好的阅读者都比较差的阅读者能更准确地监控自身对所读内容的理解(Baker, 1994)。两者对阅读理解的监控能力都会随着年龄的增长而提高,但他们之间的差异仍然存在。对理解的监控会让年龄较大、能力较强的阅读者采取各种策略来处理阅读理解中的困难:回到产生困惑的地方;放慢阅读速度,直至理解;尝试将场景形象化;将抽象内容转换为具体示例等。

阅读理解中与年龄有关的最后一项提高源于内容知识的增加。拥有大量相关知识的儿童可以对照他们已经掌握的知识来检查自己对所读内容的解释是否合理。他们还可以对隐含的、未明确指出的动机、事件和结果做出合理的推断。尽管任何相关的先验知识都有助于阅读理解,但因果关系的知识尤其有用。读者越是关注因果关系,他们的回忆效果就越好(Trabasso, Suh, Payton & Jain, 1994)。随着年龄的增长,儿童能表征更多因果关系,从而提高阅读理解能力。例如,8岁儿童主要关注一个事件内的因果关系,而14岁儿童会同时强调事件之间的关系(van den Broek, 1989)。总之,基本加工、策略使用、元认知监测有效性的提高和内容知识的丰富都有助于阅读理解水平的提高。

教学启示

◎ 充足背景知识的重要性

这些发现对阅读教学的启示之一是:教师应确保所有学生都具备理解所读内容所需要的先验知识。当儿童缺乏这些内容知识时,他们的阅读理解就会产生很多问题。这些问题在故事《浣熊和麦金尼斯夫人》(The Raccoon and Mrs. McGinnis)中体现得很明显。一起来看看这则二年级教科书中提到的故事。

麦金尼斯夫人是一位贫穷而善良的农民,她对着星星许愿,希望得到一个牲口棚来饲养她的那些牲畜。然而,强盗来了,偷走了所有牲畜。有一只浣熊,晚上经常在麦金尼斯夫人家门口寻找食物。这只浣熊尾随强盗,然后爬上一棵树以躲开他们。强盗们看着浣熊戴着面具的脸,误以为它是另一伙强盗。他们吓坏了,于是放走了所有牲畜,不经意间还丢下了一袋从别人那里偷来的钱。浣熊捡起那袋钱,回到麦金尼斯夫人家门口继续寻找食物,并把那袋钱扔在了门口。第二天早上,麦金尼斯夫人发现了那袋钱,觉得她前一天晚上的许愿终于为她带来了好运。

尽管大多数成年人觉得这个故事很有意思,但二年级学生却并不这么认为。这个故事只是让他们感到困惑。贝克和麦基翁(Beck & McKeown, 1984)认为,之所以会出现这个问题,主要是因为儿童缺乏理解事件顺序所需的两个关键概念:巧合和习惯。因此,在另一组二年级学生读到这个故事之前,一个实验员告诉他们,巧合指两个无关的事件刚好同时发生,它们之间没有因果关系。而习惯通常会使人和动物重复地进行相同的活动。实验员还介绍了几个有用的背景知识:浣熊眼睛周围的黑眼圈看起来像面具;浣熊习惯于在晚上猎食;浣熊经常捡起物体并把它们带到其他地方。

这些背景知识帮助儿童理解了这个故事。对巧合概念的解释使更多的儿童将麦金尼斯夫人认为会发生的事情与实际发生的事情进行了对比。此外,与许多同龄人不同,了解背景知识的儿童并没有得出浣熊有意帮助麦金尼斯夫人的结论。因此,掌握相关的背景知识对于阅读理解是非常必要的。

◎ 元认知对理解的重要性

交互式教学(reciprocal teaching)是另一种有效的教学方法,它以元认知在阅读理解中所起作用的相关发现为基础。这一方法是由安娜玛丽·帕林切萨和安·布朗(Annemarie Palincsar & Ann Brown, 1984)提出的,最初的目的是为了提高一群具有弱势社会背景的七年级学生的阅读能力。尽管这些学生的单词识别能力处于正常水平,但他们的阅读理解能力却落后了 2—3 年。帕林切萨和布朗认为,学生的核心困难是阅读理解的监控能力不足。具体而言,他们认为学生需要改进他们阅读理解监控中的四个过程:总结、阐释、提问和预测未来的问题。

在交互式教学中,教师让学生分小组学习,小组成员轮流主持对特定文本的讨论。最初,教师是讨论的主持人。在学生和教师分别阅读完一段文本后,教师进行总结,指出需要阐释的句子,预测可能出现的问题,并预测故事中接下来会发生什么。在下一段文本中,由一个或多个学生完成这些活动。然后再次轮到教师。随着时间的推移,所有的学生都轮流担任主持人。帕林切萨和布朗(1984)发现,这种轮流主持是必不可少的,因为一开始,学生的能力相当欠缺。在他们的研究中,训练开始时,只有 11% 的学生总结陈述时抓住了段落的中心思想。经过 20 多次训练后,有 60% 的总结陈述都能体现中心思想。

帕林切萨和布朗(1984)发现,这种教学对七年级学生的阅读理解有许多积极的影响。每天教学之后,学生会阅读新的段落,并根据记忆回答关于段落的 10 个问题。在训练项目开始前的一次预测试中,儿童测试的平均正确率为 20%。在训练项目结束时,他们的平均正确率超过了 80%。在训练结束六个月后,对这些七年级学生再次测试的结果表明,他们对这些段落的阅读理解能力仍然有明显的提高。令人印象更深刻的是,在自然科学和社会科学课程的常规课堂测试中,接受训练的儿童最初成绩只高于全校 20% 的学生,而训练后他们的成绩高于全校 56% 的学生。

后续发现也令人备受鼓舞。有研究对 16 项交互式教学研究进行了回顾分析。这些研究的被试涵盖了从四年级到成年的学生;既有低水平学生,也有中等水平的学生;人数从 2 到 23 名不等;既涉及实验人员,也包括在课堂上进行交互式教学的教师。分析发现,交互式教学在上述被试身上都产生了积极的效果(Rosenshine & Meister, 1994),而且这种效果在教学结束后至少维持了六个月到一年(Palincsar, Brown & Campione, 1993)。与其他提高阅读理解水平的方法相比,交互式教学至少与其他方法一样有效(如 Johnson-Glenberg, 2000)。

我们能从这个成功的案例中得出什么经验?其一,教授技能的情境要尽可能与技能的使用情境相匹配。在交互式教学中,理解监控能力的教学情境是阅读有意义的材料,这与在课堂上使用理解监控能力的情境相同。其二,让学生积极参与学习非常重要。回顾一下第四章提及的内容,合作的有效性取决于技能更熟练的合作者积极地让技能不熟练的伙伴参与到问题解决过程中去。这种参与是交互式教学的一个组成部分。从一开始,教师就鼓励学生尝试相关的过程(总结、提问等),他们的参与随着能力的提高而逐渐增加。因此,交互式教学的有效性至少部分是源于在与技能使用情境相似的情境中教授技能,以及在教学过程中积极地让学生参与进去。

写作

学生写作水平太差是教师深深的苦恼。写作的困难并不会随着童年的结束而消失。计算机公司可以制造出能够每秒执行数百万条指令的机器,但却无法制作出能够清楚地解释计算机操作的手册。由于写作在现代生活中的巨大作用,缺乏写作技能尤其令人感到遗憾。例如,据估计,商务人员有19%的工作时间都是用来写备忘录、信件和技术报告(Klemmer & Snyder,1972)。

写作可以分为两个过程:初稿起草和修改。这两个过程都要求作者克服各种困难:正确使用标点符号、正确拼写和使用语法;文字组织要使内容易于理解;满足作者写作目的,无论其目的是说服、描述或传达观点(Boscolo,1995)。写作时需要同时考虑这么多要求,难怪大多数人会觉得写作很困难。

初稿起草过程

除了教师,很少有人了解儿童的写作水平和特点。对一个8岁的儿童来说,下面这篇文章的水平算较高的了,同时也展现出了儿童写作的特点:

> 我没有养过鸟,但我知道一些关于它们的事情。它们有两个鼻孔,它们会清洁羽毛,它们吃种子、虫子、面包,它们会拥抱杉树和许多其他东西。它们喝水。喝水时会把头抬起来,然后再放下。鸟笼会变得非常脏,人们会把它清理干净。(Kress,1982,pp.59-60)

这篇文章反映了儿童在写作时面临的三个困难:所讨论的话题类型、同时满足多重目标的需要和写作的规范要求(Berieter & Scardamalia,1987)。

◎ **陌生主题的要求**

要写一个故事,儿童必须首先激活长期记忆中的相关信息。在许多情况下,这是很困难的,因为主题(如"我对鸟类的了解")一般是儿童想不到的。在这种情况下,他们必须从记忆的不同部分收集信息,并组织起来进行思考。这篇8岁儿童所写的关于鸟类的文章展现了儿童写作时常常发生的状况:把关于主题的事实罗列出来,而不是有条理地讨论。

◎ **多目标的要求**

人们写作是为了追求各种各样的目标:娱乐、兴趣、传达信息、提醒备忘,以及写出足够的内容来达到教师的要求。语调和肢体语言虽然在口语中可以达到其中的一些目的，但在写作中它们是不可用的。此外，作者在最初起草过程中收到的反馈通常仅限于他们自己对所写内容的反应。这与谈话中的情形截然不同，在谈话中，他人的提问和评论往往会提出新的目标和达到目标的途径。因此，写作需要在没有外界刺激的情况下制定目标，长时间地记住这些目标，并独立判断何时目标已经实现。

儿童如何应对实现多重目标的需要？斯卡达马利亚和贝瑞特（Scardamalia & Bereiter, 1984）将儿童的典型方法称为"知识表述策略（knowledge-telling strategy）"。这种策略将写作任务简化到一次只需要考虑一个目标。该策略可以概括为两条原则：(1) 直接回答所问的问题；(2) 记录下从记忆中提取到的相关信息。前面提到的关于鸟的故事说明了使用这种方法后的结果。一开始，那个儿童回答了一个基本问题："我没有养过鸟，但我知道一些关于它们的事情。"然后她列出了几条她记得的关于鸟类的事实。这种组织结构的简化性说明了儿童作文最显著的特点之一：简洁。在小学阶段，作文长度通常只有A4纸的一半或更少。

儿童具备了一定的写作经验后，开始将目标按顺序排列成标准的结构，以帮助自己应对写作的记忆需求。沃特斯（Waters, 1980）做过一个不同寻常的自然实验。该实验展现了协调多个目标的技能是如何在实践中发展的。沃特斯分析了一个女孩（她自己）在二年级写的120篇文章。所有的文章都是为了完成"班级新闻"作业而写的。学生每天都要写下当天发生的事情。

沃特斯仔细研究了她自己在二年级初连续几天所写的5篇文章，还有年中的5篇，以及年末的5篇。如下面的文章所示，最初的文章主要内容仅限于日期、天气和课堂活动。后来，文章内容还提到了关于同伴、职责和带到学校材料的信息。

年初、年中、年末为完成"班级新闻"作业而写的文章

1956年9月24日

今天是1956年9月24日，星期一。今天有雨。我们希望能出太阳。

我们有了新的拼写书。我们拍了照片。我们为芭芭拉唱了生日快乐歌。

1957年1月22日

今天是1957年1月22日，星期二。今天有雾。我们过马路时一定要小心。

今天早上，我们上了音乐课。我们学了一首新歌。

琳达没有来。我们希望她很快回来上课。

我们上了算术课。我们假装在买糖果。我们玩得很开心。

> 我们学习了英语书上的内容。我们学会了何时使用 is 和 are。
>
> 1957 年 5 月 27 日
> 今天是 1957 年 5 月 27 日,星期一。天气暖和多云。我们希望能出太阳。
> 今天下午,我们上了音乐课。我们很高兴。我们出去玩了。
> 卡罗尔没有来。我们希望她很快回来上课。
> 我们上了一节拼写课,学了十几个单词。
> 明天我们要表演和演讲。
> 有些人的家庭作业是拼写句子。
> 丹尼带来了一个蚕茧。它会变成蝴蝶。
>
> 资料来源:Waters,1980。

大体而言,后面的故事比前面的故事包含了更多不同的目标。在后期的许多文章中,每当沃特斯回忆一起事件时,她似乎形成了一个目标,即记下事件发生的时间,然后描述她对事件的反应。这一预置的目标序列涵盖的内容不仅仅是发生的事件,因此减少了加工要求。尽管如此,她所写的文章仍然很短,最长的也不及 A4 纸长度的三分之一。

帮助小学生同时考虑两个或两个以上的目标,并将这些目标联系起来,这有助于提高他们的写作水平。贝瑞特和斯卡达玛利亚(1987)发现,一种出奇简单的教学设备可以促进这一目标的实现。他们给儿童一副卡片,上面写有常见的句子开头:"与之类似""例如""另一方面"等。当想不出接下来该说什么时,他们就从中选择一个提示语。这样做的逻辑是,这些句子的开头会引导儿童思考前几句之间的关系,并从读者的视角以及他们作为作者的角度考虑想说的话。这些提示语使儿童所写的文章内容更丰富,内容间的关联性也更强,尽管提示语中并没有具体说明应该写什么内容。

随着写作专业技能的发展,儿童逐渐从采用知识表述策略发展到采用知识转化策略(knowledge-transforming strategy)(Bereiter & Scardamalia, 1987)。这个策略意味着作者试图同时达到两个目标:决定要传达什么样的信息,以及决定如何以预期的受众能够理解的方式传达信息。专业作者一直都使用这种策略,其他许多成年人在他们对文章主题颇为了解的情况下也会使用这种策略。这一策略首先是对文章的主题进行分析,并选择一种观点。随后的认知活动包括在两种知识间来回切换:其一为所讨论内容领域的知识;其二为将内容转化成所需形式的修辞手段的知识。这种策略还包括作者经常比较想说的内容和呈现在文本上的内容。知识转化策略还产生了一个有价值的副产品,即写作过程常常会增加作者的知识。向读者传达一种立场的尝试会迫使作者认识到自己思维中的差距和矛盾。缩小差距和解决矛盾往往会加深他们对这个话题的理解。

从写作前作者花大量时间进行构思这一点上可以看出,知识转化策略的使用越来越广泛。一般来说,大学生写作前用来构思的时间比五年级学生花费更多(Zbrodoff, 1984)。他们将这段时间用以构思将要采取何种立场,将如何对其进行论证,以及将使用何种修辞手段来进行论证。

作者适应任务限制的写作灵活性也随着年龄的增长而增强。无论有无时间限制和篇幅长短限制,五年级学生在开始写作前都会花费相同的、最少的时间进行构思。这是使用知识表述策略可以预期的结果,即他们一旦对问题产生直接的反应,写作就开始了。相比之下,当作业对文章的篇幅提出一定的要求,以及有更多的时间用以写作时,大学生就会增加他们的写作构思时间(Berieter & Scardamalia, 1987)。

◎ 规范要求

写作中遇到的第三类困难涉及规范要求,包括拼写字母、正确拼写单词、正确使用大写字母和标点符号等。这些要求使许多儿童的写作进展缓慢,以至于忘记了他们想表达的内容。

为了测试规范要求和慢速写作对儿童写作的影响,贝瑞特和斯卡达玛利亚(1982)要求四年级和六年级学生分别在三种条件下进行写作。在典型写作(typical-writing)条件下,儿童像平常一样写作,这样既会遇到规范要求的问题,也会遇到慢速写作的问题。在慢速口述(slow-dictation)条件下,儿童向一名抄写员口述自己的文章,这名抄写员接受了以儿童的写作速度进行写作的训练。该条件下的儿童摆脱了写作规范要求的束缚,但并没有摆脱慢速写作的影响。在标准口述(standard-dictation)条件下,儿童以正常的语速对着录音机进行口述。这使他们既摆脱了写作规范要求的束缚,也摆脱了慢速写作的影响。

在标准口述条件下的儿童既不受规范要求的影响,也不受慢速写作的影响,最后写出了最好的文章。处于慢速口述条件的儿童摆脱了规范要求但却为慢速写作所累,最后写出了较好的文章。处于典型写作条件的儿童在缓慢的写作速度和规范要求的影响下,写出了最差的文章。

这些发现强调了写作对儿童来说非常困难的一个原因:写作会加重儿童工作记忆容量的负担。当工作记忆需求减少时,儿童的写作水平就会提高。事实上,有证据表明,写作技能的个体差异和发展差异都与工作记忆容量的差异有关(Kellogg, 1996; McCutchen, 1996, 2000; Swanson & Berninger, 1996)。随着儿童对写作规范要求的各方面越发熟练,这方面在生成文本的过程中所需的工作记忆资源也越来越少。因此，儿童能够更好地将注意力集中在写作任务的其他方面。

这些发现进一步表明，教儿童打字或使用文字处理器可能会提高他们的写作质量，因为这会让他们减少对笔迹和拼写的注意，从而减少工作记忆需求。有研究者对32项有关文字处理器效果的研究进行了回顾。结果表明，文字处理器具有这种理想的效果。通常情况下，使用文字处理器都会提高写作的质量（Bangert-Downs，1993）。在其他情况下，使用文字处理器对那些写作水平不好的学生作用最大。当之前使用文字处理器进行写作的学生重新开始手工写作时，这种积极的影响仍然存在。写作质量的提高不是很大，但却一直存在。因此，通过消除手写带来的规范要求的影响，文字处理器可以帮助学生提高他们的写作水平。

修改过程

初稿很少写得好。不幸的是，即使那些初稿亟待修改的学生也很少对之进行修改，他们通常只交初稿。更糟糕的是，当学生修改后，这些修改并不总是能提高文章质量（Fitzgerald，1987）。这就提出了一个问题，为什么修改如此没有效果呢？

修改可分为两个主要过程：识别不足和纠正不足（Baker & Brown，1984）。为了识别不足之处，人们必须将一个文本单元（如句子或段落）与文本预期该有特征的内部表达进行比较。即使书面文字令人困惑或不知所云，这样的比较都要求作者清楚地了解写作的目的。

儿童和许多成年人一样，都很难识别出文本中的不足。例如，在毕尔（Beal，1990）的一项研究中，儿童需要修改呈现给他们的文章，这些文章中包含缺失的句子、无法解释的句子以及直接的矛盾句。四年级学生只发现了其中25%的问题，六年级学生只发现了60%的问题。总体看来，小学生往往会高估文章的清晰度（Beal，1996）。

在更典型的情况下，儿童修改自己的作文时，自我中心主义加大了修改的困难。儿童很难把自己所知的内容和他们的读者应该知道的内容区分开来。为了说明这一点，巴特利特（Bartlett，1982）要求儿童修改他们自己的文章或是同学写的文章。研究重点是考察儿童发现两类错误的能力：语法错误和指代不清（如"警察和强盗打架，他被杀了"）。一方面，如果是自我中心主义导致了识别不足，那么相比其他儿童文章里指代不清的问题，儿童在纠正他们自己文章中这类问题时的难度要更大，因为他们清楚自己文章中原本指代的对象。另一方面，自我中心主义并不会让儿童更难以纠正自己文章中的语法错误。

正如预期的那样，受试儿童很善于注意到别人文章中指代不清的问题，但不善于识别他们自己文章中的此类错误。而受试儿童对于自己和别人文章中语法错误的识别情况则较为相似,因为对于纠正语法错误而言,自我中心主义并不是一个很大的问题。因此,修改技能发展的一个主要部分就是能够将自己的视角与读者的视角区分开来。

基于这个发现,我们可以从中得出一个推论,即作者在修改文章之前应该先等待一段时间。因为心理上和时间上的紧密性会在文章写完后的一段时间内强化自我中心主义,从而干扰修改。而随着时间的推移,客观性可能会大大增加。

不过,这样的建议并未触及问题的核心。四年级到十二年级的学生在文章写完一周后对其进行修改后的质量并不比他们写完就修改好(Berieter & Scardamalia, 1982)。因此,似乎学生写完后也可以在方便的时候开始修改。放一段时间本身并没有什么帮助。

当儿童在写作中自己发现了问题时,他们仍然必须修改。幸运的是,至少当儿童自发地意识到这个问题时,他们能非常有效地进行修改。例如,在毕尔(1990)的研究中,四年级和六年级的学生都有效地纠正自己发现的问题。不过,对于被成年人指出、儿童自己并未察觉的那些问题,情况就并非如此了。年龄大一点的儿童在解决这些问题上相当有效,而年幼儿童则正好相反。

即使对年长儿童来说,简单地给他们指出文章中需要修改的部分也并不总是能让他们获益。麦卡琴(McCutchen)和他的同事发现,当需要修改的句子给出提示时,七年级的学生倾向于关注表层错误(如拼写和标点符号),而不是深层次的意义上的错误(如时间顺序的混乱)(McCutchen, Francis & Kerr, 1997)。而大学生能更好地利用这些提示,并对相应的部分修改意义上的错误。

正确修改的关键似乎在于能够从多种视角看问题。这有助于发现和诊断自己初稿中的问题,也有助于纠正其他人指出的问题。因此,写作与阅读和数学一样,综合不同类型的知识,灵活地分配注意力,这些对成功的写作是必不可少的。

小结

当儿童进入学校学习,他们在早期对数字理解的基础上获得了许多新的技能和概念:如简单和复杂的整数运算、分数、代数和计算机编程等。简单算术技能的发展包括习得更先进的策略,提高计算速度和准确性。尽管东亚儿童的算术发展速度更快,但北美、欧洲和东亚儿童有同样的发展模式。儿童的个体差异在知识量和策略使用类型上体现得很明显。

除了简单的算术,儿童常常不能理解数学中的基本概念。这就产生了各种误读和曲解,其中包括对减法规则的误解、对小数和等号的误解以及不恰当的代数操作。中介式教学不仅强调计算机编程的概念和命令,而且强调它们在其他情况下的适用性。中介式教学可以提高一般的问题解决能力和编程技能。

阅读学习涉及前阅读技能的习得、单词识别和阅读理解。最重要的前阅读技能是字母感知和音素意识。教导学前儿童学习音素意识技能可以使其阅读成绩持续提高。

儿童使用两种主要的方法进行单词识别：语音转码和视觉提取。这两种方法都是从检查书面呈现的单词开始，最后在长期记忆中获取单词的意义和发音。语音转码也包括一个中间步骤，通过这个步骤，书面文字被转化为语音。这两种方法是相关的，准确的语音转码可能会强化书面文字与其长期记忆条目之间的紧密关联，从而有助于视觉提取。

影响记忆发展的因素同样影响阅读理解：基本加工、策略、元认知和内容知识等。如能帮助儿童理解关键的背景知识并改善他们的元认知过程，他们的阅读理解能力会得到实质性的提高。

对大多数儿童来说，写作是一项具有挑战性的任务。如果没有对话提供的提示和反馈，儿童很难确立明确的目标。他们也很难协调、兼顾写作规范、句子语法、意义表达和预设读者反应等多方面的需求。为了予以应对，儿童首先采用了知识表述策略，即对提出的问题给予反应，然后按照顺序列出从记忆中提取的支持性证据。使用这种策略可以写出简短的、列表式的作文。随着年龄的增长和写作经验的积累，写作发展中一个主要的变化是目标协调能力得到提高，这使得作者能够写出大量有趣的文章，并最终使作者发展至使用知识转化策略。这一策略需要在写作前做更多的计划，从而写出更高质量的文章。

随着年龄的增长和经验的积累，修改文章的技能也会提高。最大的进步是能认识到文本中的问题。一旦儿童识别出存在的问题，他们便能较为熟练地将之解决。识别问题能力提高的基础是不断提高的将自有知识与读者的知识分离出来的能力。

推荐读物

Bereiter, C., & Scardamalia, M. (1987). *The psychology of written composition.* Hillsdale, NJ: Erlbaum. An excellent summary of what is known about how children write and how their writing can be improved.

Geary, D.C. (1994). *Children's mathematical development: Research and practical implications.* Washington, DC: American Psychological Association. This book integrates issues ranging from what mathematical competencies are inherent to human beings to how mathematical disabilities arise.

Goldin-Meadow, S. (2001). Giving the mind a hand: The role of gesture in cognitive change. In J. L. McClelland & R. S. Siegler (Eds.), *Mechanisms of cognitive development: Behavioral and neural perspectives.* Mahwah, NJ: Erlbaum. An intriguing description of how watching children's hand gestures, as well as listening to what they say, can help us understand not only what they know, but also how their knowledge changes.

Palincsar, A. S. & Brown, A. L. (1984). Reciprocal teaching of comprehension-monitoring activities. *Cognition and Instruction,* 1, 117 – 175. One of the most successful applications of psychological principles to the task of improving learning in the schools. Seventh graders with serious reading comprehension problems became able to comprehend at an above average level through participation in this program.

Rayner, K., Foorman, B. R., Perfetti, C. A., Pesetsky, D., & Seidenberg, M. S. (2001). How psychological science informs the teaching of reading. *Psychological Science in the Public Interest,* 2, 31 – 74. This monograph reviews research about skilled reading and learning to read, and considers the implications of the research for reading instruction.

第十二章
目前的结论,未来的挑战

"那么,孩子们是怎么想的?"(一个 7 岁的女孩听到她父亲对本书的描述时这样问道)

前几章分别讨论了儿童感觉发展、语言发展、记忆发展、概念发展、社会认知发展、问题解决和学业技能发展。这种分类有助于人们探索儿童思维在各个领域的独特属性。不过,这种分类也可能会掩盖将认知发展的不同方面结合起来的恒久主题。作为总结,本章的两个主要目标是讨论这些统一的主题,并提出未来可能的核心研究主题。

本书第一章列出了 8 个适用于一般儿童思维的主题。这些主题也为最后一章提供了组织框架。本章共分为 8 节,每节关注一个特定的主题。每节的第一部分对当前与主题相关的认识进行了总结。第二部分介绍了未来研究将要讨论的问题,探讨一些关于儿童思维最重大和最有趣的话题。例如,学习和发展是否相同?什么机制导致了发展变化?下面的"章节概览"列出了本章的组织结构。

章节概览

一、关于儿童思维的最基本问题是"什么在发展?"和"发展如何发生?"

1. 关于"什么在发展?"和"发展如何发生?"的现有认识

2. 未来的研究问题

二、四个变化过程在认知发展中发挥了特别重要的作用:自动化、编码、概括和策略构建

1. 关于变化过程的现有认识

2. 未来的研究问题

三、婴幼儿的认知能力远比看起来强。他们拥有很多能力,能够快速

学习
    1. 关于早期能力的现有认识
    2. 未来的研究问题

四、年龄间的差异往往是程度上的，而不是种类上的。年幼儿童的认知能力比他们表现出来的要强，而年长儿童和成年人的实际认知能力却比我们认为的要弱
    1. 关于年龄差异的现有认识
    2. 未来的研究问题

五、儿童思维的变化不是在真空中发生的。儿童的已有知识不仅会影响他们能学到多少，而且会影响他们能学到什么
    1. 当前关于现有知识影响的认识
    2. 未来的研究问题

六、智力的发展反映了大脑结构和功能的变化以及认知资源分配的日益优化
    1. 关于智力发展的现有认识
    2. 未来的研究问题

七、儿童的思维是在社会环境中发展的。家长、同伴、教师和整个社会都会影响儿童思维的内容，也会影响他们如何和为何会以特定的方式思维
    1. 关于影响儿童思维的社会因素的现有认识
    2. 未来的研究问题

八、不断深入理解儿童思维的理论意义和实践价值
    1. 儿童思维研究的现实贡献
    2. 未来的研究问题

九、小结

关于儿童思维的最基本问题是"什么在发展？"和"发展如何发生？"

当儿童思维的研究者在期刊文章中写道"本研究旨在……"时他们几乎从来不会用"发现了什么在发展"或"发现了发展是如何发生的"来补全这句话。之所以不这样写，有可能是因为研究人员谦虚，或者是认识到了没有哪项研究可以达到这些目标。不过，这两个问题正是研究儿童思维的最深层动机。时刻谨记这些目的对

理解研究的意义至关重要。

关于"什么在发展?"和"发展如何发生?"的现有认识

在一个少有研究人员指出"什么在发展"的场合,布朗和德洛克(1978)曾提出,记忆发展领域存在四个主要发展来源:基本加工、策略、元认知和内容知识。这些记忆发展的来源也为我们思考其他认知发展领域的发展提供了有价值的指导。

前几章中的许多例子证明了这四种能力的变化对认知发展的重要作用。基本加工能力的提高不仅被用来解释即时记忆、短时记忆和长期记忆功能的提高(Hale 等,1997; Kail, 1991),也被用来解释一系列其他方面的变化,如婴儿视觉偏好的刺激复杂度(McCall 等,1977),学前儿童在习得新词汇条目时对互斥约束依赖的一致性(Markman, 1989),学前儿童进行传递性推理(Halford, 1993)和获得心理理论的成功率(Carlson & Moses, 2001; Russell 等,1994)以及学龄儿童阅读和算术的发展(Adams, Treiman & Pressley, 1998; Geary, 1994)等。

同样地,策略的变化也出现在复述、组织和其他记忆策略之外的情境中。策略水平的提高也有助于儿童正确地解决越来越多的类包含问题和测量问题(Miller, 1989; Trabasso 等,1978),有助于更快、更有效地解决简单的加法和反演(inversion)问题(如 $3+4-4=$ ____)(Siegler & Jenkins, 1989; Siegler & Stern, 1998),有助于使用以 ed 结尾以生成动词的过去式(Marcus, 1996),有助于越来越系统地分配注意力(Miller & Seier, 1994),并在"班级新闻"作业中更详细地描述当天的事件(Waters, 1980)。

不断提高的元认知能力不仅有助于记忆功能的发挥(Schneider & Pressley, 1989),它还使 1 岁的婴儿认识到她母亲的话语指向的是她正在看的东西(Baldwin, 1993a; Tomasello & Barton, 1994),也让 4 岁儿童认识到其他人可能对他们知道是假的的事情信以为真(Astington & Gopnik, 1991),帮助学龄儿童生成有助于他们玩记忆游戏的符号工具(Eskritt & Lee, 2002),使成年人能比四年级学生更有效地讲授路线规划,因为他们更深刻地认识到了儿童参与学习过程的必要性(Gauvain & Rogoff, 1989)。

最后,丰富的内容知识使人们对就诊、童话故事和足球比赛的记忆更加准确,使得 4 个月的婴儿在看到曾经玩过的两个独立物体同时移动时倍感惊讶(Needham 等,1997);使家中有哥哥或姐姐的 3 岁和 4 岁儿童比没有哥哥或姐姐的同龄人能更好地理解他人的想法(Ruffman 等,1998);使 5 岁儿童关注《金发女孩和三只熊》中熊家族内关系时(Goswami, 1995b),能更好地解决传递性推理问题;使 14 岁儿童能更好地理解故事,因为他们能在故事情节间及情节内部形成联系(van den Broek, 1989)。

关于发展如何发生的假设,就如关于什么在发展的假设一样,反映了认知发展的相互联系。回想一下因编码能力提高而引起儿童思维变化的一些不同场景:婴儿越来越倾向于根据抽象特征形成类别(Eimas & Quinn, 1994; Madole & Cohen, 1995);学步儿一旦开始编码功能上重要的特征,如圆蜡烛上的灯芯,他们便开始从儿童基本类别转向标准基本类别(Tversky & Hemenway, 1984);学前儿童在对词长和首字母的显著特征进行编码的基础上认识 coke 和 budweiser 等单词(Gough & Hillinger, 1980);学龄儿童一旦能够编码距离和重量,其解决天平问题的能力随即提高(Siegler, 1976)。

未来的研究问题

若要在"什么在发展?""发展如何发生?"等难题上取得实质性进展,我们需要在研究发展的理论和方法上取得进步,要有既广泛适用又准确陈述的理论。这些理论可以聚焦于关键问题,提出以前未被论及的问题,并以此为出发点构建新观点。

多年来,皮亚杰的理论发挥着整合和议题设定的功能。其"支持者"和"反对者"之间的争论充斥着期刊、书籍和会议。但那些日子已经远去了。今天很少会有人去争论 8 个月以下的婴儿是否具备客体永存性的概念,5 岁的幼儿是否完全不能理解转换,或者认知发展是否可以分为较为清晰、有序的不同阶段。同样,也很少会有人争论儿童在标准版的皮亚杰式任务中遇到的困难仅仅是由于方法论上的人为因素;或争论说,在特定年龄段,儿童的思维不具有一致性。相反,大多数学习认知发展的学生会倾向于较为温和的立场,即婴幼儿在理解皮亚杰所强调的技能和概念时的确存在困难,但他们对这些技能和概念有一些早期的理解,之后他们的理解逐渐加深,并以连贯而复杂的方式组织他们的思维。

温和的立场有其优点,但也有不足。皮亚杰有些观点是对的,有些观点是错的,但不管是对还是错,皮亚杰的理论使儿童思维许多方面的发现体现出了一致性。现在需要的是一个承继者,既吸收皮亚杰理论的优点,又至少克服它的一些缺点。换言之,现在需要一种理论,能够像皮亚杰的理论一样涵盖从婴儿到青少年的整个年龄段;包括问题解决、概念理解、记忆和道德判断等多个领域;揭示儿童思维中迄今未知的变化。

在前几章中,我们提到了许多致力于构建这样广泛而详细理论的研究。每一个都有助于我们对认知发展的理解,但没有一个像皮亚杰的理论那样捕获了这个领域的研究空间。现在的问题是,我们该如何朝着形成这种理论的方向努力。

促进这种理论进步的方法之一是通过探索正在发生的变化来研究儿童的思维。皮亚杰的理论和最近的认知发展理论的不足之一都是未能对变化提出一个精确而合理的解释。解释变化存在固有的困难,用于研究儿童思维的传统方法似乎加大了这一困难。这些方法对比了不同年龄组儿童的行为表现,如果观察到了年龄组之间的差异,研究人员则就此推断出关于年长儿童和年幼儿童的一些结论。遗憾的是,这种从年龄跨度很大的观察中推断变化如何发生的策略,很可能让变化发生的许多可能方式都被忽略了,尤其是儿童思维的变化往往不是按照我们可以想象的最直接方式进行的。

微观发生学是一种可以揭示变化发生的间接路径方法。如第十章所述,微观发生学方法涉及在儿童思维发生变化时频繁采集其思维的样本。应用这种方法的研究已经证明,儿童的思维具有可变性,变化往往包括前进和倒退,而且并不是所有的儿童都遵循相同的变化路径,即便他们遇到的问题类型相同(如 Granott & Parziale, 2002; Siegler & Svetina, 2002; Tunteler & Resing, 2002)。

微观发生学研究的一个示例是卡尔米洛夫-史密斯(1986,1992)对儿童绘制导图以帮助救护车司机送病人到医院的研究(见本书第 327—328 页)。通过调查儿童绘制的导图,卡尔米洛夫-史密斯发现,儿童绘制导图时经常从有效和信息丰富的标记方法退回到包含很多冗余信息的标记方法,然后再回到早期有效和信息丰富的标记方法。如果未能调查不同导图绘制之间的变化,卡尔米洛夫-史密斯就不太可能发现这些回归现象。更普遍地说,这些关于变化的详细数据向理论家表明了他们到底需要解释什么。因此,采用微观发生学方法的研究有望揭示变化的过程。

另一种有望促进理论发展的方法是研究一个领域的发展如何影响另一个领域的发展。就传统意义而言,研究者多具有单一领域的专业知识,因此大多数研究集中于单个领域的发展,如感知发展、语言发展、记忆发展等。然而,儿童的发展并没有那么简单。一个领域的发展也有可能影响其他领域的表现和发展。要深入理解发展过程,就必须理解各领域之间的关系以及它们如何在儿童发展过程中发挥作用——从本质上来说,就是要重新整合儿童发展的研究。

幸运的是,一些研究人员已开始采取一种更具整合性的方法。例如,如第五章所述,约瑟夫·坎波斯和他的同事在探索运动技能的发展如何影响感知发展。特别是学习爬行对感知发展有着重要的影响。相比还不会爬的同龄婴儿,能够爬的婴儿在很多情况下表现出更好的感知能力。例如,能够爬的婴儿比还不能爬的同龄婴儿能更多地关注远处的物体,从而更准确地感知绝对距离(Campos 等,2000)。当处在地板静止但墙壁和天花板在移动的"移动室"里时,能爬的婴儿比还不能爬的同龄婴儿会进行更多的姿势调整,这表明他们对视觉信息的反应更灵敏(Higgins 等,1996)。相比还不能爬的同龄人,能爬的婴儿在视觉悬崖任务上也表现得更谨慎(见本书第 154 页)。这些发现并不是伪相关的。有些不会爬的婴儿坐在学步车里时用脚蹬着地板也能独立移动，并由此获得运动经验。这些婴儿在视觉悬崖任务中也表现出更高的警惕性(Campos 等，1992)。

运动技能的发展也会影响认知能力的发展。在皮亚杰的"A 非 B"任务中，会爬的婴儿比还不会爬的同龄婴儿表现得更好。在这个任务中，婴儿看到物体多次藏在某个位置(A)后，实验人员将物体藏在新位置(B)。会爬的婴儿比还不会爬的同龄婴儿更有可能在正确的位置(B)寻找(Horobin & Acredolo, 1986; Kermoian & Campos, 1988)。另外，当婴儿获得数周的爬行经验后，他们可以应对隐藏物体和找寻物体两件事之间不断延长的时间间隔，并且依然可以准确地在位置 B 找到物体(Campos 等，2000)。因此，学习爬行似乎会影响婴儿关于物体的知识和他们的空间搜索表现。

神经心理学研究也支持认知发展和运动发展紧密联系的观点。证据之一源于对患有神经发育障碍儿童的研究(Diamond, 2000)。许多主要表现为认知能力缺陷的疾病同时也伴随着运动技能的损伤。例如，运动协调问题和运动障碍在多动症儿童(Kadesjo & Gillberg, 1998)、特殊语言障碍儿童(Hill, 1998; Hill, Bishop & Nimmo-Smith, 1998)以及自闭症儿童(Leary & Hill, 1996)中很常见。神经心理学的另一个证据来源是脑成像研究。这些研究表明，大脑中具有认知和运动功能的区域经常同时被激活(Diamond, 2000)。具体而言，对复杂认知任务至关重要的前额叶皮层和在运动技能中很重要的小脑经常被共同激活(Berman 等，1995)。因此，诸多证据表明，认知和运动技能是相互关联的。未来研究的一个挑战是精确地说明运动技能的获得如何影响认知发展，反之亦然。

本书还介绍了跨领域整合的其他例子。例如，第四章描述了语言和分类之间相互关系的研究(如 Lucy & Gaskins, 2001)，第九章讨论了语言和心理理论之间相互关系的研究(如 de Villiers & de Villiers, 2000)。正如这些例子所示，推动一个领域发展变化的"引擎"往往来自另一个领域。因此，跨领域整合的研究有望促进关于发展如何发生的理论探索。

四个变化过程在认知发展中发挥了特别重要的作用：自动化、编码、概括和策略构建

关于变化过程的现有认识

虽然对儿童思维变化过程的理解才刚刚开始加速发展，但我们知道有四个过程发挥了巨大作用：自动化、编码、概括和策略构建。自动化是指当相关的情况出现时，以最少量或无须认知资源消耗来执行的过程。相关概念包括释放认知资源、从控制加工向自动加工转变、从串行加工向并行加工转变。编码涉及用特征集及

其关系来表征物体和事件。与编码类似的概念包括同化、辨别、分化、关键特征的识别和心理模式的形成。概括是指将已知的关系拓展到新的情况。类似的概念包括归纳、抽象化、转换、规则性检验和类比推理。最后,策略构建包括整合其他过程以适应任务需求。相关机制包括顺应、策略发现、元成分和中心概念结构的操作。

尽管尚未完全理解这些机制,但每一个机制无疑都对发展有重要作用。表12.1列出了一些。

表 12.1 有关自动化、编码、概括和策略构建重要性的一些示例

过程	范畴	研究者
自动化	写作规范	Bereiter & Scardamalia (1987)
	基本的算术能力	Lemaire 等 (1994)
	熟练阅读中的词汇识别	Harm & Seidenberg (1999)
	发展的一般理论	Case (1992a)
编码	婴儿智力的个体差异	Rose 等 (1992)
	学前儿童对故事要点的关注	Brainerd 等 (1990)
	年长儿童的方程求解	McNeil & Alibali (2004)
	发展的一般理论	Sternberg (1999)
概括	婴儿对运动物体的学习	Rovee-Collier (1999)
	学步儿对 ed 过去式的过度规则化	Marcus 等 (1992)
	学前儿童的类比问题解决	Tunteler & Resing (2002)
	发展的一般理论	MacWhinney 等 (1989)
策略构建	婴儿的方法—目的分析	Willatts (1990)
	学步儿的工具使用	Chen & Siegler (2000)
	年长儿童的科学实验	Kuhn 等 (1995)
	发展的一般理论	Siegler (1996)

无论是共同作用还是独立作用,这四个过程对发展都很重要。若要了解它们如何在某一特定领域共同促进思维发展,想想加法运算中的计数策略。该策略首先会识别较大的加数,而后从这个加数开始按照较小的加数所指示的次数进行计数。例如,对于 2+5 和 5+2,使用计数策略的儿童会注意到 5 是较大的加数,所以开始数 5,6,7,然后回答答案是 7。

现在考虑一下这四个过程如何协同作用来生成上述策略。构建该策略依赖于先前形成的一个概括性认识,即 a+b 总是与 b+a 的答案相同。否则,不管问题中的加数顺序,总是从较大的加数开始计数是没有根据的。这种概括反过来又取决于恰当的编码。为了明白加数的顺序是无关信息,儿童需要对特征"第一加数"和

"第二加数"以及每个问题中的特定加数进行编码。最后,不仅是编码特定的加数,编码"第一加数"和"第二加数"这样的类别可能需要将其他过程(如计数)自动化,这样儿童就无需将所有的加工资源都用于这些过程,从而可以进行发现新策略所需的思维活动。

未来的研究问题

自动化、编码、概括和策略构建并不只对认知发展有影响,它们对学习也非常重要,无论学习发生在生命的哪个阶段。不过,这留下了一个重大的未解之谜:是否存在特定的发展变化机制?也就是说,是否存在只在生命历程的某些时期起作用的机制?

解决这个问题的一个常见方法是明确学习和发展是同一过程还是不同的过程(Feldman, 1995; Fischer & Granott, 1995; Halford, 1995; Siegler, 2000)。无疑,使用的术语肯定不同。当某种知识和技能的获得总是在特定年龄出现,当它们在不同文化间具有普遍性,并且在同一文化内的不同个体间也具有普遍性时,它们往往被贴上"发展"的标签。若知识和技能的获得出现在不同的年龄段,只出现在某些文化而没有出现在其他文化,在某种文化中也只出现在某些个体上,它们往往被贴上"学习"的标签。然而,这种语言上的区别遗留了一个基本问题,即产生被称为"发展"和"学习"这类结果的加工过程到底是否相同。

发展神经学家区分了导致大脑变化的两种过程:经验预期(experience-expectant)和经验依赖(experience-dependent)(Bruer & Greenough, 2001; Greenough 等, 1987)。这种区别似乎也有助于思考学习和发展的神经基础,以及这些过程可能存在的不同之处。

经验预期过程对应于发展—学习连续体的"发展"端。根据相关假设,这些过程建立在第一章所描述的早期突触发展过剩和大脑广泛区域突触修剪的基础之上。在经验预期过程中,突触最初的发展过剩是由发育成熟度调节的,但哪些突触被剪除取决于经验。常规时间的常规经验引发维持典型联结的神经活动;缺乏常规时间的这种经验引起非典型联结。因此,存在一个敏感期(Bailey & Bruer, 2001; Bornstein, 1989),在这个敏感期内,相关经验必须发生才能对大脑发育产生常规的影响。与经验预期过程相关的这类经验在物种进化史上广泛存在。

格林诺等人(Greenough 等, 1987)提出,这种经验预期过程的优点之一是,它们既可以从常态环境中有效获取知识,也可以在非常态环境进行合理的适应。具体而言,基因给这个过程提供了最终形式的大致轮廓,从而促进了常态情况下的知识获取。然而,非常态的环境或生理缺陷会导致不同的神经活动,这些神经活动会产生大脑活动的替代组织,这些组织在非典型环境下能够进行适应性调节。

支持这一观点的直接证据来自对失聪和失明个体大脑活动的观察（Neville, 1995b; Neville & Bavelier, 2002）。当大脑同时接收听觉和视觉刺激时，大脑中有些区域应该用于听觉信息加工。而完全失聪的儿童由于没有听觉经验，因此原本用于听觉加工的脑区现在被用于视觉信息加工。相应地，失明的儿童由于没有视觉经验，因此他们大脑中那些在通常情况下用于视觉信息加工的区域现在被用于听觉或触觉信息加工。失聪和失明儿童的大脑在出生时并没有表现出这些不寻常的加工模式。只有在出生后的数月内（敏感期）儿童大脑没有接收到典型的视觉或听觉输入，此时这些模式才会出现。因此，大脑预置了将某些区域用于加工某些类型的刺激，但如果预期的刺激模式不存在，大脑则使用该区域加工来自其他感官的信息。

格林诺等人提及的二元概念的另一个方面涉及经验依赖过程。这些过程通常被认为是学习的神经基础。在经验依赖过程中，突触连接的形成依赖于个体之间在是否发生和何时发生方面差异很大的经验。经验依赖过程似乎是通过突触的形成来对特定的神经活动作出反应，这是由部分或完全失败的信息加工尝试引起的。这类突触可以在新经验产生后的10—15分钟内快速生成（Chang & Greenough, 1984）。在这种情况下，突触的产生似乎局限于先前信息加工的部位。不过，与经验预期过程一样，产生的突触比之后剩下的多，能够保留下来的是那些参与之后神经活动的突触。

这一分析揭示了经验期待过程和经验依赖过程的异同。在两种情况下，这种变化机制都涉及突触生产过剩和修剪的循环。同样，在这两种情况下，神经活动决定哪些突触得以保留。不过，这两种过程在触发突触产生的事件以及突触在大脑中的定位程度上存在差异。当前面临的挑战是如何在认知层面精确地描述变化机制，以便更好地理解学习和发展之间的异同。

👶 婴幼儿的认知能力远比看起来强。他们拥有很多能力，能够快速学习

关于早期能力的现有认识

从出生的那天起，婴儿就具有各种感知能力。他们能看到彩色的世界（Adams, 1987），并准确地感知物体与自身的相对距离（Slater等，1990）。他们会看向声源的方向（Morrongiello, Fenwick等，1994），更喜欢听出生前读给他们听的故事录音（DeCasper & Spence, 1986）。到4个月大时，他们的视觉和听觉变得更加敏锐。比起其他类型的物体，他们更喜欢看人脸（Dannemiller & Stephens, 1988）。相比一般人脸，他们更喜欢看有吸引力的人脸（Langlois等，1994）。比起

别人的名字,他们更喜欢听自己的名字(Mandel 等,1995)。不同感官信息的整合也从出生开始就体现得较为明显,4 个月大时更是如此。婴儿用声音来引导他们的注视(Haith, 1980),用注视来引导他们的探索(von Hofsten, 1993),也通过用手探索物体获得的知识来引导他们的注视(Needham 等,1997; Streri & Spelke, 1988)。

早期能力并不局限于感知。1 岁以下的婴儿对多种概念有初步的理解,包括时间(Colombo & Richman, 2002; Friedman, 2002)、空间(Bai & Bertenthal, 1992)、数字(Wynn, 1992a)和因果关系(Oakes & Cohen, 1995)。他们可以通过方法—目的分析(Willatts, 1990)、类比推理(Chen 等,1997)以及让母亲知道他们的需求来解决问题(Mosier & Rogoff, 1994)。他们对人和物体的反应不同(Legerstee, 1991; Spelke 等,1995),他们对其他人将如何与他们互动抱有期望,因此当看护者表现出"平静的面部表情",不动或不说话时(Tronick 等,1978),或者当成年人违反熟悉的游戏(如遮脸藏猫猫)"规则"、进行无序的动作行为时(Rochat 等,1999),他们会做消极的回应。

婴儿之所以能够如此迅速地学习,原因之一是他们拥有各种普遍适用的学习过程。从出生的第一天起,婴儿就将注意力集中在明亮的灯光、嘈杂的噪音、移动的物体和其他潜在的信息刺激上(Aslin, 1993; Cohen, 1972)。他们会形成联想,再认熟悉的事物,将所学知识概括拓展至相似的事物,并模仿其他人的一些行为(Meltzoff & Moore, 1989; Rovee-Collier, 1995; Siqueland & Lipsitt, 1966)。2 到 4 个月大时,他们形成了预期和抽象的原型模式(Bomba & Siqueland, 1983; Haith 等,1993)。10 个月大时,他们会发现特征之间的相关性,并利用它们形成新的概念(Younger, 1993)。在 1 岁时,他们开始从听觉和视觉通道中检测模式化输入的统计性规律(Kirkham 等,2002; Saffran, 2003a, 2003b; Saffran 等,1996)。

这些普遍适用的学习过程并不是儿童早期认知能力发展的唯一原因。婴儿和学步儿的思维似乎也偏爱那些有助于他们学习的某些方面。具体而言,婴儿似乎对物理和社会世界的各个方面形成了有效的假设,这些假设有助于知觉和概念的发展。其中一个假设是关于自然物体属性的。小于 6 个月的婴儿似乎已经在预期物体的所有部分会一起移动,物体不能穿过被其他物体占据的空间,以及物体必须以连续的路径移动(Baillargeon, 2002; Kellman & Spelke, 1983; Spelke 等,1992)。到 18 个月大时,学步儿似乎预期新词是指特定类别中的所有物体(分类约束),新词的含义与已有词不同(互斥约束)(Markman, 1989; Merriman & Bowman, 1989)。婴儿和学步儿也倾向于在他们的概念中赋予因果关系以核心位置(Leslie, 1982),并倾向于使用因果关系来指导他们对事件的记忆(Bauer & Mandler, 1989b)。

需要指出的是,这些早期能力是儿童认知发展中的一部分,但只是一小部分,认识到这点很重要。婴儿和学步儿的理解和能力几乎总是与年长儿童有很大的不同。不过,综合起来看,早期能力、普遍适用的学习机制以及越来越具体的以特定方式认识世界的偏好,在儿童出生后的最初几年里有助于儿童异常快速的认知发展。

未来的研究问题

关于婴儿的认知,最大的问题可能是如何调和他们在某些情况下表现出的能力和在其他情况下表现出的能力缺失。栋方等人(Munakata[①]等,1997)的模型率先在这方面进行了探索。该模型关注客体永存性概念的发展。回顾第二章,皮亚杰(1954)曾假设,8个月以下的婴儿看不到物体时,他们不能理解物体仍然存在。他所引用的论据是,6个月和7个月的婴儿不会伸手去拿源自他们的、被放在不透明容器下的玩具。然而,随后的实验(如 Baillargeon, 1987; Hespos & Baillargeon, 2001)显示,3个月大的婴儿对客体永存性有了初步理解。他们先看到桌子上一个静止的物体,随后物体被遮挡起来,然后婴儿看到一个移动的物体似乎穿过了静止物体所在的空间。结果表明,相比看到相同的运动但之前并未看到静止物体的情况,婴儿注视的时间更长。这一发现表明,3个月的婴儿对看不见的物体形成了表征,他们注视了很长一段时间,因为他们惊讶地看到另一个物体似乎穿过了该物体。问题是,既然婴儿在注视物体时就已表现出了这种认识,为何他们还需要那么长的时间才能在伸手拿物体时表现出对客体永存性的认识?

其中一种可能是,婴儿在3个月大时就理解了客体永存性的原理,但直到相当长的一段时间后,婴儿才知道他们可以作用于一个客体(不透明容器)来取回另一个物体(Baillargeon,1994;Diamond,1991)。也有证据反对这种可能性,也反对婴儿不想取回玩具的可能性。因为那些没有移开不透明容器来取回玩具的婴儿会移开一个相同的透明容器来取回玩具(Bower & Wishart, 1972; Munakata 等,1997)。他们也会按下一个按钮,得到一个他们能看到的玩具,但不会去拿一个他们看不见的玩具(Munakata 等,1997)。

栋方等人提出了一种不同的解释。婴儿在6个月大时具有隐藏物依然持续存在的表征,这些表征的强度足以引发婴儿的注视行为,但不足以引发婴儿伸手拿取的动作。对脑损伤成年人的研究表明,脑损伤后的视觉表征通常足以支持对表征要求不高的行为,但不能支持对表征要求较高的行为(Farah, Monheit & Wallace, 1991)。"伸手"可能比"注视"对视觉表征的要求更高,它不仅需要更大的能

[①] 译者注:Munakata,日文名。

量消耗,而且尽管婴儿从出生起就会看这些东西,但他们直到 4 个月大左右才会一直伸手去拿有趣的东西(von Hofsten, 1993)。因此,和脑损伤者所形成的表征一样,婴儿对隐藏物的表征可能强到足以在有利的情况下取得成功,但在更具挑战性的情况下则不会。

为了检验这一观点是否能解释婴儿在某些客体永存任务上的能力和在其他任务上的能力缺失,栋方等(1997)提出了一个联结主义模型。如麦克温尼等(MacWhinney 等,1989)构建的德语语法发展的联结主义模型(见本书第 81 页)一样,栋方的客体永存性模型包括输入层、隐藏层和输出层。和其他的联结主义模型类似,每一层包含许多加工单元,不同层的加工单元之间又存在许多联结。

栋方等人的模型所获得的经验涉及对应于一个障碍物和小球的编码。有时障碍物会移动到小球的前面遮挡住小球,随后移开使小球再次显现(见图 12.1)。这相当于让婴儿看到物体消失在其他物体后面,当其他物体移开时又重新出现。

时间0　时间1　时间2　时间3　时间4　时间5　时间6　时间7

》 **图 12.1**　栋方等人(1997)的模型对障碍物和小球的表征。开始时(时间 0),障碍物在小球的左侧。随后障碍物向右移动至小球的前面(时间 4—6)。然后障碍物向左移动,显示小球仍然存在(时间 7)。经过很多这样的训练之后,模型了解到即使看不见小球,小球仍然存在

在这些情况下获得经验后,该模型学会了对小球的持续存在进行表征,并预测当障碍物移开时,小球会重新出现在原来的位置。起初,该模型仅在短暂的遮挡期内保持这种表征;之后逐渐学会在越来越长的时间内保持这种表征。这与戴蒙德(Diamond, 1985)的发现一致,即在 6 到 12 个月之间,婴儿逐渐延长了他们能够表现出客体永存的遮挡期。

该模型展示了在揭示相关知识之前,伸手拿取的行为如何能够显示出对被遮挡物的表征,这一点在当前情况下特别重要。按照该模型,物体的同一个表征激发了注视和伸手的动作。然而,对表征和伸手行为系统之间的关联所进行的强化比对引发注视的关联的认识要较晚开始,并且进行得较为缓慢。由于前者进展更为缓慢,因此在发展的任意阶段,引发伸手拿取行为的物体表征需要比引发注视的表征更加强烈才行。

这一模拟对于理解婴儿在某些情况下表现出的能力以及在其他情况下表现出能力缺失的一般问题带来了有趣的启示。当婴儿在一种情况下表现出某种能力时,人们很容易认为婴儿具备一种高水平理解,这种理解会让成年人也参与相应的行为。成年人认为这是一个普遍规律,即物体即便看不见也仍然存在。当物体似

乎消失时，婴儿长时间的注视所反映出的惊讶有可能和成年人感受到的惊讶类型相同。不过，更长的观察时间可能只代表了一种注视不寻常事件的倾向。由于交通堵塞，我们在异常缓慢地行驶。当我们驶过事故现场时已然不会感到惊讶，但我们还是会去看肇事车辆。栋方等人的模型说明了对异常事件的检测如何在不感到惊讶和不理解原理的情况下触发更长时间的观察。它还表明了观察物体"一隐一现"的经验如何通过伸手和注视的行为产生能力。因此，该模型提供了一种调和婴儿之所能和所不能的方法，也提供了一种视角，帮助我们了解婴儿对客体永存性的理解，以及他们如何理解。

年龄间的差异往往是程度上的，而不是种类上的。年幼儿童的认知能力比他们表现出来的要强，而年长儿童和成年人的实际认知能力却比我们认为的要弱

关于年龄差异的现有认识

正如前一节所讨论的，婴幼儿的认知能力比人们之前所认为的要丰富得多。学前儿童也是如此。想想皮亚杰式的任务和概念，人们曾认为 7 岁以下儿童不可能完成这些任务和理解这些概念。在"三山"模型的左右两侧放置独特的贴纸，3 岁儿童就可以区分自己的空间视角和坐在模型另一边人的空间视角；因此，他们并不总是以自我为中心的(Newcombe & Huttenlocher, 1992)。当 3 到 5 岁的儿童看到糖溶解在一杯水中时，他们相信水会比以前更重，尽管看起来没有任何变化；这表明他们对重量守恒有一定的理解(Au 等, 1993)。学前儿童对数字的理解能力也比皮亚杰所认为的要强。他们可以加减小的数字，识别两个数字中较大的一个，他们的计数能力也反映出对数字系统结构的理解(Geary, 1994)。

相反，成年人的推理也不如我们以前认为的那么理性。如果没有接受过训练，即使是高中生和大学生也很少能解决皮亚杰式的形式运算任务，如天平问题和阴影投射问题(Byrnes, 1988; Kuhn 等, 1995)。许多学生甚至在上完大学物理课程后依然认为，当一辆汽车转弯时，尽管外侧车门移动的距离更远，但外侧车门和里侧车门的移动速度相同(Levin 等, 1990)。这种困难并不仅限于科学推理。沙克利(Shaklee, 1979)回顾了成年人思维中的许多非理性表现。相比与放松的对手比赛的情况，成年人在与紧张的对手进行纸牌比赛时会押大注。在经过一段时间练习后，他们对自己赢得一场纯粹机会游戏的能力变得更有信心。当要求他们判断两个随机事件序列中哪一个更有可能发生时，如果其中一个序列听起来更具代表性，他们就会忽略随机性。例如，他们说一对夫妇按照"女孩、女孩、女孩、男孩、男孩、男孩"的顺序生六个孩子的可能性要比按照"女孩、男孩、男孩、女孩、男孩、女

孩"的顺序生六个孩子的可能性小。简言之,虽然在某些情况下年幼儿童表现得像初出茅庐的科学家,但在其他一些情况下,受过教育的成年人会忽略最基本的逻辑。

有关儿童早期的认知能力以及成年人的非逻辑思维的这些发现表明,发展在总体上是一个渐进的过程,随着时间的推移逐渐发生。以儿童对心理理解的发现为例,在1岁左右时,婴儿表现出对他人意图的理解,当一个成年人说"那是一个dax"时,婴儿将dax理解为成年人正在看的物体,即使他们自己在看别的东西(Baldwin, 1993a)。2岁儿童明白其他人的渴望会影响他们的行为,但通常不认为其他人的信念对行为也有影响(Wellman & Woolley, 1990)。4岁儿童理解信念和渴望会影响人们的行为(Wellman等, 2001),他们也能区分表现和真实(Astinton & Gopnik, 1991; Flavell, Flavell & Green, 1983)。不过,他们认为自己的记忆能力远远超过实际的能力(Flavell等, 1970),而且通常认为没有必要使用策略来帮助记忆(Schneider & Pressley, 1989)。监控自己阅读理解的能力,在任务中分配学习时间的能力,以及评估他人意图的能力在青春期和成年期继续发展(Baker, 1994; Pressley, 1995)。发展所具有的漫长而复杂的顺序(如对自己和他人心理的认识)是有规律的,并不是例外。

未来的研究问题

有关婴幼儿先前未曾预料能力的研究,以及有关成年人未曾预料的能力缺失的发现,注定了关于发展依然有很多问题有待解释。人们不再相信学前儿童固有的自我中心主义使他们不可能接受别人的观点,也不再相信是儿童的调节能力缺陷使他们无法从记忆策略的使用中获益,或者他们的整体思维使他们无法形成具有明确特征的概念。反过来,这些不断倒下的多米诺骨牌又使人们对儿童思维的普遍看法变得越来越站不住脚,即儿童在某个年龄习得一个特定的概念是可能的。

儿童理解一个概念的年龄常常被等同于大多数儿童成功完成与这个概念相关的特定任务的年龄。例如,多年以来,人们都说儿童如果解决了皮亚杰的数量守恒任务就表示他们理解了数字的概念。然而,当研究人员设计了另外的任务,并以不同方式测量儿童对数字的理解时,人们发现儿童解决不同数字任务时的年龄存在很大的差异。那么,儿童是在什么年龄理解了数字概念呢?

回答这个问题的一个可行的方法是将理解与最早形式的理解区分开来。布里安(Braine, 1959)曾写道:"如果想确定一种特定类型反应的发展年龄,那么唯一不算完全任意的年龄就是能够引起这种反应的最早年龄。"(p. 16)

就目前来看,布里安的说法完全合理。然而,当人们考虑到最初的理解与成熟的理解之间还有数年时间时,一个悖论就显而易见了。采用初始能力(initial-competence)标准使我们站在这样一个立场上,即许多概念在幼年时就被理解了,但在此后的几年里,我们还在说儿童的理解没有达到许多合理的理解标准。换句话说,如果我们采用初始能力标准,大多数理解都是在概念被理解之后发展起来的。

布朗(Brown, 1976)提出了概念理解的另一个标准:稳定使用(stable usage)。除非儿童能够在其适用的大多数或所有情况下使用概念,否则他们不会被视为理解了该概念。在布里安的观点中,这个问题体现得很明显。当一个儿童在某些情况下可以使用一个概念,但在大多数情况下却不能使用时,这个儿童到底理解了什么呢?将理解与最早形式的理解以外的任何东西等同起来似乎确实有些任意。然而,把它等同于最早形式的理解似乎也是一种误导。

前一节中提及的客体永存性数据说明了这个问题的难度。当婴儿的观察时间表明他们具有客体永存性的理解时,是否意味着他们在 3 个月大时真的理解了客体永存性?或者在他们 9 个月大时,亦即他们开始寻找隐藏物体时才明白?又或者直到后来他们才明白,一个物体必然继续存在于某个地方,即使他们不知道它具体在哪里(比如当年长儿童把钥匙放错地方时)。鉴于认知发展的复杂性,几乎无法明确地阐述儿童获得某种认知能力的具体年龄。为了应对这种复杂性,我们需要建立一些模型来说明儿童在各种条件下如何进行思维,以及他们为何以这种方式思维。

解决这种复杂性的一种方法是动态系统(dynamic system)方法(Fischer & Bidell, 1998; Lewis, 2000; Thelen & Smith, 1994; van Geert, 2000)。动态系统方法的核心原理是自组织(self-organization)。自组织指复杂系统各个组成部分之间的相互作用会形成有序的状态(Thelen, 1989)。发展中的儿童是一个有序的复杂系统(有组织的行为状态),其秩序是由任意既定时间点上多种外部力量的相互作用产生的。这些外力包括儿童的遗传和身体禀赋、儿童的相关经验、为儿童设定的特定任务,以及儿童行为发生的情境。这些组件可能以无数种方式组合在一起。然而,实际上任何复杂的系统都只会出现有限数量的稳定状态。这些组件相互作用,将系统"推"到被称为"吸引子状态(attractor states)"的某一种稳定状态。例如,在早期的位移运动发展中,虽然有许多可能的移动方式,但只有少数稳定的爬行方式倾向于以某种频率出现,最常见的是腹部爬行和手膝并用爬行(Adolph, Vereijken, Denny, 1998)。因此,腹部爬行和手膝并用爬行是吸引子状态。

发展系统的组件在不断变化,因此吸引子状态本身也会随着时间而变化。随着时间的推移,一些行为变得更加稳定,而另一些行为则正好相反。例如,当婴儿体力增强和能控制身体姿势时,她可能会从腹部爬行转向手膝并用爬行。她手膝并用的爬行行为可能变得更加熟练和稳定,她的腹部爬行可能变得不那么熟练。

在动态系统方法中,询问儿童获得特定能力的具体年龄是没有意义的。一个更恰当的问题是，不同组件系统的水平如何影响儿童是否处于显示特定功能的状态。回到上面讨论的客体永存性例子。哪些因素会影响客体永存性是否会在注视反应、伸手去拿的反应，或者在两者中表现出来？栋方等人的解释是，关键组件系统是儿童形成物体表征的强度所在。如果这个观点是正确的，那么建立物体表征强度的经验应该把儿童推向更高级的状态，而降低表征强度的经验应该把儿童推向更低级的状态。如果不是这样的话，就有可能是多个组件系统在起作用。例如，除了表征强度之外，手眼协调对向更高级的状态发展也是必不可少的。因此，在动态系统结构内，一种经验性策略是提出并检验关于哪些组件系统对生命体行为状态的变化起作用的假设。

从动态系统结构中得到的一个经验性预测是，当系统从一种稳定状态转换到另一种稳定状态时，系统在过渡点处应显示出更大的可变性。这一现象在很多领域都得到了证明，包括运动技能（Vereijken & Thelen, 1997）、守恒（Church & Goldin-Meadow, 1986）、数学问题解决（Alibali & Goldin-Meadow, 1993）、语言发展（Evans, 2002）、矩阵问题解决（Siegler & Svetina, 2002），以及心理理论的发展（Amsterlaw & Wellman, 2001）。

动态系统方法具有启发性，因为这类方法针对知识的本质和发展过程提出了新的问题。这些模型关注的是各种因素对儿童表现的影响，而不是特定能力获得的年龄。它们提供了一个框架，用于将组件系统之间的互动概念化，包括更简单分析中的子系统。这些子系统可能被称为"天性（nature）"和"教养（nurture）"。此外，它们还提供了一种方法用以思考行为的情境特异性和可变性，以及不同子系统在生成新行为中的作用。因此，动态系统方法有助于加深对儿童思维复杂性的理解。

儿童思维的变化不是在真空中发生的。儿童的已有知识不仅会影响他们能学到多少，而且会影响他们能学到什么

当前关于现有知识影响的认识

人们几乎总是发现，在他们已经掌握了一些知识的领域里，理解、学习和记忆会更容易。有了观察棋盘的经验，婴儿开始喜欢看更复杂的布局形式（DeLoache等，1978）。学步儿利用语法线索帮助他们学习新单词的意义（Naigles, 1990）。学前儿童从他们参加生日聚会和在餐馆就餐的经历中提取脚本，而后利用这些脚本来记忆新的聚会和餐馆（Hudson, 1990; Nelson, 1993）。与知识水平较低的儿童相比，具有一定守恒和类包含知识的学龄儿童更容易掌握这些概念（Inherder等，1974; Strauss, 1972）。

先前的知识影响人们学习的内容以及学习的程度。这种影响在知识对学习和记忆形成干扰(相对少见)的情况下尤为明显。学习母语的语音会导致婴幼儿逐渐丧失辨别母语中无差别语音的能力(Werker & Desjardins, 1995),并导致 7 岁以上的儿童逐渐丧失完全掌握另一种语言语法的能力(Johnson & Newport, 1989)。对典型饮食模式的了解使学前儿童认为谷类食品和橙汁不能被当作午餐(Keil, 1989)。基于先前对一个人笨拙行为的观察,消极的刻板印象会导致儿童错误地"记住"这个人做了其他坏事(Leichtman & Ceci, 1995)。学龄儿童具有的加法知识使他们在遇到诸如 3+4+5=3+___ 的新奇问题时倍感困惑(McNeil & Alibali, 2002, 2004)。

除了前文提到的变化过程之外,先前知识不能作为一种机制运行。相反,先前知识以及传入的信息为变化过程提供了可操作数据。换言之,先前知识有助于确定变化过程的作用:儿童对哪些特征进行了编码,他们得出了哪些概括性的结论,构建了哪些策略,以及将哪些操作进行了自动化。不过,变化过程的本质决定了他们是怎么做的。

未来的研究问题

关于儿童已有知识的一些最有争议的问题涉及假设的高层次知识结构,如界定诸如物理、生物和心理等核心领域的"理论"。这方面有两类问题特别重要。第一,这样的高层次结构是否存在,它们与其他类型的知识是否不同?第二,假设儿童确实具备核心领域的理论,那么这些理论是如何形成又是如何变化的呢?

儿童是否具有核心领域理论取决于"理论"的定义。韦尔曼和格尔曼(Wellman & Gelman, 1992, 1998)提出了理论理解的四个标准:领域特有的基本范畴、领域特有的因果解释、不可观察的解释结构,以及连贯的组织。有大量证据表明,儿童在某些领域的知识符合这些标准。例如,正如第八章所讨论的,有确凿的证据显示,儿童对生物学的早期理解构成了一种理论。

然而,这四个标准是否能将儿童对"核心"领域的理解与他们对无数其他领域的理解区分开来,目前看来还有待商榷。这四种标准同样能描述棒球运动等非核心领域的特征。棒球知识包括该领域特有的范畴(投手、捕手、本垒打)、一种特定的因果关系(以九局后获得较高得分为目标)、不可观察的解释结构(打棒球的悟性、关键一击)和一个连贯的组织。不过,如果棒球知识可以作为一个核心理论,那么核心理论一定有成千上万种。正如韦尔曼和格尔曼(1998)所指出的:"目前尚不清楚儿童总共能区分多少领域,也不清楚哪些分析标准可以确定思维的基本领域。"(p. 554)

颇为矛盾的是,尽管支持从理论角度看待概念理解的研究者强调了知识和学习机制的领域特殊性,但他们最重要的长远贡献可能是适用于所有领域的一种洞察视角。从传统意义上来说,几乎所有对发展的分析都假定知识是从具体向抽象发展。根据这一观点,儿童对世界的了解首先来自那些他们能看到、听到和触摸到的方面,然后学习那些联结有形物体、事件和特性的无形方面,如因果关系。然而,核心知识方法的支持者强调,在基础领域,即使是婴幼儿也会从根本原因和不可见本质(动量、作用力、意图、欺骗、细菌、遗传等)的角度思考。这种思维被视为区分了核心领域知识和其他领域知识(Wellman & Gelman, 1998)。

不过,从早期学习开始便强调因果关系和其他不可观察的解释结构的倾向可能并不局限于核心领域,它可能适用于所有领域(Simons & Keil, 1995)。年幼儿童不停地问"为什么"并不局限于一小部分核心领域,他们的问题涉及各种现象。同样,年幼儿童经常使用的"因为"一词也涉及各种话题,而不仅仅是一些特殊的话题。也许是为了对儿童的刨根问底表示支持,当成年人解释一个新的游戏或概念时,他们通常从描述基本目标和因果结构开始。例如,当他们描述井字棋游戏(tic-tac-toe)时,他们通常会说游戏的目的是赢,连续获得三个 X 或三个 O 就会赢。这种对因果关系的理解是有用的。人们发现,儿童对井字棋游戏的因果结构有着抽象的理解,这使他们甚至在使用高级策略之前就能够认识到高级策略的价值(Siegler & Crowley, 1994)。因此,寻找因果关系的倾向可能并不局限于核心领域,所有领域的知识获取都具有这个特点。

儿童如何获得被视为理论理解的因果知识?换言之,儿童的"理论"是如何形成的?又是如何变化的?有许多说法认为,这种知识是由特定领域的学习机制产生的(如 Keil, 1989; Leslie, 1994; Spelke 等, 1992; Wellman & Gelman, 1998)。但是,我们没有发现关于这种机制的任何详细描述。当然,"核心领域"的学习可能不同于其他领域。在出生后的最初几年里,儿童获得了大量关于非生命体、人、植物和动物的知识。这种快速的学习表明,儿童可能使用了专门的机制来学习这些知识。同样,年幼儿童也有无数的机会去观察和学习非生命体、人、植物和动物。也许是学习机会的数量,而不是学习机制本身,使得这些领域区别于那些儿童知识获取速度较慢的领域。

研究这些领域内知识变化的一个可行的方法集中在因果图(causal maps)的学习上(Gopnik & Glymour, 2002)。因果图是组织清晰的心理结构,很好地描述了一个领域内的因果关系。一旦建立了因果图,个体就可以对一个领域内的因果关系进行推理,并对事件和行为的后果做出预测,即便是那些未被直接观察到的事件和行为。根据戈帕尼克(Gopnik)和格利穆尔(Glymour)的研究,对这种结构的学习是基于在外部世界中所体验到的变化和共变(variation and covariation)的模式。例如,一个儿童可能会观察到生命体和自发运动之间的共变模式,即大多数生命体是自己移动的,而大多数非生命体则不是。基于这种统一的模式,生命体和自发运动之间的关系可能成为这个儿童生物领域因果图的一部分。一旦这个因果图建立起来,儿童就可以用它来进行预测:如果一个物体能够自发运动,那么这个物体几乎肯定是有生命的。

有研究表明,年仅2岁的儿童可以根据变化和共变的模式得出因果推论。例如,在一项研究(Gopnik, Sobel, Schulz & Glymour, 2001)中,实验人员给儿童呈现了一种叫作 blicket(检测器)的机器,并告诉他们一些叫作 blickets 的物体使机器的灯光亮起并播放音乐。然后实验人员给儿童演示了两块积木和机器的打开状态之间的各种共变模式。例如,有些儿童看到当 A 木块放在机器上时,机器打开;当 A 木块和 B 木块一起放在机器上时,机器打开;但当 B 木块单独放在机器上时,机器不会打开。在这种情况下,2 岁的儿童推断 A 木块是一个 blicket,但 B 木块不是。在另一项研究中,当被要求将机器关停时,儿童使用了他们已获得的因果知识。因为他们能够以创造性的方式(以他们并未见过的方式)使用这种因果知识,这明显地说明他们已经学会了因果关系,而不仅仅是木块和机器状态之间的关联。

基于共变模式构建因果关系的倾向是一种机制,该机制可用于在各种领域产生理论理解,包括核心领域和非核心领域(如棒球)。因此,因果图的构建似乎是一种可以产生特定领域理论知识的通用学习机制。

因果图似乎是一种特别适合解释理论知识的初始获取机制。但是,一旦这种知识建立起来,它又是如何改变的呢? 如前所述,解释变化过程的一个特别可行的方法是微观发生学方法。直至最近,尚无一项关于儿童理论变化的研究使用了微观发生学方法。不过,近年来对这类问题已进行了一些研究,并取得了有价值的成果。

阿姆斯特劳和韦尔曼(Amsterlaw & Wellman, 2001)使用了微观发生学方法研究心理理论的发展,特别是错误信念理解的发展。在他们的研究中,一些儿童通过故事来学习错误信念理解,这些故事中的人物都有错误信念的经历。例如,儿童听到一个关于马西娅的故事,她的松饼在她不知情的情况下被移动了。实验人员让儿童预测马西娅会去哪里找她的松饼,然后让他们看马西娅实际在哪寻找松饼来提供反馈。实验人员还让儿童解释马西娅为什么会去那里寻找(她为什么会在抽屉里找松饼?)。

阿姆斯特劳和韦尔曼发现,当儿童在实验中有很多机会了解错误信念时,他们更有可能从一个基于渴望的心理理论发展到一个基于信念—渴望的心理理论。此外,研究结果还表明,给儿童提供解释错误信念事件的机会可以提高他们对错误信念事件的理解。这些发现意味着,在自然情景中,儿童可以通过注重于解释事件的社会互动来学习心理理论。这样的社会互动能突出事件的因果结构(为什么马克西在橱柜里找巧克力?),因此它们可能迫使儿童重新构建其相关领域的因果图。

目前的证据表明,在理论理解的发展过程中,多种机制发挥着作用。因果图的构建似乎依赖于从观察到的事件中提取系统共变模式的内隐学习过程。重构这些因果图可能需要显性地学习那些尚未通过内隐学习获取的因果关系。这种显性学习尤其可能发生在涉及解释的社会互动中。未来的研究将需要阐明这些变化机制如何在发展过程中共同起作用。

智力的发展反映了大脑结构和功能的变化以及认知资源分配的日益优化

关于智力发展的现有认识

智力是通过大脑发育和经验的相互作用而发展的。单是大脑大小的变化就反映了发育成熟的程度。成年人的大脑重量是新生儿的4倍,几乎一半的大脑成长发生在5岁以后(Lemire, Loeser, Leech & Alvord, 1975)。部分大脑皮层会长到出生时的10倍大。不过,并非所有的变化都是由少变多。幼年时期,大脑皮层许多部位的突触密度比成人要密得多(Huttenlocher & Dabholkar, 1997)。这种高密度使得儿童得以在早期进行语言和运动技能的快速学习(Bjorklund, 1997)。

大脑不同部位的发育不均衡导致了特定的认知功能在不同的年龄段存在不同的神经基础。在出生后的前几个月,皮层下区域已经相对成熟,这部分区域在视觉、听觉和注意力分配方面发挥着重要作用(Bronson, 1974; Johnson, 1998; Muir等, 1979; Posner等, 1998)。在4到10个月时,大脑皮层区域(发育较晚)将在所有这些功能中发挥主要作用。早期皮层下优势导致认知系统获得有用的早期输入。一旦相关脑区发育足够成熟,这些皮层区域就会提供更有效的加工(Johnson & Morton, 1991)。

大脑发育涉及解剖学的特异性和可塑性。例如,对于几乎所有惯用右手的人和大多数惯用左手的人来说,语言加工主要发生在大脑左半球的中间区域。这种特异性很强大,如与dog等实词相比,主要承担语法功能的词汇(如the)在左半球不同区域产生的最大激活(Neville, 1995a)要强。值得注意的是,如果大脑左侧在出生后第一年发生损伤或手术切除,语言加工功能就会转移至大脑右半球,并发展到接近正常人的水平(Stiles & Thal, 1993)。如果损伤发生在第一年之后,语言加工功能也会转移到右半球,但损伤发生的年龄越晚,语言加工的效能就越低(Maratsos & Matheny, 1994)。

不过,大脑结构和功能的这些变化只是智力发展的一小部分。另一个很大的部分涉及越发有效地利用现有认知资源的经验。例如,即使在出生后最初的几个月里,婴儿也表现出有效分配加工资源的些许能力。他们会定位于环境中信息最丰富的部分,用眼睛跟踪移动的物体,并形成对有趣刺激将在哪里出现的预期(Aslin,1993;Haith 等,1993)。在这些最初基础之上出现相当大的增长不足为奇。随着经验的积累,儿童形成了越来越完整、灵活和强大的表征形式。

让我们考虑一下表征越来越完整的趋势。当 1 个月大的婴儿观察物体时,他们只扫描轮廓;2 个月和 3 个月大的婴儿能同时扫描物体内部(Salapatek,1975)。当 5 岁儿童遇到守恒、类包含和天平问题时,他们只表征一个重要的维度;到 8 岁时,儿童在这些任务中会表征多个相关维度(如 Case,1992a;Halford,1993)。当 8 岁的儿童读故事时,他们关注每一节的因果关系,而 14 岁的儿童还会关注不同章节之间的因果关系(van den Broek,1989)。

儿童形成越来越灵活表征的趋势在许多领域和很多不同年龄组中都有所体现。在错误信念任务中,4 岁儿童比 3 岁儿童能更灵活地在他们所知道的情况和他们所了解到的其他人所知道情况之间进行转换(Wellman 等,2001)。同样,在分类任务中,4 岁儿童比 3 岁儿童能更灵活地在不同的参照维度(如颜色或形状)之间进行切换,并进行相应的分类(Zelazo 等,1996)。随着学龄儿童算术经验的增加,他们选择的策略越来越精确地符合问题的要求(Lemaire & Siegler,1995)。接近青春期的儿童和青少年能根据指导和时间要求调整他们的阅读和写作策略,而这些指示和要求对年幼儿童没有影响(Kobasigawa 等,1980;Zbrodoff,1984)。

任务环境适应性日益增强的第三个方面体现在强健性(robustness)上。年幼儿童的理解往往只有在理想情况下才能表现出来(Sophian,1984)。随着年龄的增长和经验的积累,儿童开始在要求更高的情况下运用他们的能力。因此,婴儿和学步儿像年长儿童一样,在他们自己与物体相对应的方位发生变化后,也可以在空间中找到隐藏的物体。但与年长儿童不同的是,他们需要附近有地标才能找到(Acredolo,1978;Huttenlocher & Newcombe,1984)。如果缩放模型放在玻璃箱中,2 岁儿童可以通过模型来定位房间中的物体;但如果他们拿着模型,他们则不能通过模型来定位。而 3 岁儿童可以在任何一种情况下适当地使用该模型(DeLoache,1995)。如果不存在误导性的视觉线索或使用了有帮助性的语言,5 岁儿童可以解决传递性推理、三段论推理和类比推理问题。不过,直到多年以后,儿童才能在更具挑战性的情况下解决这些问题(Brown 等,1986;Byrnes & Overton,1986;Goswami,1995a)。如果只是等号本身,七年级学生能对其进行准确解释,但是如果等号出现在加法计算题中,他们会把它解释为"所有的数字相加"。到了大学阶段,无论何种情境,学生都能准确地理解等号(McNeil & Alibali,待发表)。

未来的研究问题

随着人们对大脑发育和认知资源分配的理解不断加深,一个问题也随即出现:

这些因素如何相互作用从而产生智力上的个体差异？关于智力个体差异的两种观点已经在前文讨论过了。一种观点强调在一般智力这一单一维度上的差异。人们智商（IQ）的差异被认为反映了他们一般智力的差异。另一种观点是斯腾伯格（1985，1999）的三元智力理论。根据该理论，智力的个体差异被视为来自三类信息加工构件效率的差异：操作构件、知识获取构件和元构件。尽管这两种观点在许多方面有所不同，但它们都有一个共同的假设，即智力存在一个共同的核心，从而体现出跨领域的特性。

一般智力存在的第一个证据是智力测验不同项目之间在成绩上体现出正相关。例如，那些在词汇测试项目上表现出色的儿童，在空间推理、算术和谚语理解项目上往往也表现出色。第二个关键证据是智商测验分数在很长一段时间内是相当稳定的。第三个重要的证据是智商测验分数相当准确地预测了儿童在校的成绩。因此，根据一年级学生在智商测验中的分数可以比较准确地预估该学生将来在高中的学习成绩。第四个证据是智商高的儿童学习新东西的速度往往更快（Johnson & Mervis, 1994）。这些证据使许多人得出结论：一些儿童的一般智力高于其他儿童；智力在很长一段时间内是稳定的。

不过，一些评论家对这些解释提出了质疑（如 Ceci, 1990；Gardner, Kornhaber & Wake, 1996；Resnick, Levine & Teasley, 1991）。智商测验项目之间的正相关可能反映了项目的选择方式，而不能说明一般智力的存在。新的智商测验项目有些是为了与现有智商测验项目呈正相关选出来的，而与现有智商测验项目的表现无关的整个领域（如艺术和音乐）都被排除在外。

关于智商分数长期稳定的争论，早期智商分数与后期学习成绩的关系，以及智商与学习的关系，其中一个重要的问题是稳定性是否涉及智力、动机，或者两者兼而有之。想在智力领域取得成功的动机可能会影响儿童在智商测验项目上的表现、在学校的表现以及在实验环境中的学习。如果是这样，而且这种动机长期稳定，那么它就可能会产生所观察到的智商测验分数、新东西的学习和后来的智力表现之间的关系。

人们对智商测验的批评也越来越多。其中一种批评观点认为，将智力上的个体差异按照单个维度（智商分数）排列过于简单化。儿童的思维在许多方面存在差异，而不仅仅是一个方面。还有一种批评观点认为，某些儿童普遍不如其他儿童聪明的这种说法是不公平的，将智力活动的结果与过程相混淆也颇为不当。事实上，一个儿童在智商测验中比另一个儿童做得更好，这可能反映出先前相关经验的差异，或在选择题测试中的技能不同，或成熟程度的不同，而不是任何先天特征的差异。

基于上述批评以及其他方面的考虑，加德纳（Gardner, 1983；Gardner 等，1996）制定了多元智力（multiple intelligence）理论。加德纳的基本思想是，通常意义上的"智力"最宜通过七种智力来理解:语言、音乐、数理逻辑、空间、身体运动、自我理解和社会认知。他提出,每一种智力都适用于不同的(尽管是重叠的)领域,基于不同的符号系统,并包含不同的变化机制。

加德纳提出了多个标准来判断一种思维是否属于一种独立的智力。第一个标准是大脑内部的定位。如果某种思维是一种独立的智力,那么大脑某个特定区域的损伤对这种思维的负面影响应该远远大于对其他思维的负面影响。第二个标准是该领域内是否存在"神童",即那些从智力的其他方面看来并不出众,但在该领域的卓越程度远远超过之前预期的个体。莫扎特尽管在大多数其他方面不是特别聪明,但他在5岁时就能创作音乐。因此,莫扎特的故事证明了一种独立的音乐智力的存在。第三个标准是具有表征该领域的一个独特系统,如数学符号、口头语言和编舞对舞蹈动作的表征。第四个标准是在领域的不同方面有相似的表现,擅长某领域其中一项技能的儿童也应该擅长其他技能。

接下来看看支持音乐智力是一种独特能力的证据。音乐刺激主要引发大脑右半球的活动,而语言刺激则主要引发大脑左半球的活动。与此分析一致,加德纳(1983)指出,右侧颞叶和额叶的损伤通常会干扰音乐感知,而语言功能完好无损。反之,当大脑左侧相应区域损伤,语言功能会受到影响,而音乐感知完好无损。加德纳还列举了一些存在严重智力障碍儿童的例子,这些儿童没有接受过正式的音乐教育,但他们能够弹奏之前从未听过的钢琴曲。这些儿童在其他领域表现出的学习能力都非常有限,这表明学习音乐的机制与学习其他技能的机制不同。音乐显然具有自己的符号系统,有音乐天赋的人往往擅长多种乐器,熟悉音乐表达方式。

加德纳还发现,在有些异常强烈的动机中存在不同智力的运作,这些动机让儿童不得不去练习特定的才能。当伟大的数学家帕斯卡(Pascal)还是个孩子的时候,他的父亲禁止他谈论数学,并且严厉地劝阻他不要读数学。尽管如此,帕斯卡还是用木炭在房间的墙壁上写写画画,试图找到构建正三角形的方法(他的父亲对此也不太满意)。因为不了解专业术语,他发明了数学概念的新名称。他提出了一套几何学的公理系统,并在这一过程中重新发掘了欧几里得几何学。在这恶劣的环境里,他甚至睡觉都想着所有这些定理和公理。

区分不同智力的想法也存在很多问题。加德纳将之归类为独立智力的一些能力似乎是相关的。儿童在言语、数理逻辑和空间推理测试中的表现始终呈正相关。这可能是由于在这些领域取得成就的动机相似,但也可能是由于一般智力影响所有这些领域的表现。此外,一个领域内"神童"的存在可能反映了该领域与生活其他方面的分离,而不是反映该能力是否是一种独立的智力。有些人能很快计算出6593年1月19日是星期几,但这并不能说明日历计算是一种独立的智力。

尽管存在这样的问题,区分不同智力的想法还是很有趣的。儿童在不同领域的表现往往存在很大的不同,特别是当我们在分析中涉及智商测验未测量的智力类型(如艺术、运动和社会智力)时尤为如此。将智力视为一组不同的能力比将其视为一个数字有可能对儿童思维的差异进行更准确的描述。因此,它可能有助于我们更细致地理解个体儿童的思维。

儿童的思维是在社会环境中发展的。家长、同伴、教师和整个社会都会影响儿童思维的内容,也会影响他们如何和为何会以特定的方式思维

关于影响儿童思维的社会因素的现有认识

人从根本上说是社会性动物。只有社会中的人类父母会教给他们的孩子对在所处文化中取得成功有重要意义的技能、态度和价值观。其他物种的成年个体则不会这样做。每个社会中的人类儿童都会不断地向任何愿意倾听的人指出有趣的事件,而任何其他物种的幼年个体却不会如此。这些教和学的倾向对认知发展至关重要(Tomasello, 1999)。一个忽视他人的儿童,或者是在一个其他人都不想交流的世界里长大的儿童,都将不能正常成长。幸运的是,这种情况几乎从未发生过。

社会影响儿童思维的典型例子是亲子互动。当与婴儿交谈时,父母通常使用被称为婴儿导向言语的高音、歌谣式语调,这是一种在吸引和保持婴儿注意力方面特别有效的交流形式(Fernald, 1992; Stern 等, 1982)。当试图帮助学步儿和学前儿童记住过去的事情时,父母会按次序提出问题,使儿童将活动组织成可记忆形式的脚本(Hudson, 1990)。当向学龄儿童传授问题解决技能时,父母通过如下措施使他们参与学习过程:帮助儿童确定需要实现的目标、讨论实现目标的策略,并帮助他们执行这些策略(Azmitia, 1996; Ellis & Rogoff, 1986)。

父母并不是唯一影响儿童认知发展过程的成年人。协调饼干义卖活动的女童子军领导者不仅帮助儿童获得销售和记录保存等技能,同时也帮助儿童获得价值观念,如礼貌和准时(Rogoff, 1995)。同样,从事交互式教学(reciprocal instruction)的教师通过提供脚手架式支持来教授各种重要技能。他们最初给予儿童大量支持,随后逐渐将责任转移给儿童(Palincsar & Brown, 1984)。

儿童并不是这些交流过程中的被动接受者,从第一天起,他们就积极地塑造着成年人与他们的互动。成年人使用婴儿导向言语的大部分原因是即使是新生儿都会对这种言语更加注意(Cooper & Aslin, 1990)。到4个月大时,婴儿在成年人与他们交谈后会发出更多的声音,这有助于形成一种简单的交流方式,从而鼓励成年人和婴儿"交谈"(Ginsburg & Kilbourne, 1988)。这种交互影响远远超出了语言的范围。儿童通过表达兴趣和厌烦、拉扯袖子、拖拽腿脚,以及表达"想要"的要

求,对他们的长辈行使着相当大的控制权。年长儿童和青少年也倾向于记住父母和教师早先对他们提出的非常合理的观点,并以完全不公平的方式将这些观点反过来用于父母和教师。简言之,儿童和成年人会相互学习。

儿童之间也会互相影响彼此的发展。1岁儿童就会模仿彼此的行为(Piaget, 1951)。为了便于2岁儿童理解,4岁的儿童会调整他们的语言表达(Shatz & Gelman, 1973)。学龄儿童和青少年在关注和讨论彼此的想法时能有效地合作(Azmitia & Montgomery, 1993; Berkowitz & Gibbs, 1985)。与其他儿童的互动对儿童有很多好处:互动可以激励儿童尝试新的任务,通过解释他们所知的内容来调整原有的理解。互动也为儿童提供了模仿和技能学习的机会,互动使儿童参与到提高他们理解力的讨论中去(Azmitia, 199)。

除了人与人之间的这些互动,社会世界还通过提供各种解决问题的工具(包括物理工具和心理工具)来影响认知发展。1岁儿童可以用耙子来获取玩具(Brown, 1989; Chen & Siegler, 2000);3岁儿童可以使用缩放模型来寻找藏起来的物品(DeLoache, 1995);7到11岁的儿童可以使用导图来指示救护车应该如何前往目的地(Karmiloff-Smith, 1979)。当然,还有诸如口头和书面语言以及数学符号等无所不在的工具。

最后,文化作为一个整体传达着影响认知发展的态度和价值观。东亚语系促进了十进制数字系统和分数的学习,从而有助于儿童早期数学的学习(Fuson & Kwon, 1992; Miller 等,1995; Miura 等,1999)。纳瓦霍人(Navajo)的社会鼓励独立思考,可能并非巧合,纳瓦霍儿童在试图解决谜题之前都比欧美儿童计划的时间更长,并且在向知识不太多的儿童展示该做什么之前会允许他们有更多的时间做计划(Ellis & Schneiders, 1989)。德国社会重视组织的价值,德国教师会比美国教师提供更多的组织策略指导,德国儿童也更常用这种组织策略(Kurtz 等, 1990)。总之,父母、其他成年人、其他儿童以及更广泛的文化都会影响儿童的认知发展。

未来的研究问题

未来社会文化研究的一个关键问题在于其他人为儿童发展提供的支持的性质:支持的差异是否会导致学习结果的差异? 一些证据表明确实如此(如 Haden 等,1997; Tomasello & Farrar, 1986)。例如,伍德和米德尔顿(Wood & Middleton, 1975)要求孩子的妈妈帮助3岁和4岁的孩子搭建复杂的金字塔积木。如果妈妈之前的指导能考虑孩子的技能水平,那么孩子在独立后测中表现最好。

不过,最近的其他研究表明,成年人支持的性质虽然有巨大差异,但儿童的学习结果可能差不多。如第四章所述,贡丘和罗格夫(Göncü & Rogoff, 1998)在一项儿童分类研究中比较了三种类型的成年人支持。第一种,成年人为儿童阐述了分类的基本原理;第二种,成年人用引导性问题引导儿童阐述分类的基本原理;第三种,成年人同时提供了前两种情况所描述的支持,先是自己阐述了基本原理,然后引导儿童阐述。尽管在支持的性质上存在这些差异,但这三种情况下的儿童在独立后测中的表现都差不多。

为什么支持的多变性在某些情况下起作用,而在其他情况下却不起作用?更广泛地说,什么样的支持才"算得上"适当的支持?第一种可能是,适当支持的性质取决于学习者的特点。对某些儿童来说,明确的、指导性强的支持(如直接指导或示范)可能最为有益,而对其他儿童来说,内隐的、间接的支持(如提示或引导性问题)可能最为有效。目前,我们尚不清楚成年人支持的性质与学习者个性特征和学习风格的个体差异如何相互作用。

第二种可能是,支持的有效性取决于参与互动的个体之间的关系。如果彼此间关系密切,而且成年人清晰地了解儿童的知识状态,那么最小量但适当的针对性支持可能会相当有效。如果参与者之间关系并不紧密,则可能需要更广泛和更直接的支持,以确保必要的信息能成功地传达给儿童。根据彼此间关系的性质,儿童也可能或多或少地愿意接受来自特定个人的指导性很强的支持。例如,一个儿童可能更愿意接受教师的直接教导,而不是父母或与之竞争激烈的哥哥姐姐的直接教导。

第三种可能是,在不同文化背景下,适当支持的性质可能不同。正如第四章所讨论的,不同的文化,成年人和儿童之间"惯用"或预期的互动类型有所不同。在某些文化中,儿童往往与成年人的社会和经济世界脱离开来,他们的许多学习都是在正规的教育环境中进行的。而在另一些文化中,儿童通常被纳入成年人的活动,他们的许多学习都是通过观察成年人在日常生活中的活动来进行的。在不同的文化背景下,成年人与儿童互动的性质和数量不同,这可能会让我们对成年人和儿童在特定情况下应提供支持的性质抱有期待。

一个与此相关的问题是,儿童是否会根据他们所获得的社会支持的性质而学习不同的内容。有研究表明,不同的社交模式确实可能会导致认知结果的不同。如第四章所述,指导式参与中的跨文化差异与注意管理模式的差异有关(Chavajay & Rogoff, 1999; Rogoff 等, 1993)。与儿童经常和成年人的社会和经济世界隔离开来的社区相比,经常融入成年人活动的社区中的儿童更可能同时关注多种活动。注意力管理中的这些文化差异是否真的是由互动模式的文化差异造成的,这一点仍然有待商榷。不过,研究结果值得玩味,说明这是一个值得继续研究的重要领域。

要在这些问题上取得进展,可能需要更好地了解从社会互动中学习的机制。更准确地说,社会互动究竟是如何发挥作用以建构个体知识的?目前已经明确了一些潜在的机制，包括内化、指导式参与和合作学习。但是，这些机制的运作并未得到很好的说明。如果我们希望预测学习将于何时发生于何人，或者准确地预测他们将要学习什么，那么我们就必须要在这个问题上取得理论上的进展。

不断深入理解儿童思维的理论意义和实践价值

儿童思维研究的现实贡献

儿童思维研究已经产生了多种实际贡献。为婴儿和学步儿带来的益处大多都涉及感知问题的诊断和治疗。婴儿喜欢看条纹而不是灰色的表面，这为诊断婴儿是否失明提供了一种方法(Dobson，1983)。对斜视矫正手术时机的分析表明，如果可能的话，矫正手术应在婴儿4个月大前进行，最迟应在3岁之前进行(Banks，Aslin & Letson，1975)。

儿童思维研究的另一类实际贡献是在法庭案件中如何得到有效的儿童证词。这些研究表明，4岁以下的儿童在被问及不带有提问者个人倾向的具体问题时能提供准确的证词，即便可能不太完整(Ceci & Bruck，1998)。然而，这个年龄段儿童的记忆特别容易受到引导性问题的影响，尤其是那些重复了很多次的问题(Poole & Lamb，1998)。对儿童产生影响的这类引导性问题会延伸到涉及自身身体的事件，包括带有性暗示的事件(Bruck等，1995；Ornstein，Gordon & Larus，1992；Poole & Lindsay，1995)。学前儿童的记忆也特别容易受到与事件相关人的刻板印象的影响(Leichtman & Ceci，1995)。如果要求儿童针对一起并未发生的犯罪构建视觉图像，儿童会认为并相信想象中的事件确实发生过(Foley，Harris & Herman，1994；Parker，1995)。类似地，让儿童画出一个并未发生的事件可能导致他们稍后报告说事件实际上发生过(Bruck，Melnyk & Ceci，2000)。另外，让儿童画出他们对某一事件的记忆且无须画具体细节，这样的话他们口头报告的有效性会有所提高(Butler等，1995)。这些发现为法律系统如何从儿童身上获得证词提供了有益的指导。

最后一个重要的实际贡献涉及学校教育。使用截点设计的研究表明，在入学年龄上存在一年的差别不会影响一年级学生的数学和阅读学习(Bisanz等，1995；Morrison，Griffith & Frazier，1996)。对数学和科学中误解的研究表明，儿童往往存在系统性的错误观点，这些观点必须加以证伪才能进行进一步学习。这在地球形状(Vosniadou & Brewer，1992)、移动物体的速度(Levin等，1990)、物体平衡的原因(Pine & Messer，1998)、小数的大小(Resnick等，1989)、等号的意义(McNeil & Alibali，待发表)以及竖式减法运算(VanLehn，1990)等方面都有体现。教儿童识别单词中的不同音素可以提高其语音意识，更有助于提高他们日后的阅读能力(Bradley & Bryant, 1983; Byrne & Fielding-Barnsley, 1995; National reading Panel, 2000; Vellutino & Scanlon, 1987)。教儿童学习语音转码技能(Adams, 1990; Lovett 等, 1994)以及对理解的监控同样也可以提高阅读理解能力(Palincsar 等, 1993; Rosenshine & Meister, 1994)。使用文字处理器有助于写作水平的提高(Bangert-Downs, 1993),而问题解决则受益于中介式教学(mediated instruction)。这种教学强调将计算机编程概念应用到其他类型的问题上(Klahr & Carver, 1988; Lehrer & Littlefield, 1993)。总之,儿童思维研究有助于解决实际问题,也有助于对认知发展的理论性理解。

未来的研究问题

有关认知发展的知识正开始在一个重要领域产生实际效益,即教育领域的课程设计。正如上面的例子所表明的,关于为什么有些教育创新有效而另一些无效的问题,认知发展的相关知识已经提供了许多解答。不过,未来研究的一个关键问题是,如何将有关儿童认知水平和学习的发现转化为有效的学业技能教学课程,如数学和科学推理、阅读和写作等。

前几章描述了一些以理解基本认知过程和发展理论为基础的课程设计尝试。第一个例子是阅读教学中使用的"交互式教学"法(Palincsar & Brown, 1984)(第十一章)。这一方法主要依赖于脚手架的概念和来自社会文化理论的其他观点。第二个例子是以建立中心概念结构为基础的有理数和数学函数的课程(Kalchman 等, 2000; Moss & Case, 1999)(第三章),这在很大程度上依赖于信息加工理论的观点。

这一领域的一个重要挑战是如何最优化地利用技术来提高学生的学习能力。智能辅导系统(intelligent tutoring systems)是一种正开始在教育领域得到广泛应用的技术工具,它是以学习和发展理论为基础的电脑辅导系统。其中一个例子是科丁格(Koedinger)及其同事开发的中学数学认知导师(Cognitive Tutor)(Anderson, Corbett, Koedinger & Pelletier, 1995; Koedinger, 2002; Koedinger & Anderson, 1998)。认知导师旨在与教科书和其他课程材料结合使用,这样学生每周有两天会在电脑实验室里,通过电脑化认知导师的辅助进行学习;每周有三天在传统的课堂环境中使用教科书和其他材料进行学习。

认知导师是根据数学问题解决过程中认知过程的心理模型设计的。该模型在两个方面对认知导师具有核心意义。一方面,该模型在学生解决问题时为他们提供个性化的支持。例如,当学生犯典型错误时,认知模型会诊断错误,提供适当的反馈,并帮助学生找到适合他们的解决策略。另一方面,认知模型会监控学生在各种活动中的表现,以诊断学生的强项和弱项,并找出学生可能遗漏的知识。而后,认知导师会调整活动的选择,以加强学生对重要概念和技能的学习。

支持科丁格和他同事设计的数学认知导师所依据的认知模型是一个生产系统模型,和第三章中所描述的类似。该模型依据"如果—那么"指令(生成过程)表征学生在解决问题时可能采用的策略,以及他们的典型错误概念。基于该模型,认知导师可以诊断出个别学生缺乏某些包含在特定问题解决策略中的生成过程,或者具有导致错误的、不准确的生成过程。例如,初学代数的学生可能拥有以下一种或多种生成过程:

(1) 如果目标是求解 $a(bx+c)=d$,
    那么重写为 $bx+c=d/a$
(2) 如果目标是求解 $a(bx+c)=d$,
    那么重写为 $abx+ac=d$
(3) 如果目标是求解 $a(bx+c)=d$
    那么重写为 $abx+c=d$(错误概念)

如果有学生正在解决一个问题,并且需要解答方程 $3(4x+2)=66$,他们可能会应用上述的任意一个生成过程($a=3,b=4,c=2,d=66$)。如果学生在方程求解时输入 $12x+2=64$,认知导师会将此行为诊断为学生使用错误的生成过程后的可能结果(#3)。而后,它会提供适当的反馈,帮助学生纠正错误概念。

有研究表明认知导师的应用效果良好(Koedinger, 2002; Koedinger, Anderson, Hadley & Mark, 1997)。参加认知导师课程的低收入和中等收入家庭的学生在问题解决评估和基本数学技能标准化评估两个方面的学习成绩均高于对照班学生。因此,认知导师采用的个性化评估和指导方法对儿童的学习有很大的帮助。此外,认知导师也可以被用作研究平台。它可以收集学生在解决问题时所采取的步骤,以及学生学习过程中所发生变化的详细信息。这些信息随后可用于改进和扩展学生表现和学习所涉及的加工模型。计算机智能导师等技术工具在教育和研究方面的作用才刚刚开始挖掘,但其前景令人鼓舞。在 2003—2004 学年,认知导师数学课程在全美超过 1 000 多所学校中被作为常规课程。认知导师的广泛传播有力地证明了学习和发展的认知理论正开始在教育实践中发挥真正而重要的作用。

小结

感知发展、语言发展、记忆发展、概念发展、社会认知发展、问题解决和学业技能发展存在很多共同点。儿童思维方方面面的研究问题、实证发现和引发变化的机制都存在着重要的统一性。

儿童思维研究中最大的问题是"什么在发展?"和"发展如何发生?"。关于"什么在发展?"的四个常见的高级假设是基本加工、策略、元认知和内容知识。每一种类型的变化都有助于许多领域和许多年龄段认知能力的提高。未来研究的一个重要目标是提供直接反映实时发展变化的数据。这些数据对于更好地构建认知发展理论至关重要。

有四个变化过程对认知发展的贡献特别大,分别是自动化、编码、概括和策略构建。未来研究面临的一个挑战是确定是否存在只在特定生命阶段起作用的特定变化机制,或是否存在对所有年龄段都产生变化的同一机制。

婴幼儿比看上去更善于思考。婴儿在出生后第一年即表现出令人印象深刻的感知和概念能力,一般目的(general-purpose)学习机制也在这个阶段显现。未来研究的一个关键的目标是建立一个模型来阐释儿童早期发展所体现出的特点,即同一个儿童为何既表现出令人印象深刻的能力,又表现出同样令人印象深刻的能力不足。

年幼儿童和成年人的思维差异似乎不再像以前认为的那么显著。这种差距的缩小来自两方面。年幼儿童拥有各种以前未曾预料到的能力,而成年人的思维也并不像我们所认为的那样理性和科学。一般来说,儿童获得某种认知能力的年龄并不是特定的。相反,认知能力会随着时间的推移而逐渐发展起来。

与某一主题相关的现有知识对新知识的获取具有普遍的影响。现有知识增加了儿童从特定经验中汲取的知识量,也通过引导儿童专注于最可能被证明具有重要意义的信息而影响他们学到的内容。当前的一个主要挑战是明确高层次知识结构的作用,如生物学和心理学理论,并确定它们是否从根本上不同于较为狭义的知识,如对棒球的理解。

智力的发展包括大脑结构和功能的变化,以及认知资源使用效率的变化。神经系统的发育包括大脑容量的大幅度增加,大脑不同部位对特定行为作用的转变,以及因大脑某部位受损而将其典型功能交由其他未受损区域代偿的可塑性的降低。认知资源分配的发展包括形成越来越完整、灵活和牢固的表征。智力的个体差异似乎比传统的智力指标所反映出的情况要复杂得多。人们似乎存在多种智力,他们可能在一个领域表现出色,而在其他领域则表现平平。

儿童的思维是在父母、同伴、教师和广泛的社会文化背景下发展起来的。这些社会因素影响儿童的想法、他们获得技能的程度,以及他们的态度和价值观。社会世界也会影响人们思考某些事情而不是其他事情的动机。文化信仰和价值观,以及个人的才能和兴趣,影响着儿童思考的内容和思考的方式。

关于儿童思维的知识有许多实际应用价值。这些应用包括对感知问题的诊断和治疗、准确法庭证词的获取,以及学术科目的教学技术和新课程设计。提高对儿童发展的认识,既产生了实际的益处,又加深了我们对儿童的理解。

推荐读物

Gardner, H., Kornhaber, M. L., & Wake, W. K. (1996). *Intelligence: Multiple perspectives*. Fort Worth, TX: Harcourt Brace College Publishers. A stimulating and well-written survey of alternative approaches to intelligence, with an emphasis on Gardner's multiple intelligences approach.

Gelman, S. A. (2003). *The essential child: Origins of essentialism in everyday thought.* New York: Oxford University Press. Essentialism is the idea that category members share important underlying properties, or "essences", that determine category membership and that cause other important characteristics of the category. This book presents a clear and compelling description of the role of essentialism in children's theories of biology.

Kuhn, D. (Ed.)(1995). Development and learning—Reconceptualizing the intersection. [Special issue.] *Human Development*, 38, 293–379. This special issue of the journal *Human Development* presents the perspectives of 10 leading thinkers regarding the relation between learning and development. The differences in perspectives illustrate strikingly how much this issue is still "up for grabs."

Munakata, Y., McClelland, J. L., Johnson, M. H., & Siegler, R. S. (1997). Rethinking infant knowledge: Toward an adaptive process account of successes and failures in object permanence tasks. *Psychological Review*, 104, 686–713. Reconciling infants' competence and incompetence is one of the primary needs for advancing understanding of infant cognition. This article illustrates one way in which this goal can be achieved.

Poole, D. A., & Lamb, M. E. (1998). *Investigative interviews of children: A guide for helping professionals.* Washington, DC: American Psychological Association. An excellent translation of research findings into practical advice regarding children's eyewitness testing.

参考文献

ABOUD, F. E. (1988). *Children and prejudice*. Oxford, UK: Blackwell.

ACREDOLO, C. & HOROBIN, K. (1987). Development of relational reasoning and avoidance of premature closure. *Developmental Psychology*, 23, 13-21.

ACREDOLO, L. P. (1978). The development of spatial orientation in infancy. *Developmental Psychology*, 14, 224-234.

ACREDOLO, L. P., ADAMS, A., & GOODWYN, S. W. (1984). The role of self-produced movement and visual tracking in infant spatial orientation. *Journal of Experimental Child Psychology*, 38, 312-327.

ADAMS, M. J. (1990). *Beginning to read: Thinking and learning about print*. Cambridge, MA: MIT Press.

ADAMS, M. J., TREIMAN, R., & PRESSLEY, M. (1998). Reading, writing, and literacy. In I. E. Sigel & K. A. Renninger (Eds.), *Handbook of child psychology: Vol. 4. Child psychology in practice* (5th ed.). New York: Wiley.

ADAMS, R. J. (1987). An evaluation of color preference in early infancy. *Infant Behavior & Development*, 10, 143-150.

ADOLPH, K. E. (1995). A psychophysical assessment of toddlers' ability to cope with slopes. *Journal of Experimental Psychology: Human Perception & Performance*, 21, 734-750.

ADOLPH, K. E. (1997). Learning in the development of infant locomotion. *Monographs of the Society for Research in Child Development*, 62(3, Serial No. 251).

ADOLPH, K. E., & AVOLIO, A. M. (2000). Walking infants adapt locomotion to changing body dimensions. *Journal of Experimental Psychology: Human Perception & Performance*, 26, 1148-1166.

ADOLPH, K., VEREIJKEN, B., & DENNY, M. A. (1998). Learning to crawl. *Child Development*, 69, 1299-1312.

AGNOLI, F. (1991). Development of judgmental heuristics: Training counteracts the representativeness heuristic. *Cognitive Development*, 6, 195-217.

AHN, W.-K., GELMAN, S. A., AMSTERLAW, J. A., HOHENSTEIN, J., & KALISH, C. W. (2000). Causal status effect in children's categorization. *Cognition*, 76, B35-B43.

AHN, W.-K., KALISH, C. W., MEDIN, D. L., & GELMAN, S. A. (1995). The role of covariation versus mechanism information in causal attribution. *Cognition*, 54, 299-352.

ALIBALI, M. W. (1999). How children change their minds: Strategy change can be gradual or abrupt. *Developmental Psychology*, 35, 127-145.

ALIBALI, M. W., & DON, L. S. (2001). Children's gestures are meant to be seen. *Gesture*, 1, 113-127.

ALIBALI, M. W., & GOLDIN-MEADOW, S. (1993). Transitions in learning: What the hands reveal about a child's state of mind. *Cognitive Psychology*, 25, 468-523.

ALVAREZ, J. M., RUBLE, D. N., & BOLGER, N. (2001). Trait understanding or evaluative reasoning? An analysis of children's behavioral predictions. *Child Development*, 72, 1409-1425.

AMERICAN PSYCHIATRIC ASSOCIATION. (1994). *Diagnostic and statistical manual of mental disorders* (4th ed.). Washington, DC: Author.

AMES, G. J., & MURRAY, F. B. (1982). When two wrongs make a right: Promoting cognitive change by social conflict. *Developmental Psychology*, 18, 894-897.

AMSEL, E., GOODMAN, G., SAVOIE, D., & CLARK, M. (1996). The development of reasoning about causal and non-causal influences on levers. *Child Development*, 67, 1624-1646.

AMSTERDAM, B. K. (1972). Mirror self-image reactions before age 2. *Developmental Psychobiology*, 5, 297-305.

AMSTERLAW, J., & WELLMAN, H. M. (2001, October). *How do theories of mind grow? Insights gained from microgenetic research.* Poster presented at the meeting of the Cognitive Development Society, Virginia Beach, VA.

ANDERSON, J. R., CORBETT, A. T., KOEDINGER, K. R., & PELLETIER, R. (1995). Cognitive tutors: Lessons learned. *Journal of the Learning Sciences*, 4, 167-207.

ANDERSON, M. (1992). *Intelligence and development: A cognitive theory.* Oxford, UK: Blackwell.

ANDREWS, G., & HALFORD, G. S. (1998). Children's ability to make transitive inferences: The importance of premise integration and structural complexity. *Cognitive Development*, 13, 479-513.

ANDREWS, G., & HALFORD, G. S. (2002). A cognitive complexity metric applied to cognitive development. *Cognitive Psychology*, 45, 153-219.

ANGLIN, J. M. (1977). *Word, object, and conceptual development.* New York: W. W. Norton.

ANGLIN, J. M. (1986). Semantic and conceptual knowledge underlying the child's words. In S. A. Kuczaj & M. D. Barrett (Eds.), *The development of word meaning*. New York: Springer-Verlag.

ANGLIN, J. M. (1993). Vocabulary development: A morphological analysis. *Monographs of the Society for Research in Child Development*, 58(10, Serial No. 238).

ANISFELD, M. (1984). *Language development from birth to three.* Hillsdale, NJ: Erlbaum.

ANTELL, S. E., & KEATING, D. P. (1983). Perception of numerical invariance in neonates. *Child Development*, 54, 695-701.

ARTERBERRY, M. E., & BORNSTEIN, M. H. (2002). Infant perceptual and conceptual categorization: The roles of static and dynamic stimulus attributes. *Cognition*, 86, 1-24.

ARTERBERRY, M. E., CRATON, L. G., & YONAS, A. (1993). Infants' sensitivity to motion-carried information for depth and object properties. In C. E. Granrud (Ed.), *Visual perception and cognition in infancy*. Hillsdale, NJ: Erlbaum.

ASHMEAD, D. H., DAVIS, D. L., WHALEN, T., & ODOM, R. D. (1991). Sound localization and sensitivity to interaural time differences in human infants. *Child Development*, 62, 1211-1226.

ASLIN, R. N. (1981). Development of smooth pursuit in human infants. In D. F. Fischer, R. A. Monty & E. J. Senders (Eds.), *Eye movements: Cognition and vision perception*. Hillsdale, NJ: Erlbaum.

ASLIN, R. N. (1993). Perception of visual direction in human infants. In C. E. Granrud (Ed.), *Visual perception and cognition in infancy*. Hillsdale, NJ: Erlbaum.

ASLIN, R. N., & DUMAIS, S. T. (1980). Binocular vision in infants: A review and a theoretical framework. In L. P. Lipsitt & H. W. Reese (Eds.), *Advances in child development and behavior*. New York: Academic Press.

ASLIN, R. N., JUSCZYK, P. W., & PISONI, D. P. (1998). Speech and auditory processing during infancy: Constraints on and precursors to language. In D. Kuhn & R. S. Siegler (Eds.), *Handbook of child psychology: Vol. 2. Cognition, Perception & Language* (5th ed.). New York: Wiley.

ASTINGTON, J. W. (1991). Intention in the child's theory of mind. In D. Frye & C. Moore (Eds.), *Children's theories of mind*. Hillsdale, NJ: Erlbaum.

ASTINGTON, J. W. (1993). *The child's discovery of the mind*. Cambridge, MA: Harvard University Press.

ASTINGTON, J. W. (2000). Language and metalanguage in children's understanding of mind. In J. W. Astington (Ed.), *Minds in the making: Essays in honor of David R. Olson*. Oxford, UK: Blackwell.

ASTINGTON, J. W., & GOPNIK, A. (1988). Knowing you've changed your mind: Children's understanding of representational change. In J. W. Astington, P. L. Harris & D. R. Olson (Eds.), *Developing theories of mind*. New York: Cambridge University Press.

ASTINGTON, J. W., & GOPNIK, A. (1991). Theoretical explanations of children's understanding of the mind. *British Journal of Developmental Psychology*, 9, 7-32.

ASTINGTON, J. W., & JENKINS, J. (1999). A longitudinal study of the relation between language and theory-of-mind development. *Developmental Psychology*, 35, 1311-1320.

ATRAN, S. (1994). Core domains versus scientific theories. In L. A. Hirschfeld & S. A. Gelman (Eds.), *Mapping the mind*. New York: Cambridge University Press.

AU, T. K., SIDLE, A. L., & ROLLINS, K. B. (1993). Developing an intuitive understanding of conservation and contamination: Invisible particles as a plausible mechanism. *Developmental Psychology*, 29, 286-299.

AVIS, J., & HARRIS, P. L. (1991). Belief-desire reasoning among Baka children: Evidence for a universal conception of mind. *Child Development*, 62, 460-467.

AZMITIA, M. (1988). Peer interaction and problem solving: When are two heads better than one? *Child Development*, 59, 87-96.

AZMITIA, M. (1996). Peer interactive minds: Developmental, theoretical, and methodological issues. In P. B. Baltes & U. M. Staudinger (Eds.), *Interactive minds: Life-span perspectives on the social foundations of cognition*. New York: Cambridge University Press.

AZMITIA, M., & HESSER, J. (1993). Why siblings are important agents of cognitive development: A comparison of siblings and peers. *Child Development*, 64, 430-444.

AZMITIA, M., & MONTGOMERY, R. (1993). Friendship, transactive dialogues, and the development of scientific reasoning. *Social Development*, 2, 202-221.

BACKSCHEIDER, A. G., SHATZ, M., & GELMAN, S. A. (1993). Preschoolers' ability to distinguish living kinds as a function of regrowth. *Child Development*, 64, 1242-1257.

BADDELEY, A. D. (1986). *Working memory*. Oxford, UK: Oxford University Press.

BADDELEY, A. D. (2000). The episodic buffer: A new component of working memory? *Trends in Cognitive Sciences*, 4, 417-423.

BADDELEY, A. D., & HITCH, G. J. (1974). Working memory. In G. Bower (Ed.), *The psychology of learning and motivation: Advances in research and theory* (Vol. 8). New York: Academic Press.

BADIAN, N. A. (1983). Dyscalculia and nonverbal disorders of learning. In H. R. Myklebust (Ed.), *Progress in learning disabilities* (Vol. 5). New York: Stratton.

BAHRICK, H. P., BAHRICK, P. O., & WITTLINGER, R. P. (1975). Fifty years of memory for names and faces: A cross-sectional approach. *Journal of Experimental Psychology*, 104, 54-75.

BAHRICK, L. E. (1992). Infants' perceptual differentiation of amodal and modality specific audio-visual relations. *Journal of Experimental Child Psychology*, 53, 180-199.

BAHRICK, L. E., & LICKLITER, R. (2000). Intersensory redundancy guides attentional selectivity and perceptual learning in infancy. *Developmental Psychology*, 36, 190-201.

BAHRICK, L. E., MOSS, L., & FADIL, C. (1996). Development of visual self-recognition in infancy. *Ecological Psychology*, 8, 189-208.

BAI, D., & BERTENTHAL, B. I. (1992). Locomotor status and the development of spatial search skills. *Child Development*, 63, 215-226.

BAILEY, D. B., & BRUER, J. T. (Eds.). (2001). *Critical thinking about critical periods*. Baltimore: Paul H. Brookes.

BAILLARGEON, R. (1987). Object permanence in $3\frac{1}{2}$- and $4\frac{1}{2}$-month-old infants. *Developmental Psychology*, 23, 655-664.

BAILLARGEON, R. (1993). The object concept revisited: New directions in the investigation of infants' physical knowledge. In C. E. Granrud (Ed.), *Visual perception and cognition in infancy*. Hillsdale, NJ: Erlbaum.

BAILLARGEON, R. (1994). How do infants learn about the physical world? *Current Directions in Psychological Science*, 3, 133-140.

BAILLARGEON, R. (2002). The acquisition of physical knowledge in infancy: A summary in eight lessons. In U. Goswami (Ed.), *Blackwell handbook of childhood cognitive development*. Malden, MA: Blackwell.

BAKER, L. (1994). Fostering metacognitive development. In H. Reese (Ed.), *Advances in child development and behavior*, (Vol. 25). San Diego: Academic Press.

BAKER, L., & BROWN, A. L. (1984). Metacognitive skills and reading. In P. D. Pearson (Ed.), *Handbook of reading research, Part 2*. New York: Longman.

BAKER-SENNET, J., MATUSOV, E., & ROGOFF, B. (1992). Sociocultural processes of creative planning in children's play-crafting. In P. Light & G. Butterworth (Eds.), *Context and cognition: Ways of learning and knowing*. New York: Harvester Wheatsheaf.

BAKER-WARD, L., & ORNSTEIN, P. A. (1988). Age differences in visual-spatial memory performance: Do children really out-perform adults when playing Concentration? *Bulletin of the Psychonomic Society*, 26, 331-332.

BAKER-WARD, L., ORNSTEIN, P. A., & HOLDEN, D. J. (1984). The expression of memorization in early childhood. *Journal of Experimental Child Psychology*, 37, 555-575.

BALABAN, M. T., & WAXMAN, S. R. (1997). Do words facilitate object categorization in 9-month-old infants? *Journal of Experimental Child Psychology*, 64, 3-26.

BALDWIN, D. A. (1991). Infants' contribution to the achievement of joint reference. *Child Development*, 55, 1278-1289.

BALDWIN, D. A. (1992). Clarifying the role of shape in children's taxonomic assumption. *Journal of Experimental Child Psychology*, 54, 392-416.

BALDWIN, D. A. (1993a). Early referential understanding: Infants' ability to recognize referential acts for what they are. *Developmental Psychology*, 29, 832-843.

BALDWIN, D. A. (1993b). Infants' ability to consult the speaker for clues to word meaning. *Journal of Child Language*, 20, 395-418.

BALTES, P. B. (1997). On the incomplete architecture of human development: Selection, optimization, and compensation as foundation of developmental theory. *American Psychologist*, 52, 366-380.

BANGERT-DOWNS, R. L. (1993). The word processor as an instructional tool: A meta-analysis of word processing in writing instruction. *Review of Educational Research*, 63, 69-93.

BANIGAN, R. L., & MERVIS, C. B. (1988). Role of adult input in young children's category evolution: An experimental study. *Journal of Child Language*, 15, 493-504.

BANKS, M. S., ASLIN, R. N., & LETSON, R. D. (1975). Sensitive period for the development of human binocular vision. *Science*, 190, 675-677.

BARON-COHEN, S. (1987). Autism and symbolic play. *British Journal of Developmental Psychology*, 5, 139-148.

BARON-COHEN, S. (1991). The development of a theory of mind in autism: Deviance and delay? *Psychiatric Clinics of North America*, 14, 33-51.

BARON-COHEN, S. (2001). Theory of mind and autism: A review. *International Review of Research in Mental Retardation*, 23, 169-184.

BARON-COHEN, S., LESLIE, A. M., & FRITH, U. (1985). Does the autistic child have a theory of mind? *Cognition*, 21, 37-46.

BARRETT, M., & SHORT, J. (1992). Images of European people in a group of 5—10 year old English school children. *British Journal of Developmental Psychology*, 10, 339-363.

BARSALOU, L. W. (1985). Ideals, central tendency, and frequency of instantiation as determinants of graded structure in categories. *Journal of Experimental Psychology: Learning, Memory & Cognition*, 11, 629-654.

BARTLETT, E. J. (1982). Learning to revise: Some component processes. In M. Nystrand (Ed.), *What writers know: The language, process, and structure of written discourse*. New York: Academic Press.

BARTSCH, K., & WELLMAN, H. M. (1995). *Children talk about the mind*. New York: Oxford University Press.

BATESON, M. (1979). "The epigenesis of conversational interaction": A personal account of research development. In M. Bullowa (Ed.), *Before speech: The beginning of human communication* (pp. 63-77). New York: Cambridge University Press.

BAUER, P. J. (1995). Recalling past events: From infancy to early childhood. *Annals of Child Development*, 11, 25-71.

BAUER, P. J. (1996). What do infants recall of their lives? Memory for specific events by 1- to 2-year olds. *American Psychologist*, 51, 29-41.

BAUER, P. J., KROUPINA, M. G., SCHWADE, J. A., DROPIK, P. L., & WEWERKA, S. S. (1998). If memory serves, will language? Later verbal accessibility of early memories. *Development & Psychopathology*, 10, 655-679.

BAUER, P. J., & MANDLER, J. M. (1989a). Taxonomies and triads: Conceptual organization in 1- to 2-year-olds. *Cognitive Psychology*, 21, 156-184.

BAUER, P. J., & MANDLER, J. M. (1989b). One thing follows another: Effects of temporal structure on 1- to 2-year-olds' recall of events. *Developmental Psychology*, 25, 197-206.

BAUER, P. J., SCHWADE, J. A., WEWERKA, S. S., & DELANEY, K. (1999). Planning ahead: Goal-directed problem solving by 2-year-olds. *Developmental Psychology*, 35, 1321-1337.

BAUER, P. J., WENNER, J. A., DROPIK, P. L., & WEWERKA, S. (2000). Parameters of remembering and forgetting in the transition from infancy to early childhood. *Monographs of the Society for Research in Child Development*, 65(4, Serial No. 263).

BAYLEY, N. (1969). *Bayley scales of infant development*. New York: Psychological Corporation.

BEAL, C. R. (1990). The development of text evaluation and revision skills. *Child Development*, 61, 247-258.

BEAL, C. R. (1996). The role of comprehension monitoring in children's revision. *Educational Psychology Review*, 8, 219-238.

BEAL, C. R., & BELGRAD, S. L. (1990). The development of message evaluation skills in young children. *Child Development*, 61, 705-712.

BEAL, C. R., & FLEISIG, W. E. (1987, April). *Preschoolers' preparation for retrieval in object relocation tasks*. Paper presented at the biennial meeting of the Society for Research in Child Development, Baltimore, MD.

BECK, I. L., & MCKEOWN, M. G. (1984). Application of theories of reading to instruction. *American Journal of Education*, 93, 61-81.

BEHL-CHADHA, G. (1996). Basic-level and superordinate-like categorical representations in early infancy. *Cognition*, 60, 105-114.

BEILIN, H. (1977). Inducing conservation through training. In G. Steiner (Ed.), *Psychology of the 20th Century: Vol. 7, Piaget and beyond*. Zurich: Kindler.

BEILIN, H. (1983). The new functionalism and Piaget's program. In E. K. Scholnick (Ed.), *New trends in conceptual representation: Challenges to Piaget's theory?* Hillsdale, NJ: Erlbaum.

BELL, M. A., & FOX, N. A. (1992). The relations between frontal brain electrical activity and cognitive development during infancy. *Child Development*, 63, 1142-1163.

BELLUGI, U., LICHTENBERGER, L., JONES, W., LAI, Z., & ST. GEORGE, M. (2000). I. The neurocognitive profile of Williams syndrome: A complex pattern of strengths and weaknesses. *Journal of Cognitive Neuroscience*, 12(Suppl. 1), 7-29.

BEM, S. L. (1989). Genital knowledge and gender constancy in preschool children. *Child Development*, 60, 649-662. BENEDICT, H. (1979). Early lexical development: Comprehension and production. *Journal of Child Language*, 6, 183-200.

BENSON, J. B., AREHART, D. M., JENNINGS, T., BOLEY, S., & KEARNS, L. (1989, April). *Infant crawling: Expectation, action plans, and goals*. Paper presented at the biennial meeting of the Society for Research in Child Development, Kansas City, MO.

BENTIN, S., HAMMER, R., & CAHAN, S. (1991). The effects of aging and first grade schooling on the development of phonological awareness. *Psychological Science*, 2, 271-274.

BEREITER, C., & SCARDAMALIA, M. (1982). From conversation to composition: The role of instruction in a developmental process. In R. Glaser (Ed.), *Advances in instructional psychology* (Vol. 2). Hillsdale, NJ: Erlbaum.

BEREITER, C., & SCARDAMALIA, M. (1987). *The psychology of written composition*. Hillsdale, NJ: Erlbaum.

BERG, C. A. (1989). Knowledge of strategies for dealing with everyday problems from childhood through adolescence. *Developmental Psychology*, 25, 607-618.

BERK, L. E. (1994). Why children talk to themselves. *Scientific American*, 271, 78-83.

BERKOWITZ, M. W. , & GIBBS, J. C. (1985). The process of moral conflict resolution and moral development. In M. W. Berkowitz (Ed.), *New directions for child development: Peer conflict and psychological growth*. San Francisco: Jossey-Bass.

BERLIN, B. , & KAYE, P. (1969). Basic color terms: *Their universality and evolution*. Berkeley: University of California Press.

BERMAN, K. F. , OSTERM, J. L. , RANDOULPH, C. , GOLD, J. , GOLDBERG, T. E. , COPPOLA, R. , CARSON, R. E. , HERSCOVITCH, P. , & WEINBERGER, D. R. (1995). Physiological activation of a cortical network during performance of the Wisconsin Card Sorting Test: A positron emission tomography study. *Neuropsychologia*, 33, 1027-1046.

BERMEJO, V. (1996). Cardinality development and counting. *Developmental Psychology*, 32, 263-268.

BERTENTHAL, B. I. (1993). Infants' perception of biomechanical motions: Intrinsic image and knowledge-based constraints. In C. E. Granrud (Ed.), *Visual perception and cognition in infancy*. Hillsdale, NJ: Erlbaum.

BERTENTHAL, B. I. (1996). Origins and early development of perception, action and representation. *Annual Review of Psychology*, 47, 431-459.

BERTENTHAL, B. I. , & BAI, D. L. (1989). Infants' sensitivity to optical flow for controlling posture. *Developmental Psychology*, 25, 936-945.

BERTENTHAL, B. I. , CAMPOS, J. J. , & KERMOIAN, R. (1994). An epigenetic perspective on the development of self-produced locomotion and its consequences. *Current Directions in Psychological Science*, 5, 140-145.

BERTENTHAL, B. I. , & CLIFTON, R. K. (1998). Perception and action. In D. Kuhn & R. S. Siegler (Eds.), *Handbook of child psychology: Vol. 2. Cognition, Perception & Language* (5th ed.). New York: Wiley.

BERTENTHAL, B. I. , & PINTO, J. (1993). Complementary processes in the perception and production of human movements. In E. Thelen & L. Smith (Eds.), *Dynamic approaches to development: Vol 2. Applications*. Cambridge, MA: Bradford Books.

BERTENTHAL, B. I. , ROSE, J. L. , & BAI, D. L. (1997). Perception-action coupling in the development of visual control of posture. *Journal of Experimental Psychology: Human Perception & Performance*, 23, 1631-1643.

BERTONCINI, J. , MORAIS, J. , BIJELJAC-BABIC, R. , & MCADAMS, S. (1989). Dichotic perception and laterality in neonates. *Brain and Language*, 37, 591-605.

BEST, C. T. (1995). Learning to perceive the sound pattern of English. In C. Rovee-Collier & L. Lipsitt (Eds.), *Advances in infancy research*. Norwood, NJ: Ablex.

BIALYSTOK, E. , & HAKUTA, K. (1994). *In other words: The science and psychology of second-language acquisition*. New York: Basic Books.

BIGLER, R. S. , SPEARS-BROWN, C. , & MARKELL, M. (2001). When groups are not created equal: Effects of group status on the formation of inter-group attitudes in children. *Child Development*, 72, 1151-1162.

BILLMAN, D. , & SHATZ, M. (1981). *A longitudinal study of the development of communication skills in twins and unrelated peers*. Unpublished manuscript, University of Michigan, Ann Arbor.

BISANZ, G. L., VESONDER, G. T., & VOSS, J. F. (1978). Knowledge of one's own responding and the relation of such knowledge to learning. *Journal of Experimental Child Psychology*, 25, 116-128.

BISANZ, J., & LEFEVRE, J. (1990). Mathematical cognition: Strategic processing as interactions among sources of knowledge. In D. P. Bjorklund (Ed.), *Children's strategies: Contemporary views of cognitive development*. Hillsdale, NJ: Erlbaum.

BISANZ, J., MORRISON, F. J., & DUNN, M. (1995). Effects of age and schooling on the acquisition of elementary quantitative skills. *Developmental Psychology*, 31, 221-236.

BIVENS, J. A., & BERK, L. E. (1990). A longitudinal study of the development of elementary school children's private speech. *Merrill-Palmer Quarterly*, 36, 443-463.

BJORKLUND, D. F. (1997). The role of immaturity in human development. *Psychological Bulletin*, 122, 153-169.

BJORKLUND, D. F., & COYLE, T. R. (1995). Utilization deficiencies in the development of memory strategies. In F. E. Weinert & W. Schneider (Eds.) *Memory performance and competencies: Issues in growth and development*. Hillsdale, NJ: Erlbaum.

BJORKLUND, D. F., MUIR-BROADDUS, J. E., & SCHNEIDER, W. (1990). The role of knowledge in the development of strategies. In D. F. Bjorklund (Ed.), *Children's strategies: Contemporary views of cognitive development*. Hillsdale, NJ: Erlbaum.

BJORKLUND, D. F., & ROSENBLUM, K. E. (2002). Context effects in children's selection and use of simple arithmetic strategies. *Journal of Cognition & Development*, 3, 225-242.

BLACK-GUTMAN, D., & HICKSON, F. (1996). The relationship between racial attitudes and social-cognitive development in children: An Australian study. *Developmental Psychology*, 32, 448-456.

BLADES, M., & SPENCER, C. (1994). The development of children's ability to use spatial representations. In H. Reese (Ed.), *Advances in child development and behavior* (Vol. 25). New York: Academic Press.

BLAYE, A., & BONTHOUX, F. (2001). Thematic and taxonomic relations in preschoolers: The development of flexibility in categorization choices. *British Journal of Developmental Psychology*, 19, 395-412.

BLAYE, A., LIGHT, P., JOINER, R., & SHELDON, S. (1991). Collaboration as a facilitator of planning and problem solving on a computer-based task. *British Journal of Developmental Psychology*, 9, 471-483.

BLEWITT, P. (1983). Dog vs. collie: Vocabulary in speech to young children. *Developmental Psychology*, 19, 601-609.

BLOOM, K. (1990). Selectivity and early infant vocalization. In J. T. Enns (Ed.), *The development of attention: Research and theory*. BV North-Holland: Elsevier Science Publishers.

BLOOM, K., RUSSELL, A., & WASSNBERG, K. (1987). Turn taking affects the quality of infant vocalizations. *Journal of Child Language*, 14, 211-227.

BLOOM, L. (1998). Learning language in and for conversations. In D. Kuhn & R. S. Siegler (Eds.), *Handbook of child psychology: Vol. 2. Cognition, perception & language* (5th ed.). New York: Wiley.

BLOOM, L., MARGULIS, C., TINKER, E., & FUJITA, N. (1996). Early conversations and word learning: Contributions from child and adult. *Child Development*, 67, 3154-3175.

BLOOM, L., TINKER, E., & MARGULIS, C. (1993). The words children learn: Evidence against a noun bias in early vocabularies. *Cognitive Development*, 8, 431-450.

BLOOM, P. (2000). *How children learn the meanings of words*. Cambridge, MA: MIT Press.

BOESCH, C. (1991). Teaching among wild chimpanzees. *Animal Behavior*, 41, 530-532.

BOESCH, C., MARCHESI, P., MARCHESI, N., FRUTH, B., & JOULIAN, F. (1994). Is nut cracking in wild chimpanzees a cultural behavior? *Journal of Human Evolution*, 26, 325-328.

BOHANNON, J. N. II., & STANOWICZ, L. (1988). The issue of negative evidence: Adult responses to children's language errors. *Developmental Psychology*, 24, 684-689.

BOMBA, P. C., & SIQUELAND, E. R. (1983). The nature and structure of infant form categories. *Journal of Experimental Child Psychology*, 35, 294-328.

BONVILLIAN, J. D., ORLANSKY, M. D., & NOVACK, L. L. (1983). Developmental milestones: Sign language acquisition and motor development. *Child Development*, 54, 1435-1445.

BONVILLIAN, J. D., & SIEDLECKI, T. (2000). Young children's acquisition of the formational aspects of American Sign. *Sign Language Studies*, 1, 45-64.

BOOTH, A. E., PINTO, J., & BERTENTHAL, B. I. (2002). Perception of the symmetrical patterning of human gait by infants. *Developmental Psychology*, 38, 554-563.

BORKOWSKI, J. G., CARR, M., & PRESSLEY, M. (1987). Spontaneous strategy use: Perspectives from metacognitive theory. *Intelligence*, 11, 61-75.

BORKOWSKI, J. G., JOHNSTON, N. B., & REID, N. K. (1987). Metacognition, motivation, and the transfer of control processes. In S. J. Ceci (Ed.), *Handbook of cognitive, social, and neuropsychological aspects of learning disabilities* (Vol. 2). Hillsdale, NJ: Erlbaum.

BORNSTEIN, M. H. (1989). Sensitive periods in development: Structural characteristics and causal interpretations. *Psychological Bulletin*, 105, 179-197.

BORNSTEIN, M. H., KESSEN, W., & WEISKOPF, S. (1976). The categories of hue in infancy. *Science*, 191, 201-202.

BORNSTEIN, M. H., & SIGMAN, M. D. (1986). Continuity in mental development from infancy. *Child Development*, 57, 251-274.

BOSCOLO, P. (1995). The cognitive approach to writing and writing instruction: A contribution to a critical appraisal. *CPC*, 14, 343-366.

BOUCHARD, D., & TETREAULT, S. (2000). The motor development of sighted children and children with moderate low vision aged 8-13. *Journal of Visual Impairment and Blindness*, 94, 564-573.

BOURGEOIS, J.-P. (2001). Synaptogenesis in the neocortex of the newborn: The ultimate frontier for individuation. In C. A. Nelson & M. Luciana (Eds.), *Handbook of developmental cognitive neuroscience*. Cambridge, MA: MIT Press.

BOWER, T. G. R., & WISHART, J. G. (1972). The effects of motor skill on object permanence. *Cognition*, 1, 165-172.

BOWERMAN, M. (1980). The structure and origin of semantic categories in the language-learning child. In M. Foster & S. Brandes (Eds.), *Symbol as sense: New approaches to the analysis of meaning*. New York: Academic Press.

BOWERMAN, M. (1982). Starting to talk worse: Clues to language acquisition from children's late speech errors. In S. Strauss (Ed.), *U-shaped behavioral growth*. New York: Academic Press.

BRADLEY, L., & BRYANT, P. E. (1983). Categorizing sounds and learning to read-A causal connection. *Nature*, 301, 419-421.

BRAINE, M. D. S. (1959). The ontogeny of certain logical operations: Piaget's formulation examined by nonverbal methods. *Psychological Monographs*, 73(Whole No. 475).

BRAINE, M. D. S. (1971). The acquisition of language in infant and child. In C. E. Reed (Ed.), *The learning of language*. New York: Appleton-Century-Crofts.

BRAINE, M. D. S. (1976). Children's first word combinations. *Monographs of the Society for Research in Child Development*, 41(1, Serial No. 164).

BRAINERD, C. J. (1978). The stage question in cognitive developmental theory. *Behavioral and Brain Sciences*, 1, 173-213.

BRAINERD, C. J, & ORNSTEIN, P. A. (1990). Children's memory for witnessed events: The developmental backdrop. In J. Doris (Ed.), *The suggestibility of children's recollections: Implications for eyewitness testimony*. Washington, DC: American Psychological Association.

BRAINERD, C. J., & REYNA, V. F. (1990). Gist is the grist: Fuzzy-trace theory and the new intuitionism. *Developmental Review*, 10, 3-47.

BRAINERD, C. J., & REYNA, V. F. (1995). Learning rate, learning opportunities, and the development of forgetting. *Developmental Psychology*, 31, 251-262.

BRAINERD, C. J., REYNA, V. F., HOWE, M. L., & KINGMA, J. (1990). The development of forgetting and reminiscence. *Monographs of the Society for Research in Child Development*, 55(3-4, Serial No. 222).

BRANCH, C., & NEWCOMBE, N. (1986). Race-related socialization, motivation, and academic achievement: A longitudinal and cross-sectional study. *Child Development*, 57, 712-721.

BRANNON, E. M. (2002). The development of ordinal numerical knowledge in infancy. *Cognition*, 83, 223-240.

BRANNON, E. M., & VAN DE WALLE, G. A. (2001). The development of ordinal numerical competence in young children. *Cognitive Psychology*, 43, 53-81.

BRANSFORD, P. W. (1979). *Human cognition: Learning, understanding and remembering*. Belmont, CA: Wadsworth.

BRENNAN, W. M., AMES, E. W., & MOORE, R. W. (1966). Age differences in infants' attention to patterns of different complexity. *Science*, 151, 354-356.

BRENNER, M. E., MAYER, R. E., MOSELEY, B., BRAR, T., DURAN, R., REED, B. S., & WEBB, D. (1997). Learning by understanding: The role of multiple representations in learning algebra. *American Educational Research Journal*, 34, 663-689.

BRETHERTON, I. (1984). Representing the social world in symbolic play: Reality and fantasy. In I. Bretherton (Ed.), *Symbolic play: The development of social understanding*. New York: Academic Press.

BRIARS, D., & SIEGLER, R. S. (1984). A featural analysis of preschoolers' counting knowledge. *Developmental Psychology*, 20, 607-618.

BRONFENBRENNER, U. (1979). *The ecology of human development: Experiments by nature and design*. Cambridge, MA: Harvard University Press.

BRONFENBRENNER, U. (1998). The ecology of developmental processes. In R. M. Lerner (Ed.), *Handbook of child psychology: Vol. 1. Theoretical models of human development*. (5th ed.). New York: Wiley.

BRONSON, G. W. (1974). The postnatal growth of visual capacity. *Child Development*, 45, 873-890.

BROOKES, H., SLATER, A., QUINN, P. C., LEWKOWICZ, D. J., HAYES, R., & BROWN, E. (2001). Three-month-old infants learn arbitrary auditory-visual pairings between voices and faces. *Infant and Child Development*, 10, 75-82.

BROWN, A. L. (1976). Semantic integration in children's reconstruction of narrative sequences. *Cognitive Psychology*, 8, 247-262.

BROWN, A. L. (1989). Analogical learning and transfer: What develops? In S. Vosniadou & A. Ortony (Eds.), *Similarity and analogical reasoning*. New York: Cambridge University Press.

BROWN, A. L. (1997). Transforming schools into communities of thinking and learning about serious matters. *American Psychologist*, 52, 399-413.

BROWN, A. L., BRANSFORD, J. D., FERRARA, R. A., & CAMPIONE, J. C. (1983). Learning, remembering, and understanding. In P. H. Mussen (Ed.), *Handbook of child psychology: Vol 3. Cognitive development*. New York: Wiley.

BROWN, A. L., & CAMPIONE, J. C. (1972). Recognition memory for perceptually similar pictures in preschool children. *Journal of Experimental Psychology*, 95, 55-62.

BROWN, A. L., & CAMPIONE, J. C. (1994). Guided discovery in a community of learners. In K. McGilly (Ed.), *Classroom lessons: Integrating cognitive theory and classroom practice*. Cambridge, MA: MIT Press.

BROWN, A. L., & CAMPIONE, J. C. (1996). Psychological learning theories and the design of innovative learning environments: On procedures, principles, and systems. In R. Glaser (Ed.), *Contributions of instructional innovation to understanding learning*. Hillsdale, NJ: Erlbaum.

BROWN, A. L., & DELOACHE, J. S. (1978). Skills, plans, and self-regulation. In R. S. Siegler (Ed.), *Children's thinking: What develops?* Hillsdale, NJ: Erlbaum.

BROWN, A. L., KANE, M. J., & ECHOLS, K. (1986). Young children's mental models determine analogical transfer across problems with a common goal structure. *Cognitive Development*, 1, 103-122.

BROWN, A. L., & SCOTT, M. S. (1971). Recognition memory for pictures in preschool children. *Journal of Experimental Child Psychology*, 11, 401-412.

BROWN, J. S., & BURTON, R. B. (1978). Diagnostic models for procedural bugs in basic mathematical skills. *Cognitive Science*, 2, 155-192.

BROWN, R., & MCNEILL, D. (1966). The "tip of the tongue" phenomenon. *Journal of Verbal Learning & Verbal Behavior*, 5, 325-337.

BROWN, R. W. (1957). Linguistic determinism and the parts of speech. *Journal of Abnormal and Social Psychology*, 55, 1-5.

BROWN, R. W., & HANLON, C. (1970). Derivational complexity and order of acquisition in child speech. In J. R. Hayes (Ed.), *Cognition and the development of language*. New York: Wiley.

BRUCE, D., DOLAN, A., & PHILLIPS-GRANT, K. (2000). On the transition from childhood amnesia to the recall of personal memories. *Psychological Science*, 11, 360-364.

BRUCHKOWSKY, M. (1992). The development of empathic cognition in middle and early childhood. In R. Case (Ed.), *The mind's staircase: Exploring the conceptual underpinnings of children's thought and knowledge.* Hillsdale, NJ: Erlbaum.

BRUCK, M. (1990). Word-recognition skills of adults with childhood diagnoses of dyslexia. *Developmental Psychology,* 26, 439-454.

BRUCK, M. (1992). Persistence of dyslexics' phonological awareness deficits. *Developmental Psychology,* 28, 874-886.

BRUCK, M., & CECI, S. J. (1999). The suggestibility of children's memory. *Annual Review of Psychology,* 50, 419-439.

BRUCK, M., CECI, S. J., FRANCOEUR, E., & RENICK, A. (1995). Anatomically detailed dolls do not facilitate preschoolers' reports of a pediatric examination involving genital touching. *Journal of Experimental Psychology: Applied,* 1, 95-109.

BRUCK, M., MELNYK, L., & CECI, S. J. (2000). Draw it again Sam: The effect of drawing on children's suggestibility and source monitoring ability. *Journal of Experimental Child Psychology,* 77, 169-196.

BRUER, J. T., & GREENOUGH, W. T. (2001). The subtle science of how experience affects the brain. In D. B. Bailey & J. T. Bruer (Eds.), *Critical thinking about critical periods.* Baltimore: Paul H. Brookes.

BRUNER, J. S. (1966). On cognitive growth. In J. S. Bruner, R. R. Olver, & P. M. Greenfield (Eds.), *Studies in cognitive growth.* New York, Wiley.

BRUNER, J. S. (1983). *Child's talk: Learning to use language.* New York: Norton.

BRUNER, J. S., GOODNOW, J. J., & AUSTIN, G. A. (1956). *A study of thinking.* New York: Wiley.

BRUNER, J. S., & KENNEY, H. J. (1966). On relational concepts. In J. S. Bruner, R. R. Olver, & P. M. Greenfield (Eds.), *Studies in cognitive growth.* New York: Wiley.

BUCKINGHAM, D., & SHULTZ, T. R. (2000). The developmental course of distance, time, and velocity concepts: A generative connectionist model. *Journal of Cognition & Development,* 1, 305-345.

BULL, R., JOHNSTON, R. S., & ROY, J. A. (1999). Exploring the roles of the visual-spatial sketch pad and central executive in children's arithmetical skills: Views from cognition and developmental neuropsychology. *Developmental Neuropsychology,* 15, 421-442.

BULLOCK, M., & GELMAN, R. (1979). Preschool children's assumptions about cause and effect: Temporal ordering. *Child Development,* 50, 89-96.

BULLOCK, M., & LUETKENHAUS, P. (1990). Who am I? The development of self-understanding in toddlers. *Merrill-Palmer Quarterly,* 36, 217-238.

BUSHNELL, E. W., & BOUDREAU, J. P. (1993). Motor development and the mind: The potential role of motor abilities as a determinant of aspects of perceptual development. *Child Development,* 64, 1005-1021.

BUSHNELL, I. W. R., SAI, F., & MULLIN, J. T. (1989). Neonatal recognition of the mother's face. *British Journal of Developmental Psychology,* 7, 3-15.

BUSSEY, K., & BANDURA, A. (1984). Influence of gender constancy and social power on sex-linked modeling. *Journal of Personality and Social Psychology,* 47, 1292-1302.

BUSSEY, K., & BANDURA, A. (1999). Social cognitive theory of gender development and differentiation. *Psychological Review,* 106, 676-713.

BUTLER, S., GROSS, J., & HAYNE, H. (1995). The effect of drawing on memory performance in young children. *Developmental Psychology,* 31, 597-608.

BUTTERWORTH, G. (2001). Joint visual attention in infancy. In A. Fogel (Ed.), *Blackwell handbook of infant development*. Oxford, UK: Blackwell.

BYRNE, B., & FIELDING-BARNSLEY, R. (1995). Evaluation of a program to teach phonemic awareness to young children: A 2- and 3-year follow-up and a new preschool trial. *Journal of Educational Psychology*, 87, 488-503.

BYRNE, B., FIELDING-BARNSLEY, R., & ASHLEY, L. (2000). Effects of preschool phoneme identity training after six years: Outcome level distinguished from rate of response. *Journal of Educational Psychology*, 92, 659-667.

BYRNES, J. P. (1988). Formal operations: A systematic reformulation. *Developmental Review*, 8, 66-87.

BYRNES, J. P., & OVERTON, W. F. (1986). Reasoning about certainty and uncertainty in concrete, causal, and propositional contexts. *Developmental Psychology*, 22, 793-799.

CALLANAN, M. A. (1990). Parents' descriptions of objects: Potential data for children's inferences about category principles. *Cognitive Development*, 5, 101-122.

CAMPIONE, J. C., & BROWN, A. L. (1984). Learning ability and transfer propensity as sources of individual differences in intelligence. In P. H. Brooks, R. Sperber, & C. McCauley (Eds.), *Learning and cognition in the mentally retarded*. Hillsdale, NJ: Erlbaum.

CAMPOS, J. J., ANDERSON, D. I., BARBU-ROTH, M. A., HUBBARD, E. M., HERTENSTEIN, M. J., & WITHERINGTON, D. (2000). Travel broadens the mind. *Infancy*, 1, 149-219.

CAMPOS, J. J., BERTENTHAL, B. I., & KERMOIAN, R. (1992). Early experience and emotional development: The emergence of fear of heights. *Psychological Science*, 3, 61-64.

CANFIELD, R. L., & HAITH, M. M. (1991). Young infants' visual expectations for symmetric and asymmetric stimulus sequences. *Developmental Psychology*, 27, 198-208.

CANFIELD, R. L., & SMITH, E. G. (1996). Number-based expectations and sequential enumeration by 5-month-old infants. *Developmental Psychology*, 32, 269-279.

CAPODILUPO, A. M. (1992). A neo-structural analysis of children's response to instruction in the sight-reading of musical notation. In R. Case (Ed.), *The mind's staircase: Exploring the conceptual underpinnings of children's thought and knowledge*. Hillsdale, NJ: Erlbaum.

CAREY, S. (1978). The child as word learner. In M. Halle, J. Bresnan, & A. Miller (Eds.), *Linguistic theory and psychological reality*. Cambridge, MA: MIT Press.

CAREY, S. (1985). *Conceptual change in childhood*. Cambridge, MA: MIT Press.

CAREY, S., & GELMAN, R. (Eds.) (1991). *The epigenesis of mind: Essays on biology and cognition*. Hillsdale, NJ: Erlbaum.

CARLSON, S. M., & MOSES, L. J. (2001). Individual differences in inhibitory control and children's theory of mind. *Child Development*, 72, 1032-1053.

CARLSON, S. M., MOSES, L. J., & HIX, H. R. (1998). The role of inhibitory control in young children's difficulties with deception and false belief. *Child Development*, 69, 672-691.

CARPENTER, M., AKHTAR, N., & TOMASELLO, M. (1998). Fourteen- through 18-month-old infants differentially imitate intentional and accidental actions. *Infant Behavior & Development*, 21, 315-330.

CARPENTER, T. P., CORBITT, M. K., KEPNER, H. S., LINDQUIST, M. M., & REYS, R. E. (1981). *Results from the second mathematics assessment of the National Assessment of Educational Progress*. Washington, DC: National Council of Teachers of Mathematics.

CARPENTER, T. P., FRANKE, M. L., & LEVI, L. (2003). *Thinking mathematically: Integrating arithmetic and algebra in elementary school*. Portsmouth, NH: Heinemann.

CARR, M., KURTZ, B. E., SCHNEIDER, W., TURNER, L. A., & BORKOWSKI, J. G. (1989). Strategy acquisition and transfer among American and German children: Environmental influences on metacognitive development. *Developmental Psychology*, 25, 765-771.

CARRAHER, T. N., CARRAHER, D. W., & SCHLIEMANN, A. D. (1985). Mathematics in the streets and in schools. *British Journal of Developmental Psychology*, 3, 21-29.

CARVER, S. M., & KLAHR, D. (1987). Assessing children's LOGO debugging skills with a formal model. *Journal of Educational Computing Research*, 2, 487-525.

CASE, R. (1978). Intellectual development from birth to adulthood: A neo-Piagetian approach. In R. S. Siegler (Ed.), *Children's thinking: What develops?* Hillsdale, NJ: Erlbaum.

CASE, R. (1985). *Intellectual development: A systematic reinterpretation*. New York: Academic Press.

CASE, R. (1992a). *The mind's staircase: Exploring the conceptual underpinnings of children's thought and knowledge*. Hillsdale, NJ: Erlbaum.

CASE, R. (1992b). The role of the frontal lobes in the regulation of cognitive development. *Brain and Cognition*, 20, 51-73. CASE, R. (1998). The development of conceptual structures. In D. Kuhn & R. S. Siegler (Eds.), *Handbook of child psychology: Vol. 2. Cognition, perception, & language* (5th ed.). New York: Wiley.

CASE, R., & GRIFFIN, S. (1990). Child cognitive development: The role of central conceptual structures in the development of scientific and social thought. In C. A. Hauert (Ed.), *Developmental psychology: Cognitive, perceptuo-motor and neuropsychological perspectives*. Amsterdam: North Holland.

CASE, R., & MUELLER, M. P. (2001). Differentiation, integration, and covariance mapping as fundamental processes in cognitive and neurological growth. In J. L. McClelland & R. S. Siegler (Eds.), *Mechanisms of cognitive development: Behavioral and neural perspectives*. Mahwah, NJ: Erlbaum.

CASE, R., & OKAMOTO, Y. (1996). The role of central conceptual structures in the development of children's thought. *Monographs of the Society for Research in Child Development*, 61(1-2, Serial No. 246).

CASE, R., OKAMOTO, Y., HENDERSON, B., MCKEOUGH, A., & BLEIKER, C. (1996). Exploring the macrostructure of children's central conceptual structures in the domains of number and narrative. In R. Case & Y. Okamoto (Eds.), *The role of central conceptual structures in the development of children's thought. Monographs of the Society for Research in Child Development*, 61(1-2, Serial No. 246).

CASE, R., SANDIESON, R., & DENNIS, S. (1987). Two cognitive developmental approaches to the design of remedial instruction. *Cognitive Development*, 1, 293-333.

CASE, R., STEPHENSON, K. M., BLEIKER, C., & HENDERSON, B. (1996). Central spatial structures and their development. In R. Case & Y. Okamoto (Eds.), *The role of central conceptual structures in the development of children's thought. Monographs of the Society for Research in Child Development*, 61(1-2, Serial No. 246).

CASELLI, M. C., BATES, E., CASADIO, P., FENSON, J., FENSON, L., SANDERL, L., & WEIR, J. (1995). A crosslinguistic study of early lexical development. *Cognitive Development*, 10, 159-199.

CASTLES, A., & COLTHEART, M. (1993). Varieties of developmental dyslexia. *Cognition*, 47, 149-180.

CAVANAUGH, J. C., & PERLMUTTER, M. (1982). Metamemory: A critical examination. *Child Development*, 53, 11-28.

CECI, S. J. (1989). On domain specificity... more or less general and specific constraints on cognitive development. *Merrill-Palmer Quarterly*, 35, 131-142.

CECI, S. J. (1990). *On intelligence . . . more or less: A bio-ecological treatise on intellectual development*. Englewood Cliffs, NJ: Prentice Hall.

CECI, S. J., & BRUCK, M. (1993). The suggestibility of the child witness: A historical review and synthesis. *Psychological Bulletin*, 113, 403-439.

CECI, S. J., & BRUCK, M. (1998). Child psychology in practice: Children's testimony. In I. E. Sigel & K. A. Renninger (Eds.), *Handbook of child psychology: Vol. 4. Clinical psychology in practice*. (5th ed.). New York: Wiley.

CECI, S. J., LOFTUS, E. W., LEICHTMAN, M., & BRUCK, M. (1994). The role of source misattributions in the creation of false beliefs among preschoolers. *International Journal of Clinical and Experimental Hypnosis*, 62, 304-320.

CHALL, J. S. (1979). The great debate: Ten years later, with a modest proposal for reading stages. In L. B. Resnick & P. A. Weaver (Eds.), *Theory and practice of early reading*. Hillsdale, NJ: Erlbaum.

CHANG, F. L., & GREENOUGH, W. T. (1984). Transient and enduring morphological correlates of synaptic activity and efficacy change in the rat hippocampal slice. *Brain Research*, 309, 35-46.

CHANGEUX, J. P. & DEHAENE, S. (1989). Neuronal models of cognitive functions. *Cognition*, 33, 63-109.

CHAVAJAY, P., & ROGOFF, B. (1999). Cultural variation in management of attention by children and their caregivers. *Developmental Psychology*, 35, 1079-1090.

CHAVAJAY, P., & ROGOFF, B. (2002). Schooling and traditional collaborative social organization of problem solving by Mayan mothers and children. *Developmental Psychology*, 38, 55-66.

CHEN, Z. (1996). Children's analogical problem solving: The effects of superficial, structural, and procedural similarity. *Journal of Experimental Child Psychology*, 62, 410-431.

CHEN, Z. (1999). Schema induction in children's analogical problem solving. *Journal of Educational Psychology*, 91, 703-715.

CHEN, Z. (2002). Analogical problem solving: A hierarchical analysis of procedural similarity. *Journal of Experimental Psychology: Learning, Memory & Cognition*, 28, 81-98.

CHEN, Z., & KLAHR, D. (1999). All other things being equal: Acquisition and transfer of the control of variables strategy. *Child Development*, 70, 1098-1120.

CHEN, Z., SANCHEZ, R. P., & CAMPBELL, T., (1997). From beyond to within their grasp: The rudiments of analogical problem solving in 10- and 13-month-olds. *Developmental Psychology*, 33, 790-801.

CHEN, Z., & SIEGLER, R. S. (2000). Across the great divide: Bridging the gap between understanding of toddlers and older children's thinking. *Monographs of the Society for Research in Child Development*, 65(2, Serial No. 261).

CHEN, Z., YANOWITZ, K. L., & DAEHLER, M. W. (1995). Constraints on accessing abstract source information: Instantiation of principles facilitates children's analogical transfer. *Journal of Educational Psychology*, 87, 445-454.

CHI, M. T. H. (1978). Knowledge structures and memory development. In R. S. Siegler (Ed.), *Children's thinking: What develops?* Hillsdale, NJ: Erlbaum.

CHI, M. T. H. (1981). Knowledge development and memory performance. In J. P. Das & N. O'Conner (Eds.), *Intelligence and learning*. New York: Plenum Press.

CHI, M. T. H., & KLAHR, D. (1975). Span and rate of apprehension in children and adults. *Journal of Experimental Child Psychology*, 19, 434-439.

CHOI, S. (2000). Caregiver input in English and Korean: Use of nouns and verbs in book-reading and toy-play contexts. *Journal of Child Language*, 27, 69-96.

CHOI, S., & GOPNIK, A. (1995). Early acquisition of verbs in Korean: A cross-linguistic study. *Journal of Child Language*, 22, 497-529.

CHOI, S., MCDONOUGH, L., BOWERMAN, M., & MANDLER, J. M. (1999). Early sensitivity to language-specific spatial categories in English and Korean. *Cognitive Development*, 14, 241-268.

CHOMSKY, N. (1972). *Language and mind*. New York: Harcourt Brace Jovanovich.

CHUGANI, H. T., & PHELPS, M. E. (1986). Maturational changes in cerebral function in infants determined by 18FDG positron emission tomography. *Science*, 231, 840-843.

CHUGANI, H. T., PHELPS, M. E., & MAZZIOTTA, J. C. (1987). Positron emission tomography study of human brain functional development. *Annals of Neurology*, 22, 487-497.

CHURCH, R. B. (1999). Using gesture and speech to capture transitions in learning. *Cognitive Development*, 14, 313-342.

CHURCH, R. B., & GOLDIN-MEADOW, S. (1986). The mismatch between gesture and speech as an index of transitional knowledge. *Cognition*, 23, 43-71.

CLARK, E. V. (1973). What's in a word? On the child's acquisition of semantics in his first language. In T. E. Moore (Ed.), *Cognitive development and the acquisition of language*. New York: Academic Press.

CLARK, E. V. (1978). Strategies for communication. *Child Development*, 49, 953-959.

CLARK, E. V. (1993). *The lexicon in acquisition*. Cambridge, UK: Cambridge University Press.

CLARK, E. V. (1995). Later lexical development and word formation. In P. Fletcher & B. MacWhinney (Eds.), *The handbook of child language*. Cambridge, MA: Blackwell.

CLARKE-STEWART, A., THOMPSON, W., & LEPORE, S. (1989, May). *Manipulating children's interpretations through interrogation*. Paper presented at the biennial meeting of the Society for Research in Child Development, Kansas City, MO.

CLAVADETSCHER, J. E., BROWN, A. M., ANKRUM, C., & TELLER, D. Y. (1988). Spectral sensitivity and chromatic discriminations in 3- and 7-week-old human infants. *Journal of the Optical Society of America*, 5, 2093-2105.

CLEARFIELD, M. W., & MIX, K. S. (1999). Number versus contour length in infants' discrimination of small visual sets. *Psychological Science*, 10, 408-411.

CLEMENT, J. (1982). Algebra word problem solutions: Thought processes underlying a common misconception. *Journal for Research in Mathematics Education*, 13, 16-30.

CLIFTON, R. K., MUIR, D. W., ASHMEAD, D. H., & CLARKSON, M. G. (1993). Is visually guided reaching in early infancy a myth? *Child Development*, 64, 1099-1110.

CLIFTON, R. K., PERRIS, E. E., & BULLINGER, A. (1991). Infants' perception of auditory space. *Developmental Psychology*, 27, 187-197.

COHEN, L. B. (1972). Attention-getting and attention-holding processes of infant visual preference. *Child Development*, 43, 869-879.

COLE, M., & SCRIBNER, S. (1974). *Culture and thought.* New York: Wiley.

COLOMBO, J. (1993). *Infant cognition: Predicting childhood intellectual function.* Newbury Park, CA: Sage.

COLOMBO, J. (1995). On the neural mechanisms underlying developmental and individual differences in visual fixation in infancy: Two hypotheses. *Developmental Review*, 15, 97-135.

COLOMBO, J., O'BRIEN, M., MITCHELL, D. W., ROBERTS, K., & HOROWITZ, F. D. (1987). A lower boundary for category formation in preverbal infants. *Journal of Child Language*, 14, 383-385.

COLOMBO, J., & RICHMAN, W. A. (2002). Infant timekeeping: Attention and temporal estimation in 4-month-olds. *Psychological Science*, 13, 475-479.

COONEY, J. B., SWANSON, H. L., & LADD, S. F. (1988). Acquisition of mental multiplication skill: Evidence for the transition between counting and retrieval strategies. *Cognition & Instruction*, 5, 323-345.

COOPER, R. P., & ASLIN, R. N. (1990). Preference for infant-directed speech in the first month after birth. *Child Development*, 61, 1584-1595.

CORMAN, H. H., & ESCALONA, S. K. (1969). Stages of sensorimotor development: A replication study. *Merrill-Palmer Quarterly*, 15, 351-361.

CORRIGAN, R. (1975). A scalogram analysis of the development of the use and comprehension of "because" in children. *Child Development*, 46, 195-201.

CORRIGAN, R. (1988). Children's identification of actors and patients in prototypical and non-prototypical sentence types. *Cognitive Development*, 3, 285-297.

CORRIGAN, R., & ODYA-WEIS, C. (1985). The comprehension of semantic relations by two-year-olds: An exploratory study. *Journal of Child Language*, 12, 47-59.

COURAGE, M. L., & ADAMS, R. J. (1990). Visual acuity assessment from birth to three years using the acuity card procedures: Cross-sectional and longitudinal samples. *Optometry and Vision Science*, 67, 713-718.

COURTIN, C. (2000). The impact of sign language on the cognitive development of deaf children: The case of theories of mind. *Journal of Deaf Studies and Deaf Education*, 5, 266-276.

COWAN, N., NUGENT, L. D., ELLIOTT, E. M., PONOMAREV, I., & SAULTS, J. (1999). The role of attention in the development of short-term memory: Age differences in the verbal span of apprehension. *Child Development*, 70, 1082-1097.

COYLE, T. R., & BJORKLUND, D. F. (1996). The development of strategic memory: A modified microgenetic assessment of utilization deficiencies. *Cognitive Development*, 11, 295-314.

COYLE, T. R., & BJORKLUND, D. F. (1997). Age differences in, and consequences of multiple and variable strategy use on a multitrial sort-recall task. *Developmental Psychology*, 33, 372-380.

CRISAFI, M. A., & BROWN, A. L. (1986). Analogical transfer in very young children: Combining two separately learned solutions to reach a goal. *Child Development*, 57, 953-968.

CRONE, D., & WHITEHURST, G. (1999). Age and schooling effects on emergent literacy and early reading skills. *Journal of Educational Psychology*, 91, 604-614.

CROWDER, E. M. (1996). Gestures at work in sense-making science talk. *Journal of the Learning Sciences*, 5, 173-208.

CROWLEY, K., CALLANAN, M. A., JIPSON, J. L., GALCO, J., TOPPING, K., & SHRAGER, J. (2001). Shared scientific thinking in everyday parent-child activity. *Science Education*, 85, 712-732.

CROWLEY, K., CALLANAN, M. A., TENENBAUM, H. R., & ALLEN, E. (2001). Parents explain more often to boys than to girls during shared scientific thinking. *Psychological Science*, 12, 258-261.

CULTICE, J. C., SOMERVILLE, S. C., & WELLMAN, H. M. (1983). Preschooler's memory monitoring: Feeling-of-knowing judgments. *Child Development*, 54, 1480-1486.

CURTISS, S. (1977). *A psycholinguistic study of a modern-day "wild child."* New York: Academic Press.

CUSTANCE, D., WHITEN, A., & FREDMAN, T. (1999). Social learning of an artificial fruit task in capuchin monkeys (*Cebus apella*). *Journal of Comparative Psychology*, 113, 13-23.

CUSTER, W. L. (1996). A comparison of young children's understanding of contradictory mental representations in pretense, memory, and belief. *Child Development*, 67, 678-688.

CUTTING, A. L., & DUNN, J. (1999). Theory of mind, emotion understanding, language and family background: Individual differences and interrelations. *Child Development*, 70, 853-865.

DAMASIO, A. R., & DAMASIO, H. (1992). Brain and language. *Scientific American*, 117, 89-95.

DAMASIO, H., & DAMASIO, A. R. (1989). *Lesion analysis in neuropsychology*. London: Oxford University Press.

DAMON, W., & PHELPS, E. (1988). Strategic uses of peer learning in children's education. In T. Berndt & G. Ladd (Eds.), *Children's peer relations*. New York: Wiley.

DANEMAN, M., & TARDIF, T. (1987). Working memory and reading skills reexamined. In M. Coltheart (Ed.), *Attention and performance XII: The psychology of reading*. Hillsdale, NJ: Erlbaum.

DANNEMILLER, J. L. (2000). Competition in early exogenous orienting between 7 and 21 weeks. *Journal of Experimental Child Psychology*, 76, 253-274.

DANNEMILLER, J. L., & STEPHENS, B. R. (1988). A critical test of infant pattern preference models. *Child Development*, 59, 210-216.

DARWIN, C. (1877). A biographical sketch of an infant. *Mind*, 2, 286-294.

DASEN, P. R. (1973). Piagetian research in central Australia. In G. E. Kearney, P. R. deLacy, & G. R. Davidson (Eds.), *The psychology of aboriginal Australians*. Sydney, Australia: Wiley.

DAVIDSON, J. E., & STERNBERG, R. J. (1984). The role of insight in intellectual giftedness. *Gifted Child Quarterly*, 28, 58-64.

DAVIS, D. L., WOOLLEY, J. D., & BRUELL, M. J. (2002). Young children's understanding of the roles of knowledge and thinking in pretense. *British Journal of Developmental Psychology*, 20, 25-45.

DAY, J. D., & CORDON, L. A. (1993). Static and dynamic measures of ability: An experimental comparison. *Journal of Educational Psychology*, 85, 75-82.

DAY, J. D. , ENGELHARDT, J. L. , MAXWELL, S. E. , & BOLIG, E. E. (1997). Comparison of static and dynamic assessment procedures and their relation to independent performance. *Journal of Educational Psychology*, 89, 358-368.

DAYTON, G. O. , & JONES, M. H. (1964). Analysis of characteristics of fixation reflex in infants by use of direct current electro-oculography. *Neurology*, 14, 1152-1156.

DAYTON, G. O. , JONES, M. H. , AIU, P. , RAWSON, R. A. , STEELE, B. , & ROSE, M. (1964). Developmental study of coordinated eye movements in the human infant. I. Visual acuity in the newborn human: A study based on induced optokinetic nystagmus recorded by electro-oculography. *Archives of Ophthalmology*, 71, 865-870.

DEAN, A. L. , CHABAUD, S. , & BRIDGES, E. (1981). Classes, collections, and distinctive features: Alternative strategies for solving inclusion problems. *Cognitive Psychology*, 13, 84-112.

DECASPER, A. J. , & FIFER, W. P. (1980). Of human bonding: Newborns prefer their mothers' voices. *Science*, 208, 1174-1176.

DECASPER, A. J. , & SPENCE, M. J. (1986). Prenatal maternal speech influences newborns' perception of speech sounds. *Infant Behavior & Development*, 9, 133-150.

DE LISI, R. , & GALLAGHER, A. M. (1991). Understanding of gender stability and constancy in Argentinian children. *Merrill-Palmer Quarterly*, 37, 483-502.

DELOACHE, J. S. (1987). Rapid change in the symbolic functioning of young children. *Science*, 238, 1556-1557.

DELOACHE, J. S. (1989). The development of representation in young children. In H. W. Reese (Ed.), *Advances in child development and behavior* (Vol. 22). New York: Academic Press.

DELOACHE, J. S. (1991). Symbolic functioning in very young children: Understanding of pictures and models. *Child Development*, 62, 736-752.

DELOACHE, J. S. (1995). Early understanding and use of symbols: The model model. *Current Directions in Psychological Science*, 4, 109-113.

DELOACHE, J. S. (2000). Dual representation and young children's use of scale models. *Child Development*, 71, 329-338.

DELOACHE, J. S. (2002). The symbol-mindedness of young children. In W. W. Hartup & R. A. Weinberg (Eds.), *Minnesota Symposium on Child Psychology: Vol. 32. Child psychology in retrospect and prospect*. Mahwah, NJ: Erlbaum.

DELOACHE, J. S. , & BURNS, N. M. (1994). Early understanding of the representational function of pictures. *Cognition*, 52, 83-110.

DELOACHE, J. S. , CASSIDY, D. J. , & BROWN, A. L. (1985). Precursors of mnemonic strategies in very young children's memory. *Child Development*, 56, 125-137.

DELOACHE, J. S. , MILLER, K. F. , & PIERROUTSAKOS, S. L. (1998). Reasoning and problem solving. In D. Kuhn & R. S. Siegler, *Handbook of child psychology: Vol. 2. Cognition, perception & language*. (5th ed.). New York: Wiley.

DELOACHE, J. S. , MILLER, K. F. , & ROSENGREN, K. S. (1997). The credible shrinking room: Very young children's performance with symbolic and nonsymbolic relations. *Psychological Science*, 8, 308-313.

DELOACHE, J. S. , RISSMAN, M. D. , & COHEN, L. B. (1978). An investigation of the attention-getting process in infants. *Infant Behavior & Development*, 1, 11-25.

DEMARIE-DREBLOW, D. , & MILLER, P. H. (1988). The development of children's strategies for selective attention: Evidence for a transitional period. *Child Development*, 59, 1504-1513.

DEMETRIOU, A., CHRISTOU, C., SPANOUDIS, G., & PLATSIDOU, M. (2002). The development of mental processing: Efficiency, working memory, and thinking. *Monographs of the Society for Research in Child Development*, 67(1, Serial No. 268).

DEMETRIOU, A., EFKLIDES, A., & PLATSIDOU, M. (1993). The architecture and dynamics of developing mind. *Monographs of the Society for Research in Child Development*, 58 (5-6, Serial No. 234).

DEMETRIOU, A., & RAFTOPOULOS, A. (1999). Modeling the developmental mind: From structure to change. *Developmental Review*, 19, 319-368.

DEMPSTER, F. N. (1981). Memory span: Sources of individual and developmental differences. *Psychological Bulletin*, 89, 63-100.

DEMPSTER, F. N. (1992). The rise and fall of the inhibitory mechanism: Toward a unified theory of cognitive development and aging. *Developmental Review*, 12, 45-75.

DEMPSTER, F. N. (1993). Resistance to interference: Developmental changes in a basic processing mechanism. In R. Pasnak & M. L. Howe (Eds.), *Emerging themes in cognitive development* (Vol. 1). New York: Springer.

DENNIS, S. (1992). Stage and structure in the development of children's spatial representations. In R. Case (Ed.), *The mind's staircase: Exploring the conceptual underpinnings of children's thought and knowledge*. Hillsdale, NJ: Erlbaum.

DEVALOIS, R. L., & DEVALOIS, K. K. (1975). Neural coding of color. In E. C. Carterette & M. P. Friedman (Eds.), *Handbook of perception*, (Vol. 5). New York: Academic Press.

DE VILLIERS, J. (1995). Empty categories and complex sentences: The case of wh-questions. In P. Fletcher & B. MacWhinney (Eds.), *The handbook of child language*. Cambridge, MA: Blackwell.

DE VILLIERS, J. G., & DE VILLIERS, P. A. (2000). Linguistic determinism and the understanding of false beliefs. In P. Mitchell & K. J. Riggs (Eds.), *Children's reasoning and the mind*. Hove, UK: Psychology Press.

DEVRIES, R. (1969). Constancy of generic identity in the years three to six. *Monographs of the Society for Research in Child Development*, 34(3, Whole No. 127).

DIAMOND, A. (1985). Development of the ability to use recall to guide action as indicated by infants' performance on AB. *Child Development*, 56, 868-883.

DIAMOND, A. (1990). Rate of maturation of the hippocampus and the developmental progression of children's performance on the delayed non-matching to sample and visual paired comparison tasks. *Annals of the New York Academy of Sciences*, 608, 394-433.

DIAMOND, A. (1991). Neuropsychological insights into the meaning of object concept development. In S. Carey & R. Gelman (Eds.), *The epigenesis of mind: Essays on biology and cognition*. Hillsdale, NJ: Erlbaum.

DIAMOND, A. (2000). Close interrelation of motor development and cognitive development and of the cerebellum and prefrontal cortex. *Child Development*, 71, 44-56.

DIMANT, R. J., & BEARISON, D. J. (1991). Development of formal reasoning during successive peer interactions. *Developmental Psychology*, 27, 277-284.

DIXON, J. A., & MOORE, C. F. (1996). The developmental role of intuitive principles in choosing mathematical strategies. *Developmental Psychology*, 32, 241-253.

DOBSON, V. (1983). Clinical applications of preferential looking measures of visual acuity. *Behavioral Brain Research*, 10, 25-38.

DODWELL, P. E. (1960). Children's understanding of number and related concepts. *Canadian Journal of Psychology*, 14, 191-205.

DOLGIN, K. G. , & BEHREND, D. A. (1984). Children's knowledge about animates and inanimates. *Child Development*, 55, 1646-1650.

DOYLE, A. B. (1983). Friends, acquaintances, and strangers: The influence of familiarity and ethnolinguistic background on social interaction. In K. Rubin & H. Ross (Eds.), *Peer relationships and social skills in childhood*. New York: Springer-Verlag.

DOYLE, A. B. , & ABOUD, F. E. (1995). A longitudinal study of white children's racial prejudice as a social-cognitive development. *Merrill-Palmer Quarterly*, 41, 209-228.

DOYLE, A. B. , BEAUDET, J. , & ABOUD, F. E. (1988). Developmental patterns in the flexibility of children's ethnic attitudes. *Journal of Cross-Cultural Psychology*, 19, 3-18.

DROMI, E. (1986). The one-word period as a stage in language development: Quantitative and qualitative accounts. In I. Levin (Ed.), *Stage and structure: Reopening the debate*. Norwood, NJ: Ablex.

DRUMMEY, A. B. , & NEWCOMBE, N. (1995). Remembering versus knowing the past: Children's explicit and implicit memories for pictures. *Journal of Experimental Child Psychology*, 59, 549-565.

DUFRESNE, A. & KOBASIGAWA, A. (1989). Children's spontaneous allocation of study time: Differential and sufficient aspects. *Journal of Experimental Child Psychology*, 47, 274-296.

DUMMER, G. M. , HAUBENSTRICKER, J. L. , & STEWART, D. A. (1996). Motor skill performances of children who are deaf. *Adapted Physical Activity Quarterly*, 13, 400-414.

DUNBAR, K. , & BLANCHETTE, I. (2001). The in vivo/in vitro approach to cognition: The case of analogy. *Trends in Cognitive Sciences*, 5, 334-339.

DUNBAR, K. , & KLAHR, D. (1988). Developmental differences in scientific discovery strategies. In D. Klahr & K. Kotovsky (Eds.), *Complex information processing: The impact of Herbert A. Simon*. Proceedings of the 21st Carnegie-Mellon Symposium on Cognition. Hillsdale, NJ: Erlbaum.

DUNN, J. (1988). *The beginnings of social understanding*. Oxford, UK: Blackwell.

DUNN, J. , BROWN, J. , SLOMKOWSKI, C. , TESLA, C. , & YOUNGBLADE, L. (1991). Young children's understanding of other people's feelings and beliefs: Individual differences and their antecedents. *Child Development*, 62, 1352-1366.

DURKIN, D. (1966). *Children who read early*. New York: Teachers College Press.

DURKIN, D. (1974/75). A six-year study of children who learned to read in school at the age of four. *Reading Research Quarterly*, 10, 9-61.

EACOTT, M. J. , & CRAWLEY, R. A. (1998). The offset of childhood amnesia: Memory for events that occurred before age 3. *Journal of Experimental Psychology: General*, 127, 1-15.

EACOTT, M. J. , & CRAWLEY, R. A. (1999). Childhood amnesia: On answering questions about very early life events. *Memory*, 7, 279-292.

EATON, W. O. , & RITCHOT, K. F. M. (1995). Physical maturation and information processing speed in middle childhood. *Developmental Psychology*, 31, 967-972.

ECHOLS, C. (1993). *Attentional predispositions and linguistic sensitivity in the acquisition of object words*. Paper presented at the biennial meeting of the Society for Research in Child Development, New Orleans, LA.

EDELMAN, G. (1987). *Neural Darwinism: The theory of neuronal group selection*. New York: Basic Books.

EDER, R. A. (1989). The emergent personologist: The structure and content of 31.2, 51.2, and 71.2-year-olds' concepts of themselves and other persons. *Child Development*, 60, 1218-1228.

EDER, R. A. (1990). Uncovering young children's psychological selves: Individual and developmental differences. *Child Development*, 611, 849-863.

EFKLIDES, A., DEMETRIOU, A., & METALLIDOU, Y. (1994). The structure and development of propositional reasoning ability: Cognitive and metacognitive aspects. In A. Demetriou & A. Efklides (Eds.), *Intelligence, mind, and reasoning: Structure and development*. Amsterdam: North-Holland.

EHRI, L. C., NUNES, S. R., WILLOWS, D. M., SCHUSTER, B. V., YAGHOUB ZADEH, Z., & SHANAHAN, T. (2001). Phonemic awareness instruction helps children learn to read: Evidence from the National Reading Panel's meta-analysis. *Reading Research Quarterly*, 36, 250-287.

EIMAS, P. D., & QUINN, P. C. (1994). Studies on the formation of perceptually based basic-level categories in young infants. *Child Development*, 65, 903-917.

EIMAS, P. D., SIQUELAND, E. R., JUSCZYK, P. W., & VIGORITO, J. (1971). Speech perception in infants. *Science*, 171, 303-306.

ELBERT, T., HEIM, S., & ROCKSTROH, B. (2001). Neural plasticity and development. In C. A. Nelson & M. Luciana (Eds.), *Handbook of developmental cognitive neuroscience*. Cambridge, MA: MIT Press.

ELBERT, T., PANTEV, C., WIENBRUCH, C., ROCKSTROH, B., & TAUB, E. (1995). Increased use of the left hand in string players associated with increased cortical repesentations of the fingers. *Science*, 220, 21-23.

ELKIND, D. (1961a). Children's discovery of the conservation of mass, weight, and volume: Piaget replications Study II. *Journal of Genetic Psychology*, 98, 219-227.

ELKIND, D. (1961b). The development of quantitative thinking: A systematic replication of Piaget's studies. *Journal of Genetic Psychology*, 98, 37-46.

ELLIOTT-FAUST, D. J. (1984). *The "delusion of comprehension" phenomenon in young children: An instructional approach to promoting listening comprehension monitoring capabilities in grade three children*. Unpublished doctoral dissertation. London, Ontario: University of Western Ontario, Department of Psychology.

ELLIS, S., DOWDY, B., GRAHAM, P., & JONES, R. (1992, April). *Parental support of planning skills in the context of homework and family demands*. Paper presented at the annual meeting of the American Educational Research Association, San Francisco, CA.

ELLIS, S., KLAHR, D., & SIEGLER, R. S. (1993). *Effects of feedback and collaboration on changes in children's use of mathematical rules*. Paper presented at the Biennial Meeting of the Society for Research in Child Development.

ELLIS, S., & ROGOFF, B. (1982). The strategies and efficacy of child versus adult teachers. *Child Development*, 53, 730-735.

ELLIS, S., & ROGOFF, B. (1986). Problem solving in children's management of instruction.

In C. Cooper (Ed.), *Process and outcome in peer relationships*. Orlando, FL: Academic Press.

ELLIS, S., & SCHNEIDERS, B. (1989). *Collaboration on children's instruction: A Navajo versus Anglo comparison*. Paper presented at the biennial meeting of the Society for Research in Child Development, Kansas City, MO.

ELLIS, S., & SIEGLER, R. S. (1997). Planning and strategy choice, or why don't children plan when they should? In S. L. Friedman & E. K. Scholnick (Eds.), *Why, how, and when do we plan: The developmental psychology of planning*. Hillsdale, NJ: Erlbaum.

ELLSWORTH, C. P., MUIR, D., & HAINS, S. M. J. (1993). Social competence and person-object differentiation: An analysis of the still-face effect. *Developmental Psychology*, 29, 63–73.

ELMAN, J. L. (1993). Learning and development in neural networks: The importance of starting small. *Cognition*, 48, 71–99.

ELY, R., & GLEASON, J. B. (1995). Socialization across contexts. In P. Fletcher & B. MacWhinney (Eds.) *The handbook of child language*. Cambridge, MA: Blackwell.

EMLER, N., & VALIANT, G. L. (1982). Social interaction and cognitive conflict in the development of spatial coordination skills. *British Journal of Psychology*, 73, 295–303.

ESBENSEN, B. M., TAYLOR, M., & STOESS, C. (1997). Children's behavioral understanding of knowledge acquisition. *Cognitive Development*, 12, 53–84.

ESKRITT, M., & LEE, K. (2002). "Remember where you last saw that card": Children's production of external symbols as a memory aid. *Developmental Psychology*, 38, 254–266.

ETCOFF, N. L., & MAGEE, J. J. (1992). Categorical perception of facial expressions. *Cognition*, 44, 227–240.

EVANS, J. L. (2002). Variability in comprehension strategy use in children with SLI: A dynamical systems account. *International Journal of Language and Communication Disorders*, 37, 95–116.

FABRICIUS, W. V. (1988). The development of forward search planning in preschoolers. *Child Development*, 59, 1473–1488.

FABRICIUS, W. V., & HAGEN, J. W. (1984). Use of causal attributions about recall performance to assess metamemory and predict strategic memory behavior in young children. *Developmental Psychology*, 20, 975–987.

FABRICIUS, W. V., & WELLMAN, H. M. (1993). Two roads diverged: Young children's ability to judge distance. *Child Development*, 64, 399–414.

FAGAN, J. F., & SINGER, L. T. (1983). Infant recognition memory as a measure of intelligence. In L. P. Lipsitt (Ed.), *Advances in infancy research* (Vol. 2). Norwood, NJ: Ablex.

FANTZ, R. L., FAGAN, J. F., & MIRANDA, S. B. (1975). Early perceptual development as shown by visual discrimination, selectivity, and memory with varying stimulus and population parameters. In L. B. Cohen & P. Salapatek (Eds.), *Infant perception: From sensation to cognition*. New York: Academic Press.

FARAH, M. J., MONHEIT, M. A., & WALLACE, M. A. (1991). Unconscious perception of "extinguished" visual stimuli: Reassessing the evidence. *Neuropsychologia*, 29, 949–958.

FARRAR, M. J., & GOODMAN, G. S. (1992). Developmental changes in event memory. *Child Development*, 63, 173–187.

FAY, A. L., & KLAHR, D. (1996). Knowing about guessing and guessing about knowing:

Preschoolers' understanding of indeterminacy. *Child Development,* 67, 689-716.

FEIGENSON, L., CAREY, S., & HAUSER, M. (2002). The representations underlying infants' choice of more: Object files versus analog magnitudes. *Psychological Science,* 13, 150-156.

FEIGENSON, L., CAREY, S., & SPELKE, E. S. (2002). Infants' discrimination of number vs. continuous extent. *Cognitive Psychology,* 44, 33-66.

FELDMAN, D. H. (1995). Learning and development in nonuniversal theory. *Human Development,* 38, 315-321.

FELDMAN, N. S., & RUBLE, D. N. (1981). The development of person perception: Cognitive and social factors. In S. S. Brehm, S. M. Kassin & F. X. Gibbons (Eds.), *Developmental social psychology: Theory and research.* New York: Oxford University Press.

FERNALD, A. (1992). Meaningful melodies in mothers' speech. In H. Papousek, U. Jurgens, & M. Papousek (Eds.), *Origins and development of nonverbal vocal communication: Evolutionary, comparative, and methodological aspects.* Cambridge, UK: Cambridge University Press.

FERNALD, A., TAESCHNER, T., DUNN, J., PAPOUSEK, M., BOYSSONBARDIES, B. D., & FUKUI, I. (1989). A cross-language study of prosodic modifications in mothers' and fathers' speech to preverbal infants. *Journal of Child Language,* 16, 477-501.

FERRARA, R. A., BROWN, A. L., & CAMPIONE, J. C. (1986). Children's learning and transfer of inductive reasoning rules: Studies of proximal development. *Child Development,* 57, 1087-1099.

FERRETTI, R. P., & BUTTERFIELD, E. C. (1986). Are children's rule-assessment classifications invariant across instances of problem types? *Child Development,* 57, 1419-1428.

FERRETTI, R. P., BUTTERFIELD, E. C., CAHN, A., & KERKMAN, D. (1985). The classification of children's knowledge: Development on the balance-scale and inclined-plane tasks. *Journal of Experimental Child Psychology,* 39, 131-160.

FIELD, D. (1987). A review of preschool conservation training: An analysis of analyses. *Developmental Review,* 7, 210-251.

FIGUERAS-COSTA, B., & HARRIS, P. (2001). Theory of mind development in deaf children: A nonverbal test of false-belief understanding. *Journal of Deaf Studies and Deaf Education,* 6, 92-102.

FIRTH, I. (1972). *Components of reading disability.* Unpublished doctoral dissertation, University of New South Wales, Kensington, N. S. W., Australia.

FISCHER, K. W. (1980). A theory of cognitive development: The control and construction of hierarchies of skills. *Psychological Review,* 87, 477-531.

FISCHER, K. W., & BIDELL, T. R. (1991). Constraining nativist inferences about cognitive capacities. In S. Carey & R. Gel-man (Eds.), *The epigenesis of mind: Essays on biology and cognition.* Hillsdale, NJ: Erlbaum.

FISCHER, K. W., & BIDELL, T. R. (1998). Dynamic development of psychological structures in action and thought. In R. M. Lerner (Ed.), *Handbook of child psychology: Vol. 1. Theoretical models of human development* (5th ed.). New York: Wiley.

FISCHER, K. W., & FARRAR, M. J. (1988). Generalizations about generalization: How a theory of skill development explains both generality and specificity. In A. Demetriou (Ed.), *The neo-Piagetian theories of cognitive development: Toward an integration.* Amsterdam:

North-Holland (Elsevier).

FISCHER, K. W. , & GRANOTT, N. (1995). Beyond one-dimensional change: Parallel, concurrent, socially distributed processes in learning and development. *Human Development*, 38, 302-314.

FISHER, C. , HALL, D. G. , RAKOWITZ, S. , & GLEITMAN, L. R. (1994). When it is better to receive than to give: Syntactic and conceptual constraints on vocabulary growth. *Lingua*, 92, 333-375.

FITZGERALD, J. (1987). Research on revision in writing. *Review of Educational Research*, 57, 481-506.

FIVUSH, R. , & FROMHOFF, F. A. (1988). Style and structure in mother-child conversations about the past. *Discourse Processes*, 11, 337-355.

FIVUSH, R. , & HAMMOND, N. R. (1990). Autobiographical memory across the preschool years: Toward reconceptualizing childhood amnesia. In R. Fivush & J. A. Hudson (Eds.), *Knowing and remembering in young children*. Cambridge, UK: Cambridge University Press.

FLAVELL, J. H. (1970). Developmental studies of mediated memory. In H. W. Reese & L. P. Lipsitt (Eds.), *Advances in child development and behavior* (Vol. 5). New York: Academic Press.

FLAVELL, J. H. (1971). Stage-related properties of cognitive development. *Cognitive Psychology*, 2, 421-453.

FLAVELL, J. H. (1982). On cognitive development. *Child Development*, 53, 1-10.

FLAVELL, J. H. (1984). Discussion. In R. J. Sternberg (Ed.), *Mechanisms of cognitive development*. New York: Freeman.

FLAVELL, J. H. , BEACH, D. R. , & CHINSKY, J. M. (1966). Spontaneous verbal rehearsal in a memory task as a function of age. *Child Development*, 37, 283-299.

FLAVELL, J. H. , FLAVELL, E. R. , & GREEN, F. L. (1983). Development of the appearance-reality distinction. *Cognitive Psychology*, 15, 95-120.

FLAVELL, J. H. , FRIEDRICHS, A. G. , & HOYT, J. D. (1970). Developmental changes in memorization processes. *Cognitive Psychology*, 1, 324-340.

FLAVELL, J. H. , GREEN, F. L. , & FLAVELL, E. R. (1993). Children's understanding of the stream of consciousness. *Child Development*, 64, 387-398.

FLAVELL, J. H. , GREEN, F. L. , & FLAVELL, E. R. (1995). Young children's knowledge about thinking. *Monographs of the Society for Research in Child Development*, 60(1, Serial No. 243).

FLAVELL, J. H. , GREEN, F. L. , & FLAVELL, E. R. (2000). Development of children's awareness of their own thoughts. *Journal of Cognition & Development*, 1, 97-112.

FLAVELL, J. H. , & MILLER, P. H. (1998). Social cognition. In D. Kuhn & R. S. Siegler (Eds.), *Handbook of child psychology: Vol. 2. Cognition, perception & language* (5th ed.). New York: Wiley.

FLAVELL, J. H. , ZHANG, X. -D. , ZOU, H. , DONG, Q. , & QI, S. (1983). A comparison between the development of the appearance-reality distinction in the People's Republic of China and the United States. *Cognitive Psychology*, 15, 459-466.

FLEMING, V. M. , & ALEXANDER, J. M. (2001). The benefits of peer collaboration: A replication with a delayed posttest. *Contemporary Educational Psychology*, 26, 588-601.

FODOR, J. (1992). A theory of the child's theory of mind. *Cognition*, 44, 283-296.

FOLEY, M. A., HARRIS, J., & HERMAN, S. (1994). Developmental comparisons of the ability to discriminate between memories for symbolic play enactments. *Developmental Psychology*, 30, 206-217.

FOORMAN, B. R., FRANCIS, D. J., FLETCHER, J. M., SCHATSCHNEIDER, C., & MEHTA, P. (1998). The role of instruction in learning to read: Preventing reading failure in at-risk children. *Journal of Educational Psychology*, 90, 37-55.

FRAISSE, P. (1982). The adaptation of the child to time. In W. J. Friedman (Ed.), *The developmental psychology of time*. New York: Academic Press.

FREUD, S. (1905/1953). Three essays on the theory of sexuality. In J. Strachey (Ed.), *The standard edition of the complete psychological works of Sigmund Freud* (Vol. 7). London: Hogarth.

FRIEDMAN, S. L., SCHOLNICK, E. K., & COCKING. R. R. (1987). Reflections on reflections: What planning is and how it develops. In S. L. Friedman, E. K. Scholnick, & R. R. Cocking (Eds.), *Blueprints for thinking: The role of planning in cognitive development*. New York: Cambridge University Press.

FRIEDMAN, W. J. (1991). The development of children's memory for the time of past events. *Child Development*, 62, 139-155.

FRIEDMAN, W. J. (2000). The development of children's knowledge of the times of future events. *Child Development*, 71, 913-932.

FRIEDMAN, W. J. (2002). Arrows of time in infancy: The representation of temporal-causal invariances. *Cognitive Psychology*, 44, 252-296.

FRIEDMAN, W. J., GARDNER, A. G., & ZUBIN, N. R. E. (1995). Children's comparisons of the recency of two events from the past year. *Child Development*, 66, 970-983.

FRITH, U. (1989). *Autism: Explaining the enigma*. Oxford, UK: Blackwell.

FRYE, D. (2000). Theory of mind, domain specificity, and reasoning. In P. Mitchell & K. J. Riggs (Eds.), *Children's reasoning and the mind*. Hove, UK: Psychology Press.

FRYE, D., BRAISBY, N., LOWE, J., MAROUDAS, C., & NICHOLLS, J. (1989). Young children's understanding of counting and cardinality. *Child Development*, 60, 1158-1171.

FRYE, D., ZELAZO, P. D., BROOKS, P. J., & SAMUELS, M. C. (1996). Inference and action in early causal reasoning. *Developmental Psychology*, 32, 120-131.

FUSON, K. C., & KWON, Y. (1992). Korean children's understanding of multidigit addition and subtraction. *Child Development*, 63, 491-506.

GALOTTI, K. M., & KOMATSU, L. K. (1989). Correlates of syllogistic reasoning skills in middle childhood and early adolescence. *Journal of Youth and Adolescence*, 18, 85-96.

GALOTTI, K. M., KOMATSU, L. K., & VOELZ, S. (1997). Children's differential performance on deductive and inductive syllogisms. *Developmental Psychology*, 33, 70-78.

GARDNER, H. (1983). *Frames of mind: The theory of multiple intelligences*. New York: Basic Books.

GARDNER, H. (1993). *Multiple intelligences: The theory in practice*. New York: Basic Books.

GARDNER, H., KORNHABER, M. L., & WAKE, W. K. (1996). *Intelligence: Multiple perspectives*. Fort Worth, TX: Harcourt Brace College Publishers.

GARDNER, W., & ROGOFF, B. (1990). Children's deliberateness of planning according to task circumstances. *Developmental Psychology*, 26, 480-487.

GARNER, R., & REIS, R. (1981). Monitoring and resolving comprehension obstacles: An investigation of spontaneous text lookbacks among upper-grade good and poor comprehenders. *Reading Research Quarterly*, 16, 569-582.

GASKINS, S. (1999). Children's daily lives in a Mayan village: A case study of culturally constructed roles and activities. In A. G. ncü (Ed.), *Children's engagement in the world: Sociocultural perspectives*. New York: Cambridge University Press.

GAUVAIN, M. (2001). *The social context of cognitive development*. New York: Guilford Press. GAUVAIN, M., & ROGOFF, B. (1989). Collaborative problem solving and children's planning skills. *Developmental Psychology*, 25, 139-151.

GEARY, D. C. (1990). A componential analysis of an early learning deficit in mathematics. *Journal of Experimental Child Psychology*, 49, 363-383.

GEARY, D. C. (1994). *Children's mathematical development: Research and practical implications*. Washington, DC: American Psychological Association.

GEARY, D. C. (1996). The problem-size effect in mental addition: Developmental and cross-national trends. *Mathematical Cognition*, 2, 63-93.

GEARY, D. C., & BJORKLUND, D. F. (2000). Evolutionary developmental psychology. *Child Development*, 71, 57-65.

GEARY, D. C., BOW-THOMAS, C. C., FAN, L., & SIEGLER, R. S. (1993). Even before formal instruction, Chinese children outperform American children in mental addition. *Cognitive Development* 8, 517-529.

GEARY, D. C., BOW-THOMAS, C. C., & YAO, Y. (1992). Counting knowledge and skill in cognitive addition: A comparison of normal and mathematically disabled children. *Journal of Experimental Child Psychology*, 54, 372-391.

GEARY, D. C., & BROWN, S. C. (1991). Cognitive addition: Strategy choice and speed-of-processing differences in gifted, normal, and mathematically disabled children. *Developmental Psychology*, 27, 398-406.

GEARY, D. C., FAN, L., & BOW-THOMAS, C. C. (1992). Numerical cognition: Loci of ability differences comparing children from China and the United States. *Psychological Science*, 3, 180-185.

GEARY, D. C., HAMSON, C. O., & HOARD, M. K. (2000). Numerical and arithmetical cognition: A longitudinal study of process and concept deficits in children with learning disability. *Journal of Experimental Child Psychology*, 77, 236-263.

GELLATLY, A. R. H. (1987). The acquisition of a concept of logical necessity. *Human Development*, 30, 32-47.

GELMAN, R. (1982). Accessing one-to-one correspondence: Still another paper about conservation. *British Journal of Psychology*, 73, 209-220.

GELMAN, R. (1990). First principles organize attention to and learning about relevant data: Number and the animate-inanimate distinction. *Cognitive Science*, 14, 79-106.

GELMAN, R., & GALLISTEL, C. R. (1978). *The child's understanding of number*. Cambridge, MA: Harvard University Press.

GELMAN, R., & WILLIAMS, E. (1998). Constraints on thinking and learning. In D. Kuhn & R. S. Siegler, *Handbook of child psychology: Vol. 2. Cognition, perception & language*. (5th ed.). New York: Wiley.

GELMAN, S. A. (2003). *The essential child: Origins of essentialism in everyday thought.* New York: Oxford University Press.

GELMAN, S. A., COLEY, J. D., ROSENGREN, K. S., HARTMAN, E., & PAPPAS, A. (1998). Beyond labeling: The role of maternal input in the acquisition of richly structured categories. *Monographs of the Society for Research in Child Development,* 63(1, Serial No. 253).

GELMAN, S. A., & GOTTFRIED, G. (1996). Children's causal explanations of animate and inanimate motion. *Child Development,* 67, 1970-1987.

GELMAN, S. A., & OPFER, J. E. (2002). Development of the animate-inanimate distinction. In U. Goswami (Ed.), *Blackwell handbook of childhood cognitive development.* Malden, MA: Blackwell.

GELMAN, S. A., & TAYLOR, M. (1984). How two-year-old children interpret proper and common names for unfamiliar objects. *Child Development,* 55, 1535-1540.

GELMAN, S. A., & WELLMAN, H. M. (1991). Insides and essences: Early understandings of the non-obvious. *Cognition,* 38, 213-244.

GENTNER, D. (1982). Why nouns are learned before verbs: Linguistic relativity versus natural partitioning. In S. A. Kuczaj (Ed.), *Language development, Vol. 2: Language, thought and culture.* Hillsdale, NJ: Erlbaum.

GENTNER, D. (1988). Metaphor as structure mapping: The relational shift. *Child Development,* 59, 47-59.

GENTNER, D. (1989). The mechanisms of analogical transfer. In S. Vosniadou & A. Ortony (Eds.), *Similarity and analogical reasoning.* London: Cambridge University Press.

GENTNER, D., RATTERMAN, M. J., MARKMAN, A., & KOTOVSKY, L. (1995). Two forces in the development of relational similarity. In T. J. Simon & G. S. Halford (Eds.), *Developing cognitive competence: New approaches to process modeling.* Hillsdale, NJ: Erlbaum.

GENTNER, D., & STEVENS, A. (Eds.). (1983). *Mental models.* Hillsdale, NJ: Erlbaum.

GHOLSON, B., EMYARD, L. A., MORGAN, D., & KAMHI, A. G. (1987). Problem solving, recall, and isomorphic transfer among third grade and sixth grade children. *Journal of Experimental Child Psychology,* 43, 227-243.

GIBSON, E. J. (1969). *Principles of perceptual learning and development.* Englewood Cliffs, NJ: Prentice Hall.

GIBSON, E. J., & PICK, A. D. (2000). *An ecological approach to perceptual learning and development.* Oxford, UK: Oxford University Press.

GIBSON, E. J., & WALK, R. D. (1960). The "visual cliff." *Scientific American,* 202, 64-71.

GIBSON, J. J. (1966). *The senses considered as perceptual systems.* Boston: Houghton Mifflin.

GIBSON, J. J. (1979). *The ecological approach to visual perception.* Boston: Houghton Mifflin.

GINSBURG, A. (1983). *Contrast perception in the human infant.* Unpublished manuscript.

GINSBURG, G. P., & KILBOURNE, B. K. (1988). Emergence of vocal alternation in mother-infant interchanges. *Journal of Child Language,* 15, 221-235.

GLACHAN, M., & LIGHT, P. (1982). Peer interaction and learning: Can two wrongs make a right? In P. Light (Ed.), *Social cognition: Studies of the development of understanding.*

Chicago: University of Chicago Press.

GLEASON, T. R., SEBANC, A. M., & HARTUP, W. W. (2000). Imaginary companions of preschool children. *Developmental Psychology*, 36, 419-428.

GOBBO, C., MEGA, C., & PIPE, M. E. (2002). Does the nature of the experience influence suggestibility? A study of children's event memory. *Journal of Experimental Child Psychology*, 81, 502-530.

GOLBECK, S. L. (1998). Peer collaboration and children's representation of the horizontal surface of liquid. *Journal of Applied Developmental Psychology*, 19, 571-592.

GOLDFIELD, B., & REZNICK, J. S. (1990). Early lexical acquisition: Rate, content, and the vocabulary spurt. *Journal of Child Language*, 17, 171-183.

GOLDIN-MEADOW, S. (2001). Giving the mind a hand: The role of gesture in cognitive change. In J. L. McClelland & R. S. Siegler (Eds.), *Mechanisms of cognitive development: Behavioral and neural perspectives.* Mahwah, NJ: Erlbaum.

GOLDIN-MEADOW, S. (2003). *The resilience of language: What gesture creation in deaf children can tell us about language learning in general.* New York: Psychology Press.

GOLDIN-MEADOW, S., & ALIBALI, M. W. (2002). Looking at the hands through time: A microgenetic perspective on learning and instruction. In N. Granott & J. Parziale (Eds.), *Microdevelopment: Transition processes in development and learning.* Cambridge, UK: Cambridge University Press.

GOLDIN-MEADOW, S., ALIBALI, M. W., & CHURCH, R. B. (1993). Transitions in concept acquisition: Using the hand to read the mind. *Psychological Review*, 100, 279-297.

GOLDIN-MEADOW, S., & FELDMAN, H. (1977). The development of language-like communication without a language model. *Science*, 197, 401-403.

GOLDIN-MEADOW, S., & MORFORD, M. (1985). Gesture in early child language: Studies of deaf and hearing children. *Merrill-Palmer Quarterly*, 31, 145-176.

GOLDIN-MEADOW, S., & MYLANDER, C. (1983). Gestural communication in deaf children: Noneffect of parental input on language development. *Science*, 221, 372-374.

GOLDIN-MEADOW, S., & MYLANDER, C. (1984). Gestural communication in deaf children: The effects and noneffects of parental input on early language development. *Monographs of the Society for Research in Child Development*, 49(3-4, Serial No. 207).

GOLDIN-MEADOW, S., & MYLANDER, C. (1998). Spontaneous sign systems created by deaf children in two cultures. *Nature*, 391, 279-281.

GOLDIN-MEADOW, S., MYLANDER, C., & BUTCHER, C. (1995). The resilience of combinatorial stucture at the word level: Morphology in self-styled gesture systems. *Cognition*, 56, 195-262.

GOLDIN-MEADOW, S., & SINGER, M. A. (2003). From children's hands to adults' ears: Gesture's role in the learning process. *Developmental Psychology*, 39, 509-520.

GOLDMAN, S. R., PELLEGRINO, J. W., & MERTZ, D. L. (1988). Extended practice of basic addition facts: Strategy changes in learning disabled students. *Cognition & Instruction*, 5, 223-265.

GOLDMAN-RAKIC, P. S. (1987). Development of cortical circuitry and cognitive function. *Child Development*, 58, 601-622.

GOLEMAN, D. (1993, April 6). Studying the secrets of childhood memory. *The New York Times*, pp. C1, C11.

GOLINKOFF, R. M., HIRSH-PASEK, K., LAVALLEE, A., & BADUINI, C. (1985). *What's in a word? The young child's predisposition to use lexical contrast.* Paper presented at the Boston University Conference on Child Language, Boston, MA.

GOLINKOFF, R. M., HIRSH-PASEK, K., MERVIS, C. B., FRAWLEY, W. B., & PARILLO, M. (1995). Lexical principles can be extended to the acquisition of verbs. In M. Tomasello & W. E. Merriman (Eds.), *Beyond names for things: Young children's acquisition of verbs.* Hillsdale, NJ: Erlbaum.

GOLINKOFF, R. M., SHUFF-BAILEY, M., OLGUIN, R., & RUAN, W. (1995). Young children extend novel words at the basic level: Evidence for the principle of categorical scope. *Developmental Psychology,* 31, 494–507.

GOMEZ, R. L., & GERKEN, L. (1999). Artificial grammar learning by 1-year-olds leads to specific and abstract knowledge. *Cognition,* 70, 109–135.

GöNCÜ, A. (1993). Development of intersubjectivity in the dyadic play of preschoolers. *Early Childhood Research Quarterly,* 8, 99–116.

GöNCÜ, A., & ROGOFF, B. (1998). Children's categorization with varying adult support. *American Educational Research Journal,* 35, 333–349.

GOODALE, M. A., & MILNER, A. D. (1992). Separate visual pathways for perception and action. *Trends in Neuroscience,* 15, 20–25.

GOODMAN, G. S., & CLARKE-STEWART, A. (1991). Suggestibility in children's testimony: Implications for child sexual abuse investigations. In J. L. Doris (Ed.), *The suggestibility of children's recollections.* Washington, DC: American Psychological Association.

GOODMAN, G. S., HIRSCHMAN, J. E., HEPPS, D., & RUDY, L. (1991). Children's memory for stressful events. *Merrill-Palmer Quarterly,* 37, 109–158.

GOODNOW, J. J. (1962). A test of milieu differences with some of Piaget's tasks. *Psychological Monographs,* 76(Whole No. 555).

GOPNIK, A., & ASTINGTON, J. W. (1988). Children's understanding of representational change and its relation to the understanding of false belief and the appearance-reality distinction. *Child Development,* 59, 26–37.

GOPNIK, A., & GLYMOUR, C. (2002). Causal maps and Bayes nets: A cognitive and computational account of theory-formation. In P. Carruthers, S. Stich & M. Siegal (Eds.), *The cognitive basis of science.* Cambridge, UK: Cambridge University Press.

GOPNIK, A., & GRAF, P. (1988). Knowing how you know: Young children's ability to identify and remember the sources of their beliefs. *Child Development,* 59, 1366–1371.

GOPNIK, A., & MELTZOFF, A. N. (1994). Minds, bodies, and persons. In S. Parker, M. Boccia & R. Mitchell (Eds.), *Self-awareness in animals and humans.* New York: Cambridge University Press.

GOPNIK, A., & SLAUGHTER, V. (1991). Young children's understanding of changes in their mental states. *Child Development,* 62, 98–110.

GOPNIK, A., SOBEL, D. M., SCHULZ, L., & GLYMOUR, C. (2001). Causal learning mechanisms in very young children: Two-, three-, and four-year-olds infer causal relations from patterns of variation and covariation. *Developmental Psychology,* 37, 620–629.

GORDON, B., ORNSTEIN, P. A., CLUBB, P. A., NIDA, R. E., & BAKERWARD, L. E. (1991, October). *Visiting the pediatrician: Long term retention and forgetting.* Paper presented at the annual meeting of the Psychonomic Society, San Francisco, CA.

GOSWAMI, U. (1992). *Analogical reasoning in children*. Hillsdale, NJ: Erlbaum.

GOSWAMI, U. (1995a). Analogical reasoning and cognitive development. In H. Reese (Ed.), *Advances in child development and behavior, Vol.* 26. New York: Academic Press.

GOSWAMI, U. (1995b). Transitive relational mappings in 3- and 4-year-olds: The analogy of Goldilocks and the Three Bears. *Child Development*, 66, 877–892.

GOSWAMI, U. (2001). Analogical reasoning in children. In D. Gentner, K. Holyoak & B. Kokinov (Eds.), *Analogy: Interdisciplinary perspectives*. Cambridge, MA: MIT Press.

GOSWAMI, U., & BROWN, A. (1990). Higher-order structure and relational reasoning: Contrasting analogical and thematic relations. *Cognition*, 36, 207–226.

GOUBET, N., & CLIFTON, R. K. (1998). Object and event representation in $6\frac{1}{2}$-month-old infants. *Developmental Psychology*, 34, 63–76.

GOUGH, P. B., & HILLINGER, M. L. (1980). Learning to read: An unnatural act. *Bulletin of the Orton Society*, 30, 171–196.

GRAHAM, F. K., LEAVITT, L. A., STROCK, B. D., & BROWN, J. W. (1978). Precocious cardiac orienting in human anencephalic infants. *Science*, 199, 322–324.

GRAHAM, T., & PERRY, M. (1993). Indexing transitional knowledge. *Developmental Psychology*, 29, 779–788.

GRANOTT, N. (2002). How microdevelopment creates macrodevelopment: Reiterated sequences, backward transitions, and the Zone of Current Development. In N. Granott & J. Parziale (Eds.), *Microdevelopment: Transition processes in development and learning*. Cambridge, UK: Cambridge University Press.

GRANOTT, N., & PARZIALE, J. (2002). *Microdevelopment: Transition processes in development and learning*. Cambridge, UK: Cambridge University Press.

GRANRUD, C. E. (1987). Size constancy in newborn human infants. *Investigative Ophthalmology and Visual Science, 28 (Supplement)*, 5.

GRAY, E. (1993). Unequal justice: *The prosecution of child sexual abuse*. New York: MacMillan.

GREENBERG, D. J., & O'DONNELL, W. J. (1972). Infancy and the optimal level of stimulation. *Child Development*, 43, 639–645.

GREENFIELD, P. M. (1984). A theory of the teacher in the learning activities of everyday life. In J. Lave (Ed.), *Everyday cognition: Its development in social context*. Cambridge, MA: Harvard University Press.

GREENFIELD, P. M., & SMITH, J. (1976). *The structure of communication in early language development*. New York: Academic Press.

GREENHOOT, A. F. (2000). Remembering and understanding: The effects of changes in underlying knowledge on children's recollections. *Child Development*, 71, 1309–1328.

GREENOUGH, W. T., & BLACK, J. E. (1992). Induction of brain structure by experience: Substrates for cognitive development. In M. Gunnar & C. A. Nelson (Eds.), *Minnesota Symposium on Child Psychology: Vol.* 24. *Developmental Behavioral Neuroscience*. Hillsdale, NJ: Erlbaum.

GREENOUGH, W. T., BLACK, J. E., & WALLACE, C. S. (1987). Experience and brain development. *Child Development*, 58, 539–559.

GRIFFIN, S. A., CASE, R. & SANDIESON, R. (1992). Synchrony and asynchrony in the acquisition of children's everyday mathematical knowledge. In R. Case (Ed.), *The mind's staircase: Exploring the conceptual underpinnings of children's thought and knowledge.* Hillsdale, NJ: Erlbaum.

GRIFFIN, S. A., CASE, R., & SIEGLER, R. S. (1994). Rightstart: Providing the central conceptual prerequisites for first formal learning of arithmetic to students at risk for school failure. In K. McGilly (Ed.), *Classroom lessons: Integrating cognitive theory and classroom practice.* Cambridge, MA: MIT Press.

GRIGORENKO, E. L., JARVIN, L., & STERNBERG, R. J. (2002). School-based tests of the triarchic theory of intelligence: Three settings. *Contemporary Educational Psychology,* 27, 167–208.

GROSS-TSUR, V., MANOR, O. & SHALEV, R. S. (1996). Developmental dyscalculia: Prevalence and demographic features. *Developmental Medicine and Child Neurology,* 38, 25–33.

GRUBER, H. E., & VONECHE, J. J. (1977). *The essential Piaget: An interpretive reference and guide.* New York: Basic Books.

GUTTENTAG, R. E. (1984). The mental effort requirement of cumulative rehearsal: A developmental study. *Journal of Experimental Child Psychology,* 37, 92–106.

GUTTENTAG, R. E. (1985). Memory and aging: Implications for theories of memory development during childhood. *Developmental Review,* 5, 56–82.

HADEN, C. A., HAINE, R. A., & FIVUSH, R. (1997). Developing narrative structure in parent-child reminiscing across the preschool years. *Developmental Psychology,* 33, 295–307.

HAGEN, J. W., HARGROVE, S., & ROSS, W. (1973). Prompting and rehearsal in short-term memory. *Child Development,* 44, 201–204.

HAITH, M. M. (1980). *Rules that infants look by.* Hillsdale, NJ: Erlbaum.

HAITH, M. M. (1993). Future-oriented processes in infancy: The case of visual expectations. In C. E. Granrud (Ed.), *Visual perception and cognition in infancy.* Hillsdale, NJ: Erlbaum.

HAITH, M. M. (1994). Visual expectations as the first step toward the development of future-oriented processes. In M. M. Haith, J. B. Benson, R. J. Roberts, Jr., & B. F. Pennington (Eds.), *The development of future-oriented processes.* Chicago: University of Chicago Press.

HAITH, M. M., & BENSON, J. B. (1998). Infant cognition. In D. Kuhn & R. S. Siegler (Eds.), *Handbook of child psychology: Vol. 2. Cognition, perception, & language* (5th ed.). New York: Wiley.

HAITH, M. M., BERGMAN, T., & MOORE, M. J. (1977). Eye contact and face scanning in early infancy. *Science,* 198, 853–855.

HAITH, M. M., HAZAN, C., & GOODMAN, G. S. (1988). Expectation and anticipation of dynamic visual events by 3.5-month-old babies. *Child Development,* 59, 467–479.

HAITH, M. M., WENTWORTH, N., & CANFIELD, R. L. (1993). The formation of expectations in early infancy. In C. Rovee-Collier & L. P. Lipsitt (Eds.), *Advances in infancy research.* Norwood, NJ: Ablex.

HAKUTA, K., BIALYSTOK, E., & WILEY, E. (2003). Critical evidence: A test of the critical-period hypothesis for second-language acquisition. *Psychological Science,* 14, 31–38.

HALA, S., & CHANDLER, M. (1996). The role of strategic planning in accessing false-belief understanding. *Child Development,* 67, 2948–2966.

HALE, S. (1990). A global developmental trend in cognitive processing speed. *Child Development,* 61, 653–663.

HALE, S. , BRONIK, M. D. , & FRY, A. F. (1997). Verbal and spatial working memory in school-age children: Developmental differences in susceptibility to interference. *Developmental Psychology*, 33, 364-371.

HALFORD, G. S. (1982). *The development of thought.* Hillsdale, NJ: Erlbaum.

HALFORD, G. S. (1984). Can young children integrate premises in transitivity and serial order tasks? *Cognitive Psychology*, 16, 65-93.

HALFORD, G. S. (1993). *Children's understanding: The development of mental models.* Hillsdale, NJ: Erlbaum.

HALFORD, G. S. (1995). Learning processes in cognitive development: A reassessment with some unexpected implications. *Child Development*, 38, 295-301.

HALFORD, G. S. , ANDREWS, G. , DALTON, C. , BOAG, C. , & ZIELINSKI, T. (2002). Young children's performance on the balance scale: The influence of relational complexity. *Journal of Experimental Child Psychology*, 81, 417-445.

HALFORD, G. S. , WILSON, W. H. , & PHILLIPS, S. (1998). Processing capacity defined by relational complexity: Implications for comparative, developmental, and cognitive psychology. *Behavioral and Brain Sciences*, 21, 803-864.

HAMPSON, J. , & NELSON, K. (1993). The relation of maternal language to variation in rate and style of language acquisition. *Journal of Child Language*, 20, 313-342.

HANICH, L. B. , JORDAN, N. C. , KAPLAN, D. , & DICK, J. (2001). Performance across different areas of mathematical cognition in children with learning difficulties. *Journal of Educational Psychology*, 93, 615-626.

HAPPE, F. G. E. (1995). The role of age and verbal ability in the theory of mind task performance of subjects with autism. *Child Development*, 66, 843-855.

HARLEY, K. , & REESE, E. (1999). Origins of autobiographical memory. *Developmental Psychology*, 35, 1338-1348.

HARM, M. W. , & SEIDENBERG, M. S. (1999). Phonology, reading acquisition, and dyslexia: Insights from connectionist models. *Psychological Review*, 106, 491-528.

HARNISHFEGER, K. K. , & BJORKLUND, D. F. (1994). Individual differences in inhibition: Implications for children's cognitive development. *Learning & Individual Differences*, 6, 331-355.

HARRIS, J. F. , DURSO, F. T. , MERGLER N. L. , & JONES, S. K. (1990). Knowledge base influences on judgments of frequency of occurrence. *Cognitive Development*, 5, 223-233.

HARRIS, N. G. S. , BELLUGI, U. , BATES, F. , JONES, W. , & ROSSEN, M. (1995). Contrasting profiles of language development in children with Williams and Down Syndromes. *Developmental Neuropsychology*, 13, 345-370.

HARRIS, P. L. (1992). From simulation to folk psychology: The case for development. *Mind & Language*, 7, 120-144.

HARRIS, P. L. (2000). *The work of the imagination.* Oxford, UK: Blackwell.

HARRIS, P. L. , BROWN, E. , MARRIOT, C. , WHITTALL, S. , & HARMER, S. (1991). Monsters, ghosts, and witches: Testing the limits of the fantasy-reality distinction in young children. British Journal of *Developmental Psychology*, 9, 105-123.

HARTER, S. (1998). The development of self-representations. In N. Eisenberg (Ed.), *Handbook of child psychology: Vol. 3. Social, emotional, and personality development.* New York: Wiley.

HARTER, S. (1999). *The construction of self: A developmental perspective*. New York: Guilford Press.

HASHER, L., & ZACKS, R. T. (1984). Automatic processing of fundamental information: The case of frequency of occurrence. *American Psychologist*, 39, 1372-1388.

HATANO, G., & INAGAKI, K. (1994). Young children's naive theory of biology. *Cognition*, 50, 171-188.

HATANO, G., MIYAKE, Y., & BINKS, M. (1977). Performance of expert abacus operators. *Cognition*, 9, 47-55.

HATANO, G., SIEGLER, R. S., RICHARDS, D. D., INAGAKI, K., STAVY, R., & WAX, N. (1993). The development of biological knowledge: A multi-national study. *Cognitive Development*, 8, 47-62.

HEFFERNAN, N., & KOEDINGER, K. R. (1997). The composition effect in symbolizing: The role of symbol production versus text comprehension. In M. G. Shafto & P. Langley (Eds.), *Proceedings of the Nineteenth Annual Conference of the Cognitive Science Society*. Mahwah, NJ: Erlbaum.

HEIBECK, T. H., & MARKMAN, E. M. (1987). Word learning in children: An examination of fast mapping. *Child Development*, 58, 1021-1034.

HELD, R. (1993). What can rates of development tell us about underlying mechanisms? In C. E. Granrud (Ed.), *Visual perception and cognition in infancy*. Hillsdale, NJ: Erlbaum.

HERMER, L. & SPELKE, E. S. (1994). A geometric process for spatial reorientation in young children. *Nature*, 370, 57-59.

HERMER, L., & SPELKE, E. S. (1996). Modularity and development: A case of spatial reorientation. *Cognition*, 61, 195-232.

HERSCOVICS, N., & LINCHEVSKI, L. (1994). A cognitive gap between arithmetic and algebra. *Educational Studies in Mathematics*, 27, 59-78.

HESPOS, S. J., & BAILLARGEON, R. (2001). Reasoning about containment events in very young infants. *Cognition*, 78, 207-245.

HICKLING, A. K., & GELMAN, S. A. (1995). How does your garden grow? Early conceptualization of seeds and their place in the plant growth cycle. *Child Development*, 66, 856-876.

HIGGINS, C. I., CAMPOS, J. J., & KERMOIAN, R. (1996). Effects of self-produced locomotion on infant postural compensation to optic flow. *Developmental Psychology*, 32, 836-841.

HILL, E. L. (1998). A dyspraxic deficit in specific language impairment and developmental coordination disorder? Evidence from hand and arm movements. *Developmental Medicine and Child Neurology*, 40, 388-395.

HILL, E. L., BISHOP, D. V. M., & NIMMO-SMITH, I. (1998). Representational gestures in developmental coordination disorder and specific language impairment: Error types and the reliability of ratings. *Human Movement Science*, 17, 655-678.

HIRATA, S., & MORIMURA, N. (2000). Naive chimpanzees' (Pan troglodytes) observation of experienced conspecifics in a tool-using task. *Journal of Comparative Psychology*, 114, 291-296.

HIRSH-PASEK, K., & GOLINKOFF, R. M. (1996). *The origins of grammar: Evidence from early language comprehension*. Cambridge, MA: MIT Press.

HITCH, G. J., & MCAULEY, E. (1991). Working memory in children with specific arithmetical learning disabilities. *British Journal of Psychology*, 82, 375-386.

HITCH, G. J., & TOWSE, J. N. (1995). Working memory: What develops? In F. E. Weinert & W. Schneider (Eds.), *Memory performance and competencies: Issues in growth and development*. Mahwah, NJ: Erlbaum.

HOLOWKA, S., & PETITTO, L. A. (2002). Left hemisphere cerebral specialization for babies while babbling. *Science*, 297, 1515.

HOLYOAK, K. J., & THAGARD, P. (1995) *Mental leaps*. Cambridge, MA: MIT Press.

HOROBIN, K., & ACREDOLO, L. (1986). The role of attentiveness, mobility history, and separation of hiding sites on Stage IV search behavior. *Journal of Experimental Child Psychology*, 41, 114-127.

HOVING, K. L., SPENCER, T., ROBB, K. Y., & SCHULTE, D. (1978). Developmental changes in visual information processing. In P. A. Ornstein (Ed.), *Memory development in children*. Hillsdale, NJ: Erlbaum.

HUDSON, J. A. (1990). The emergence of autobiographical memory in mother-child conversation. In R. Fivush & J. A. Hudson (Eds.), *Knowing and remembering in young children*. Cambridge, UK: Cambridge University Press.

HUEY, E. B. (1908). *The psychology and pedagogy of reading*. Cambridge, MA: MIT Press.

HUGHES, C., & DUNN, J. (1998). Understanding mind and emotion: Longitudinal associations with mental-state talk between young friends. *Developmental Psychology*, 34, 1026-1037.

HUME, D. (1911). *A treatise on human nature*. (Original work published 1739-1740). London: Dent.

HUTTENLOCHER, J., & BURKE, D. (1976). Why does memory span increase with age? *Cognitive Psychology*, 8, 1-31.

HUTTENLOCHER, J., JORDAN, N. C., & LEVINE, S. C. (1994). A mental model for early arithmetic. *Journal of Experimental Psychology: General*, 123, 284-296.

HUTTENLOCHER, J., & NEWCOMBE, N. (1984). The child's representation of information about location. In C. Sophian (Ed.), *Origins of cognitive skills*. Hillsdale, NJ: Erlbaum.

HUTTENLOCHER, J., NEWCOMBE, N., & SANDBERG, E. H. (1994). The coding of spatial location in young children. *Cognitive Psychology*, 27, 115-147.

HUTTENLOCHER, P. R. (1990). Morphometric study of human cerebral cortex development. *Neuropsychologia*, 28, 517-527.

HUTTENLOCHER, P. R. (1994). Synaptogenesis, synapse elimination, and neural plasticity in human cerebral cortex. In C. A. Nelson (Ed.), *Minnesota Symposium on Child Psychology: Vol. 27. Threats to optimal development*. Hillsdale, NJ: Erlbaum.

HUTTENLOCHER, P. R., & DABHOLKAR, A. S. (1997). Regional differences in synaptogenesis in human cerebral cortex. *Journal of Comparative Neurology*, 387, 167-178.

ILG, F., & AMES, L. B. (1951). Developmental trends in arithmetic. *Journal of Genetic Psychology*, 79, 3-28.

IMAI, M., & GENTNER, D. (1993). *Linguistic relativity vs. universal ontology: Cross-linguistic studies of the object/substance distinction*. Paper presented at the annual meeting of the Chicago Linguistic Society, Chicago, IL.

IMAI, M., GENTNER, D., & UCHIDA, N. (1994). Children's theories of word meaning: The role of shape similarity in early acquisition. *Cognitive Develpment*, 9, 45-75.

INAGAKI, K. (1990). The effects of raising animals on children's biological knowledge.

British Journal of Developmental Psychology, 8, 119-129.

INAGAKI, K., & HATANO, G. (1987). Young children's spontaneous personification as analogy. *Child Development*, 58, 1013-1020.

INAGAKI, K., & HATANO, G. (1996). Young children's recognition of commonalities between animals and plants. *Child Development*, 67, 2823-2840.

INAGAKI, K., & HATANO, G. (2002). *Young children's naïve thinking about the biological world*. New York: Psychology Press.

INHELDER, B., & PIAGET, J. (1958). *The growth of logical thinking from childhood to adolescence*. New York: Basic Books.

INHELDER, B., & PIAGET, J. (1964). *The early growth of logic in the child: Classification and seriation*. London: Routledge.

INHELDER, B., SINCLAIR, H. & BOVET, M. (1974). *Learning and the development of cognition*. Cambridge, MA: Harvard University Press.

JACKSON, A. L. (2001). Language facility and theory of mind development in deaf children. *Journal of Deaf Studies and Deaf Education*, 6, 161-176.

JACKSON, N. E. (1988). Precocious reading ability: What does it mean? *Gifted Child Quarterly*, 32, 200-204.

JACKSON, N. E., DONALDSON, G. W., & CLELAND, L. N. (1988). The structure of precocious reading ability. *Journal of Educational Psychology*, 80, 234-243.

JACKSON, N. E., DONALDSON, G. W., & MILLS, J. R. (1993). Components of reading skill in postkindergarten precocious readers and level-matched second graders. *Journal of Reading Behavior*, 25, 181-208.

JAKOBSON, R. (1981). Why "mama" and "papa"? *Selected writings: Phonological studies*. Paris: Mouton.

JAMES, W. (1890). *The principles of psychology*. New York: Holt, Rinehart, and Winston.

JANSEN, B. R. J., & VAN DER MAAS, H. L. J. (2001). Evidence for the phase transition from rule I to rule II on the balance scale task. *Developmental Review*, 21, 450-494.

JANSEN, B. R. J., & VAN DER MAAS, H. L. J. (2002). The development of children's rule use on the balance scale task. *Journal of Experimental Child Psychology*, 81, 383-416.

JENKINS, J. M., & ASTINGTON, J. W. (1996). Cognitive factors and family structure associated with theory of mind development in young children. *Developmental Psychology*, 32, 70-78.

JOHNSON, C. N. (1988). Theory of mind and the structure of conscious experience. In J. W. Astington, P. L. Harris & D. R. Olson (Eds.), *Developing theories of mind*. New York: Cambridge University Press.

JOHNSON, C. N., & WELLMAN, H. M. (1982). Children's developing conceptions of the mind and brain. *Child Development*, 53, 222-234.

JOHNSON, J. S., LEWIS, L. B., & HOGAN, J. C. (1995, March). *A production limitation in the syllable length of one child's early vocabulary: A longitudinal case study*. Paper presented at the biennial meeting of the Society for Research in Child Development, Indianapolis, IN.

JOHNSON, J. S., & NEWPORT, E. L. (1989). Critical period effects in second language learning: The influence of maturational state on the acquisition of English as a second language. *Cognitive Psychology*, 21, 60-99.

JOHNSON, K. E., & MERVIS, C. B. (1994). Microgenetic analysis of first steps in children's acquisition of expertise on shorebirds. *Developmental Psychology*, 30, 418-435.

JOHNSON, M. H. (1998). The neural basis of cognitive development. In D. Kuhn & R. S. Siegler (Eds.), *Handbook of child References psychology: Vol. 2. Cognition, perception & language* (5th ed.). New York: Wiley.

JOHNSON, M. H., & GILMORE, R. D. (1996). Developmental cognitive neuroscience: A biological perspective on cognitive change. In R. Gelman & T. Au (Eds.), *Handbook of perception and cognition: Perceptual and cognitive development* (Vol. 13). Orlando, FL: Academic Press.

JOHNSON, M. H., & KARMILOFF-SMITH, A. (1992). Can neural selectionism be applied to cognitive development and its disorders? *New Ideas in Psychology*, 10, 35-46.

JOHNSON, M. H., MARESCHAL, D., & CSIBRA, G. (2001). The functional development and integration of the dorsal and ventral visual pathways: A neurocomputational approach. In C. A. Nelson & M. Luciana (Eds.), *Handbook of developmental cognitive neuroscience*. Cambridge, MA: MIT Press.

JOHNSON, M. H., & MORTON, J. (1991). *Biology and cognitive development: The case of face recognition*. Oxford, UK: Blackwell.

JOHNSON, M. H., POSNER, M. I., & ROTHBART, M. K. (1994). Facilitation of saccades toward a covertly attended location in early infancy. *Psychological Science*, 5, 90-93.

JOHNSON, S. C., SLAUGHTER, V., & CAREY, S. (1998). Whose gaze will infants follow? The elicitation of gaze-following in 12-month-olds. *Developmental Science*, 1, 233-238.

JOHNSON, S. C., & SOLOMON, G. E. A. (1996). Why dogs have puppies and cats have kittens: The role of birth in young children's understanding of biological origins. *Child Development*, 68, 404-419.

JOHNSON-GLENBERG, M. C. (2000). Training reading comprehension in adequate decoders/poor comprehenders: Verbal versus visual strategies. *Journal of Educational Psychology*, 92, 772-782.

JOHNSON-LAIRD, P. N. (1983). *Mental models: Towards a cognitive science of language, inference, and consciousness*. Cambridge, UK: Cambridge University Press.

JONES, G., RITTER, F. E., & WOOD, D. J. (2000). Using a cognitive architecture to examine what develops. *Psychological Science*, 11, 93-100.

JORDAN, N. C., LEVINE, S. C., & HUTTENLOCHER, J. (1995). Calculation abilities in young children with different patterns of cognitive functioning. *Journal of Learning Disabilities*, 28, 53-64.

JORM, A. F., & SHARE, D. L. (1983). Phonological recoding and reading acquisition. *Applied Psycholinguistics*, 4, 103-147.

JUEL, C. (1988). Learning to read and write: A longitudinal study of fifty-four children from first through fourth grade. *Journal of Educational Psychology*, 80, 437-447.

JUSCZYK, P. W., CUTLER, A., & REDANZ, N. (1993). Preference for the predominant stress pattern of English words. *Child Development*, 64, 675-687.

JUSCZYK, P. W., FRIEDERICI, A. D., WESSELS, J., SVENKERUD, V. Y., & JUSCZYK, A. M. (1993). Infants' sensitivity to the sound patterns of native language words. *Journal of Memory & Language*, 32, 402-420.

JUSCZYK, P. W., GOODMAN, M. B., & BAUMANN, A. (1999). Nine-month-olds' attention to sound similarities in syllables. *Journal of Memory & Language*, 40, 62-82.

JUSCZYK, P. W., HOUSTON, D. M., & NEWSOME, M. (1999). The beginnings of word segmentation in English-learning infants. *Cognitive Psychology*, 39, 159-207.

JUSCZYK, P. W., LUCE, P. A., & CHARLES-LUCE, J. (1994). Infants' sensitivity to phonotactic patterns in the native language. *Journal of Memory & Language*, 33, 630-645.

JUSCZYK, P. W., ROSNER, B. S., CUTTING, J. W., FOARD, F., & SMITH, L. B. (1977). Categorical perception of non-speech sounds by two-month-old infants. *Perception & Psychophysics*, 21, 50-54.

KADESJO, B., & GILLBERG, C. (1998). Attention deficits and clumsiness in Swedish 7-year-old children. *Developmental Medicine & Child Neurology*, 40, 796-804.

KAIL, R. (1984). *The development of memory in children* (2d ed.) New York: Freeman.

KAIL, R. (1986). Sources of age differences in speed of processing. *Child Development*, 57, 969-987.

KAIL, R. (1988). Developmental functions for speeds of cognitive processes. *Journal of Experimental Child Psychology*, 45, 339-364.

KAIL, R. (1991). Developmental changes in speed of processing during childhood and adolescence. *Psychological Bulletin*, 109, 490-501.

KAISER, M. K., MCCLOSKEY, M., & PROFFITT, D. R. (1986). Development of intuitive theories of motion: Curvilinear motion in the absence of external forces. *Developmental Psychology*, 22, 67-71.

KALCHMAN, M., MOSS, J., & CASE, R. (2000). Psychological models for the development of mathematical understanding: Rational numbers and functions. In S. Carver & D. Klahr (Eds.), *Cognition and instruction: Twenty-five years of progress*. Mahwah, NJ: Erlbaum.

KALISH, C. W. (1996). Preschoolers' understanding of germs as invisible mechanism. *Cognitive Development*, 11, 83-106.

KALISH, C. W. (1997). Preschoolers' understanding of mental and bodily reactions to contamination: What you don't know can hurt you, but cannot sadden you. *Developmental Psychology*, 33, 79-91.

KALISH, C. W. (1998a). Reasons and causes: Children's understanding of conformity to social rules and physical laws. *Child Development*, 69, 706-720.

KALISH, C. W. (1998b). Young children's predictions of illness: Failure to recognize probabilistic causation. *Developmental Psychology*, 34, 1046-1058.

KALISH, C. W. (2002). Children's predictions of consistency in people's actions. *Cognition*, 84, 237-265.

KAPUT, J. J. (1989). Linking representations in the symbol systems of algebra. In S. Wagner & C. Kieran (Eds.), *Research issues in the learning and teaching of algebra*. Reston, VA: National Council of Teachers of Mathematics.

KARMILOFF-SMITH, A. (1979). Micro- and macro-developmental changes in language acquisition and other representational systems. *Cognitive Science*, 3, 91-118.

KARMILOFF-SMITH, A. (1986). Stage/structure versus phase/process in modeling linguistic and cognitive development. In I. Levin (Ed.), *Stage and structure: Reopening the debate*. Norwood, NJ: Ablex.

KARMILOFF-SMITH, A. (1992). *Beyond modularity: A developmental perspective on cognitive science*. Cambridge, MA: MIT Press.

KATZ, H., & BEILIN, H. (1976). A test of Bryant's claims concerning the young child's understanding of quantitative invariance. *Child Development*, 47, 877-880.

KAY, D. A., & ANGLIN, J. (1982). Overextension and underextension in the child's expressive and receptive speech. *Journal of Child Language*, 9, 83-98.

KEARINS, J. M. (1981). Visual spatial memory in Australian aboriginal children of desert regions. *Cognitive Psychology*, 13, 434-460.

KEE, D. W., & HOWELL, S. (1988, April). *Mental effort and memory development*. Paper presented at the annual meeting of the American Educational Research Association, New Orleans, LA.

KEELER, M. L., & SWANSON, H. L. (2001). Does strategy knowledge influence working memory in children with mathematical disabilities? *Journal of Learning Disabilities*, 34, 418-434.

KEENAN, E. O. (1977). Making it last: Uses of repetition in children's discourse. In S. Ervin-Tripp & C. Mitchell-Kernan (Eds.), *Child discourse*. New York: Academic Press.

KEGL, J. A., SENGHAS, A., & COPPOLA, M. (1999). Creation through contact: Sign language emergence and sign language change in Nicaragua. In M. DeGraff (Ed.), *Language creation and language change: Creolization, diachrony, and development*. Cambridge, MA: MIT Press.

KEIL, F. C. (1989). *Concepts, kinds, and cognitive development*. Cambridge, MA: MIT Press.

KEIL, F. C. (1992). The origins of an autonomous biology. In M. Gunnar & M. P. Maratsos (Eds.), *Minnesota Symposium on Child Psychology: Vol. 25. Modularity and constraints in language and cognition*. Hillsdale, NJ: Erlbaum.

KEIL, F. C. (1994). The birth and nurturance of concepts by domains: The origins of concepts of living things. In L. A. Hirschfeld & S. A. Gelman (Eds.), *Mapping the mind: Domain specificity in cognition and culture*. New York: Cambridge University Press.

KEIL, F. C., & BATTERMAN, N. (1984). A characteristic-to-defining shift in the development of word meaning. *Journal of Verbal Learning & Verbal Behavior*, 23, 221-236.

KEIL, F. C., SMITH, W. C., SIMONS, D. J., & LEVIN, D. T. (1998). Two dogmas of conceptual empiricism: Implications for hybrid models of the structure of knowledge. *Cognition*, 65, 103-135.

KELLER, A., FORD, L., & MEACHAM, J. (1978). Dimensions of self-concept in preschool children. *Developmental Psychology*, 14, 483-489.

KELLMAN, P. J. (1988). Theories of perception and research in perceptual development. In A. Yonas (Ed.), *Minnesota Symposium on Child Psychology: Vol. 20. Perceptual development in infancy*. Hillsdale, NJ: Erlbaum.

KELLMAN, P. J., & SHORT, K. R. (1987). The development of three-dimensional form perception. *Journal of Experimental Psychology: Human Perception & Performance*, 13, 545-557.

KELLMAN, P. J., & SPELKE, E. S. (1983). Perception of partially occluded objects in infancy. *Cognitive Psychology*, 15, 483-524.

KELLOGG, R. T. (1996). A model of working memory in writing. In C. M. Levy & S. Ransdell (Eds.), *The science of writing: Theories, methods, individual differences, and applications*. Hillsdale, NJ: Erlbaum.

KENT, R. D., & MIULO, G. (1995). Phonetic abilities in the first year of life. In P. Fletcher & B. MacWhinney (Eds.), *The handbook of child language*. Cambridge, MA: Blackwell.

KERKMAN, D. D., & SIEGLER, R. S. (1993). Individual differences and adaptive flexibility in lower-income children's strategy choices. *Learning & Individual Differences*, 5, 113-136.

KERMANI, H., & BRENNER, M. E. (2001). Maternal scaffolding in the child's zone of proximal development across tasks: Cross-cultural perspectives. *Journal of Research in Childhood Education*, 15, 30-52.

KERMOIAN, R., & CAMPOS, J. J. (1988). Locomotor experience: A facilitator of spatial-cognitive development. *Child Development*, 59, 908-917.

KIRKHAM, N. Z., SLEMMER, J. A., & JOHNSON, S. P. (2002). Visual statistical learning in infancy: Evidence for a domain general learning mechanism. *Cognition*, 83, B35-B42.

KISILEVSKY, B. S., HAINS, S. M. J, LEE, K., MUIR, D. W., XU, F., FU, G., ZHAO, Z. Y., & YANG, R. L. (1998). The still-face effect in Chinese and Canadian 3- to 6-month-old infants. *Developmental Psychology*, 34, 629-639.

KISILEVSKY, B. S., & LOW, J. A. (1998). Human fetal behavior: 100 years of study. *Developmental Review*, 18, 1-29.

KLAHR, D. (1978). Goal formation, planning, and learning by preschool problem solvers or: "My socks are in the dryer." In R. S. Siegler (Ed.), *Children's thinking: What develops?* Hillsdale, NJ: Erlbaum.

KLAHR, D. (1982). Nonmonotone assessment of monotone development: An information processing analysis. In S. Strauss (Ed.), *U-shaped behavioral growth*. New York: Academic Press.

KLAHR, D. (1985). Solving problems with ambiguous subgoal ordering: Preschoolers' performance. *Child Development*, 56, 940-952.

KLAHR, D. (1989). Information-processing approaches. In R. Vasta (Ed.), *Annals of child development: Vol. 6. Six theories of child development: Revised formulations and current issues*. Greenwich, CT: JAI Press.

KLAHR, D. (1992). Information processing approaches to cognitive development. In M. H. Bornstein & M. E. Lamb (Eds.), *Developmental psychology: An advanced textbook* (3rd ed.). Hillsdale, NJ: Erlbaum.

KLAHR, D. (2000). *Exploring science: The cognition and development of discovery processes*. Cambridge, MA: MIT Press.

KLAHR, D., & CARVER, S. M. (1988). Cognitive objectives in a LOGO debugging curriculum: Instruction, learning, and transfer. *Cognitive Psychology*, 20, 362-404.

KLAHR, D., CHASE, W. G., & LOVELACE, E. A. (1983). Structure and process in alphabetic retrieval. *Journal of Experimental Psychology: Learning, Memory & Cognition*, 9, 462-477.

KLAHR, D., FAY, A. L., & DUNBAR, K. (1993). Heuristics for scientific experimentation: A developmental study. *Cognitive Psychology*, 25, 111-146.

KLAHR, D., LANGLEY, P., & NECHES, R. (1987). *Production system models of learning and development*. Cambridge, MA: MIT Press.

KLAHR, D., & MACWHINNEY, B. (1998). Information processing. In D. Kuhn & R. S. Siegler (Eds.), *Handbook of child psychology: Vol. 2. Cognition, perception, & language* (5th ed.). New York: Wiley.

KLAHR, D., & ROBINSON, M. (1981). Formal assessment of problem solving and planning processes in children. *Cognitive Psychology*, 13, 113-148.

KLAHR, D., & WALLACE, J. G. (1976). *Cognitive development: An information processing view*. Hillsdale, NJ: Erlbaum.

KLEIN, J. S. , & BISANZ, J. (2000). Preschoolers doing arithmetic: The concepts are willing but the working memory is weak. *Canadian Journal of Experimental Psychology*, 54, 105-116.

KLEMMER, E. T. , & SNYDER, F. W. (1972). Measurement of time spent in communication. *Journal of Communication*, 22, 142-158.

KNUTH, E. (2000). Student understanding of the Cartesian connection: An exploratory study. *Journal for Research in Mathematics Education*, 31, 500-508.

KOBASIGAWA, A. , RANSOM, C. C. , & HOLLAND, C. J. (1980). Children's knowledge about skimming. *Alberta Journal of Educational Research*, 26, 169-182.

KOEDINGER, K. R. (2002). Toward evidence for instructional design principles: Examples from Cognitive Tutor Math 6. In D. S. Mewborn, P. Sztajn, D. Y. White, H. G. Wiegel, R. L. Bryant & K. Nooney (Eds.), *Proceedings of the Twenty-fourth annual meeting of the North American Chapter of the International Group for the Psychology of Mathematics Education, Vol.* 1. Columbus, OH: ERIC Clearinghouse for Science, Mathematics and Environmental Education.

KOEDINGER, K. R. , & ANDERSON, J. R. (1998). Illustrating principled design: The early evolution of a cognitive tutor for algebra symbolization. *Interactive Learning Environments*, 5, 161-179.

KOEDINGER, K. R. , ANDERSON, J. R. , HADLEY, W. H. , & MARK, M. A. (1997). Intelligent tutuoring goes to school in the big city. *International Journal of Artificial Intelligence in Education*, 8, 30-43.

KOEDINGER, K. R. , & NATHAN, M. J. (2004). The real story behind story problems: Effects of representations on quantitative reasoning. *Journal of the Learning Sciences*, 129-164.

KOHLBERG, L. (1966). A cognitive-developmental analysis of children's sex-role concepts and attitudes. In E. E. Maccoby (Ed.), *The development of sex differences*. Stanford, CA: Stanford University Press.

KOLB, B. , & WHISHAW, I. Q. (2003). *Fundamentals of human neuropsychology* (5th ed.). New York: Worth.

KOONTZ, K. L. , & BERCH, D. B. (1996). Identifying simple numerical stimuli: Processing inefficiencies exhibited by arithmetic learning disabled children. *Mathematical Cognition*, 2, 1-23.

KOSLOWSKI, B. (1996). *Theory and evidence: The development of scientific reasoning*. Cambridge, MA: MIT Press.

KOTOVSKY, L. , & BAILLARGEON, R. (1994). Calibration-based reasoning about collision events in 11-month-old infants. *Cognition*, 51, 107-129.

KOWALSKI, K. , & LO, Y. -F. (2001). The influence of perceptual features, ethnic labels and sociocultural information on the development of ethnic/racial bias in young children. *Journal of Cross-Cultural Psychology*, 32, 444-455.

KRAUSS, R. M. , & GLUCKSBERG, S. (1969). The development of communication: Competence as a function of age. *Child Development*, 40, 255-266.

KRESS, G. (1982). *Learning to write*. Boston: Routledge & Kegan Paul.

KREUTZER, M. A. , LEONARD, C. , & FLAVELL, J. H. (1975). An interview study of children's knowledge about memory. *Monographs of the Society for Research in Child Development*, 40(1, Whole No. 159).

KRUGER, A. C. (1992). The effect of peer and adult-child transactive discussions on moral reasoning. *Merrill-Palmer Quarterly*, 38, 191-211.

KUCZAJ, S. A. , (1978). Why do children fail to overregularize the progressive inflection? *Journal of Child Language*, 5, 167-171.

KUCZAJ, S. A. , II. (1983). "I mell a kunk!" Evidence that children have more complex representations of word pronunciations which they simplify. *Journal of Psycholinguistic Research*, 12, 69-73.

KUCZAJ, S. A. , II. (1986). General developmental patterns and individual differences in the acquisition of copula and auxiliary *be* forms. *First Language*, 6, 111-117.

KUHL, P. K. (1998). Effects of language experience on speech perception. *Journal of the Acoustical Society of America*, 103, 2931.

KUHN, D. (1989). Children and adults as intuitive scientists. *Psychological Review*, 96, 674-689.

KUHN, D. (1995). Microgenetic study of change: What has it told us? *Psychological Science*, 6, 133-139.

KUHN, D. , AMSEL, E. , & O'LOUGHLIN, M. (1988). *The development of scientific thinking skills*. Orlando, FL: Academic Press.

KUHN, D. , GARCIA-MILA, M. , ZOHAR, A. , & ANDERSEN, C. (1995). Strategies of knowledge acquisition. *Monographs of the Society for Research in Child Development*, 60(4, Serial No. 245).

KUHN, D. , & PHELPS, E. (1976). The development of children's comprehension of causal direction. *Child Development*, 47, 248-251.

KUHN, D. , SCHAUBLE, L. , & GARCIA-MILA, M. (1992). Crossdomain development of scientific reasoning. *Cognition & Instruction*, 9, 285-327.

KUN, A. (1978). Evidence for preschoolers' understanding of causal direction in extended causal sequences. *Child Development*, 49, 218-222.

KUNZINGER, E. L. , & WITTRYOL, S. L. (1984). The effects of differential incentives on second-grade rehearsal and free recall. *The Journal of Genetic Psychology*, 144, 19-30.

KURTZ, B. E. , SCHNEIDER, W. , CARR, M. , BORKOWSKI, J. G. , & RELLINGER, E. (1990). Strategy instruction and attributional beliefs in West Germany and the United States: Do teachers foster metacognitive development? *Contemporary Educational Psychology*, 15, 268-283.

LANDAU, B. , SMITH, L. B. , & JONES, S. (1992). Syntactic context and the shape bias in children's and adults' lexical learning. *Journal of Memory & Language*, 31, 807-825.

LANGE, G. , & PIERCE, S. H. (1992). Memory-strategy learning and maintenance in preschool children. *Developmental Psychology*, 28, 453-462.

LANGLOIS, J. H. , RITTER, J. M. , ROGGMAN, L. A. , & VAUGHN, L. S. (1991). Facial diversity and infant preferences for attractive faces. *Developmental Psychology*, 27, 79-84.

LANGLOIS, J. H. , ROGGMAN, L. A. , & CASEY, R. J. , RITTER, J. M. , REISER-DANNER, L. A. , & JENKINS, V. Y. (1987). Infant preferences for attractive faces: Rudiments of a stereotype? *Developmental Psychology*, 23, 363-369.

LANGLOIS, J. H. , ROGGMAN, L. A. , & MUSSELMAN, L. (1994). What is average and what is not average about attractive faces? *Psychological Science*, 5, 214-220.

LASKY, R. E., SYRDAL-LASKY, A., & KLEIN, R. E. (1975). VOT discrimination by four- to six-and-a-half-month-old infants from Spanish environments. *Journal of Experimental Child Psychology,* 20, 215-225.

LEAHY, R. L. (1983). The development of the conception of social class. In R. L. Leahy (Ed.), *The child's construction of social inequality.* New York: Academic Press.

LEARMONTH, A. E., NADEL, L., & NEWCOMBE, N. S. (2002). Children's use of landmarks: Implications for modularity theory. *Psychological Science,* 13, 337-341.

LEARMONTH, A. E., NEWCOMBE, N. S., & HUTTENLOCHER, J. (2001). Toddlers' use of metric information and landmarks to reorient. *Journal of Experimental Child Psychology,* 80, 225-244.

LEARY, M. R., & HILL, D. A. (1996). Moving on: Autism and movement disturbance. *Mental Retardation,* 34, 39-53.

LEBLANC, R. S., MUISE, J. G., & BLANCHARD, L. (1992). Backward masking in children and adolescents: Sensory transmission, accrual rate and asymptotic performance. *Journal of Experimental Child Psychology,* 53, 105-114.

LEE, D. N., & ARONSON, E. (1974). Visual proprioceptive control of standing in human infants. *Perception & Psychophysics,* 15, 529-532.

LEFEVRE, J., BISANZ, J., & MRKONJIC, J. (1988). Cognitive arithmetic: Evidence for obligatory activation of arithmetic facts. *Memory & Cognition,* 16, 45-53.

LEFEVRE, J., & KULAK, A. G. (1994). Individual differences in the obligatory activation of addition facts. *Memory & Cognition,* 22, 188-200.

LEFEVRE, J., KULAK, A. G., & BISANZ, J. (1991). Individual differences and developmental change in the associative relations among numbers. *Journal of Experimental Child Psychology,* 52, 256-274.

LEFEVRE, J. J., SADESKY, G. S., & BISANZ, J. (1996). Selection of procedures in mental addition: Reassessing the problem-size effect in adults. *Journal of Experimental Psychology: Learning, Memory, & Cognition,* 22, 216-230.

LEGERSTEE, M. (1991). The role of person and object in eliciting early imitation. *Journal of Experimental Child Psychology,* 51, 423-433.

LEGERSTEE, M., BARNA, J., & DIADAMO, C. (2000). Precursors to the development of intention at 6 months: Understanding people and their actions. *Developmental Psychology,* 36, 627-634.

LE GRAND, R., MONDLOCH, C. J., MAURER, D., & BRENT, H. P. (2001). Early visual experience and face processing. *Nature,* 410, 890.

LEHRER, R., & LITTLEFIELD, J. (1991). Misconceptions and errors in LOGO: The role of instruction. *Journal of Educational Psychology,* 83, 124-133.

LEHRER, R., & LITTLEFIELD, J. (1993). Relationships among cognitive components in LOGO learning and transfer. *Journal of Educational Psychology,* 85, 317-330.

LEHRER, R., & SCHAUBLE, L. (2002). Symbolic communication in mathematics and science: Co-constituting inscription and thought. In J. P. Byrnes (Ed.), *Language, literacy, and cognitive development: The development and consequences of symbolic communication.* Mahwah, NJ: Erlbaum.

LEICHTMAN, M. D., & CECI, S. J. (1995). The effects of stereotypes and suggestions on preschoolers' reports. *Developmental Psychology,* 31, 568-578.

LEICHTMAN, M. D., PILLEMER, D. B., WANG, Q., & KOREISHI, A. (2000). When Baby Maisy came to school: Mothers' interview styles and preschoolers' event memories. *Cognitive Development*, 15, 99-114.

LEMAIRE, P., BARRETT, S. E., FAYOL, M., & ABDI, H. (1994). Automatic activation of addition and multiplication facts in elementary school children. *Journal of Experimental Child Psychology*, 57, 224-258.

LEMAIRE, P., & SIEGLER, R. S. (1995). Four aspects of strategic change: Contributions to children's learning of multiplication. *Journal of Experimental Psychology: General*, 83-97.

LEMIRE, R. J., LOESER, J. D., LEECH, R. W., & ALVORD, E. C. (1975). *Normal and abnormal development of the human nervous system.* New York: Harper & Row.

LEMPERS, J. D., FLAVELL, E. R., & FLAVELL, J. H. (1977). The development in very young children of tacit knowledge concerning visual perception. *Genetic Psychology Monographs*, 95, 3-53.

LENNEBERG, E. H. (1967). *Biological foundations of language.* New York: Wiley.

LEONARD, L. B. (1995) Phonological impairment. In P. Fletcher & B. MacWhinney (Eds.) *The handbook of child language.* Cambridge, MA: Blackwell.

LESGOLD, A., IVILL-FRIEL, J., & BONAR, J. (1989). Toward intelligent systems for testing. In L. B. Resnick (Ed.), *Knowing, learning, and instruction: Essays in honor of Robert Glaser.* Hillsdale, NJ: Erlbaum.

LESGOLD, A., RESNICK, L. B., & HAMMOND, K. (1985). Learning to read: A longitudinal study of word skill development in two curricula. *Reading Research: Advances in Theory & Practice*, 4, 107-138.

LESLIE, A. M. (1982). The perception of causality in infants. *Perception*, 11, 173-186.

LESLIE, A. M. (1987). Pretense and representation: The origins of "theory of mind." *Psychological Review*, 94, 412-426.

LESLIE, A. M. (1991). The theory of mind impairment in autism: Evidence for a modular mechanism of development? In A. Whiten (Ed.), *Natural theories of mind: Evolution, development, and simulation of everyday mindreading.* Oxford, UK: Blackwell.

LESLIE, A. M. (1994). ToMM, ToBy, and agency: Core architecture and domain specificity. In L. Hirschfeld & S. Gelman (Eds.), *Mapping the mind: Domain specificity in cognition and culture.* Cambridge, UK: Cambridge University Press.

LEVIN, I. (1977). The development of time concepts in children: Reasoning about duration. *Child Development*, 48, 435-444.

LEVIN, I. (1982). The nature and development of time concepts in children: The effects of interfering cues. In W. J. Friedman (Ed.), *The developmental psychology of time.* New York: Academic Press.

LEVIN, I. (1989). Principles underlying time measurement: The development of children's constraints on counting time. In I. Levin & D. Zakay (Eds.), *Time and human cognition: A life-span perspective.* Amsterdam: Elsevier.

LEVIN, I., & DRUYAN, S. (1993). When sociocognitive transaction among peers fails: The case of misconceptions in science. *Child Development*, 63, 1571-1591.

LEVIN, I., & KORAT, O. (1993). Sensitivity to phonological, morphological, and semantic cues in early reading and writing in Hebrew. *Merrill-Palmer Quarterly*, 39, 213-232.

LEVIN, I., SIEGLER, R. S., & DRUYAN, S. (1990). Misconception about motion: Development and training effects. *Child Development*, 61, 1544-1557.

LEVIN, I. , WILKENING, F. , & DEMBO, Y. (1984). Development of time quantification: Integration and nonintegration of beginnings and endings in comparing durations. *Child Development*, 55, 2160-2172.

LEVINSON, S. C. (1997). Language and cognition: Cognitive consequences of spatial description in Guugu Yimithirr. *Journal of Linguistic Anthropology*, 7, 98-131.

LEVY, G. D. , TAYLOR, M. G. , & GELMAN, S. A. (1995). Traditional and evaluative aspects of flexibility in gender roles, social References conventions, moral rules, and physical laws. *Child Development*, 66, 515-531.

LEWIS, C. , FREEMAN, N. H. , HAGESTADT, E. , & DOUGLAS, H. (1994). Narrative access and production in preschoolers' false belief reasoning. *Cognitive Development*, 9, 397-424.

LEWIS, C. , & OSBORNE, A. (1990). Three-year-olds' problems with false belief: Conceptual deficit or linguistic artifact? *Child Development*, 61, 1514-1519.

LEWIS, M. , & BROOKS-GUNN, J. (1979). *Social cognition and the acquisition of self*. New York: Plenum.

LEWIS, M. D. (2000). The promise of dynamic systems approaches for an integrated account of human development. *Child Development*, 71, 36-43.

LEWKOWICZ, D. J. , & TURKEWITZ, G. (1981). Intersensory interaction in newborns: Modification of visual preferences following exposure to sound. *Child Development*, 52, 827-832.

LIBEN, L. S. (1987). Information processing and Piagetian theory: Conflict or congruence? In L. S. Liben (Ed.), *Development and learning: Conflict or congruence?* Hillsdale, NJ: Erlbaum.

LIBERMAN, I. Y. , SHANKWEILER, D. , FISCHER, F. W. , & CARTER, B. (1974). Explicit syllable and phoneme segmentation in the young child. *Journal of Experimental Child Psychology*, 18, 201-212.

LIE, E. , & NEWCOMBE, N. S. (1999). Elementary school children's explicit and implicit memory for faces of preschool classmates. *Developmental Psychology*, 35, 102-112.

LIEVEN, E. , PINE, J. , & BALDWIN, G. (1997). Lexically-based learning and early grammatical development. *Journal of Child Language*, 24, 187-220.

LIITSCHWAGER, J. C. , & MARKMAN, E. M. (1994). Sixteen- and 24-month-olds' use of mutual exclusivity as a default assumption in second label learning. *Developmental Psychology*, 30, 955-968.

LILLARD, A. S. (1993a). Pretend play skills and the child's theory of mind. *Child Development*, 64, 348-371.

LILLARD, A. S. (1993b). Young children's conceptualization of pretense: Action or mental representational state? *Child Development*, 64, 372-386.

LILLARD, A. S. , & FLAVELL, J. H. (1990). Young children's preference for mental state versus behavioral descriptions of human action. *Child Development*, 61, 731-741.

LILLARD, A. S. , & FLAVELL, J. H. (1992). Young children's understanding of different mental states. *Developmental Psychology*, 28, 626-634.

LILLARD, A. S. , ZELJO, A. , CURENTON, S. , & KAUGARS, A. S. (2000). Children's understanding of the animacy constraint on pretense. *Merrill-Palmer Quarterly*, 46, 21-44.

LINDBERG, M. A. (1980). Is knowledge base development a necessary and sufficient condition for memory development? *Journal of Experimental Child Psychology*, 30, 401-410.

LINDBERG, M. A. (1991). A taxonomy of suggestibility and eyewitness memory: Age, memory process, and focus of analysis. In J. L. Doris (Ed.), *The suggestibility of children's recollections*. Washington, DC: American Psychological Association.

LITOVSKY, R. Y., & ASHMEAD, D. H. (1997). Development of binaural and spatial hearing in infants and children. In R. H. Gilkey & T. R. Anderson (Eds.), *Binaural and spatial hearing in real and virtual environments*. Mahwah, NJ: Erlbaum.

LITTLEFIELD, J., DELCLOS, V. R., BRANSFORD, J. D., CLAYTON, K. N., & FRANKS, J. J. (1989). Some prerequisites for teaching thinking: Methodological issues in the study of LOGO programming. *Cognition & Instruction*, 6, 331-366.

LIVESLEY, W. J., & BROMLEY, D. B. (1973). *Person perception in childhood and adolescence*. London: Wiley.

LLOYD, P., MANN, S., & PEERS, I. (1998). The growth of speaker and listener skills from five to eleven years. *First Language*, 18(52, Pt 1), 81-103.

LOBEL, T. E., & MENASHRI, J. (1993). Relations of conceptions of gender-role transgressions and gender constancy to gender-typed toy preferences. *Developmental Psychology*, 29, 150-155.

LOCKE, J. L. (1983). *Phonological acquisition and change*. New York: Academic Press.

LOCKE, J. L. (1995). Development of the capacity for spoken language. In P. Fletcher & B. MacWhinney (Eds.), *The handbook of child language*. Cambridge, MA: Blackwell.

LOCKE, J. L., & PEARSON, D. M. (1990). Linguistic significance of babbling: Evidence from a tracheostomized infant. *Journal of Child Language*, 17, 1-16.

LOPEZ, A., ATRAN, S., COLEY, J. D., MEDIN, D. L., & SMITH, E. E. (1997). The tree of life: Universal and cultural features of folkbiological taxonomies and inductions. *Cognitive Psychology*, 32, 251-295.

LOVELL, K. (1961). A follow-up study of Inhelder and Piaget's *The growth of logical thinking*. *British Journal of Psychology*, 52, 143-153.

LOVETT, M. W., BORDEN, S. L., DELUCA, T., LACERENZA, L., BENSON, J. J., & BRACKSTONE, D. (1994). Treating the core deficits of developmental dyslexia: Evidence of transfer of learning after phonologically- and strategy-based reading training programs. *Developmental Psychology*, 30, 805-822.

LUCY, J. (1992). *Grammatical categories and cognition: A case study of the linguistic relativity hypothesis*. Cambridge, UK: Cambridge University Press.

LUCY, J., & GASKINS, S. (2001). Grammatical categories and the development of classification preferences: A comparative approach. In M. Bowerman & S. C. Levinson (Eds.), *Language acquisition and conceptual development*. New York: Cambridge University Press.

LUNDY, J. E. B. (2002). Age and language skills of deaf children in relation to theory of mind development. *Journal of Deaf Studies & Deaf Education*, 7, 41-56.

LURIA, A. R. (1973). *The working brain*. New York: Basic Books.

LYNCH, M. P., & EILERS, R. E. (1992). A study of perceptual development for musical tuning. *Perception & Psychophysics*, 52, 599-608.

LYNCH, M. P., EILERS, R. E., OLLER, D. K., & URBANO, R. C. (1990). Innateness, experience, and music perception. *Psychological Science*, 1, 272-276.

MACLEAN, M., BRYANT, P., & BRADLEY, L. (1987). Rhymes, nursery rhymes and reading in early childhood. *Merrill-Palmer Quarterly*, 33, 255-281.

MACNAMARA, J. (1982). *Names for things: A study of human learning.* Cambridge, MA: MIT Press.

MACWHINNEY, B. (1989). Competition and connectionism. In B. MacWhinney & E. Bates (Eds.), *The crosslinguistic study of sentence processing.* New York: Cambridge University Press.

MACWHINNEY, B. (1996). Lexical connectionism. In P. Broeder & J. M. J. Murre (Eds.) *Models of language acquisition: Inductive and deductive approaches.* Cambridge, MA: MIT Press.

MACWHINNEY, B. (1998). Models of the emergence of language. *Annual Review of Psychology*, 49, 199-227.

MACWHINNEY, B. (2002). The gradual evolution of language. In B. Malle & T. Givón (Eds.), *The evolution of language.* Philadelphia: Benjamins.

MACWHINNEY, B., & CHANG, F. (1995). Connectionism and language learning. In C. Nelson (Ed.), *Minnesota Symposium on Child Psychology: Vol. 28. Basic and applied perspectives on learning, cognition, and development.* Mahwah, NJ: Erlbaum.

MACWHINNEY, B., & LEINBACH, J., (1991). Implementations are not conceptualizations: Revising the verb learning model. *Cognition*, 29, 121-157.

MACWHINNEY, B., LEINBACH, J., TARABAN, R., & MCDONALD, J. (1989). Language learning: Cues or rules? *Journal of Memory & Language*, 28, 255-277.

MADOLE, K. L., & COHEN, L. B. (1995). The role of object parts in infants' attention to form-function correlations. *Developmental Psychology*, 31, 637-648.

MANDEL, D. R., JUSCZYK, P. W., & PISONI, D. B. (1995). Infants' recognition of the sound patterns of their own names. *Psychological Science*, 6, 314-317.

MANDLER, J. M. (2000). Perceptual and conceptual processes in infancy. *Journal of Cognition & Development*, 1, 3-36.

MANDLER, J. M., & MCDONOUGH, L. (1993). Concept formation in infancy. *Cognitive Development*, 8, 291-318.

MANDLER, J. M., & MCDONOUGH, L. (1996). Drinking and driving don't mix: Inductive generalization in infancy. *Cognition*, 59, 307-335.

MANDLER, J. M., & MCDONOUGH, L. (1998a). On developing a knowledge base in infancy. *Developmental Psychology*, 34, 1274-1288.

MANDLER, J. M., & MCDONOUGH, L. (1998b). Studies in inductive inference in infancy. *Cognitive Psychology*, 37, 60-96.

MANION, V., & ALEXANDER, J. M. (1997). The benefits of peer collaboration on strategy use, metacognitive causal attribution, and recall. *Journal of Experimental Child Psychology*, 67, 268-289.

MANIS, F. R., CUSTODIO, R., & SZESZULSKI, P. A. (1993). Development of phonological and orthographic skill: A 2-year longitudinal study of dyslexic children. *Journal of Experimental Child Psychology*, 56, 64-86.

MANIS, F. R., SEIDENBERG, M. S., DOI, L. M., MCBRIDE-CHANG, C., & PETERSON, A. (1996). On the bases of two subtypes of developmental dyslexia. *Cognition*, 58, 157-195.

MARATSOS, M. (1998). Some problems in grammatical acquisition. In D. Kuhn & R. S. Siegler (Vol. Eds.), *Handbook of child psychology: Vol. 2. Cognition, perception & lan-*

guage. (5th ed.). New York: Wiley.

MARATSOS, M., & MATHENY, L. (1994). Language specificity and elasticity: Brain and clinical syndrome studies. In L. W. Porter & M. R. Rosenzweig (Eds.), *Annual Review of Psychology:* (Vol. 45). Palo Alto, CA: Annual Reviews Inc.

MARATSOS, M. P. (1973). Nonegocentric communication abilities in preschool children. *Child Development,* 44, 697-799.

MARCHMAN, V. (1992). Constraints on plasticity in a connectionist model of the English past tense. *Journal of Cognitive Neuroscience,* 5, 215-234.

MARCHMAN, V., & BATES, E. (1994). Continuity in lexical and morphological development: A test of the critical mass hypothesis. *Journal of Child Language,* 21, 339-366.

MARCHMAN, V., MILLER, R., & BATES, E. A. (1991). Babble and first words in children with focal brain injury. *Applied Psycholinguistics,* 12, 1-22.

MARCUS, G. F. (1996). Why do children say "breaked"? *Current Directions in Psychological Science,* 5, 81-85.

MARCUS, G. F. (2000). Pabiku and Ga Ti Ga: Two mechanisms infants use to learn about the world. *Current Directions in Psychological Science,* 9, 145-147.

MARCUS, G. F., PINKER, S., ULLMAN, M., HOLLANDER, M., ROSEN, T. J., & XU, F. (1992). Over-regularization in language acquisition. *Monographs of the Society for Research in Child Development,* 57(4, Serial No. 228).

MARCUS, G. F., VIJAYAN, S., BANDI RAO, S., & VISHTON, P. M. (1999). Rule learning in seven-month-old infants. *Science,* 283, 77-80.

MARESCHAL, D., FRENCH, R. M., & QUINN, P. C. (2000). A connectionist account of asymmetric category learning in early infancy. *Developmental Psychology,* 36, 635-645.

MARESCHAL, D., & QUINN, P. C. (2001). Categorization in infancy. *Trends in Cognitive Sciences,* 5, 443-450.

MARINI, Z. A. (1992). Synchrony and asynchrony in the development of children's scientific reasoning. In R. Case (Ed.), *The mind's staircase: Exploring the conceptual underpinnings of children's thought and knowledge.* Hillsdale, NJ: Erlbaum.

MARINI, Z. A., & CASE, R. (1989). Parallels in the development of preschoolers' knowledge about their physical and social worlds. *Merrill-Palmer Quarterly,* 35, 63-88.

MARINI, Z. A., & CASE, R. (1994). The development of abstract reasoning about the physical and social world. *Child Development,* 65, 147-159.

MARKMAN, E. M. (1979). Realizing that you don't understand: Elementary school children's awareness of inconsistencies. *Child Development,* 50, 643-655.

MARKMAN, E. M. (1989). *Categorization and naming in children: Problems of induction.* Cambridge, MA: Cambridge University Press.

MARKMAN, E. M. (1992). Constraints on word learning: Speculations about their nature, origins and domain specificity. In M. R. Gunnar & M. P. Maratsos (Eds.), *Minnesota Symposium on Child Psychology: Vol. 25. Modularity and constraints in language and cognition:* Hillsdale, NJ: Erlbaum.

MARKMAN, E. M., & WACHTEL, G. F. (1988). Children's use of mutual exclusivity to constrain the meaning of words. *Cognitive Psychology,* 20, 121-157.

MARKOVITS, H. (1993). The development of conditional reasoning: A Piagetian reformulation of the mental models theory. *Merrill-Palmer Quarterly,* 39, 131-158.

MARKOVITS, H., & BARROUILLET, P. (2002). The development of conditioned reasoning: A mental model account. *Developmental Review,* 22, 5-36.

MARKSON, L., & BLOOM, P. (1997). Evidence against a dedicated system for word learning in children. *Nature,* 385, 813-815.

MARSCHARK, M., & WEST, S. H. (1985). Creative language abilities of deaf children. *Journal of Speech & Hearing Research,* 28, 73-78.

MARSCHARK, M., WEST, S. A., NALL, L., & EVERHART, V. (1986). Development of creative language devices in signed and oral production. *Journal of Experimental Child Psychology,* 41, 534-550.

MARTIN, C. L., EISENBUD, L., & ROSE, H. (1995). Children's gender-based reasoning about toys. *Child Development,* 66, 1453-1471.

MARTIN, C. L., & HALVERSON, C. F., JR. (1981). A schematic processing model of sex typing and stereotyping in children. *Child Development,* 52, 1119-1134.

MARTIN, C. L., & LITTLE, J. K. (1990). The relation of gender understanding to children's sex-typed preferences and gender stereotypes. *Child Development,* 61, 1427-1439.

MASATAKA, N. (1992). Pitch characteristics of Japanese maternal speech to infants. *Journal of Child Language,* 19, 213-224.

MASCOLO, M. F., & FISCHER, K. W. (1999). The development of representation as the coordination of component systems of action. In I. E. Sigel (Ed.), *Development of mental representation*. Mahwah, NJ: Erlbaum.

MASSEY, C., & GELMAN, R. (1988). Preschoolers decide whether pictured unfamiliar objects can move themselves. *Developmental Psychology,* 24, 307-317.

MASUR, E. F. (1982). Mothers' responses to infants' object-related gestures: Influences on lexical development. *Journal of Child Language,* 9, 23-30.

MASUR, E. F., MCINTYRE, C. W., & FLAVELL, J. H. (1973). Developmental changes in apportionment of study time among items in a multitrial free recall task. *Journal of Experimental Child Psychology,* 15, 237-246.

MATTYS, S. L., & JUSCZYK, P. W. (2001). Phonotactic cues for segmentation of fluent speech by infants. *Cognition,* 78, 91-121.

MATTYS, S. L., JUSCZYK, P. W., LUCE, P. A., & MORGAN, J. L. (1999). Phonotactic and prosodic effects on word segmentation in infants. *Cognitive Psychology,* 38, 465-494.

MATZ, M. (1982). Towards a process model for high school algebra errors. In D. Sleeman & J. S. Brown (Eds.), *Intelligent tutoring systems*. New York: Academic Press.

MAURER, D., & MAURER, C. (1988). *The world of the newborn*. New York: Basic Books.

MAURER, D., LEWIS, T. L., BRENT, H. P., & LEVIN, A. V. (1999). Rapid improvement in the acuity of infants after visual input. *Science,* 286, 108-110.

MAYBERRY, R. I. (1993). First-language acquisition after childhood differs from second-language acquisition: The case of American Sign Language. *Journal of Speech & Hearing Research,* 36, 1258-1270.

MAYBERRY, R. I., & EICHEN, E. B. (1991). The long-lasting advantage of learning sign language in childhood: Another look at the critical period for language acquisition. *Journal of Memory & Language,* 30, 486-512.

MAYBERRY, R. I., LOCK, E., & KAZMI, H. (2002). Linguistic ability and early language exposure. *Nature,* 417, 38.

MAYER, R. E., LEWIS, A. B., & HEGARTY, M. (1992). Mathematical misunderstandings: Qualitative reasoning about quantitative problems. In J. I. D. Campbell (Ed.), *The nature and origins of mathematical skills.* Amsterdam: North-Holland.

MCCALL, R. B., KENNEDY, C. B., & APPLEBAUM, M. I. (1977). Magnitude of discrepancy and the distribution of attention in infants. *Child Development,* 48, 772-786.

MCCARTHY, D. (1954). Language development in children. In L. Carmichael (Ed.), *Manual of child psychology.* New York: Wiley.

MCCLELLAND, J. L. (1995). A connectionist perspective on knowledge and development. In T. J. Simon & G. S. Halford (Eds.), *Developing cognitive competence: New approaches to process modeling.* Hillsdale, NJ: Erlbaum.

MCCLOSKEY, M., & KAISER, M. (1984). The impetus impulse: A medieval theory of motion lives on in the minds of children. *The Sciences.*

MCCUTCHEN, D. (1996). A capacity theory of writing: Working memory in composition. *Educational Psychology Review,* 8, 299-325.

MCCUTCHEN, D. (2000). Knowledge, processing, and working memory: Implications for a theory of writing. *Educational Psychologist,* 35, 13-23.

MCCUTCHEN, D., FRANCIS, M., & KERR, S. (1997). Revising for meaning: Effects of knowledge and strategy. *Journal of Educational Psychology,* 89, 667-676.

MCFADDEN, G. T., DUFRESNE, A., & KOBASIGAWA, A. (1986). Young children's knowledge of balance scale problems. *Journal of Genetic Psychology,* 148, 79-94.

MCGILLY, K., & SIEGLER, R. S. (1989). How children choose among serial recall strategies. *Child Development,* 60, 172-182.

MCGILLY, K., & SIEGLER, R. S. (1990). The influence of encoding and strategic knowledge on children's choices among serial recall strategies. *Developmental Psychology,* 26, 931-941.

MCLEAN, J. F., & HITCH, G. J. (1999). Working memory impairments in children with specific arithmetic learning difficulties. *Journal of Experimental Child Psychology,* 74, 240-260.

MCNEIL, N. M., & ALIBALI, M. W. (2002). A strong schema can interfere with learning: The case of children's typical addition schema. In C. D. Schunn & W. Gray (Eds.), *Proceedings of the twenty-fourth annual conference of the Cognitive Science Society.* Mahwah, NJ: Erlbaum.

MCNEIL, N. M., & ALIBALI, M. W. (2004). You'll see what you mean: Students encode equations based on their knowledge of mathematics. *Cognitive Science,* in press.

MCNEIL, N. M., & ALIBALI, M. W. (in press). Knowledge change as a function of mathematics experience: All contexts are not created equal. *Journal of Cognition & Development.*

MEHLER, J., JUSCZYK, P. W., LAMBERTZ, G., HALSTED, N., BERTONCINI, J., & AMIEL-TISON, C. (1988). A precursor of language acquisition in young infants. *Cognition,* 29, 144-178.

MELTZOFF, A. N. (1988). Infant imitation and memory: Nine-month-olds in immediate and deferred tests. *Child Development,* 59, 217-225.

MELTZOFF, A. N. (1995a). Understanding the intentions of others: Re-enactment of intended acts by 18-month-old children. *Developmental Psychology,* 31, 838-850.

MELTZOFF, A. N. (1995b). What infant memory tells us about infantile amnesia: Long-term recall and deferred imitation. *Journal of Experimental Child Psychology,* 59, 497-515.

MELTZOFF, A. N. (2002). Imitation as a mechanism of social cognition: Origins of empathy, theory of mind, and the representation of action. In U. Goswami (Ed.), *Blackwell handbook of childhood cognitive development.* Malden, MA: Blackwell.

MELTZOFF, A. N., & MOORE, M. K. (1977). Imitation of facial and manual gestures by human neonates. *Science,* 198, 75-78.

MELTZOFF, A. N., & MOORE, M. K. (1983). Newborn infants imitate adult facial gestures. *Child Development,* 54, 702-709.

MELTZOFF, A. N., & MOORE, M. K. (1989). Imitation in newborn infants: Exploring the range of gestures imitated and the underlying mechanisms. *Developmental Psychology,* 25, 954-962.

MELTZOFF, A. N., & MOORE, M. K. (1994). Imitation, memory, and the representation of persons. *Infant Behavior & Development,* 17, 83-99.

MENDELSON, M. J., & HAITH, M. M. (1976). The relation between audition and vision in the human newborn. *Monographs of the Society for Research in Child Development,* 41(4, Whole No. 167).

MENDELSON, R., & SHULTZ, T. R. (1976). Covariation and temporal contiguity as principles of causal inference in young children. *Journal of Experimental Child Psychology,* 13, 89-111.

MENN, L., & STOEL-GAMMON, C. (1995). Phonological development. In P. Fletcher & B. MacWhinney (Eds.) *The handbook of child language.* Cambridge, MA: Blackwell.

MERRIMAN, W. E., & BOWMAN, L. L. (1989). The mutual exclusivity bias in children's word learning. *Monographs of the Society for Research in Child Development,* 54(3-4, Serial No. 220).

MERRIMAN, W. E., MARAZITA, J., & JARVIS, L. (1993). Four-year-olds' disambiguation of action and object word reference. *Journal of Experimental Child Psychology,* 56, 412-430.

MERRIMAN, W. E., SCOTT, P., & MARAZITA, J. (1993). An appearance-function shift in children's object naming. *Journal of Child Language,* 20, 101-118.

MERVIS, C. B. (1987). Child-basic object categories and early lexical development. In U. Neisser (Ed.), *Concepts and conceptual development: Ecological and intellectual factors in categorization.* New York: Cambridge University Press.

METZ, K. (1985). The development of children's problem solving in a gears task: A problem space perspective. *Cognitive Science,* 9, 431-472.

MICHEL, G. F. (1998). A lateral bias in the neuropsychological functioning of human infants. *Developmental Neuropsychology,* 14, 445-469.

MILLER, G. A. (1956). The magical number seven, plus or minus two: Some limits on our capacity for processing information. *Psychological Review,* 63, 81-97.

MILLER, K. (1989). Measurement as a tool for thought: The role of measuring procedures in children's understanding of quantitative invariance. *Developmental Psychology,* 25, 589-600.

MILLER, K., & GELMAN, R. (1983). The child's representation of number: A multidimensional scaling analysis. *Child Development,* 54, 1470-1479.

MILLER, K. F., & BAILLARGEON, R. (1990). Length and distance: Do preschoolers think that occlusion brings things together? *Developmental Psychology,* 26, 103-114.

MILLER, K. F., & PAREDES, D. R. (1996). On the shoulders of giants: Cultural tools and mathematical development. In T. Ben-Zeev (Ed.), *The nature of mathematical thinking*. Hillsdale, NJ: Erlbaum.

MILLER, K. F., SMITH, C. M., ZHU, J., & ZHANG, H. (1995). Preschool origins of cross-national differences in mathematical competence. *Psychological Science, 6,* 56-60.

MILLER, L. T., & VERNON, P. A. (1997). Developmental changes in speed of processing in young children. *Developmental Psychology, 33,* 549-554.

MILLER, P. H. (1990). The development of strategies of selective attention. In D. F. Bjorklund (Ed.), *Children's strategies: Contemporary views of cognitive development*. Hillsdale, NJ: Erlbaum.

MILLER, P. H. (1993). *Theories of developmental psychology*. (3rd ed.). New York: W. H. Freeman and Company.

MILLER, P. H., & SEIER, W. (1994). Strategy utilization deficiencies in children: When, where, and why. In H. Reese (Ed.), *Advances in child development and behavior* (Vol. 25). New York: Academic Press.

MILLER, P. H., WOODY-RAMSEY, J., & ALOISE, P. A. (1991). The role of strategy effortfulness in strategy effectiveness. *Developmental Psychology, 27,* 738-745.

MILLER, S. A. (1976). Nonverbal assessment of conservation of number. *Child Development, 47,* 722-728.

MILNER, A. D., & GOODALE, M. A. (1995). *The visual brain in action*. Oxford, UK: Oxford University Press.

MIURA, I. T., OKAMOTO, Y., VLAHOVIC-STETIC, V., KIM, C. C., & HAN, J. H. (1999). Language supports for children's understanding of numerical fractions: Cross-national comparisons. *Journal of Experimental Child Psychology, 74,* 356-365.

MOHR, D. (1978). Development of attributes of personal identity. *Developmental Psychology, 14,* 427-428.

MONDLOCH, C. J., LEWIS, T. L., BUDREAU, D. R., MAURER, D., DANNEMILLER, J. L., STEPHENS, B. R., & KLEINER-GATHERCOAL, K. A. (1999). Face perception during early infancy. *Psychological Science, 10,* 419-422.

MONTGOMERY, D. E. (1992). Young children's theory of knowing: The development of a folk epistemology. *Developmental Review, 12,* 410-430.

MOON, C., COOPER, R. P., & FIFER, W. P. (1993). Two-day-old infants prefer their native language. *Infant Behavior & Development, 16,* 495-500.

MORFORD, J. P., & GOLDIN-MEADOW, S. (1997). From here and now to there and then: The development of displaced reference in homesign and English. *Child Development, 68,* 420-435.

MORFORD, J. P., & KEGL, J. A. (2000). Gestural precursors to linguistic concepts: How input shapes the form of language. In D. McNeill (Ed.), *Language and gesture*. Cambridge, UK: Cambridge University Press.

MORGAN, J. L. (1996). A rhythmic bias in preverbal speech segmentation. *Journal of Memory & Language, 35,* 666-688.

MORISSETTE, P., RICARD, M., & GOUIN-DECARIE, T. (1995). Joint visual attention and pointing in infancy: A longitudinal study of comprehension. *British Journal of Developmental Psychology, 13,* 163-177.

MORRIS, A. K., & SLOUTSKY, V. M. (1998). Understanding of logical necessity: Developmental antecedents and cognitive consequences. *Child Development*, 69, 721-741.

MORRISON, F. J., GRIFFITH, E., & ALBERTS, D. (1997). Nature-nurture in the classroom: Entrance age, school readiness and learning in children. *Developmental Psychology*, 33, 254-262.

MORRISON, F. J., GRIFFITH, E. M., & FRAZIER, J. A. (1996). Schooling and the 5-7 shift: A natural experiment. In A. Sameroff & M. M. Haith (Eds.), *Reason and responsibility: The passage through childhood*. Chicago: University of Chicago Press.

MORRISON, F. J., SMITH, L., & DOW-EHRENBERGER, M. (1995). Education and cognitive development: A natural experiment. *Developmental Psychology*, 31, 789-799.

MORRONGIELLO, B. A., FENWICK, K. D., HILLIER, L., & CHANCE, G. (1994). Sound localization in newborn human infants. *Developmental Psychobiology*, 27, 519-538.

MORRONGIELLO, B. A., HUMPHREY, G. K., TIMNEY, B., CHOI, J., & ROCCA, P. T. (1994). Tactual object exploration and recognition in blind and sighted children. *Perception & Psychophysics*, 23, 833-848.

MOSHMAN, D. (1998). Cognitive development beyond childhood. In D. Kuhn & R. S. Siegler (Eds.), *Handbook of child psychology, Vol. 2: Cognition, perception & language.* (5th ed.). New York: Wiley.

MOSIER, C. E., & ROGOFF, B. (1994). Infants' instrumental use of their mothers to achieve their goals. *Child Development*, 65, 70-79.

MOSS, J., & CASE, R. (1999). Developing children's understanding of the rational numbers: A new model and an experimental curriculum. *Journal for Research in Mathematics Education*, 30, 122-147.

MUGNY, G., & DOISE, W. (1978). Socio-cognitive conflict and structure of individual and collective performance. *European Journal of Social Psychology*, 8, 181-192.

MUIR, D., ABRAHAM, W., FORBES, B., & HARRIS, L. (1979). The ontogenesis of an auditory localization response from birth to four months of age. *Canadian Journal of Psychology*, 33, 320-333.

MULLER, E., HOLLIEN, H., & MURRAY, T. (1974). Perceptual responses to infant crying: Identification of cry. *Journal of Child Language*, 1, 89-95.

MUNAKATA, Y. (1998). Infant perseveration and implications for object permanence theories: A PDP model of the A-not-B task. *Developmental Science*, 1, 161-184.

MUNAKATA, Y., MCCLELLAND, J. A., JOHNSON, M. H., & SIEGLER, R. S. (1997). Rethinking infant knowledge: Toward an adaptive process account of successes and failures in object permanence tasks. *Psychological Review*, 104, 686-713.

MUNROE, R. H., SHIMMIN, H. S., & MUNROE, R. L. (1984). Gender understanding and sex role preference in four cultures. *Developmental Psychology*, 20, 673-682.

MURPHY, C. M., & MESSER, D. J. (1977). Mothers, infants, and pointing: A study of gesture. In H. R. Schaffer (Ed.), *Studies of mother-infant interaction*. London: Academic Press.

MURRAY, A. D., JOHNSON, J., & PETERS, J. (1990). Fine-tuning of utterance length to preverbal infants: Effects on later language development. *Journal of Child Language*, 17, 511-525.

MURRAY, F., & ARMSTRONG, S. (1976). Necessity in conservation and nonconservation. *Developmental Psychology*, 12, 483-484.

MURRAY, F. B. (1972). Acquisition of conservation through social interaction. *Developmental Psychology*, 6, 1-6.

MURRAY, F. B. (1987). Necessity: The developmental component in school mathematics. In L. S. Liben (Ed.), *Development and learning: Conflict or congruence?* Hillsdale, NJ: Erlbaum.

MUSSEN, P. H., CONGER, J. J., KAGAN, J., & GEIWITZ, J. (1979). *Psychological development: A life-span approach.* New York: Harper & Row.

MYERS, N. A., CLIFTON, R. K., & CLARKSON, M. G. (1987). When they were very young: Almost threes remember two years ago. *Infant Behavior & Development*, 10, 123-132.

NADEL, L., & ZOLA-MORGAN, S. (1984). Infantile amnesia: A neurobiological perspective. In M. Moscovitch (Ed.), *Infant memory: Its relation to normal and pathological memory in humans and other animals.* New York: Plenum.

NADIG, A. S., & SEDIVY, J. C. (2002). Evidence of perspective-taking constraints in children's on-line reference resolution. *Psychological Science*, 13, 329-336.

NAGELL, K., OLGUIN, K., & TOMASELLO, M. (1993). Processes of social learning in the tool use of chimpanzees *(Pan troglodytes)* and human children *(Homo sapiens)*. *Journal of Comparative Psychology*, 107, 174-186.

NAIGLES, L. R. (1990). Children use syntax to learn verb meanings. *Journal of Child Language*, 17, 357-374.

NAIGLES, L. R., & HOFF-GINSBERG, E. (1995). Input to verb learning: Evidence for the plausibility of syntactic bootstrapping. *Developmental Psychology*, 31, 827-837.

NAITO, M., & MIURA, H. (2001). Japanese children's numerical competencies: Age- and schooling-related influences on the development of number concepts and addition skills. *Developmental Psychology*, 37, 217-230.

NARENS, L., GRAF, G., & NELSON, T. O. (1996). Metacognitive aspects of implicit/explicit memory. In L. M. Reder (Ed.), *Memory and metacognition.* Mahwah, NJ: Erlbaum.

NATHAN, M. J., STEPHENS, A. C., MASARIK, D. K., ALIBALI, M. W., & KOEDINGER, K. R. (2002). Representational fluency in middle school: A classroom study. In D. S. Mewborn, P. Sztajn, D. Y. White, H. G. Wiegel, R. L. Bryant & K. Nooney (Eds.), *Proceedings of the twenty-fourth annual meeting of the North American Chapter of the International Group for the Psychology of Mathematics Education, Vol. 1.* Columbus, OH: ERIC Clearinghouse for Science, Mathematics and Environmental Education.

NATIONAL COUNCIL OF TEACHERS OF MATHEMATICS. (2000). *Principles and standards for school mathematics.* Reston, VA: Author.

NATIONAL READING PANEL (2000). *Teaching children to read: An evidence-based assessment of the scientific research literature on reading and its implications for reading instruction.* Washington, DC: National Institute of Child Health and Human Development.

NAUS, M. J., & ORNSTEIN, P. A. (1983). Development of memory strategies: Analysis, questions, and issues. In M. T. H. Chi (Ed.), *Trends in memory development research.* New York: Karger.

NAZZI, T., BERTONCINI, J., & MEHLER, J. (1998). Language discrimination by newborns: Towards an understanding of the role of rhythm. *Journal of Experimental Psychology: Human Perception & Performance*, 24, 756-766.

NEEDHAM, A. (2000). Improvements in object exploration skills may facilitate the development of object segregation in early infancy. *Journal of Cognition & Development*, 1, 131–156.

NEEDHAM, A. (2001). Object recognition and object segregation in 4.5-month-old infants. *Journal of Experimental Child Psychology*, 78, 3–24.

NEEDHAM, A., & BAILLARGEON, R. (1997). Object segregation in 8-month-old infants. *Cognition*, 62, 121–149.

NEEDHAM, A., & BAILLARGEON, R. (1998). Effects of prior experience on 4.5-month-old infants' object segregation. *Infant Behavior & Development*, 21, 1–24.

NEEDHAM, A., BAILLARGEON, R., & KAUFMAN, L. (1997). Object segregation in infancy. In L. P. Lipsitt & C. Rovee-Collier (Eds.), *Advances in infancy research* (Vol. 11). Norwood, NJ: Ablex.

NEISSER, U., & WEENE, P. (1962). Hierarchies in concept attainment. *Journal of Experimental Psychology*, 64, 640–645.

NELSON, C. A. (1995). The ontogeny of human memory: A cognitive neuroscience perspective. *Developmental Psychology*, 31, 723–738.

NELSON, K. (1973). Structure and strategy in learning to talk. *Monographs of the Society for Research in Child Development*, 38(1–2, Whole No. 149).

NELSON, K. (1978). How young children represent knowledge of their world in and out of language. In R. S. Siegler (Ed.), *Children's thinking: What develops?* Hillsdale, NJ: Erlbaum.

NELSON, K. (1993). The psychological and social origins of autobiographical memory. *Psychological Science*, 4, 1–8.

NELSON, K. (1996). *Language in cognitive development: The emergence of the mediated mind*. New York: Cambridge University Press.

NELSON, K. (1999). Levels and modes of representation: Issues for the theory of conceptual change and development. In P. H. Miller (Ed.), *Conceptual development: Piaget's legacy*. Mahwah, NJ: Erlbaum.

NELSON, K., & FIVUSH, R. (2000). Socialization of memory. In E. Tulving & F. I. M. Craik (Eds.), *The Oxford handbook of memory*. London: Oxford University Press.

NELSON, K., & HUDSON, J. (1988). Scripts and memory: Functional relationship in development. In F. E. Weinert & M. Perlmutter (Eds.), *Memory development: Universal changes and individual differences*. Hillsdale, NJ: Erlbaum.

NEVILLE, H. J. (1995a). Developmental specificity in neurocognitive development in humans. In M. S. Gazzaniga (Ed.), *The cognitive neurosciences*. Cambridge, MA: MIT Press.

NEVILLE, H. J. (1995b, June). *Brain plasticity and the acquisition of skill*. Paper presented at the Cognitive Neuroscience and Education Conference, Eugene, OR.

NEVILLE, H. J., & BAVELIER, D. (2002). Specificity and plasticity in neurocognitive development in humans. In M. H. Johnson, Y. Munakata & R. O. Gilmore (Eds.), *Brain development and cognition: A reader* (2nd ed.). Malden, MA: Blackwell.

NEVILLE, H. J., MILLS, D. L., & LAWSON, D. S. (1992). Fractionating language: Different neural subsystems with different sensitive periods. *Cerebral Cortex*, 2, 244–258.

NEWCOMBE, N. (1989). The development of spatial perspective taking. In H. W. Reese (Ed.), *Advances in child development and behavior* (Vol. 22). New York: Academic Press.

NEWCOMBE, N., & FOX, N. A. (1994). Infantile amnesia: Through a glass darkly. *Child*

Development, 65, 31-40.

NEWCOMBE, N., & HUTTENLOCHER, J. (1992). Children's early ability to solve perspective-taking problems. *Developmental Psychology*, 28, 635-643.

NEWCOMBE, N., HUTTENLOCHER, J., & LEARMONTH, A. (1999). Infants' coding of location in continuous space. *Infant Behavior & Development*, 22, 483-510.

NEWCOMBE, N. S., DRUMMEY, A. B., FOX, N. A., LIE, E., & OTTINGER-ALBERTS, W. (2000). Remembering early childhood: How much, how and why (or why not). *Current Directions in Psychological Science*, 9, 55-58.

NEWCOMBE, N. S., & HUTTENLOCHER, J. (2000). *Making space: The development of spatial representation and reasoning.* Cambridge, MA: MIT Press.

NEWELL, A., & ROSENBLOOM, P. S. (1981). Mechanisms of skill acquisition and the law of practice. In J. R. Anderson (Ed.), *Cognitive skills and their acquisition*. Hillsdale, NJ: Erlbaum.

NEWPORT, E. L. (1990). Maturational constraints on language learning. *Cognitive Science*, 14, 11-28.

NGUYEN, S. P., & GELMAN, S. A. (2002). Four- and 6-year-olds' biological concept of death: The case of plants. *British Journal of Developmental Psychology*, 20, 495-513.

NICELY, P., TAMIS-LAMONDA, C. S., & BORNSTEIN, M. H. (1999). Mothers' attuned responses to infant affect expressivity promote earlier achievement of language milestones. *Infant Behavior & Development*, 22, 557-568.

NUCCI, L. P., & TURIEL, E. (1978). Social interactions and the development of social concepts in preschool children. *Child Development*, 49, 400-407.

OAKES, L. M. (1994). The development of infants' use of continuity cues in their perception of causality. *Developmental Psychology*, 30, 869-879.

OAKES, L. M., & COHEN, L. B. (1990). Infant perception of a causal event. *Cognitive Development*, 5, 193-207.

OAKES, L. M., & COHEN, L. B. (1995). Infant causal perception. In C. Rovee-Collier & L. P. Lipsitt (Eds.), *Advances in infancy research* (Vol. 9). Norwood, NJ: Ablex.

OAKHILL, J. (1988). The development of children's reasoning ability: Information-processing approaches. In K. Richardson & S. Sheldon (Eds.), *Cognitive development to adolescence*. Hillsdale, NJ: Erlbaum.

OAKSFORD, M., & CHATER, N. (1994). A rational analysis of the selection task as optimal data selection. *Psychological Review*, 101, 608-631.

OCHS, E., & SCHIEFFLEIN, B. (1995). The impact of language socialization on grammatical development. In P. Fletcher & B. MacWhinney (Eds.), *The handbook of child language*. Cambridge, MA: Blackwell.

OKAMOTO, Y., & CASE, R. (1996). Exploring the microstructure of children's central conceptual structures in the domain of number. In R. Case & Y. Okamoto (Eds.), *The role of central conceptual structures in the development of children's' thought*. *Monographs of the Society for Research in Child Development*, 61(1-2, Serial No. 246).

OLLER, D. K., & EILERS, R. E. (1988). The role of audition in babbling. *Child Development*, 59, 441-449.

OLSON, D. R. (1988). On the origins of beliefs and other intentional states in children. In J. W. Astington, P. L. Harris & D. R. Olson (Eds.), *Developing theories of mind*. Cambridge, UK: Cambridge University Press.

OLSON, R. K., FORSBERG, H., & WISE, B. (1994). Genes, environment, and the development of orthographic skills. In V. W. Berninger (Ed.), *The varieties of orthographic knowledge I: Theoretical and developmental issues*. Dordrecht, The Netherlands: Kluwer Academic Publishers.

O'NEILL, D. K., ASTINGTON, J. W., & FLAVELL, J. H. (1992). Young children's understanding of the role that sensory experiences play in knowledge acquisition. *Child Development*, 63, 474-490.

OPFER, J. E., & GELMAN, S. A. (2001). Children's and adults' models for predicting teleological action: The development of a biology-based model. *Child Development*, 72, 1367-1381.

ORNSTEIN, P., GORDON, B. N., & LARUS, D. (1992). Children's memory for a personally experienced event: Implications for testimony. *Applied Cognitive Psychology*, 6, 49-60.

ORNSTEIN, P. A., MEDLIN, R. G., STONE, B. P., & NAUS, M. J. (1985). Retrieving for rehearsal: An analysis of active rehearsal in children's memory. *Developmental Psychology*, 21, 635-641.

ORNSTEIN, P. A., & NAUS, M. J. (1985). Effects of the knowledge base on children's memory strategies. In H. W. Reese (Ed.), *Advances in child development and behavior* (Vol. 19). New York: Academic Press.

OSHERSON, D., & MARKMAN, E. (1975). Language and the ability to evaluate contradictions and tautologies. *Cognition*, 3, 213-226.

OVERTON, W. F., WARD, S. L., NOVECK, I. A., BLACK, J., & O'BRIEN, D. P., (1987). Form and content in the development of deductive reasoning. *Developmental Psychology*, 23, 22-30.

PALINCSAR, A. S., & BROWN, A. L. (1984). Reciprocal teaching of comprehension-fostering and monitoring activities. *Cognition & Instruction*, 1, 117-175.

PALINCSAR, A. S., BROWN, A. L., & CAMPIONE, J. C. (1993). First-grade dialogues for knowledge acquisition and use. In E. A. Forman, N. Minick, & C. A. Stone (Eds.), *Contexts for learning: Sociocultural dynamics in children's development*. New York: Oxford University Press.

PANAGOS, J. M., & PRELOCK, P. A. (1982). Phonological constraints on the sentence productions of language-disordered children. *Journal of Speech & Hearing Research*, 25, 171-177.

PAPERT, S. (1980). *Mindstorms: Children, computers, and powerful ideas*. New York: Basic Books.

PARIS, S. G. (1975). Integration and inference in children's comprehension and memory. In F. Restle, R. Shriffrin, J. Castellan, H. Lindman, & D. Pisoni (Eds.), *Cognitive theory* (Vol. 1). Hillsdale, NJ: Erlbaum.

PARKER, J. (1995). Age differences in source monitoring of performed and imagined actions on immediate and delayed tests. *Journal of Experimental Child Psychology*, 60, 84-101.

PASCALIS, O., DE HAAN, M., & NELSON, C. A. (2002). Is face processing species specific during the first year of life? *Science*, 296, 1321-1323.

PASCUAL-LEONE, J. A. (1970). A mathematical model for transition in Piaget's developmental stages. *Acta Psychologica*, 32, 301-345.

PASCUAL-LEONE, J. A. (1989). Constructive problems for constructive theories: The current relevance of Piaget's work and a critique of information processing simulation psychology. In H. Spada & R. Kluwe (Eds.), *Developmental models of thinking*. New York: Academic Press.

PASSOLUNGHI, M. C., & SIEGEL, L. S. (2001). Short-term memory, working memory, and inhibitory control in children with difficulties in arithmetic problem solving. *Journal of Experimental Child Psychology*, 80, 44-57.

PAUEN, S. (2002). Evidence for knowledge-based category discrimination in infancy. *Child Development*, 73, 1016-1033.

PE. A, E., IGLESIAS, A., & LIDZ, C. S. (2001). Reducing test bias through dynamic assessment of children's word learning ability. *American Journal of Speech Language Pathology*, 10, 138-154.

PERFETTI, C. A. (1984). *Reading ability*. New York: Oxford University Press.

PERLMUTTER, M., & LANGE, G. A. (1978). A developmental analysis of recall-recognition distinctions. In P. A. Ornstein (Ed.), *Memory development in children*. Hillsdale, NJ: Erlbaum.

PERNER, J. (1991). *Understanding the representational mind*. Cambridge, MA: MIT Press.

PERNER, J., RUFFMAN, T., & LEEKAM, S. R. (1994). Theory of mind is contagious: You catch it from your sibs. *Child Development*, 65, 1228-1238.

PERRET-CLERMONT, A. N., & SCHUBAUER-LEONI, M. L. (1981). Conflict and cooperation as opportunities for learning. In W. P. Robinson (Ed.), *European monographs in social psychology* (Vol. 24). New York: Academic Press.

PERRIS, E. E., & CLIFTON, R. K. (1988). Reaching in the dark toward sound as a measure of auditory localization in 7-month-old infants. *Infant Behavior & Development*, 11, 477-495.

PERRY, D. G., & BUSSEY, K. (1979). The social learning theory of sex differences: Imitation is alive and well. *Journal of Personality & Social Psychology*, 37, 1699-1712.

PERRY, M., CHURCH, R. B., & GOLDIN-MEADOW, S. (1988). Transitional knowledge in the acquisition of concepts. *Cognitive Development*, 3, 359-400.

PERRY, M., & LEWIS, J. L. (1999). Verbal imprecision as an index of knowledge in transition. *Developmental Psychology*, 35, 749-759.

PESKIN, J. (1992). Ruse and reprsentations: On children's ability to conceal information. *Developmental Psychology*, 28, 84-89.

PETERSON, C. (2002). Children's long-term memory for autobiographical events. *Developmental Review*, 22, 370-402.

PETERSON, C., & RIDEOUT, R. (1998). Memory for medical emergencies experienced by 1- and 2-year-olds. *Developmental Psychology*, 34, 1059-1072.

PETERSON, C. C., & SIEGAL, M. (1997). Domain specificity and everyday biological, physical, and psychological thinking in normal, autistic, and deaf children. In H. M. Wellman & K. Inagaki (Eds.), *The emergence of core domains of thought: Children's reasoning about physical, psychological and biological phenomena*. San Francisco: Jossey-Bass.

PETERSON, C. C., & SIEGAL, M. (1999). Representing inner worlds: Theory of mind in autistic, deaf, and normal hearing children. *Psychological Science*, 10, 126-129.

PETERSON, C. C., & SIEGAL, M. (2000). Insights into theory of mind from deafness and autism. *Mind & Language*, 15, 123-145.

PETITTO, L. A. (1992). Modularity and constraints in early lexical acquisition: Evidence from children's first words/signs and gestures. In M. Gunnar & M. Maratsos (Eds.), *Minnesota Symposium on Child Psychology: Vol. 25. Modularity and constraints in language and cognition*. Hillsdale, NJ: Erlbaum.

PETITTO, L. A. (1995). In the beginning: On the genetic and environmental factors that make early language acquisition possible. In M. Gopnik & S. Davis (Eds.). *The biological basis of language*. Oxford, UK: Oxford University Press.

PETITTO, L. A., HOLOWKA, S., SERGIO, L. E., & OSTRY, D. (2001). Language rhythms in baby hand movements. *Nature*, 413, 35-36.

PETITTO, L. A., & MARENTETTE, P. (1991). Babbling in the manual mode: Evidence for the ontogeny of language. *Science*, 25, 1483-1496.

PHELPS, K. E., & WOOLLEY, J. D. (1994). The form and function of young children's magical beliefs. *Developmental Psychology*, 30, 385-394.

PHILLIPS, A. T., WELLMAN, H. M., & SPELKE, E. S. (2002). Infants' ability to connect gaze and emotional expression to intentional action. *Cognition*, 85, 53-78.

PHILLIPS, S. B. V. D., GOLDIN-MEADOW, S., & MILLER, P. J. (2001). Enacting stories, seeing worlds: Similarities and differences in the cross-cultural narrative development of linguistically isolated deaf children. *Human Development*, 44, 311-336.

PIAGET, J. (1946a). *The development of children's concept of time*. Paris: Presses Universitaires de France.

PIAGET, J. (1946b). *Les notions de mouvement et de vitesse ches l'enfant*. Paris: Presses Universitaires de France.

PIAGET, J. (1951). *Plays, dreams, and imitation in childhood*. New York: Norton.

PIAGET, J. (1952). *The origins of intelligence in children*. New York: International Universities Press.

PIAGET, J. (1954). *The construction of reality in the child*. New York: Basic Books.

PIAGET, J. (1969). *The child's conception of time*. New York: Ballantine.

PIAGET, J. (1970). *Psychology and epistemology*. New York: Norton.

PIAGET, J. (1971). *The construction of reality in the child*. New York: Ballantine.

PIAGET, J., & INHELDER, B. (1969). *The psychology of the child* (H. Weaver, Trans.). London: Routledge & Kegan Paul.

PIAGET, J., INHELDER, B., & SZEMINSKA, A. (1960). *The child's conception of geometry*. London: Routledge & Kegan Paul.

PILLEMER, D. B., & WHITE, S. H. (1989). Childhood events recalled by children and adults. In H. W. Reese (Ed.), *Advances in child development and behavior* (Vol. 21). New York: Academic Press.

PILLOW, B. (1989). Early understanding of perception as a source of knowledge. *Journal of Experimental Child Psychology*, 47, 116-129.

PILLOW, B. (1993). Preschool children's understanding of the relationship between modality of perceptual access and knowledge of perceptual properties. *British Journal of Developmental Psychology*, 11, 371-389.

PILLOW, B. H., HILL, V., BOYCE, A., & STEIN, C. (2000). Understanding inference as a source of knowledge: Children's ability to evaluate the certainty of deduction, perception, and guessing. *Developmental Psychology*, 36, 169-179.

PINE, K. J., & MESSER, D. J. (1998). Group collaboration effects and the explicitness of children's knowledge. *Cognitive Development*, 13, 109-126.

PINKER, S. (1984). *Language learnability and language development*. Cambridge, MA: Harvard University Press.

PINKER, S., & PRINCE, A. (1988). On language and connectionism: Analysis of a parallel distributed processing model of language acquisition. *Cognition*, 28, 73-193.

PLAUT, D. C., MCCLELLAND, J. L., SEIDENBERG, M. S., & PATTERSON, K. E. (1996). Understanding normal and impaired word reading: Computational principles in quasi-regular domains. *Psychological Review*, 103, 56-115.

PLUNKETT, K. (1996). *Connectionism and development: Neural networks and the study of change*. New York: Oxford University Press.

PLUNKETT, K., & MARCHMAN, V. (1993). From rote learning to system building: Acquiring verb morphology in children and connectionist nets. *Cognition*, 48, 21-69.

PLUNKETT, K., & SINHA, C. (1992). Connectionism and developmental theory. *British Journal of Developmental Psychology*, 10, 209-254.

POLLAK, S. D., & KISTLER, D. J. (2002). Early experience is associated with the development of categorical representations for facial expressions of emotion. *Proceedings of the National Academy of Science*, 99, 9072-9076.

POOLE, D. A., & LAMB, M. E. (1998). *Investigative interviews of children: A guide for helping professionals*. Washington, DC: American Psychological Association.

POOLE, D. A., & LINDSAY, D. S. (1995). Interviewing preschoolers: Effects of nonsuggestive techniques, parental coaching and leading questions on reports of nonexperienced events. *Journal of Experimental Child Psychology*, 60, 129-154.

POOLE, D. A., & WHITE, L. (1991). Effects of question repetition on the eyewitness testimony of children and adults. *Developmental Psychology*, 27, 975-986.

POOLE, D. A., & WHITE, L. (1993). Two years later: Effects of question repetition and retention interval on the eyewitness testimony of children and adults. *Developmental Psychology*, 29, 844-853.

POSNER, M. I., ROTHBART, M. K., THOMAS-THRAPP, L., & GERARDI, G. (1998). Development of orienting to locations and objects. In R. Wright (Ed.), *Visual attention*. New York: Oxford University Press.

POULIN-DUBOIS, D., LEPAGE, A., & FERLAND, D. (1996). Infants' concept of animacy. *Cognitive Development*, 11, 19-36.

POULIN-DUBOIS, D., SERBIN, L. A., & DERBYSHIRE, A. (1998). Toddlers' intermodal and verbal knowledge about gender. *Merrill-Palmer Quarterly*, 44, 338-354.

POWLISHTA, K. K., SERBIN, L. A., DOYLE, A. B., & WHITE, D. R. (1994). Gender, ethnic, and body type biases: The generality of prejudice in childhood. *Developmental Psychology*, 30, 526-536.

PRATT, C., & BRYANT, P. E. (1990). Young children understand that looking leads to knowing (so long as they are looking through a single barrel). *Child Development*, 61, 973-982.

PRATT, M. W., KERIG, P., COWAN, P. A., & COWAN, C. P. (1988). Mothers and fathers teaching 3-year-olds: Authoritative parenting and adult scaffolding of young children's learning. *Developmental Psychology*, 24, 832-839.

PRECHTL, H. F. R., CIONI, G., EINSPIELER, C., BOS, A. F., & FERRARI, F. (2001).

Role of vision in early motor development: Lessons from the blind. *Developmental Medicine & Child Neurology*, 43, 198-201.

PRESSLEY, M. (1995). What is intellectual development about in the 1990s? Good information processing. In F. E. Weinert & W. Schneider (Eds.), *Memory performance and competencies: Issues in growth and development*. Hillsdale, NJ: Erlbaum.

PRESSLEY, M., LEVIN, J. R., & GHATALA, E. S. (1984). Memory strategy monitoring in adults and children. *Journal of Verbal Learning & Verbal Behavior*, 23, 270-288.

PRESSON, C. G., & IHRIG, L. H. (1982). Using matter as a spatial landmark: Evidence against egocentric coding in infancy. *Developmental Psychology*, 18, 699-703.

PRIEL, B., & DESCHONEN, S. (1986). Self-recognition: A study of a population without mirrors. *Journal of Experimental Child Psychology*, 41, 237-250.

PYE, C. (1992). The acquisition of K'iche' Maya. In D. Slobin (Ed.), *The crosslinguistic study of language acquisition* (Vol. 3). Hillsdale, NJ: Erlbaum.

QUINE, W. V. O. (1960). *Word and object*. Cambridge, MA: MIT Press.

QUINN, P. C., & EIMAS, P. D. (1995). Peceptual organization and categorization in young infants. In C. Rovee-Collier & L. P. Lipsitt (Eds.), *Advances in infancy research* (Vol. 11). Norwood, NJ: Ablex.

QUINN, P. C., EIMAS, P. D., & ROSENKRANTZ, S. L. (1993). Evidence for representations of perceptually similar natural categories by 3-month-old and 4-month-old infants. *Perception*, 22, 463-475.

QUINN, P. C., & JOHNSON, M. H. (1997). The emergence of perceptual category representations in young infants: A connectionist analysis. *Journal of Experimental Child Psychology*, 66, 236-263.

QUINN, P. C., & JOHNSON, M. H. (2000). Global-before-basic object categorization in connectionist networks and 2-month-old infants. *Infancy*, 1, 31-46.

QUINTANA, S. M. (1994). A model of ethnic perspective-taking ability applied to Mexican-American children and youth. *International Journal of Intercultural Relations*, 18, 419-448.

QUINTANA, S. M. (1998). Children's developmental understanding of ethnicity and race. *Applied & Preventive Psychology*, 7, 27-45.

RABINOWITZ, M., & CHI, M. T. H. (1987). An interactive model of strategic processing. In S. J. Ceci (Ed.), *Handbook of cognitive, social and neuropsychological aspects of learning disabilities* (Vol. 2). Hillsdale, NJ: Erlbaum.

RABINOWITZ, M., & WOOLEY, K. E. (1995). Much ado about nothing: The relation among computational skill, arithmetic word problem comprehension, and limited attentional resources. *Cognition & Instruction*, 13, 51-71.

RACK, J. P., SNOWLING, M. J., & OLSON, R. K. (1992). The non-word reading deficit in developmental dyslexia: A review. *Reading Research Quarterly*, 27, 29-53.

RADZISZEWSKA, B., & ROGOFF, B. (1988). Influence of adult and peer collaborators on children's planning skills. *Developmental Psychology*, 24, 840-848.

RADZISZEWSKA, B., & ROGOFF, B. (1991). Children's guided participation in planning imaginary errands with skilled adult or peer partners. *Developmental Psychology*, 27, 381-389.

RAIJMAKERS, M. E. J., VAN KOTEN, S., & MOLENAAR, P. C. M., (1996). On the validity of simulating stagewise development by means of PDP networks: Application of catastrophe analysis and an experimental test of rule-like network performance. *Cognitive Science*, 20, 101–139.

RAKISON, D. H., & OAKES, L. M. (Eds.). (2003). *Early category and concept development: Making sense of the blooming, buzzing confusion.* London: Oxford University Press.

RAKISON, D. H., & POULIN-DUBOIS, D. (2001). The developmental origin of the animate-inanimate distinction. *Psychological Bulletin*, 127, 209–228.

RAMSEY, P. G. (1991). Young children's awareness and understanding of social class differences. *Journal of Genetic Psychology*, 152, 71–82.

RAYNER, K., FOORMAN, B. R., PERFETTI, C. A., PESETSKY, D., & SEIDENBERG, M. S. (2001). How psychological science informs the teaching of reading. *Psychological Science in the Public Interest*, 2, 31–74.

REDER, L. M., & SCHUNN, C. D. (1996). Metacognition does not imply awareness: Strategy choice is governed by implicit learning and memory. In L. M. Reder (Ed.), *Memory and metacognition.* Mahwah, NJ: Erlbaum.

REESE, H. W. (1962). Verbal mediation as a function of age level. *Psychological Bulletin*, 59, 502–509.

REICH, P. A. (1986). *Language development.* Englewood Cliffs, NJ: Prentice-Hall.

REPACHOLI, B. M., & GOPNIK, A. (1997). Early reasoning about desires: Evidence from 14- and 18-month-olds. *Developmental Psychology*, 33, 12–21.

RESNICK, L. B., CAUZINILLE-MARMECHE, E., & MATHIEU, J. (1987). Understanding algebra. In J. A. Sloboda & D. Rogers (Eds.), *Cognitive processes in mathematics.* Oxford, UK: Clarendon Press.

RESNICK, L. B., LEVINE, H. M., & TEASLEY, S. D. (1991). *Perspectives on socially shared cognition.* Washington, DC: American Psychological Association.

RESNICK, L. B., NESHER, P., LEONARD, F., MAGONE, M., OMANSON, S., & PELED, I. (1989). Conceptual bases of arithmetic errors: The case of decimal fractions. *Journal for Research in Mathematics Education*, 20, 8–27.

RHOLES, W. S., & RUBLE, D. N. (1984). Children's understanding of dispositional characteristics of others. *Child Development*, 55, 550–560.

RICE, C., KOINIS, D., SULLIVAN, K., TAGER-FLUSBERG, H., & WINNER, E. (1997). When 3-year-olds pass the appearance-reality test. *Developmental Psychology*, 33, 54–61.

RICHARDS, D. D., & SIEGLER, R. S. (1984). The effects of task requirements on children's life judgements. *Child Development*, 55, 1687–1696.

RICHARDS, J. E., & HOLLEY, F. B. (1999). Infant attention and the development of smooth pursuit tracking. *Developmental Psychology*, 35, 856–867.

RIESER, J. (1979). Spatial orientation of six-month-old infants. *Child Development*, 50, 1078–1087.

RIESER, J. J., GARING, A. E., & YOUNG, M. F. (1994). Imagery, action, and young children's spatial orientation: It's not being there that counts, it's what one has in mind. *Child Development*, 65, 1262–1278.

RIESER, J. J., HILL, E. W., TALOR, C. R., BRADFIELD, A., & ROSEN, S. (1992). Visual experience, visual field size, and the development of nonvisual sensitivity to the spatial structure of outdoor neighborhoods explored by walking. *Journal of Experimental Psychology: General*, 121, 210–221.

RITTER, K. (1978). The development of knowledge of an external retrieval cue strategy. *Child Development*, 49, 1227-1230.

RITTLE-JOHNSON, B., & ALIBALI, M. W. (1999). Conceptual and procedural knowledge of mathematics: Does one lead to the other? *Journal of Educational Psychology*, 91, 175-189.

RITTLE-JOHNSON, B., & SIEGLER, R. S. (1999). Learning to spell: Variability, choice, and change in children's strategy use. *Child Development*, 70, 332-348.

ROBERTS, K. (1988). Retrieval of a basic-level category in prelinguistic infants. *Developmental Psychology*, 24, 21-27.

ROBINSON, E. J., & ROBINSON, W. P. (1981). Egocentrism in verbal referential communication. In M. Cox (Ed.), *Is the young child egocentric?* London: Concord.

ROCHAT, P. (2001). Origins of self-concept. In G. Bremner & A. Fogel (Eds.), *Blackwell handbook of infant development*. Malden, MA: Blackwell.

ROCHAT, P., QUERIDO, J. G., & STRIANO, T. (1999). Emerging sensitivity to the timing and structure of proto-conversation in early infancy. *Developmental Psychology*, 35, 950-957.

ROEDELL, W. C., JACKSON, N. E., & ROBINSON, H. B. (1980). *Gifted young children*. New York: Teachers College Press.

ROESSLER, J., & DANNEMILLER, J. L. (1997). Changes in infants' sensitivity to slow displacements over the first six months. *Vision Research*, 37, 417-423.

ROGOFF, B. (1990). *Apprenticeship in thinking*. New York: Oxford University Press.

ROGOFF, B. (1995). Observing sociocultural activity on three planes: Participatory appropriation, guided participation, and apprenticeship. In A. Alvarez (Ed.), *Sociocultural studies of mind*. Cambridge, UK: Cambridge University Press.

ROGOFF, B. (1997). Evaluating development in the process of participation: Theory, methods and practice building on each other. In E. Amsel & K. A. Renninger (Eds.), *Change and development: Issues of theory, method, and application*. Mahwah, NJ: Erlbaum.

ROGOFF, B. (1998). Cognition as a collaborative process. In D. Kuhn & R. S. Siegler (Eds.), *Handbook of child psychology: Vol. 2. Cognition, perception, & language* (5th ed.). New York: Wiley.

ROGOFF, B., ELLIS, S., & GARDNER, W. (1984). Adjustment of adult-child instruction according to child's age and task. *Developmental Psychology*, 20, 193-199.

ROGOFF, B., MISTRY, J., G. NCü, A., & MOSIER, C. (1993). Guided participation in cultural activity by toddlers and caregivers. *Monographs of the Society for Research in Child Development*, 58(8, Serial No. 236).

ROGOFF, B., TOPPING, K., BAKER-SENNETT, J., & LACASA, P. (2002). Mutual contributions of individuals, partners, and institutions: Planning to remember in Girl Scout cookie sales. *Social Development*, 11, 266-289.

ROSCH, E., & MERVIS, C. B. (1975). Family resemblances: Studies in the internal structure of categories. *Cognitive Psychology*, 7, 573-605.

ROSCH, E., MERVIS, C. B., GRAY, W. D., JOHNSON, D. M. & BOYESBRAEM, P. (1976). Basic objects in natural categories. *Cognitive Psychology*, 8, 382-439.

ROSE, S. A., & FELDMAN, J. F. (1995). Prediction of IQ and specific cognitive abilities at 11 years from infancy measures. *Developmental Psychology*, 31, 685-696.

ROSE, S. A. & FELDMAN, J. F. (1997). Memory and speed: Their role in the relation of infant information processing to later IQ. *Child Development*, 68, 630-641.

ROSE, S. A., FELDMAN, J. F., & WALLACE, I. F. (1992). Infant information processing in relation to six-year cognitive outcome. *Child Development*, 63, 1126-1141.

ROSENGREN, K. S., GELMAN, S. A., KALISH, C. W., & MCCORMICK, M. (1991). As time goes by: Children's early understanding of growth in animals. *Child Development*, 62, 1302-1320.

ROSENGREN, K. S., KALISH, C. W., HICKLING, A. K., & GELMAN, S. (1994). Exploring the relation between preschool children's magical beliefs and causal thinking. *British Journal of Developmental Psychology*, 12, 69-82.

ROSENSHINE, B., & MEISTER, C. (1994). Reciprocal teaching: A review of research. *Review of Educational Research*, 64, 479-530.

ROVEE, C. K., & FAGEN, J. W. (1976). Extended conditioning and 24-hour retention in infants. *Journal of Experimental Child Psychology*, 21, 1-11.

ROVEE-COLLIER, C. (1989). *The "memory system" of prelinguistic infants*. Paper presented at the Conference on the Development and Neural Bases of Higher Cognitive Functions, Chestnut Hill, PA.

ROVEE-COLLIER, C. (1995). Time windows in cognitive development. *Developmental Psychology*, 31, 147-169.

ROVEE-COLLIER, C. (1999). The development of infant memory. *Current Directions in Psychological Science*, 8, 80-85.

ROVEE-COLLIER, C., ADLER, S. A., & BORZA, M. (1994). Substituting new details for old? Effects of delaying postevent information on infant memory. *Memory & Cognition*, 22, 644-656.

ROVEE-COLLIER, C., EVANCIO, S., & EARLEY, L. A. (1995). The time window hypothesis: Spacing effects. *Infant Behavior & Development*, 18, 69-78.

RUBENSTEIN, A. J., KALKANIS, L., & LANGLOIS, J. H. (1999). Infant preferences for attractive faces: A cognitive explanation. *Developmental Psychology*, 35, 848-855.

RUBIN, D. C. (2000). The distribution of early childhood memories. *Memory*, 8, 265-269.

RUBLE, D. N., & DWECK, C. S. (1995). Self-perceptions, person conceptions, and their development. In N. Eisenberg (Ed.), *Social development*. Thousand Oaks, CA: Sage.

RUECKERT, L., LANGE, N., PARTIOT, A., APPOLLONIO, I., LITVAN, I., LE BIHAN, D., & GRAFMAN, J. (1996). Visualizing cortical activation during mental calculation with functional MRI. *Neuroimage*, 3, 97-103.

RUFFMAN, T., PERNER, J., NAITO, M., PARKIN, L., & CLEMENTS, W. A. (1998). Older (but not younger) siblings facilitate false belief understanding. *Developmental Psychology*, 34, 161-174.

RUFFMAN, T., SLADE, L., & CROWE, E. (2002). The relation between children's and mothers' mental state language and theory-of-mind understanding. *Child Development*, 73, 734-751.

RUSSELL, J. (1982). Cognitive conflict, transmission, and justification: Conservation attainment through dyadic interaction. *Journal of Genetic Psychology*, 140, 283-297.

RUSSELL, J., JARROLD, C., & POTEL, D. (1994). What makes strategic deception difficult for children—the deception or the strategy? *British Journal of Developmental Psychology*, 12, 301-314.

SACHS, J., & DEVIN, J. (1976). Young children's use of age-appropriate speech styles in social interaction and role playing. *Journal of Child Language*, 3, 81-98.

SAFFRAN, J. R. (2003a). Absolute pitch in infancy and adulthood: The role of tonal structure. *Developmental Science*, 6, 35-43.

SAFFRAN, J. R. (2003b). Statistical language learning: Mechanisms and constraints. *Current Directions in Psychological Science*, 12, 110-114.

SAFFRAN, J. R., ASLIN, R. N., & NEWPORT, E. L. (1996). Statistical learning by 8-month-old infants. *Science*, 274, 1926-1928.

SAFFRAN, J. R., & GRIEPENTROG, G. J. (2001). Absolute pitch in infant auditory learning: Evidence for developmental reorganization. *Developmental Psychology*, 37, 74-85.

SALAPATEK, P. (1975). Pattern perception in early infancy. In L. B. Cohen & P. Salapatek (Eds.), *Infant perception: From sensation to cognition*. New York: Academic Press.

SAMARAPUNGAVAN, A., VOSNIADOU, S., & BREWER, W. F. (1996). Mental models of the earth, sun, and moon: Indian children's cosmologies. *Cognitive Development*, 11, 491-521.

SAMUELSON, L. K., & SMITH, L. B. (1998). Memory and attention make smart word learning: An alternative account of Akhtar, Carpenter and Tomasello. *Child Development*, 69, 94-104.

SAMUELSON, L. K., & SMITH, L. B. (2000a). Children's attention to rigid and deformable shape in naming and non-naming tasks. *Child Development*, 71, 1555-1570.

SAMUELSON, L. K., & SMITH, L. B. (2000b). Grounding development in cognitive processes. *Child Development*, 71, 98-106.

SAYWITZ, K., GOODMAN, G., NICHOLS, G., & MOAN, S. (1991). Children's memory of a physical examination involving genital touch: Implications for reports of child sexual abuse. *Journal of Consulting & Clinical Psychology*, 5, 682-691.

SCARDAMALIA, M., & BEREITER, C. (1984). Written composition. In M. Wittrock (Ed.), *Handbook of research on teaching*, 3rd edition. New York: Macmillan.

SCHACTER, D. L. (1987). Implicit memory: History and current status. *Journal of Experimental Psychology: Learning, Memory, & Cognition*, 13, 501-518.

SCHAUBLE, L. (1990). Belief revision in children: The role of prior knowledge and strategies for generating evidence. *Journal of Experimental Child Psychology*, 49, 31-57.

SCHAUBLE, L. (1996). The development of scientific reasoning in knowledge-rich contexts. *Developmental Psychology*, 32, 102-119.

SCHELLENBERG, E. G., & TREHUB, S. E. (1996). Natural musical intervals: Evidence from infant listeners. *Psychological Science*, 7, 272-277.

SCHIEFFLEIN, B. B. (1990). *The give and take of everyday life: Language socialization of Kaluli children*. Cambridge, UK: Cambridge University Press.

SCHLAGMUELLER, M., & SCHNEIDER, W. (2002). The development of organizational strategies in children: Evidence from a microgenetic longitudinal study. *Journal of Experimental Child Psychology*, 81, 298-319.

SCHLESINGER, I. M. (1982). *Steps to language: Towards a theory of native language acquisition*. Hillsdale, NJ: Erlbaum.

SCHLOTTMAN, A., ALLEN, D., LINDEROTH, C., & HESKETH, S. (2002). Perceptual causality in children. *Child Development*, 73, 1656-1677.

SCHNEIDER, B. A., TREHUB, S. E., & BULL, D. (1979). The development of basic auditory processes in infants. *Canadian Journal of Psychology,* 33, 306–319.

SCHNEIDER, W. (1986). The role of conceptual knowledge and metamemory in the development of organizational processes in memory. *Journal of Experimental Child Psychology,* 42, 318–336.

SCHNEIDER, W., & BJORKLUND, D. F. (1998). Memory. In D. Kuhn & R. S. Siegler (Eds.), *Handbook of child psychology: Vol. 2. Cognition, perception, & language* (5th ed.). New York: Wiley.

SCHNEIDER, W., GRUBER, H., GOLD, A., & OPWIS, K. (1993). Chess expertise and memory for chess positions in children and adults. *Journal of Experimental Child Psychology,* 56, 328–349.

SCHNEIDER, W., KORKEL, J., & WEINERT, F. E. (1989). Domain-specific knowledge and memory performance: A comparison of high- and low-aptitude children. *Journal of Educational Psychology,* 81, 306–312.

SCHNEIDER, W., & PRESSLEY, M. (1989). *Memory development between 2 and 20.* New York: Springer-Verlag.

SCHNEIDER, W., & SODIAN, B. (1988). Metamemory-memory relationships in preschool children: Evidence from a memory-for-location task. *Journal of Experimental Child Psychology,* 45, 209–233.

SCHOLNICK, E. K., & WING, C. S. (1995). Logic in conversation: Comparative studies of deduction in children and adults. *Cognitive Development,* 10, 319–346.

SCHWARTZ, D. L. (1995). The emergence of abstract representations in dyad problem solving. *Journal of the Learning Sciences,* 4, 321–354.

SCHWEBEL, D. C., ROSEN, C. S., & SINGER, J. L. (1999). Preschoolers' pretend play and theory of mind: The role of jointly constructed pretence. *British Journal of Developmental Psychology,* 17, 333–348.

SEIDENBERG, M. S., & MCCLELLAND, J. L. (1989). A distributed, developmental model of word recognition and naming. *Psychological Review,* 96, 523–568.

SENGHAS, A., & COPPOLA, M. (2001). Children creating language: How Nicaraguan Sign Language acquired a spatial grammar. *Psychological Science,* 12, 323–328.

SERBIN, L. A., POULIN-DUBOIS, D., COLBURNE, K. A., SEN, M. G., & EICHSTEDT, J. A. (2001). Gender stereotyping in infancy: Visual preferences for and knowledge of gender-stereotyped toys in the second year. *International Journal of Behavioral Development,* 25, 7–15.

SHAKLEE, H. (1979). Bounded rationality and cognitive development: Upper limits on growth? *Cognitive Psychology,* 11, 327–345.

SHAKLEE, H., & ELEK, S. (1988). Cause and covariate: Development of two related concepts. *Cognitive Development,* 3, 1–13.

SHANTZ, C. U. (1983). Social cognition. In J. H. Flavell & E. M. Markman (Eds.), *Handbook of child psychology, Vol. 3: Cognitive development.* New York: Wiley.

SHARE, D. L., & STANOVICH, K. E. (1995). Cognitive processes in early reading development: A model of acquisition and individual differences. *Issues in Education: Contributions from Educational Psychology,* 1, 1–57.

SHATZ, M., & GELMAN, R. (1973). The development of communication skills: Modifications in the speech of young children as a function of listener. *Monographs of the Society for*

Research in Child Development, 38(5, Serial No. 152).

SHI, R., & WERKER, J. F. (2001). Six-month-old infants' preference for lexical words. *Psychological Science*, 12, 70-75.

SHI, R., WERKER, J. F., & MORGAN, J. L. (1999). Newborn infants' sensitivity to perceptual cues to lexical and grammatical words. *Cognition*, 72, B11-B21.

SHIMOJO, S., BAUER, J. A., O'CONNELL, K. M., & HELD, R. (1986). Prestereoptic binocular vision in infants. *Vision Research*, 26, 501-510.

SHRAGER, J., & SIEGLER, R. S. (1998). SCADS: A model of children's strategy choices and strategy discoveries. *Psychological Science*, 9, 405-410.

SHULTZ, T. R. (1980). Development of the concept of intention. In W. A. Collins (Ed.), *Minnesota Symposium on Child Psychology: Vol. 13. Development of cognition, affect, and social relations*. Hillsdale, NJ: Erlbaum.

SHULTZ, T. R. (1998). A computational analysis of conservation. *Developmental Science*, 1, 103-126.

SHULTZ, T. R. (2003). *Computational developmental psychology*. Cambridge, MA: MIT Press.

SHULTZ, T. R., ALTMANN, E., & ASSELIN, J. (1986). Judging causal priority. *British Journal of Developmental Psychology*, 4, 67-74.

SHULTZ, T. R., & BALE, A. C. (2001). Neural network simulation of infant familiarization to artificial sentences: Rule-like behavior without explicit rules and variables. *Infancy*, 2, 501-536.

SHULTZ, T. R., FISHER, G. W., PRATT, C. C., & RULF, S. (1986). Selection of causal rules. *Child Development*, 57, 143-152.

SHULTZ, T. R., SCHMIDT, W. C., BUCKINGHAM, D., & MARESCHAL, D. (1995). Modeling cognitive development with a generative connectionist algorithm. In T. Simon & G. Halford (Eds.), *Developing cognitive competence: New approaches to process modeling*. Hillsdale, NJ: Erlbaum.

SIEGAL, M., & PETERSON, C. C. (1994). Children's theory of mind and the conversational territory of cognitive development. In C. Lewis & P. Mitchell (Eds.), *Children's early understanding of mind: Origins and development*. Hillsdale, NJ: Erlbaum.

SIEGLER, R. S. (1976). Three aspects of cognitive development. *Cognitive Psychology*, 8, 481-520.

SIEGLER, R. S. (1978). The origins of scientific reasoning. In R. S. Siegler (Ed.), *Children's thinking: What develops?* Hillsdale, NJ: Erlbaum.

SIEGLER, R. S. (1981). Developmental sequences within and between concepts. *Monographs of the Society for Research in Child Development*, 46(2, Whole No. 189).

SIEGLER, R. S. (1986). Unities in strategy choices across domains. In M. Perlmutter (Ed.), *Minnesota Symposium on Child Psychology: Vol. 19. Perspectives on intellectual development*. Hillsdale, NJ: Erlbaum.

SIEGLER, R. S. (1987a). Strategy choices in subtraction. In J. Sloboda & D. Rogers (Eds.) *Cognitive processes in mathematics*. Oxford, UK: Clarendon.

SIEGLER, R. S. (1987b). The perils of averaging data over strategies: An example from children's addition. *Journal of Experimental Psychology: General*, 116, 250-264.

SIEGLER, R. S. (1988a). Individual differences in strategy choices: Good students, not-so-good students, and perfectionists. *Child Development*, 59, 833-851.

SIEGLER, R. S. (1988b). Strategy choice procedures and the development of multiplication skill. *Journal of Experimental Psychology: General*, 117, 258-275.

SIEGLER, R. S. (1994). Cognitive variability: A key to understanding cognitive development. *Current Directions in Psychological Science*, 3, 1-5.

SIEGLER, R. S. (1995). How does change occur: A microgenetic study of number conservation. *Cognitive Psychology*, 28, 225-273.

SIEGLER, R. S. (1996). *Emerging minds: The process of change in children's thinking.* New York: Oxford University Press.

SIEGLER, R. S. (2000). The rebirth of children's learning. *Child Development*, 71, 26-35.

SIEGLER, R. S. (2002). Microgenetic studies of self-explanation. In N. Granott & J. Parziale (Eds.), *Microdevelopment: Transition processes in development and learning.* Cambridge, UK: Cambridge University Press.

SIEGLER, R. S., & CROWLEY, K. (1991). The microgenetic method: A direct means for studying cognitive development. *American Psychologist*, 46, 606-620.

SIEGLER, R. S., & CROWLEY, K. (1994). Constraints on learning in non-privileged domains. *Cognitive Psychology*, 27, 194-227.

SIEGLER, R. S., & JENKINS, E. A. (1989). *How children discover new strategies.* Hillsdale, NJ: Erlbaum.

SIEGLER, R. S., & RICHARDS, D. D. (1979). The development of speed, time, and distance concepts. *Developmental Psychology*, 15, 288-298.

SIEGLER, R. S., & ROBINSON, M. (1982). The development of numerical understandings. In H. W. Reese & L. P. Lipsitt (Eds.), *Advances in child development and behavior* (Vol. 16). New York: Academic Press.

SIEGLER, R. S., & SHIPLEY, C. (1995). Variation, selection, and cognitive change. In T. Simon & G. Halford (Eds.), *Developing cognitive competence: New approaches to process modeling.* Hillsdale, NJ: Erlbaum.

SIEGLER, R. S., & SHRAGER, J. (1984). Strategy choices in addition and subtraction: How do children know what to do? In C. Sophian (Ed.), *The origins of cognitive skills.* Hillsdale, NJ: Erlbaum.

SIEGLER, R. S., & STERN, E. (1998). Conscious and unconscious strategy discoveries: A microgenetic analysis. *Journal of Experimental Psychology: General*, 127, 377-397.

SIEGLER, R. S., & SVETINA, M. (2002). A microgenetic/crosssectional study of matrix completion: Comparing short-term and long-term change. *Child Development*, 73, 793-809.

SIGMAN, M., COHEN, S. E., & BECKWITH, L. (1997). Why does infant behavior predict adolescent intelligence? *Infant Behavior & Development*, 20, 133-140.

SILVER, E. A. (1983). Probing young adults' thinking about rational numbers. *Focus on Learning Problems in Mathematics*, 5, 105-117.

SIMON, T., & KLAHR, D. (1995). A theory of children's learning about number conservation. In T. Simon & G. Halford (Eds.), *Developing cognitive competence: New approaches to process modeling.* Hillsdale, NJ: Erlbaum.

SIMON, T. J., HESPOS, S. J., & ROCHAT, P. (1995). Do infants understand simple arithmetic? A replication of Wynn (1992). *Cognitive Development*, 10, 253-269.

SIMONS, D. J., & KEIL, F. C. (1995). An abstract to concrete shift in the development of biological thought. *Cognition*, 56, 129-163.

SIQUELAND, E. R., & LIPSITT, L. P. (1966). Conditioned head turning in human newborns. *Journal of Experimental Child Psychology*, 3, 356-376.

SLATER, A., MATTOCK, A., & BROWN, E. (1990). Size constancy at birth: Newborn infants' responses to retinal and real size. *Journal of Experimental Child Psychology*, 49, 314-322.

SLATER, A., & QUINN, P. C. (2001). Face recognition in the newborn infant. *Infant & Child Development*, 10, 21-24.

SLATER, A., VON DER SCHULENBURG, C., BROWN, E., BADENOCH, M., BUTTERWORTH, G., PARSONS, S., & SAMUELS, C. (1998). Newborn infants prefer attractive faces. *Infant Behavior & Development*, 21, 345-354.

SLEEMAN, D. H. (1985). Basic algebra revisited: A study with 14-year-olds. *International Journal of Man-Machine Studies*, 22, 127-149.

SLOBIN, D. I. (1986). Crosslinguistic evidence for the language-making capacity. In D. I. Slobin (Ed.), *The crosslinguistic study of language acquisition*. Hillsdale, NJ: Erlbaum.

SMETANA, J. G., & BRAEGES, J. L. (1990). The development of toddlers' moral and conventional judgements. *Merrill-Palmer Quarterly*, 36, 329-346.

SMETANA, J. G., & LETOURNEAU, K. S. (1984). Development of gender constancy and children's sex-typed free play behavior. *Developmental Psychology*, 20, 691-696.

SMILEY, P., & HUTTENLOCHER, J. (1989). Young children's acquisition of emotion concepts. In C. Saarni & P. L. Harris (Eds.), *Children's understanding of emotion*. Cambridge, UK: Cambridge University Press.

SMILEY, S. S. & BROWN, A. L. (1979). Conceptual preference for thematic or taxonomic relations: A nonmonotonic age trend from preschool to old age. *Journal of Experimental Child Psychology*, 28, 249-257.

SMITH, A. (1984). Early and long-term recovery from brain damage in children and adults: Evolution of concepts of localization, plasticity, and recovery. In C. R. Almli & S. Finger (Eds.), *Early brain damage* (Vol. 2). New York: Academic Press.

SMITH, L. B., JONES, S. S., & LANDAU, B. (1992). Count nouns, adjectives, and perceptual properties in children's novel word interpretations. *Developmental Psychology*, 28, 273-286.

SMITH, L. B., JONES, S. S., LANDAU, B., & GERSHKOFF-STOWE, L. (2002). Object name learning provides on-the-job training for attention. *Psychological Science*, 13, 13-19.

SMITH, M. E. (1926). An investigation of the development of the sentence and the extent of vocabulary in young children. *University of Iowa Studies in Child Welfare*, 3(Whole No. 5).

SMITH, N. V. (1973). *The acquisition of phonology: A case study*. Cambridge, UK: Cambridge University Press.

SMITH-HEFNER, B. (1988). The linguistic socialization of Javanese children. *Anthropological Linguistics*, 30, 166-198.

SNOW, C. E. (1986). Conversations with children. In P. Fletcher & M. Garman (Eds.), *Language acquisition: Studies in first language development*. Cambridge, UK: Cambridge University Press.

SNOW, C. E., & HOEFNAGEL-HOHLE, M. (1978). The critical period for language acquisition: Evidence from second language learning. *Child Development*, 49, 1114-1128.

SODIAN, B., ZAITCHIK, D., & CAREY, S. (1991). Young children's differentiation of hypothetical beliefs from evidence. *Child Development*, 62, 753-766.

SOJA, N. N., CAREY, S., & SPELKE, E. S. (1991). Ontological categories guide young children's inductions of word meaning: Object terms and substance terms. *Cognition*, 38, 179-211.

SOLOMON, G. E. A., & JOHNSON, S. C. (2000). Conceptual change in the classroom: Teaching young children to understand biological inheritance. *British Journal of Developmental Psychology*, 18, 81-96.

SOLOMON, G. E. A., JOHNSON, S. C., ZAITCHIK, D., & CAREY, S. (1996). Like father, like son: Young children's understanding of how and why offspring resemble their parents. *Child Development*, 67, 151-171.

SONNENSCHEIN, S. (1986). Development of referential communication skills: How familiarity with a listener affects speaker's production of redundant messages. *Developmental Psychology*, 22, 549-552.

SONNENSCHEIN, S. (1988). The development of referential communication: Speaking to different listeners. *Child Development*, 59, 694-702.

SOPHIAN, C. (1984). Developing search skills in infancy and early childhood. In C. Sophian (Ed.), *Origins of cognitive skills*. Hillsdale, NJ: Erlbaum.

SOPHIAN, C. (1987). Early developments in children's use of counting to solve quantitative problems. *Cognition & Instruction*, 4, 61-90.

SOPHIAN, C., & HUBER, A. (1984). Early developments in children's causal judgments. *Child Development*, 55, 512-526.

SOPHIAN, C., & STIGLER, J. W. (1981). Does recognition memory improve with age? *Journal of Experimental Child Psychology*, 32, 343-353.

SORCE, J. F., EMDE, R. N., CAMPOS, J. J., & KLINNERT, M. D. (1985). Maternal emotional signaling: Its effect on the visual cliff behavior of 1-year-olds. *Developmental Psychology*, 21, 195-200.

SPEAR, N. E. (1984). Ecologically determined dispositions control the ontogeny of learning and memory. In R. Kail & N. E. Spear (Eds.), *Comparative perspectives on the development of memory*. Hillsdale, NJ: Erlbaum.

SPEER, J. R., & FLAVELL, J. H. (1979). Young children's knowledge of the relative difficulty of recognition and recall memory tasks. *Developmental Psychology*, 15, 214-217.

SPELKE, E. S. (1976). Infants' intermodal perception of events. *Cognitive Psychology*, 8, 553-560.

SPELKE, E. S. (1994). Initial knowledge: Six suggestions. *Cognition*, 50, 431-445.

SPELKE, E. S. (2000). Core knowledge. *American Psychologist*, 55, 1233-1243.

SPELKE, E. S., BREINLINGER, K., MACOMBER, J., & JACOBSON, K. (1992). Origins of knowledge. *Psychological Review*, 99, 605-632.

SPELKE, E. S., & NEWPORT, E. L. (1998). Nativism, empiricism, and the development of knowledge. In R. M. Lerner (Ed.), *Handbook of child psychology: Vol. 1. Theoretical models of human development* (5th ed.). New York: Wiley.

SPELKE, E. S., PHILLIPS, A. T., & WOODWARD, A. L. (1995). Infants' knowledge of object motion and human action. In D. Sperber, D. Premack, & A. J. Premack (Eds.), *Causal cognition: A multidisciplinary debate*. Oxford, UK: Clarendon Press.

SPELKE, E. S., & VAN DE WALLE, G. (1993). Perceiving and reasoning about objects: Insights from infants. In N. Eilan, W. Brewer, & R. McCarthy (Eds.), *Spatial representa-*

tion. Oxford, UK: Blackwell.

SPENCER, J. P., SMITH, L. B., & THELEN, E. (2001). Tests of a dynamic systems account of the A-not-B error: The influence of prior experience on the spatial memory abilities of two-year-olds. *Child Development*, 72, 1327-1346.

SPERLING, G. (1960). The information available in brief visual presentation. *Psychological Monographs*, 74(Whole No. 176).

SPRINGER, K. (1995). Acquiring a naive theory of kinship through inference. *Child Development*, 66, 547-558.

SPRINGER, K. (1999). How a naive theory of biology is acquired. In M. E. Siegal & C. C. E. Petersen (Eds.), *Children's understanding of biology and health*. New York: Cambridge University Press.

SPRINGER, K., & KEIL, F. C. (1991). Early differentiation of causal mechanisms appropriate to biological and nonbiological kinds. *Child Development*, 62, 767-781.

SPRINGER, K., NGYUEN, T., & SAMANIEGO, R. (1996). Early understanding of age- and environment-related noxiousness in biological kinds: Evidence for a naive theory. *Cognitive Development*, 11, 65-82.

STANOVICH, K. E. (1986). Matthew effects in reading: Some consequences of individual differences in the acquisition of literacy. *Reading Research Quarterly*, 21, 360-406.

STANOVICH, K. E., SIEGEL, L. S., & GOTTARDO, A. (1997). Converging evidence for phonological and surface subtypes of reading disability. *Journal of Educational Psychology*, 89, 114-127.

STARKEY, P. (1992). The early development of numerical reasoning. *Cognition*, 43, 93-126.

STARKEY, P., & COOPER, R. S. (1980). Perception of numbers by human infants. *Science*, 210, 1033-1035.

STARKEY, P., SPELKE, E. S., & GELMAN, R. (1990). Numerical abstraction by human infants. *Cognition*, 36, 97-128.

STASZEWSKI, J. J. (1988). Skilled memory and expert mental calculation. In M. T. H. Chi, R. Glaser, & M. J. Farr (Eds.), *The nature of expertise*. Hillsdale, NJ: Erlbaum.

STERN, D. N., SPIEKER, S., & MACKAIN, C. (1982). Intonation contours as signals in maternal speech to prelinguistic infants. *Developmental Psychology*, 18, 727-735.

STERN, E. (1992). Spontaneous use of conceptual mathematical knowledge in elementary school children. *Contemporary Educational Psychology*, 17, 266-277.

STERN, E. (1993). What makes certain arithmetic word problems involving comparison of sets so difficult for children? *Journal of Educational Psychology*, 85, 7-23.

STERNBERG, R. J. (1984). Mechanisms of cognitive development: A componential approach. In R. J. Sternberg, (Ed.) *Mechanisms of cognitive development*. New York: Freeman.

STERNBERG, R. J. (1985). *Beyond IQ: A triarchic theory of human intelligence*. New York: Cambridge University Press.

STERNBERG, R. J. (1989). Domain-generality versus domain-specificity: The life and impending death of a false dichotomy. *Merrill-Palmer Quarterly*, 35, 115-130.

STERNBERG, R. J. (1997). *Successful intelligence*. New York: Plume.

STERNBERG, R. J. (1999). The theory of successful intelligence. *Review of General Psychology*, 3, 292-316.

STERNBERG, R. J., FERRARI, M., CLINKENBEARD, P., & GRIGORENKO, E. L. (1996).

Identification, instruction, and assessment of gifted children: A construct validation of a triarchic model. *Gifted Child Quarterly*, 40, 129-137.

STERNBERG, R. J., TORFF, B., & GRIGORENKO, E. L. (1998). Teaching triarchically improves school achievement. *Journal of Educational Psychology*, 90, 374-384.

STEVENSON, H. W., & STIGLER, J. W. (1992). *The learning gap: Why our schools are failing and what we can learn from Japanese and Chinese education.* New York: Simon and Schuster.

STICHT, T. G., & JAMES, J. H. (1984). Listening and reading. In P. D. Pearson (Ed.), *Handbook of reading research*, Part 2. New York: Longman.

STIGLER, J. W. (1984). Mental abacus: The effect of abacus training on Chinese children's mental calculations. *Cognitive Psychology*, 16, 145-176.

STILES, J., BATES, E. A., THAL, D., TRAUNER, D. A., & REILLY, J. (2002). Linguistic and spatial cognitive development in children with pre- and peri-natal focal brain injury: A ten-year overview from the San Diego Longitudinal Project. In M. H. Johnson, Y. Munakata & R. O. Gilmore (Eds.), *Brain development and cognition: A reader* (2nd ed.). Oxford, UK: Blackwell.

STILES, J., & THAL, D. (1993). Linguistic and spatial cognitive development following early focal brain injury: Patterns of deficit and recovery. In M. H. Johnson (Ed.), *Brain development and cognition: A reader.* Oxford, UK: Blackwell.

STIPEK, D. (2002). At what age should children enter kindergarten? A question for policy makers and parents. *Social Policy Report of the Society for Research in Child Development*, 16.

STIPEK, D. J. (1984). Young children's performance expectations: Logical analysis or wishful thinking? In J. G. Nicholls (Ed)., *Advances in motivation and achievement*, Vol. 3: The development of achievement motivation. Greenwich, CT: JAI Press.

STIPEK, D. J., GRALINSKI, J. H., & KOPP, C. B. (1990). Self-concept development in the toddler years. *Developmental Psychology*, 26, 972-977.

STOKOE, W. C., JR. (1960). Sign language structure: An outline of the visual communication system of the American deaf. *Studies in Linguistics, Occasional Papers*, Vol. 8.

STONE, C. A. (1998). The metaphor of scaffolding: Its utility for the field of learning disabilities. *Journal of Learning Disabilities*, 31, 344-364.

STRAUSS, M. S., & COHEN, L. P. (1978). *Infant immediate and delayed memory for perceptual dimensions.* Unpublished manuscript, University of Illinois at Urbana-Champaign.

STRAUSS, M. S., & CURTIS, L. E. (1984). Development of numerical concepts in infancy. In C. Sophian (Ed.), *The origins of cognitive skills.* Hillsdale, NJ: Erlbaum.

STRAUSS, S. (1972). Inducing cognitive development and learning: A review of short-term training experiments. I: The organismic-developmental approach. *Cognition*, 1, 329-357.

STRAUSS, S. (1982). *U-shaped behavioral growth.* New York: Academic Press.

STRERI, A., & SPELKE, E. S. (1988). Haptic perception of objects in infancy. *Cognitive Psychology*, 20, 1-23.

STROM, D., KEMENY, V., LEHRER, R., & FORMAN, E. (2001). Visualizing the emergent structure of children's mathematical argument. *Cognitive Science*, 25, 733-773.

STRYKER, M. P., & HARRIS, W. (1986). Binocular impulse blockade prevents the formation of ocular dominance columns in cat visual cortex. *Journal of Neuroscience*, 6, 2117-2133.

SUBBOTSKY, E. V. (1993). *Foundations of the mind.* Cambridge, MA: Harvard University Press.

SULLIVAN, K., & WINNER, E. (1993). Three-year-olds' understanding of mental states: The influence of trickery. *Journal of Experimental Child Psychology,* 56, 135-148.

SURBER, C. F., & GZESH, S. M. (1984). Reversible operations in the balance scale task. *Journal of Experimental Child Psychology,* 38, 254-274.

SWANSON, H. L. (1995). Effects of dynamic testing on the classification of learning disabilities: The predictive and discriminant validity of the Swanson Cognitive Processing Test. *Journal of Psychoeducational Assessment,* 13, 204-229.

SWANSON, H. L., & BERNINGER, V. W. (1996). Individual differences in children's working memory and writing skill. *Journal of Experimental Child Psychology,* 63, 358-385.

SWANSON, H. L., & LUSSIER, C. M. (2001). A selective synthesis of the experimental literature on dynamic assessment. *Review of Educational Research,* 71, 321-363.

TAGER-FLUSBERG, H. (1992). Autistic children's talk about psychological states: Deficits in the early acquisition of a theory of mind. *Child Development,* 63, 161-172.

TAGER-FLUSBERG, H. (2000). Language and understanding minds: Connections in autism. In S. Baron-Cohen, H. Tager-Flusberg, & D. J. Cohen (Eds.), *Understanding other minds: Perspectives from developmental cognitive neuroscience.* Oxford, UK: Oxford University Press.

TAMIS-LAMONDA, C. S., BORNSTEIN, M. H., & BAUMWELL, L. (2001). Maternal responsiveness and children's achievement of language milestones. *Child Development,* 72, 748-767.

TARDIF, T. (1996). Nouns are not always learned before verbs: Evidence from Mandarin speakers. *Developmental Psychology,* 32, 492-504.

TARDIF, T., GELMAN, S. A., & XU, F. (1999). Putting the "noun bias" in context: A comparison of English and Mandarin. *Child Development,* 70, 620-635.

TARDIF, T., SHATZ, M., & NAIGLES, L. (1997). Caregiver speech and children's use of nouns versus verbs: A comparison of English, Italian and Mandarin. *Journal of Child Language,* 24, 535-565.

TAYLOR, M. (1999). *Imaginary companions and the children who create them.* New York: Oxford University Press.

TAYLOR, M., & CARLSON, S. M. (1997). The relation between individual differences in fantasy and theory of mind. *Child Development,* 68, 436-455.

TAYLOR, M., ESBENSEN, B. M., & BENNETT, R. T. (1994). Children's understanding of knowledge acquisition: The tendency for children to report that they have always known what they have just learned. *Child Development,* 65, 1581-1604.

TEALE, W. H., & SULZBY, E. (1986). Emergent literacy: A perspective for examining how young children become writers and readers. In W. H. Teale & E. Sulzby (Eds.), *Emergent literacy: Writing and reading.* Norwood, NJ: Ablex.

TEASLEY, S. D. (1995). The role of talk in children's peer collaborations. *Developmental Psychology,* 31, 207-220.

THATCHER, R. W. (1992). Development as a dynamic system. *Current Directions in Psychological Science,* 1, 189-193.

THATCHER, R. W., LYON, G. R., RUMSEY, J., & KRASNEGOR, N. (Eds.). (1996). De-

velopmental neuroimaging: Mapping the development of brain and behavior. San Diego, CA: Academic Press.

THELEN, E. (1989). Self-organization in developmental processes: Can systems approaches work? In M. Gunnar & E. Thelen (Eds.), *Minnesota Symposium on Child Psychology: Vol. 22. Systems and development.* Hillsdale, NJ: Erlbaum.

THELEN, E. (1992). Development as a dynamic system. *Current Directions in Psychological Science,* 1, 189-193.

THELEN, E. (1995). Motor development: A new synthesis. *American Psychologist,* 50, 79-95.

THELEN, E. (2001). Dynamic mechanisms of change in early perceptual-motor development. In J. L. McClelland & R. S. Siegler (Eds.), *Mechanisms of cognitive development: Behavioral and neural perspectives.* Mahwah, NJ: Erlbaum.

THELEN, E., & SMITH, L. B. (1994). *A dynamic systems approach to the development of cognition and action.* Cambridge, MA: MIT Press.

THOMPSON, R. F. (2000). *The brain: A neuroscience primer* (3rd ed.). New York: Worth.

TINCOFF, R., & JUSCZYK, P. W. (1999). Some beginnings of word comprehension in 6-month-olds. *Psychological Science,* 10, 172-175.

TODA, S., & FOGEL, A. (1993). Infant response to the still-face situation at 3 and 6 months. *Developmental Psychology,* 29, 532-538.

TOLMIE, A., HOWE, C., MACKENZIE, M., & GREER, K. (1993). Task design as an influence on dialogue and learning: Primary school work with object flotation. *Social Development,* 2, 183-201.

TOMASELLO, M. (1992). *First verbs: A case study in early grammatical development,* Cambridge, UK: Cambridge University Press.

TOMASELLO, M. (1995). Commentary. *Human Development,* 38, 46-52.

TOMASELLO, M. (1998). Uniquely primate, uniquely human. *Developmental Science,* 1, 1-30.

TOMASELLO, M. (1999). *The cultural origins of human cognition.* Cambridge, MA: Harvard University Press.

TOMASELLO, M. (2000). Do young children have adult syntactic competence? *Cognition,* 74, 209-253.

TOMASELLO, M. (2001). Cultural transmission: A view from chimpanzees and human infants. *Journal of Cross-Cultural Psychology,* 32, 135-146.

TOMASELLO, M., & BARTON, M. (1994). Learning words in non-ostensive contexts. *Developmental Psychology,* 30, 639-650.

TOMASELLO, M., & BROOKS, P. J. (1999). Early syntactic development: A construction grammar approach. In M. Barrett (Ed.), *The development of language.* Philadelphia: Psychology Press.

TOMASELLO, M., & FARRAR, M. J. (1986). Joint attention and early language. *Child Development,* 57, 1454-1463.

TOMASELLO, M., KRUGER, A. C., & RATNER, H. H. (1993). Cultural learning. *Behavioral & Brain Sciences,* 16, 495-552.

TOMASELLO, M., & MANNLE, S. (1985). Pragmatics of sibling speech to one-year-olds. *Child Development,* 56, 911-917.

TRABASSO, T., ISEN, A. M., DOLECKI, P., MCLANAHAN, A. G., RILEY, C. A., & TUCKER, T. (1978). How do children solve class-inclusion problems? In R. S. Siegler (Ed.), *Children's thinking: What develops?* Hillsdale, NJ: Erlbaum.

TRABASSO, T. & NICKELS, M. (1992). The development of goal plans of action in narration of a picture story. *Discourse Processes*, 15, 249-275.

TRABASSO, T., RILEY, C. A., & WILSON, E. G. (1975). The representation of linear order and spatial strategies in reasoning: A developmental study. In R. J. Falmagne (Ed.), *Reasoning: Representation and process.* Hillsdale, NJ: Erlbaum.

TRABASSO, T., & STEIN, N. (1995). Using goal-plan knowledge to merge the past with the present and the future in narrating events on line. In M. M. Haith (Ed.), *The development of future oriented processes.* Chicago: The University of Chicago Press.

TRABASSO, T., SUH, S., PAYTON, P., & JAIN, R. (1994). Explanatory inferences and other strategies during comprehension: Encoding effects on recall. In R. Lorch & E. O'Brian (Eds.) *Sources of coherence in reading.* Hillsdale, NJ: Erlbaum.

TRABASSO, T., VAN DEN BROEK, P., & SUH, S. (1989). Logical necessity and transitivity of causal relations in stories. *Discourse Processes*, 12, 1-25.

TRAINOR, L. J., & HEINMILLER, B. M. (1998). The development of evaluative responses to music: Infants prefer to listen to consonance over dissonance. *Infant Behavior & Development*, 21, 77-88.

TREVARTHEN, C. (1979). Communication and cooperation in early infancy: A description of primary intersubjectivity. In M. Bullowa (Ed.), *Before speech: The beginning of human communication.* Cambridge, UK: Cambridge University Press.

TRONICK, E., ALS, H., ADAMSON, L., WISE, S., & BRAZELTON, B. (1978). The infant's response to entrapment between contradictory messages in face-to-face interaction. *American Academy of Child Psychiatry*, 1, 1-13.

TROSETH, G. L., & DELOACHE, J. S. (1996, April). *The medium can obscure the message: Understanding the relation between video and reality.* Poster presented at the biennial meeting of the International Conference on Infant Studies, Providence, RI.

TUDGE, J. (1992). Processes and consequences of peer collaboration: A Vygotskian analysis. *Child Development*, 63, 1364-1379.

TUDGE, J., HOGAN, D., LEE, S., TAMMEVESKI, P., MELTAS, M., KULAKOVA, N., SNEZHKOVA, I., & PUTNAM, S. (1999). Cultural heterogeneity: Parental values and beliefs and their preschoolers' activities in the United States, South Korea, Russia, and Estonia. In A. Göncü (Ed.), *Children's engagement in the world: Sociocultural perspectives.* New York: Cambridge University Press.

TUDGE, J., & WINTERHOFF, P. (1993). Can young children benefit from collaborative problem solving? Tracing the effects of partner competence and feedback. *Social Development*, 2, 242-259.

TUNTELER, E., & RESING, W. C. M. (2002). Spontaneous analogical transfer in 4-year-olds: A microgenetic study. *Journal of Experimental Child Psychology*, 83, 149-166.

TURIEL, E. (1983). *The development of social knowledge: Morality and convention.* New York: Cambridge University Press.

TURIEL, E. (1994). The development of social-conventional and moral concepts. In B. Puka (Ed.), *Fundamental research in moral development.* New York: Garland Publishing.

TVERSKY, B. (1989). Parts, partonomies, and taxonomies. *Developmental Psychology*, 25, 983-995.

TVERSKY, B., & HEMENWAY, D. (1984). Objects, parts, and categories. *Journal of Experimental Psychology: General*, 113, 169-193.

ULLER, C., HUNTLEY-FENNER, G., CAREY, S., & KLATT, L. (1999). What representations might underlie infant numerical knowledge? *Cognitive Development*, 14, 1-36.

UZGIRIS, I. C. (1964). Situational generality of conservation. *Child Development*, 35, 831-841.

VALENZA, E., SIMON, F., & UMILTA, C. (1994). Inhibition of return in newborn infants. *Infant Behavior & Development*, 17, 293-302.

VAN DEN BROEK, P. (1989). Causal reasoning and inference making in judging the importance of story statements. *Child Development*, 60, 286-297.

VAN DER MAAS, H. L. J., & JANSEN, B. R. J. (2003). What response times tell of children's behavior on the balance scale task. *Journal of Experimental Child Psychology*, 82, 141-177.

VAN GEERT, P. (2000). The dynamics of general developmental mechanisms: From Piaget and Vygotsky to dynamic References systems models. *Current Directions in Psychological Science*, 9, 64-68.

VANLEHN, K. (1990). *Mind bugs: The origins of procedural misconceptions*. Cambridge, MA: MIT Press.

VAN LOOSBROEK, E., & SMITSMAN, A. W. (1990). Visual perception of numerosity in infancy. *Developmental Psychology*, 26, 916-922.

VARNHAGEN, C. K., MORRISON, F. J., & EVERALL, R. (1994). Age and schooling effects in story recall and story production. *Developmental Psychology*, 30, 969-979.

VELLUTINO, F. R., & SCANLON, D. M. (1987). Phonological coding, phonological awareness, and reading ability: Evidence from a longitudinal and experimental study. *Merrill-Palmer Quarterly*, 33, 321-364.

VENEZKY, R. (1978). Reading acquisition: The occult and the obscure. In F. Murray, H. Sharp, & J. Pikulski (Eds.), *The acquisition of reading: Cognitive, linguistic, and perceptual prerequisites*. Baltimore: University Park Press.

VEREIJKEN, B., & THELEN, E. (1997). Training infant treadmill stepping: The role of individual pattern stability. *Developmental Psychobiology*, 30, 89-102.

VERSCHAFFEL, L., DE CORTE, E., & PAUWELS, A. (1992). Solving compare problems: An eye movement test of Lewis and Mayer's consistency hypothesis. *Journal of Educational Psychology*, 84, 85-95.

VICARI, S., CASELLI, M. C., GAGLIARDI, C., TONUCCI, F., & VOLTERRA, V. (2002). Langauge acquisition in special populations: A comparison between Down and Williams syndromes. *Neuropsychologia*, 40, 2461-2470.

VIHMAN, M. M. (1992). Early syllables and the construction of phonology. In C. A. Ferguson, L. Menn, & C. Stoel-Gammon (Eds.), *Phonological development: Models, research, implications*. Timonium, MD: York Press.

VILETTE, B. (2002). Do young children grasp the inverse relationship between addition and subtraction? Evidence against early arithmetic. *Cognitive Development*, 17, 1365-1383.

VOLKMANN, F. C., & DOBSON, F. (1976). Infant responses of ocular fixation to moving visual stimuli. *Journal of Experimental Child Psychology*, 22, 86-99.

VON HOFSTEN, C. (1982). Eye-hand coordination in newborns. *Developmental Psychology*, 18, 450-461.

VON HOFSTEN, C. (1993). Prospective control: A basic aspect of action development. *Human Development*, 36, 253-270.

VON HOFSTEN, C., & ROSANDER, K. (1996). The development of gaze control and predictive tracking in young infants. *Vision Research*, 36, 81-96.

VON HOFSTEN, C., & ROSANDER, K. (1997). Development of smooth pursuit tracking in young infants. *Vision Research*, 37, 1799-1810.

VOSNIADOU, S., & BREWER, W. (1992). Mental models of the earth: A study of conceptual change in childhood. *Cognitive Psychology*, 24, 535-585.

VURPILLOT, E. (1968). The development of scanning strategies and their relation to visual differentiation. *Journal of Experimental Child Psychology*, 6, 632-650.

VYGOTSKY, L. (1962). *Thought and language.* (E. Hanfmann & G. Vakar, Trans.) Cambridge, MA: MIT Press. (Original work published 1934)

VYGOTSKY, L. S. (1978). *Mind in society: The development of higher psychological processes* (M. Cole, V. John-Steiner, S. Scribner, References & E. Souberman, Trans.). Cambridge, MA: Harvard University Press.

WAGNER, R. K., & TORGESON, J. K. (1987). The nature of phonological processing and its causal role in the acquisition of reading skills. *Psychological Bulletin*, 101, 192-212.

WAKELEY, A., RIVERA, S., & LANGER, J. (2000). Can young infants add and subtract? *Child Development*, 71, 1525-1534.

WALDEN, T. A., & OGAN, T. A. (1988). The development of social referencing. *Child Development*, 59, 1230-1240.

WALKER, A. S. (1982). Intermodal perception of expressive behaviors by human infants. *Journal of Experimental Child Psychology*, 33, 514-535.

WALTON, G. E., BOWER, N. J. A., & BOWER, T. G. R. (1992). Recognition of familiar faces by newborns. *Infant Behavior & Development*, 15, 265-269.

WANG, X. L., BERNAS, R., & EBERHARD, P. (2001). Effects of teachers' verbal and nonverbal scaffolding on everyday classroom performance of students with Down syndrome. *International Journal of Early Years Education*, 9, 71-80.

WATERS, H. S. (1980). "Class news": A single-subject longitudinal study of prose production and schema formation during childhood. *Journal of Verbal Learning & Verbal Behavior*, 19, 152-167.

WATERS, H. S. (1989, April). *Problem-solving at two: A year-long naturalistic study of two children.* Paper presented at the biennial meeting of the Society for Research in Child Development, Kansas City, MO.

WATERS, H. S., & ANDREASSEN, C. (1983). Children's use of memory strategies under instruction. In M. Pressley & J. R. Levin (Eds.), *Cognitive strategies: Developmental, educational, and treatment-related issues.* New York: Springer-Verlag.

WATERS, H. S., & TINSLEY, V. S. (1985). Evaluating the discriminant and convergent validity of developmental constructs: Another look at the concept of egocentrism. *Psychological Bulletin*, 97, 483-496.

WAXMAN, S. R., & MARKOW, D. B. (1998). Object properties and object kind: Twenty-one-month-old infants' extension of novel adjectives. *Child Development*, 69, 1313-1329.

WAXMAN, S. R., & NAMY, L. L. (1997). Challenging the notion of a thematic preference in children. *Developmental Psychology, 33*, 555–567.

WEBER, R. M. (1970). *First graders' use of grammatical context in reading.* New York: Basic Books.

WEIGLE, T. W., & BAUER, P. J. (2000). Deaf and hearing adults' recollections of childhood. *Memory, 8*, 293–309.

WEINERT, F. E. (1986). Developmental variations of memory performance and memory related knowledge across the life-span. In A. Sorensen, F. E. Weinert, & L. R. Sherrod (Eds.), *Human development: Multidisciplinary perspectives.* Hillsdale, NJ: Erlbaum.

WEINSTEIN, B. D., & BEARISON, D. J. (1985). Social interaction, social observation, and cognitive development in young children. *European Journal of Social Psychology, 15*, 333–343.

WEIR, R. W. (1962). *Language in the crib.* The Hague, Netherlands: Mouton & Company.

WEISSMAN, M. D., & KALISH, C. W. (1999). The inheritance of desired characteristics: Children's view of the role of intention in parent-offspring resemblance. *Journal of Experimental Child Psychology, 73*, 245–265.

WELCH-ROSS, M. K., & SCHMIDT, C. R. (1996). Gender-schema development and children's constructive story memory: Evidence for a developmental model. *Child Development, 67*, 820–835.

WELLMAN, H. M. (1990). *The child's theory of mind.* Cambridge, MA: MIT Press.

WELLMAN, H. M., CROSS, D., & WATSON, J. (2001). Meta-analysis of theory-of-mind development: The truth about false belief. *Child Development, 72*, 655–684.

WELLMAN, H. M., & GELMAN, S. A. (1992). Cognitive development: Foundational theories in core domains. *Annual Review of Psychology, 43*, 337–375.

WELLMAN, H. M., & GELMAN, S. A. (1998). Knowledge acquisition in foundational domains. In D. Kuhn & R. S. Siegler (Eds.), *Handbook of child psychology: Vol. 2. Cognition, perception, & language* (5th ed.). New York: Wiley.

WELLMAN, H. M., RITTER, R., & FLAVELL, J. H. (1975). Deliberate memory behavior in the delayed reactions of very young children. *Developmental Psychology, 11*, 70–87.

WELLMAN, H. M., & WOOLLEY, J. D. (1990). From simple desires to ordinary beliefs: The early development of everyday psychology. *Cognition, 35*, 245–275.

WELSH, M. C. (1991). Rule-guided behavior and self-monitoring on the Tower of Hanoi disk-transfer task. *Cognitive Development, 4*, 59–76.

WERKER, J. F., & DESJARDINS, R. N. (1995). Listening to speech in the 1st year of life: Experiential influences on phoneme perception. *Current Directions in Psychological Science, 4*, 76–81.

WERKER, J. F., GILBERT, J. H. V., HUMPHREY, K., & TEES, R. C. (1981). Developmental aspects of cross-language speech perception. *Child Development, 52*, 349–355.

WERKER, J. F., & TEES, R. C. (1984). Cross-language speech perception: Evidence for perceptual reorganization during the first year of life. *Infant Behavior & Development, 7*, 49–63.

WERNER, H., & KAPLAN, B. (1963). *Symbol formation: An organismic-developmental approach to language and the expression of thought.* New York: Wiley.

WERNER, J. S., & SIQUELAND, E. R. (1978). Visual recognition memory in the preterm infant. *Infant Behavior & Development*, 1, 79-94.

WERTHEIMER, M. (1961). Psychomotor coordination of auditory-visual space at birth. *Science*, 134, 1692.

WERTSCH, J. V., & HICKMANN, M. (1987). Problem solving in social interaction: A microgenetic analysis. In M. Hickmann (Ed.), *Social and functional approaches to language and thought*. Orlando, FL: Academic Press.

WHIMBEY, A. (1975). *Intelligence can be taught*. New York: Dutton.

WHITCOMB, D. (1992). *When the child is a victim*. (2nd ed.). Washington, DC: National Institute of Justice.

WHITE, L., & GENESEE, F. (1992, October). *How native is a near native speaker?* Paper presented at the Boston University Conference on Language Development, Boston, MA.

WHITEN, A., CUSTANCE, D. M., GOMEZ, J. C., TEIXIDOR, P., & BARD, K. A. (1996). Imitative learning of artifical fruit processing in children (Homo sapiens) and chimpanzees (Pan troglodytes). *Journal of Comparative Psychology*, 110, 3-14.

WHITNEY, P. (1986). Developmental trends in speed of semantic memory retrieval. *Developmental Review*, 6, 57-79.

WHORF, B. L. (1940). Science and linguistics. *Technology Review*, 42, 229-231, 247-248.

WIEGERSMA, P. H., & VAN DER VELDE, A. (1983). Motor development of deaf children. *Journal of Child Psychology and Psychiatry and Allied Disciplines*, 24, 103-111.

WILLATTS, P. (1990). Development of problem solving strategies in infancy. In D. F. Bjorklund (Ed.), *Children's strategies*. Hillsdale, NJ: Erlbaum.

WILLIAMS, K. G., & GOULET, L. R. (1975). The effects of cueing and constraint instructions on children's free recall performance. *Journal of Experimental Child Psychology*, 19, 464-475.

WIMMER, H., & PERNER, J. (1983). Beliefs about beliefs: Representation and constraining function of wrong beliefs in young children's understanding of deception. *Cognition*, 13, 103-128.

WINNER, E. (1988). *The point of words: Children's understanding of metaphor and irony*. Cambridge, MA: Harvard University Press.

WINNER, E., ROSENSTIEL, A. K., & GARDNER, H. (1976). The development of metaphoric understanding. *Developmental Psychology*, 12, 289-297.

WINSLER, A., CARLTON, M. P., & BARRY, M. J. (2000). Age-related changes in preschool children's systematic use of private speech in a natural setting. *Journal of Child Language*, 27, 665-687.

WINSLER, A., DIAZ, R. M., ATENCIO, D. J., MCCARTHY, E. M., & CHABAY, L. A. (2000). Verbal self-regulation over time in preschool children at risk for attention and behavior problems. *Journal of Child Psychology and Psychiatry and Allied Disciplines*, 41, 875-886.

WINSLER, A., & NAGLIERI, J. (2003). Overt and covert verbal problem-solving strategies: Developmental trends in use, awareness and relations with task performance in children aged 5 to 17. *Child Development*, 74, 659-678.

WOOD, D. (1986). Aspects of teaching and learning. In M. Richards & P. Light (Eds.), *Children of social worlds*. Cambridge, UK: Polity Press.

WOOD, D., BRUNER, J. S., & ROSS, G. (1976). The role of tutoring in problem solving.

Journal of Child Psychology & Psychiatry, 17, 89-100.

WOOD, D., & MIDDLETON, D. (1975). A study of assisted problem solving. *British Journal of Psychology*, 66, 181-191.

WOODWARD, A. (1995, March). *Infants' reasoning about the goals of a human actor.* Paper presented at the biennial meeting of the Society for Research in Child Development, Indianapolis, IN.

WOODWARD, A. L. (1998). Infants selectively encode the goal of an actor's reach. *Cognition*, 69, 1-34.

WOODWARD, A. L., MARKMAN, E. M., & FITZSIMMONS, C. M. (1994). Rapid word learning in 13- and 18-month-olds. *Developmental Psychology*, 30, 553-566.

WOOLFE, T., WANT, S. C., & SIEGAL, M. (2002). Signposts to development: Theory of mind in deaf children. *Child Development*, 73, 768-778.

WOOLLEY, J. D. (1997). Thinking about fantasy: Are children fundamentally different thinkers and believers from adults? *Child Development*, 68, 991-1011.

WYNN, K. (1992a). Addition and subtraction by human infants. *Nature*, 358, 749-750.

WYNN, K. (1992b). Children's acquisition of the number words and the counting system. *Cognitive Psychology*, 24, 220-251.

WYNN, K. (1995). Infants possess a system of numerical knowledge. *Current Directions in Psychological Science*, 4, 172-177.

WYNN, K., BLOOM, P., & CHIANG, W.-C. (2002). Enumeration of collective entitites by 5-month-old infants. *Cognition*, 83, B55-B62.

XU, F., & SPELKE, E. S. (2000). Large-number discrimination in 6-month-old infants. *Cognition*, 74, B1-B11.

YOUNG, R. M., & O'SHEA, T. (1981). Errors in children's subtraction. *Cognitive Science*, 5, 153-177.

YOUNGBLADE, L. M., & DUNN, J. (1995). Individual differences in children's pretend play with mother and siblings: Links to relationships and understanding of other people's feelings and beliefs. *Child Development*, 66, 1472-1492.

YOUNGER, B. A. (1990). Infant categorization: Memory for category-level and specific item information. *Journal of Experimental Child Psychology*, 50, 131-155.

YOUNGER, B. A. (1993). Understanding category members as "the same sort of thing": Explicit categorization in ten-month infants. *Child Development*, 64, 309-320.

ZABRUCKY, K., & RATNER, H. H. (1986). Children's comprehension monitoring and recall of inconsistent stories. *Child Development*, 57, 1401-1418.

ZAITCHIK, D. (1991). Is only seeing really believing? Sources of true belief in the false belief task. *Cognitive Development*, 6, 91-103.

ZAWAIZA, T. R., & GERBER, M. (1993). Effects of explicit instruction on math word-problem solving by community college students with learning disabilities. *Learning Disability Quarterly*, 16, 64-79.

ZBRODOFF, N. J. (1984). *Writing stories under time and length constraints.* Unpublished doctoral dissertation, University of Toronto, Toronto.

ZELAZO, P. D., FRYE, D., & RAPUS, T. (1996). An age-related dissociation between knowing rules and using them. *Cognitive Development*, 11, 37-63.

ZELAZO, P. D., & SHULTZ, T. R. (1989). Concepts of potency and resistance in causal prediction. *Child Development*, 60, 1307-1315.

ZEMBER, M. J., & NAUS, M. J. (1985, April). *The combined effects of knowledge base and mnemonic strategies on children's memory*. Paper presented at the biennial meeting of the Society for Research in Child Development, Toronto, Ontario.

ZENTALL, S. S., & FERKIS, M. A. (1993). Mathematical problem solving for youth with ADHD, with and without learning disabilities. *Learning Disability Quarterly*, 16, 6-18.

ZIMMERMAN, C. (2000). The development of scientific reasoning skills. *Developmental Review*, 20, 99-149.

ZINAR, S. (2000). The relative contributions of word identification skill and comprehension-monitoring behavior to reading comprehension ability. *Contemporary Educational Psychology*, 25, 363-377.